中国国家标准汇编

2010年修订-11

中国标准出版社 编

中国质检出版社
中国标准出版社
北 京

图书在版编目（CIP）数据

中国国家标准汇编：2010年修订. 11/中国标准出版社编. —北京：中国标准出版社，2011

ISBN 978-7-5066-6528-5

Ⅰ. ①中…　Ⅱ. ①中…　Ⅲ. ①国家标准-汇编-中国-2010　Ⅳ. ①T-652. 1

中国版本图书馆 CIP 数据核字(2011)第 187763 号

中国质检出版社
中国标准出版社 出版发行

北京市朝阳区和平里西街甲 2 号(100013)
北京市西城区三里河北街 16 号(100045)

网址:www. spc. net. cn
总编室:(010)64275323　发行中心:(010)51780235
读者服务部:(010)68523946
中国标准出版社秦皇岛印刷厂印刷
各地新华书店经销

*

开本 880×1230　1/16　印张 38.25　字数 1 031　千字
2011 年 11 月第一版　　2011 年 11 月第一次印刷

*

定价 220.00 元

出 版 说 明

1.《中国国家标准汇编》是一部大型综合性国家标准全集。自1983年起，按国家标准顺序号以精装本、平装本两种装帧形式陆续分册汇编出版。它在一定程度上反映了我国建国以来标准化事业发展的基本情况和主要成就，是各级标准化管理机构，工矿企事业单位，农林牧副渔系统，科研、设计、教学等部门必不可少的工具书。

2.《中国国家标准汇编》收入我国每年正式发布的全部国家标准，分为“制定”卷和“修订”卷两种编辑版本。

“制定”卷收入上一年度我国发布的、新制定的国家标准，顺延前年度标准编号分成若干分册，封面和书脊上注明“20××年制定”字样及分册号，分册号一直连续。各分册中的标准是按照标准编号顺序连续排列的，如有标准顺序号缺号的，除特殊情况注明外，暂为空号。

“修订”卷收入上一年度我国发布的、修订的国家标准，视篇幅分设若干分册，但与“制定”卷分册号无关联，仅在封面和书脊上注明“20××年修订-1，-2，-3，……”字样。“修订”卷各分册中的标准，仍按标准编号顺序排列（但不连续）；如有遗漏的，均在当年最后一分册中补齐。需提请读者注意的是，个别非顺延前年度标准编号的新制定的国家标准没有收入在“制定”卷中，而是收入在“修订”卷中。

读者配套购买《中国国家标准汇编》“制定”卷和“修订”卷则可收齐上一年度我国制定和修订的全部国家标准。

3.由于读者需求的变化，自1996年起，《中国国家标准汇编》仅出版精装本。

4.2010年我国制修订国家标准共2846项。本分册为“2010年修订-11”，收入新制修订的国家标准32项。

中国标准出版社

2011年8月

目　　录

ICS 45.120
S 19

中华人民共和国国家标准

GB/T 10082—2010
代替 GB/T 10082—1996

重型轨道车技术条件

Technical requirements of heavy duty railway motor trolley

2010-09-02 发布　　2010-12-01 实施

中华人民共和国国家质量监督检验检疫总局
中国国家标准化管理委员会　发布

前　言

本标准代替 GB/T 10082—1996《重型轨道车技术条件》。

本标准与 GB/T 10082—1996《重型轨道车技术条件》相比主要变化如下：

——修订扩展了使用环境条件；

——修订增加了整机牵引运行性能要求；

——增加了型号与功率系列一章；

——修订了空气制动缓解时间，由 35 s 缩短到 15 s；

——对一般要求、主要部件要求、检查与试验方法等章做出了更加详细和严格的规定。

本标准由中华人民共和国铁道部提出。

本标准由中铁科工集团有限公司归口。

本标准主要起草单位：宝鸡南车时代工程机械有限公司、中铁科工集团有限公司、襄樊金鹰轨道车辆有限责任公司、永济新时速电机电器有限责任公司。

本标准主要起草人：张殿军、梁怿如、李玲、陈斌、李伟宏。

本标准所替代标准的历次版本发布情况为：

——GB 10082—1988、GB/T 10082—1996。

重型轨道车技术条件

1 范围

本标准规定了重型轨道车(以下简称:轨道车)的使用条件、型号与功率系列、一般要求、整机牵引运行性能要求、主要部件要求、安全设备与事故预防装置、检查与试验方法、检验规则、标志、包装、运输和贮存。

本标准适用于1 435 mm标准轨距,以柴油机为动力的重型轨道车的设计、制造和检验。重型轨道车柴油机单机最大装车功率一般为1 000 kW以下。

非标准轨距的重型轨道车,除在设计任务书中说明特殊要求外,其余也可参照使用。

2 规范性引用文件

下列文件中的条款通过本标准的引用而成为本标准的条款。凡是注日期的引用文件,其随后所有的修改单(不包括勘误的内容)或修订版均不适用于本标准,然而,鼓励根据本标准达成协议的各方研究是否可使用这些文件的最新版本。凡是不注日期的引用文件,其最新版本适用于本标准。

GB 146.1 标准轨距铁路机车车辆限界

GB/T 3314 内燃机车通用技术条件

GB/T 3315—2006 内燃机车制成后投入使用前的试验方法

GB 4208 外壳防护等级(IP代码)(GB 4208—2008,IEC 60529:2001,IDT)

GB/T 13306 标牌

GB/T 16904.1 标准轨距铁路机车车辆限界检查 第1部分:检查方法

TB/T 456 车钩、钩尾框技术条件

TB/T 493 铁道车辆车钩缓冲装置组装技术条件

TB/T 1132 内燃、电力机车的管路涂色

TB/T 1333.1 铁路应用 机车车辆电气设备 第1部分:一般使用条件和通用规则(TB/T 1333.1—2002,IEC 60077-1:1999,IDT)

TB/T 1333.2 铁路应用 机车车辆电气设备 第2部分:电工器件通用规则(TB/T 1333.2—2002,IEC 60077-2:1999,IDT)

TB/T 1407 列车牵引计算规程

TB/T 1463 机车轮对组装技术条件

TB/T 1484.1 铁路机车车辆电缆订货技术条件 第1部分:额定电压3 kV及以下电缆

TB/T 1491 机车车辆油压减振器技术条件

TB/T 1507 机车电气设备布线规则

TB/T 1508 机车电气屏柜技术条件

TB/T 1580 新造机车车辆焊接技术条件

TB/T 1854 铁路线路机械产品型号编制方法

TB/T 2436 铁路机车动车用旋转电机通用技术条件

TB/T 2437 机车半导体变流装置技术条件

TB/T 2769 重型轨道车试验方法

TB/T 2783 铁路牵引用柴油机排放污物限值及测试规则

TB/T 2817 铁道车辆用辗钢整体车轮技术条件

TB/T 2879.5　铁路机车车辆　涂料及涂装　第5部分：客车、牵引动力车的防护和涂装技术条件

TB/T 2911　车辆铆接通用技术条件(TB/T 2911—1998,neq UIC 842.5—1975)

TB/T 2945　铁道车辆用LZ50钢车轴及钢坯技术条件(TB/T 2945—1999,eqv AAR M 101-90)

TB/T 3021　铁道机车车辆电子装置(TB/T 3021—2001,eqv IEC 60571:1998)

TB/T 3034　机车车辆电气设备电磁兼容性试验及其限值(TB/T 3034—2002,eqv EN 50121-3-2:2000)

TB/T 3106　铁道车辆单元制动缸

TB/T 3117　铁路应用　机车车辆　逆变器供电的交流电动机及其控制系的综合试验(TB/T 3117—2005,IEC 61377:1996,IDT)

3　使用条件

3.1　使用环境温度：−25 ℃～45 ℃。

轨道车超出此环境温度使用时，应根据不同地区，采取不同的防寒、降温措施。

3.2　使用环境湿度：相对湿度不大于95%。

3.3　使用海拔高度：不高于1 000 m。

3.4　线路最小通过曲线半经：145 m。

3.5　线路坡度：不大于25‰。

3.6　轨道车应能承受风、沙、雨、雪的侵袭。

3.7　使用条件的特殊要求由供需双方协商确定。

3.8　轨道车超出上述使用条件使用时，应根据配套柴油机的规定进行功率修正。

4　型号与功率系列

4.1　型号

轨道车型号应符合TB/T 1854的规定。

4.2　功率系列

轨道车的装机功率一般为柴油机的1 h功率，根据用途也可选定12 h功率。主参数的尾数可以四舍五入，取其为零。主参数一般应在表1所列功率系列中就低归靠选取。

表1　轨道车功率系列

装机功率/kW	220	270	300	450	600	750	1 000

5　一般要求

5.1　轨道车外形尺寸应符合GB 146.1的规定。

5.2　轨道车采用机械传动，或液力传动，或电传动。

5.3　轨道车应具有双向走行、牵引功能。

5.4　在牵引重量为50 t的状态下，轨道车(用于低速调车作业的轨道车除外)在平直线路最高持续运行速度等级划分如表2所示。

表2　轨道车速度等级

等级	A级	B级	C级
速度/(km/h)	≥80	≥100	≥120

5.5　轨道车应按本标准、相关标准及按规定程序批准的产品图样和技术文件制造。

5.6　原材料、外购件应符合有关标准，并具有合格证书。

5.7　整体布置应使各部件便于拆装、调整、维修。

5.8 焊缝的焊接、检查应符合 TB/T 1580 和产品图样的要求。

5.9 铆接结构质量应符合 TB/T 2911 的规定。

5.10 整车各联接螺栓、螺母性能等级和紧固扭矩应符合设计要求,螺母应具有可靠的防松措施。

5.11 整车油管、风管、电缆等应分布合理,排列整齐,固定可靠。各系统应无渗漏油、漏气、漏电、漏水等现象。

5.12 硬管应排列整齐,弯管处不应有过压现象。管卡应分布合理,固定可靠。管路应有明显的区分标志,可按照 TB/T 1132 的规定进行涂色。

5.13 软管应排列整齐,管卡应分布合理。有相对移动部件的连接软管,管长应适中,应捆扎结实,互不摩擦。

5.14 各种管接头应布置合理,易于检修。

5.15 整车油漆颜色、指示铭牌的位置应符合产品图样规定。其涂装及检查验收应符合 TB/T 2879.5 的规定。

5.16 轨道车应设排障器,在整备状态时排障器底面距轨面高度为 110 mm±20 mm。

5.17 轨道车应设扫石装置,扫石装置距轨面 25 mm,宽度应能保证弯道处轨面扫石。

5.18 轨道车应设撒砂装置,撒砂装置应安装牢固,功能良好。

5.19 轨道车应设高音喇叭、低音喇叭、前照灯、侧灯、标志灯。

5.20 轨道车各仪表、按钮、开关、照明灯等应安装牢固,工作正常,指示正确。

5.21 轨道车各电器、电子元件应具备一定的抗电磁干扰能力。

5.22 电气系统电源电压应采用 DC 12V,或 DC 24V,或 DC 110V。

5.23 轨道车车钩高度在整备状态时,车钩中心线距轨面高度应为 880 mm±10 mm。

5.24 四轴轨道车应设无动力回送设施。

6 整车牵引运行性能要求

6.1 轨道车的牵引能力应按 TB/T 1407 的规定进行设计、计算。

6.2 轨道车的动力学性能应符合 TB/T 2769 的要求。

6.3 轨道车在平直线路上,单机运行,在风速不大于 5 m/s、不擦伤钢轨和车轮的条件下,紧急制动距离应符合下列要求:

a) A 级轨道车以 80 km/h 的速度运行,紧急制动距离不应大于 400 m;

b) B 级轨道车以 100 km/h 的速度运行,紧急制动距离不应大于 650 m;

c) C 级轨道车以 120 km/h 的速度运行,紧急制动距离不应大于 800 m。

6.4 轨道车与其他施工机械、线路机械编组运行时,各部件应无异常,各保护装置和监视仪表应显示正常,灵敏可靠,制动与缓解动作应正常。

7 主要部件要求

7.1 柴油机及辅助装置

7.1.1 柴油机及辅助装置总体要求

柴油机及辅助装置应符合下列各项要求:

a) 柴油机的主要技术参数应符合设计要求;

b) 柴油机在全程各个转速均应运转平稳;

c) 柴油机排放污物限值应符合 TB/T 2783 的规定;

d) 柴油机安装应具有良好的减振功能,柴油机其他各部件安装应牢固可靠,不允许有松动现象;

e) 燃油箱应安装牢固,不应漏油和渗油。燃油箱应设有清洗孔,箱内应设有防浪隔板,通气装置应通畅,油位指示器应指示清晰准确;

f) 百叶窗应操纵灵活，不应有卡滞现象；

g) 充电发电机的容量应满足作业和行车时直流系统用电及蓄电池充电的要求；

h) 充电发电机在柴油机工作时，应能向蓄电池正常充电，并设充电保护装置；

i) 蓄电池的容量应能满足柴油机正常启动要求，以及在柴油机停机时，满足列车无线调度电话，机车信号，运行监控记录装置的正常使用要求；

j) 安装蓄电池处应有防腐、排污、通风等措施。

7.1.2 柴油机及辅助装置性能要求

柴油机及辅助装置性能要求如下：

a) 启动性能

柴油机启动性能要求如下：

1) 在气温 0 ℃以上的条件下，接通启动电机开关，启动电机应能连续运转不少于 10 s，不应有断续运转现象，连续三次以下柴油机应能成功启动；

2) 在－25 ℃～0 ℃的条件下，可使用低温启动装置辅助启动；

3) 制动力达到全制动力 80%时，轨道车应能自动断开柴油机输出动力。

b) 柴油机熄火性能

柴油机在任何运转状态，正常关闭或进行紧急熄火，应能立即熄火。

c) 柴油机运转性能

柴油机运转性能要求如下：

1) 柴油机运转时，燃油供给装置、机油供给装置应工作正常，转速、油压、水温各监控仪表应显示正常；

2) 试验由最高转速突降至最低转速时不应停机；最低转速突升至最高转速时不应飞车；

3) 柴油机在整个工作转速范围内不应有异常振动和不正常声响；

4) 柴油机的标定转速允差(0～40)r/min；

5) 排气管不应泄漏，消音器应工作正常，废气排放应符合国家标准。

7.2 传动系统

7.2.1 离合器

离合器应符合下列各项要求：

a) 离合器的功率和扭矩应满足动力传动的要求；

b) 离合器的脚踏板推力不应大于 270 N，有效行程不应大于 220 mm；

c) 离合器应结合平稳可靠，分离彻底，工作正常。

7.2.2 换向箱

换向箱应符合下列各项要求：

a) 换向箱组装后，正反向盘动主动法兰盘，各轴应转动灵活，无卡滞；

b) 换向箱换向过程应平稳、灵活。

7.2.3 液力变速箱

液力变速箱应符合下列各项要求：

a) 总装机后液力变速箱操纵应可靠，各换挡位置应准确，换挡、换向过程应平稳、灵活；

b) 液力变速箱工作时，系统压力和油温应符合设计要求，应设油压、油温监控装置；

c) 液力变速箱性能应与柴油机匹配，达到设计的牵引性能。

7.2.4 万向传动轴

万向传动轴应符合下列各项要求：

a) 万向传动轴的平衡块应焊接牢固，万向传动轴的许用动平衡应符合产品出厂的有关规定；

b) 万向传动花键轴和花键套上，应具有保证两端万向节叉组装在同一平面内的装配标志；

c) 万向传动轴保护架联结应牢固可靠；

d) 万向传动轴应运转平稳，无异常抖动；

e) 万向传动轴的动力传动能力应满足相应位置传递扭矩和转速的需要。

7.2.5 取力装置

轨道车可设置取力装置。

7.2.6 机械变速箱

机械变速箱应符合下列各项要求：

a) 机械变速箱组装后，正反向盘动输出法兰盘，各轴应转动灵活，无卡滞；

b) 机械变速箱操纵应可靠，各换挡位置应准确，换挡过程应平稳、灵活；

c) 机械变速箱性能应与柴油机匹配，达到设计的牵引性能。

7.2.7 电传动装置(系统)

电传动装置(系统)应符合 GB/T 3314 的相关规定，并应符合下列各项要求：

a) 轨道车各牵引电动机的电流分配不均匀度应符合设计要求；

b) 牵引发电机、牵引电动机、主电路各主要设备的温升均不应大于规定值；

c) 电传动轨道车应设柴油机恒功率调节装置；

d) 轨道车应装与主要机组运用安全有关的各种保护装置，主电路、辅助电路、控制电路应设必要的故障切除装置；

e) 根据用户要求，可加装电阻制动装置，电阻制动性能应符合设计要求；

f) 根据用户需要，牵引发电机可设有工频发电功能及配套的供电设施；

g) 牵引发电机应采用无刷励磁结构形式；

h) 主发电机应符合 TB/T 2436 的规定；

i) 牵引电动机应符合 TB/T 2436、TB/T 3117 的规定；

j) 硅整流柜应符合 TB/T 2437、TB/T 3021 的规定。

7.3 走行系统

7.3.1 总体要求

总装后的走行系统应满足整车运行性能要求。

7.3.2 部件要求

走行系统符合下列各项部件要求：

a) 轮对

轮对应符合下列各项要求：

1) 轮径：ϕ840 mm、ϕ915 mm、ϕ1 050 mm；

2) 车轮应选用铁道车辆用车轮或铁道机车用车轮，宜选用铁道车辆用辗钢整体车轮，其材料及技术要求应符合 TB/T 2817 及产品图样的相关规定；

3) 车轴应选用铁道车辆用车轴或铁道机车用车轴，宜选用铁道车辆用 LZ50 钢车轴，其材料及技术要求应符合 TB/T 2945 及产品图样的相关规定；

4) 轮对组装应符合 TB/T 1463 的有关规定。同轴左右轮径差不应大于 0.5 mm，整机轮径差不应大于 2 mm，轮对内侧距应为(1 353±1.5)mm；

5) 同一轮对上的减振器，其安装高度差不应大于 3 mm。

b) 轴承箱

轴承箱应符合下列各项要求：

1) 轴承箱的组装应符合有关标准及产品图样的相关规定；

2) 组装后的轴承箱应转动灵活，无卡滞；

3) 轴承箱的轴承部位最高温度不应超过 85 ℃，温升不应大于 50 ℃。

c) 车轴齿轮箱

车轴齿轮箱应符合下列各项要求：

1) 车轴齿轮箱组装后，台架试验时，各轴应转动灵活，无卡滞；
2) 车轴齿轮箱轴承部位最高温度不应超过 85 ℃，温升不应大于 50 ℃。

d) 转向架

转向架应符合下列各项要求：

1) 转向架应选用轨道车转向架或铁道机车转向架，宜选用轨道车转向架，其材料及技术要求应符合相关标准和技术文件的规定；
2) 转向架构架应采用由钢板焊接的箱形断面的整体构架；
3) 转向架构架的使用寿命不应低于车体寿命，在正常使用条件下不应发生疲劳损伤。

7.3.3 轮对、换向箱、轴承箱、车轴齿轮箱台架试验

组装后的轮对、换向箱、轴承箱、车轴齿轮箱都应进行台架试验。

台架试验应符合下列各项要求：

a) 轮对台架试验转速相当于常用转速，试验时间为正反转各 30 min；
b) 带车轴齿轮箱轮对的台架试验，在相当于常用转速时，车轴试验转速应符合设计要求；试验时间为正反转各 30 min；
c) 磨合试验时无渗漏油及其他异常现象。

7.3.4 基础制动装置

基础制动装置应符合下列各项要求：

a) 基础制动装置的强度和结构应符合设计要求和相关标准规定，制动缸、闸瓦、闸瓦托应使用铁道机车车辆专用件；
b) 基础制动装置组装后，各杆件应动作灵活，无卡滞；
c) 各部件的受力焊缝应进行探伤检查；
d) 基础制动装置宜采用具有闸瓦解间隙自动调节的单元式制动器；单元制动器应满足 TB/T 3106 的要求。

7.3.5 油压减振器

轨道车应设有油压减振器，油压减振器性能应符合 TB/T 1491 的规定。

7.3.6 附属装置

转向架轮缘润滑装置可按合同要求设置。

7.4 制动系统

7.4.1 制动系统总体要求

制动系统的总体要求应符合下列各项：

a) 制动系统应设置空气制动装置，还应设置驻车制动装置。制动系统的性能应符合我国铁路有关规定。
b) 空气制动装置和驻车制动装置应功能正常，正常制动时不产生滑行。
c) 空气压缩机的排量应符合设计要求。在柴油机额定转速下，总风缸压力从 0 kPa 升到 800 kPa ±20 kPa 所需时间不应大于 4 min。总风缸容量应保证牵引能力的要求。
d) 空气制动系统应根据需要设置空气干燥、空气滤清、压力保护、压力控制、油水分离等辅助装置。
e) 常用制动后缓解时间不应大于 15 s。
f) 使用驻车制动时，应能保证在 20‰的坡道不产生溜逸。

7.4.2 制动系统可靠性要求

制动系统的可靠性要求应符合下列各项：

a) 空压机负荷调节器工作应可靠，压力大于 800 kPa 时(使用电动空压机组时为 900 kPa)，应卸荷空转；压力降至 700 kPa 时(使用电动空压机组时为 750 kPa)，应恢复打风；

b) 安全阀在压力为 850 kPa～900 kPa 时(使用电动空压机组时为 930 kPa～970 kPa)，应迅速打开泄压；当压力下降到 750 kPa～800 kPa 时(使用电动空压机组时为 830 kPa～870 kPa)，应立即关闭，不应泄漏；

c) 在进行制动、保压、缓解试验时，应符合相应制动机的性能要求；

d) 制动时，闸瓦应能抱紧车轮，可靠制动；缓解时，轮瓦间隙应为 3 mm～8 mm。

7.4.3 **制动系统其他要求**

制动系统的其他要求应符合下列各项：

a) 制动系统的组装应在清洁干燥的环境中进行，组装完后应进行泄漏试验；

b) 制动机或各阀体装车前应在试验台上逐台进行单件性能试验；

c) 出厂期超过一年的主要阀类部件，在装车前应进行分解、清洗、组装和台架性能试验；出厂期超过半年的软管，在装车前应进行水压试验；

d) 系统的压力应能监控和显示，各仪表、制动系统的操作手柄等应设置于司机便于观察和操作的位置，并有明显的指示标牌；各仪表应显示清晰、准确，在检定周期内；

e) 组装后各种阀件应动作灵活、可靠，无卡滞。

7.5 车架

7.5.1 车架强度性能应符合设计要求，并满足轨道车运行和牵引作业的要求。

7.5.2 四轴车的车架强度、车架冲击性能应满足按无动力附挂运输时的要求，挂于列车尾部，联挂速度应符合直达货物列车的有关规定。

7.5.3 前后车钩应采用自动车钩，满足与标准车辆的联挂(对发动机前置，前端无法装置缓冲器的，可以后车钩采用中心缓冲式自动车钩)。

7.5.4 车钩、钩尾框的要求应符合 TB/T 456 的规定。

7.5.5 车钩缓冲装置组装应符合 TB/T 493 的规定。

7.5.6 整车组装后，应按 TB/T 456 的有关规定，对车钩进行三态作用及防跳性能检查，作用正常。

7.6 车体和司机室

7.6.1 车体强度性能应符合设计要求，并满足轨道车运行和牵引作业的要求。

7.6.2 车体及车体外部的各种设备应能承受雨、雪、风、沙的侵蚀。

7.6.3 车体内外蒙皮、压条和装饰件应安装牢固、平整，无翘曲和刮痕，应采用阻燃、环保材料，紧固件应排列整齐。

7.6.4 车体夹层应采用符合环保要求的低毒或无毒、阻燃、防寒、隔热、隔音材料。

7.6.5 车内地板应防滑、平整密封，活动地板应开启灵活、方便。

7.6.6 车门、天窗、侧窗开关应灵活可靠，无卡滞现象，缝隙应均匀。关闭时应密封良好，经(漏)淋雨试验检查，应无渗漏水现象。

7.6.7 侧窗可采用双层玻璃和纱窗，或铁道机车标准化司机室侧窗。

7.6.8 前后车窗可采用安全玻璃或电热玻璃，应具有良好的视野，观察清晰，安装牢固、密封。

7.6.9 司机室前后窗玻璃应设置刮雨器、除霜装置和遮阳板，应作用良好，牢固可靠。

7.6.10 刮雨器应动作灵活，动作范围满足观察的要求。无论何时关闭刮雨器开关，雨刷均应停留在左右位。

7.6.11 司机室应设前后操纵台(电力传动轨道车可设单端司机室)，前后操纵台的操纵装置应基本相同，便于操纵。应设左右司机位，行车操作位应在前进方向的左侧。前后司机室操纵台间应能互锁。

7.6.12 司机座椅应为软式或半软式，其高度、前后位置和靠背与座垫之间的夹角可以调节。

7.6.13 司机室内设发动机罩时，应安装牢固，开启方便。其隔热隔音装置应采用阻燃性材料。

7.6.14　日光直射或夜间关闭司机室照明灯后，距仪表和指示灯 500 mm 处，应能清楚地辨别仪表显示值和指示灯显示信号。

7.6.15　夜间行车时，司机室照明灯关闭后，司机应能进行正常的观察和操作。各指示灯和照明灯不应引起司机对前方行车信号产生错觉。

7.6.16　所有手柄应操作方便，定位可靠。

7.6.17　车体两侧扶手应安装牢固，扶手在不侵限的情况下尽可能低。车体的第一级脚蹬距轨面应尽量接近限界允许的最低高度。踏梯应安装牢固，脚蹬板应防滑。

7.6.18　车内应设置卧铺、物品柜等。可设置取暖设备、空调设备、电视、收放音设备。

7.6.19　司机室在门窗密闭的情况下，自行车速为设计最高运行速度，柴油机功率为额定功率，其稳态噪声为：

a）司机室中央不应大于 90 dB(A)；

b）司机座位上方 0.7 m 处，不应大于 92 dB(A)；

c）设置单独机器间的轨道车，司机室中央不应大于 80 dB(A)。

7.6.20　轨道车应设置冬季取暖装置和夏季空调降温装置，在环境温度高于 35 ℃时，司机位温度不应高于 30 ℃，在环境温度低于 10 ℃时，司机位温度不应低于 16 ℃。

7.6.21　车体应设有架车支点和吊车支点，在检修或事故起吊时车体应有足够刚度和强度。

7.7　电气系统

7.7.1　电气系统总体要求

轨道车电气系统应满足下列总体要求：

a）电气设备应符合 TB/T 1333.1 和 TB/T 1333.2 的要求；

b）电线、电缆的绝缘等级应与工作电压相符，并符合 TB/T 1484.1 的规定；

c）电气设备布线应符合 TB/T 1507 的要求；

d）电器屏柜应符合 TB/T 1508 的要求；

e）电子装置应满足 TB/T 3021 的要求；

f）电磁兼容性应符合 TB/T 3034 的要求；

g）电器设备外壳防护应符合 GB 4208 的要求；

h）系统应能对柴油机的启动、调速、紧急停车进行控制及保护；

i）系统应能对动力传动系统、走行系统、制动系统、液压系统进行控制、联锁、保护及报警等。

7.7.2　电气系统其他要求

轨道车电气系统应满足下列其他要求：

a）电线、电缆的布置应能防止油、水及其他污物的进入。

b）电线管、线槽应安装牢固。电线要有线卡、扎线带等，以适当间隔固定。

c）接线端子应采用压接、两接线端子间的电线不应剪接。

d）每根电线两端应有清晰牢固的电线号码标记。母铜线应打钢印号码。

e）发热电器应具有良好的通风散热条件。

f）所有仪表的等级、规格应符合设计要求，未使用前仪表应处于零位，测量值应在仪表量程的20%～95%范围内。

g）各电路的绝缘电阻值要求

　1）对于额定电压等于直流 24 V 或直流 48 V 的电路，其值不应小于 1 MΩ；

　2）对于额定电压等于或大于直流 300 V 或交流 100 V 的电路，其值不应小于 5 MΩ；

　3）对于额定电压小于直流 300 V 或交流 100 V 的电路，其值不应小于 1 MΩ。但对于环境绝对湿度大于 16 g/m^3 时，其值应大于 0.5 MΩ。

h）轨道车应设外接交流电源插座，轨道车库停或在线路上停放时供柴油机预热和空调机及生活设施用电。

i) 轨道车两侧应设蓄电池充电专用插座,可利用外部专用充电电源充电。

7.8 照明装置

7.8.1 前后照灯应安装固定可靠,照射方向可调,具有防雨、抗振性能。

7.8.2 前后照灯的光照性能在距离前照灯 400 m 处的照度值不应小于 0.1 lx。

7.8.3 警示灯、标志灯、司机室内照明灯等均应完好,安装牢固,工作正常。

7.8.4 前后标志灯应符合“铁路技术管理规程”的要求。

8 安全设备与事故预防装置

8.1 在涉及行车安全的部位应设置安全保护装置,各安全保护装置均应齐全有效。

8.2 各种指示灯和报警器应状态良好。

8.3 制动梁和各种拉杆等铰接件应设置防止其折损或脱落时可能危及行车安全的的装置。

8.4 防火装置应安装牢固、可靠,灭火器型号、数量应符合消防安全规定。

8.5 轨道车应设置整车起吊的吊装点,并有足够的吊装空间和强度。

8.6 轨道车应设置手动紧急制动阀。

8.7 轨道车应按照有关规定装设符合部颁标准的列车无线调度通讯设备,列车机车信号、列车运行监控记录装置及配套组件,并应调整到正常使用状态。

9 检查与试验方法

9.1 一般要求检查

9.1.1 限界检查

限界检查按 GB/T 16904.1 的规定进行。

9.1.2 其他要求检查

各项目采取目测和手工检查方式,检查结果应符合本标准第 5 章的相关规定。

9.2 整机系统性能的检查与试验

9.2.1 整机性能检查

柴油机及辅助装置、传动系统、走行系统、制动系统、车架、车体和司机室、电气系统、照明装置、安全设备与事故预防装置的检查与试验按照 GB/T 3315 的有关规定进行。

9.2.2 司机室检查

司机室噪声测试应按 TB/T 2769 的规定进行,结果应符合本标准 7.6.19 的要求。

9.2.3 车体淋雨检查

车体淋雨试验按照 GB/T 3315—2006 的 5.13.2 规定进行。

9.3 整机牵引运行性能试验

9.3.1 牵引性能试验、运行阻力试验、液力传动轨道车冷却能力试验、起动加速性能试验、动力学性能试验、通过曲线试验均按照 TB/T 2769 的规定进行。

9.3.2 单机紧急制动距离试验按 TB/T 2769 的规定进行,试验结果应符合本标准 6.3 的要求。

9.4 试运行试验

9.4.1 试验总时间为 150 min,或总里程不少于 100 km。各挡试验时间或里程均布,其中包括正向和反向两种工况,正向和反向试验时间或里程均布。试验中以最高速度运行的时间或里程不应少于总时间或总里程的 1/4。

9.4.2 试运行检查下列各项目:

a) 柴油机不应有自动熄火、过热现象及转速不稳现象;

b) 轨道车离合器在结合或分离时,不应有打滑、发抖现象;

c) 轨道车变速箱、换向箱换挡应轻便灵活，无跳挡、脱挡、冲击现象或其他不正常声响；

d) 液力变扭器、动力换挡箱(工况箱)换挡应轻便灵活，准确可靠，无挂挡失败、跳挡、脱挡、冲击现象或其他不正常声响；

e) 万向传动轴、车轴齿轮箱不应有异常声响；

f) 柴油机冷却水温度、柴油机机油压力、液力变速箱油温，应符合设计要求或说明书规定；

g) 各仪表应工作正常，指示准确，各种开关应使用可靠；

h) 运行后检查各部温升，应符合要求；

i) 电传动轨道车检查内容由设计文件规定。

10 检验规则

10.1 检验分为型式试验和出厂检验。

10.2 轨道车属于下列情况之一时应进行型式试验，检查与试验项目按表3中带“T”符号的项目进行。

a) 新设计制造的轨道车；

b) 转厂生产或停产一年后重新生产时；

c) 结构、材料、工艺的改变影响产品性能时。

10.3 批量生产的轨道车每台均应进行出厂检验，检查与试验项目按表3中带“S”符号的项目进行。

表3 轨道车的检查与试验项目表

序号	检查与试验内容		检验项目	型式试验(T)	出厂检验(S)
1	一般要求检查	限界检查	按 GB/T 16904.1 的规定进行	T	S
2		其他	5	T	S
3	整机系统性能的检查与试验	柴油机及辅助装置	7.1	T	S
4		传动系统	7.2	T	S
5		走行系统	7.3	T	S
6		制动系统	7.4	T	S
7		车架	7.5	T	S
8		车体与司机室	7.6	T	S
9		电气系统	7.7	T	S
10		照明装置	7.8	T	S
11		安全设备与事故预防装置	8	T	S
12	整机牵引运行性能试验	牵引性能试验	9.3.1	T	—
13		运行阻力试验	9.3.1	T	—
14		液力传动轨道车冷却能力试验	9.3.1	T	—
15		起动加速性能试验	9.3.1	T	—
16		单机紧急制动距离试验	9.3.2	T	—
17		动力学试验	9.3.1	T	—
18		通过曲线试验	9.3.1	T	—
19		试运行试验	9.4	T	S

10.4 轨道车出厂检验由制造厂质量检验部门负责，签发合格证。并应附有下列随车技术文件和备件，方能出厂。

a) 产品合格证；

b） 使用保养说明书；

c） 易损件目录；

d） 合同规定的随车备件、附件和工具及其清单。

11 标志、包装、运输和贮存

11.1 铭牌、标志

11.1.1 铭牌

轨道车应在明显的位置上设置产品铭牌，铭牌尺寸应符合 GB/T 13306 的规定，其内容主要包括：

a） 产品名称、型号；

b） 主要技术参数；

c） 出厂编号、日期、制造厂名。

11.1.2 标志

轨道车应按有关规定设置警示标志；各种阀件应有明确的操作指示标示。

11.2 包装

11.2.1 随车备件、附件和工具应装箱，装箱应牢固可靠，箱外标志明显清楚。

11.2.2 随车技术文件应用防潮材料包装。

11.3 运输

11.3.1 轨道车在装车发运时应符合下列规定：

a） 所有油、水、气均应排除干净；

b） 各操纵手柄或开关应置于非工作位置。

11.3.2 四轴轨道车整机运输按无动力附挂运输办理时，挂于列车尾部，联挂速度应符合直达货物列车的有关规定。二轴轨道车不允许联挂运输。

11.4 贮存

轨道车应贮存在空气流通、干燥、无足以腐蚀金属和破坏绝缘的气体的场所。并参照说明书对贮存的轨道车进行保养。

ICS 53.100
P 97

中华人民共和国国家标准

GB/T 10170—2010
代替 GB/T 10169—1988,GB/T 10170—1988

挖掘装载机　技术条件

Backhoe loader—Technical specifications

2010-12-01 发布　　2011-03-01 实施

中华人民共和国国家质量监督检验检疫总局
中国国家标准化管理委员会　发布

前言

本标准是对GB/T 10169—1988《挖掘装载机　参数》和GB/T 10170—1988《挖掘装载机　技术条件》的修订。

本标准代替GB/T 10169—1988和GB/T 10170—1988。

本标准与GB/T 10169—1988、GB/T 10170—1988相比，主要变化如下：

——两项标准合并为一项标准，重新进行了编排调整；

——将GB/T 10169基本参数表3作为资料性附录移到资料性附录A，并仅列出参数项目名称；

——制动性能、司机视野、操纵力、噪声、司机座椅振动等要求改为直接采用相应标准的规定；

——原GB/T 10170—1988第4章“型式试验”内容列入GB/T 13751—2008中；

——删除了“结构要求”及“质量分等”内容；

——增加了挖掘装载机的发动机排气污染物排放按GB 20891的要求；

——修改了验收规则及抽样判定的内容。

本标准的附录A是资料性附录。

本标准由中国机械工业联合会提出。

本标准由全国土方机械标准化技术委员会(SAC/TC 334)归口。

本标准起草单位：天津工程机械研究院、福田雷沃国际重工股份有限公司、厦门厦工机械股份有限公司。

本标准主要起草人：段琳、孙长良、李蔚萍。

本标准所代替标准的历次版本发布情况为：

——GB/T 10169—1988；

——GB/T 10170—1988。

挖掘装载机　技术条件

1　范围

本标准规定了挖掘装载机的术语和定义、基本参数、要求、试验方法、检验规则、标志、包装、运输和贮存。

本标准适用于GB/T 8498定义的自行的轮胎式挖掘装载机，履带式挖掘装载机可参考使用。

2　规范性引用文件

下列文件中的条款通过本标准的引用而成为本标准的条款。凡是注日期的引用文件，其随后所有的修改单(不包括勘误的内容)或修订版均不适用于本标准，然而，鼓励根据本标准达成协议的各方研究是否可使用这些文件的最新版本。凡是不注日期的引用文件，其最新版本适用于本标准。

GB/T 1147.1　中小功率内燃机　第1部分:通用技术条件

GB/T 2829　周期检验计数抽样程序及表(适用于对过程稳定性的检验)

GB/T 3766　液压系统通用技术条件(GB/T 3766—2001,eqv ISO 4413:1998)

GB/T 7935　液压元件　通用技术条件

GB/T 8419　土方机械　司机座椅振动的试验室评价(GB/T 8419—2007,ISO 7096:2000,IDT)

GB/T 8498　土方机械　基本类型　识别、术语和定义(GB/T 8498—2008,ISO 6165:2006,IDT)

GB/T 8595　土方机械　司机的操纵装置(GB/T 8595—2008,ISO 10968:2004,IDT)

GB/T 9969　工业产品使用说明书　总则

GB/T 10168　土方机械　挖掘装载机　术语和商业规格(GB/T 10168—2008,ISO 8812:1999,IDT)

GB/T 10175.1　土方机械　装载机和挖掘装载机　第1部分:额定工作载荷的计算和验证倾翻载荷计算值的测试方法(GB/T 10175.1—2008,ISO 14397-1:2007,IDT)

GB/T 10175.2　土方机械　装载机和挖掘装载机　第2部分:掘起力和最大提升高度提升能力的测试方法(GB/T 10175.2—2008,ISO 14397-2:2007,IDT)

GB/T 13331　土方机械　液压挖掘机　起重量(GB/T 13331—2005,ISO 10567:1992,IDT)

GB/T 13751　挖掘装载机　试验方法

GB/T 14039　液压传动　油液　固体颗粒污染等级代号(GB/T 14039—2002,ISO 4406:1999,MOD)

GB/T 14781　土方机械　轮式机械的转向能力(GB/T 14781—1993,eqv ISO 5010:1992)

GB 16710.1　工程机械　噪声限值

GB/T 19933.2　土方机械　司机室环境　第2部分　空气滤清器的试验(GB/T 19933.2—2005,ISO 10263-2:1994,IDT)

GB/T 19933.4　土方机械　司机室环境　第4部分　司机室的空调、采暖和(或)换气试验方法(GB/T 19933.4—2005,ISO 10263-4:1994,MOD)

GB/T 19933.5　土方机械　司机室环境　第5部分　风窗玻璃除霜系统的试验方法(GB/T 19933.5—2005,ISO 10263-5:1994,MOD)

GB 20178　土方机械　安全标志和危险图示　通则(GB 20178—2006,ISO 9244:1995,MOD)

GB/T 20418　土方机械　照明、信号和标志灯以及反射器(GB/T 20418—2006,ISO 12509:1995,MOD)

GB 20891 非道路移动机械用柴油机排气污染物排放限值及测量方法(中国Ⅰ、Ⅱ阶段)

GB/T 21152 土方机械 轮胎式机器 制动系统的性能要求和试验方法(GB/T 21152—2007,ISO 3450:1996,IDT)

GB/T 21155 土方机械 前进和倒退音响报警 声响试验方法(GB/T 21155—2007,ISO 9533:1989,IDT)

GB/T 21935 土方机械 操纵的舒适区域与可及范围(GB/T 21935—2008,ISO 6682:1986,IDT)

GB/T 21938 土方机械 液压挖掘机和挖掘装载机动臂下降控制装置 要求和试验(GB/T 21938—2008,ISO 8643:1997,IDT)

GB/T 21941 土方机械 液压挖掘机和挖掘装载机的反铲斗和抓铲斗 容量标定(GB/T 21941—2008,ISO 7451:2004,IDT)

GB/T 21942 土方机械 装载机和正铲挖掘机的铲斗 容量标定(GB/T 21942—2008,ISO 7546:1983,MOD)

GB/T 22358 土方机械 防护与贮存(GB/T 22358—2008,ISO 6749:1984,IDT)

GB/T 25602 土方机械 机器可用性 术语(GB/T 25602—2010,ISO 8927:1991,IDT)

GB/T 25604 土方机械 装载机 术语和商业规格(GB/T 25604—2010,ISO/DIS 7131:2007,MOD)

GB/T 25622 土方机械 司机手册 内容和格式(GB/T 25622—2010,ISO 6750:2005,IDT)

GB/T 25627 工程机械 动力换挡变速器

JB/T 5943 工程机械 焊接件通用技术条件

JB/T 5946 工程机械 涂漆通用技术条件

JB/T 5947 工程机械 包装通用技术条件

JB 6030 工程机械 通用安全技术要求

JB/T 8816 工程机械 驱动桥技术条件

JB/T 10902 工程机械 司机室

ISO 5006:2006 土方机械 司机视野 试验方法和性能准则

ISO 14401-2:2009 土方机械 监视镜和后视镜的视野 第2部分:性能准则

3 术语和定义

GB/T 8498、GB/T 10168、GB/T 25604《土方机械 装载机 术语和商业规格》和 GB/T 25602《土方机械 机器可用性 术语》确立的以及下列术语和定义适用于本标准。

3.1

额定工作载荷 rated operating capacity

机器在正常工作条件下由名义载荷确定的计算值,单位为千克(kg)。

[GB/T 10175.1—2008,定义 3.1]

3.2

最大提升高度提升能力 lift capacity to maximum height

〈适用于铲斗〉在液压回路工作压力下,利用提升液压缸从地面提升至最大提升高度所能提起的质量,单位为千克(kg)。铲斗处于最大载荷状态,合力垂直通过 GB/T 21942 规定的铲斗额定容量的质心。

[GB/T 10175.2—2008,定义 3.6]

3.3

掘起力 breakout force

距装载机铲斗切削刃前端或曲线形铲斗切削刃(尖角、弧线等)最前点向后 100 mm,且铲斗切削刃底部与基准地平面(GRP)平行,距离不超过 20 mm,由提升液压缸或铲斗液压缸产生的最大向上的垂直力,单位为牛顿(N)。

[GB/T 10175.2—2008,定义 3.1]

3.4

额定起重量　rated lift capacity

额定倾翻载荷或额定液压起重量两者中的较小者。

[GB/T 13331—2005,定义 3.11]

4　基本参数

4.1　挖掘装载机的基本参数是发动机额定功率、反铲斗额定容量、装载额定工作载荷和工作质量。

4.2　挖掘装载机反铲斗额定容量应符合 GB/T 21941,标称值的变化范围为±5%。

4.3　装载额定工作载荷应符合 GB/T 10175.1 的规定。

4.4　挖掘装载机主要参数一览表见附录 A。

5　要求

5.1　一般要求

5.1.1　挖掘装载机应符合本标准的规定,并按经规定程序批准的图样及技术文件制造。

5.1.2　原材料、外购件和协作件应有供应厂家的正式标记及合格证,并经抽样检验合格后方可使用。

5.1.3　挖掘装载机应能在环境温度为－15 ℃～＋43 ℃条件下正常启动和作业。

5.1.4　挖掘装载机的结构应考虑提高整机作业效率及更换多种工作装置的可能性。

5.1.5　司机手册的编制应符合 GB/T 9969 和 GB/T 25622《土方机械　司机手册　内容和格式》的规定,制造商还应依据市场和客户要求增加司机手册中的具体内容。

5.2　性能要求

5.2.1　挖掘装载机基本参数应符合 4.3 的规定。

5.2.2　挖掘装载机主要性能指标应符合表 1 的规定。

5.2.3　挖掘装载机最大掘起力应大于等于最大提升高度提升能力的 2 倍。

5.2.4　液压系统和液压元件应符合 GB/T 3766 和 GB/T 7935 的规定,液压油最大温升和最高温度应处于挖掘装载机正常工作允许范围内。

5.2.5　发动机应符合 GB/T 1147.1 的规定。

5.2.6　动力换挡变速器应符合 GB/T 25627《工程机械　动力换挡变速器》的规定。

5.2.7　燃油箱、液压油箱的设计应使其油位标记易被观察。

5.2.8　驱动桥应符合 JB/T 8816 的规定并且离地间隙不小于 420 mm。

5.2.9　为确保连接维修保养用的照明装置,挖掘装载机应装有电源插座并便于接近,插座应能防止错误连接。

表 1　挖掘装载机主要性能要求

序号	项目		性能要求
1	反铲起重量		应符合 GB/T 13331 的规定
2	最大爬坡能力(单桥)		≥25%
3	制动性能		应符合 GB/T 21152 的规定
4	操纵装置		应符合 GB/T 8595 的规定
5	转向能力		应符合 GB/T 14781 的规定
6	动臂液压缸沉降量/(mm/10 min)	反铲装置	≤10
		装载装置	≤10

表 1（续）

序号	项目		性能要求
7	反铲作业循环时间/s	额定容量 0.10 m^3～0.16 m^3	≤18
		额定容量 0.20 m^3～0.25 m^3	≤20
		额定容量 0.30 m^3～0.50 m^3	≤22
8	液压系统油液固体颗粒污染等级		≤－19/16(见 GB/T 14039)
9	燃油系统固体颗粒污染等级		≤－20/17
10	整机密封性(10 min)		无渗
11	噪声		应符合 GB 16710.1 的规定
12	司机座椅振动		应符合 GB/T 8419 的规定
13	排气污染物排放		应符合 GB 20891 的规定(厂家提供试验报告)
14	整机可靠性	工作可用度(有效度)	≥80%
		平均失效间隔时间(平均故障间隔时间)/h	≥200

5.3 外观要求

5.3.1 焊接质量应符合 JB/T 5943 的规定。

5.3.2 涂漆质量应符合 JB/T 5946 的规定。

5.3.3 整机外露的机械加工面和随机工具、备用件及其他需防锈的表面均应清理干净，并进行防锈处理。

5.4 安全及舒适性要求

5.4.1 挖掘装载机的安全技术要求应符合 JB 6030 的规定。

5.4.2 挖掘装载机电气控制系统中应有过载安全保护装置。

5.4.3 挖掘装载机反铲进行起重作业时，应安装符合 GB/T 21938 要求的动臂下降控制装置。

5.4.4 挖掘装载机前后部安装的照明、信号和标志灯以及反射器应符合 GB/T 20418 的规定。

5.4.5 挖掘装载机前进和倒退音响报警应符合 GB/T 21155 的规定。

5.4.6 具有支腿的挖掘装载机，支腿收起后应有可视的或声音报警装置，此装置警示司机在机器正常行驶前应抬起支腿。

5.4.7 装载作业或转移时，反铲工作装置锁定机构应可靠。

5.4.8 司机室应具有良好的操作条件，使司机能够完成各项操作。操纵装置舒适区域与可及范围应符合 GB/T 21935 的规定。

5.4.9 如配备全密封的司机室，司机室环境应符合 GB/T 19933.2、GB/T 19933.4 和 GB/T 19933.5 的。

5.4.10 司机室的地板和脚踏板应采取有效的防滑措施，允许采用花纹的或多孔的橡胶垫。

5.4.11 司机室前后窗应装安全玻璃或其他具有相同安全性能的材料，并应配置刮水器和清洗器。检测监护仪表应安装在司机室内，位于司机在工作位置上能够看得见的地方。

5.4.12 司机的视野可视性应符合 ISO 5006:2006 的规定。为补救直接视野的不足，挖掘装载机应配备相应的辅助设备，例如：后视镜、监视装置等。安装的监视镜和后视镜应符合 ISO 14401-2:2009 的规定。

5.4.13 司机室其他要求应符合 JB/T 10902 的规定。

5.4.14 安全标志和危险图示应符合 GB 20178 的规定。

6 试验方法

按 GB/T 13751 的规定进行。

7 检验规则

7.1 出厂检验

7.1.1 挖掘装载机应经出厂检验合格后方可出厂。

7.1.2 出厂检验项目可按表2选择。

7.2 型式检验和周期性检验

7.2.1 型式检验项目和周期性检验项目见表2。

7.2.2 挖掘装载机在下列情况之一时，应进行型式检验：

a) 新产品或老产品转厂生产的试制定型鉴定；

b) 当正常生产过程中，如结构、材料或工艺等有较大改变，而可能影响产品性能时；

c) 长期停产后，恢复生产时；

d) 国家质量监督机构提出型式检验要求时。

7.2.3 正常生产时，定期或累积一定产量后，应进行周期性检验。

表2 挖掘装载机检验项目

项目	出厂检验	周期性检验	型式检验
检验项目	涂漆和焊接外观质量	1) 出厂检验全部项目 2) 性能试验项目	1) 出厂检验全部项目 2) 性能试验 3) 工业性试验
	整机密封性		
	各润滑部位的润滑状态		
	电气系统检查		
	整机及备件、随机工具等发货完整性		
	燃油、润滑油和液压油等油液的装机情况		
	照明、信号、前进、倒退报警音响及仪表完好情况		
	模拟作业工况，检测工作装置动作时间		
	模拟行驶工况，检测制动性能和转向性能		
	液压系统的标定压力		
判定规则	出厂检验项目检验应合格。出厂检验方案由制造商自行确定。或由制造商与用户协商确定	周期检验项目抽样检验应合格。周期检验采用抽样检验，具体的抽样、组批方式由制造商按GB/T 2829中规定的一次抽样方案，在受检的当月(或当季)的批量中随机抽取。 具体抽样方案由制造商自行确定或由制造商与用户协商确定	型式检验采用抽样检验，具体的抽样、组批方式由制造商的质量检验部门按GB/T 2829中规定的一次抽样方案，在受检的当月(或当季)的批量中随机抽取。新产品鉴定型式检验的样机应在不少于两台中抽取一台。具体抽样方案由制造商自行确定或由制造商与用户协商确定。 型式试验中制动性能、噪声、排放及安全要求均合格方为合格。否则，只要一项强制性指标检查项不合格则判定产品不合格

8 标志、包装、运输和贮存

8.1 标志

8.1.1 产品标牌应固定在挖掘装载机机身的明显位置。

8.1.2 产品标牌应包括下列项目：

a) 制造商名称和地址；

b) 产品名称和型号；

c) 产品基本参数和外形尺寸；

d) 制造年度或出厂编号。

8.1.3 在挖掘装载机的明显位置，应设置操纵指示标志、安全标志和润滑示意图。

8.2 包装

8.2.1 挖掘装载机及其附件的包装应符合 JB/T 5947 或合同的约定。

8.2.2 挖掘装载机分解包装运输按包装图样进行包装。

8.3 运输

8.3.1 挖掘装载机的运输应符合铁路、公路和河运等交通运输部门的规定。

8.3.2 挖掘装载机运输时，回转机构应处于锁紧状态。

8.4 贮存

挖掘装载机贮存与防护应符合 GB/T 22358 的规定。

8.5 随机文件

挖掘装载机出厂时，应向用户提供下列文件：

a) 产品合格证；

b) 产品司机手册；

c) 装箱单；

d) 随机工具、易损件、附件和备件的目录。

附录A
（资料性附录）
挖掘装载机主要参数一览表

项　目	性　能　参　数		单　位
基本参数	反铲斗额定容量		m^3
	装载额定工作载荷		kg
	发动机额定功率/额定转速		kw/(r/min)
	工作质量		kg
整机性能参数	反铲最大挖掘力		kN
	装载最大掘起力		kN
	斗容量（基本型装载铲斗）		m^3
	行驶速度		km/h
	爬坡能力		(%)
	最小转弯直径		mm
	司机位置处噪声		dB(A)
	司机机外辐射噪声		dB(A)
	发动机排放指标		
液压系统参数	工作压力		MPa
	流量		L/min
	液压缸沉降量		mm/10 min
反铲装置性能参数	最大挖掘半径		mm
	最大挖掘深度		mm
	最大卸载高度		mm
装载装置性能参数	最大卸载高度		mm
	最大卸载距离		mm
	动作时间	提升	s
		下降	s
		卸载	s
外形尺寸	运输时全长		mm
	运输时全宽		mm
	运输时全高		mm
	司机室高度		mm
	轮距		mm
	回转半径		mm

ICS 53.020.20
J 80

中华人民共和国国家标准

GB/T 10183.1—2010/ISO 12488-1:2005
代替 GB/T 10183—2005

起重机　车轮及大车和小车轨道公差
第1部分:总则

Cranes—Tolerances for wheels and travel and traversing tracks—Part 1:General

(ISO 12488-1:2005,IDT)

2011-01-10 发布　　　　2011-06-01 实施

中华人民共和国国家质量监督检验检疫总局
中国国家标准化管理委员会　发布

前　言

GB/T 10183《起重机　车轮及大车和小车轨道公差》分为2个部分：

——第1部分：总则；

——第4部分：臂架起重机。

本部分为GB/T 10183的第1部分。

本部分等同采用ISO 12488-1:2005《起重机　车轮及大车和小车轨道公差　第1部分：总则》（英文版）。包括其修正案（技术勘误）ISO 12488-1:2005/Cor1:2008(E)。

本部分等同翻译ISO 12488-1:2005。

为了便于使用，本部分做了下列编辑性修改：

a) "ISO 12488的本部分"一词改为"GB/T 10183的本部分"；

b) 用小数点"."代替作为小数点的逗号","；

c) 对于ISO 12488-1:2005引用的国际标准已采用为我国标准的，本部分用我国标准代替对应的国际标准；

d) 将ISO 12488-1:2005的技术勘误ISO 12488-1-Cor1:2008的内容纳入正文，经改动的内容在正文中的页边处用垂直双线(‖)标识；

e) 对ISO 12488-1:2005中部分公差符号做了编辑性的调整，同时，公差符号与对应示意图不一致也做了订正。

本部分是对GB/T 10183—2005的修订。本部分与GB/T 10183—2005相比主要变化如下：

——适用范围由桥式和门式起重机扩大至所有轨道上运行的起重机。

——将公差定义为构造公差和运行公差两类，并依据起重机在整个寿命期内的总运行距离，把公差划分为4个等级。

——GB/T 10183—2005不考虑起重机工作时的弹性变形，本部分则提出应考虑；对于高敏感度系统，可能需要选用表1中所列的更高一级的公差等级。

——规定公差值适用的工作环境温度为20 ℃。当起重机运行场所的平均环境温度达不到此条件时，公差值应做相应调整。

——对不同的承载金属结构作了规定：例如，表4和表5规定的起重机车轮或小车车轮接触点高度公差Δh_r以及表2和表3规定的相应的轨道公差适用于在大车或小车钢轨上运行的刚性结构，即适用于主梁、小车架或门架的箱形梁结构。对于由开式断面构成的框架结构，所用公差可以低一级或两级。

——GB/T 10183—2005是修改采用ISO 8306:1985，结合国情，还引用了GB/T 14405—1993和GB/T 14406—1993中的相关规定。本标准则是等同采用ISO 12488-1:2005，不再引用产品标准。

本部分由中国机械工业联合会提出。

本部分由全国起重机械标准化技术委员会(SAC/TC 227)归口。

本部分负责起草单位：大连重工·起重集团有限公司、北京起重运输机械设计研究院。

本部分参加起草单位：大连理工大学。

本部分主要起草人：桂佩康、李秀苇、何铀、唐宪锋、王欣。

引　　言

GB/T 10183的本部分规定了反映当代起重机械的设计水平的要求，给出了导则和设计准则。所规定的准则，体现了能保证达到基本安全要求并使部件具有充裕的使用寿命的成功设计经验。偏离这些准则一般会导致风险增大或寿命缩短。但也应承认，技术创新与新材料的采用等有可能会产生新的方案，最终获得同等的或更高的安全性与耐久性。

起重机　车轮及大车和小车轨道公差 第1部分:总则

1　范围

GB/T 10183的本部分规定了由GB/T 6974.1定义的起重机及其轨道的安装和运行状态下的公差。本部分提出这些要求的目的是为了消除由于结构正常尺寸或形位偏差引起的过载,从而提高起重机的运行安全性和保证各部件达到其预期寿命。

本部分所规定的公差均为极限值。由载荷效应引起的弹性变形不包括在内。为达到预定的使用性能要求,需要在设计阶段采用其他设计准则考虑这些弹性变形。

对于特定类型起重机的具体公差值,在GB/T 10183的其他各部分中规定。

2　规范性引用文件

下列文件中的条款通过GB/T 10183的本部分的引用而成为本部分的条款。凡是注日期的引用文件,其随后所有的修改单(不包括勘误的内容)或修订版均不适用于本部分,然而,鼓励根据本部分达成协议的各方研究是否可使用这些文件的最新版本。凡是不注日期的引用文件,其最新版本适用于本部分。

GB/T 1182　产品几何技术规范(GPS) 几何公差　形状、方向、位置和径向跳动公差标注(GB/T 1182—2008,ISO 1101:2004,IDT)

GB/T 1800.2　产品几何技术规范(GPS) 极限与配合　第2部分:标准公差等级和孔、轴极限偏差表(GB/T 1800.2—2009, ISO 286-2:1988,MOD)

GB/T 6974.1　起重机　术语　第1部分:通用术语(GB/T 6974.1—2008,ISO 4306-1:2007,IDT)

3　术语和定义

下列术语和定义适用于GB/T 10183的本部分。

3.1

构造公差　construction tolerances

在起重机投入运行之前,在新装、改装、重装或维修组装起重机期间,由起重机整机及其轨道的装配产生的偏离规定尺寸的允许量值。

注1:此种情况适用于新装的或经过维修的、改装的起重机及其轨道。

注2:该量值既可以用极限尺寸偏差的绝对值也可以用几何允许偏差表示。

3.2

运行公差　operational tolerances

由于起重机的使用,致使起重机和轨道产生的偏离规定尺寸的允许量值。

4　符号

A——与大车或小车运行轨道任一点处的轨道中心有关的或与大车或小车车轮中心有关的跨度公差。

B——大车轨道全长上任一点处,在水平投影面内的直线度公差。

b——轨道顶部任一点处,在2 m检测长度内水平投影面的直线度公差(抽样值)。

b_s——轨道焊接接头的水平方向的偏斜度。

C——大车轨道全长上任一点处，轨道中心顶部的直线度公差。

c——大车轨道顶部任一处，在 2 m 检测长度内的直线度公差（抽样值）。

c_h——轨道焊接接头的高度方向的偏斜度。

a——沿轨道纵向的水平导向轮之间的中心距（轮距）。

e——轨道纵向两个车轮轴线之间或台车之间的中心距（基距）。

h_F——轨道顶面至水平导向轮底面的距离。

S——两轨道中心之间的距离（大车为跨度，小车为轨距）。

‰——用垂直距离与水平距离之比的 1/1 000 表示的倾斜度。

D——车轮直径。

D_t——车轮直径公差。

E——轨道上任一点处，在与之成直角的方向上，相对应的两轨道测点间的高度差（同截面两轨道的高低差）。

F_{max}——终端止挡器或缓冲器的平行度公差。

G——轨道横截面相对于水平面的倾斜度。

H_F——轨道焊接接头的垂直错位值。

H_S——轨道接头的水平错位值。

H_x——对 H_S 的修整区进行磨削后的平整度。

K——轨道中心相对于腹板中心线的偏差。

ΔD——由一套驱动装置驱动的成对车轮的直径差。

Δe——水平投影面内车轮基距公差。

ΔF——水平投影面内导向轮的水平偏斜。

Δh_F——水平导向轮底面至轨道上平面的高度差。

Δh_r——车轮接触点高度公差（车轮接触点的平面度）。

ΔN——水平投影面内车轮的同位差。

αF——水平导向轮轴在垂直于轨道方向上的平行度公差（在轨道横截面方向水平轮轴线的倾斜度）。

βF——水平导向轮轴在沿轨道方向上的平行度公差（在轨道纵向截面方向水平轮轴线的倾斜度）。

Φk——水平投影面内轴孔中心线倾斜度。

Φr——水平投影面内轮轴中心线倾斜度。

τk——垂直平面内轴孔平行度公差（轴孔垂直倾斜度）。

τr——垂直平面内轮轴平行度公差（车轮垂直倾斜度）。

以上符号及其含义适用于 GB/T 10183 的所有部分。

如果构造公差的符号同时也适用于运行公差（例如，用于使用说明书中），则应添加下标 w（例如 A_w，B_w，C_w，E_w）。

必要时，还可以添加辅助下标，如：

A_{w1} 表示大车轨道跨度的运行公差；

A_{w2} 表示小车轨道轨距的运行公差；

A_{w3} 表示起重机跨度的运行公差；

A_{w4} 表示小车轨距的运行公差。

5 公差分级

确定公差等级的主要依据是起重机在整个寿命期内的总运行距离，但系统的敏感度以及在

GB/T 10183的其他各部分中规定的公差等级也应予以考虑。

注：就 GB/T 10183 本部分而言，系统敏感度是指系统对由意外偏离产生的公差所导致的载荷效应的反应程度(参见 GB/T 22437.1—2008 中的 6.1.5)。对于高敏感度系统，可能需要选用比表 1 中所列的更高一级的公差等级。

表 1　公差等级

公差等级	大车与小车运行距离极限值/ km
1	50 000≤L
2	10 000≤L<50 000
3	L<10 000，用于永久性敷设的轨道
4	用于为建筑和安装目的敷设的临时轨道
注：L 是相应的大车/小车运行机构的正常运行速度和规定工作时间的乘积，其中工作时间可取用户规定的数值或者参考该机构的分级而确定。	

6　公差值

6.1　总则

不同等级的公差值和参数应按表 2、表 3、表 4、表 5、表 6 和表 7 的规定。

6.2　热效应

表 2、表 3、表 4、表 5、表 6 和表 7 中所列的公差值适用的工作环境温度为 20 ℃。当起重机运行场所的平均环境温度不符合此条件时，公差值应做相应调整。

6.3　车轮接触点高度公差的应用

表 4 和表 5 规定的起重机或小车车轮接触点高度公差(车轮接触点平面度)Δh_r 以及表 2 和表 3 规定的相应的轨道公差适用于在大车或小车钢轨上运行的刚性结构，即适用于主梁、小车架或门架的箱形梁结构。对于由开式断面构成的框架结构，所用公差可以低一级或两级。

6.4　构造公差

6.4.1　总则

进行检测时，起重机应处于空载状态；起重机及其轨道的支承方式应与运行时相同。表 2 至表 6 给出了相应的公差值。

如果技术文件要求采用区分各类公差的方法，应在与本部分中相关表格对应的公差符号后加下角标。

例如：A_2 表示按表 2 规定的大车轨道构造公差。

6.4.2　钢轨接头

钢轨接头的构造公差应符合表 6 的规定。

6.5　运行公差

表 7 中规定的运行公差应在起重机空载时检测。

注：公差超过表 7 中数值会使运行性能下降到不可接受的程度，并引起附加应力，导致钢轨、车轮、导向轮等磨损增大，还可能损坏支承结构。如检测发现超过表 7 中的公差值，应由胜任的工程师进行研究分析并采取相应措施。

表 2 大车运行轨道 1 至 4 级的构造公差

公差参数			公差值				
符号	对本表的说明	示意图	1 级	2 级	3 级	4 级	单位
A	大车轨道上任一点处，起重机轨道中心之间跨度 S 的公差	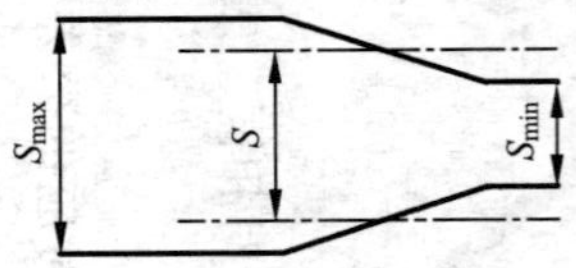 $A=S_{max}-S$ $A=S_{min}-S$	$S\leqslant16$ m 时，±3； $S>16$ m 时， $\pm[3+0.25(S-16)]$； 极限值为±10 S 单位为 m	$S\leqslant16$ m 时，±5； $S>16$ m 时， $\pm[5+0.25(S-16)]$； 极限值为±15 S 单位为 m	$S\leqslant16$ m 时，±8； $S>16$ m 时， $\pm[8+0.25(S-16)]$； 极限值为±20 S 单位为 m	$S\leqslant16$m 时，±12.5； $S>16$ m 时， $\pm[12.5+0.25(S-16)]$ 极限值为±25 S 单位为 m	mm
B	大车轨道全长上任一点处，起重机轨道顶部水平直线度公差	起重机轨道在水平投影面内的位置	±5	±10	±20	±40	mm
b	轨道顶部任一点处 2 000 mm(抽样值)检测长度内的水平直线度公差	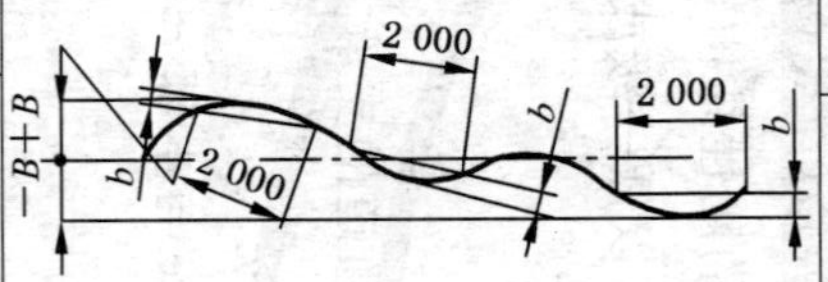	1	1	2	4	mm
C	大车轨道全长上任一点处，起重机轨道中心顶部的直线度公差	起重机轨道顶部(沿轴心线方向)	±5	±10	±20	±40	mm
c	起重机轨道顶部任一点处 2 000 mm(抽样值)检测长度内的直线度公差	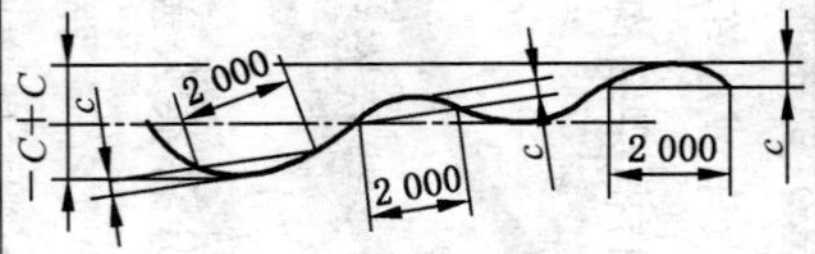	1	2	4	8	mm
E	大车轨道上任一点处，在与之成直角的方向上，相对应的两轨道测点之间的高度差	起重机大车轨道顶部高低差 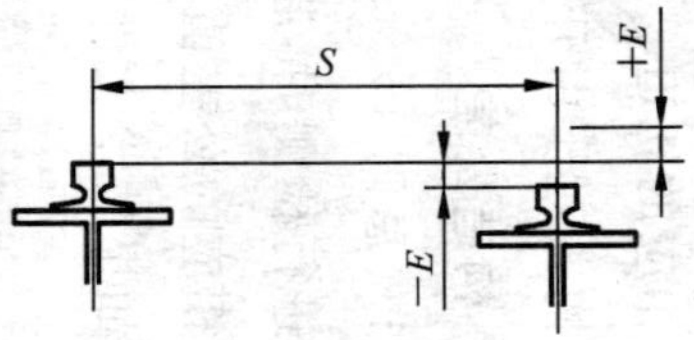	±0.5S， S 单位为 m； 极限值为±5	±1.0S， S 单位为 m； 极限值为±10	±2S， S 单位为 m； 极限值为±20	±4S， S 单位为 m； 极限值为±40	mm

表 2（续）

公差参数			公差值				
符号	对本表的说明	示意图	1 级	2 级	3 级	4 级	单位
F_{max}	大车轨道上垂直于纵向轴线的终端止挡器或缓冲器的平行度公差，符号为//	在水平投影面内的位置（符号按 GB/T 1182） 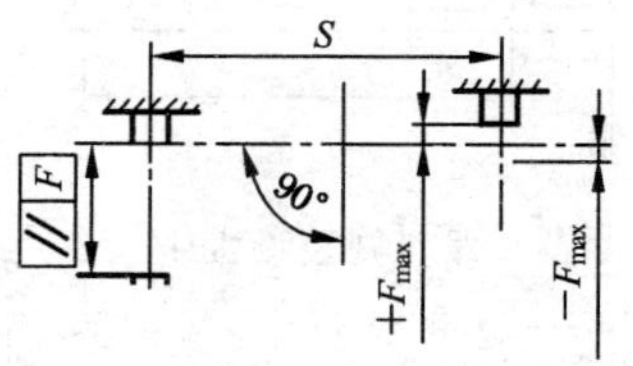	±0.8S； 极限值为±8 S 单位为 m 例如：S=20 m 时， ±8	±1.0S； 极限值为±10 S 单位为 m 例如：S=20 m 时， ±10	±1.25S； 极限值为±12.5 S 单位为 m 例如：S=20m 时， ±12.5	±1.6S； 极限值为±16 S 单位为 m 例如：S=20 m 时， ±16	mm
G（见表 3）	大车轨道上任一点处，钢轨横截面的倾斜度，符号为∠	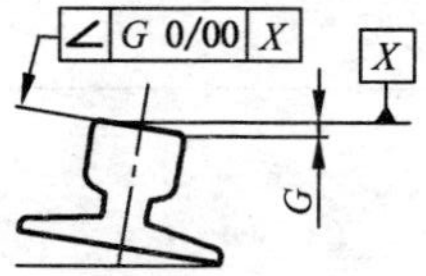	4	6	9	12	‰
Δh_r	大车轨道上任一点处，车轮接触点高度差（平面度）	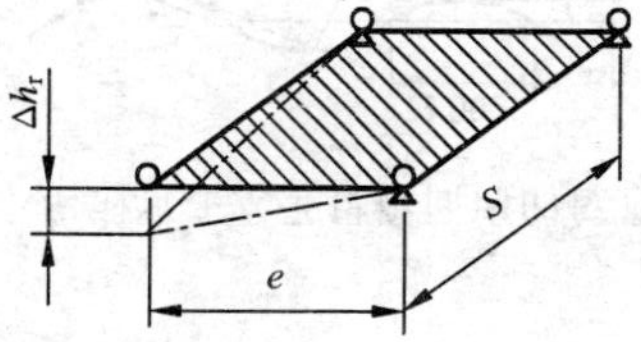	0.5S(或 0.5e)， 极限值为 5 e 与 S 单位为 m，选两者中较小者代入 e 或 S	1.0S(或 1.0e)， 极限值为 10 e 与 S 单位为 m，选两者中较小者代入 e 或 S	1.6S(或 1.6e)， 极限值为 16 e 与 S 单位为 m，选两者中较小者代入 e 或 S	2.0S(或 2.0e)， 极限值为 20 e 与 S 单位为 m，选两者中较小者代入 e 或 S	mm
K	大车轨道上任一点处，轨道中心相对于腹板中心的偏差	t_{min}——腹板的最小厚度 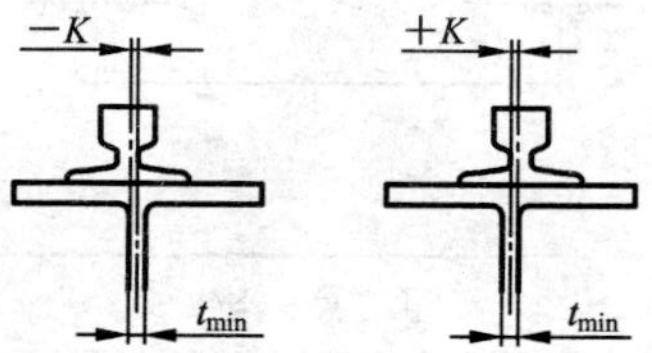	±0.5t_{min}			—	mm

表 3　小车运行轨道 1 至 4 级的构造公差

公差参数			公差值				
符号	对本表的说明	示意图	1 级	2 级	3 级	4 级	单位
A	小车轨道上任一点处，小车轨道中心之间的轨距 S 的公差	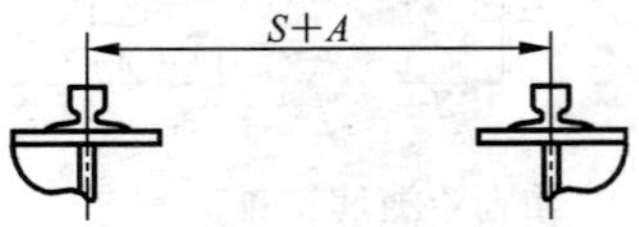	±3； 适用于所有 $S \leqslant 16$ m 的轨距	±5；	±8；	±12.5；	mm
b	轨道顶部任一点处 2 000 mm（抽样值）检测长度上的水平直线度公差	小车钢轨在水平投影面内的位置 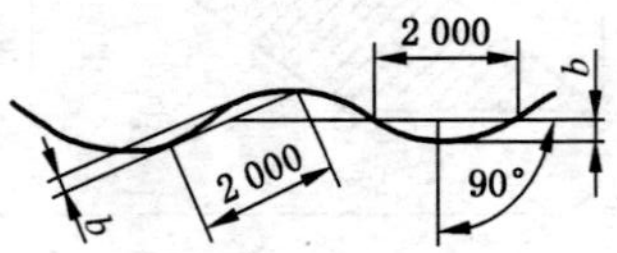	1	1	2	4	mm
E	小车轨道上任一点处，在与之成直角的方向上，相对应的两钢轨测点之间的高度差	小车轨道高低差 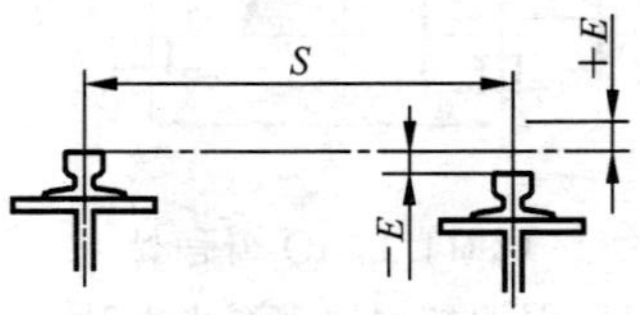	$S \leqslant 2$ m 时，±3.2； $S > 2$ m 时，±1.6S S 单位为 m 极限值为±6.3	$S \leqslant 2$ m 时，±4.2； $S > 2$ m 时，±2S S 单位为 m 极限值为±8	$S \leqslant 2$ m 时，±5； $S > 2$ m 时，±2.5S S 单位为 m 极限值为±10	$S \leqslant 2$ m 时，±6.3； $S > 2$ m 时，±3.2S S 单位为 m 极限值为±12.5	mm

表 3（续）

公差参数			公差值				
符号	对本表的说明	示意图	1 级	2 级	3 级	4 级	单位
Δh_r	小车轨道上任一点处，车轮接触点高度差（平面度）	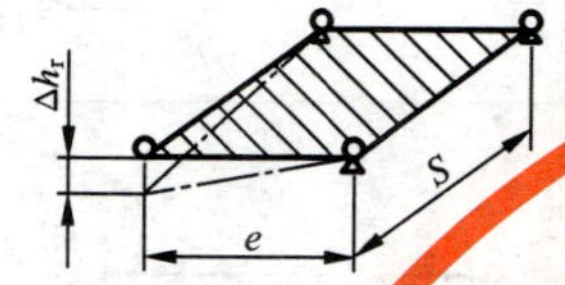	$S\leqslant 2$ m 时，1.6； $S>2$ m 时，0.8S S 单位为 m 极限值为 3.2	$S\leqslant 2$ m 时，2； $S>2$ m 时，1.0S S 单位为 m 极限值为 4	$S\leqslant 2$ m 时，2.5； $S>2$ m 时，1.25S S 单位为 m 极限值为 5	$S\leqslant 2$ m 时，3.2； $S>2$ m 时，1.6S S 单位为 m 极限值为 6.3	mm
F_{max}	小车轨道上垂直于纵向轴线的终端止挡器或缓冲器的平行度公差，符号为//	在水平投影面内的位置 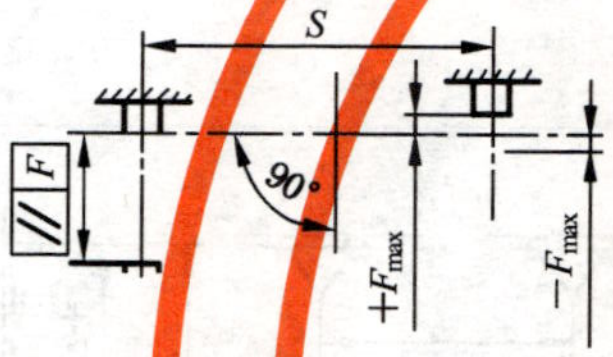	0.8S； 极限值为±8 S 单位为 m	±1.0S； 极限值为±10 S 单位为 m	±1.25S； 极限值为±12.5 S 单位为 m	±1.6S； 极限值为±16 S 单位为 m	mm
G（见注）	小车轨道上任一点处，轨道横截面的倾斜度，符号为∠	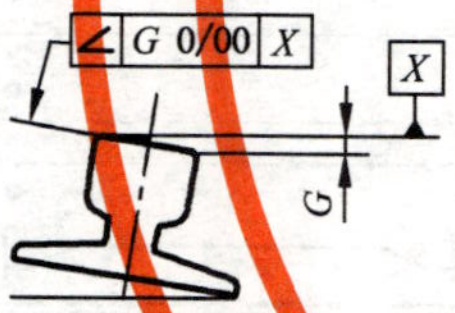	4	6	9	12	‰
K	小车轨道上任一点处，轨道中心相对于腹板中心的偏差，符号为//	t_{min}——腹板的最小厚度 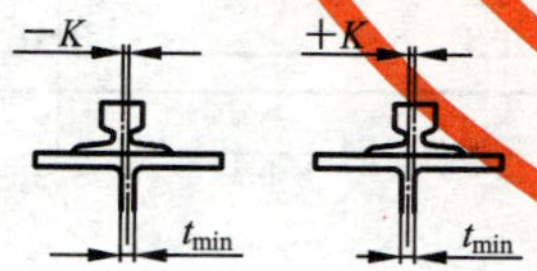		±0.5t_{min}		—	mm
注：参数 G 仅适用于特定的平顶小车轨道，对顶部呈弧状凸出的小车轨道则不必考虑 G 的公差。							

表 4　起重机车轮 1 至 4 级的构造公差

公差参数			公差值				
符号	对本表的说明	示意图	1 级	2 级	3 级	4 级	单位
A	起重机带轮缘车轮中心之间跨度 S 的公差	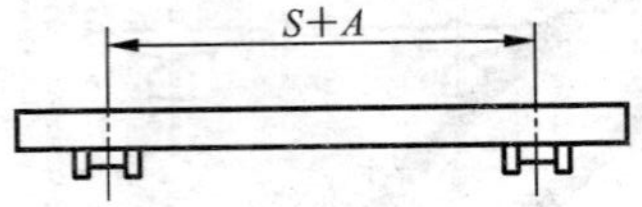	$S\leqslant10$ m 时，±2； $S>10$ m 时， $\pm[2+0.1(S-10)]$ S 单位为 m	$S\leqslant10$ m 时，±2.5； $S>10$ m 时， $\pm[2.5+0.1(S-10)]$ S 单位为 m	$S\leqslant10$ m 时，±3.2； $S>10$ m 时， $\pm[3.2+0.1(S-10)]$ S 单位为 m	$S\leqslant10$ m 时，±4； $S>10$ m 时， $\pm[4+0.1(S-10)]$ S 单位为 m	mm
A	起重机无轮缘车轮中心之间跨度 S 的公差；一侧车轮带导向轮	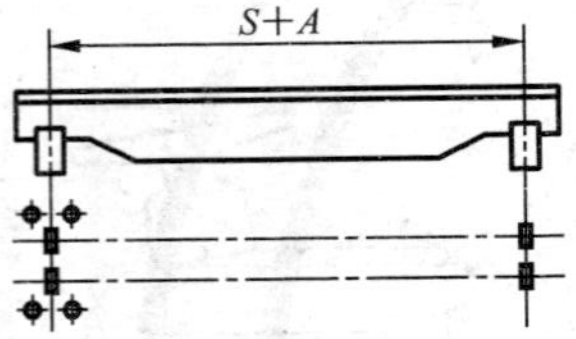	$S\leqslant10$ m 时，±3.2； $S>10$ m 时， $\pm[3.2+0.1(S-10)]$ S 单位为 m	$S\leqslant10$ m 时，±4； $S>10$ m 时， $\pm[4+0.1(S-10)]$ S 单位为 m	$S\leqslant10$ m 时，±5； $S>10$ m 时， $\pm[5+0.1(S-10)]$ S 单位为 m	$S\leqslant10$ m 时，±6.3； $S>10$ m 时， $\pm[6.3+0.1(S-10)]$ S 单位为 m	mm
Δe	起重机车轮基距 e 或 8 轮起重机台车基距 e 的公差	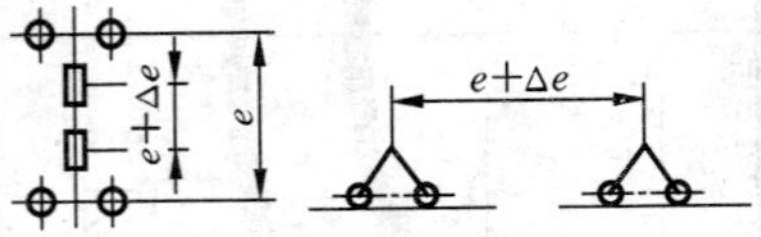	$e\leqslant3$ m 时，±3.2； $e>3$ m 时，±1.0e； e 单位为 m	$e\leqslant3$ m 时，±4； $e>3$ m 时，±1.25e； e 单位为 m	$e\leqslant3$ m 时，±5； $e>3$ m 时，±1.6e； e 单位为 m	$e\leqslant3$ m 时，±6.3； $e>3$ m 时，±2e； e 单位为 m	mm
ΔN	起重机车轮或 8 轮起重机台车的同位差	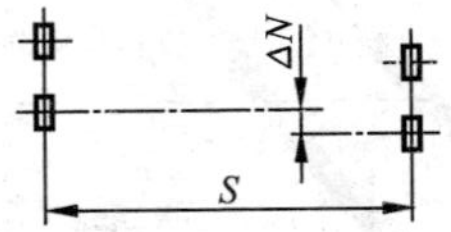	分别驱动：±5； 一套成对驱动： $S\leqslant20$ m 时，±2； $S>20$ m 时， $\pm[2+0.2(S-20)]$ S 单位为 m	分别驱动：±6.3； 一套成对驱动： $S\leqslant20$ m 时，±2.5； $S>20$ m 时， $\pm[2.5+0.2(S-20)]$ S 单位为 m	分别驱动：±8； 一套成对驱动： $S\leqslant20$ m 时，±3.2； $S>20$ m 时， $\pm[3.2+0.2(S-20)]$ S 单位为 m	分别驱动：±10； 一套成对驱动： $S\leqslant20$ m 时，±4； $S>20$ m 时， $\pm[4+0.2(S-20)]$ S 单位为 m	mm
ΔF	导向轮或带轮缘车轮水平偏斜	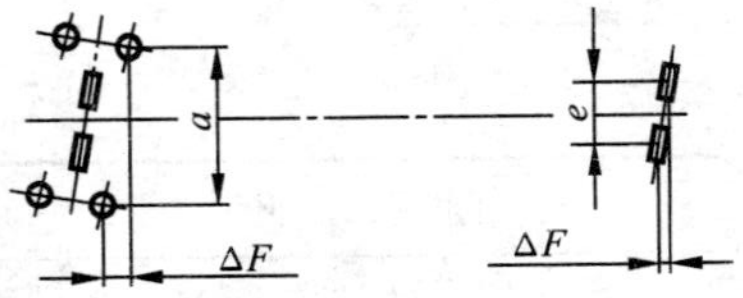	0.32a， a 单位为 m； ±0.4e， e 单位为 m	0.4a， a 单位为 m； ±0.5e， e 单位为 m	0.5a， a 单位为 m； ±0.63e， e 单位为 m	0.63a， a 单位为 m； ±0.8e， e 单位为 m	mm

表 4（续）

公差参数			公差值				
符号	对本表的说明	示意图	1 级	2 级	3 级	4 级	单位
Δh_r	车轮接触点高度公差。 对于给定与轮压有关的结构刚度，车轮接触点高度差应限制在使被动轮平均轮压（带载小车位于跨中）的变化不超过 5% 的范围内。如果没有进行这一计算，高度公差 Δh_r 按本表规定选用。起重机各车轮接触点的高度差是车轮接触点到由其他 3 个车轮接触点构成的 S，e 平面的最大垂直距离。 对于静定支承的起重机，可采用 $\Delta h_r=0.4\ S$	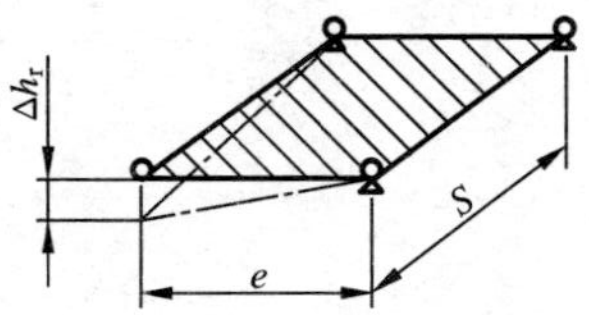	$S\leqslant10$ m 时， $\leqslant2$； $S>10$ m 时， $\leqslant[2+0.1(S-10)]$ S 单位为 m	$S\leqslant10$ m 时， $\leqslant2.5$； $S>10$ m 时， $\leqslant[2.5+0.1(S-10)]$ S 单位为 m	$S\leqslant10$ m 时， $\leqslant3.2$； $S>10$ m 时， $\leqslant[3.2+0.1(S-10)]$ S 单位为 m	$S\leqslant10$ m 时， $\leqslant4$； $S>10$ m 时， $\leqslant[4+0.1(S-10)]$ S 单位为 m	mm
ΔD	一套成对驱动的车轮相互之间在直径上的允差 a/S 无轮缘 e/S 带轮缘	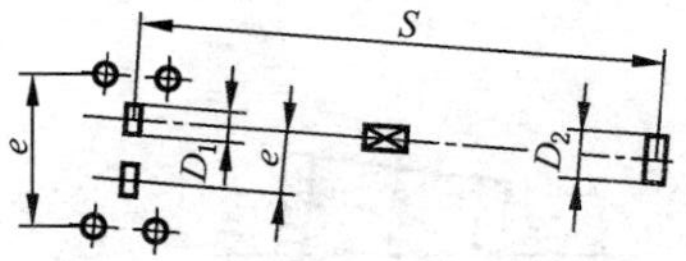当车轮由一套成对驱动装置或电驱动轴驱动时，有必要检查，其最大允许的直径差是否要求增大 e 和 a 的尺寸或者将公差降低。对于带两组一套成对驱动装置的起重机，ΔD 应除以 1.4	D_1 和 D_2 直径公差按 GB/T 1800.2 规定取 h9； 1.6 aD/S， D 单位为 m； 1.6 eD/S， D 单位为 m	D_1 和 D_2 直径公差按 GB/T 1800.2 规定取 h9； 2.0 aD/S， D 单位为 m； 2.0 eD/S， D 单位为 m	D_1 和 D_2 直径公差按 GB/T 1800.2 规定取 h9； 2.5 aD/S， D 单位为 m； 2.5 eD/S， D 单位为 m	D_1 和 D_2 直径公差按 GB/T 1800.2 规定取 h9； 3.2 aD/S， D 单位为 m； 3.2 eD/S， D 单位为 m	mm

表 4（续）

公差参数			公差值				
符号	对本表的说明	示意图	1 级	2 级	3 级	4 级	单位
Φk	水平投影面内轴孔中心线倾斜度	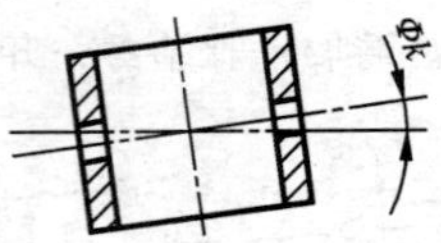	≤0.3	≤0.4	≤0.5	≤0.63	‰
Φr	水平投影面内车轮轴心线倾斜度	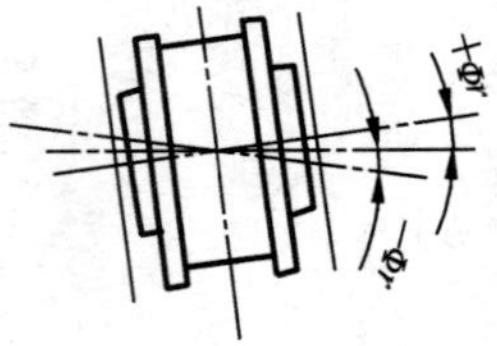	±0.4	±0.5	±0.63	±0.8	‰
τk	垂直平面内轴孔倾斜度；此公差针对空载起重机（不带小车），在端梁或靠近端梁处设有无约束支承。近似选择公差平均值时，应使起重机带载时（满载小车位于跨中）其弹性变形能使车轮轴处于水平位置	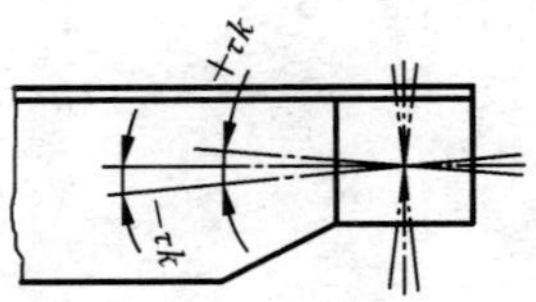	$^{+1.9}_{-0.4}$		$^{+2.4}_{-0.5}$		‰

表 4(续)

公差参数			公差值				
符号	对本表的说明	示意图	1 级	2 级	3 级	4 级	单位
τr	垂直平面内轮轴倾斜度;此公差针对空载起重机(不带小车),在端梁或靠近端梁处设有无约束支承。近似选择公差平均值时,应使起重机带载时(满载小车位于跨中)其弹性变形能使车轮轴处于水平位置	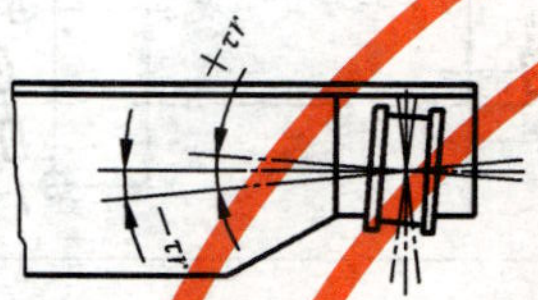	$^{+2.0}_{-0.5}$		$^{+2.6}_{-0.6}$		‰
F_{max}	终端止挡器或起重机缓冲器垂直于纵向轴线的平行度公差;符号为∥	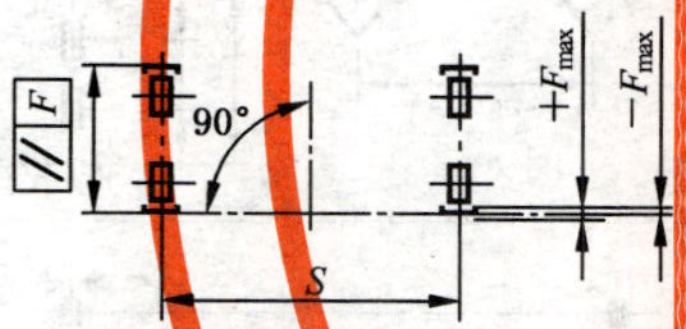	$\pm 0.8\ S$, 极限值为±8, S 单位为 m	$\pm 1.0\ S$, 极限值为±10, S 单位为 m	$\pm 1.25\ S$, 极限值为±12.5, S 单位为 m	$\pm 1.6\ S$, 极限值为±16, S 单位为 m	mm
αF	水平导向轮在垂直于大车轨道方向上的轴向平行度公差	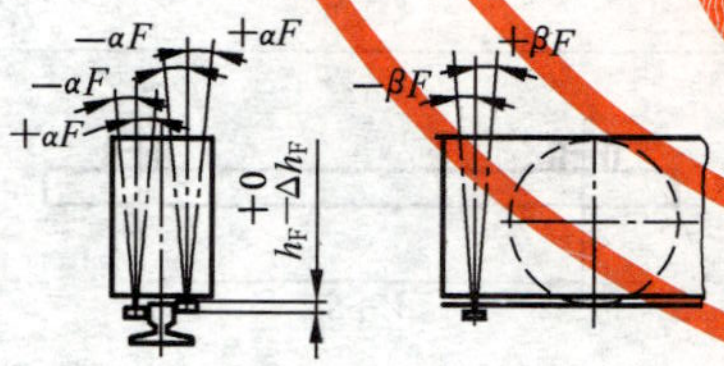	±0.5	±0.63	±0.8	±1	‰
βF	水平导向轮在沿大车轨道方向上的轴向平行度公差		±0.3	±0.4	±0.5	±0.63	
Δh_F	h_F 的高度公差		$^{+0}_{-1}$	$^{+0}_{-1.6}$	$^{+0}_{-2.5}$	$^{+0}_{-4}$	mm

表 5　公差等级 1 至 4 级的小车车轮构造公差和表 4 中的导向轮公差

公差参数			公差值				
符号	对本表的说明	示意图	1 级	2 级	3 级	4 级	单位
A	小车带轮缘车轮中心之间轨距 S 的公差	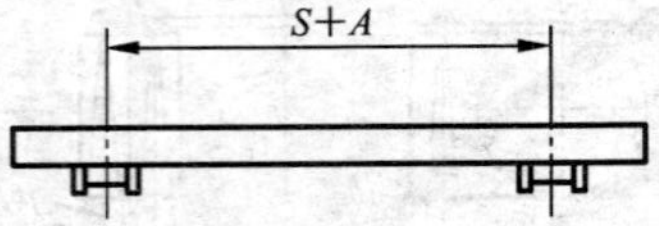 	$S\leqslant 2$ m 时，±1； $S>2$ m 时， $\pm[1+0.1(S-2)]$ S 单位为 m	$S\leqslant 2$ m 时，±2； $S>2$ m 时， $\pm[2+0.1(S-2)]$ S 单位为 m	$S\leqslant 2$ m 时，±2.5； $S>2$ m 时， $\pm[2.5+0.1(S-2)]$ S 单位为 m	$S\leqslant 2$ m 时，±3.2； $S>2$ m 时， $\pm[3.2+0.1(S-2)]$ S 单位为 m	mm
A	小车无轮缘车轮中心之间轨距 S 的公差；一侧车轮带导向轮	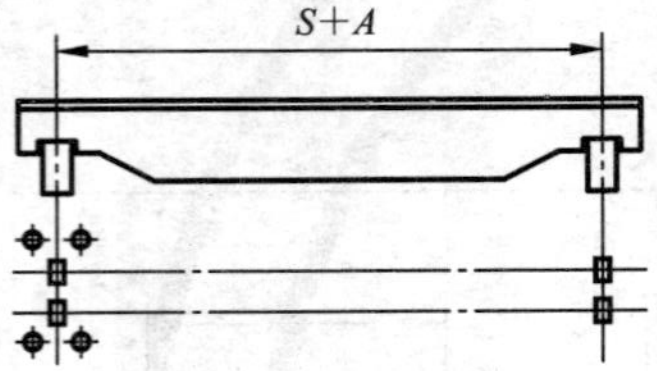 	$S\leqslant 2$ m 时，±1.6； $S>2$ m 时， $\pm[1.6+0.1(S-2)]$ S 单位为 m	$S\leqslant 2$ m 时，±3.2； $S>2$ m 时， $\pm[3.2+0.1(S-2)]$ S 单位为 m	$S\leqslant 2$ m 时，±4； $S>2$ m 时， $\pm[4+0.1(S-2)]$ S 单位为 m	$S\leqslant 2$ m 时，±5； $S>2$ m 时， $\pm[5+0.1(S-2)]$ S 单位为 m	mm
Δe	小车车轮基距 e 或 8 轮小车平衡台车基距 e 的公差	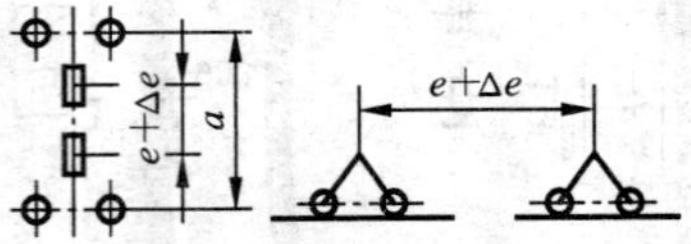 	$e\leqslant 3$ m 时，±3.2； $e>3$ m 时，$\pm 1.0e$； e 单位为 m	$e\leqslant 3$ m 时，±4； $e>3$ m 时，$\pm 1.25e$； e 单位为 m	$e\leqslant 3$ m 时，±5； $e>3$ m 时，$\pm 1.6e$； e 单位为 m	$e\leqslant 3$ m 时，±6.3； $e>3$ m 时，$\pm 2e$； e 单位为 m	mm
ΔN	小车车轮或 8 轮小车平衡台车的同位差	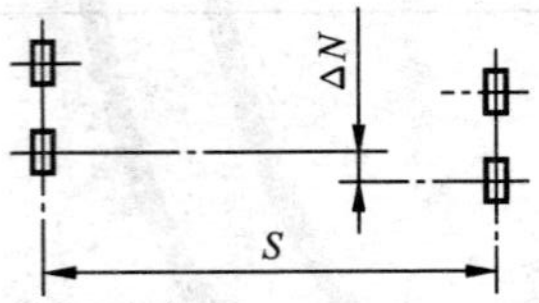 	分别驱动时，±5； 成对驱动时，±2	分别驱动时，±6.3； 成对驱动时，±2.5	分别驱动时，±8； 成对驱动时，±3.2	分别驱动时，±10； 成对驱动时，±4	mm
ΔF	导向轮或车轮轮缘水平偏斜	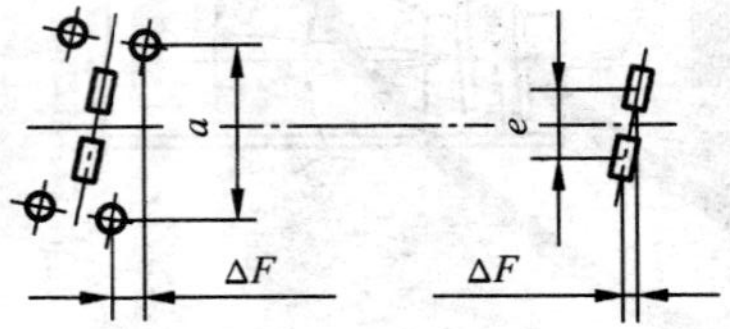 	$\pm 0.32a$， a 单位为 m； $\pm 0.4e$， e 单位为 m	$\pm 0.4a$， a 单位为 m； $\pm 0.5e$， e 单位为 m	$\pm 0.5a$， a 单位为 m； $\pm 0.63e$， e 单位为 m	$\pm 0.63a$， a 单位为 m； $\pm 0.8e$， e 单位为 m	mm
D_t	小车车轮直径公差	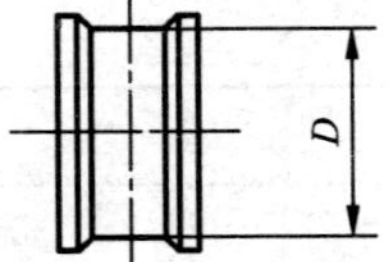 	h9 直径公差按 GB 1800.2 的规定				mm

表 5（续）

公差参数			公差值				
符号	对本表的说明	示意图	1 级	2 级	3 级	4 级	单位
Δh_r	车轮接触点高度差	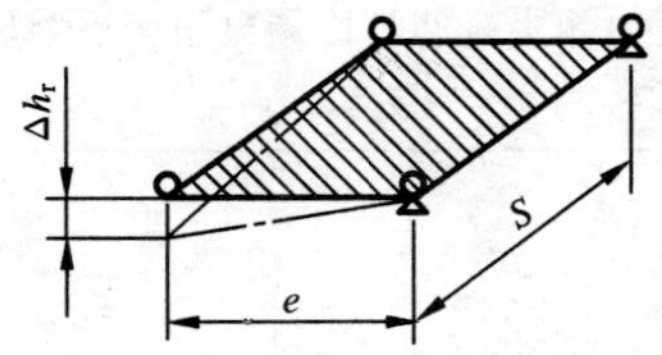	S≤2 m时， ≤1.6； S>2 m时， ≤[1.6+0.1(S−2)] S单位为 m	S≤2 m时， ≤2； S>2 m时， ≤[2+0.1(S−2)] S单位为 m	S≤2 m时， ≤2.5； S>2 m时， ≤[2.5+0.1(S−2)] S单位为 m	S≤2 m时， ≤3.2； S>2 m时， ≤[3.2+0.1(S−2)] S单位为 m	mm
Φk	小车架水平投影面内轴孔倾斜度	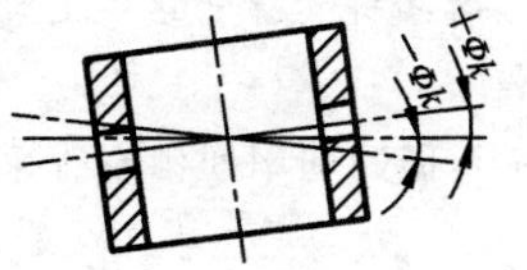	±0.3	±0.4	±0.5	±0.63	‰
Φr	小车架水平投影面内轮轴倾斜度	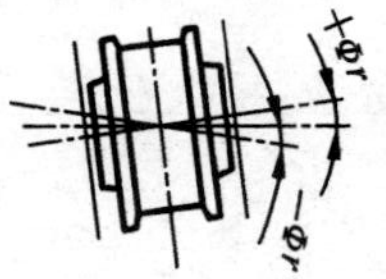	±0.4	±0.5	±0.63	±0.8	‰
τk	小车架垂直平面内轴孔倾斜度	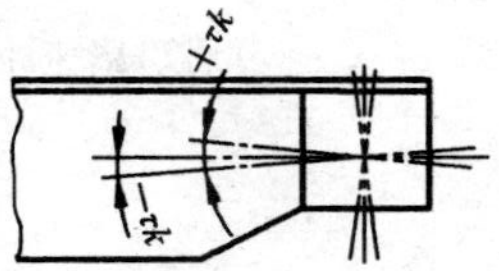	$^{+1.9}_{-0.4}$	$^{+2.4}_{-0.5}$			‰
τr	小车轮垂直平面内轮轴倾斜度	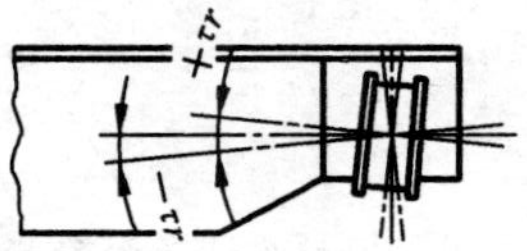	$^{+2.0}_{-0.5}$		$^{+2.6}_{-0.6}$		‰
F_{max}	终端止挡器或起重机缓冲器垂直于纵向轴线的平行度公差；代号为//	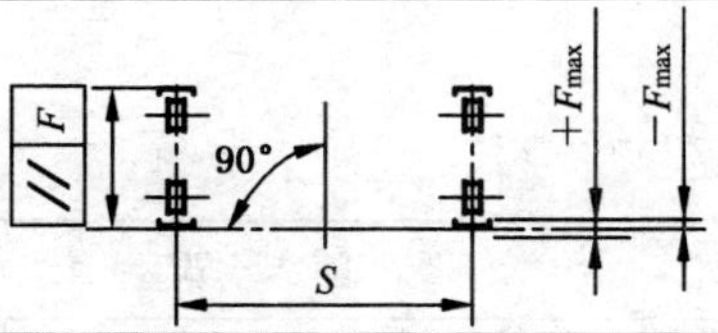	±0.8S； 极限值为±8 S单位为 m	±1.0S； 极限值为±10 S单位为 m	±1.25S； 极限值为±12.5 S单位为 m	±1.6S； 极限值为±16 S单位为 m	mm

注：导向轮的公差值见表 4。

表 6　钢轨接头构造公差

公差参数			参数值	
符号	说明	图示	所有等级	单位
H_F	轨道翼缘处焊接接头的垂直错位值	H_F 应磨平 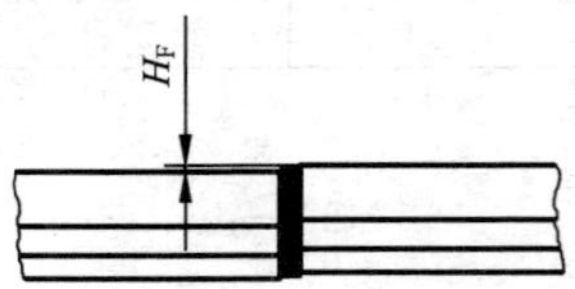	0(制造厂生产焊) ≤1(现场焊)	mm
H_S	轨道头部的水平错位值	水平投影面内的位置 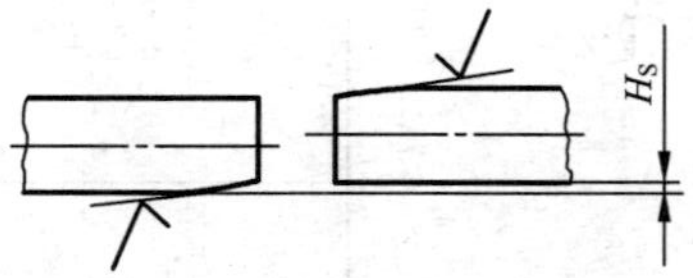	≤1 以 1∶50 的斜度将错位处磨平	
b_s	轨道接头在水平投影面内的倾斜度 b_s 和顶部(倾斜度)c_h， b_s 检测长度为 1 m 和 c_h 检测长度为 2 m	接头焊缝附近的不平处应在钢轨头部磨平修整，不应有缺口 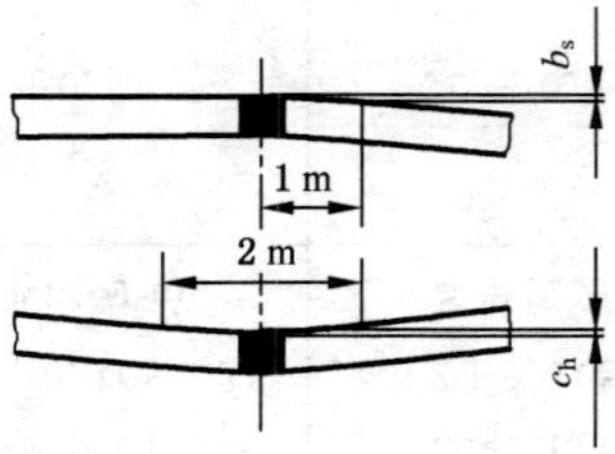	2	
c_h			2	
H_X	对 H_S 的修整区进行磨削后的平整度	钢轨接头错开布置时， 靠近钢轨固定处的接头可不必打磨	≤0.5	

注：可拆卸钢轨接头应符合本表的要求。

表 7　公差等级 1 至 4 级的大车和小车运行轨道及起重机和小车车轮运行公差

公差参数			公差值				
符号	对本表的说明	示意图	1 级	2 级	3 级	4 级	单位
A_{w1}	大车轨道上任一点处，起重机钢轨中心之间的跨度公差	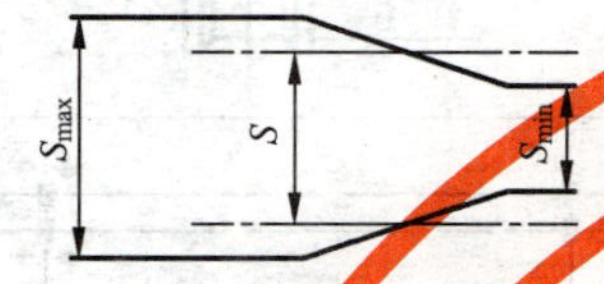 $A=S_{max}-S$ $A=S_{min}-S$	$S\leqslant16$ m 时，±10； $S>16$ m 时， ±[10+0.25(S−16)] S 单位为 m	$S\leqslant16$ m 时，±16； $S>16$ m 时， ±[16+0.25(S−16)] S 单位为 m	$S\leqslant16$ m 时，±25； $S>16$ m 时， ±[25+0.25(S−16)] S 单位为 m	$S\leqslant16$ m 时，±40； $S>16$ m 时， ±[40+0.25(S−16)] S 单位为 m	mm
B_{w1}	大车轨道上任一点处，起重机钢轨头部水平直线度公差	起重机钢轨在水平投影面内的位置 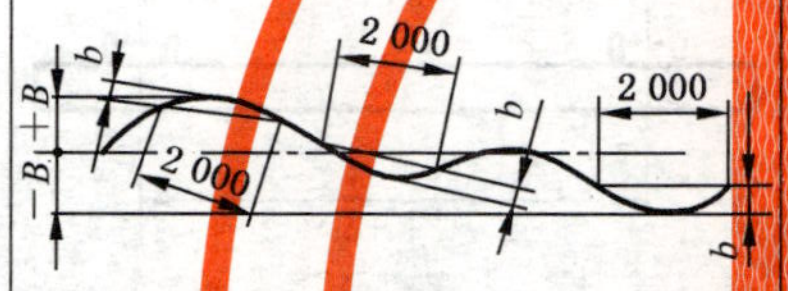	±10	±20	±40	±80	mm
E_{w1}	大车轨道上任一点处，在与之成直角的方向上，相对应的两轨道测点之间的高度差	大车轨道高低差 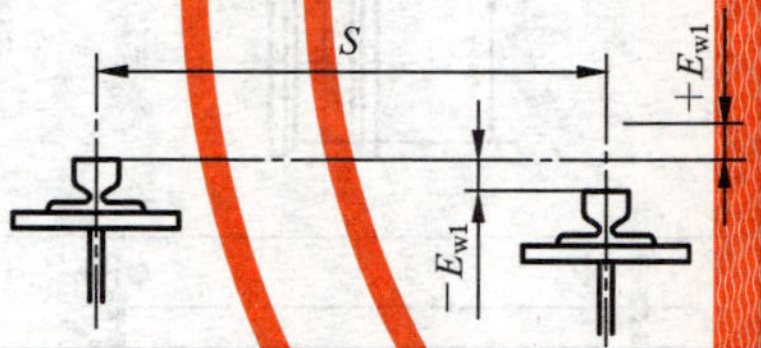	±10	±20	±40	±80	mm
A_{w2}	小车轨道上任一点处，轨道中心之间的轨距公差	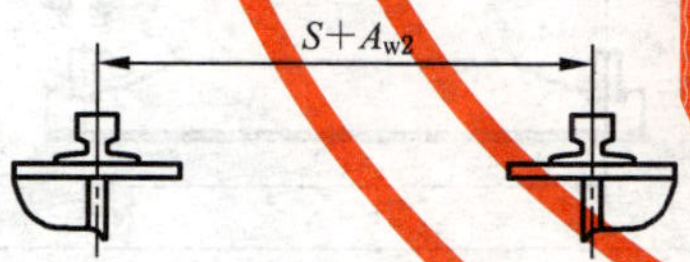	±6； 适用于所有 $S\leqslant16$ m 的轨距	±10； 适用于所有 $S\leqslant16$ m 的轨距	±16； 适用于所有 $S\leqslant16$ m 的轨距	±25； 适用于所有 $S\leqslant16$ m 的轨距	mm
E_{w2}	小车轨道上任一点处，在与之成直角的方向上，相对应的两轨道测点之间的高度差	小车轨道高低差 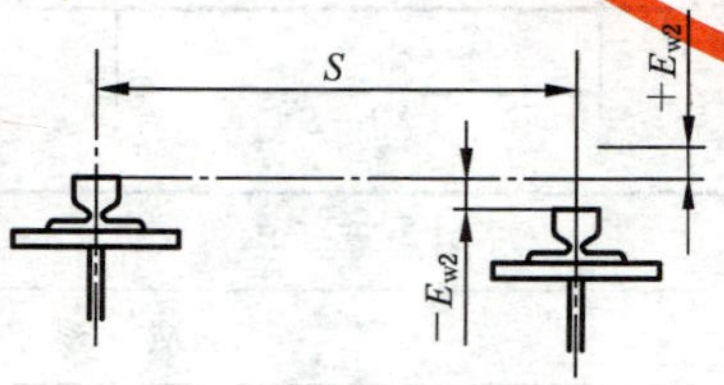	±12.5	±16	±20	±25	mm

表 7（续）

公差参数			公差值				
符号	对本表的说明	示意图	1 级	2 级	3 级	4 级	单位
A_{w3}	起重机带轮缘车轮中心之间跨度 S 的公差	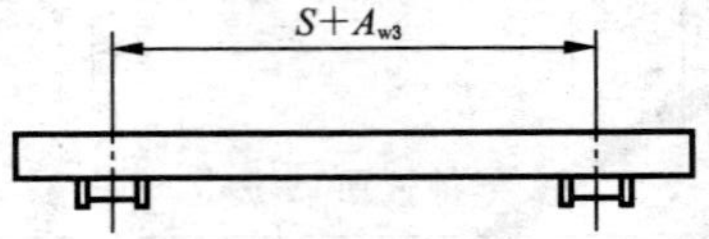	$S\leqslant10$ m 时，±5； $S>10$ m 时， $\pm[5+0.2(S-10)]$ S 单位为 m	$S\leqslant10$ m 时，±8； $S>10$ m 时， $\pm[8+0.2(S-10)]$ S 单位为 m	$S\leqslant10$ m 时，±12.5； $S>10$ m 时， $\pm[12.5+0.2(S-10)]$ S 单位为 m	$S\leqslant10$ m 时，±20； $S>10$ m 时， $\pm[20+0.2(S-10)]$ S 单位为 m	mm
A_{w3}	起重机无轮缘车轮中心之间跨度 S 的公差；一侧车轮带导向轮	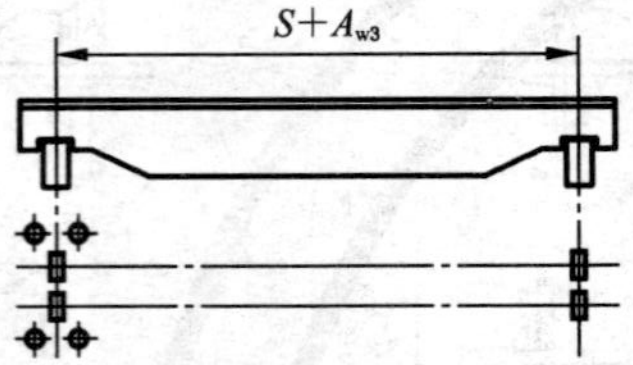	$S\leqslant10$ m 时，±12.5； $S>10$ m 时， $\pm[12.5+0.2(S-10)]$ S 单位为 m	$S\leqslant10$ m 时，±14； $S>10$ m 时， $\pm[14+0.2(S-10)]$ S 单位为 m	$S\leqslant10$ m 时，±16； $S>10$ m 时， $\pm[16+0.2(S-10)]$ S 单位为 m	$S\leqslant10$ m 时，±20； $S>10$ m 时， $\pm[20+0.2(S-10)]$ S 单位为 m	mm
D_{tw3}	起重机单独驱动车轮直径公差	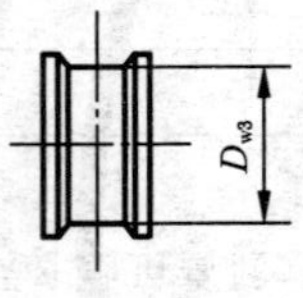	h18 公差按 GB/T 1800.2				mm
D_{tcw3}	起重机成对驱动车轮直径公差		IT12	IT13	IT14	IT14	mm
			公差按 GB/T 1800.2				
A_{w4}	小车带轮缘车轮中心之间轨距 S 的公差	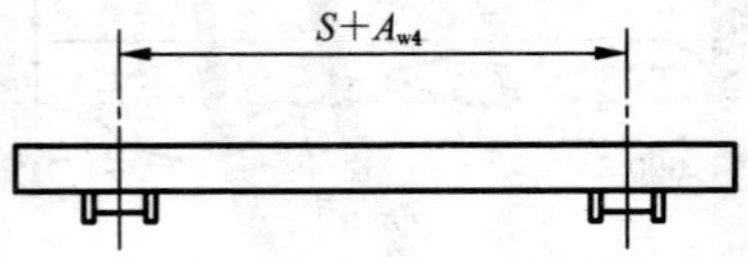	$S\leqslant2$ m 时，±3； $S>2$ m 时， $\pm[3+0.2(S-2)]$ S 单位为 m	$S\leqslant2$ m 时，±6； $S>2$ m 时， $\pm[6+0.2(S-2)]$ S 单位为 m	$S\leqslant2$ m 时，±8； $S>2$ m 时， $\pm[8+0.2(S-2)]$ S 单位为 m	$S\leqslant2$ m 时，±12； $S>2$ m 时， $\pm[12+0.2(S-2)]$ S 单位为 m	mm
	小车无轮缘车轮中心之间轨距 S 的公差；一侧车轮带导向轮	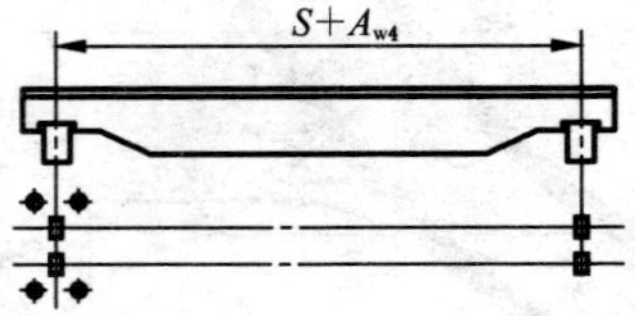	$S\leqslant2$ m 时，±5； $S>2$ m 时， $\pm[5+0.2(S-2)]$ S 单位为 m	$S\leqslant2$ m 时，±10； $S>2$ m 时， $\pm[10+0.2(S-2)]$ S 单位为 m	$S\leqslant2$ m 时，±12； $S>2$ m 时， $\pm[12+0.2(S-2)]$ S 单位为 m	$S\leqslant2$ m 时，±16； $S>2$ m 时， $\pm[16+0.2(S-2)]$ S 单位为 m	mm
D_{tw4}	小车单独驱动车轮直径公差	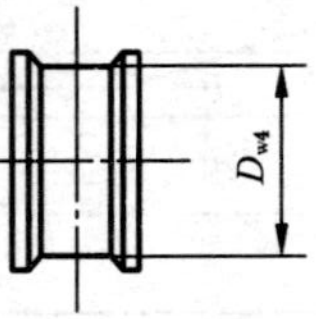	h18 公差按 GB/T 1800.2				mm
D_{tcw4}	小车成对驱动车轮直径公差		IT12	IT13	IT14	IT14	mm
			公差按 GB/T 1800.2				

参 考 文 献

[1] GB/T 22437.1—2008 起重机 载荷与载荷组合的设计原则 第1部分:总则(ISO 8686-1:1989,MOD).

ICS 53.020.20
J 80

中华人民共和国国家标准

GB/T 10183.4—2010/ISO 12488-4:2004

起重机　车轮及大车和小车轨道公差
第4部分:臂架起重机

Cranes—Tolerances for wheels and travel and traversing tracks—
Part 4:Jib Cranes

(ISO 12488-4:2004,IDT)

2011-01-10 发布　　2011-06-01 实施

中华人民共和国国家质量监督检验检疫总局
中国国家标准化管理委员会　发布

前　　言

GB/T 10183《起重机　车轮及大车和小车轨道公差》分为 2 个部分：

——第 1 部分：总则；

——第 4 部分：臂架起重机。

本部分为 GB/T 10183 的第 4 部分。

本部分等同采用 ISO 12488-4：2004《起重机　车轮及大车和小车运行轨道公差　第 4 部分：臂架起重机》(英文版)。

本部分等同翻译 ISO 12488-4：2004。

为便于使用，本部分做了下列编辑性修改：

a) “ISO 12488 的本部分”一词改为“GB/T 10183 的本部分”；

b) 删除了 ISO 12488-4：2004 的前言；

c) 对于 ISO 12488-4：2004 引用的国际标准，已被等同采用为我国标准的用我国标准代替对应的国际标准。

本标准对 ISO 12488-4：2004 中的笔误做了改正，如 6.1 中“表 3 至表 8”改为“表 2 至表 7”；6.2 中“表 5 和表 6”改为“表 4 和表 5”。

本部分由中国机械工业联合会提出。

本部分由全国起重机械标准化技术委员会(SAC/TC 227)归口。

本部分负责起草单位：大连重工·起重集团有限公司、北京起重运输机械设计研究院。

本部分参加起草单位：大连理工大学。

本部分主要起草人：吕新民、桂佩康、何铀、杜长顺、滕儒民。

引　言

GB/T 10183的本部分规定了反映当代起重机械的设计水平的要求，给出了导则和设计准则。所规定的准则，体现了能保证达到基本安全要求并使部件具有充裕的使用寿命的成功设计经验。偏离这些准则一般会导致风险增大或寿命缩短。但也应承认，技术创新与新材料的采用等等有可能会产生新的方案，最终获得同等的或更高的安全性与耐久性。

起重机 车轮及大车和小车轨道公差 第4部分:臂架起重机

1 范围

GB/T 10183 的本部分规定了由 GB/T 6974.1 定义的臂架起重机及其轨道的公差。

GB/T 10183 的本部分不适用于在曲线轨道上运行的臂架起重机。

2 规范性引用文件

下列文件中的条款通过 GB/T 10183 的本部分的引用而成为本部分的条款。凡是注日期的引用文件,其随后所有的修改单(不包括勘误的内容)或修订版均不适用于本部分,然而,鼓励根据本部分达成协议的各方研究是否可使用这些文件的最新版本。凡是不注日期的引用文件,其最新版本适用于本部分。

GB/T 6974.1 起重机 术语 第1部分:通用术语(GB/T 6974.1—2008,ISO 4306-1:2007,IDT)

GB/T 10183.1—2010 起重机 车轮及大车和小车运行轨道公差 第1部分:总则(ISO 12488-1:2005,IDT)

3 术语和定义

GB/T 10183.1 规定的术语和定义适用于本部分。

4 符号

GB/T 10183.1 规定的符号适用于本部分。

5 公差分级

刚性支撑结构的臂架起重机应按 GB/T 10183.1—2010 中的 2 级公差设计。

铰接支撑门架结构的起重机应按 GB/T 10183.1—2010 中的 3 级公差设计。

注:其他公差等级的使用可根据制造商和买方的协议确定。

6 公差

6.1 总则

各级公差由 GB/T 10183.1—2010 的表 2 至表 7 给出。

6.2 多轮结构

臂架起重机通常具有多轮结构,例如,以 2 至 16 个车轮通过台车架、平衡梁和上部平衡梁与每个角相连接的结构。应使用 GB/T 10183.1—2010 的表 4 和表 5 中给出的公差值,包括与台车、平衡梁和门架结构有关的公差值。下列基本公差应考虑:

A——用于"同一排"的所有车轮;

Δe——用于所有车轮基距 e 以及台车或平衡梁内的车轮内基距 e;

Δh_r——用于车轮底面的平均值,是与门架相连接的所有车轮或台车或平衡梁的累计垂直公差。

符号 Φk、Φr、τ_k、τ_r 可用于所有车轮,并且是与门架相连的台车或平衡梁的公差累计平均值。

ICS 65.080
G 20

中华人民共和国国家标准

GB/T 10209.2—2010
代替 GB/T 10209.2—2001

磷酸一铵、磷酸二铵的测定方法 第2部分:磷含量

Determination of monoammonium phosphate and diammonium phoshpate—Part 2:Phosphorus content

2010-06-30 发布

2011-01-01 实施

中华人民共和国国家质量监督检验检疫总局
中国国家标准化管理委员会 发布

前　言

GB/T 10209《磷酸一铵、磷酸二铵的测定方法》分为四个部分：

——第1部分：总氮含量；

——第2部分：磷含量；

——第3部分：水分；

——第4部分：粒度。

本部分是GB/T 10209的第2部分。

本部分代替GB/T 10209.2—2001《磷酸一铵、磷酸二铵中有效磷含量的测定》。

本版与前版的主要差异是：

——标准名称由《磷酸一铵、磷酸二铵中有效磷含量的测定》改为《磷酸一铵、磷酸二铵的测定方法　第2部分：磷含量》；

——按照新要求对标准格式进行了改写；

——增加了安全警示的内容。

本部分由中国石油和化学工业协会提出。

本部分由全国肥料和土壤调理剂标准化技术委员会(SAC/TC 105)归口。

本部分起草单位：国家化肥质量监督检验中心(上海)、安徽六国化工股份有限公司。

本部分主要起草人：杨一、黄化锋、周勇明、穆永峰、商照聪。

本部分于1989年首次发布(GB/T 10207—1988和GB/T 10208—1988)，2001年第一次修订。

磷酸一铵、磷酸二铵的测定方法 第2部分：磷含量

1 范围

GB/T 10209的本部分规定了磷酸一铵、磷酸二铵中的磷含量的测定方法。

本部分适用于各种工艺生产的磷酸一铵、磷酸二铵中水溶性磷和有效磷含量的测定。

2 规范性引用文件

下列文件中的条款通过GB/T 10209的本部分的引用而成为本部分的条款。凡是注日期的引用文件，其随后所有的修改单(不包括勘误的内容)或修订版均不适用于本部分，然而，鼓励根据本部分达成协议的各方研究是否可使用这些文件的最新版本。凡是不注日期的引用文件，其最新版本适用于本部分。

HG/T 2843 化肥产品 化学分析中常用标准滴定溶液、标准溶液、试剂溶液和指示剂溶液

3 原理

用水和乙二胺四乙酸二钠溶液提取磷酸一铵、磷酸二铵中水溶性磷和有效磷，提取液中正磷酸根离子在酸性介质中与喹钼柠酮试剂生成黄色磷钼酸喹啉沉淀，用磷钼酸喹啉重量法(仲裁法)或磷钼酸喹啉容量法测定水溶性磷和有效磷的含量。

4 试剂和材料

下列的部分试剂和溶液具有腐蚀性，操作者应小心谨慎！如溅到皮肤上应立即用水冲洗或适合的方式进行处理，严重者应立即治疗。

本部分中所用试剂、溶液和水，在未注明规格和配制方法时，均应符合HG/T 2843的规定。

4.1 乙二胺四乙酸二钠(EDTA)溶液，37.5 g/L；

称取37.5 g EDTA于1 000 mL烧杯中，加入少量水溶解，用水稀释至1 000 mL，混匀。

4.2 喹钼柠酮试剂；

4.3 硝酸溶液：1+1；

4.4 氢氧化钠溶液：$c(NaOH)=0.5$ mol/L；

4.5 盐酸标准滴定溶液：$c(HCl)=0.2$ mol/L；

4.6 百里香酚蓝-酚酞混合指示液；

4.7 不含二氧化碳的水。

5 仪器

5.1 通常实验室用仪器；

5.2 恒温干燥箱：能控制(180±2)℃；

5.3 玻璃坩埚式滤器：4号，容积30 mL；

5.4 恒温水浴振荡器：能控制温度(60±2)℃的往复式振荡器或回旋式振荡器。

6 分析步骤

做两份试料的平行测定。

6.1 磷钼酸喹啉重量法(仲裁法)

6.1.1 水溶性磷的提取

称取约1 g试样(精确至0.000 2 g),置于75 mL的瓷蒸发器中,加少量水润湿、研磨,再加约25 mL水研磨,将清液倾注过滤于预先加入5 mL硝酸溶液的500 mL容量瓶中。继续用水研磨三次,每次用约25 mL水,然后将水不溶物转移到滤纸上,用水洗涤水不溶物,待容量瓶中溶液达400 mL左右为止。最后用水稀释至刻度,混匀,即为试液A,供测定水溶性磷用。

6.1.2 有效磷的提取

另外称取约1 g试样(精确至0.000 2 g,含有五氧化二磷的量不宜超过450 mg),置于250 mL容量瓶中,加入150 mL EDTA溶液,塞紧瓶塞,摇动量瓶使试样分散于溶液中,置于(60±2)℃的恒温水浴振荡器中,保温振荡1 h(振荡频率以量瓶内试样能自由翻动即可)。然后取出容量瓶,冷却至室温,用水稀释至刻度,混匀。干过滤,弃去最初部分滤液,即得试液B,供测定有效磷用。

6.1.3 水溶性磷的测定

用移液管吸取20 mL试液A,移入500 mL烧杯中,加入10 mL硝酸溶液,用水稀释至100 mL。在电炉上加热至沸,取下,加入35 mL喹钼柠酮试剂,盖上表面皿,在电热板上微沸1 min或置于近沸水浴中保温至沉淀分层,取出烧杯,冷却至室温,冷却过程中转动烧杯3～4次。

用预先在(180±2)℃干燥箱内干燥至恒量的玻璃坩埚式滤器过滤,先将上层清液滤完,然后用倾泻法洗涤沉淀1～2次,每次用25 mL水,将沉淀移入滤器中,再用水洗涤,共用水125 mL～150 mL,将沉淀连同滤器置于(180±2)℃干燥箱内,待温度达到180 ℃后,干燥45 min,取出移入干燥器内,冷却至室温,称量。

6.1.4 有效磷的测定

用移液管吸取10 mL试液B,移入500 mL烧杯中。以下操作按6.1.3进行。

6.1.5 空白试验

除不加试样外,须与试料测定采用完全相同的试剂、用量和分析步骤,进行平行测定。

6.1.6 分析结果的表述

水溶性磷含量(w_1),以五氧化二磷(P_2O_5)的质量分数计,数值以%表示,按式(1)计算:

$$w_1 = \frac{(m_1 - m_2) \times 0.032\ 07}{m_{01} \times (20/500)} \times 100 = \frac{(m_1 - m_2) \times 80.175}{m_{01}} \quad \cdots\cdots\cdots\cdots(1)$$

式中:

m_1——测定水溶性磷所得磷钼酸喹啉沉淀的质量的数值,单位为克(g);

m_2——测定水溶性磷时,空白试验所得磷钼酸喹啉沉淀的质量的数值,单位为克(g);

m_{01}——测定水溶性磷时,试料质量的数值,单位为克(g);

0.032 07——磷钼酸喹啉质量换算为五氧化二磷质量的系数;

20——吸取试样溶液体积的数值,单位为毫升(mL);

500——试样溶液总体积的数值,单位为毫升(mL)。

有效磷含量(w_2),以五氧化二磷(P_2O_5)质量分数计,数值以%表示,按式(2)计算:

$$w_2 = \frac{(m_3 - m_4) \times 0.032\ 07}{m_{02} \times (10/250)} \times 100 = \frac{(m_3 - m_4) \times 80.175}{m_{02}} \quad \cdots\cdots\cdots\cdots(2)$$

式中:

m_3——测定有效磷所得磷钼酸喹啉沉淀的质量的数值,单位为克(g);

m_4——测定有效性磷时,空白试验所得磷钼酸喹啉沉淀的质量的数值,单位为克(g);

m_{02}——测定有效磷时,试料质量的数值,单位为克(g);

0.032 07——磷钼酸喹啉质量换算为五氧化二磷质量的系数;

10——吸取试样溶液体积的数值,单位为毫升(mL);

250——试样溶液总体积的数值,单位为毫升(mL)。

计算结果表示到小数点后两位,取平行测定结果的算术平均值为测定结果。

6.1.7 允许差

平行测定结果的绝对差值不大于0.30%;不同实验室测定结果的绝对差值不大于0.60%。

6.1.8 水溶性磷占有效磷的百分率(X),数值以%表示,按式(3)计算:

$$X=\frac{w_1}{w_2}\times 100 \qquad \cdots\cdots(3)$$

式中:

w_1——水溶性磷含量的数值,以质量分数(%)表示;

w_2——有效磷含量的数值,以质量分数(%)表示。

计算结果表示到小数点后一位。

6.2 磷钼酸喹啉容量法

6.2.1 水溶性磷的提取

同6.1.1。

6.2.2 有效磷的提取

同6.1.2。

6.2.3 水溶性磷的测定

沉淀的步骤同6.1.3第一段。

过滤试液A中的沉淀,用中速定性滤纸或脱脂棉花将上层清液滤完,然后以倾泻法洗涤沉淀3~4次,每次约25 mL水,将沉淀转移到滤器上,继续用不含二氧化碳的水洗涤至滤液无酸性(取约20 mL滤液,加1滴百里香酚蓝-酚酞混合指示液和1滴氢氧化钠溶液,所呈颜色与相同处理体积蒸馏水所呈颜色相近为止)。将沉淀连同滤纸或脱脂棉转移到原烧杯中,用不含二氧化碳的水洗涤漏斗,将洗涤液全部转移到烧杯中,准确加入氢氧化钠溶液,充分搅拌至沉淀溶解,然后再过量约10 mL,加100 mL不含二氧化碳的水,再加几滴混合指示液,用盐酸标准滴定溶液滴定至溶液由紫色经灰蓝色变为微黄色为终点。

6.2.4 有效磷的测定

用移液管吸取10 mL试液B,移入500 mL烧杯中。以下操作按6.2.3进行。

6.2.5 空白试验

除不加试样外,须与试料测定采用完全相同的试剂、用量和分析步骤,进行平行测定。

6.2.6 分析结果的表述

水溶性磷含量或有效磷含量(w_3),以五氧化二磷(P_2O_5)质量分数计,数值以%表示,按式(4)计算:

$$w_3=\frac{c_1(V_1-V_2)\times 0.002\,730}{m_{03}/(10/250)}\times 100 =\frac{c_1(V_1-V_2)\times 6.825}{m_{03}} \qquad \cdots\cdots(4)$$

式中:

c——盐酸标准滴定溶液的浓度的准确数值,单位为摩尔每升(mol/L);

V_1——空白试验消耗盐酸标准滴定溶液的体积的数值,单位为毫升(mL);

V_2——测定时消耗盐酸标准滴定溶液的体积的数值,单位为毫升(mL);

0.002 730——与每毫摩尔盐酸相当的五氧化二磷的质量,单位为克每毫摩尔(g/mmol);

m_{03}——试料质量的数值,单位为克(g)。

计算结果表示到小数点后两位，取平行测定结果的算术平均值为测定结果。

6.2.7 允许差

平行测定结果的绝对差值不大于 0.30％；不同实验室测定结果的绝对差值不大于 0.60％。

6.2.8 水溶性磷占有效磷的百分率的计算

同 6.1.8。

ICS 65.080
G 20

中华人民共和国国家标准

GB/T 10209.3—2010
代替 GB/T 10209.3—2001

磷酸一铵、磷酸二铵的测定方法 第3部分:水分

Determination of monoammonium phosphate and diammonium phoshpate—Part 3:Water content

2010-06-30 发布　　2011-01-01 实施

中华人民共和国国家质量监督检验检疫总局
中国国家标准化管理委员会　发布

前　言

GB/T 10209《磷酸一铵、磷酸二铵的测定方法》分为四个部分：

——第1部分：总氮含量；

——第2部分：磷含量；

——第3部分：水分；

——第4部分：粒度。

本部分是GB/T 10209的第3部分。

本部分代替GB/T 10209.3—2001《磷酸一铵、磷酸二铵中水分的测定》。

本版与前版的主要差异是：

——卡尔·费休法中吸取试液的体积由10.0 mL改为5.0 mL；

——增加了安全警示的内容；

——按新要求对标准格式进行了重新编写。

本部分由中国石油和化学工业协会提出。

本部分由全国肥料和土壤调理剂标准化技术委员会(SAC/TC 105)归口。

本部分起草单位：国家化肥质量监督检验中心(上海)、安徽六国化工股份有限公司。

本部分主要起草人：商照聪、黄化锋、周勇明、穆永峰、杨一。

本部分于1989年首次发布(GB/T 10210—1988)，2001年第一次修订。

磷酸一铵、磷酸二铵的测定方法
第3部分：水分

1 范围

GB/T 10209 的本部分规定用卡尔·费休法和真空烘箱法测定磷酸一铵、磷酸二铵中的游离水含量。

本部分适用于各种工艺生产的磷酸一铵、磷酸二铵中游离水含量的测定。

2 规范性引用文件

下列文件中的条款通过 GB/T 10209 的本部分的引用而成为本部分的条款。凡是注日期的引用文件，其随后所有的修改单(不包括勘误的内容)或修订版均不适用于本部分，然而，鼓励根据本部分达成协议的各方研究是否可使用这些文件的最新版本。凡是不注日期的引用文件，其最新版本适用于本部分。

GB/T 6283 化工产品中水分含量的测定 卡尔·费休法(通用方法)(GB/T 6283—2008，ISO 760:1978,NEQ)

HG/T 2843 化肥产品 化学分析中常用标准滴定溶液、标准溶液、试剂溶液和指示剂溶液

3 测定

3.1 卡尔·费休法(仲裁法)

3.1.1 原理

试料中的游离水与已知水的滴定度的卡尔·费休试剂进行定量反应，反应式如下：

$H_2O+I_2+SO_2+3C_5H_5N=2C_5H_5N\cdot HI+C_5H_5N\cdot SO_3$

$C_5H_5N\cdot SO_3+CH_3OH=C_5H_5NH\cdot OSO_2OCH_3$

3.1.2 试剂和材料

下列的部分试剂和溶液易燃且对人体有毒有害，操作者应小心谨慎！如溅到皮肤上应立即用水冲洗或适合的方式进行处理，如有不适应立即就医。

本部分所用试剂、溶液和水，在未注明规格和配制方法时，均应符合 HG/T 2843 的规定。

3.1.2.1 甲醇：含水量≤0.05%，如含水量>0.05%，向 500 mL 甲醇中加入 5A 分子筛约 50 g，塞上瓶塞，放置过夜，吸取上层清液使用；

3.1.2.2 二氧六环：经脱水处理，方法同 3.1.2.1；

3.1.2.3 无水乙醇：经脱水处理，方法同 3.1.2.1；

3.1.2.4 卡尔·费休试剂；

注：无吡啶的卡尔·费休改进试剂也可使用，但在仲裁时，只能使用含吡啶的试剂。

3.1.2.5 5A 分子筛：直径 3 mm～5 mm 颗粒，用作干燥剂。使用前于 500 ℃下焙烧 2 h 并在内装新鲜分子筛的干燥器中冷却。使用过的分子筛可用水洗涤、烘干、焙烧、再生后备用。

3.1.3 仪器

3.1.3.1 通常实验室用仪器；

3.1.3.2 卡尔·费休直接电量滴定仪器：按 GB/T 6283 配备，或与其性能相当的卡尔·费休仪器；

3.1.3.3 离心机：医用，(0～4 000)r/min；

3.1.3.4 注射器：5 mL 和 50 mL。

3.1.4 分析步骤

3.1.4.1 卡尔·费休试剂的标定

按 GB/T 6283 规定步骤，用水或二水酒石酸钠来标定卡尔·费休试剂的水的滴定度 T。

3.1.4.2 测定

做两份试料的平行测定。

称取游离水含量不大于 150 mg 的试样 1.5 g～2.5 g，精确至 0.000 2 g，置于 125 mL 带盐水瓶橡皮塞的锥形瓶中，盖上瓶塞，用注射器注入 50.0 mL 二氧六环（除仲裁必须使用外，可用无水甲醇或无水乙醇代替），摇动或振荡几分钟，静置 15 min，再摇动或振荡几分钟，待试料稍为沉降后，取部分试液于带盐水瓶橡皮塞的离心管中离心，吸取上层清液测定游离水含量。

通过卡尔·费休直接电量滴定仪的排泄嘴将滴定容器中残液放完，用注射器经瓶塞注入 50 mL 甲醇于滴定容器中，甲醇量应足以淹没电极，接通电源，打开电磁搅拌器，与标定卡尔·费休试剂相同的方法，用卡尔·费休试剂滴定至电流计产生与标定时同样的偏斜，并保持稳定 1 min。

用注射器从离心管中取出 5.0 mL 试液，经加料口注入滴定容器中，用卡尔·费休试剂滴定至终点，记录所消耗的卡尔·费休试剂的体积（V_1）。

用二氧六环作萃取剂时，应在三次滴定后将滴定容器中残液放完，加入甲醇，用卡尔·费休试剂滴定至同样终点，再进行下一次测定。

3.1.4.3 空白试验

以同样方法，测定 5.0 mL 二氧六环所消耗的卡尔·费休试剂的体积（V_2），进行平行测定。

3.1.5 分析结果的表述

水分 w_1，以水（H_2O）的质量分数计，数值以%表示，按式(1)计算：

$$w_1 = \frac{T(V_1 - V_2)}{m \times \frac{5}{50} \times 1\,000} \times 100 = \frac{(V_1 - V_2)T}{m} \quad \cdots\cdots(1)$$

式中：

V_1——滴定 5.0 mL 试液所消耗的卡尔·费休试剂的体积的数值，单位为毫升（mL）；

V_2——空白试验消耗的卡尔·费休试剂的体积的数值，单位为毫升（mL）；

T——卡尔·费休试剂对水的滴定度的数值，单位为毫克每毫升（mg/mL）；

m_1——试料质量的数值，单位为克（g）。

取平行测定结果的算术平均值作为测定结果，保留至两位小数。

3.1.6 允许差

平行测定结果的绝对差值不大于 0.20%。

3.2 真空烘箱法

3.2.1 原理

在一定温度下，试料在真空烘箱中减压干燥，质量损失表示为水分。

3.2.2 仪器

3.2.2.1 通常实验室用仪器；

3.2.2.2 电热恒温真空干燥箱（真空烘箱）：温度可控制在 50 ℃±2 ℃，真空度可控制在 64 kPa～71 kPa；

3.2.2.3 真空泵；

3.2.2.4 称量瓶：带磨口盖，直径 50 mm，高 30 mm。

3.2.3 分析步骤

做两份试料的平行测定。

称取约 2 g 试样(精确至 0.000 2 g)于预先干燥至恒量的称量瓶中,置于(50±2)℃,通干燥空气调节真空度为 64 kPa～71 kPa 的真空烘箱中干燥 2 h±10 min,取出,在干燥器中冷却至室温,称量。

3.2.4 分析结果的表述

水分 w_2,以水(H_2O)的质量分数计,数值用%表示,按式(2)计算:

$$w_2 = \frac{m_2 - m_3}{m_2} \times 100 \qquad \cdots\cdots(2)$$

式中:

m_2——干燥前试料质量的数值,单位为克(g);

m_3——干燥后试料质量的数值,单位为克(g)。

计算结果表示到小数点后两位,取平行测定结果的算术平均值作为测定结果。

3.2.5 允许差

平行测定结果的绝对差值应不大于 0.20%。

ICS 65.080
G 20

中华人民共和国国家标准

GB/T 10209.4—2010
代替 GB/T 10209.4—2001

磷酸一铵、磷酸二铵的测定方法 第4部分:粒度

Determination of monoammonium phosphate and diammonium phoshpate—Part 4: Particle size

2010-06-30 发布　　2011-01-01 实施

中华人民共和国国家质量监督检验检疫总局
中国国家标准化管理委员会　发布

前　言

GB/T 10209《磷酸一铵、磷酸二铵的测定方法》分为四个部分：

——第 1 部分：总氮含量；

——第 2 部分：磷含量；

——第 3 部分：水分；

——第 4 部分：粒度。

本部分是 GB/T 10209 的第 4 部分。

本部分代替 GB/T 10209.4—2001《磷酸一铵、磷酸二铵粒度的测定》。

本版与前版的主要差异是：按新要求对标准格式进行了重新编写。

本部分由中国石油和化学工业协会提出。

本部分由全国肥料和土壤调理剂标准化技术委员会(SAC/TC 105)归口。

本部分起草单位：国家化肥质量监督检验中心(上海)、安徽六国化工股份有限公司。

本部分主要起草人：周勇明、黄化锋、商照聪、穆永峰、杨一。

本部分于 1988 年首次发布(GB/T 10211—1988)，2001 年第一次修订。

磷酸一铵、磷酸二铵的测定方法 第4部分:粒度

1 范围

GB/T 10209.4 的本部分规定用筛分法测定颗粒状磷酸一铵、磷酸二铵的粒度。

本部分适用于各种工艺生产的颗粒状磷酸一铵、磷酸二铵粒度的测定。

2 规范性引用文件

下列文件中的条款通过 GB/T 10209 的本部分的引用而成为本部分的条款。凡是注日期的引用文件,其随后所有的修改单(不包括勘误的内容)或修订版均不适用于本部分,然而,鼓励根据本部分达成协议的各方研究是否可使用这些文件的最新版本。凡是不注日期的引用文件,其最新版本适用于本部分。

GB/T 6003.1—1997 金属丝编织网试验筛(eqv ISO 3310-1:1990)

3 原理

用筛分法将颗粒状磷酸一铵、磷酸二铵分成不同粒径的颗粒,称量,计算质量分数。

4 仪器

4.1 通常实验室仪器;

4.2 天平:感量 0.5 g;

4.3 试验筛(GB/T 6003.1—1997 R40/3 系列):孔径为 1.00 mm、4.00 mm 的筛子一套,附有筛盖和底盘;

4.4 振筛机。

5 步骤

将筛子按 1.00 mm 和 4.00 mm 孔径由下至上依次叠好,称取实验室样品约 200 g,精确至 0.5 g,置于孔径为 4.00 mm 的筛子上,盖好筛盖,置于振筛机上,夹紧,振动 5 min,将 4.00 mm 孔径筛和底盘上的试料称量,夹在筛孔中的颗粒以不通过此筛计。

注:若无振筛机,可用人工进行振筛,但仲裁时使用振筛机。

6 分析结果的表述

粒度(w),以粒径 1.00 mm～4.00 mm 颗粒质量占试料的质量分数计,数值以%表示,按式(1)计算:

$$w = \frac{m_1 - m_2}{m_1} \times 100 \qquad \cdots\cdots (1)$$

式中:

m_1——试料质量的数值,单位为克(g);

m_2——4.00 mm 孔径筛和底盘上的试料质量之和,单位为克(g)。

计算结果表示到小数点后一位。

ICS 25.160.30
J 64

中华人民共和国国家标准

GB/T 10249—2010
代替 GB/T 10249—1988

电焊机型号编制方法

The organization for electric welding machine model

2010-11-10 发布　　　　2011-05-01 实施

中华人民共和国国家质量监督检验检疫总局
中国国家标准化管理委员会　发布

前　言

本标准代替 GB/T 10249—1988。

本标准与 GB/T 10249—1988 相比主要变化如下：

——增加了术语和定义；

——增加“钢筋电渣压力焊机”、“搅拌摩擦焊机”、“ 焊接机器人”的型号要求；

——取消了“冷压焊机”、“高频焊机”、“其他焊机”的型号编制要求；

——作了编辑性修改。

本标准的附录 A 为规范性附录。

本标准由中国电器工业协会提出。

本标准由全国电焊机标准化技术委员会(SAC/TC 70)归口。

本标准起草单位：杭州凯尔达电焊机有限公司、深圳市瑞凌实业股份有限公司、浙江肯得焊接设备有限公司、成都三方电气有限公司、深圳市佳士科技发展有限公司、成都电气检验所。

本标准主要起草人：褚华、王仕凯、邱光、朱宣辉、尹显华、潘磊、吴九澎、萧波、张作文。

本标准所代替标准的历次版本发布情况为：

——GB/T 10249—1988。

电焊机型号编制方法

1 范围

本标准规定了电焊机型号的编制方法。

本标准适用于一般使用条件下的电焊机产品。

2 规范性引用文件

下列文件中的条款通过本标准的引用而成为本标准的条款。凡是注日期的引用文件，其随后所有的修改单(不包括勘误的内容)或修订版均不适用于本标准，然而，鼓励根据本标准达成协议的各方研究是否可使用这些文件的最新版本。凡是不注日期的引用文件，其最新版本适用于本标准。

GB/T 2900.22 电工名词术语 电焊机

GB 15579.6—2008 弧焊设备 第6部分：限制负载的手工金属弧焊电源(IEC 60974-6：2003，IDT)

3 术语和定义

GB/T 2900.22 和 GB 15579.6—2008 中确立的以及下列术语和定义适用于本标准。

3.1

限制负载的弧焊电源 limited duty manual metal arc welding power sources

由热切断装置的动作(断开、接通)来决定工作状态的焊接电源。

3.2

手工金属电弧焊机 manual metal arc welding machine

采用药皮焊条进行手工焊接操作的电焊机。

3.3

交流[电]弧焊机 AC arc welding machine

利用交流电弧热量熔化金属而进行焊接的电焊机。

3.4

直流[电]弧焊机 DC arc welding machine

利用直流电弧热量熔化金属而进行焊接的电焊机。

3.5

逆变式[电]弧焊机 inverter arc welding machine

内置直流/交流变换器的[电]弧焊机。

3.6

逆变式直流[电]弧焊机 inverter DC arc welding machine

内置直流/交流变换器的直流[电]弧焊机。

3.7

逆变式交流[电]弧焊机 inverter AC arc welding machine

内置直流/交流变换器的交流[电]弧焊机。

3.8

等离子弧切割机 plasma arc cutting machine

用等离子弧作为切割热源的切割机。

3.9

搅拌摩擦焊机　friction stir welding machine

由一个圆柱体形状的焊头伸入工件的焊接处，通过焊头的高速旋转，使其与焊接工件材料摩擦，从而使连接部位的材料温度升高软化，同时对材料进行搅拌摩擦来完成焊接的焊机。

3.10

光束焊机　light beam welding machine

产生光束或激光束并使其聚焦后对工件焊接处加热进行熔焊的焊机。

4　电焊机产品名称

4.1　电弧焊机
4.1.1　按焊接工艺方法分类
4.1.1.1　手工金属电弧焊机
4.1.1.2　熔化极气体保护弧焊机
4.1.1.2.1　活性气体保护弧焊机(简称 MAG 焊机)
4.1.1.2.2　熔化极惰性气体保护弧焊机(简称 MIG 焊机)
4.1.1.2.3　二氧化碳弧焊机(CO_2 弧焊机)
4.1.1.3　钨极惰性气体保护弧焊机(简称 TIG 焊机)
4.1.1.4　埋弧焊机
4.1.1.5　等离子弧焊机
　微束等离子弧焊机
4.1.1.6　等离子弧切割机
4.1.1.7　气电立焊机
4.1.1.8　旋转电弧焊机
4.1.1.9　带极堆焊机
4.1.2　按焊接电源结构分类
4.1.2.1　交流弧焊机
4.1.2.1.1　动铁芯式交流弧焊机
4.1.2.1.2　串联电抗式交流弧焊机
4.1.2.1.3　动线圈式交流弧焊机
4.1.2.1.4　晶闸管式交流弧焊机
4.1.2.1.5　变换抽头式交流弧焊机
4.1.2.1.6　逆变式交流弧焊机
4.1.2.2　直流弧焊机
4.1.2.2.1　磁放大器或饱和电抗式直流弧焊机
4.1.2.2.2　动铁芯式直流弧焊机
4.1.2.2.3　动线圈式直流弧焊机
4.1.2.2.4　晶体管式直流弧焊机
4.1.2.2.5　晶闸管式直流弧焊机
4.1.2.2.6　变换抽头式直流弧焊机
4.1.2.2.7　逆变式直流弧焊机
4.1.2.3　交直流两用弧焊机
4.1.2.4　机械驱动式弧焊机
4.1.2.4.1　直流弧焊发电机

4.1.2.4.2 交流弧焊发电机

4.1.2.4.3 交流发电机整流弧焊机

4.2 电渣焊接设备

4.2.1 电渣焊机

4.2.2 钢筋电渣压力焊机

4.3 电阻焊机

4.3.1 点焊机

4.3.2 凸焊机

4.3.3 缝焊机

4.3.4 电阻对焊机

4.3.5 闪光对焊机

4.3.6 电容储能电阻焊机

电容储能点焊机

电容储能凸焊机

电容储能缝焊机

4.3.7 高频电阻焊机

4.3.8 三相低频电阻焊机

4.3.9 次级整流电阻焊机

4.3.10 逆变式电阻焊机

4.3.11 移动式点焊机

4.3.12 点焊枪

4.3.13 点焊钳

4.3.14 电阻焊机控制器

4.4 螺柱焊机

4.4.1 电弧螺柱焊机

4.4.2 埋弧螺柱焊机

4.4.3 电容储能螺柱焊机

4.5 摩擦焊接设备

4.5.1 摩擦焊机

4.5.2 搅拌摩擦焊机

4.6 电子束焊机

4.7 光束焊接设备

4.7.1 光束焊机

4.7.2 激光焊机

连续激光焊机

脉冲激光焊机

4.8 超声波焊机

4.8.1 超声波点焊机

4.8.2 超声波缝焊机

4.9 钎焊机

4.9.1 电阻钎焊机

4.9.2 真空钎焊机

4.10 焊接机器人

5 电焊机产品型号编制原则

5.1 产品型号由汉语拼音字母及阿拉伯数字组成。

5.2 产品型号的编排秩序如下。

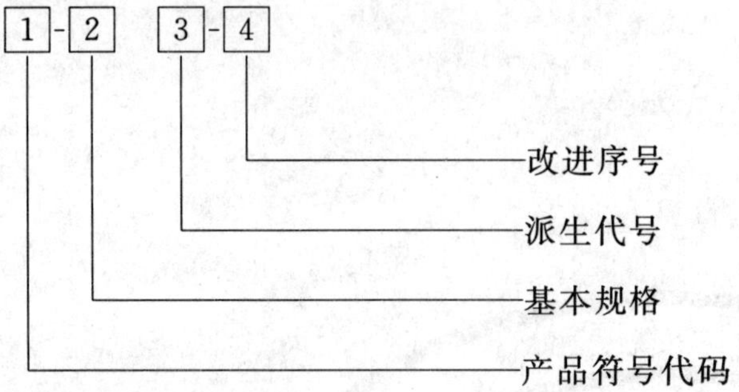

5.2.1 型号中 2,4 各项用阿拉伯数字表示。

5.2.2 型号中 3 项用汉语拼音字母表示。

5.2.3 型号中 3,4 项如不用时,可空缺。

5.2.4 改进序号按产品改进程序用阿拉伯数字连续编号。

5.3 产品符号代码的编制原则

5.3.1 产品符号代码的编排秩序

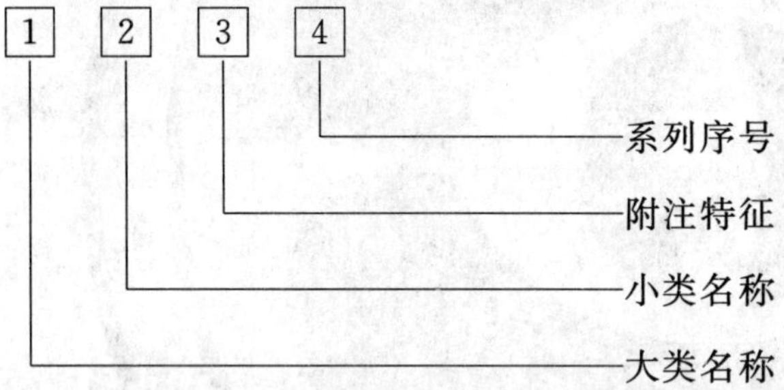

5.3.2 产品符号代码中 1,2,3 各项用汉语拼音字母表示。

5.3.3 产品符号代码中 4 项用阿拉伯数字表示。

5.3.4 附注特征和系列序号用于区别同小类的各系列和品种,包括通用和专用产品。

5.3.5 产品符号代码中 3,4 项如不需表示时,可以只用 1,2 项。

5.3.6 可同时兼作几大类焊机使用时,其大类名称的代表字母按主要用途选取。

5.3.7 如果产品符号代码的 1,2,3 项的汉语拼音字母表示的内容,不能完整表达该焊机的功能或有可能存在不合理的表述时,产品的符号代码可以由该产品的产品标准规定。

5.3.8 部分产品符号代码的代表字母及序号的编制实例见附录 A。

6 型号基本规格的标示

6.1 电弧焊机

基本规格:额定焊接电流

基本规格单位:A(安培)

注:限制负载的手工金属弧焊电源,基本规格是额定最大焊接电流。

6.2 电渣焊机

基本规格:额定焊接电流

基本规格单位:A(安培)

6.3 电阻焊机

6.3.1 点焊机

基本规格：50%负载持续率下的标称输入视在功率

基本规格单位：kVA(千伏安)

6.3.2 凸焊机

基本规格：50%负载持续率下的标称输入视在功率

基本规格单位：kVA(千伏安)

6.3.3 缝焊机

基本规格：50%负载持续率下的标称输入视在功率

基本规格单位：kVA(千伏安)

6.3.4 电阻对焊机

基本规格：50%负载持续率下的标称输入视在功率

基本规格单位：kVA(千伏安)

6.3.5 闪光对焊机

基本规格：50%负载持续率下的标称输入视在功率

基本规格单位：kVA(千伏安)

6.3.6 电容储能电阻焊机

基本规格：最大储能量

基本规格单位：J(焦耳)

6.3.7 高频电阻焊机

基本规格：额定振荡功率

基本规格单位：kW(千瓦)

6.3.8 次级整流电阻焊机

基本规格：50%负载持续率下的标称输入视在功率

基本规格单位：kVA(千伏安)

6.3.9 三相低频电阻焊机

基本规格：50%负载持续率下的标称输入视在功率

基本规格单位：kVA(千伏安)

6.3.10 逆变式电阻焊机

基本规格由产品标准规定。

6.3.11 移动式点焊机

基本规格：50%负载持续率下的标称输入视在功率

基本规格单位：kVA(千伏安)

6.4 螺柱焊机

6.4.1 电弧螺柱焊机

基本规格：额定焊接电流

基本规格单位：A(安培)

6.4.2 埋弧螺柱焊机

基本规格：额定焊接电流

基本规格单位：A(安培)

6.4.3 电容储能螺柱焊机

基本规格：最大储能量

基本规格单位：J(焦耳)

6.5 摩擦焊接设备

6.5.1 摩擦焊机

基本规格:顶锻压力

基本规格单位:kN(千牛顿)

6.5.2 搅拌摩擦焊机

基本规格由产品标准规定。

6.6 电子束焊机

基本规格:输出功率

基本规格单位:kW(千瓦)

6.7 光束焊接设备

6.7.1 光束焊机

6.7.2 激光焊机

基本规格:输出功率

基本规格单位:kW(千瓦)

6.8 超声波焊机

基本规格:发生器输入功率

基本规格单位:kW(千瓦)

6.9 钎焊机

基本规格:额定输入视在功率

基本规格单位:kVA(千伏安)

6.10 焊接机器人

基本规格由产品标准规定。

附 录 A
（规范性附录）
部分产品符号代码的举例

表 A.1 部分产品的符号代码(见 5.3)

产品名称	第一字母		第二字母		第三字母		第四字母	
	代表字母	大类名称	代表字母	小类名称	代表字母	附注特征	数字序号	系列序号
电弧焊机	B	交流弧焊机（弧焊变压器）	X	下降特性	L	高空载电压	省略	磁放大器或饱和电抗器式
							1	动铁芯式
							2	串联电抗器式
			P	平特性			3	动圈式
							4	
							5	晶闸管式
							6	变换抽头式
	A	机械驱动的弧焊机（弧焊发电机）	X	下降特性	省略	电动机驱动	省略	直流
					D	单纯弧焊发电机	1	交流发电机整流
			P	平特性	Q	汽油机驱动	2	交流
					C	柴油机驱动		
			D	多特性	T	拖拉机驱动		
					H	汽车驱动		
	Z	直流弧焊机（弧焊整流器）	X	下降特性	省略	一般电源	省略	磁放大器或饱和电抗器式
							1	动铁芯式
					M	脉冲电源	2	
							3	动线圈式
			P	平特性	L	高空载电压	4	晶体管式
							5	晶闸管式
							6	变换抽头式
			D	多特性	E	交直流两用电源	7	逆变式
	M	埋弧焊机	Z	自动焊	省略	直流	省略	焊车式
							1	
			B	半自动焊	J	交流	2	横臂式
			U	堆焊	E	交直流	3	机床式
			D	多用	M	脉冲	9	焊头悬挂式
	N	MIG/MAG 焊机（熔化极惰性气体保护弧焊机/活性气体保护弧焊机）	Z	自动焊	省略	直流	省略	焊车式
							1	全位置焊车式
			B	半自动焊			2	横臂式
					M	脉冲	3	机床式
			D	点焊			4	旋转焊头式
			U	堆焊			5	台式
					C	二氧化碳保护焊	6	焊接机器人
			G	切割			7	变位式

表 A.1（续）

产品名称	第一字母		第二字母		第三字母		第四字母	
	代表字母	大类名称	代表字母	小类名称	代表字母	附注特征	数字序号	系列序号
电弧焊机	W	TIG 焊机	Z	自动焊	省略	直流	省略	焊车式
							1	全位置焊车式
			S	手工焊	J	交流	2	横臂式
							3	机床式
			D	点焊	E	交直流	4	旋转焊头式
							5	台式
			Q	其他	M	脉冲	6	焊接机器人
							7	变位式
							8	真空充气式
	L	等离子弧焊机/等离子弧切割机	G	切割	省略	直流等离子	省略	焊车式
					R	熔化极等离子	1	全位置焊车式
			H	焊接	M	脉冲等离子	2	横臂式
					J	交流等离子	3	机床式
			U	堆焊	S	水下等离子	4	旋转焊头式
					F	粉末等离子	5	台式
			D	多用	E	热丝等离子	8	手工等离子
					K	空气等离子		
电渣焊接设备	H	电渣焊机	S	丝板				
			B	板极				
			D	多用极				
			R	熔嘴				
	H	钢筋电渣压力焊机	Y		S	手动式		
					Z	自动式		
					F	分体式		
					省略	一体式		
电阻焊机	D	点焊机	N	工频	省略	一般点焊	省略	垂直运动式
			R	电容储能	K	快速点焊	1	圆弧运动式
			J	直流冲击波			2	手提式
			Z	次级整流			3	悬挂式
			D	低频				
			B	逆变	W	网状点焊	6	焊接机器人
	T	凸焊机	N	工频			省略	垂直运动式
			R	电容储能				
			J	直流冲击波				
			Z	次级整流				
			D	低频				
			B	逆变				

表 A.1（续）

产品名称	第一字母		第二字母		第三字母		第四字母	
	代表字母	大类名称	代表字母	小类名称	代表字母	附注特征	数字序号	系列序号
电阻焊机	F	缝焊机	N R J Z D B	工频 电容储能 直流冲击波 次级整流 低频 逆变	省略 Y P	一般缝焊 挤压缝焊 垫片缝焊	省略 1 2 3	垂直运动式 圆弧运动式 手提式 悬挂式
电阻焊机	U	对焊机	N R J Z D B	工频 电容储能 直流冲击波 次级整流 低频 逆变	省略 B Y G C T	一般对焊 薄板对焊 异形截面对焊 钢窗闪光对焊 自行车轮圈对焊 链条对焊	省略 1 2 3	固定式 弹簧加压式 杠杆加压式 悬挂式
电阻焊机	K	控制器	D F T U	点焊 缝焊 凸焊 对焊	省略 F Z	同步控制 非同步控制 质量控制	1 2 3	分立元件 集成电路 微机
螺柱焊机	R	螺柱焊机	Z S	自动 手工	M N R	埋弧 明弧 电容储能		
摩擦焊接设备	C	摩擦焊机	省略 C Z	一般旋转式 惯性式 振动式	省略 S D	单头 双头 多头	省略 1 2	卧式 立式 倾斜式
摩擦焊接设备		搅拌摩擦焊机	产品标准规定					
电子束焊机	E	电子束焊枪	Z D B W	高真空 低真空 局部真空 真空外	省略 Y	静止式电子枪 移动式电子枪	省略 1	二极枪 三极枪
光束焊接设备	G	光束焊机	S	光束			1 2 3 4	单管 组合式 折叠式 横向流动式
光束焊接设备	G	激光焊机	省略 M	连续激光 脉冲激光	D Q Y	固体激光 气体激光 液体激光		

表 A.1（续）

产品名称	第一字母		第二字母		第三字母		第四字母	
	代表字母	大类名称	代表字母	小类名称	代表字母	附注特征	数字序号	系列序号
超声波焊机	S	超声波焊机	D F	点焊 缝焊			省略 2	固定式 手提式
钎焊机	Q	钎焊机	省略 Z	电阻钎焊 真空钎焊				
焊接机器人	产品标准规定							

ICS 35.240.60
S 07

中华人民共和国国家标准

GB/T 10302—2010
代替 GB/T 10302—1988

中华人民共和国铁路车站代码

Code for railway stations of the People's Republic of China

2010-09-02 发布　　2010-12-01 实施

中华人民共和国国家质量监督检验检疫总局
中国国家标准化管理委员会　发布

前 言

本标准代替 GB/T 10302—1988《中华人民共和国铁路车站站名代码》。

本标准与 GB/T 10302—1988 相比主要变化如下：

——修改了车站代码编码原则；

——代码为无含义码；

——代码采用汉语拼音顺序进行排序。

本标准由中华人民共和国铁道部提出。

本标准由铁道部标准计量研究所归口。

本标准起草单位：铁道部信息技术中心、铁道部运输局、铁道部标准计量研究所。

本标准主要起草人：刘永亮、王钰滨、高俊莉。

本标准所代替标准的历次版本发布情况为：

——GB/T 10302—1988。

中华人民共和国铁路车站代码

1 范围

本标准规定了全国铁路车站代码。

本标准适用于全国铁路信息化管理中铁路车站信息的处理业务。

2 术语和定义

下列术语和定义适用于本标准。

2.1

铁路车站 railway stations

指投入运营的全国铁路线上的车站和旅客乘降所。全国铁路包括国家铁路及与国家铁路直通运输的股份制铁路、合资铁路和地方铁路。

3 车站代码编制原则

3.1 车站代码为十进制数字码，由5位数字组成，代码范围为10000～89999。

3.2 同一条线上车站代码尽可能连续，以干线划区域，区域内车站代码按运行方向顺序排列，递增或递减。

3.3 顺序编码时，车站代码间预留3个代码，新增线路预留30～500个代码，作为增加车站需要。

3.4 车站代码是无含义码，每个车站代码唯一并保持不变，车站更名代码不变，车站关闭代码封存。

4 代码表

4.1 本标准代码表按车站站名的汉语拼音字码排序。

注：车站站名以《铁路客运运价里程表》、《货物运价里程表》公布为准。

4.2 车站代码见表1(台湾省、香港地区暂缺)。

表1

代码	站　名	代码	站　名	代码	站　名	代码	站　名
61958	阿城	42593	阿拉山口	42584	艾比湖	44032	安多
15833	阿达日嘎	42594	阿拉山口境	15281	艾不盖	33605	安福
13239	阿都呼都格	58532	阿里河	14300	艾河	44546	安福寺
56174	阿尔山	58397	阿龙山	41397	艾家村	46697	安富镇
58124	阿尔山北	48077	阿南庄	47378	艾田	56009	安广
53324	阿尔乡	43104	阿恰尔	53033	艾友营	35447	安化
12989	阿贵图	43353	阿日德塞	62135	爱河	42512	安集海
38552	阿湖镇	43088	阿图什	36596	隘口	34631	安济
53066	阿金	58415	阿乌尼	42080	安北	62705	安家
43061	阿克苏	47825	阿寨	57377	安达	45836	安家湾
43357	阿拉德	47816	埃岱	46057	安德	46512	安靖
42908	阿拉沟	36206	矮岭	10067	安定	29843	安康

表 1（续）

代码	站 名	代码	站 名	代码	站 名	代码	站 名
29795	安康东	64655	八宝	53342	巴胡塔	15491	白芨沟
23327	安口	56984	八村	57635	巴林	50170	白鸡坡
41445	安口南	61250	八达沟	42944	巴伦台	16397	白家店
41198	安口窑	12215	八达岭	58112	巴日图	43344	白碱滩
49107	安龙	21923	八大家	29906	巴山	14243	白涧
29360	安陆	53255	八道壕	40591	巴图塔	59825	白奎堡
54742	安民	25550	八都	14690	巴彦高勒	44859	白腊桥
41055	安棚	44900	八斗	43580	巴燕	56165	白狼
54611	安平	18245	八陡	43363	巴音达拉	29723	白浪
20093	安庆	49184	八渡	49793	扒挪块	60548	白林
20084	安庆北	44875	八家旺	37408	岜仑	61982	白岭
11852	安庆沟	63485	八家子	15260	坝梁	32588	白龙桥
19943	安庆西	24170	八甲	54329	鲅鱼圈北	45752	白龙塘
54745	安恕	52259	八角台	54332	鲅鱼圈港口	32471	白鹿塘
49673	安顺	33500	八景	24725	霸州	35172	白马
27641	安塘	42971	八棵树	39422	灞桥	38015	白马厂
30563	安亭	40022	八里店	41014	灞源	45545	白马关
66340	安亭北	62228	八里坪	28529	白壁关	22928	白马垄
63275	安图	30956	八里湾	35798	白仓	39122	白马寺
34961	安溪	26195	八里庄	56504	白城	44639	白马溪
20564	安阳	56342	八面城	28853	白村	12755	白庙
21632	安阳西	61766	八面通	36017	白地市	19122	白蒲
28172	安邑	46250	八庙	15008	白墩子	11717	白旗
40151	安子沟	43085	八盘磨	47828	白果	41051	白秋
53759	鞍山	43415	八盘峡	35835	白果村	64253	白泉
57497	昂昂溪	12524	八苏木	56135	白海	46757	白沙
44071	昂嘎	51200	八所	44138	白合	50762	白沙冲
11912	昂乃	37124	八塘	64790	白河	50198	白沙坡
23276	坳上	11924	八仙筒	29751	白河东	35170	白沙沱
43102	敖包	51464	八一	41035	白河湾	34673	白沙镇
40579	敖包沟	38594	八义集	29753	白河县	36329	白山
11885	敖汉	43076	巴楚	36773	白鹤隘	64556	白山市
56834	敖力布告	42320	巴哥	31850	白鹤岭	57548	白山乡
62108	敖头	48452	巴关河	35999	白鹤铺	64082	白山镇
33996	鳌江	36515	巴关岭	58901	白桦排	23297	白石渡

表 1（续）

代码	站　名	代码	站　名	代码	站　名	代码	站　名
63194	白石山	10709	白庄	12647	包头东	24152	陂面
47831	白石岩	19282	百尺河	66000	包头南	10829	卑家店
53453	白市	28838	百底	14507	包头西	59648	北安
47000	白市驿	36839	百浪	38537	包庄	28391	北板桥
45842	白水	36125	百里村	45707	褒河	30056	北碚
49113	白水河	35390	百亩井	53024	雹神	10094	北仓
45353	白水江	49319	百色	10508	宝坻	17440	北大港
54470	白水井	17177	百善	61673	宝东	60773	北大岭
50204	白水镇	11324	百子湾	66313	宝华山	10307	北戴河
12575	白塔	47792	柏村	39629	宝鸡	52712	北磴
38540	白塔埠	59207	柏根里	39581	宝鸡东	38697	北东闸
48530	白塔村	50249	柏果	45275	宝鸡南	24437	北斗
36030	白塘	46745	柏林	12986	宝拉格	64772	北岗
35168	白涛	28490	柏山	35645	宝老山	36885	北海
45443	白田坝	20561	柏庄	20585	宝莲寺	36886	北海港
25789	白田区	10912	柏庄村	61274	宝林	26417	北合流
15674	白土梁	37520	摆梭	56822	宝龙山	41756	北河
14576	白彦花	48860	班猫箐	13200	宝木吐	20294	北河店
26333	白羊墅	44480	斑竹铺	61083	宝清	16364	北集坡
41020	白杨店	45464	斑竹园	60776	宝泉岭	31073	北郊
22083	白杨畈	23945	坂田	63779	宝山	10001	北京
42755	白杨河	34826	坂尾	33764	宝幢	12713	北京北
26801	白洋桥	14264	板城	49347	保安	12158	北京东
12980	白音察干	49166	板其	40829	保德	10010	北京南
57092	白音胡硕	16742	板桥	20306	保定	21152	北京西
13236	白音库伦	49220	板桃	35186	保家楼	62159	北林
11915	白音他拉	63938	板杖子	13146	保健	35876	北流
13144	白音特拉	35708	半边街	56414	保康	35885	北流东
13004	白银哈尔	60728	半截河	56105	保门乡	24735	北芦庄
15596	白银市	28169	半坡村	56402	堡石图	33770	北仑
15044	白银西	19583	蚌埠	28633	堡则	33773	北仑港
33086	白源	16715	蚌埠东	12455	堡子湾	11438	北马圈子
57150	白云	11204	包官营	63287	葆园	18371	北牟
15293	白云鄂博	14489	包头	45500	报恩寺	27129	北亩
50651	白寨	15203	包头北	29744	鲍峡	52511	北票

表 1（续）

代码	站　名	代码	站　名	代码	站　名	代码	站　名
52289	北票南	50615	碧色寨	43975	不冻泉	10927	曹妃甸西
57938	北千里	59294	碧水	57089	布敦化	43493	曹家堡
63722	北三家	59030	碧州	55541	布海	40514	曹家伙场
63911	北山	55238	边沟	23795	布吉	50167	曹家湾
21581	北舍	56453	边昭	43112	布列开	11813	曹家营子
28624	北社	16754	卞庄	44011	布玛德	16703	曹老集
16997	北师店	11138	别山	44014	布强格	38543	曹浦
54632	北台	33044	彬江	27470	部落	18134	曹王
10181	北塘	59768	滨江	18608	埠西头	24872	曹县
10589	北塘西	59972	滨江西	46304	擦耳	16013	曹庄
57716	北头河	18810	滨州	36110	才湾	10493	曹子里
14291	北屯	18813	滨州北	30800	采石	20303	漕河
13697	北辛堡	15560	冰草湾	63272	采石厂	32345	漕泾
56171	北兴安	42686	冰沟	33719	菜花坪	50612	草坝
28001	北阳	11669	兵马营	54074	蔡家	44261	草店
27680	北义井	24420	丙村	19706	蔡家岗	29295	草店镇
26444	北营	47981	丙谷	55622	蔡家沟	46937	草海
16292	北园	50642	波渡箐	41013	蔡家河	55031	草河口
11624	北宅	52334	波罗赤	39557	蔡家坡	18617	草庙子
44270	北召店	36209	波寨	17954	蔡家庄	38573	草桥
27362	北周庄	35573	波洲	25304	蔡山	63761	草市
27102	北庄口	56399	玻璃山	50345	仓房	49148	册亨
44954	贝江	27473	播明	31880	仓前	26384	测石
49799	背开柱	39695	伯阳	46430	仓山镇	43016	策达雅
62699	背荫河	27164	泊里	30734	沧波门	35853	岑溪
30446	奔牛	16088	泊头	18065	沧口	35867	岑溪北
12974	贲红	61337	勃利	16058	沧州	54255	叉车厂
15395	本井	24986	亳州	33998	苍南	51293	叉河
54935	本溪	57659	博克图	59273	苍山	17222	插花
54926	本溪湖	42587	博乐	63713	苍石	59333	查班河
60830	笔架山	24810	博平	16652	曹村	13214	查布嘎
41054	毕店	18233	博山	11216	曹东庄	15812	查干得日斯
19712	毕家岗	18140	博兴	10924	曹妃甸	13204	查干哈达
12602	毕克齐	51998	渤海	10921	曹妃甸北	13162	查干芒和
48185	碧鸡关	40028	卜家沟	10922	曹妃甸南	13121	查干诺尔

表 1（续）

代码	站　名	代码	站　名	代码	站　名	代码	站　名
37712	查岩	40208	昌寨	63749	长山堡	19494	巢湖西
10193	茶淀	41093	长安集	63944	长山村	58334	朝查
43907	茶卡	32174	长安镇	55976	长山屯	13154	朝格温多尔
22742	茶岭	15011	长城	40970	长哨	59141	朝晖
33728	茶陵	27626	长城梁	64382	长胜	40567	朝脑沟
23759	茶山	48302	长冲	30041	长胜沟	45404	朝天
23114	茶山坳	54116	长春	35154	长寿	52304	朝阳
63281	茶条沟	55511	长春北	20894	长台关	63296	朝阳川
33366	茶亭	62981	长春东	34551	长泰	58889	朝阳村
13715	茶坞	54107	长春南	35852	长滩	11786	朝阳地
34889	茶阳	55277	长甸	35204	长潭沟	52316	朝阳南
35762	茶园	55901	长发	35116	长汀	52598	朝阳西
45764	茶镇	61400	长发屯	62324	长汀镇	63806	朝阳镇
43778	察尔汗	63872	长岗	20243	长辛店	58343	朝原
43694	察汗诺	36425	长岗岭	31841	长兴	58340	朝中
12605	察素齐	20786	长葛	59135	长缨	24458	潮安
25932	汊沽港	47801	长河坝	38330	长垣	58589	潮莫
46925	岔河	46712	长河碥	27431	长畛	59728	潮水
49013	岔江	34939	长基	15650	长征	24455	潮州
47279	岔滩	29342	长江埠	28361	长治	16322	炒米店
43871	柴达尔	37214	长岭	28337	长治北	32300	车墩
55916	柴岗	54263	长岭子	16112	长庄	43330	车峰
12332	柴沟堡	39998	长陵	28367	长子	24131	车岗
61256	柴河	14963	长流水	21566	常村	37413	车河
42389	柴窝堡	43826	长宁堡	26864	常德	57128	车家营子
42395	柴西	41405	长农	26873	常德东	50210	车转湾
28127	柴庄	48926	长坡岭	26837	常德西	23249	郴州
39824	巉口	56861	长青	39548	常兴	65833	郴州西
51472	昌感	22874	长沙	30452	常州	59720	辰清
42485	昌吉	18536	长沙堡	18386	常庄	35507	辰溪
17903	昌乐	23582	长沙北	15278	厂汉	33820	陈墩
10292	昌黎	22883	长沙东	11720	超梁沟	26814	陈二铺
12173	昌平	46628	长沙埂	41043	晁陂	16037	陈官屯
11609	昌平北	65818	长沙南	16816	巢北	41543	陈官营
53981	昌图	27044	长沙西	19493	巢湖	55810	陈家

表 1（续）

代码	站　名	代码	站　名	代码	站　名	代码	站　名
27620	陈家沟	31015	池州	49736	茨冲	13206	达日其嘎
29561	陈家湖	26639	茌平	40597	瓷窑湾	29957	达州
18542	陈家疃	22717	赤壁	33248	慈城	30150	达州东
46592	陈家湾	65809	赤壁北	30776	慈湖	41615	打柴沟
33799	陈家寨	11822	赤峰	44627	慈利	37416	打场
25862	陈江	11843	赤峰东	31499	慈义	14555	打拉亥
16841	陈塘庄	11819	赤峰西	39185	磁涧	37478	打羊
54896	陈相屯	48218	赤木岭	21425	磁山	55985	大安
28925	陈庄	33458	崇仁	21494	磁西	56924	大安北
60371	晨明	41207	崇信	20555	磁县	53081	大巴
41078	谌老营	36536	崇左	16373	磁窑	14888	大坝
45584	成都	18896	仇桥	47564	丛林	13198	大板
46036	成都北	24299	初城	16967	徂阳	40515	大保当
45593	成都东	16775	滁州	10499	崔黄口	55229	大堡
47675	成都南	43978	楚玛尔河	20777	崔黄庄	10577	大毕庄
46510	成都西	61280	楚山	26904	崔家桥	42272	大步
61946	成高子	48221	楚雄	49922	崔家庄	41978	大草滩
57578	成吉思汗	48230	楚雄西	10757	崔马庄	11117	大厂县
45002	成团	41342	褚家湾	58937	翠峰	53165	大成
50465	呈贡	22850	川山坪	59036	翠岗	11420	大城子
20351	承安铺	35492	川水	60698	翠峦	40016	大程
11492	承德	45950	穿心店	13757	翠屏山	63209	大川
11489	承德东	41076	传流店	19475	撮镇	36029	大村甸
45725	城固	33300	船寮	57845	嵯岗	48146	大德
34478	城口	52793	串子沟	44035	措那湖	15473	大磴沟
46502	城厢	56990	创业村	42374	达板城	51593	大甸
18056	城阳	37181	吹塘	43775	达布逊	64664	大东
54404	城子坦	42677	春风	54703	达道峪	36848	大垌
44906	程村	32081	春申	13148	达盖	46796	大渡口
26321	程家	58877	春亭阁	55562	达家沟	36212	大端河
55925	程家堡	24146	春湾	58859	达拉滨	42494	大丰
16451	程家庄	62543	春阳	40551	达拉特旗	63386	大丰满
44921	程祥	18146	纯化	66003	达拉特西	18995	大丰西
51461	澄迈	31796	祠山岗	58355	达赖沟	33434	大岗
45776	池河	46748	茨坝	44065	达琼果	18086	大港

表 1（续）

代码	站　名	代码	站　名	代码	站　名	代码	站　名
15005	大格达	18230	大昆仑	28319	大平	50207	大塘
24786	大葛村	23534	大朗	52325	大平房	25683	大塘埠
63152	大姑家	63860	大梨树	44759	大坡	49031	大田边
48555	大古城	48392	大理	35879	大坡村	19655	大通
41082	大顾店	48395	大理北	34892	大埔	43832	大通县
46926	大关	48383	大理东	23102	大浦街	12392	大同
47414	大关冲	28913	大荔	58454	大其拉哈	12389	大同东
62147	大观岭	64622	大栗子	33767	大碶	13643	大同南
24753	大官亭	53522	大连	63248	大桥	13673	大同县
55355	大官屯	54167	大连北	54659	大青	37592	大土
33602	大光山	54218	大连东	41822	大青阳口	56390	大土山
53438	大罕	54215	大连港口	57416	大庆	54104	大屯
16349	大河	57812	大良	42128	大泉	22913	大托铺
47303	大河坝	53432	大林	64400	大泉眼	46033	大弯镇
39800	大河岔	44978	大岭	36140	大溶江	50165	大湾
63875	大黑山	41015	大岭铺	34664	大箬	48041	大湾子
33819	大横	36527	大陵	24098	大沙	36820	大王滩
11315	大红门	22418	大刘	44844	大沙田村	36662	大圩
51803	大红旗	54389	大刘家	37441	大山	16370	大汶口
38612	大湖	20855	大刘庄	46880	大山铺	59021	大乌苏
51764	大虎山	35582	大龙	38255	大山头	15446	大武口
22658	大花岭	44750	大龙村	34904	大深	61358	大西
52091	大荒地	45467	大炉山	35627	大石板	42950	大西沟
14186	大灰厂	60741	大陆	17006	大石家	36188	大溪河
22025	大箕铺	12968	大陆号	53699	大石桥	43487	大峡
18578	大家洼	41570	大路	63251	大石头	16979	大协
14312	大涧	44958	大路底	56111	大石寨	28358	大辛庄
35501	大江口	35842	大路铺	13748	大石庄	27380	大新
24305	大降坪	16085	大满庄	50660	大树塘	56594	大兴
48119	大旧庄	38609	大庙	40547	大树湾	62525	大兴沟
48284	大苴	56669	大民屯	47540	大水沟	64286	大兴镇
15557	大咀子	37405	大莫	50288	大松树	52790	大徐屯
23387	大坑口	34670	大目埕	50603	大塔	38597	大许家
62867	大口钦	36842	大拟	13562	大台	25850	大亚湾
10502	大口屯	27443	大牛店	45398	大滩	57761	大雁

表 1（续）

代码	站 名	代码	站 名	代码	站 名	代码	站 名
58958	大扬气	29588	丹江	42914	德代沟	13212	刁家段
64661	大阳岔	41038	丹水	55550	德惠	41034	丁河
58868	大杨树	21026	丹水池	43739	德令哈	45395	丁家坝
58865	大杨树东	66316	丹徒	31865	德清	13529	丁家滩
25523	大洋洲	30428	丹阳	58103	德仁	17144	丁里
53594	大窑湾港	16784	担子	26882	德山	19247	丁山
22016	大冶	51463	儋州	37367	德胜	53186	丁香屯
46403	大英	21542	弹音	42917	德文托盖	21830	丁营
46540	大英东	30806	当涂	45551	德阳	24110	鼎湖
14351	大营	44062	当雄	16115	德州	49489	定顿
24789	大营镇	44528	当阳	53831	灯塔	25724	定南
52319	大营子	16319	党家庄	33116	灯芯桥	24863	定陶
49691	大用	10772	党峪	54380	登沙河	39821	定西
54077	大榆树	38675	砀山	46634	登瀛崖	27683	定襄
34256	大源村	52706	刀尔登	49808	邓家村	20291	定兴
31823	大云	31445	倒湖	46928	邓家湾	20339	定州
47429	大寨	56027	到保	17446	邓善沽	36077	东安
41210	大寨岭	13218	道德	44321	邓州	45452	东坝
41423	大战场	62355	道河	42029	低窝铺	59900	东边井
52442	大杖子	58115	道劳杜	35468	低庄	28550	东槽
54676	大郑	57068	道老杜	61550	滴道	17210	东城集
29870	大竹园	13160	道仑郭勒	50531	滴水	33137	东冲铺
50609	大庄	58295	道木达	63680	滴台	50351	东川
46709	大足	64547	道清	44041	底吾玛	11759	东大坝
45656	代家坝	40430	道镇	37733	地菜	52328	东大道
62153	代马沟	35837	道州	38069	地方	17448	东大沽
47780	代湾	58577	得耳布尔	43200	地窝铺	41948	东洞
14375	代县	19284	得利斯	44885	地阳坪	16991	东都
17135	岱河	53654	得利寺	24185	电白	51475	东方
27365	岱岳	56837	得胜村	48095	甸尾	61727	东方红
60317	带岭	53924	得胜台	48086	甸心	64289	东丰
38396	待王	25367	德安	28331	店上	64295	东丰北
19394	戴集	49583	德保	40525	店塔	17813	东风
55118	丹东	56117	德伯斯	42227	淀泉	34563	东孚
41023	丹凤	47954	德昌	34550	碾口	53063	东阜新

表 1（续）

代码	站名	代码	站名	代码	站名	代码	站名
62888	东富	40979	东坪	31021	东至	37487	独山
61423	东岗	28424	东坡	14348	东庄	57119	杜尔基
10918	东港	29608	东桥	23399	冬瓜铺	62732	杜家
16796	东葛	36695	东泉	64723	氡泉	18119	杜科
57824	东宫	16289	东沙王庄	28199	董村	58121	杜拉尔
52694	东沟门	64238	东山	33506	董家	34679	杜坞
19511	东关	47246	东升坝	47384	董家坪	40241	杜赵
33206	东关镇	40575	东胜	16286	董家庄	48446	渡口
28007	东观	21512	东戍	44279	董庄	29984	渡市
16094	东光	20927	东双河	11444	洞庙河	44645	渡坦坪
61595	东海	25760	东水	43436	洞子村	28742	端氏
38546	东海县	42698	东水峡	40286	洞子崖	51761	段家
57866	东壕	19022	东台	37826	都川	11126	段甲岭
28295	东河	16460	东滩	46063	都江堰	28310	段柳
14339	东河南	60659	东汤	37370	都街	26405	段廷
55333	东湖	28370	东田良	47426	都拉营	17150	段园
12242	东花园	64439	东通化	43697	都兰寺	57344	对青山
20945	东篁店	15644	东湾	57830	都伦	36227	对亭
61403	东佳木斯	23768	东莞	24852	都司	28535	兑镇
37373	东江	25880	东莞东	37514	都匀	63227	敦化
60182	东津	32846	东乡	62555	斗沟子	42104	敦煌
62564	东京城	32564	东孝	63725	斗虎屯	16827	墩义堂
39662	东口	51581	东辛庄	46913	豆坝	15815	多尔本毛道
11939	东来	12635	东兴	10766	豆各庄	13246	多伦
41849	东乐	27998	东阳	56585	豆海	29321	舵落口
53036	东梁	23183	东阳渡	27482	豆罗	47789	峨边
54599	东辽阳	21557	东阳关	10079	豆张庄	47735	峨眉
63668	东陵	18155	东营	21509	豆庄	30962	峨桥
54694	东陵村	52697	东营子	20258	窦店	34655	莪洋
28277	东马	14345	东淤地	15038	窦家沟	15848	额济纳
62665	东门	27368	东榆林	20468	窦妪	59729	额雨
11930	东明村	28394	东元庆	48179	读书铺	21977	鄂州
38315	东明县	12203	东园	40013	独李村	21975	鄂州西
11846	东南营子	26408	东赵	57005	独立屯	47870	尔赛河
62361	东宁	28157	东镇	16028	独流	43028	二八台

表 1（续）

代码	站　名	代码	站　名	代码	站　名	代码	站　名
42221	二堡	10580	范家庄	56132	丰林	50492	凤鸣村
64783	二岔	54697	范马峪	58574	丰岭	26552	凤山
60914	二道岗	54320	范屯	10211	丰南	17282	凤台
13140	二道沟	24498	范县	10763	丰润北	45329	凤县
11693	二道沟门	18428	范镇	10760	丰润南	41108	凤翔
63197	二道河	38672	范庄	15071	丰水村	16739	凤阳
15128	二道沙河	47090	方山	24440	丰顺	45305	凤州
58748	二道湾	17933	坊子	10025	丰台	33968	奉化
49730	二道岩	53258	芳山镇	20156	丰台西	61331	佛岭
42425	二宫	36863	防城	12461	丰镇	24035	佛山
44681	二家河	36866	防城港	28220	风陵渡	24032	佛山东
59681	二井	36868	防城港港	36014	风石堰	46790	伏牛溪
43688	二郎	21218	房山	11853	风水沟	38018	凫村
25022	二郎集	40862	纺织城	32120	枫泾	36518	扶绥
45491	二郎庙	37196	飞凤坡	32711	枫岭头	55607	扶余
13073	二连	23432	飞来峡	30971	枫香墩	31466	浮梁
52643	二龙	36891	飞龙	64667	枫叶岭	44951	浮石
56471	二龙山	42275	飞跃	32045	封浜	14288	浮图峪
59687	二龙山屯	16925	肥城	38345	封邱	22034	浮屠街
64415	二密河	16819	肥东	37472	峰洞	35164	涪陵
17927	二十里堡	19826	肥西	21602	峰峰	35162	涪陵西
42380	二十里店	38075	费县	46706	峰高铺	16664	符离集
53606	二十里台	41085	分路口	34790	峰海	34006	福安
55067	二台子	14897	分守岭	24482	冯村北	34913	福德
36182	二塘	53720	分水	53315	冯家	34000	福鼎
50162	二塘区	30154	分水寺	35198	冯家坝	31460	福港
41324	二营	33023	分宜	16082	冯家口	43375	福海
50171	发耳	38423	汾水镇	41117	冯家山	47084	福集
21972	樊口	59258	奋发	59540	冯屯	13228	福巨
30965	繁昌	32948	丰城	39677	凤阁岭	35845	福利
14366	繁峙	25497	丰城南	36335	凤凰	60836	福利屯
19916	范岗	62876	丰广	55070	凤凰城	39638	福临堡
11627	范各庄	56420	丰库	27428	凤凰村	34154	福清
35792	范家山	41930	丰乐滩	49817	凤凰山	35696	福泉
54095	范家屯	60827	丰乐镇	37097	凤鸣	18551	福山

表 1（续）

代码	站　名	代码	站　名	代码	站　名	代码	站　名
14240	福山口	57629	富林	47819	甘洛	57452	高家
10253	福山寺	34871	富岭	53330	甘旗卡	15254	高家村
12548	福生庄	40025	富平	40448	甘泉	22856	高家坊
44999	福塘	41603	富强堡	43206	甘泉堡	27647	高家会
46949	福溪	61712	富荣	31529	甘棠	16637	高家营
13216	福兴地	34232	富庶岭	37718	甘棠村	33671	高坑
34682	福州	41030	富水	35996	甘棠集	60209	高老
34691	福州东	63188	富太哈	28094	甘亭	16800	高里
34151	福州南	34313	富文	35206	泔溪	45779	高梁铺
11219	抚宁	40412	富县	47258	赶水	56813	高林屯
55376	抚顺	35864	富埇	47255	赶水北	51563	高岭
63686	抚顺北	44924	富用	44585	赶子幽	62276	高岭子
33443	抚州北	59567	富裕	51477	感城	18841	高流
40826	府谷	50216	富源	34916	感德	24500	高码头
24816	付楼	11153	富庄子	23057	淦田	17960	高密
37217	附城	13188	嘎拉德斯汰	25640	赣县	43475	高庙
43212	阜康	58385	嘎拉牙	25649	赣州	45929	高骈
25133	阜南	11933	嘎什甸子	25641	赣州东	28379	高平
18914	阜宁	11909	嘎什吐	25650	赣州南	37571	高坪铺
53042	阜新	43700	尕巴	43655	刚察	34574	高崎
25104	阜阳	37676	改貌	44044	岗秀	23390	高桥
25067	阜阳北	53690	盖州	62873	缸窑	51632	高桥镇
22401	阜阳西	47456	干坝子	61430	缸窑沟	42557	高泉
54479	复州湾	64412	干沟	31011	缸窑湖	51758	高山子
56351	傅家屯	14978	干塘	28223	港口	11996	高寺台
10715	傅庄	35190	干溪沟	31331	港口镇	41900	高台
19085	富安	39842	甘草店	15077	皋兰	51815	高台山
35846	富川	39746	甘谷	20282	高碑店	57587	高台子
59585	富海	58490	甘河	29293	高城	29891	高滩
35832	富家桥	42551	甘河子	27497	高村	45383	高潭子
28061	富家滩	35200	甘家坝	55380	高尔山	26632	高唐
61241	富江镇	28892	甘井	49655	高峰	25364	高塘
60923	富锦	54299	甘井子	34238	高阜	37208	高田
57524	富拉尔基	43960	甘隆	11372	高各庄	59537	高头
59039	富乐	25953	甘露山	35182	高谷	36041	高溪市

表 1（续）

代码	站名	代码	站名	代码	站名	代码	站名
28130	高显	32201	艮山门	55331	孤家子	16976	谷里
46972	高县	44981	更村	12449	孤山	37595	谷立
30035	高兴	33341	更楼	40823	孤山川	24718	固安
25604	高兴镇	54608	耿家屯	14213	孤山口	20297	固城
39803	高阳	44336	耿坡	54706	孤山镇	39653	固川
54674	高阳镇	56885	工农湖	11876	孤山子	41096	固始
24122	高要	12629	公积坂	64544	菇园	41306	固原
20477	高邑	14588	公庙子	11675	古北口	16694	固镇
30392	高资	23222	公平墟	25013	古城集	39317	故县
26129	藁城	35552	公坪	12644	古城湾	42101	瓜州
54731	郜家店	15338	公乌素	61310	古城镇	24322	关春
44342	郜营	47687	公兴	12440	古店	47798	关村坝
50630	戈姑	52337	公营子	27794	古东	39074	关帝庙
52784	鸽子洞	13172	公主埂	42563	古尔图	43682	关角
47375	阁老坝	54080	公主岭	42560	古河	44159	关林
49022	革居	28226	公庄	46766	古家沱	40555	关碾房
54248	革镇堡	50336	功山	27797	古交	40214	关山
56960	革志	33317	功塘	41666	古浪	25715	关西镇
24385	格顶	16973	宫里	57581	古里金	49724	关寨
43787	格尔木	39101	巩义	59153	古莲	45407	观音坝
43784	格尔木东	39098	巩义东	44056	古露	35226	观音岭
34907	格口	39056	巩义南	13202	古鲁满汗	45287	观音山
15824	格勒	46970	珙县	22844	古培塘	39236	观音堂
48455	格里坪	47786	共和	36545	古坡	44690	官坝
49850	格以头	25368	共青城	44077	古荣	29909	官渡
21969	葛店	34430	贡川	34652	古田	34301	官墩
56069	葛根庙	26162	贡家台	36767	古瓦	17444	官港
17360	葛塘	31896	勾庄	30764	古雄	11612	官高
55112	蛤蟆塘	51734	沟帮子	10808	古冶	55223	官家
29348	隔蒲	57653	沟口	44972	古砦	50771	官家山
50939	个旧	50528	狗街子	44708	古丈	16499	官桥
58325	根河	44330	构林	44979	古竹	22706	官塘驿
49211	根龙	50348	姑海	29681	谷城	13457	官厅
37112	根竹	12539	姑家堡	44753	谷达坡	20783	官亭
44864	艮山口	63035	孤店子	47465	谷口河	41091	官亭镇

表 1（续）

代码	站　名	代码	站　名	代码	站　名	代码	站　名
20492	官庄	37565	贵定	58838	哈达阳	32159	海宁
56894	官字井	37522	贵定南	63254	哈尔巴岭	43445	海石湾
25586	冠朝	37115	贵港	55661	哈尔滨	21746	海棠寺
35122	冠豸山	32753	贵溪	60002	哈尔滨东	56915	海坨子
16760	管店	31559	贵溪北	55793	哈尔滨南	32346	海湾
55250	灌水	37646	贵阳	43622	哈尔盖	43586	海晏
41041	灌涨铺	47432	贵阳北	42929	哈尔格	18533	海阳
30737	光华门	50042	贵阳东	64229	哈福	17180	海孜
63935	光辉	37598	贵阳南	57773	哈克	20519	邯郸
25178	光山	49631	贵阳西	57701	哈拉沟	26759	邯郸南
34262	光泽	17279	桂集	55538	哈拉哈	34160	涵江
30008	广安	34460	桂口	55922	哈拉海	54623	寒岭
10436	广安门	36173	桂林	56102	哈拉黑	39812	寒水岔
31787	广德	36152	桂林北	57623	哈拉苏	27179	寒王
11771	广德号	36659	桂林东	58841	哈力图	28856	韩城
32670	广丰	36629	桂林南	42188	哈密	41352	韩府湾
45563	广汉	17729	郭店	42941	哈让古	40571	韩家村
54368	广宁寺	13052	郭尔奔敖包	57149	哈日努拉	51605	韩家沟
20948	广水	21374	郭二庄	14570	哈业胡同	27341	韩家岭
20951	广水西	35234	郭公坪	61103	哈鱼岛	40838	韩家楼
46700	广顺场	54071	郭家店	37258	海安南	59336	韩家园
48098	广通	52799	郭家屯	17370	海安县	12002	韩麻营
48797	广卫南	15551	郭家窑	59918	海北	44306	韩堂
20651	广武	18512	郭家庄	53732	海城	28214	韩阳镇
47228	广兴	12326	郭磊庄	48397	海东镇	16520	韩庄
45413	广元	23480	郭塘	56354	海丰	38786	韩庄镇
45833	广元东	41044	郭洼	51459	海口	58118	罕达盖
45416	广元南	14384	崞阳镇	51460	海口南	66009	罕台川北
23693	广州	42905	国光	57785	海拉尔	10091	汉沟镇
23471	广州北	39572	虢镇	57782	海拉尔东	10196	汉沽
23711	广州东	48917	果河	62594	海浪	21050	汉口
65848	广州南	64460	果松	62114	海林	26900	汉寿
23543	广州西	59564	哈川	63800	海龙	46952	汉王山
46637	归德乡	58319	哈达	59903	海伦	45896	汉旺
56096	归流河	63050	哈达湾	57758	海满	21059	汉西

表 1（续）

代码	站　名	代码	站　名	代码	站　名	代码	站　名
21068	汉阳	63494	和龙	35851	贺街	32726	横峰
45785	汉阴	25742	和平	13168	贺日斯台	25445	横岗
47804	汉源	43360	和什托洛盖	22682	贺胜桥	22685	横沟桥
45713	汉中	34265	和顺	35848	贺州	46918	横江
13176	汗苏鲁	27178	和顺县	57836	赫尔洪得	30488	横林
15800	杭锦后旗	24202	河邦	60779	鹤北	29039	横岭关
14696	杭锦旗	27689	河边	20594	鹤壁	36185	横山
32252	杭州	37199	河唇	21716	鹤壁北	35757	横市
31895	杭州北	42065	河东	60752	鹤岗	29033	横水镇
32001	杭州东	24744	河间西	60734	鹤立	45365	横现河
32460	杭州南	28841	河津	48411	鹤庆	35441	横阳山
50075	蒿芝塘	50681	河口	58808	鹤山	36890	横州
57842	豪门	41558	河口南	59225	黑宝山	26990	衡龙桥
57134	好力套高	24201	河塱	57542	黑岗	23078	衡山
13174	好鲁库	36776	河里	59738	黑河	65824	衡山西
28247	郝村	63335	河南	59228	黑金	26168	衡水
38651	郝寨	29978	河市坝	48083	黑井	23165	衡阳
60392	浩良河	32741	河潭埠	49865	黑老湾	23117	衡阳北
44648	禾家村	52376	河汤沟	15380	黑沙土	65827	衡阳东
46372	合川	35118	河田	53246	黑山	35969	衡阳西
19424	合肥	23405	河头	41981	黑山湖	25951	红安
19421	合肥北	43424	河湾	11660	黑山寺	16831	红安西
19469	合肥东	63026	河湾子	63776	黑山头	45953	红白场
19423	合肥南	33017	河下	24155	黑石岗	38087	红埠寺
19808	合肥西	37507	河阳	39104	黑石关	42257	红层
36882	合浦	25787	河源	63719	黑石木	62198	红房子
36785	合山	35194	核桃园	22910	黑石铺	47879	红峰
28898	合阳	49796	荷马岭	56480	黑水	15131	红峰岭
31082	何家湾	56846	荷业花	61607	黑台	42185	红光
21959	何刘	35405	荷叶	18365	黑旺	46045	红光镇
52085	何三家	38282	菏泽	45797	恒口	50225	红果
40205	何寨	38288	菏泽南	61808	恒山	14810	红果子
21473	和村	32651	贺村	25269	横车	19306	红花
36371	和吉村	39761	贺家店	62081	横道河子	11807	红花沟
42962	和静	40323	贺家河	21011	横店	45299	红花铺

表 1（续）

代码	站　名	代码	站　名	代码	站　名	代码	站　名
46595	红花塘	60638	红星	15803	呼和温都尔	57533	虎尔虎拉
47318	红花园	28253	红崖	13115	呼吉尔	62072	虎峰
15677	红会	58850	红彦	40506	呼家塔	61682	虎林
48047	红江	39830	红庄	59789	呼兰	61328	虎山
42887	红岭	45335	宏庆	15479	呼鲁斯太	11687	虎什哈
42263	红柳	59249	宏图	37730	呼略	53900	虎石台
42140	红柳河	46583	洪安乡	42491	呼图壁	30524	浒墅关
40524	红柳林	28091	洪洞	59267	呼源	25196	浒湾
46508	红牌楼	16361	洪沟	59288	呼中	55338	琥珀湖
51719	红旗	10769	洪家屯	15287	忽吉图	34886	琥市
42287	红旗坎	31751	洪林桥	44477	胡集	61424	互助
49250	红旗屯	18305	洪山	56465	胡家店	15827	互做布其
57485	红旗营	35768	洪山殿	29750	胡家营	39962	户县
43324	红旗镇	29579	洪山咀	37518	胡家寨	47096	护国
15080	红圈沟	28013	洪善	51971	胡家镇	58208	护林
12473	红砂坝	35844	洪塘	31358	胡乐	29735	花果
15041	红砂岘	33249	洪塘乡	42947	胡斯台	50237	花家庄
60599	红山	21572	洪掌	35760	壶天	48407	花兰箐
41942	红山堡	56468	鸿兴	57851	湖北	47690	花龙门
43333	红山咀	12743	侯家庙	22808	湖滨	29930	花楼坝
42314	红山口	46625	侯家坪	49643	湖潮	48029	花棚子
42869	红山渠	28142	侯马	13646	湖东	24381	花坪
52373	红石	28133	侯马北	31028	湖口	49634	花坡
64037	红石砬子	24502	侯庙	56093	湖南	66337	花桥
40523	红石峡	31436	侯潭	17807	湖田	35516	花桥镇
18476	红石崖	15140	后坝	34943	湖头	64595	花山
42278	红台	10289	后封台	16934	湖屯	57047	花吐古拉
34868	红炭山	42371	后沟	32663	湖沿	37679	花溪
45056	红土	44684	后坪	31853	湖州	45062	花艳
49856	红土沟	32639	后溪街	31854	湖州南	20981	花园
14966	红卫	13815	后营	12515	葫芦	41010	花园乡
45356	红卫坝	28430	后寨	51608	葫芦岛	43433	花庄
42260	红西	45494	厚坝	52108	葫芦岛北	34535	华安
15032	红岘台	33629	厚溪	24324	葫芦口	24402	华城
60890	红兴隆	12581	呼和浩特	34634	葫芦山	16964	华丰

表 1（续）

代码	站　名	代码	站　名	代码	站　名	代码	站　名
55898	华家	19682	淮南	44765	黄金坳	36083	黄土井
37784	华江	17294	淮南西	29678	黄康	10034	黄土坡
34253	华桥	41057	淮源	38663	黄口	22829	黄秀桥
21971	华容	41759	槐安	33810	黄莲坑	45548	黄许镇
39338	华山	39722	槐树湾	47942	黄联关	15023	黄崖
39041	华山北	23270	槐树下	46772	黄磏	40817	黄羊城
39359	华山西	43865	环仓	37106	黄练	43347	黄羊泉
39374	华县	18131	桓台	20516	黄梁梦	14876	黄羊滩
14363	华岩	60968	换新天	35106	黄磷	14921	黄羊湾
30032	华蓥	63554	荒沟西	40367	黄陵	41675	黄羊镇
38342	滑县南	63140	荒山	51478	黄流	36035	黄阳司
49685	化处	57839	皇德	42182	黄芦岗	45854	黄洋
13142	化德	53144	皇姑屯	20033	黄梅	22371	黄寨
29345	化工	27515	皇后园	30803	黄梅山	25259	黄州
31778	化古塘	33707	皇图岭	36215	黄冕	43574	湟源
13685	化稍营	16813	黄庵	63212	黄泥河	25169	潢川
24227	化州	64472	黄柏	64733	黄泥巍子	41075	潢川北
31544	画桥	40055	黄堡	45296	黄牛铺	35756	灰山港
64004	桦甸	25955	黄陂	35642	黄平	13237	灰腾梁
61253	桦林	35180	黄草场	23852	黄埔	62620	珲春
61376	桦南	43607	黄草庄	23853	黄埔新港	62619	珲春西
63029	桦皮厂	10037	黄村	17939	黄旗堡	32173	辉埠
35534	怀化	18485	黄岛	16157	黄桥	58106	辉河
35525	怀化东	18486	黄岛港	36089	黄沙河	63941	辉南
44777	怀化南	30566	黄渡	31409	黄山	15842	辉森乌拉西
27353	怀仁	23342	黄岗	20873	黄山坡	45347	徽县
11378	怀柔	48050	黄瓜园	22123	黄石	18545	回里
11630	怀柔北	20648	黄河南岸	22127	黄石东	44693	回龙
37361	怀远	16139	黄河涯	47945	黄水塘	47696	回龙庵
18869	淮安	11921	黄花筒	35702	黄丝	30059	回龙坝
18887	淮安东	38600	黄集	63200	黄松甸	40952	回龙镇
18878	淮安南	47951	黄家坝	17702	黄台	58199	汇流河
17126	淮北	11783	黄家店	49682	黄桶	47324	汇塘河
25142	淮滨	29687	黄家营	12167	黄土店	28553	会沟
46475	淮口	39497	黄家寨	32984	黄土岗	44855	会同

表 1（续）

代码	站　名	代码	站　名	代码	站　名	代码	站　名
35024	惠安	34820	基太	28832	稷山	33554	建山
25852	惠环	31373	绩溪县	34793	加福	56921	建设
28940	惠刘	25568	吉安	58910	加格达奇	50859	建水东
14789	惠农	25569	吉安南	35651	加劳	34331	建西
66319	惠山	15413	吉兰泰	58904	加南	31022	建新
25851	惠阳	63059	吉林	16658	夹沟	33805	建阳
25832	惠州	62807	吉林北	38639	夹河寨	34919	剑斗
25853	惠州西	63902	吉林西	19265	夹浦	56951	健民
53870	浑河	23717	吉山	54401	夹心子	45788	涧池铺
64553	浑江西	44726	吉首	60452	佳木斯	41012	涧峪
50933	火谷都	44735	吉首南	45848	嘉川	21875	江岸
64787	火炬沟	62882	吉舒	28751	嘉峰	21029	江岸西
54923	火连寨	25559	吉水	32126	嘉善	34678	江板
62321	火龙沟	58514	吉文	38252	嘉祥	63116	江北
50222	火铺	57572	吉新河	32138	嘉兴	33467	江边村
41171	火烧寨	18053	即墨	32136	嘉兴东	23483	江村
42209	火石泉	64481	集安	41957	嘉峪关	17366	江都
42323	火焰山	40235	集北	31355	甲路	23531	江高镇
38381	获嘉	34571	集美	37494	甲猫	35843	江华
26282	获鹿	12941	集宁	52454	甲山	17204	江集
43120	霍尔果斯	12494	集宁南	10754	贾庵子	32930	江家
57179	霍林河	14360	集义庄	45746	贾家河	41077	江家集
59216	霍龙门	63815	纪家	56090	贾家街	46769	江津
28073	霍州	11777	纪家沟	12746	贾家营	43987	江克栋
42407	芨东	31367	际坑口	17066	贾汪	44879	江口
42410	芨芨槽子	16295	济南	32198	笕桥	17261	江口集
41813	芨岭	17699	济南东	46610	简阳	33289	江岭
61586	鸡东	16316	济南南	14717	碱柜	47099	江门
20936	鸡公山	16196	济南西	52757	建北	63122	江密峰
55058	鸡冠山	38231	济宁	52760	建昌	59774	江南
50834	鸡街	38240	济宁西	31742	建国	33305	江南村
35993	鸡笼街	44114	济源	39683	建河	30770	江宁镇
61574	鸡西	10526	蓟县	18932	建湖	56591	江桥
46448	积金	11132	蓟县南	33806	建瓯	30659	江桥镇
50285	基长	13754	蓟县西	60962	建三江	32645	江山

表 1（续）

代码	站　名	代码	站　名	代码	站　名	代码	站　名
44846	江市	35618	蕉溪	31010	金华村	56141	金银沟
50831	江水地	34562	角美	32565	金华东	16825	金寨
48995	江所田	31610	接渡	33288	金华南	52724	金杖子
44897	江头	24452	揭东	32587	金华西	53591	金州
41064	江湾村	24447	揭阳	41049	金华乡	54362	金州东门
36503	江西村	24044	街边	36500	金鸡村	62858	金珠
19097	江阴	23240	街洞	35774	金家	35411	金竹山
19095	江阴北	56561	街基	39839	金家村	31430	金字牌
35840	江永	16079	捷地	13226	金家店	17442	津板桥
45509	江油	41762	截河坝	54998	金坑	35236	锦和
64658	江源	13858	解家庄	47795	金口河	59735	锦河
57350	姜家	28196	解县	58352	金林	40516	锦界
18506	姜家坡	26655	解庄	17810	金岭镇	60695	锦山
19367	姜桥	28025	介休	54440	金马	51650	锦州
35330	姜畲	16481	界河	49958	金马村	51638	锦州港
17369	姜堰	27638	界牌	54441	金桥	52111	锦州南
21827	姜庄	22395	界牌集	42083	金泉	58961	劲松
63683	将军堡	60287	界山	31361	金沙	59138	劲涛
29747	将军河	16346	界首	34632	金沙村	15671	近会
33814	将口	22387	界首市	60878	金沙岗	36314	进德
24366	浆水	33020	界水	27359	金沙滩	32864	进贤
20558	讲武城	56360	金宝屯	46958	金沙湾	28418	晋城
27686	蒋村	41780	金昌	56417	金山	28397	晋城北
32594	蒋堂	37376	金城江	22160	金山店	34172	晋江
39545	绛帐	37760	金城江西	14354	金山铺	26135	晋州
44264	交界	48409	金墩	34538	金山桥	33295	缙云
39251	交口	35114	金峰山	60530	金山屯	29606	京山
17993	胶东	41939	金佛寺	55109	金山湾	10917	京唐港
17984	胶州	46760	金刚沱	32342	金山卫西	40004	泾河
19280	胶州西	54443	金港	42284	金水	47939	经久
16873	焦斌	52298	金沟	35435	金滩	13180	经棚
39305	焦村	11708	金沟屯	46493	金堂	44492	荆门
20849	焦庄	34952	金谷	33623	金田	45015	荆门东
38405	焦作北	58361	金河	35780	金星铺	44513	荆门南
63164	蛟河	32567	金华	43067	金银川	34424	荆西

表 1（续）

代码	站　名	代码	站　名	代码	站　名	代码	站　名
45032	荆州	22100	九里垄	25376	军山	63818	靠山屯
42575	精河	19652	九龙岗	45401	军师庙	43709	柯柯
43100	精河南	10286	九龙山	23459	军田	42317	柯柯亚
21518	井店	47300	九龙塘	36135	军田村	43070	柯坪
24486	井店南	58799	九三	46975	筠连	33182	柯桥
25572	井冈山	63005	九台	60740	峻德	19880	柯坦
35140	井口	40457	九燕山	43670	峻河	50495	可保村
26312	井南	60905	九营	42896	喀尔干特	27650	肯岚
35849	井山	53672	九寨	43055	喀拉玉尔滚	59642	克东
16502	井亭	63047	九站	58463	喀喇其	43337	克拉玛依
36074	井头墟	47405	久长	43091	喀什	43341	克拉玛依北
26297	井陉	41951	酒泉	15323	卡布其	56576	克利
31469	景德镇	53756	旧堡	62597	卡路屯	59630	克山
31580	景德镇东	28621	旧城	62996	卡伦	43369	克什克
31490	景德镇南	22391	旧县集	55892	开安	43610	克土
39818	景家店	63671	旧站	28637	开村	58475	克一河
15014	景泰	13451	旧庄窝	62069	开道	37838	肯甫
56120	景阳屯	12206	居庸关	38774	开封	37323	肯洛
46898	敬梓场	29429	琚湾	30152	开江	34787	坑边
19091	靖江	38111	莒南	13224	开鲁	45859	坑坑店
19093	靖江南	19294	莒县	10802	开平	32714	坑口
15638	靖远	56876	巨宝	63443	开山屯	19646	孔店
15635	靖远西	38132	巨峰	56462	开通	38729	孔集
44867	靖州	11417	巨各庄	43999	开心岭	52811	孔家沟
16031	静海	45386	巨亭	53954	开原	12320	孔家庄
58346	静岭	38261	巨野	50579	开远	35862	孔良
42701	镜铁山	12380	聚乐堡	61658	凯北	25313	孔垄
53018	九道岭	46060	聚源	35657	凯里	46892	孔滩
42794	九道湾	31017	涓桥	34874	坎市	28427	孔庄
26891	九岗冲	46967	卷子榜	21416	康城	63890	口前
25322	九江	24851	鄄城	17957	康家庄	27542	口泉
25970	九江北	31084	军工路港	59813	康金井	18374	口头
25323	九江南	42488	军户	36857	康熙岭	17258	口孜集
25324	九江西	42038	军垦	12221	康庄	43001	库北
47765	九里	10169	军粮城	20636	亢村	43037	库车

表 1（续）

代码	站　名	代码	站　名	代码	站　名	代码	站　名
58265	库都尔	50561	拉里黑	25778	蓝口	20645	老田庵
42992	库尔勒	62696	拉林	51935	揽军屯	63290	老头沟
42911	库林阿曼	44083	拉萨	49739	滥坝	35621	老王洞
43010	库鲁克	44080	拉萨西	31370	郎家溪	43472	老鸦城
43366	库伦铁布克	15335	拉僧庙	25936	郎园	15275	老羊壕
31526	库前	15329	拉僧中庙	15029	狼抱水	63149	老爷岭
43004	库西	48023	拉鲊	12248	狼山	56193	老伊尔
55256	宽甸	64778	砬子河	42692	狼尾山	64550	老营
62225	宽沟	57446	喇嘛甸	11186	狼窝铺	45860	乐坝
21377	矿山村	57638	喇嘛山	10073	廊坊	23321	乐昌
61526	奎山	50657	腊哈地	29999	琅琊	65836	乐昌东
38138	奎山镇	36344	来宾	60302	朗乡	43478	乐都
42518	奎屯	34340	来舟	35863	埌南	25397	乐化
43321	奎屯北	14294	涞源	29693	浪河	49784	乐居
42515	奎屯东	17000	莱钢	22868	捞刀河	31505	乐平市
43315	奎屯河	18398	莱芜东	56963	劳动屯	33986	乐清
42527	奎屯西	18419	莱芜西	25551	醪桥	47729	乐山
36560	馗塘	18515	莱西	44912	老堡	35854	乐善
34754	魁岐	18521	莱阳	54566	老边	48842	乐善村
57032	昆都庙	36533	濑湍	50663	老范寨	45380	乐素河
15230	昆独仑召	62576	兰岗	11795	老府	10915	乐亭
48197	昆明	51850	兰家屯	55106	老古沟	42497	乐土驿
50429	昆明北	38750	兰考	46935	老锅厂	47876	乐武
49961	昆明东	55625	兰棱	11858	老哈河桥西	63278	乐园
48794	昆明南	61544	兰岭	29576	老河口	47960	乐跃
50012	昆明西	35218	兰桥	29567	老河口东	24137	簕竹
30548	昆山	33323	兰溪	54536	老虎屯	55351	雷锋路
66334	昆山南	39872	兰州	58784	老莱	41092	雷麻
48539	昆阳	42600	兰州北	35758	老粮仓	37252	雷州
47843	拉白	15104	兰州东	64466	老岭	10832	雷庄
36707	拉洞	41492	兰州西	62546	老庙	23164	耒河
63158	拉法	38425	岚山	45506	老坪坝	23210	耒阳
62120	拉古	46739	栏杆滩	62000	老山	65830	耒阳西
58757	拉哈	17999	蓝村	15332	老石旦	21680	磊口
52010	拉拉屯	36071	蓝家村	62549	老松岭	58571	冷不露

表 1（续）

代码	站　名	代码	站　名	代码	站　名	代码	站　名
28055	冷泉	20885	李新店	55019	连山关	39827	梁家坪
62270	冷山	38690	李新集	38480	连云	30153	梁平
29759	冷水	16049	李窑	38531	连云港	24833	梁山
35414	冷水江东	19703	李郢孜	38504	连云港东	41017	两岔河
35417	冷水江西	21641	李珍	38479	连云港东水	45341	两当
44840	冷水井	38669	李庄	38505	连云港港口	28049	两渡
35567	冷水铺	24488	李庄北	16097	连镇	47249	两河口
29612	冷水镇	27344	里八庄	61613	连珠山	56003	两家
47033	梨树湾	49862	里腊	35402	涟源	45938	两路口
61775	梨树镇	25928	里澜城	48561	莲池	49670	两所屯
57947	梨子山	57347	里木店	44111	莲东	16475	两下店
28591	离石	35836	理家坪	64298	莲河	63266	亮兵台
21560	黎城	23654	鲤鱼江	11867	莲花山	54374	亮甲店
62669	黎明	44600	澧县	39371	莲花寺	53801	辽阳
36374	黎塘	33122	醴陵	43469	莲花台	64259	辽源
28154	礼元	33121	醴陵东	60446	莲江口	64280	辽源东
47915	礼州	17705	历城	25442	莲塘	52119	辽中
30155	李河	29405	厉山	47894	联合乡	24815	聊城
41079	李集	56969	立志	44038	联通河	24808	聊城北
59933	李家	46001	丽春	37211	廉江	24809	聊城东
22122	李家坊	48415	丽江东	35783	廉桥	42236	了墩
52274	李家沟	33297	丽水	22369	练集	16802	林场
45338	李家河	16523	利国	26117	良村	21410	林村
39833	李家坪	44744	利略	14204	良各庄	50120	林歹
32076	李家塘	34544	利水	36356	良江	13208	林东
54395	李家屯	25278	栗木	20255	良乡	49391	林逢
47330	李家湾	24332	栗坪	36143	凉风桥	58991	林海
20933	李家寨	24326	栗源	47309	凉风垭	55040	林家台
53021	李金	49453	连安	47813	凉红	61289	林口
16838	李七庄	16697	连城	62612	凉水	53843	林盛堡
55340	李石寨	43754	连湖	46939	凉水井	13192	林西
46694	李市镇	34012	连江	44762	凉亭坳	21683	林县
39899	李屯	23417	连江口	24881	梁堤头	56987	林源
41360	李旺	46823	连界	11714	梁底下	25751	林寨
18455	李小庄	44858	连山	32879	梁家渡	64580	林子头

表 1（续）

代码	站　名	代码	站　名	代码	站　名	代码	站　名
29993	临巴溪	36149	灵川	22265	流芳	36266	柳州南
20483	临城	45941	灵杰	44876	流坪	41087	六安
33446	临川	14315	灵丘	31027	流泗	30395	六摆渡
28100	临汾	53774	灵山	37321	流塘	63143	六道河
28097	临汾北	28052	灵石	29990	流溪场	11426	六道河子
33974	临海	46601	灵仙庙	10298	留守营	42827	六道湾
14648	临河	22166	灵乡	44129	留庄	13186	六地沟
17183	临涣	58283	岭北	20261	琉璃河	35684	六个鸡
64598	临江	58280	岭顶	37329	柳城	17361	六合
46742	临江场	58277	岭南	13829	柳村南	58763	六合镇
46616	临江寺	34472	岭头	42095	柳东	63803	六家
32975	临江镇	51713	凌海	42074	柳沟	37403	六甲
26810	临澧	46877	凌家场	28573	柳沟村	36404	六景
20513	临洺关	52382	凌源	64388	柳河	44918	六盂
32192	临平	52379	凌源东	41660	柳家台	41279	六盘山
24806	临清	59132	凌云	14924	柳家庄	49754	六盘水
44207	临汝镇	62006	铃兰	45005	柳江	50168	六盘水南
21461	临水	30437	陵口	20930	柳林	49328	六塘
39413	临潼	57833	陵丘	27788	柳林河	49694	六枝
40850	临潼北	10911	菱角山	28607	柳林县	44717	龙鼻咀
39035	临潼东	39401	零口	40139	柳林镇	36554	龙伯屯
24798	临西	35831	零陵	61784	柳毛	35212	龙池
31394	临溪	28829	刘村	64748	柳毛沟	25769	龙川
22760	临湘	38660	刘店	60509	柳树	25764	龙川北
38090	临沂	54089	刘房子	15485	柳树沟	60194	龙船
19298	临沂北	19370	刘府	63191	柳树河	57407	龙凤
19300	临沂南	47774	刘沟	42224	柳树泉	45518	龙凤场
20807	临颍	55763	刘家店	52814	柳树屯	52049	龙港
41891	临泽	40358	刘家沟	24494	柳屯	41657	龙沟
17861	临淄	55049	刘家河	20369	柳辛庄	48080	龙骨甸
18422	蔺家楼	31029	刘家湾	42098	柳园	38267	龙堌集
35160	蔺市	20801	刘王庄	39368	柳枝	49094	龙广
36407	伶俐	15263	刘伟壕	36257	柳州	34556	龙海
39302	灵宝	24977	刘营	36248	柳州北	26186	龙华
39044	灵宝西	18359	刘征	36737	柳州东	25673	龙回

表 1（续）

代码	站　名	代码	站　名	代码	站　名	代码	站　名
62999	龙家堡	55253	龙爪沟	57563	鲁河	10271	滦县东
10328	龙家营	49454	隆安	44255	鲁山	26330	乱流
57551	龙江	46688	隆昌	38042	鲁舒	53921	乱石山
49844	龙津沟	11726	隆化	37175	陆川	45368	略阳
63419	龙井	46466	隆盛	30551	陆家浜	34970	仑苍
37343	龙井村	20486	隆尧县	20984	陆家山	49373	仑圩
25629	龙口	49580	陇凌	39854	陆家崖	26634	伦镇
37580	龙里	39773	陇西	48914	陆良	43025	轮台
59717	龙门河	39794	陇西北	38312	陆圈	35102	罗坳
44189	龙门南	41153	陇县	36893	陆屋	37727	罗城
37254	龙门镇	35369	娄底	23045	渌口	44969	罗笛
25706	龙南	35761	娄底东	62552	鹿道	24204	罗定
42857	龙盘	18062	娄山	43676	鹿芒	32990	罗坊
24144	龙坪	64781	露水河	36224	鹿寨	39365	罗敷
36701	龙婆	11210	卢龙	48134	禄丰	19406	罗集
62984	龙泉	13799	卢龙北	50537	禄丰村	53108	罗家
55870	龙泉北	19862	庐江	30029	禄市	24320	罗家祠
41579	龙泉寺	25326	庐山	28265	路家庄	23312	罗家渡
63767	龙山	17434	芦北口	22766	路口铺	22013	罗家桥
63479	龙水坪	42797	芦草沟	21578	潞城	18275	罗家庄
30374	龙潭	32348	芦潮港	49238	潞城乡	45542	罗江
63107	龙潭山	48986	芦沟	30443	吕城	45458	罗妙真
46577	龙潭寺	35800	芦洪市	25160	吕店	49787	罗盘地
36236	龙塘	14840	芦花台	29786	吕河	48977	罗平
48092	龙塘坝	12977	芦家村	40136	吕渠河	25215	罗铺
35858	龙田	53684	芦家屯	54275	旅顺	41070	罗山
24242	龙田面	26402	芦家庄	54280	旅顺西	35865	罗同
28886	龙亭	16685	芦岭	33290	履坦	41071	罗湾
54269	龙头	10199	芦台	42656	绿化	38756	罗王
34838	龙岩	33077	芦溪	34614	绿水	12356	罗文皂
34835	龙岩北	35522	泸阳	60359	绿潭	34010	罗源
34902	龙岩东	47087	泸州	37516	绿荫湖	11141	螺山
32606	龙游	19382	炉桥	10913	滦南	50633	倮姑
32605	龙游东	57869	胪滨	11699	滦平	48422	倮果
59696	龙镇	49564	鲁番	10268	滦县	16871	泺口

表 1（续）

代码	站　名	代码	站　名	代码	站　名	代码	站　名
43691	洛北	35208	麻旺	17777	马尚	16538	茅村
36233	洛埠	37457	麻尾	26396	马首	35100	茅店
40385	洛川	44756	麻阳	45359	马蹄湾	46646	茅店子
37340	洛东	50405	麻园	23231	马田墟	24338	茅金坪
37316	洛满	37577	麻芝铺	20543	马头	36860	茅岭
39755	洛门	62765	马鞍岭	39953	马王村	31013	茅坦
30491	洛社	30779	马鞍山	32150	马王塘	57920	卯山
39173	洛阳	45461	马鞍塘	39524	马嵬坡	56408	茂林
44150	洛阳北	23375	马坝	34757	马尾	39518	茂陵
39125	洛阳东	16043	马厂	63134	马尾山	24197	茂名
39053	洛阳龙门	49646	马场	24171	马文寨	24188	茂名东
39182	洛阳西	47726	马村	44074	马乡	48887	茂舍祖
56396	骆驼岭	31024	马垱	63899	马相屯	61997	帽儿山
62537	骆驼山	49775	马嘎	31014	马衙	49676	么铺
39857	骆驼巷	12536	马盖图	24843	马寨	47708	眉山
52490	骆驼营	18518	马格庄	52046	马仗房	39554	眉县
47207	珞璜	39809	马河镇	53978	马仲河	23333	梅村
10076	落堡	36851	马皇	20867	马庄	31859	梅峰
13418	落坡岭	25361	马回岭	45743	马踪滩	17387	梅桂营
50627	落水洞	41585	马家坪	42500	玛纳斯	64301	梅河口
20816	漯河	13178	马架子	43350	玛纳斯湖	49781	梅花山
22355	漯河东	45470	马角坝	34481	麦园	40034	梅家坪
22416	漯河西	44720	马颈坳	21257	满城	35216	梅江
36230	雒容	62558	马莲河	58421	满归	33512	梅林
23954	妈湾	41828	马莲井	57872	满洲里	24418	梅南
25232	麻城	15470	马莲滩	21569	漫流河	34523	梅水坑
16829	麻城北	52670	马林	47909	漫水湾	24334	梅田
35690	麻江	10256	马柳	29939	毛坝	31616	梅岩
47948	麻栗	49880	马龙	29897	毛坝关	24417	梅州
29900	麻柳	35856	马路圩	15809	毛德呼热	34901	梅州东
30151	麻柳镇	29546	马棚	30809	毛耳山	45794	梅子铺
61532	麻山	29372	马坪	57065	毛告吐	32486	湄池
22811	麻塘	11192	马铺营	54002	毛家店	31919	煤山
24336	麻田	62192	马桥河	41026	毛坪	58217	煤田
27263	麻田镇	51839	马三家	50172	茅草坪	42332	煤窑沟

表 1（续）

代码	站　名	代码	站　名	代码	站　名	代码	站　名
12617	美岱召	45893	绵竹	16751	明光	16928	穆庄
60557	美溪	57722	免渡河	55151	明山	34304	拿口
53444	门达	45677	勉西	56144	明水河	38744	内黄集
16736	门台子	45698	勉县	54672	明阳	46655	内江
13520	门头沟	47904	冕宁	26441	鸣李	46676	内江东
22397	门庄	47900	冕山	62144	磨刀石	46874	内江南
45992	濛阳镇	18389	苗山	63332	磨盘山	20489	内邱
44705	猛洞河	44621	苗市	35166	磨溪	41040	内乡
42269	猛进	31856	妙西	30053	磨心坡	49400	那何
56114	猛鹭山	35150	庙坝	42578	蘑菇滩	24176	那霍
47294	蒙渡	11375	庙城	58595	莫尔道嘎	49427	那厘
13177	蒙根塔拉	11762	庙宫	15821	莫尔格	36876	那丽
59102	蒙克山	39245	庙沟	42956	莫嘎图	36815	那罗
50792	蒙自	62528	庙岭	34268	莫口	49364	那宁
61382	孟家岗	57329	庙台子	57066	莫莫营子	36836	那铺
14960	孟家湾	36086	庙头	59150	漠河县	44047	那曲
44141	孟津	18843	庙头镇	46619	墨池坝	49456	那桐
37483	孟孔	44210	庙下	37505	墨冲	49715	那玉
20813	孟庙	55244	庙阳	28630	墨镫	37407	纳朝
35225	孟溪	41216	庙庄	61193	牡丹江	43963	纳赤台
48343	弥渡	46613	庙子沟	24340	木冲	40563	纳林沟门
37172	米场	56828	乜吐硕	23657	木根桥	47093	纳溪
43203	米泉	47222	民福寺	45956	木瓜坪	52652	乃林
55532	米沙子	55336	民家	49802	木戛	11900	奈曼
24230	米山	38738	民权	24959	木兰	56897	奈字井
47978	米易	10592	民生村	53357	木里图	34979	南安
40509	米脂	12566	民族	47285	木竹河	33299	南岸
22841	汨罗	41067	闵岗	48320	沐滂	46946	南岸坝
65815	汨罗东	55766	闵家屯	46974	沐滩	47372	南白镇
48425	密地	32303	闵行	48164	牧羊村	10721	南堡
48131	密马龙	34676	闽侯	58211	牧原	18383	南博山
61622	密山	34667	闽清	22916	暮云市	10100	南仓
61619	密山西	15245	明安	28616	穆村	60335	南岔
11387	密云	63836	明城	56498	穆家店	25424	南昌
45524	绵阳	20888	明港	62165	穆棱	25400	南昌北

表 1（续）

代码	站　名	代码	站　名	代码	站　名	代码	站　名
25433	南昌南	25670	南康	21749	南阳寨	45344	聂家湾
25403	南昌西	12176	南口	16376	南驿	10916	聂庄
28654	南常	63716	南口前	21338	南营井	27110	宁艾
28388	南陈铺	52283	南岭	50858	南营寨	62579	宁安
14267	南城司	57626	南木	28895	南永宁	33284	宁波
46331	南充	36428	南宁	26315	南峪	33254	宁波北
46322	南充东	36449	南宁南	11522	南苑	33761	宁波东
18350	南仇	52100	南票	63707	南杂木	36830	宁村
47570	南川	34619	南平	26309	南张村	34008	宁德
11681	南大庙	34721	南平东	44273	南召	31337	宁国
10316	南大寺	34628	南平南	21929	楠梅庙	33970	宁海
37436	南丹	57950	南千里	47546	楠木坪	56075	宁家
55190	南甸	52769	南桥	35827	楠木塘	38732	宁陵县
12578	南店	16496	南沙河	58895	讷尔克气	36557	宁明
18224	南定	43685	南山	58769	讷河	45662	宁强
47822	南尔岗	43940	南山口	59690	讷谟尔	27419	宁武
55001	南芬	38798	南寺	58817	嫩江	27008	宁乡
39200	南岗村	53744	南台	52292	能家	56159	牛汾台
24790	南宫东	36128	南塘	47873	尼波	62690	牛家
47351	南宫山	25631	南塘镇	43110	尼勒克	40513	牛家梁
63260	南沟	56483	南洮南	47807	尼日	11801	牛家营子
28064	南关	38027	南陶洛	52268	泥河子	54365	牛角山
53564	南关岭	19124	南通	35755	泥江口	48053	牛街
14192	南观村	19126	南通东	19379	年家岗	50453	牛街庄
39728	南河川	40889	南五台	31493	鲇鱼山	28259	牛晶坪
36020	南河岭	49490	南武康	22232	鲇鱼套	11369	牛栏山
22262	南湖	50672	南溪	38591	碾庄	26893	牛路滩
48257	南华	30569	南翔	57566	碾子山	35789	牛马司
36431	南化	66343	南翔北	41297	廿里铺	47993	牛坪子
21551	南峧	56168	南兴安	41144	娘娘庙	24719	牛驼
16805	南京	32432	南星桥	26318	娘子关	55163	牛心台
17354	南京北	33818	南雅	43657	鸟岛	52019	牛庄
30284	南京东	44294	南阳	44105	捏掌	55904	农安
30743	南京南	41048	南阳东	28301	聂村	15806	农垦四团
30248	南京西	41047	南阳西	59126	聂河	18128	农中

表 1（续）

代码	站　名	代码	站　名	代码	站　名	代码	站　名
48449	弄弄坪	38576	炮车	46754	平等	14342	平型关
51644	女儿河	54476	炮台	53948	平顶堡	56582	平洋
14834	暖泉	53282	泡子	13196	平顶庙	28016	平遥
58268	诺敏河	21824	裴城	21857	平顶山	11621	平义分
35866	糯垌	61643	裴德	21836	平顶山东	38054	平邑
50540	糯租	21467	彭城	44231	平顶山西	14228	平峪
45701	欧家坡	20897	彭家湾	27101	平定	16148	平原
53447	欧里	44192	彭婆	64226	平东	41885	平原堡
43758	欧龙山	47702	彭山	11696	平坊	37844	平寨
33991	瓯海	35184	彭水	62678	平房	52658	平庄
23438	滘江口	45998	彭县	64250	平岗	52655	平庄南
43058	帕满	41288	彭阳	13745	平谷	36572	凭祥
21497	徘徊北	31026	彭泽	50219	平关	36569	凭祥北
44711	排口	46295	蓬安	49436	平果	24318	坪南
44837	排楼	47417	蓬莱	50201	平河口	38120	坪上
33722	排前	46367	蓬溪	23789	平湖	23303	坪石
33335	排塘	38579	邳州	23790	平湖南	39656	坪头
32516	牌头	29688	劈柴沟	36894	平吉	34832	苹林
26630	潘店	54398	皮口	14870	平吉堡	24203	苹塘
17288	潘集	46051	郫县	41243	平凉	33089	萍乡
17285	潘集西	46048	郫县东	41234	平凉南	37438	坡朝
11471	潘家店	46054	郫县西	44909	平寮	40268	坡底村
47999	攀枝花	46679	椑木镇	29366	平林	41555	坡底下
59117	盘古	31030	琵琶湖	49193	平林村	37772	坡华
28769	盘古寺	21515	偏店	17741	平陵城	17138	坡里
50243	盘关	55166	偏岭	20459	平南	26381	坡头
47393	盘脚营	55349	瓢儿屯	44927	平琴	49346	坡圩
51977	盘锦	49049	品甸	52415	平泉	25187	泼河
52114	盘锦北	62738	平安	61991	平山	34163	莆田
26828	盘塘	56339	平安堡	27488	平社	36197	葡萄
50552	盘溪	13223	平安地	43760	平爽	49778	葡萄菁
39752	磐安镇	43490	平安驿	56057	平台	47963	蒲坝
63824	磐石	56060	平安镇	36359	平塘	40238	蒲城
40501	蟠龙镇	49658	平坝	50240	平田	29948	蒲家
12758	庞家堡	64673	平川	27332	平旺	22718	蒲圻

表 1（续）

代码	站　名	代码	站　名	代码	站　名	代码	站　名
44288	蒲山店	45326	七里坪	33356	千岛湖	36770	桥巩
28916	蒲石	41058	七里桥	41099	千河	23651	桥口
46010	蒲阳	20633	七里营	41126	千阳	16283	桥南
28211	蒲州	47219	七龙星	11198	迁安	41011	桥南镇
24496	濮城	42329	七泉湖	13796	迁安北	28679	桥上
24492	濮阳	44618	七松	13784	迁西	54986	桥头
24490	濮阳西	12962	七苏木	33800	铅山西	19484	桥头集
38801	圃田	61433	七台河	15083	前长川	35841	桥头铺
25796	埔前	49667	七眼桥	34565	前场	22862	桥头驿
34316	埔上	41351	七营	63977	前程	42068	桥湾
34661	浦后	23237	栖凤渡	63689	前甸	42680	桥西
32522	浦江	30701	栖霞山北	63203	前河	37127	桥墟
17345	浦镇	30479	戚墅堰	40157	前河镇	46793	茄子溪
35357	普安堂	36002	祁东	53915	前进	49811	且午
46921	普洱渡	55025	祁家堡	60971	前进镇	36203	亲睦村
45857	普济	21008	祁家湾	26159	前磨头	36854	钦州
35220	普觉	31433	祁门	21833	前聂	36870	钦州东
53618	普兰店	42683	祁文	57056	前十家	36871	钦州港
24864	普连集	28010	祁县	16529	前亭	26390	芹泉
37778	普洛	36026	祁阳	11429	前苇塘	10319	秦皇岛
35678	普舍寨	13058	齐哈日格图	51566	前卫	10898	秦皇岛东
17879	普通	56675	齐齐哈尔	27410	前寨	10877	秦皇岛南
47846	普雄	35238	齐天坪	19101	前洲	10876	秦皇岛南水
32075	七宝	24403	岐岭	34490	钱坂	59873	秦家
63146	七道河	24029	奇槎	53423	钱家店	27644	秦家庄
10208	七道桥	14270	奇峰塔	48239	钱粮桥	45293	秦岭
48815	七甸	20600	淇县	33179	钱清	48152	勤丰营
23033	七斗冲	62828	棋盘	32453	钱塘江	44108	沁河北
28901	七峰	35360	棋梓桥	56900	乾安	28706	沁水
55937	七家子	54383	旗杆底	44843	黔城	28307	沁县
42290	七克台	57650	旗山	35196	黔江	44099	沁阳
52262	七里河	12560	旗下营	11423	墙子路	45572	青白江
25968	七里湖	47237	綦江	32195	乔司	40898	青岔
25971	七里湖水二	47234	綦江北	28883	乔子玄	46066	青城山
25969	七里湖水一	25277	蕲春	54984	桥北	18089	青岛

表 1(续)

代码	站 名	代码	站 名	代码	站 名	代码	站 名
18092	青岛港	12710	清华园	41042	曲屯	57425	让湖路
51749	青堆子	28844	清涧	28652	曲沃	34235	饶桥
47972	青杠	40505	清涧县	41037	屈原岗	24761	饶阳
43613	青海湖	26180	清凉店	35453	渠江	51797	绕阳河
29921	青花	45995	清流场	36530	渠旧	52664	热水
62099	青岭子	33731	清潞	14903	渠口堡	24173	热水洞
61538	青龙	30047	清平	36521	渠黎	50555	热水塘
47699	青龙场	41921	清水	29996	渠县	20837	人和
36044	青龙矶	46938	清水沟	32621	衢州	37829	仁德
12212	青龙桥	54392	清水河	32616	衢州东	33304	仁地
17102	青龙山	49071	清水河东	63863	取柴河	37145	仁东
48158	青龙寺	49068	清水河西	37364	全村	48413	仁和
61322	青山	37535	清泰坡	16810	全椒	50759	仁和村
41771	青山堡	24434	清潭	60191	全胜	35498	仁里冲
44630	青山庙	59723	清溪	36101	全州	36395	稔竹
35759	青山桥	41027	清油河	21326	权村	52718	任家店
17063	青山泉	63728	清原	56336	泉沟	16688	任桥
45290	青石崖	65845	清远	35990	泉湖	24736	任丘
33301	青田	50072	清镇	43767	泉吉峡	24834	任祥屯
17189	青町	60200	庆安	33083	泉江	43990	日阿尺曲
40988	青铜关	56870	庆丰	38048	泉林	38144	日照
14894	青铜峡	18941	庆丰镇	31025	泉山	38141	日照西
35612	青溪	30038	庆华	55178	泉水	44219	戎庄
16046	青县	62610	庆荣	43757	泉水梁	46703	荣昌
45668	青羊驿	55610	邱家	54377	泉水屯	22817	荣家湾
16337	青杨	18236	秋谷	56230	泉眼	35882	容县
34391	青州	60383	秋冷	64751	泉阳	31442	溶口
17885	青州市	63218	秋梨沟	34169	泉州	44930	融安
17882	青州市南	55052	秋木庄	35006	泉州东	44957	融水
20336	清风店	31016	秋浦	34997	泉州西	49121	冗百
64697	清沟子	41053	曲伯科	20870	确山	19120	如皋
12707	清河	38024	曲阜	59555	群力	15515	汝箕沟
24797	清河城	56345	曲家店	45410	冉家河	44204	汝阳
53027	清河门	49874	曲靖	44258	瀼河	44216	汝州
53435	清河桥	63344	曲水	44309	穰东	18612	乳山

表 1（续）

代码	站　名	代码	站　名	代码	站　名	代码	站　名
38021	阮家村	29987	三汇镇	56867	三十三号	49130	沙厂坪
32334	阮巷	50477	三家村	24062	三水	12254	沙城
33994	瑞安	13394	三家店	24065	三水南	13694	沙城东
22088	瑞昌	50173	三家寨	24095	三水西	25595	沙村
35112	瑞金	24167	三甲	25040	三塔	44636	沙刀湾
12623	萨拉齐	56615	三间房	25124	三塔镇	19302	沙墩
13025	赛汗塔拉	47243	三江	51827	三台	42233	沙尔
46955	赛金桥	45858	三江坝	16145	三唐	53687	沙岗
13067	赛乌苏	56357	三江口	25031	三堂集	16514	沙沟
26378	赛鱼	44903	三江县	35981	三塘	52634	沙海
11810	三把火	25487	三江镇	35777	三塘铺	12170	沙河
12209	三堡	43064	三角地	46381	三星	47672	沙河堡
21002	三汉埠	28571	三角庄	51481	三亚	16769	沙河集
40841	三岔镇	36146	三街	24017	三眼桥	45740	沙河坎
62501	三道沟	13134	三介海子	39731	三阳川	53552	沙河口
57617	三道桥	16763	三界	11888	三义井	20510	沙河市
12554	三道营	54691	三里	41333	三营	10868	沙河驿镇
23666	三都	56411	三林	13138	三营图	55115	沙河镇
47996	三堆子	23051	三门	31310	三元	51587	沙后所
64592	三队	39254	三门峡	47291	三元坝	21911	沙湖
31883	三墩	39047	三门峡南	40010	三原	36399	沙江
63416	三峰洞	39269	三门峡西	64403	三源浦	13243	沙井子
42398	三葛庄	33972	三门县	38735	三丈寺	23393	沙口
42365	三个泉	39491	三民村	13166	桑根达来	53075	沙拉
27722	三给村	34415	三明	13234	桑根达来北	24179	沙琅
57710	三根河	34412	三明东	28961	桑树坪	57680	沙力
41270	三关口	11120	三平	44053	桑雄	51510	沙岭
26913	三官桥	42476	三坪	19292	桑园	18074	沙岭庄
37715	三合	16646	三铺	39860	桑园子	12302	沙岭子
45512	三合场	39494	三桥	17518	桑梓店	12300	沙岭子东
14222	三合庄	30422	三山	27791	扫石	42695	沙龙坪
26909	三和	52397	三十家	13538	色树坟	47882	沙马拉达
11123	三河县	53609	三十里堡	47975	沙坝	36892	沙坪
45758	三花石	42032	三十里井子	35222	沙坝村	47066	沙坪坝
30044	三汇坝	19465	三十里铺	40559	沙坝子	14957	沙坡头

表 1（续）

代码	站　名	代码	站　名	代码	站　名	代码	站　名
48275	沙桥	11855	山湾子	66100	上海虹桥	65839	韶关
42572	沙泉子	49418	山心	32280	上海南	23348	韶关东
13220	沙日乃	50678	山腰	30662	上海西	35732	韶山
40583	沙沙圪台	63947	杉松岗	35128	上杭	35786	邵东
46924	沙沙坡	24467	汕头	41936	上河清	38789	邵岗集
45035	沙市	24461	汕头北	26399	上湖	15086	邵家堂
45038	沙市南	24464	汕头港	28688	上交	34274	邵武
38642	沙塘	42008	鄯马河	39086	上街	35796	邵阳
38273	沙土集	42293	鄯善	27839	上兰村	35795	邵阳北
11753	沙坨子	41095	商城	25733	上陵	36116	绍水
50234	沙沱	13136	商都	32648	上铺	33185	绍兴
47768	沙湾	44225	商酒务	47867	上普雄	33194	绍兴东
42509	沙湾县	41019	商洛	34226	上清	56233	奢岭
45446	沙溪坝	41018	商洛北	21341	上泉	24411	畲江
34406	沙县	41029	商南	32687	上饶	26805	佘市桥
39095	沙鱼沟	38702	商丘	36566	上石	23987	蛇口
59870	沙园	38699	商丘北	21335	上水头	57053	舍伯吐
11189	沙子河	24890	商丘南	45449	上寺	56021	舍力
34295	晒口	22365	商水	33515	上塘	11897	舍力虎
56387	山场屯	41022	商镇	18509	上疃	28274	社城
63770	山城镇	62358	赏月	28889	上洼	39698	社棠
41840	山丹	26291	上安	14189	上万	21521	涉县
24221	山底岭	24050	上柏	33809	上乌石	21014	滠口
10331	山海关	31868	上柏镇	49567	上西铺	61388	申家店
56239	山河	11486	上板城	42935	上新光	43577	申中
62735	山河屯	11483	上板城南	27440	上阳武	33984	绅坊
17027	山家林	10520	上仓	62759	上营	55337	深井子
42164	山口	37793	上朝	58583	上游岭	23819	深圳
50108	山林边	44471	上大堰	33218	上虞	23798	深圳北
10583	山岭子	13184	上店	52280	上园	23951	深圳西
22679	山坡	24414	上鹅峰	57362	尚家	24770	深州
18530	山前店	18434	上高镇	35833	尚仁里	27623	神池
57908	山泉	52445	上谷	45845	尚武	40844	神池南
62102	山市	48401	上关	62018	尚志	40605	神东
18239	山头	30671	上海	21782	尚庄	40518	神木

表 1（续）

代码	站　名	代码	站　名	代码	站　名	代码	站　名
40519	神木北	16193	十二里阁	32108	石湖荡	57926	石门子
60254	神树	24399	十二排	57083	石灰窑	29855	石庙沟
27377	神头	54068	十家堡	28268	石会	52631	石脑
21263	神星	53276	十家子	63821	石家	23714	石牌
41180	神峪河	45026	十里	40502	石家砭	50888	石屏
59807	沈家	35300	十里冲	39671	石家滩	35857	石桥北
41315	沈家河	50576	十里村	20372	石家庄	46607	石桥镇
19520	沈家巷	63560	十里坪	21293	石家庄南	54908	石桥子
22377	沈丘	41086	十里桥	26250	石家庄西	35408	石泉
53876	沈阳	42266	十三间房	21638	石涧	45770	石泉县
53885	沈阳北	29726	十堰	13502	石景山	64577	石人
63644	沈阳东	31760	十字铺	13385	石景山南	59819	石人城
51845	沈阳西	45935	什邡	19946	石镜	10784	石人沟
60884	升昌	21503	什里店	50408	石咀	51725	石山
25451	生米	28070	什林	31871	石濑	11663	石塘路
40350	生芝渠	15326	什尼卡汉	10250	石郎庄	62570	石头
42326	胜金台	41396	石坝	48878	石林	62540	石头河
56099	胜利	25798	石坝镇	48869	石林南	62264	石头河子
42932	胜利桥	42086	石板墩	61778	石磷	49141	石头寨
35366	胜昔桥	37682	石板哨	64241	石岭	35158	石沱
39221	渑池	46580	石板滩	23756	石龙	23072	石湾
39050	渑池南	60248	石长	34988	石砻	24266	石围塘
28076	圣佛	46784	石场	21176	石楼	40943	石瓮
60278	圣浪	55232	石城	24161	石菉	50930	石窝铺
48941	师宗	33298	石帆	51299	石碌	15566	石峡子
35639	施秉	33591	石芬	45521	石马坝	62495	石岘
35052	施厝	24817	石佛	10283	石门	36200	石祥
48824	施家嘴	42641	石岗	15257	石门村	43571	石崖庄
44699	施溶溪	40594	石圪台	47282	石门坎	46691	石燕桥
46957	狮子坝	37133	石鼓塘	63695	石门岭	27130	石窑坪
30980	狮子山	15146	石拐	16748	石门山	33293	石柱
38384	狮子营	53615	石河	35110	石门圩	29945	石柱槽
12530	十八台	42503	石河子	44615	石门县	28551	石庄
59330	十八站	64463	石湖	44610	石门县北	35192	石子坝
14225	十渡	38549	石湖村	26792	石门县南	46369	石子山

表 1（续）

代码	站　名	代码	站　名	代码	站　名	代码	站　名
14822	石嘴山	46682	双凤驿	64448	水洞	42158	思甜
28151	史店	47732	双福	46916	水富	28316	虒亭
41162	史家铺	56474	双岗	41135	水沟	54718	四道河
46652	史家乡	44483	双河	35633	水花	11864	四道湾
18152	史口	45503	双河口	19385	水家湖	33798	四渡
45704	史寨	63869	双河镇	24107	水坑	18077	四方
41028	试马	35348	双江	34658	水口	59879	四方台
31769	誓节渡	34649	双坑	36032	水口桥	11804	四分地
53795	首山	25934	双口	63341	水礼	14636	四分滩
28217	首阳	35771	双涟	63755	水帘洞	11894	四合
39119	首阳山	19471	双刘	29697	水磨河	57071	四合台
33338	寿昌	47678	双流	62741	水曲柳	56477	四合屯
18572	寿光	61080	双柳	52391	水泉	11765	四合永
18573	寿光北	29951	双龙	50483	水塘	36122	四季田
26393	寿阳	60956	双龙山	28166	水头	52778	四家子
42044	疏勒河	44963	双蒙	44894	水团	42554	四棵树
19844	舒城	17201	双庙	16901	水屯	60821	四马架
62744	舒兰	53996	双庙子	44624	水汪	54011	四平
56909	署字井	35834	双牌	51296	水尾	55064	四台子
29765	蜀河	57035	双泡子	21563	水洋	32347	四团
33239	蜀山	11333	双桥	21635	水冶	40133	寺沟
38099	沭埠岭	57117	双山屯	15089	水源	24480	寺台寺
18845	沭阳	46715	双石桥	22389	税镇	39089	汜水
49790	树舍	49742	双水	30977	顺安	31814	泗安
39380	树园	11213	双望	34322	顺昌	25205	泗店
64469	双安屯	60845	双鸭山	46631	顺河场	33704	泗汾
35765	双板桥	51707	双羊店	11366	顺义	38039	泗水
15572	双槽	56236	双阳	27389	朔州	50924	泗水庄
33303	双潮	43562	双寨	40847	朔州西	37451	泗亭
55631	双城堡	60590	双子河	30518	硕放	18847	泗阳
49455	双邓	43442	水车湾	22871	丝茅冲	47327	松坝
42689	双洞桥	49745	水城	18425	司家岭	57326	松北
19415	双墩集	11849	水地	24296	思劳	50174	松河
60215	双丰	43118	水定	49409	思林	32090	松江
11990	双峰寺	31328	水东	47716	思濛	64742	松江河

表 1（续）

代码	站　名	代码	站　名	代码	站　名	代码	站　名
63551	松江镇	47810	苏雄	58487	索图罕	19988	太湖
47288	松坎	30530	苏州	53723	他山	38081	太来庄
34895	松口	30527	苏州西	40925	塔儿坪	34002	太姥山
49868	松林	66325	苏州新区	59048	塔尔根	62204	太岭
20279	松林店	66328	苏州园区	57959	塔尔气	56426	太平川
64586	松岭	24752	肃宁	17951	塔耳堡	23291	太平里
24431	松棚	20015	宿松	59324	塔丰	63224	太平岭
60326	松青	16670	宿州	59552	塔哈	59771	太平桥
33590	松山	27181	粟城	59054	塔河	60824	太平镇
53657	松树	38309	算王庄	15836	塔拉哈尔	11945	太平庄
54729	松树村	17123	濉溪	43022	塔拉克	37313	太阳村
58931	松树林	40508	绥德	58409	塔朗空	58979	太阳沟
55169	松树台	62231	绥芬河	57077	塔力根土	44861	太阳坪
64700	松树镇	59846	绥化	38351	塔铺	56966	太阳升
55964	松西	59894	绥棱	31502	塔前	39329	太要
55943	松原	62213	绥西	30818	塔桥	26447	太原
44582	松滋	62219	绥阳	51629	塔山	26465	太原北
57368	宋	51578	绥中	42986	塔什店	26456	太原东
25949	宋埠	52105	绥中北	14279	塔崖驿	27725	太原西
22383	宋阁	29417	随阳店	58988	塔源	53822	太子河
46844	宋家铺	29381	随州	52117	台安	25577	泰和
27356	宋家庄	46385	遂宁	12596	台阁牧	57455	泰康
17099	宋町	46384	遂宁南	52088	台集屯	56564	泰来
21785	宋寨	46394	遂宁西	24825	台前	25814	泰美
34823	苏坂	20852	遂平	24504	台前西	16352	泰山
53869	苏北	37220	遂溪	28289	台曲	19089	泰兴
43108	苏布台	28205	孙常	25151	台头	17368	泰州
43106	苏古尔	62666	孙家	33976	台州	17367	泰州西
15830	苏宏图	31322	孙家埠	33978	台州南	46920	滩头
12485	苏集	43820	孙家寨	60551	苔青	36068	滩头湾
29582	苏家河	38228	孙氏店	47297	太白	19304	郯城
40259	苏家坡	41072	孙铁铺	28004	太谷	29981	覃家坝
53846	苏家屯	59726	孙吴	47705	太和	37109	覃塘
47567	苏家湾	40250	孙镇	22393	太和县	45539	谭家坝
20789	苏桥	56123	索伦	35152	太洪	46004	谭家场

表 1（续）

代码	站　名	代码	站　名	代码	站　名	代码	站　名
17897	谭家坊	10793	唐山南	44579	桃子岭	42953	天桥南
44603	谭家河	31019	唐田	12569	陶卜齐	42368	天山
15563	谭家井	53729	唐王山	46640	陶家沟	50330	天生桥
22361	谭庄	29411	唐县镇	54092	陶家屯	39701	天水
35987	谭子山	14336	唐之洼	43829	陶家寨	47537	天台
32939	潭岗	26658	堂邑	55580	陶赖昭	36740	天潭
24149	潭寮	48137	棠海	43733	陶力	24143	天堂
24164	潭水	23540	棠溪	12611	陶思浩	36548	天西
56555	坦途	36191	塘堡	15476	陶斯沟	52640	天义
56606	汤池	44888	塘豹	31304	陶辛	12350	天镇
53750	汤岗子	35797	塘渡口	25930	淘河	19945	天柱山
55097	汤河	44005	塘岗	43046	特尔希克	41606	天祝
55100	汤山城	10172	塘沽	16487	滕州	49805	田坝
19296	汤头	10673	塘沽南	28904	醍醐	27479	田村
11750	汤头沟	37223	塘口	64247	天德	49302	田丁
60653	汤旺河	44915	塘库	64244	天德泉	49382	田东
32597	汤溪	23780	塘头厦	15845	天鹅湖	53624	田家
20588	汤阴	32561	塘雅	30050	天府北	19658	田家庵
60413	汤原	49916	塘子	63137	天岗	52721	田家沟
23660	唐洞	56486	洮南	62879	天合	40142	田家明
10205	唐坊	21548	桃城	42146	天湖	49256	田林
44020	唐古拉	18539	桃村	45581	天回镇	18574	田柳
44017	唐古拉北	18606	桃村东	10157	天津	38264	田桥
44023	唐古拉南	42335	桃儿沟	10148	天津北	55187	田师府
16040	唐官屯	15242	桃儿湾	10682	天津港	24862	田水井
41052	唐河	19799	桃花店	10643	天津南	40853	田王
51788	唐家	26918	桃花江	16010	天津西	23018	田心
39815	唐家堡	18392	桃花峪	43679	天峻	36113	田心铺
35146	唐家沱	22835	桃林	49664	天龙	49355	田阳
27458	唐林岗	31070	桃浦	29604	天门	10202	田庄
16691	唐南集	60239	桃山	43673	天棚	40507	田庄镇
53909	唐三家	16649	桃山集	16916	天平店	42103	甜水井
10214	唐山	39362	桃下	17195	天齐庙	50111	条子场
11159	唐山北	35224	桃映	55247	天桥	30125	跳蹬
10226	唐山东	51647	桃园	62534	天桥岭	63704	铁背山

表 1（续）

代码	站　名	代码	站　名	代码	站　名	代码	站　名
64454	铁厂	55037	通远堡	42362	头道河	42872	托克逊
24398	铁场	11099	通州	13109	头道井	43616	托勒
46821	铁佛	11354	通州西	14678	头道桥	43755	托素湖
55235	铁佛寺	41050	仝堂	26285	头泉	42566	托托
58517	铁古牙	60951	同江	15818	图克木庙	32954	拖船埠
34244	铁关村	35240	同田湾	58289	图里河	25773	佗城
47888	铁口	41387	同心	62465	图们	43996	沱沱河
60227	铁力	55241	佟家	59144	图强	64394	驼腰岭
53927	铁岭	56459	佟家店	22673	土地堂	44050	妥如
54653	铁岭西	41059	桐柏	39770	土店子	39674	拓石
39071	铁炉	19907	桐城	12479	土贵乌拉	48399	挖色
39203	铁门	35654	桐木寨	35174	土坎	10805	洼里
38123	铁牛庙	47990	桐子林	23315	土岭	53627	瓦房店
42863	铁泉	47315	桐梓	15074	土龙川	59090	瓦拉干
21986	铁山	19487	垌炀河	15575	土门子	38570	瓦窑
34833	铁山洋	19517	铜城闸	63020	土们岭	15231	瓦窑坝
18338	铁石	40079	铜川	12251	土木	40503	瓦窑堡
25688	铁石口	40058	铜川南	12992	土牧尔台	49540	瓦窑田
47837	铁西	63293	铜佛寺	41369	土桥子	23195	瓦园
41025	铁峪铺	46919	铜鼓溪	27785	土堂	47885	瓦祖
22703	汀泗桥	46781	铜罐驿	23771	土塘	54905	歪头山
36551	亭亮	30773	铜井	46232	土溪	30539	外跨塘
39806	通安驿	30986	铜陵	57131	吐列毛杜	34388	外洋
59924	通北	30985	铜陵东	42341	吐鲁番	47969	弯丘
44882	通道	22196	铜录山	18503	湍湾	24140	湾边
64409	通沟	35228	铜仁	25250	团风	64670	湾沟
64418	通化	35230	铜仁东	58754	团结	50648	湾塘
53363	通辽	38834	铜山	30062	团结村	31307	湾沚
57029	通辽北	32777	童家	35444	团结山	57827	完工
53411	通辽东	39332	潼关	63809	团林	20330	完县
53466	通辽南	46378	潼南	45078	团林铺	28517	万安
53360	通辽西	11381	统军庄	55604	团山	16340	万德
44002	通天河	62066	筒子沟	36422	屯里	59837	万发屯
61334	通天屯	41681	头坝河	41915	屯升	36018	万福岭
55967	通途	42215	头堡	44029	托居	53663	万家岭

表 1（续）

代码	站　名	代码	站　名	代码	站　名	代码	站　名
17438	万家码头	28334	王里堡	49040	威舍	33980	温岭
51551	万家屯	24968	王楼	54727	威远堡	37766	温平
57332	万乐	18570	王木匠	21575	微子镇	48170	温泉
64034	万里河	10559	王秦庄	28907	韦庄	55172	温泉寺
64457	万隆	44459	王树岗	30542	唯亭	38063	温水
31535	万年	36779	王所	36512	维罗	47462	温塘
62048	万山	44213	王堂	17912	潍坊	33302	温溪
47468	万盛	26192	王疃	17924	潍坊东	33307	温州
47561	万盛北	41378	王团庄	17909	潍坊西	33308	温州东
14486	万水泉	17436	王稳庄	49157	尾芽	33990	温州南
40543	万水泉南	60221	王杨	42152	尾亚	33306	温州西
44714	万岩	12323	王玉庄	62051	苇河	24734	文安
29912	万源	25049	王寨	63185	苇塘	46971	文昌宫
38915	万寨	61919	王兆屯	63338	苇子沟	18616	文登
30156	万州	44135	王庄	56072	卫东	37187	文地
10070	万庄	24749	王佐	60605	卫国	49175	文佃
49274	汪甸	33710	网岭	20606	卫辉	50291	文阁
62513	汪清	45851	旺苍	20978	卫家店	53897	文官屯
14282	王安镇	35859	旺甫	34307	卫闽	33641	文竹
46895	王场	36879	旺乡岭	61661	卫星	38666	文庄
17759	王村	18548	旺远	64283	渭津	38324	文庄村
55931	王府	42878	望布	39389	渭南	28160	闻喜
55655	王岗	27035	望城	39038	渭南北	39311	阌乡
12368	王官人屯	20333	望都	41009	渭南南	61364	倭肯
44474	王集	19694	望峰岗	41008	渭南西	17198	涡阳
53648	王家	60431	望江	39734	渭南镇	15839	沃博尔
35156	王家坝	12164	望京	39743	渭水峪	55535	沃皮
54712	王家堡	43972	望昆	28313	魏家坡	56393	卧虎屯
28592	王家会	30521	望亭	43209	魏家泉	57398	卧里屯
26156	王家井	30002	望溪	10064	魏善庄	39575	卧龙寺
45716	王家坎	18618	威海	52400	魏杖子	57611	卧牛河
45377	王家沱	18619	威海南	62582	温春	42788	乌北
39845	王家湾	63206	威虎岭	13194	温都和硕	42791	乌东
50375	王家营	60377	威岭	58109	温根托海	58220	乌尔旗汗
40832	王家寨	49555	威箐	32870	温家圳	57815	乌固诺尔

表 1（续）

代码	站名	代码	站名	代码	站名	代码	站名
14729	乌海	42428	乌西	45737	五堵门	21089	武昌南
14723	乌海北	60662	乌伊岭	53288	五峰	44120	武村
14759	乌海西	30497	无锡	46598	五凤溪	29702	武当山
62015	乌吉密	30494	无锡北	42020	五华山	19376	武店
47381	乌江	30506	无锡南	55643	五家	21956	武钢
42413	乌拉泊	19103	无锡西	56054	五家户	39530	武功
42218	乌拉泉	66322	无锡新区	56242	五家子	65800	武汉
14594	乌拉山	47723	吴场	55760	五棵树	21012	武汉北
14600	乌拉特前旗	22420	吴城	45023	五里	41068	武家坡
43703	乌兰	16382	吴村	33152	五里墩	46964	武家岩
15545	乌兰敖包	49904	吴官田	33808	五里峰	19105	武进
42590	乌兰达布森	15629	吴家川	45809	五里铺	35176	武隆
12983	乌兰哈达	29327	吴家山	19290	五莲	10007	武清
56081	乌兰浩特	34298	吴家塘	24484	五陵	39758	武山
15284	乌兰胡同	54887	吴家屯	55103	五龙背	20939	武胜关
12998	乌兰花	15035	吴家窑	13478	五路	41741	武威
40601	乌兰木伦	16109	吴桥	51968	五七	41690	武威南
57818	乌兰丘	36818	吴圩	55329	五三	28298	武乡
42506	乌兰乌苏	30926	芜湖	11789	五十家子	25295	武穴
57122	乌兰中	19559	芜湖北	14357	五台山	33804	武夷山
43993	乌丽	30824	芜湖东	35984	五塘	33812	武夷山南
22670	乌龙泉	30950	芜湖南	43327	五五	33291	武义
65803	乌龙泉东	30875	芜湖西	60635	五星	20642	武陟
58883	乌鲁布铁	41903	梧桐泉	28328	五阳	22426	舞钢
42416	乌鲁木齐	35850	梧州	60611	五营	22424	舞阳
60692	乌马河	35860	梧州北	14624	五原	63884	务本
44059	乌玛塘	56156	五叉沟	39290	五原村	52649	汐子
57707	乌奴耳	62711	五常	27635	五寨	39473	西安
13118	乌日根塔拉	59692	五大连池	21344	午汲	39425	西安东
13235	乌日图	54503	五岛	25058	伍明	40871	西安南
27026	乌山	43079	五道班	28910	坞坭	39482	西安西
23384	乌石	64397	五道沟	21419	武安	12278	西八里
57125	乌斯台	11690	五道河	21077	武昌	34529	西陂
42926	乌斯特	43981	五道梁	21914	武昌北	12218	西拨子
42530	乌苏	53414	五道木	21935	武昌东	47921	西昌

表1（续）

代码	站　名	代码	站　名	代码	站　名	代码	站　名
47918	西昌北	43499	西宁东	47396	息烽	29760	下冷水
47930	西昌南	43556	西宁西	41073	息县	22121	下陆
50558	西扯邑	17207	西潘楼	25268	浠水	55013	下马塘
64676	西川	20843	西平	46042	犀浦	26324	下盘石
33065	西村	41031	西坪	46039	犀浦东	47840	下普雄
14828	西大滩	34616	西芹	63329	溪洞	14369	下社
20153	西道口	19373	西泉街	44642	溪口镇	30386	下蜀
15266	西斗铺	33807	西山	34541	溪南坂	11465	下台子
50546	西洱	30758	西善桥	33326	溪西	46375	下太和
54736	西丰	21332	西石门	13238	锡林浩特	49303	下塘
59732	西岗子	16682	西寺坡	43769	锡铁山	19403	下塘集
22357	西皋	57989	西索木	31400	歙县	50159	下藤桥
43082	西格尔	18368	西桐古	47897	喜德	21554	下湾
40517	西沟	41852	西屯	15020	喜集水	34294	下王塘
41546	西固城	12338	西湾堡	50294	喜鹊乐	29339	下辛店
35438	西河	28421	西武匠	49300	喜屯	42938	下新光
22061	西河村	41036	西峡	62210	细鳞河	35093	下洋
28823	西贺村	45749	西乡	42089	峡东	28850	下峪口
13158	西胡尔清	15272	西小沟	25533	峡江	23726	下元
13499	西黄村	14612	西小召	42092	峡口	37510	下寨
60449	西佳木斯	63878	西阳	34334	峡阳	13712	下庄
55628	西家	64475	西阳岔	39242	硖石驿	47225	夏坝
35108	西江	28376	西阳村	24182	霞洞	28322	夏店
48896	西街口	21329	西阳苑	22865	霞凝	22079	夏畈
56147	西口	34466	西洋	34004	霞浦	42899	夏格泽
23948	西丽	48405	西邑	31349	霞西	38258	夏官屯
56801	西辽河	16835	西营门	52457	下板城	39851	夏官营
60536	西林	30071	西永	10514	下仓	44315	夏集
57698	西岭口	24716	西枣林	62189	下城子	54251	夏家河
52025	西柳	44591	西斋	18614	下初	33176	夏家桥
11957	西六方	27782	西张	28835	下迪	41069	夏家湾
61529	西麻山	25214	西张店	34643	下过溪	13055	夏拉哈马
52763	西南杖子	57137	西哲里木	11672	下河	36092	夏马
43502	西宁	27128	昔阳	12281	下花园	42338	夏普吐勒
43817	西宁北	54700	析木	13182	下坑子	36563	夏石

表 1（续）

代码	站　名	代码	站　名	代码	站　名	代码	站　名
12347	夏小堡	29450	襄樊	35130	小池镇	61988	小平山
38687	夏邑县	29459	襄樊北	33296	小处	36365	小平阳
34583	厦门	29444	襄樊东	48071	小村	43553	小桥
34178	厦门北	28124	襄汾	49004	小得江	33817	小桥镇
34577	厦门港	59700	襄河	53126	小东	50282	小箐
23744	仙村	44441	襄阳	36845	小董	42122	小泉东
66310	仙林	28325	襄垣	47957	小高	64739	小山
64730	仙人桥	48338	祥云	63155	小姑家	20810	小商桥
34883	仙师	34175	翔安	35210	小浩	49940	小哨
46934	仙水	66007	响沙湾	55886	小合隆	50717	小石坝
25785	仙塘	45659	响水	50549	小河口	55175	小市
34166	仙游	50339	响水河	11861	小河沿	23216	小水铺
41088	先生店	35336	向韶	40997	小河镇	11657	小水峪
47715	鲜滩	25454	向塘	14999	小红山	52439	小寺沟
22691	咸宁	32882	向塘西	29741	小花果	28364	小宋
65806	咸宁北	61283	向阳	43215	小黄山	11384	小唐庄
36119	咸水	60950	向阳川	49847	小鸡街	24053	小塘
43052	咸水沟	27833	向阳店	25697	小江	24056	小塘西
17461	咸水沽	23189	向阳桥	28552	小景	54605	小屯
39500	咸阳	29882	向阳镇	62009	小九	44222	小屯街
39995	咸阳北	31316	巷口桥	20504	小康庄	41062	小湾
39509	咸阳西	22373	项城	20768	小李庄	42100	小宛
59282	险峰	44768	象鼻子	53114	小梁山	61427	小五
44849	相见	34877	象牙村	22399	小梁庄	37526	小西堡
40211	相桥	40001	萧家村	41061	小林	14297	小西庄
61922	香坊	20987	萧家港	61985	小岭	45497	小溪坝
41032	香坊沟	32459	萧山西	35513	小龙门	50456	小喜村
60401	香兰	17147	萧县	50570	小龙潭	49925	小新街
31628	香屯	60293	小白	48140	小路溪	44525	小烟墩
31023	香隅	55154	小堡	55514	小南	58946	小扬气
23663	湘红	57743	小北	43966	小南川	18188	小营
44721	湘泉	42281	小草湖	46787	小南海	49546	小雨谷
35312	湘潭	62756	小城	47216	小南垭	40880	小峪
35303	湘潭东	19979	小池	54709	小偏岭	45674	小寨
35342	湘乡	25314	小池口	52343	小平房	47390	小寨坝

表1（续）

代码	站　名	代码	站　名	代码	站　名	代码	站　名
34910	小舟	33344	新安江	35426	新化	24125	新桥镇
40052	孝北堡	24236	新安圩	35576	新晃	60644	新青
46973	孝儿	39197	新安县	41056	新集	53069	新邱
20990	孝感	44609	新安镇	48035	新江	35124	新泉镇
28520	孝南	12467	新安庄	28826	新绛	48311	新哨
45890	孝泉	12275	新保安	28640	新交口	35462	新胜利
28526	孝西	33294	新碧	47693	新津	33713	新市
18395	孝义	24379	新茶山	26522	新井	14912	新市沟
41021	孝义乡	45059	新昌	63044	新九站	59777	新松浦
20942	孝子店	47306	新场	52004	新开	53918	新台子
35051	肖厝	40820	新城川	22907	新开铺	16994	新泰
34223	肖家	53912	新城子	63992	新兰镇	23738	新塘
43007	肖塔	57944	新绰源	20354	新乐	32654	新塘边
33545	协塘	36221	新村	41252	新李	36098	新塘坪
13415	斜河涧	21968	新店	52001	新立	58970	新天
32168	斜桥	10775	新店子	53264	新立屯	47903	新铁村
25871	谢岗	45578	新都	55772	新立镇	64514	新通化
38726	谢集	29318	新墩	47891	新凉	24328	新团结
64385	谢家	39404	新丰镇	59015	新林	55646	新望哈
39767	谢家坡	44747	新凤凰	28627	新柳	16982	新汶
55775	谢家镇	25532	新干	32048	新龙华	11891	新窝铺
17267	谢桥	10679	新港	47402	新萝村	23096	新霞流市
20771	谢庄	58811	新高峰	16700	新马桥	22010	新下陆
27467	忻口	12824	新高山	21791	新密	15188	新贤城
27476	忻州	29333	新沟	55973	新庙	25197	新县
22422	辛安	21500	新固镇	51812	新民	20612	新乡
26144	辛集	50195	新海	42005	新民堡	20609	新乡北
38279	辛集镇	54620	新寒岭	57686	新南沟	38357	新乡东
28079	辛置	43040	新和	49661	新平坝	38360	新乡南
12284	辛庄子	17153	新河	49537	新坪田	38377	新乡西
32078	莘庄	31012	新河镇	21458	新坡	61931	新香坊
57116	新艾里	24446	新亨	38522	新浦东	62507	新兴
48950	新安	60737	新华	25388	新祺周	45560	新兴场
20357	新安村	56975	新华屯	32084	新桥	53312	新兴隆
20882	新安店	41894	新华庄	36011	新桥铺	24134	新兴县

表 1（续）

代码	站　　名	代码	站　　名	代码	站　　名	代码	站　　名
24412	新墟镇	51824	兴隆店	38387	修武	52745	宣家沟
39737	新阳镇	29420	兴隆集	35214	秀山	49820	宣威
49718	新窑	62993	兴隆山	43984	秀水河	21545	悬钟
38561	新沂	11432	兴隆县	54721	岫岩	20774	薛店
38562	新沂南	59831	兴隆镇	59084	绣峰	14387	薛孤
19308	新沂西	38762	兴隆庄	10787	胥各庄	52244	薛家
37724	新印	24408	兴宁	38501	墟沟	37481	学庄
44696	新永顺	24405	兴宁西	33816	徐墩	45947	雪门寺
60896	新友谊	39521	兴平	59783	徐家	50327	寻甸
32996	新余	15017	兴泉堡	45653	徐家坝	46961	巡场
55335	新园	11615	兴寿	50534	徐家渡	50564	巡检司
30449	新闸镇	33813	兴田	45362	徐家坪	29783	旬阳
62774	新站	30281	兴卫村	18849	徐溜	41024	旬阳北
11477	新杖子	56978	兴无	17174	徐楼	44540	鸦雀岭
56954	新肇	37139	兴业	20300	徐水	20480	鸭鸽营
20780	新郑	49076	兴义	38555	徐塘庄	44825	鸭咀岩
21779	新郑北	12161	星火	49814	徐屯	64451	鸭园
25241	新洲	59222	星火乡	37256	徐闻	43034	牙哈
24330	新邹家	37469	星朗	16628	徐州	57749	牙克石
35855	信都	13152	星耀	16541	徐州北	13164	牙拉盖图
25679	信丰	42902	星源	38837	徐州西	44891	牙屯堡
20903	信阳	13463	邢家堡	20792	许昌	51480	崖城
41065	信阳北	24779	邢家村	23246	许家洞	13210	衙门庙
41066	信阳东	20495	邢台	39848	许家台	53345	衙门营
41063	信阳西	38783	杏花营	53669	许家屯	32855	衙前
36131	兴安	34568	杏林	41909	许三湾	44570	雅畈
57692	兴安岭	61361	杏树	47105	叙永	43031	雅克拉
51596	兴城	54386	杏树屯	35495	溆浦	57647	雅鲁
60176	兴福	43484	杏园	14672	蓿荄	37790	雅脉
25613	兴国	42974	幸福滩	27434	轩岗	19087	雅周
13150	兴和	59261	雄关	31319	宣城	42230	雅子泉
19004	兴化	29553	熊营	33071	宣风	62057	亚布力
61649	兴凯	53675	熊岳城	29942	宣汉	62255	亚布力南
60443	兴莲	31418	休宁	41432	宣和	62861	亚复
47102	兴隆	27989	修文	12290	宣化	61970	亚沟

表 1（续）

代码	站　名	代码	站　名	代码	站　名	代码	站　名
61316	亚河	53585	盐岛	44069	羊八井	21506	阳邑
47984	垭口	42386	盐湖	44068	羊八林	13679	阳原
56819	烟灯吐	46923	盐津	50373	羊堡	10082	杨村
42170	烟墩	46922	盐津北	57374	羊草	25805	杨村镇
18557	烟台	42176	盐泉	11882	羊场	33815	杨墩
18560	烟台北	38519	盐坨	18591	羊角沟	50714	杨方凹
63839	烟筒山	40019	阎良	50525	羊街子	61655	杨岗
57470	烟筒屯	39659	颜家河	48068	羊臼河	10262	杨各庄
35459	烟溪	17003	颜庄	22754	羊楼司	38681	杨集
29036	烟庄	16400	兖州	35609	羊坪	52772	杨家店
42977	焉耆	38226	兖州西	51728	羊圈子	39725	杨家河
50936	鄢棚	26819	衍嗣庵	43049	羊塔克库都克	10223	杨家口
40493	延安	39110	偃师	50213	羊尾哨	25379	杨家岭
40500	延安北	41016	砚川	48968	羊者窝	45284	杨家湾
63320	延吉	16172	晏城	64478	阳岔	11792	杨家营
38348	延津	26621	晏城北	28760	阳城	20969	杨家寨
12224	延庆	45734	晏家坝	66331	阳澄湖	49931	杨林
13700	延庆北	50117	堰塘坎	24158	阳春	39542	杨陵镇
24873	闫店楼	13430	雁翅	39296	阳店	16016	杨柳青
40520	闫庄则	33982	雁荡山	27416	阳方口	38657	杨楼
36134	严关乡	49445	雁江	12362	阳高	49499	杨美
44633	岩泊渡	34829	雁石	24824	阳谷	24807	杨庙
26294	岩峰	44008	雁石坪	47399	阳朗	61520	杨木
26327	岩会	34898	雁洋	28271	阳乐	54065	杨木林
49229	岩龙	47744	燕岗	14378	阳明堡	31115	杨浦
31421	岩前	18431	燕家庄	39560	阳平	35396	杨市
58247	岩山	11108	燕郊	45389	阳平关	19934	杨树店
31403	岩寺	11666	燕落	45650	阳平关东	52409	杨树岭
44531	岩屋庙	57143	燕舞	27503	阳曲	52775	杨树湾
13445	沿河城	45392	燕子砭	26354	阳泉	38636	杨屯
37524	沿山	14816	燕子墩	26360	阳泉北	31040	杨行
28262	沿寨	48923	秧草地	28538	阳泉曲	47783	杨漩
49853	炎方	45887	扬嘉	56501	阳山	20970	杨寨
18968	盐城	17364	扬州	43019	阳霞	52709	杨杖子
18959	盐城北	17365	扬州东	22043	阳新	34629	洋丹仔

表 1（续）

代码	站　名	代码	站　名	代码	站　名	代码	站　名
34328	洋口	41081	叶集	46907	宜宾	26963	益阳
45728	洋县	37358	叶茂	46904	宜宾北	26972	益阳东
33811	洋庄	32333	叶榭	46910	宜宾南	26927	益阳西
47387	养龙司	46901	一步滩	45065	宜昌	28658	翼城
46604	养马河	55523	一间堡	44468	宜城	28661	翼城东
13388	养三	43073	一间房	33053	宜春	40835	阴塔
35232	漾头	62024	一面坡	20591	宜沟	29294	殷店
24128	腰古	55094	一面山	50504	宜良	31018	殷汇
42011	腰泉子	48125	一平浪	48851	宜良北	29694	殷家河
11768	腰栈	14972	一碗泉	48905	宜耐	17359	殷庄
48220	腰站街	44195	伊川	19238	宜兴	58472	银阿
48293	姚安	60566	伊春	19107	宜兴北	11183	银城铺
53120	姚堡	56195	伊尔炮	39911	宜阳	14846	银川
16388	姚村	13170	伊和恩格拉	37349	宜州	14866	银川南
17969	姚哥庄	53336	伊胡塔	48020	迤资	56996	银浪
16055	姚官屯	58796	伊拉哈	46929	彝良	46649	银山镇
55574	姚家	42569	伊里生	46930	彝良南	35729	银田
55919	姚家驼子	57695	伊列克得	28022	义安	23453	银盏坳
33110	姚家洲	62186	伊林	11231	义卜寨	11774	银镇
41083	姚李庙	53030	伊吗图	25779	义合	36043	银子塘
21860	姚孟	57991	伊敏	21470	义井	48062	尹地
54902	姚千户屯	58100	伊敏索木	39209	义马	63002	饮马河
39419	窑村	43116	伊宁	28046	义棠	43766	饮马峡
11702	窑上	43114	伊宁东	32537	义乌	29602	应城
64583	遥林	43043	伊斯克苏	32539	义乌西	29600	应城东
40148	瑶曲	58298	伊图里河	52271	义县	23408	英德
34271	药村	24950	伊尹	32732	弋阳东	65842	英德西
40049	耀县	43372	衣提阔腊	10004	亦庄	63752	英额门
40130	耀县西	59597	依安	36038	易家桥	39233	英豪
38741	野鸡岗	59219	依克特	22925	易家湾	28877	英山
50156	野马寨	24101	依坑	35799	易江桥	57140	莺歌
14234	野三坡	31424	黟县	34520	易坑	15623	鹰咀
13523	野溪	17363	仪征	63986	驿马	11441	鹰手营子
43013	野云沟	19297	沂南	33221	驿亭	32780	鹰潭
52349	叶柏寿	19295	沂水	34433	益口	34211	鹰潭南

表 1（续）

代码	站 名	代码	站 名	代码	站 名	代码	站 名
61715	迎春	24104	永基	35209	酉阳	28202	虞乡
14954	迎水桥	28208	永济	35104	于都	13190	宇宙地
46685	迎祥街	33988	永嘉	16136	于官屯	50750	雨过铺
33161	盈宁	12344	永嘉堡	51932	于洪	16160	禹城
39083	荥阳	34457	永浆	20327	于家庄	16970	禹村
39059	荥阳南	33292	永康	41084	余大庄	28847	禹门口
52835	营北	47966	永郎	21863	余官营	26249	玉村
63014	营城	49310	永乐	34220	余家	36743	玉洞
54257	营城子	40007	永乐店	44450	余家湖	24442	玉湖
63701	营东	44960	永乐街	24353	余家寮	38339	玉皇庙
18458	营海	44687	永茂	21086	余家湾	24453	玉窖
54569	营口	63830	永宁	17362	余家营	37148	玉林
31451	营里	16799	永宁镇	32837	余江	35888	玉林东
63698	营盘	33803	永平	11948	余粮堡	41984	玉门
25600	营盘上	25926	永清	33230	余姚	27734	玉门沟
15002	营盘水	59327	永庆	33236	余姚西	42758	玉门南
15251	营盘湾	36095	永岁	62063	鱼池	42035	玉门镇
46277	营山	33632	永新	16922	鱼池村	35585	玉屏
40916	营镇	45944	永兴	42884	鱼儿沟	61976	玉泉
25115	颍南	17219	永兴集	40511	鱼河	44534	玉泉寺
17264	颍上	10856	永兴庄	35202	鱼泉	14882	玉泉营
42620	颖川堡	25385	永修	35148	鱼嘴	32666	玉山
31547	硬石岭	35801	永州	46889	俞冲	50169	玉舍
36419	邕宁	36047	永州东	34157	渔溪	41807	玉石
34436	永安	33716	攸县	26420	榆次	13763	玉田北
61601	永安乡	36218	幽兰	11222	榆关	11147	玉田县
33329	永昌	13448	幽州	40512	榆林	48564	玉溪
46718	永川	34645	尤溪口	28280	榆社	48567	玉溪南
41591	永登	56879	犹字井	55769	榆树	43969	玉珠峰
55274	永甸	45302	油房沟	63284	榆树川	11966	育新
34880	永定	25004	油河集	52448	榆树沟	59147	育英
48833	永丰营	46762	油路	55328	榆树台	35188	郁山
36194	永福	46763	油溪	56663	榆树屯	44522	淯溪
52451	永和	60593	友好	38693	虞城县	50150	裕民
64721	永红	51974	友谊	45350	虞关	19529	裕溪口

表 1（续）

代码	站名	代码	站名	代码	站名	代码	站名
19613	裕溪口东	14309	云彩岭	57074	扎鲁特	39248	张茅
39326	豫灵	24383	云顶	57764	扎罗木得	31037	张庙
39764	鸳鸯镇	57152	云端	43565	扎麻隆	28931	张桥
45839	元坝	24302	云浮	59915	扎音河	11756	张三营
52667	元宝山	12812	云岗	47411	扎佐	53825	张台子
39689	元龙	12821	云岗西	17096	闸河	23318	张滩
48056	元谋	35333	云湖桥	50927	乍甸	59885	张维屯
20471	元氏	14219	云居寺	18576	宅科	31020	张溪
39905	员庄	29351	云梦	44975	寨隆	16334	张夏
44852	园冲	38510	云台山	20348	寨西店	25496	张巷
15578	园墩	39797	云田乡	18816	沾化	11363	张辛
29045	垣曲	22775	云溪	49871	沾益	41858	张掖
58256	原林	28175	运城	38795	占杨	16154	张庄
14390	原平	24842	郓城	37235	湛江	22363	张庄乡
34247	圆岱	48341	栽秧箐	37232	湛江北	21323	章村
18851	袁北	29789	早阳	37242	湛江港	63692	章党
55061	袁家堡	14372	枣林	37250	湛江西	53321	章古台
43318	袁家庄	45029	枣林铺	16766	张八岭	17748	章丘
27371	袁树林	24788	枣强	11705	张百湾	45515	彰明
17246	袁寨	41089	枣树店	38696	张阁庄	53291	彰武
18377	源迁	15467	枣窝	10166	张贵庄	44516	漳河
57929	源泉	29423	枣阳	17270	张集	34499	漳平
23444	源潭	14909	枣园堡	55091	张家堡	35081	漳州
19099	月城	16505	枣庄	40313	张家船	34553	漳州东
41060	月河店	17033	枣庄东	43427	张家祠	34646	樟湖板
47912	月华	47987	枣子林	44672	张家界	34751	樟林
50246	月亮田	45533	皂角铺	44651	张家界北	59123	樟岭
28442	月山	48155	泽润里	12782	张家口	23774	樟木头
20075	月形山	46927	曾家坪子	12308	张家口南	32960	樟树
43583	岳家村	45767	缯溪河	32969	张家山	25498	樟树东
22799	岳阳	64652	咋子	39266	张家湾	32618	樟树潭
22778	岳阳北	42920	扎和萨拉	10295	张家庄	33242	丈亭
65812	岳阳东	44026	扎加藏布	28019	张兰	14306	招柏
22807	岳阳南	57854	扎赉诺尔	28121	张礼	32170	招贤
47834	越西	57590	扎兰屯	19718	张楼	45440	昭化

表 1（续）

代码	站　名	代码	站　名	代码	站　名	代码	站　名
46932	昭通	56537	镇赉	11936	治安	46814	重庆
46931	昭通北	14927	镇罗堡	45719	治江	35143	重庆北
46933	昭通南	41045	镇平	62075	治山	30074	重庆东
28085	赵城	56066	镇西	31454	峙滩	46802	重庆南
12752	赵川	35624	镇远	41597	中堡	30077	重庆西
41039	赵店	47252	镇紫街	31553	中村	41033	重阳
38588	赵墩	20360	正定	55559	中德	17771	周村
59939	赵光	13240	正蓝旗	44834	中方	62684	周家
59912	赵家	13156	正镶白旗	35120	中复	23174	周家坳
55913	赵家沟	30545	正仪	53951	中固	52277	周家屯
15026	赵家水	41074	郑凹	19490	中埠	20900	周家湾
22748	赵李桥	22375	郑郭	59561	中和	44741	周家寨
24995	赵桥	64391	郑家堡	55343	中华寺	30515	周泾巷
41006	赵湾	56366	郑家屯	22712	中伙铺	22367	周口
22379	赵寨	49085	郑屯	47027	中梁山	21188	周口店
28373	赵庄	38105	郑旺	38792	中牟	16019	周李庄
42134	照东	20750	郑州	14915	中宁	38684	周楼
49927	照福铺	20663	郑州北	41414	中宁南	19556	周曲家
34337	照口	38810	郑州东	11798	中台子	12386	周士庄
57353	肇东	20759	郑州南	48533	中滩	53555	周水子
24113	肇庆	39062	郑州西	14933	中卫	25234	周铁岗
41046	遮山	28724	郑庄	47543	中心	38633	周宅子
13230	哲里木	17972	芝兰庄	28589	中阳	38084	朱保
23204	哲桥	28880	芝阳	25946	中驿	25260	朱店
36245	鹧鸪江	44576	枝城	48536	中谊村	46936	朱嘎
64589	珍珠门	44549	枝江	48959	中寨	10280	朱各庄
63557	枕头峰	28572	枝柯	35178	中嘴	33353	朱家埠
47771	轸溪	56891	知字井	57914	忠工屯	28590	朱家店
34229	圳上	63669	植物园	20639	忠义	61265	朱家沟
56882	振德	22381	纸店	28928	钟家村	35972	朱家堰
40961	镇安	22661	纸坊	30974	钟鸣	15068	朱家窑
27800	镇城底	50624	芷村	35847	钟山	13016	朱日和
40510	镇川	35561	芷江西	29610	钟祥	55895	朱三家
30407	镇江	19288	枳沟	19472	钟油坊	37466	朱石寨
30416	镇江南	44117	轵城	21821	仲李	44465	朱市

表 1（续）

代码	站名	代码	站名	代码	站名	代码	站名
23066	朱亭	33314	竹马馆	20042	濯港	29768	棕溪
19397	朱巷	45455	竹园坝	34241	资溪	16463	邹城
46751	朱杨溪	35126	苎园	46622	资阳	17030	邹坞
39749	朱圏乡	20858	驻马店	46643	资中	45437	走马岭
23021	株洲	21005	祝家湾	17786	淄博	24059	走马营
22931	株洲北	22359	砖桥	18227	淄川	42893	祖鲁木台
65821	株洲西	47240	转关口	40504	子长	41080	祖师庙
64736	珠宝岗	40587	转龙湾	44489	子陵	10781	遵化
18554	珠玑	27629	庄儿上	41090	梓树庄	13772	遵化北
57062	珠日河牧场	54678	庄河	46439	梓潼	10778	遵化南
33548	珠山	40031	庄里	57644	紫沟	47339	遵义
57155	珠斯花	33251	庄桥	30731	紫金山	47336	遵义北
13439	珠窝	57008	壮志	14273	紫荆关	47348	遵义南
19286	诸城	13222	准沙日乌苏	42983	紫泥泉	63023	左家
48403	诸葛城	57746	卓山	36080	紫溪	27180	左权
32501	诸暨	34493	卓宅	29879	紫阳	40934	柞水
32500	诸暨东	12542	卓资山	27632	紫寨	59213	座虎滩
18610	诸往	13691	涿鹿	46883	自贡		
31346	竹峰	20276	涿州	46886	自贡南		

参 考 文 献

［1］ 中华人民共和国铁道部.《铁路客运运价里程表》.第 6 版.北京:中国铁道出版社,2007.
［2］ 中华人民共和国铁道部.《货物运价里程表》.第 3 版. 北京:中国铁道出版社,2001.

ICS 65.060.99
B 91

中华人民共和国国家标准

GB 10395.2—2010

农林机械　安全　第2部分：自卸挂车

Agricultural and forestry machinery—Safety—Part 2: Trailers with tipping body

2010-12-01 发布　　2011-10-01 实施

中华人民共和国国家质量监督检验检疫总局
中国国家标准化管理委员会　发布

前 言

本部分的全部技术内容为强制性。

GB 10395《农林机械　安全》分为：

——第 1 部分：总则；

——第 2 部分：自卸挂车；

——第 3 部分：厩肥撒施机；

——第 4 部分：林用绞盘机；

——第 5 部分：驱动式耕作机械；

——第 6 部分：植物保护机械；

——第 7 部分：联合收割机、饲料和棉花收获机；

——第 8 部分：排灌泵和泵机组；

——第 9 部分：播种、栽种和施肥机械；

——第 10 部分：手扶(微型)耕耘机；

——第 11 部分：动力草坪割草机；

——第 12 部分：便携式动力绿篱修剪机；

——第 13 部分：后操纵式和手持式动力草坪修剪机和草坪修边机；

——第 14 部分：动力粉碎机和切碎机；

——第 15 部分：配刚性切割装置的动力修边机；

——第 16 部分：马铃薯收获机；

——第 17 部分：甜菜收获机；

——第 18 部分：软管牵引绞盘式喷灌机；

——第 19 部分：中心支轴式和平移式喷灌机；

——第 20 部分：捡拾打捆机；

——第 21 部分：动力摊晒机和搂草机；

——第 22 部分：前装载装置；

——第 23 部分：固定式圆形青贮窖卸料机；

——第 24 部分：液体肥料施肥车；

……

本部分是 GB 10395《农林机械　安全》的第 2 部分，修改采用 EN 1853:1999《农业机械　自卸挂车　安全》(英文版)。

本部分根据 EN 1853:1999 重新起草，与 EN 1853:1999 的技术性差异为：

——引用了采用国际标准或欧洲标准的我国标准，但我国标准并非等同采用国际标准或欧洲标准。

为便于使用，本部分还对 EN 1853:1999 做了下列编辑性修改：

a)　"本欧洲标准"改为"本部分"；

b)　删除 EN 1853:1999 的前言和引言；

c)　根据我国要求，修改了 EN 1853:1999 的范围；

d)　用小数点"."代替作为小数点的逗号","；

e)　删除了 EN 1853:1999 的附录 ZA"本标准与欧洲 EC 指令的关系"。

本部分的附录 A、附录 B 为规范性附录。

本部分由中国机械工业联合会提出。

本部分由全国农业机械标准化技术委员会(SAC/TC 201)归口。

本部分起草单位:中国农业机械化科学研究院、机械工业农用运输车发展研究中心。

本部分主要起草人:张咸胜、赵兴魁、皇才进、张琦。

农林机械　安全　第2部分：自卸挂车

1　范围

GB 10395 的本部分规定了设计和制造用于农业运输作业、由拖拉机或自走式农业机械牵引的自卸式农用全挂车、半挂车的安全要求及判定方法，还规定了制造厂应提供的安全操作信息的类型。

注：本部分未包括制动要求。

本部分适用于自卸挂车，不适用于车厢可卸下的挂车。

本部分未考虑环境方面因素。

2　规范性引用文件

下列文件中的条款通过 GB 10395 的本部分的引用而成为本部分的条款。凡是注日期的引用文件，其随后所有的修改单(不包括勘误的内容)或修订版均不适用于本部分，然而，鼓励根据本部分达成协议的各方研究是否可使用这些文件的最新版本。凡是不注日期的引用文件，其最新版本适用于本部分。

GB 10395.1—2009　农林机械　安全　第1部分：总则(ISO 4254-1:2008,MOD)

GB/T 15706.1　机械安全　基本概念与设计通则　第1部分：基本术语和方法(GB/T 15706.1—2007,ISO 12100-1:2003, IDT)

GB/T 15706.2—2007　机械安全　基本概念与设计通则　第2部分：技术原则(ISO 12100-2:2003,IDT)

GB/T 20338　农业车辆　被牵引车辆的机械联接装置　挂接环尺寸(GB/T 20338—2006,ISO 20019:2001,IDT)

GB 23821—2009　机械安全　防止上下肢触及危险区的安全距离(ISO 13857:2008,IDT)

GB/T 25399　农林拖拉机和机械　液压接头　制动回路(GB/T 25399—2010,ISO 5676:1983,MOD)

3　术语和定义

GB/T 15706.1 和 GB/T 15706.2 中确立的以及下列术语和定义适用于本部分。

注：本部分中给出的下列图形示例是挂车功能的示意图，并不是本部分要求的安全措施。

3.1

全挂车　balanced trailer

没有垂直载荷传递到牵引车辆上的挂车，见图 1。

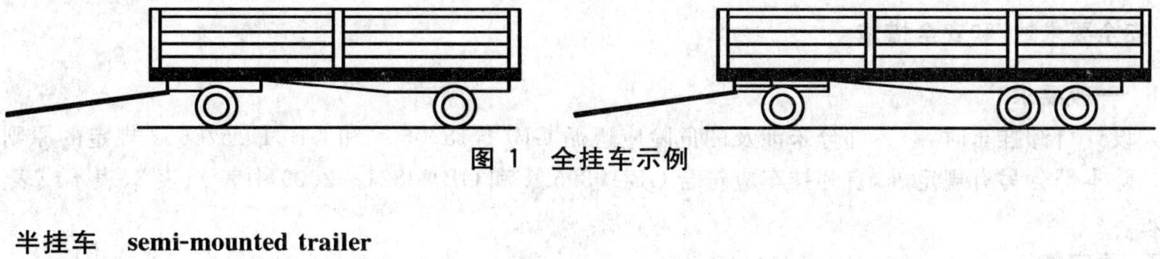

图 1　全挂车示例

3.2

半挂车　semi-mounted trailer

部分垂直载荷传递到牵引车辆上的挂车，见图 2。

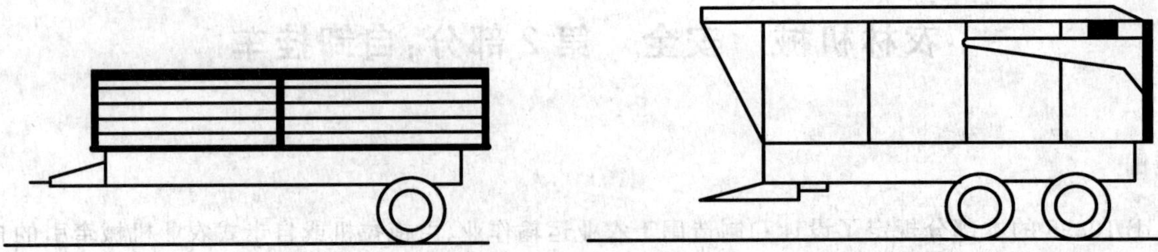

图 2　半挂车示例

3.3

高位自卸挂车　high-tip trailer

底盘上有举升倾卸支架系统的挂车，见图 3。

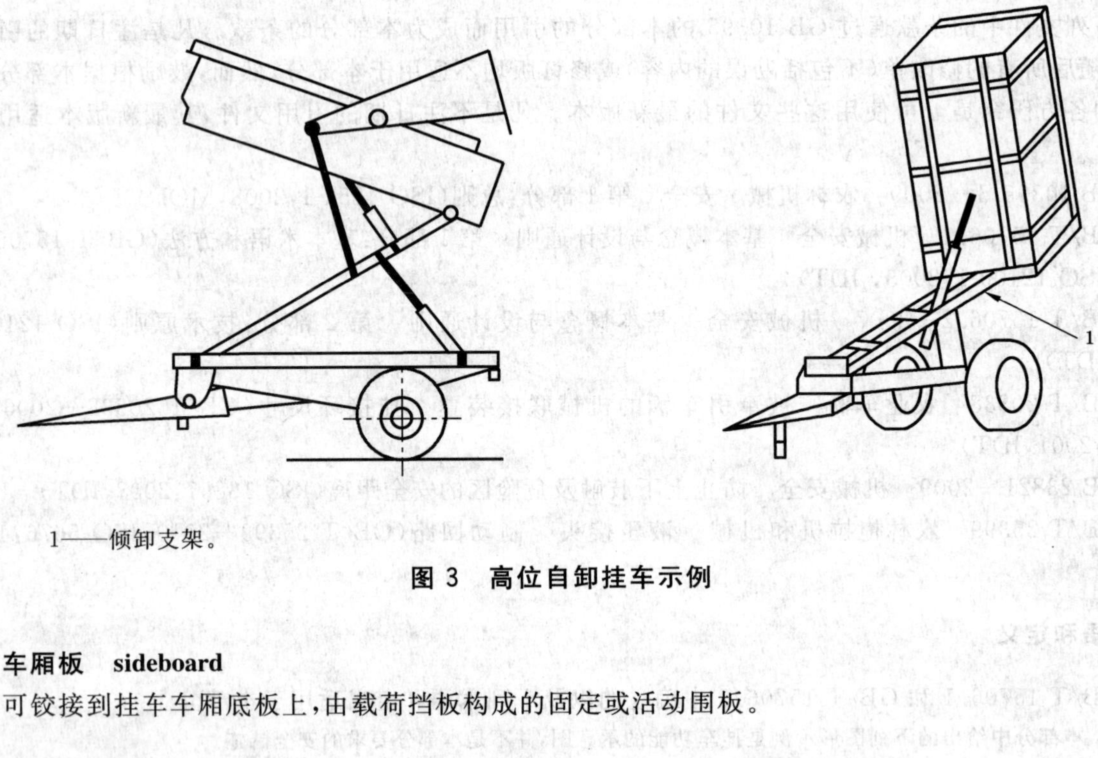

1——倾卸支架。

图 3　高位自卸挂车示例

3.4

车厢板　sideboard

可铰接到挂车车厢底板上，由载荷挡板构成的固定或活动围板。

3.5

倾卸　tipping

使承载在挂车内的装载物由倾斜厢体卸载的操作。

注：倾卸可以侧向或后向。

4　安全要求或/和安全措施

4.1　一般要求

设计自卸挂车时，对本部分未涉及的危险应遵循 GB/T 15706.1 和 GB/T 15706.2 规定的原则。

除本部分另有规定外，自卸挂车应符合 GB 10395.1 和 GB 23821—2009 中表 1、表 3、表 4 或表 6 的规定。

4.2　稳定性

4.2.1　未挂接状态挂车的稳定性

挂车应符合 GB 10395.1—2009 中 6.2 规定的稳定性要求。

当挂车停在水平面，按制造厂规定的最大允许载荷均匀装载时，除车轮外其他任何支撑装置应设有接地压力限值最大为 400 kPa 的承载面。

挂车应保证在未挂接状态下不会移动(例如：使用楔块方式)。应在挂车处于停车状态、装载最大允许载荷、转向轴朝向正前方向，并停在坡度为 8.5°的坚实路面上检查此项要求。该试验应在挂车以最不利于稳定的方位停在坡道上的情况下进行，应记录该方位。

在试验过程中，挂车不应移动。

如需使用楔块防止未挂接挂车移动，挂车上应设楔块的存放位置。

4.2.2 举升倾卸状态下的稳定性

当倾卸机构将车厢举升到最高倾卸位置时，挂车在坡度 5°的坡道上应能保持稳定。

本项要求应通过附录 B 所列试验方法进行检验。这些试验只适用于向后倾卸的挂车。

4.2.3 牵引挂钩上的载荷

车厢在未举升位置，半挂车空载停在坚实的水平面上时，挂接点测得的牵引杆垂直向下载荷应至少为空载挂车重量的 3%，在所有倾卸位置至少为 500 N。

4.3 扶梯

车厢板顶部离地高度大于 1.5 m 时，应按 GB 10395.1—2009 中 4.6 的规定安装外扶梯。当可拆卸车厢板未装，且车厢底板面高出地面 1 m 时，应安装类似的扶梯。在扶梯的上方应设置一个或多个扶手。

如果挂车车厢板相对于底板面的高度大于 900 mm 时，应按 GB 10395.1—2009 中 4.6 的规定安装内扶梯。内扶梯应与外扶梯安装在同一个车厢板处，且与外扶梯相对置。

注：扶梯宜尽量安装在挂车前进方向的右侧。

4.4 倾卸

4.4.1 在驾驶位置应始终能够操作倾卸操纵机构(举升或下降)。

如果挂车上装有附属操纵机构时，这些操纵机构应采用持续操纵式，且应符合 GB 10395.1—2009 中 6.1 的规定。

4.4.2 液压倾卸系统和液压制动系统应不能由同一个液压管路控制。

4.4.3 挂车在结构上应限制车厢不超过允许的最高倾卸位置。

4.5 联接

4.5.1 机械联接

安装低挂钩，例如挂钩位于动力输出轴以下的挂车牵引环应符合 GB/T 20338 的规定。

4.5.2 液压、气压和电气联接

与拖拉机伺服制动系统联接的挂车液压制动系统，应使用符合 GB/T 25399—2010 规定的接头。该接头应仅能装在制动回路中。

4.6 高位自卸挂车的附加要求

在驾驶位置应始终能够操作倾卸支架的举升或下降操纵机构。

如果挂车上装有附属操纵机构时，这些操纵机构应采用持续操纵式，且应符合 GB 10395.1—2009 中 6.1 的规定。

4.7 其他要求

4.7.1 挂车应配备符合 GB 10395.1—2009 中 4.8 规定要求的铰接在挂车上的机械支撑机构，以在保养操作期间能可靠地将车厢固定在举升位置。

4.7.2 车厢板和卸料门的锁定装置应置于操作者在车厢板或卸料门的摆动范围之外能够进行操作的位置处。

5 安全要求或/和安全措施的判定

对于规定的尺寸应通过测量进行判定。操纵机构应通过功能试验和位置测量进行判定。

6 使用信息

6.1 使用说明书

使用说明书中应提供挂车所有维护、安全使用方面的详尽说明和信息。使用说明书应符合 GB/T 15706.2—2007 中 6.5 和 GB 10395.1—2009 中 8.1 的规定。

使用说明书中应特别强调说明下列各点：

a) 避免运载物料超过最大载荷；

b) 挂车车厢仅能在下列情况下进行倾卸或举升：

——挂车挂接到拖拉机上；

——机组平稳停在坚实平整的地面上；

——卸载区无人；

——无侧向大风。

c) 倾卸操作过程中注意碰到高架高压电线的危险；

d) 车厢倾卸和举升状态下挂车移动会发生危险；

e) 在开启和关闭卸料门时注意避免挤压手指和手；

f) 在半挂车挂接或脱开过程中，施加在牵引环上的向上或向下力会产生危险；

g) 半挂车传递到牵引车辆上的垂直载荷会影响牵引车辆的操纵性能；

h) 需要举起车厢进行维修或保养时，车厢应空载，并可靠锁定机械支撑机构防止意外降落；

i) 原装轮胎的有关特征参数(承载载荷、速度、规格和充气压力)；

j) 最高设计行驶速度；

k) 移动挂车前，应确保制动系统已连接，且功能正确；

l) 使用带状态良好防护罩的动力输出万向节传动轴；

m) 仅在全挂车转向轴处在向正前方位置时才能驻车和倾卸；

n) 在使用装备自动挂接装置的拖拉机时，应确定挂接操作已恰当完成；

o) 当挂车倾卸、倾卸支架举升/下降由牵引车辆的液压阀控制时，该液压阀的操纵机构应采用持续操纵式；

p) 应始终在驾驶位置控制挂车倾卸、倾卸支架举升/下降；

q) 当挂车未安装驻车制动器时，应使用楔块；

r) 与被牵引挂车配套的拖拉机牵引装置类型。

6.2 标志

标志应符合 GB/T 15706.2—2007 中 6.4 的规定和 GB 10395.1—2009 中 8.2、8.3 的规定。

所有挂车均应设置至少包括下列信息的清晰耐久标志：

——制造厂名称和地址；

——制造年份；

——产品名称或型式型号；

——出厂编号，如果有；

——对半挂车，挂车装载最大允许载荷时牵引杆载荷；

——动力输入连接装置的额定转速和旋转方向(用箭头标出)，如果有；

——轮胎的充气压力。

另外，还应设置下列安全标志：

——在挂车前部设置严禁攀爬移动中挂车的安全标志；

——自动卸料门会导致挤压或剪切危险的安全标志；

——除非使用了机械支撑机构，否则禁止在举起的车厢下方工作的安全标志。

附 录 A
（规范性附录）
危险一览表

表 A.1 给出了基于 GB/T 15706.1 和 GB/T 15706.2 的危险一览表。

表 A.2 给出了由机器移动产生的危险一览表。

表 A.3 给出了由举升载荷产生的危险一览表。

这些表最后一栏(本部分给出的解决方法)的不同陈述的含义是：

——“不相关”：该危险不是该机器的重大危险；

——“给出”：该危险是重大危险。指定条款中给出解决方法是根据 GB/T 15706 的安全通则确定的处置危险的指南；即意味着：

- 尽可能通过设计消除或减小风险；
- 采取保护措施；
- 提供遗留风险的信息。

——“部分给出”：该危险是该机器的多个零部件的重大危险。指定条款中给出的解决方法可处置其中一部分零部件的该危险。对其余零部件该危险是重大危险，为处置该危险将必须采取的其他解决方法本部分并未给出；

——“未给出”：该危险是该机器的重大危险，但在本部分起草过程中未加考虑。

标示“未给出”或“部分给出”危险的要求在 GB 10395.1 中规定，这些危险在表 A.1 和表 A.2 最后一栏中用星号(*)标示。

表 A.1 危险一览表

危险		有关条款		本部分给出的解决方法
		GB/T 15706.1	GB/T 15706.2	
A.1	**机械危险** 如由机器部件或工件的下列要素引起的： ——形状； ——相对位置； ——质量和稳定性(各元件的位能)； ——质量和速度(各元件的动能)； ——机械强度不足； ——由以下原因引起的位能积累： ● 弹性元件(弹簧)； ● 压力下的液体或气体； ● 真空	4.2	—	—
A.1.1	挤压危险	4.2.1,4.2.2	4.2	在 4.4.1、4.6，4.7.1,6.1 中给出
A.1.2	剪切危险	4.2.1,4.2.2	4.2，5.2.1	不相关
A.1.3	切割或切断危险	4.2.1,4.2.2	4.2	在 4.7.2,6.1,6.2 中给出
A.1.4	缠绕危险	4.2.1,4.2.2	—	在 4.3,6.1 中给出

表 A.1（续）

危险		有关条款		本部分给出的解决方法
		GB/T 15706.1	GB/T 15706.2	
A.1.5	引入或卷入危险	4.2.1	4.14，5.2.1，5.5.3	不相关
A.1.6	冲击危险	4.2.1	—	在4.7.2中给出
A.1.7	刺伤或扎伤危险	4.2.1	—	不相关
A.1.8	摩擦或磨损危险	4.2.1	4.3b)	不相关
A.1.9	高压流体喷射危险	4.2.1	—	未给出[a]
A.1.10	（机械及被加工材料/工件）部件抛射危险	4.2.2	4.10	不相关
A.1.11	（机械或机器零件）不稳定	4.2.2	4.6	在4.2,4.4.3,6.1中部分给出[a]
A.1.12	与机械有关（因机器的特征）的滑倒、倾倒和跌倒危险	4.10	5.5.6	在4.3,6.1,6.2中给出
A.2	**电气危险** 例如由以下各因素引起：	4.3	4.9	—
A.2.1	电接触（直接或间接）	4.3	—	在6.1中给出
A.2.2	静电现象	4.3	—	不相关
A.2.3	热辐射或其他现象，例如由于短路、过载等引起的熔化粒子喷射和化学效应	4.3	—	不相关
A.2.4	电气设备外部影响	4.3	4.4	不相关
A.3	**热危险** 导致：	4.4	4.8.4	—
A.3.1	通过人们可接触的火焰或爆炸、热源辐射的烧伤和烫伤	4.4	—	不相关
A.3.2	由于热或冷的工作环境对健康的危害	4.4	—	不相关
A.4	**由噪声产生的危险** 导致：	4.5	4.8.4	—
A.4.1	听力损失（耳聋）、其他生理障碍（例如失去平衡，失去知觉）	4.5	—	不相关
A.4.2	干扰语言通讯，听觉信号等	4.5	—	不相关
A.5	**由振动产生的危险** （导致各种神经和血管病症）	4.6	4.8.4	不相关
A.6	**由辐射产生的危险** 特别是由下列因素引起：	4.7	—	—
A.6.1	电弧	—	—	不相关
A.6.2	激光	—	—	不相关

表 A.1（续）

危险		有关条款		本部分给出的解决方法
		GB/T 15706.1	GB/T 15706.2	
A.6.3	离子源辐射	4.7	—	不相关
A.6.4	使用高频电磁场的机器	—	—	不相关
A.7	**由机械加工的、使用的或排出的材料和物质产生的危险** 例如：	4.8	4.3b)	—
A.7.1	由于接触或吸入有害的液体、气体、烟雾和灰尘导致的危险	4.8	—	不相关
A.7.2	火或爆炸危险	4.8	—	不相关
A.7.3	生物和微生物(病菌或细菌)危险	4.8	—	不相关
A.8	**机器设计中由于忽略人类工效学原则产生的危险** (机械与人的特征和能力不协调) 如由下列因素引起：	4.9	4.8	—
A.8.1	不利于健康的姿态或过分用力	4.9	4.8.2,4.8.5	不相关
A.8.2	不适当的考虑人的手臂或腿脚构造	4.9	4.8.3	在4.3中给出
A.8.3	忽略了使用个人防护装备	5.5	—	不相关
A.8.4	不适当的工作面照明	—	4.8.6	不相关
A.8.5	精神过分紧张或准备不足等	4.9	4.8.5	不相关
A.8.6	人的差错	4.9	4.8	在6.1,6.2中给出
A.9	**各种危险组合**	4.11	—	不相关
A.10	**由于能源失效、机械零件损坏或其他功能故障产生的危险** 例如：	5.3b)	4	—
A.10.1	能源(能量和/或控制电路)失效	3.30	4.11.1	未给出
A.10.2	机械零件或流体意外抛射	—	4.10,5	未给出[a]
A.10.3	控制系统的失效、失灵(意外起动、意外过流)	3.29,3.30,3.31	4.11.1	不相关
A.10.4	装配错误	—	—	未给出[a]
A.10.5	机器翻倒，意外失去稳定性	4.2.2	4.6	在4.2、4.4.3中部分给出
A.11	**由于安全措施错误的或不正确的定位产生的危险** 例如：	—	5	—
A.11.1	各类防护装置	3.25	5.3	不相关
A.11.2	各类有关安全(防护)装置	3.26	5.3	在6.1中给出
A.11.3	起动和停机装置	—	4.11.1	不相关

表 A.1（续）

危险		有关条款		本部分给出的解决方法
		GB/T 15706.1	GB/T 15706.2	
A.11.4	安全标志和信号装置	—	4.8.8，6.2，6.3，6.4	在6.2中给出
A.11.5	各类信息或报警装置	—	6.4	不相关
A.11.6	能源切断装置	—	5.5.4	不相关
A.11.7	急停装置	—	5.5	不相关
A.11.8	工件的送进/取出措施	—	4.14	不相关
A.11.9	安全调整和/或维修的主要设备和附件	3.3，5.3a)	4.7，4.15，5.5.5，4.11.12	在4.7.1，6.1中给出
A.11.10	排气装置等	—	—	不相关

表 A.2　由移动产生的危险一览表

危险		本部分给出的解决方法
A.12	**在移动和工作区域照明不足**	不相关
A.13	**由突然移动、不稳定等产生的危险**	在6.1中给出
A.14	**驾驶/操作位置不合适/未按人类工效学设计**	—
A.14.1	由危险环境产生的危险(与运动部件、排出废气接触等)	不相关
A.14.2	驾驶者/操作者位置可视性不足	不相关
A.14.3	座椅/座位(SIP)不合适	不相关
A.14.4	操纵机构位置不合适/未按人类工效学设计	不相关
A.14.5	机器的确定/移动	不相关
A.14.6	机器的运行	在6.1中部分给出
A.14.7	步行操纵机器的运行	不相关
A.15	**机械危险**	—
A.15.1	人暴露于不可控制运动的危险	在4.4.3中部分给出
A.15.2	部件损坏和/或抛出产生的危险	未给出
A.15.3	翻倾产生的危险	不相关
A.15.4	物体落下产生的危险	不相关
A.15.5	进入机器措施不合适	在4.3中给出
A.15.6	由牵引、连接、传动等产生的危险	在4.2.3，4.4.2，4.5，6.1中部分给出
A.15.7	由蓄电池、火、灰尘和气体排放等产生的危险	不相关

表 A.3　由举升载荷产生的危险一览表

危险		本部分给出的解决方法
A.16	**失稳危险**	—
A.16.1	缺乏稳定性	在4.2中部分给出

表 A.3（续）

危险		本部分给出的解决方法
A.16.2	机器脱轨	不相关
A.16.3	机器和举升装置的机械强度不够	未给出
A.16.4	由非受控运动产生的危险	在4.4,4.6中部分给出
A.17	**运动部件轨迹的可视性不足**	不相关
A.18	**闪电引起的危险**	不相关
A.19	**由载荷/超载产生的危险**	在4.6中部分给出

附　录　B
（规范性附录）
稳定性试验（向后倾卸的挂车）

B.1　范围

本附录只适用于后倾卸挂车。本附录不适用于侧向倾卸挂车和高位自卸挂车。

B.2　测试设备

——试验平台：一个以侧边为轴旋转的可倾斜平台。平台表面应平整、坚实，能够承受挂车质量且没有任何影响试验结果的变形。

——钢板：厚 1 mm，长和宽适当超出轮胎压痕的钢板。

——载荷测量装置：测量牵引杆与拖拉机或支架间机械联接系统垂直载荷的装置。

——防止挂车试验期间完全翻倾的装置。

B.3　试验程序

试验挂车应为标准配置，装最高的车厢板。挂车应装制造厂规定的宽度最小、相应直径最大的轮胎，轮距应设定为最窄。轮胎充气压力应按制造厂规定。

安装防止挂车试验期间翻倾的装置，其不能影响试验结果。

按下述方式给挂车加载：在车厢底板前 1/4 处的 M 点施加等于最大允许载荷 1/4（$Q/4$）的力，如图 B.1 和图 B.2 所示。M 点位于车厢板高度的一半、承载平面（S）的重心之上。

将挂车置于试验平台上，每个上坡轮胎下面放置一块钢板。钢板四边均应伸出压痕之外。对半挂车，牵引杆应保持在制造厂规定的高度位置，或按其与拖拉机类似的连接方式用机械支撑装置固定在平台上，或与拖拉机挂接（拖拉机也停在平台上）。转向轮应处于正前方位置。

按图 B.2，倾斜试验平台至坡度 5°。

缓慢平稳地举升（倾卸）车厢到最高位置。

测量机械联接系统的垂直载荷。

B.4　试验验收

试验过程中，上坡应至少有一个轮胎与台面保持接触。

当用 50 N 的力不能将轮胎下的钢板从侧面抽出则是接触台面。

试验过程中，机械联接系统应无垂直向上的载荷。

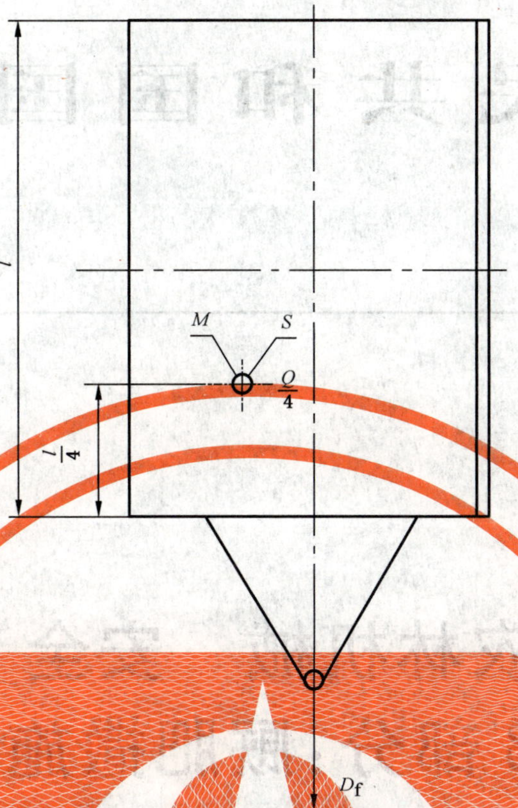

图 B.1 加载位置示意图

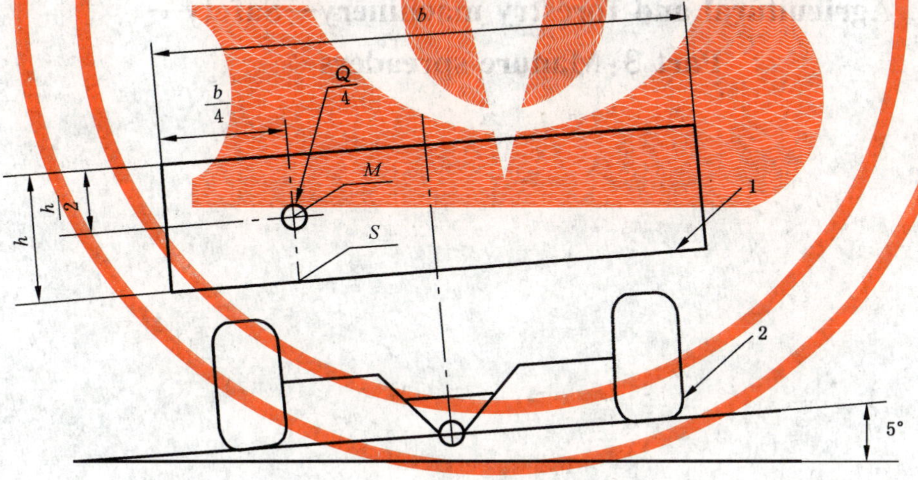

1——装载平面；

2——上坡轮胎。

图 B.2 测试平台

ICS 65.060.25
B 91

中华人民共和国国家标准

GB 10395.3—2010

农林机械 安全
第3部分:厩肥撒施机

Agricultural and forestry machinery—Safety—
Part 3:Manure spreaders

2010-12-01 发布 2011-10-01 实施

中华人民共和国国家质量监督检验检疫总局
中国国家标准化管理委员会 发布

前 言

本部分的全部技术内容为强制性。

GB 10395《农林机械　安全》分为：

——第 1 部分：总则；

——第 2 部分：自卸挂车；

——第 3 部分：厩肥撒施机；

——第 4 部分：林用绞盘机；

——第 5 部分：驱动式耕作机械；

——第 6 部分：植物保护机械；

——第 7 部分：联合收割机、饲料和棉花收获机；

——第 8 部分：排灌泵和泵机组；

——第 9 部分：播种、栽种和施肥机械；

——第 10 部分：手扶(微型)耕耘机；

——第 11 部分：动力草坪割草机；

——第 12 部分：便携式动力绿篱修剪机；

——第 13 部分：后操纵式和手持式动力草坪修剪机和草坪修边机；

——第 14 部分：动力粉碎机和切碎机；

——第 15 部分：配刚性切割装置的动力修边机；

——第 16 部分：马铃薯收获机；

——第 17 部分：甜菜收获机；

——第 18 部分：软管牵引绞盘式喷灌机；

——第 19 部分：中心支轴式和平移式喷灌机；

——第 20 部分：捡拾打捆机；

——第 21 部分：动力摊晒机和搂草机；

——第 22 部分：前装载装置；

——第 23 部分：固定式圆形青贮窖卸料机；

——第 24 部分：液体肥料施肥车；

……

本部分是 GB 10395《农林机械　安全》的第 3 部分，修改采用 EN 690：1994《农业机械　厩肥撒施机　安全》(英文版)。

本部分根据 EN 690：1994 重新起草，与 EN 690：1994 的技术性差异为：

——引用了采用国际标准或欧洲标准的我国标准，但我国标准并非等同采用国际标准或欧洲标准。

为便于使用，本部分还对 EN 690：1994 做了下列编辑性修改：

a) “本欧洲标准”改为“本部分”；

b) 删除 EN 690：1994 的前言和引言；

c) 修改了 EN 690：1994 的范围；

d) 用小数点“.”代替作为小数点的逗号“,”；

e) 删除了 EN 690：1994 的附录 ZA“委员会职责”、附录 ZB“欧洲标准与英国标准对照表”。

本部分的附录 A 为规范性附录。

本部分由中国机械工业联合会提出。
本部分由全国农业机械标准化技术委员会(SAC/TC 201)归口。
本部分起草单位:中国农业机械化科学研究院、现代农装科技股份有限公司、辽宁省农机化研究所。
本部分主要起草人:张咸胜、杨兆文、皇才进、狄明利、王丽、张琦。

农林机械　安全
第3部分:厩肥撒施机

1　范围

GB 10395 的本部分规定了设计和制造各类厩肥撒施机(包括后方或侧方施肥的自走式厩肥撒施机)的安全要求和判定方法,减小或消除危险方法的特殊要求,也规定了制造厂应提供的安全操作信息的类型。

本部分适用于各类厩肥撒施机(以下简称"施肥机")。本部分不适用于共性危险,特别是与移动相关,包括与自走式机械相关的共性危险。

本部分未考虑环境方面因素。

2　规范性引用文件

下列文件中的条款通过 GB 10395 的本部分的引用而成为本部分的条款。凡是注日期的引用文件,其随后所有的修改单(不包括勘误的内容)或修订版均不适用于本部分,然而,鼓励根据本部分达成协议的各方研究是否可使用这些文件的最新版本。凡是不注日期的引用文件,其最新版本适用于本部分。

GB/T 6236—2008　农林拖拉机和机械　驾驶座标志点(ISO 5353:1995,MOD)

GB 10395.1—2009　农林机械　安全　第1部分:总则(ISO 4254-1:2008,MOD)

GB/T 15706.1　机械安全　基本概念与设计通则　第1部分:基本术语和方法(GB/T 15706.1—2007,ISO 12100-1:2003, IDT)

GB/T 15706.2—2007　机械安全　基本概念与设计通则　第2部分:技术原则(ISO 12100-2:2003,IDT)

GB 23821—2009　机械安全　防止上下肢触及危险区的安全距离(ISO 13857:2008,IDT)

3　安全要求和/或措施

3.1　一般要求

设计施肥机时,对本部分未涉及的危险应遵循 GB/T 15706.1 和 GB/T 15706.2 规定的原则。

除本部分另有规定外,施肥机应符合 GB 10395.1 和 GB 23821—2009 中表1、表3、表4或表6的规定。

3.2　抛掷物防护要求

后方抛撒肥料的施肥机,无论采用何种旋转抛撒装置,均应安装栅栏阻挡抛掷物保护驾驶员:

——对于牵引式施肥机,栅栏的宽度应等于机体宽度,延伸至离地高度应至少 2.6 m;

——对于自走式施肥机,栅栏的宽度应等于机体宽度,延伸至驾驶员座位标志点(SIP)(GB/T 6236—2008 中定义)上方应至少 1 m,除非施肥机的其他部件能够提供等效的防护。

栅栏的栅孔尺寸应不大于 30 mm×30 mm,具有的防护作用至少相当于直径 1.8 mm 钢丝组成的钢丝网。

此外,当旋转抛撒装置具有水平转轴时,在旋转抛撒装置前面,沿上部抛撒装置整个宽度应安装挡板、钢板或帆布类的防护装置,防护装置下边缘高度应低于上部旋转抛撒装置轴线(见图1)。

如果用帆布制作防护装置,其下边缘应是密度为 0.6 kg/m 镇重物。

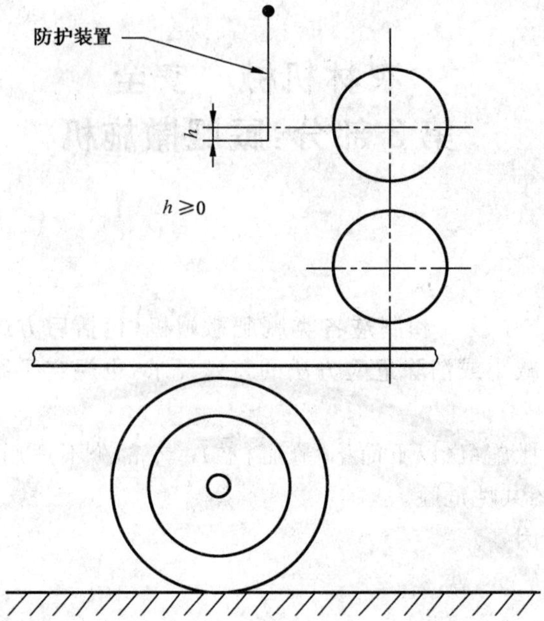

图 1

3.3 输送装置

3.3.1 防护装置

对刮板式输送装置,在前、后回转点均应无可触及的剪切和挤压点。

除非为机器设计的防护装置(如导流板)消除了所有卷入手指的危险,否则在机体下方,输送装置刮板和任何固定部件(如机架或刮板)之间间距应至少为 25 mm。

如果存在可触及的剪切和挤压点,则:

——当机体外侧下边缘离地高度不大于 1 100 mm 时,外侧下边缘 550 mm 内的所有点均应进行防护(见图 2);

——当机体外侧下边缘离地高度大于 1 100 mm 时,外侧下边缘 850 mm 内的所有点均应进行防护(见图 2)。

单位为毫米

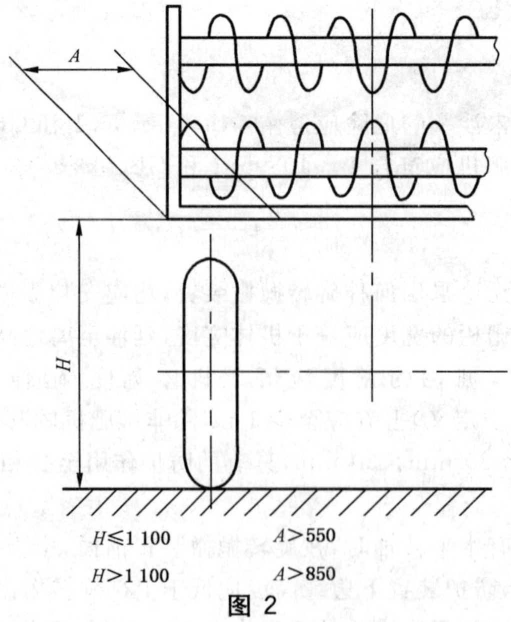

图 2

3.3.2 调整装置

输送装置链条张紧度应在操作者无需进入机体下方就能调整。

3.4 进入装置

如果机体厢板顶部离地高度大于1.5 m时，应配备进入装置。

对具有处于牵引杆上方的动力输出万向节传动轴的机器，进入装置不应位于动力输出万向节传动轴的正上方。

机体厢板相对于底板的高度大于900 mm的撒施机应配备内部进入装置。当装有内部进入装置时，其应靠近外部进入装置。

3.5 撒肥装置的拆卸

可拆卸的撒肥装置应具有两个标识清晰的吊装点。

设计的机器不装撒肥装置仍可使用时，保留在机器上的撒肥装置传动机构应配备防护装置。该防护装置应是机器的整体组成部分，且在撒肥装置拆下后为传动机构提供防护。

3.6 传动轴

机体下方的传动轴应进行防护。

3.7 人工操纵机构的位置

人工操纵机构，尤其是用于调整输送装置速度的操纵机构，应位于距任何未防护的撒肥装置运动件最小距离为850 mm的位置处。

4 使用信息

4.1 使用说明书

使用说明书中应提供施肥机所有维护、安全使用方面的详尽说明和信息。使用说明书应符合GB/T 15706.2—2007中6.5和GB 10395.1—2009中8.1的规定。

使用说明书中应特别强调说明下列各点：

a) 进行任何调整前发动机应停机；

b) 清理机器堵塞时应遵循说明书规定；

c) 与操作机器无关的所有人员应远离机器；

d) 确保撒肥区域内没有旁观者；

e) 装载量会影响拖拉机的操纵性能，当部分卸载影响撒肥机平衡性时，应注意采取措施；

f) 撒肥装置转动时严禁操作者进入机器；

g) 拆装撒肥装置过程中会产生危险，搬运撒肥装置时应遵循说明书规定；

h) 使用带状态良好防护罩的动力输出万向节传动轴；

i) 移动机器前，应确保制动系已连接且功能正确；

j) 原装轮胎的有关特征参数(承载载荷、速度、规格和充气压力)。

4.2 标志

标志应符合GB/T 15706.2—2007中6.4和GB 10395.1—2009中8.2、8.3的规定。

所有施肥机均应设置至少包括下列信息的清晰耐久标志：

——制造厂名称和地址；

——制造年份；

——产品名称或型式型号；

——出厂编号，如果有；

——动力输入连接装置的额定转速和旋转方向(用箭头标出)；

——撒肥装置质量，如果可拆卸；

——进入装置附近设置的机器运转时严禁攀爬进入机器的安全标志。

附 录 A
（规范性附录）
危险一览表

表 A.1 给出了基于 GB/T 15706.1 和 GB/T 15706.2 的危险一览表。

表 A.2 给出了由机器移动产生的危险一览表。

这些表最后一栏（本部分给出的解决方法）的不同陈述的含义是：

——“不相关”：该危险不是该机器的重大危险。

——“给出”：该危险是重大危险。指定条款中给出解决方法是根据 GB/T 15706 的安全通则确定的处置危险的指南；即意味着：

- 尽可能通过设计消除或减小风险；
- 采取保护措施；
- 提供遗留风险的信息。

——“部分给出”：该危险是该机器的多个零部件的重大危险。指定条款中给出的解决方法可处置其中一部分零部件的该危险。对其余零部件该危险是重大危险，为处置该危险将必须采取的其他解决方法本部分并未给出。

——“未给出”：该危险是该机器的重大危险，但在本部分起草过程中未加考虑。

表 A.1 危险一览表

危险		有关条款		本部分给出的解决方法
		GB/T 15706.1	GB/T 15706.2	
A.1	**机械危险** 如由机器部件或工件的下列要素引起的： ——形状； ——相对位置； ——质量和稳定性（各元件的位能）； ——质量和速度（各元件的动能）； ——机械强度不足； ——由以下原因引起的位能积累： ● 弹性元件（弹簧）； ● 压力下的液体或气体； ● 真空	4.2	—	—
A.1.1	挤压危险	4.2.1，4.2.2	4.2	在 3.1，3.3.1，3.3.2，3.5，3.7，4.1 中给出
A.1.2	剪切危险	4.2.1，4.2.2	4.2，5.2.1	在 3.1，3.3.1，3.3.2，3.4，3.5，3.6，3.7，4.1 中给出
A.1.3	切割或切断危险	4.2.1，4.2.2	4.2	不相关
A.1.4	缠绕危险	4.2.1，4.2.2	—	在 3.1，3.3.1，3.3.2，3.4，3.5，3.6，3.7，4.1 中给出
A.1.5	引入或卷入危险	4.2.1	4.14，5.2.1，5.5.3	在 3.1，3.3.1，3.3.2，4.1 中给出

表 A.1（续）

危险		有关条款		本部分给出的解决方法
		GB/T 15706.1	GB/T 15706.2	
A.1.6	冲击危险	4.2.1	—	在3.5,3.7中给出
A.1.7	刺伤或扎伤危险	4.2.1	—	不相关
A.1.8	摩擦或磨损危险	4.2.1	4.3b)	不相关
A.1.9	高压流体喷射危险	4.2.1	—	未给出
A.1.10	(机械及被加工材料/工件)部件抛射危险	4.2.2	4.10	在3.2,4.1中部分给出
A.1.11	(机械或机器零件)不稳定	4.2.2	4.6	在4.1中部分给出
A.1.12	与机械有关(因机器的特征)的滑倒、倾倒和跌倒危险	4.10	5.5.6	在3.4中给出
A.2	**电气危险** 例如由以下各因素引起：	4.3	4.9	—
A.2.1	电接触(直接或间接)	4.3	—	未给出(仅和自走机械有关)
A.2.2	静电现象	4.3	—	不相关
A.2.3	热辐射或其他现象，例如由于短路、过载等引起的熔化粒子喷射和化学效应	4.3	—	不相关
A.2.4	电气设备外部影响	4.3	4.4	未给出(仅和自走机械有关)
A.3	**热危险** 导致：	4.4	4.8.4	—
A.3.1	通过人们可接触的火焰或爆炸、热源辐射的烧伤和烫伤	4.4	—	未给出(仅和自走机械有关)
A.3.2	由于热或冷的工作环境对健康的危害	4.4	—	不相关
A.4	**由噪声产生的危险** 导致：	4.5	4.8.4	—
A.4.1	听力损失(耳聋)、其他生理障碍(例如失去平衡，失去知觉)	4.5	—	未给出(仅和自走机械有关)
A.4.2	干扰语言通讯，听觉信号等	4.5	—	不相关
A.5	**由振动产生的危险** (导致各种神经和血管病症)	4.6	4.8.4	未给出(仅和自走机械有关)
A.6	**由辐射产生的危险** 特别是由下列因素引起：	4.7	—	—
A.6.1	电弧	—	—	不相关
A.6.2	激光	—	—	不相关
A.6.3	离子源辐射	4.7	—	不相关
A.6.4	使用高频电磁场的机器	—	—	不相关
A.7	**由机械加工的、使用的或排出的材料和物质产生的危险** 例如：	4.8	4.3b)	—

表 A.1（续）

危险		有关条款		本部分给出的解决方法
		GB/T 15706.1	GB/T 15706.2	
A.7.1	由于接触或吸入有害的液体、气体、烟雾和灰尘导致的危险	4.8	—	不相关
A.7.2	火或爆炸危险	4.8	—	不相关
A.7.3	生物和微生物(病菌或细菌)危险	4.8	—	未给出
A.8	**机器设计中由于忽略人类工效学原则产生的危险**(机械与人的特征和能力不协调) 如由下列因素引起:	4.9	4.8	—
A.8.1	不利于健康的姿态或过分用力	4.9	4.8.2,4.8.5	在3.3.2,3.4中给出,(对自走机械部分给出)
A.8.2	不适当的考虑人的手臂或腿脚构造	4.9	4.8.3	在3.4中给出,(对自走机械部分给出)
A.8.3	忽略了使用个人防护装备	5.5	—	未给出(仅和自走机械有关)
A.8.4	不适当的工作面照明	—	4.8.6	未给出(仅和自走机械有关)
A.8.5	精神过分紧张或准备不足等	4.9	4.8.5	不相关
A.8.6	人的差错	4.9	4.8	在4.1,4.2中给出
A.9	**各种危险组合**	4.11	—	不相关
A.10	**由于能源失效、机械零件损坏或其他功能故障产生的危险** 例如:	5.3b)	4	—
A.10.1	能源(能量和/或控制电路)失效	3.30	4.11.1	不相关
A.10.2	机械零件或流体意外抛射	—	4.10,5	未给出
A.10.3	控制系统的失效、失灵(意外起动、意外过流)	3.29,3.30,3.31	4.11.1	不相关
A.10.4	装配错误	—	—	在4.1,4.2中给出
A.10.5	机器翻倒,意外失去稳定性	4.2.2	4.6	不相关
A.11	**由于安全措施错误的或不正确的定位产生的危险** 例如:	—	5	—
A.11.1	各类防护装置	3.25	5.3	在4.1中给出
A.11.2	各类有关安全(防护)装置	3.26	5.3	在4.1中给出
A.11.3	起动和停机装置	—	4.11.1	不相关
A.11.4	安全标志和信号装置	—	4.8.8,6.2,6.3,6.4	在4.1中给出

表 A.1（续）

危险		有关条款		本部分给出的解决方法
		GB/T 15706.1	GB/T 15706.2	
A.11.5	各类信息或报警装置	—	6.4	不相关
A.11.6	能源切断装置	—	5.5.4	不相关
A.11.7	急停装置	—	5.5	不相关
A.11.8	工件的送进/取出措施	—	4.14	不相关
A.11.9	安全调整和/或维修的主要设备和附件	3.3,5.3a)	4.7,4.15,5.5.5,4.11.12	在4.1,4.2中给出
A.11.10	排气装置等	—	—	不相关

表 A.2　由移动产生的危险一览表

危险		本部分给出的解决方法
A.12	**在移动和工作区域照明不足**	未给出(仅与自走机械有关)
A.13	**搬运期间,由突然移动、不稳定等产生的危险**	在3.5,4.1中给出
A.14	**驾驶/操作位置不合适/未按人类工效学设计**	—
A.14.1	由危险环境产生的危险(与运动部件、排出废气接触等)	未给出(仅与自走机械有关)
A.14.2	驾驶者/操作者位置可视性不足	未给出(仅与自走机械有关)
A.14.3	座椅/座位(SIP)不合适	未给出(仅与自走机械有关)
A.14.4	操纵机构位置不合适/未按人类工效学设计	未给出(仅与自走机械有关)
A.14.5	机器的确定/移动	未给出(仅与自走机械有关)
A.14.6	机器的运行	未给出(仅与自走机械有关)
A.14.7	步行操纵机器的运行	不相关
A.15	**机械危险**	—
A.15.1	人暴露于不可控制运动的危险	不相关
A.15.2	部件损坏和/或抛出产生的危险	不相关
A.15.3	翻倾产生的危险	未给出(仅与自走机械有关)
A.15.4	物体落下产生的危险	不相关
A.15.5	进入机器措施不合适	在3.4中给出(对自走机械部分给出)
A.15.6	由牵引、连接、传动等产生的危险	在4.1中部分给出
A.15.7	由蓄电池、火、灰尘和气体排放等产生的危险	未给出(仅与自走机械有关)

ICS 65.060.50
B 91

中华人民共和国国家标准

GB 10395.16—2010

农林机械 安全
第16部分:马铃薯收获机

Agricultural and forestry machinery—Safety—
Part 16:Potato harvesters

2010-12-01 发布 2011-10-01 实施

中华人民共和国国家质量监督检验检疫总局
中国国家标准化管理委员会 发布

前　言

本部分的全部技术内容为强制性。

GB 10395《农林机械　安全》分为：

——第1部分：总则；
——第2部分：自卸挂车；
——第3部分：厩肥撒施机；
——第4部分：林用绞盘机；
——第5部分：驱动式耕作机械；
——第6部分：植物保护机械；
——第7部分：联合收割机、饲料和棉花收获机；
——第8部分：排灌泵和泵机组；
——第9部分：播种、栽种和施肥机械；
——第10部分：手扶（微型）耕耘机；
——第11部分：动力草坪割草机；
——第12部分：便携式动力绿篱修剪机；
——第13部分：后操纵式和手持式动力草坪修剪机和草坪修边机；
——第14部分：动力粉碎机和切碎机；
——第15部分：配刚性切割装置的动力修边机；
——第16部分：马铃薯收获机；
——第17部分：甜菜收获机；
——第18部分：软管牵引绞盘式喷灌机；
——第19部分：中心支轴式和平移式喷灌机；
——第20部分：捡拾打捆机；
——第21部分：动力摊晒机和搂草机；
——第22部分：前装载装置；
——第23部分：固定式圆形青贮窖卸料机；
——第24部分：液体肥料施肥车；
……

本部分是GB 10395《农林机械　安全》的第16部分，修改采用EN 13118:2000《农业机械　马铃薯收获机　安全》（英文版）。

本部分根据EN 13118:2000重新起草，与EN 13118:2000的技术性差异为：

——引用了采用国际标准或欧洲标准的我国标准，但我国标准并非等同采用国际标准或欧洲标准。

为便于使用，本部分还对EN 13118:2000做了下列编辑性修改：

a) “本欧洲标准”改为“本部分”；
b) 删除EN 13118:2000的前言和引言；
c) 修改了EN 13118:2000的范围；
d) 删除了EN 13118:2000的附录ZA“本标准与欧洲EC指令的关系”。

本部分附录A为规范性附录，附录B、附录C、附录D为资料性附录。

本部分由中国机械工业联合会提出。

本部分由全国农业机械标准化技术委员会(SAC/TC 201)归口。

本部分起草单位:中国农业机械化科学研究院、黑龙江省农业机械试验鉴定站。

本部分主要起草人:张咸胜、李晓东、陈俊宝、吕树盛、皇才进。

农林机械　安全
第16部分:马铃薯收获机

1　范围

GB 10395的本部分规定了设计和制造牵引式、悬挂式和自走式马铃薯收获机的安全要求和判定方法。还规定了制造厂应提供的安全操作信息的类型。

本部分适用于可进行茎叶切割、挖掘、捡拾、清理、输送和卸料等一种或多种作业的牵引式、悬挂式和自走式马铃薯收获机,也适用于未经改装便可用于收获其他作物的马铃薯收获机(以下简称"收获机")。

本部分未考虑环境方面因素。

2　规范性引用文件

下列文件中的条款通过GB 10395的本部分的引用而成为本部分的条款。凡是注日期的引用文件,其随后所有的修改单(不包括勘误的内容)或修订版均不适用于本部分,然而,鼓励根据本部分达成协议的各方研究是否可使用这些文件的最新版本。凡是不注日期的引用文件,其最新版本适用于本部分。

GB 10395.1—2009　农林机械　安全　第1部分:总则(ISO 4254-1:2008,MOD)

GB/T 15706.1—2007　机械安全　基本概念与设计通则　第1部分:基本术语和方法(ISO 12100-1:2003,IDT)

GB/T 15706.2—2007　机械安全　基本概念与设计通则　第2部分:技术原则(ISO 12100-2:2003,IDT)

GB 16754　机械安全　急停　设计原则(GB 16754—2008,ISO 13850:2006,IDT)

GB/T 18717.3　用于机械安全的人类工效学设计　第3部分:人体测量数据(GB/T 18717.3—2002,neq ISO 15534-3:2000)

GB/T 21155—2007　土方机械　前进和倒退音响报警　声响试验方法(ISO 9533:1989,IDT)

GB 23821—2009　机械安全　防止上下肢触及危险区的安全距离(ISO 13857:2008,IDT)

EN 620:2002　连续搬运设备和系统　散装物料用固定带式输送装置的安全性和电磁兼容性(EMC)要求

3　术语和定义

GB/T 15706.1和GB/T 15706.2确立的以及下列术语和定义适用于本部分。

注:附录B给出了下列定义的机器和零部件的示例图。

3.1

茎叶切碎装置　haulm chopping device

在挖掘马铃薯前切下并清除茎叶的装置。

3.2

茎叶分离装置　haulm stripping device

挖掘后将茎叶从马铃薯中分离出来的装置。

3.3

挖掘装置 crop lifting device

从泥土中将马铃薯挖掘出来的装置。

3.4

清理装置 cleaning device

主要用于将粘附泥土的马铃薯从中分离出来的装置。

3.5

土块和石块清除装置 clod and stone removal device

从挖掘出的马铃薯中去除泥土、土块和石块的装置。

3.6

分选平台 sorting platform

收获机上分选马铃薯的工作区。

3.7

双向通信 two-way communication

分选平台上操作者和收获机或拖拉机驾驶员之间相互传送信息/声音的能力。

3.8

输送装置 conveying device

将马铃薯从收获机的一处输送到另一处的装置。

3.9

卸料装置 unloading device

将马铃薯从收获机输送出去的装置。

3.10

高位自卸料斗 high-tip hopper

装有底盘倾卸支架举升系统的料斗。

4 安全要求和/或措施

4.1 一般要求

设计收获机时，本部分未涉及的危险应遵循 GB/T 15706.1 和 GB/T 15706.2 规定的原则。

除本部分另有规定外，收获机应符合 GB 10395.1 和 GB 23821—2009 中表 1、表 3、表 4 或表 6 的规定。

4.2 操纵机构

对自走式收获机，应仅能在驾驶员位置控制运动部件的起动和停止。对牵引式和悬挂式收获机，应仅能在牵引机械(如拖拉机)驾驶员位置控制运动部件的起动和停止。

对带分选平台的收获机，符合 GB 16754 规定的急停装置在每个工作区均应能操作以停止分选平台的输送器。急停装置的可操作性应符合 GB/T 18717.3 的规定。

调整运动部件的操纵机构应位于在驾驶员位置和/或分选平台操作者位置能操作并装有防护装置的位置处。

倾卸和/或高位自卸操纵机构应为止-动型(持续操纵型)，并应在驾驶员位置上才能操作。

4.3 后视野

自走式收获机应装符合 GB/T 21155 规定的声响报警装置，该装置在收获机倒退时应能自动接通。

若收获机上配备了能使驾驶员清晰观察收获机后部情况的闭路监视器(CCTV)，则不要求安装声响报警装置。

4.4 茎叶切碎器

4.4.1 防止意外接触刀具的防护装置

收获机应通过设计或采取防护措施避免在前部、后部、侧面和顶部与刀具意外接触。

在顶部，无孔防护装置应至少覆盖住刀具旋转轨迹的外端点。

在前部、后部、侧面的可进入区，防护装置应是下列三种情况之一：

——距刀具旋转轨迹最低点的最大高度 400 mm，距刀具旋转轨迹外端点的最小水平距离 200 mm 的屏障[见图 1a)]。侧面屏障应可以折叠以便于运输。屏障应始终与收获机保持连接，并可靠固定在其位置上；

——无孔防护装置，该防护装置靠近刀具，且下边缘低于刀具旋转轨迹至少 3 mm[见图 1b)]；

——上述两种防护装置的组合。

这些防护装置在水平面上的投影应是连续的。

单位为毫米

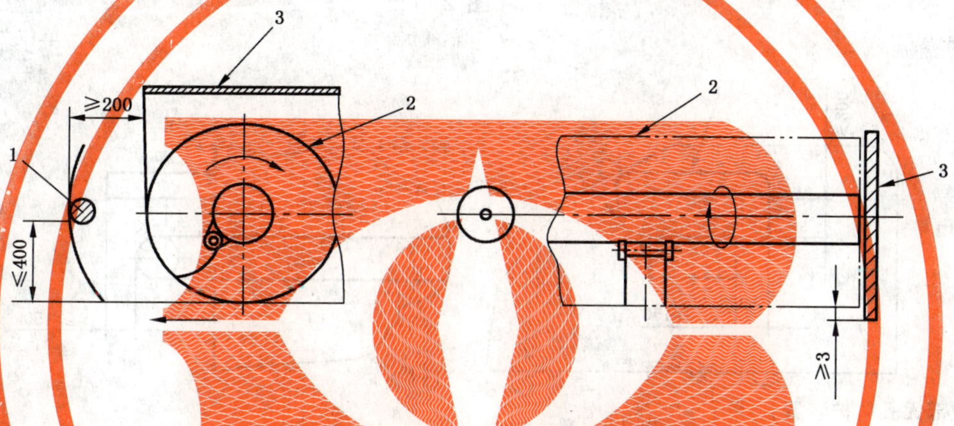

1——屏障；

2——刀具旋转轨迹；

3——无孔防护装置。

a) 屏障型防护装置　　　　b)无孔防护装置

图 1 茎叶切碎器的防护装置

4.4.2 输送器

位于距离收获机外部轮廓小于 850 mm 位置处的输送器任何运动部件均应进行防护，排出口除外。

排出口应安装：

——如下组合式防护装置：

a) 在顶部，为两侧伸出输送器外侧部件最小 150 mm 的无孔防护装置(见图 2)。当使用带式输送器时，顶部防护装置的下边缘与带式输送器上表面的最大距离应为 200 mm(见图 3)；

b) 在输送器的外端：

1) 当使用螺旋式输送器时，为固定式防护装置，该防护装置下端应至少延伸至螺旋输送器轴线以下 50 mm(见图 2)；

2) 当使用带式输送器时，为位于距传动带任何运动部件最小水平距离 150 mm 的屏障，该屏障在垂直平面内与带式输送器上表面的最大距离为 200 mm(见图 4)。

带式输送器的侧面部件应按 EN 620:2002 中 5.1 的规定进行防护以防止意外接触。

或应安装：

——活动式防护装置，该防护装置应完全封住排出口，且在没有物料排出时自动返回闭合位置(见图 5)。

单位为毫米

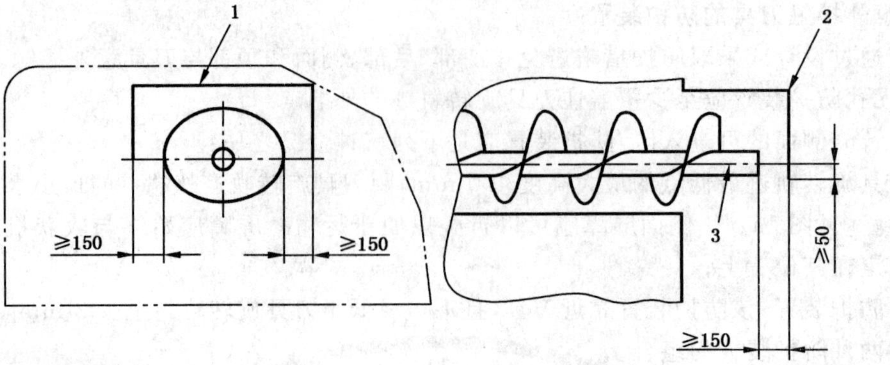

1——顶部无孔防护装置；
2——固定式防护装置；
3——螺旋输送器轴线。

图 2

单位为毫米

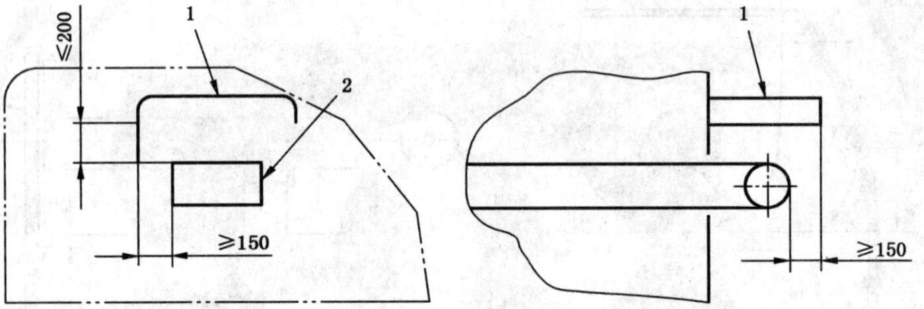

1——顶部无孔防护装置；
2——传动带。

图 3

单位为毫米

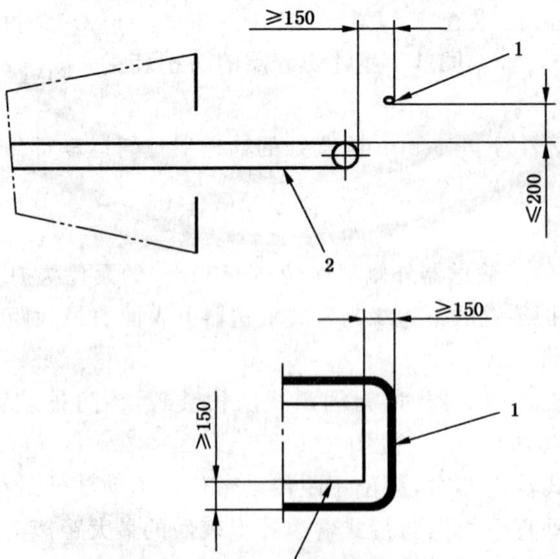

1——屏障；
2——输送器传动带。

图 4

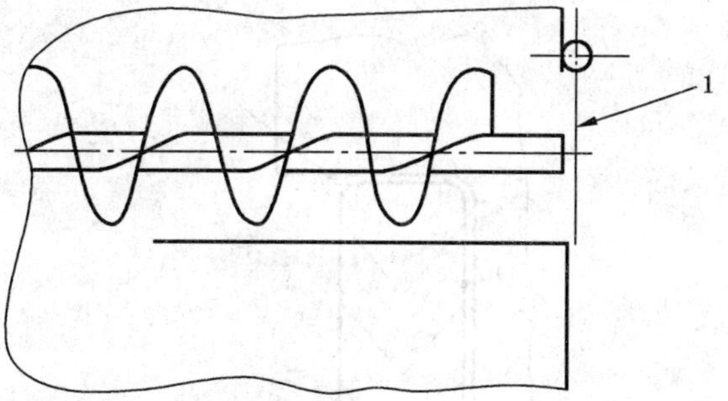

1——活动式防护装置。

图 5

4.5 挖掘装置

在挖掘装置处于升起位置时，动力挖掘装置的旋动部件应停止转动。

4.6 清理和输送装置

4.6.1 输送带

清理和输送带的运转底部的入口和接合点应进行防护。

带式输送装置的侧面部件应按 EN 620:2002 中 5.1 的规定进行防护以防止意外接触。

4.6.2 辊子

辊子、茎叶分离装置、土块和石块清除装置的旋转部件应进行防护以防止从侧面和上部与其接触。防护装置有如下几种：

——固定式防护装置(符合 GB/T 15706.1—2007 中 3.25.1 规定)，如果清理、清除堵塞时不需要打开。

——需要使用工具打开的固定式防护装置。该类防护装置打开时应与收获机保持连接(例如通过铰链形式连接)，且不使用工具能自动锁定在关闭位置。

——活动式联锁防护装置(符合 GB/T 15706.1—2007 中 3.25.4 规定)。

——带只要部件运动就不能打开装置的活动式防护装置。

侧面防护装置应向运动部件下方延伸至少 120 mm。

注：在附录 C 中给出了预防与堵塞和清除堵塞有关危险的一些建议。

4.7 分选平台

分选平台应符合 GB 10395.1—2009 中 4.5.2 的规定。

进入分选平台的梯子应符合 GB 10395.1—2009 中 4.6 的规定。另外，应防止车轮运动部件与脚意外接触。与车轮处于一条直线上的进入分选平台的梯子不应介入车轮运动轨迹内，且无论轮距如何调整进入分选平台的梯子与车轮轮廓的距离应至少为 150 mm(见图 6)，或应通过设计保证在收获机行进期间不可能上或下收获机。

扶栏/手柄应符合 GB 10395.1—2009 中 4.5.1.3 的规定。

收获机应提供双向通信系统。

带有分选平台的收获机应配备声响报警装置，用于提醒注意运动部件的起动。对自走式机械，该声响报警装置应能自动接通。

单位为毫米

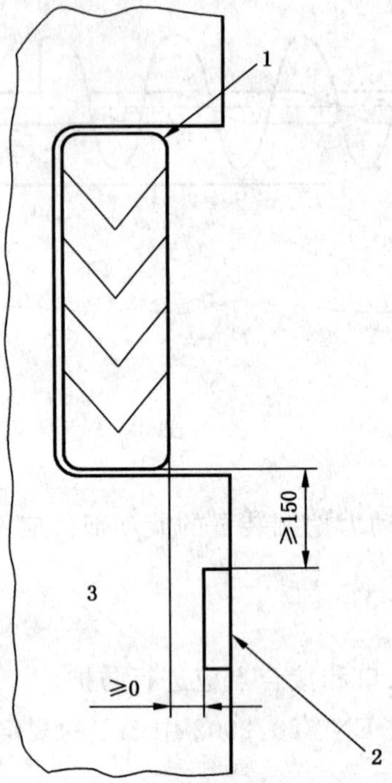

1——车轮；

2——进入分选平台的梯子；

3——收获机。

图 6 进入分选平台的梯子位置(俯视图)

4.8 倾卸和/或高位自卸料斗

在进入区内,整个料斗运动部件和机架之间应至少具有 25 mm 的距离。

为使操作者能在处于提升位置的料斗下进行保养和维护操作,应按 GB 10395.1—2009 中 4.8 的规定设置机械支撑机构。

对带自卸料斗的收获机,在倒空料斗时应保证稳定性。该要求按下列条件进行检查:

——将收获机置于坡度 5°的坡道上,其纵向轴横跨坡道。

——在侧向倾卸的情况下,应向坡道下坡方向倾卸。

——在后向倾卸的情况下,收获机应依次沿坡道停放和横跨坡道停放。

——当料斗提升并倾卸至最大位置时,在料斗中心施加等于料斗承载载荷一半的向下垂直力。对于高位自卸料斗收获机,当料斗提升到最高位置但未倾卸时,在料斗中心施加等于料斗承载载荷的向下垂直力。

4.9 卸料装置

设计的收获机应使操作者在驾驶员位置进行卸料作业。

为使操作者能在处于提升位置的卸料装置下进行保养和维护操作,应按 GB 10395.1—2009 中 4.8 的规定设置机械支撑机构,并应使操作者在危险区外部能够锁定和移开机械支撑机构。

如果卸料装置离开运输位置存在风险,则卸料装置应配备将其锁紧在运输位置的锁定装置。

5 安全要求和/或措施的判定

给出规定值的要求应通过测量进行判定;操纵机构应通过功能试验和位置测量进行判定;防护装置应通过功能试验进行判定。

6 使用信息

6.1 使用说明书

使用说明书中应提供收获机所有维护、安全使用方面的详尽说明和信息。使用说明书应符合GB/T 15706.2—2007 中 6.5 和 GB 10395.1—2009 中 8.1 的规定。

使用说明书中应特别强调说明下列各点：

a) 从茎叶清除装置前部抛出石头的危险；
b) 操作运动部件引起的遗留风险；
c) 作业时，由于土壤条件导致收获机缺乏稳定性产生的危险；
d) 对收获机进行任何干预前，收获机和动力部件应停止运行；
e) 清除堵塞使用的工具（随收获机提供的）和遵循规则（包括在进行任何手动清理堵塞前，应首先关闭发动机的提醒）；
f) 在进入升起的部件下方进行保养前，需要使用机械锁定装置支撑升起的部件；
g) 在重新起动收获机前需要关闭防护装置；
h) 悬挂式和牵引式收获机与牵引机械电路和液压管路联接时应采取的预防措施；
i) 安装和使用在牵引机械驾驶员位置操作的收获机操纵机构时应采取的预防措施；
j) 需要保证急停装置功能正确；
k) 需要保证双向通信功能正确，如果装有；
l) 对带分选平台的牵引式收获机，当报警装置不能自动接通时，拖拉机驾驶员应开起声响报警装置以引起注意运动部件的起动；
m) 当收获机由牵引车辆的液压阀控制时，该液压阀的操纵机构应采用止-动装置（持续操纵式）；
n) 分选平台上操作者面临灰尘产生的危险；
o) 仅在收获作业期间允许操作者在分选平台上，在收获机运行时，操作者不能上下进入分选平台的梯子。

6.2 标志

标志应符合 GB/T 15706.2—2007 中 6.4 和 GB 10395.1—2009 中 8.2、8.3 的规定。

所有收获机均应设置至少包括下列信息的清晰耐久标志：

——制造厂名称和地址；
——制造年份；
——产品名称或型式型号；
——出厂编号，如果有；
——动力输入连接装置的额定转速和旋转方向（用箭头标出），如果有；
——空载质量，单位为千克(kg)；
——额定功率，单位为千瓦(kW)（对自走式收获机）。

另外，在收获机上还应设置下列安全标志：

——在收获机运动时，禁止上下进入分选平台梯子的安全标志；
——在紧靠茎叶排出口和抛撒系统的茎叶清除装置上，设置警告运动部件产生危险的安全标志；
——在茎叶清除装置上，设置警告抛掷物产生危险的安全标志；
——在保养和维修工作中需要使用机械支撑机构的安全标志。

适用的安全标志示例见附录 D。

附 录 A
(规范性附录)
危险一览表

表 A.1 给出了基于 GB/T 15706.1 和 GB/T 15706.2 的危险一览表。

表 A.2 给出了由机器移动产生的危险一览表。

这些表最后一栏(本部分给出的解决方法)的不同陈述的含义是:

——"不相关":该危险不是该机器的重大危险。

——"给出":该危险是重大危险。指定条款中给出解决方法是根据 GB/T 15706 的安全通则确定的处置危险的指南;即意味着:

- 尽可能通过设计消除或减小风险;
- 采取保护措施;
- 提供遗留风险的信息。

——"部分给出":该危险是该机器的多个零部件的重大危险。指定条款中给出的解决方法可处置其中一部分零部件的该危险。对其余零部件该危险是重大危险,为处置该危险将必须采取的其他解决方法本部分并未给出。

——"未给出":该危险是该机器的重大危险,但在本部分起草过程中未加考虑。

标示"未给出"或"部分给出"危险的要求在 GB 10395.1 中规定,这些危险在表 A.1 和表 A.2 最后一栏中用星号(*)标示。

本附录未给出清除堵塞引起的危险,附录 C 中给出了预防与堵塞和清除堵塞有关危险的一些信息。

表 A.1 危险一览表

危险		有关条款		本部分给出的解决方法
		GB/T 15706.1	GB/T 15706.2	
A.1	**机械危险** 如由机器部件或工件的下列要素引起的: ——形状; ——相对位置; ——质量和稳定性(各元件的位能); ——质量和速度(各元件的动能); ——机械强度不足; ——由以下原因引起的位能积累: ● 弹性元件(弹簧); ● 压力下的液体或气体; ● 真空	4.2	—	—
A.1.1	挤压危险	4.2.1,4.2.2	4.2	在 4.1,4.2,4.8,4.9 中给出
A.1.2	剪切危险	4.2.1,4.2.2	4.2,5.2.1	在 4.1,4.2,4.4,4.5,4.6,4.7,4.8,4.9 中给出*
A.1.3	切割或切断危险	4.2.1,4.2.2	4.2	在 4.1,4.2,4.4 中给出*

表 A.1（续）

危险		有关条款		本部分给出的解决方法
		GB/T 15706.1	GB/T 15706.2	
A.1.4	缠绕危险	4.2.1,4.2.2	—	在4.1,4.2,4.4中给出[a]
A.1.5	引入或卷入危险	4.2.1	4.14,5.2.1,5.5.3	在4.1,4.2,4.4,4.5,4.6,4.7中给出[a]
A.1.6	冲击危险	4.2.1	—	在4.1,4.2,4.4,4.8,4.9中给出
A.1.7	刺伤或扎伤危险	4.2.1	—	不相关
A.1.8	摩擦或磨损危险	4.2.1	4.3b)	不相关
A.1.9	高压流体喷射危险	4.2.1	—	未给出[a]
A.1.10	(机械及被加工材料/工件)部件抛射危险	4.2.2	4.10	未给出
A.1.11	(机械或机器零件)不稳定	4.2.2	4.6	在4.8,4.9中给出
A.1.12	与机械有关(因机器的特征)的滑倒、倾倒和跌倒危险	4.10	5.5.6	在4.1,4.7中部分给出[a]
A.2	**电气危险** 例如由以下各因素引起：	4.3	4.9	—
A.2.1	电接触(直接或间接)	4.3	—	未给出[a]
A.2.2	静电现象	4.3	—	不相关
A.2.3	热辐射或其他现象，例如由于短路、过载等引起的熔化粒子喷射和化学效应	4.3	—	不相关
A.2.4	电气设备外部影响	4.3	4.4	未给出
A.3	**热危险** 导致：	4.4	4.8.4	—
A.3.1	通过人们可接触的火焰或爆炸、热源辐射的烧伤和烫伤	4.4	—	未给出
A.3.2	由于热或冷的工作环境对健康的危害	4.4	—	不相关
A.4	**由噪声产生的危险** 导致：	4.5	4.8.4	—
A.4.1	听力损失(耳聋)、其他生理障碍(例如失去平衡，失去知觉)	4.5	—	未给出(仅和自走机械有关)[a]
A.4.2	干扰语言通讯，听觉信号等	4.5	—	在4.7中给出
A.5	**由振动产生的危险** (导致各种神经和血管病症)	4.6	4.8.4	未给出(仅和自走机械有关)[a]
A.6	**由辐射产生的危险** 特别是由下列因素引起：	4.7	—	—
A.6.1	电弧	—	—	不相关

表 A.1(续)

危险		有关条款		本部分给出的解决方法
		GB/T 15706.1	GB/T 15706.2	
A.6.2	激光	—	—	不相关
A.6.3	离子源辐射	4.7	—	未给出
A.6.4	使用高频电磁场的机器	—	—	不相关
A.7	**由机械加工的、使用的或排出的材料和物质产生的危险** 例如：	4.8	4.3b)	—
A.7.1	由于接触或吸入有害的液体、气体、烟雾和灰尘导致的危险	4.8	—	在6.1中给出
A.7.2	火或爆炸危险	4.8	—	未给出
A.7.3	生物和微生物(病菌或细菌)危险	4.8	—	不相关
A.8	**机器设计中由于忽略人类工效学原则产生的危险** (机械与人的特征和能力不协调) 如由下列因素引起：	4.9	4.8	—
A.8.1	不利于健康的姿态或过分用力	4.9	4.8.2,4.8.5	未给出[a]
A.8.2	不适当的考虑人的手臂或腿脚构造	4.9	4.8.3	在4.7中部分给出[a]
A.8.3	忽略了使用个人防护装备	5.5	—	未给出
A.8.4	不适当的工作面照明	—	4.8.6	未给出
A.8.5	精神过分紧张或准备不足等	4.9	4.8.5	未给出
A.8.6	人的差错	4.9	4.8	在6.1,6.2中给出
A.9	**各种危险组合**	4.11	—	不相关
A.10	**由于能源失效、机械零件损坏或其他功能故障产生的危险** 例如：	5.3b)	4	—
A.10.1	能源(能量和/或控制电路)失效	3.30	4.11.1	在4.8,4.9中部分给出[a]
A.10.2	机械零件或流体意外抛射	—	4.10,5	未给出[a]
A.10.3	控制系统的失效、失灵(意外起动、意外过流)	3.29,3.30,3.31	4.11.1	未给出
A.10.4	装配错误	—	—	在6.1,6.2中给出
A.10.5	机器翻倒,意外失去稳定性	4.2.2	4.6	在4.8中部分给出
A.11	**由于安全措施错误的或不正确的定位产生的危险** 例如：	—	5	—
A.11.1	各类防护装置	3.25	5.3	在6.1,6.2中给出
A.11.2	各类有关安全(防护)装置	3.26	5.3	在6.1,6.2中给出
A.11.3	起动和停机装置	—	4.11.1	未给出[a]

表 A.1(续)

危险		有关条款		本部分给出的解决方法
		GB/T 15706.1	GB/T 15706.2	
A.11.4	安全标志和信号装置	—	4.8.8,6.2,6.3,6.4	在6.1中给出
A.11.5	各类信息或报警装置	—	6.4	未给出*
A.11.6	能源切断装置	—	5.5.4	未给出*
A.11.7	急停装置	—	5.5	在4.2,4.7中给出
A.11.8	工件的送进/取出措施	—	4.14	不相关
A.11.9	安全调整和/或维修的主要设备和附件	3.3,5.3a)	4.7,4.15,5.5.5,4.11.12	在4.8,4.9,6.1中给出
A.11.10	排气装置等	—	—	不相关

表 A.2 由移动产生的危险一览表

危险		本部分给出的解决方法
A.12	**在移动和工作区域照明不足**	未给出(仅和自走机械有关)
A.13	**由突然移动、不稳定等产生的危险**	未给出*
A.14	**驾驶/操作位置不合适/未按人类工效学设计**	—
A.14.1	由危险环境产生的危险(与运动部件、排出废气接触等)	未给出(仅和自走机械有关)*
A.14.2	驾驶者/操作者位置可视性不足	在4.3,4.7,4.9中给出
A.14.3	座椅/座位(SIP)不合适	未给出(仅和自走机械有关)
A.14.4	操纵机构位置不合适/未按人类工效学设计	未给出*
A.14.5	机器的确定/移动	在6.1中部分给出*
A.14.6	机器的运行	未给出
A.14.7	步行操纵机器的运行	不相关
A.15	**机械危险**	—
A.15.1	人暴露于不可控制运动的危险	未给出*
A.15.2	部件损坏和/或抛出产生的危险	未给出
A.15.3	翻倾产生的危险	未给出(仅和自走机械有关)
A.15.4	物体落下产生的危险	不相关
A.15.5	进入机器措施不合适	在4.7中部分给出*
A.15.6	由牵引、连接、传动等产生的危险	未给出*
A.15.7	由蓄电池、火、灰尘和气体排放等产生的危险	未给出(仅和自走机械有关)*

附 录 B
（资料性附录）
机器和零部件示例

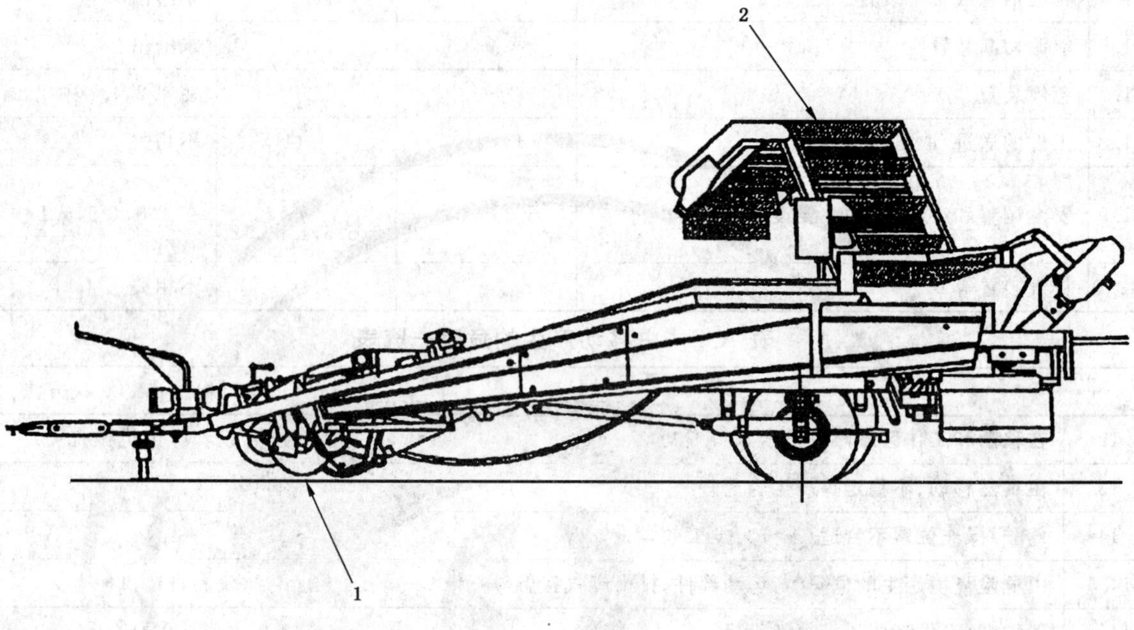

1——马铃薯挖掘装置；
2——卸料装置；
3——清理装置。

图 B.1 马铃薯收获机

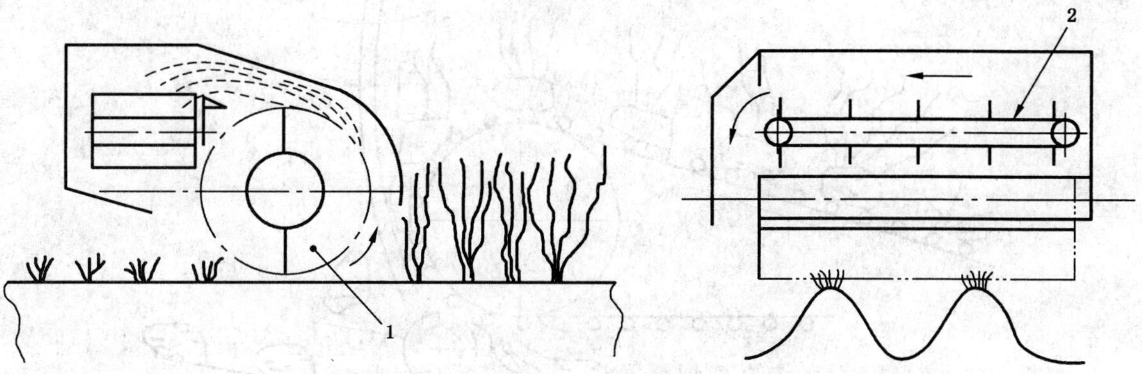

1——茎叶切碎器；
2——带式茎叶输送器。

a）装带式茎叶输送器的茎叶切碎装置

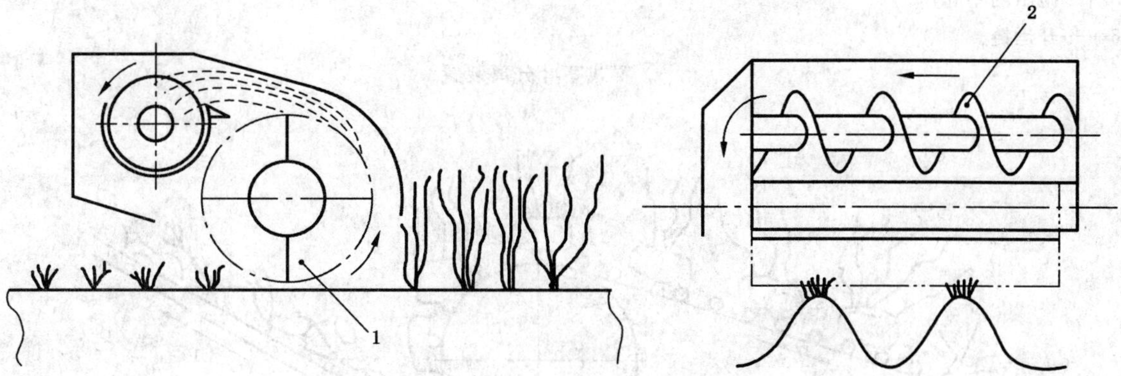

1——茎叶切碎器；
2——螺旋式茎叶输送器。

b）装螺旋式茎叶输送器的茎叶切碎装置

图 B.2 茎叶切碎装置

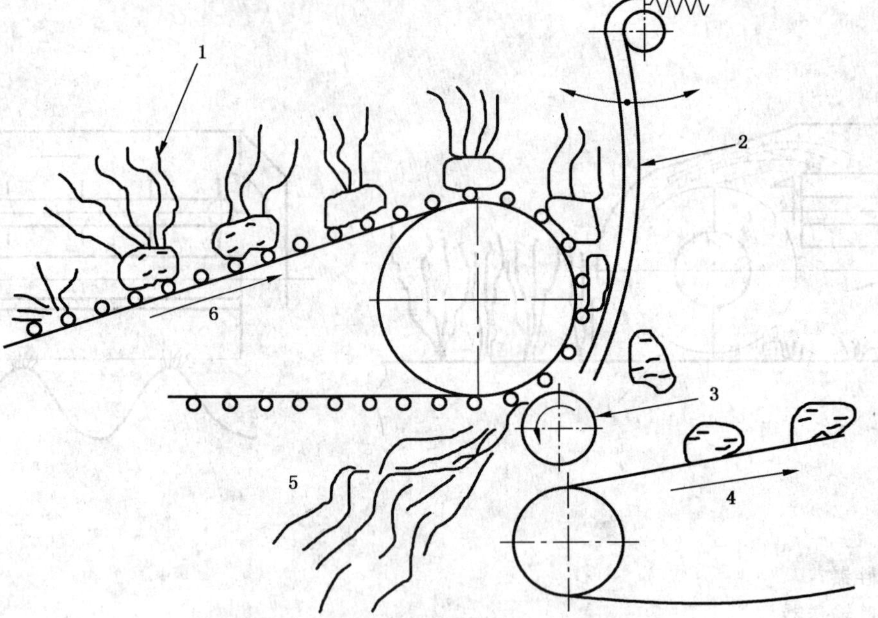

1——茎叶；
2——茎叶分离指杆；
3——茎叶分离辊；
4——输送链；
5——抛出的茎叶；
6——升运链。

a) 辊式茎叶分离装置

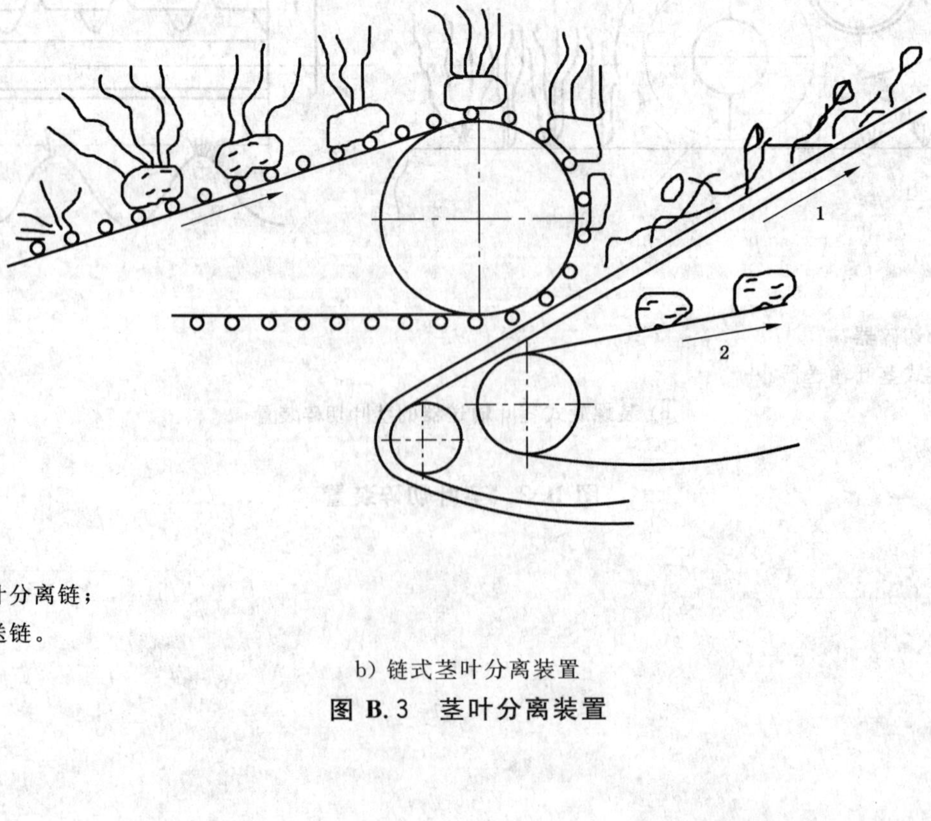

1——茎叶分离链；
2——输送链。

b) 链式茎叶分离装置

图 B.3 茎叶分离装置

1——输送链；
2——光滑或螺旋滚筒或星轮；
3——除石器；
4——输送带；
5——铁制滚筒；
6——土块或石块；
7——马铃薯。

图 B.4　土块和石块清除装置

附 录 C
（资料性附录）
农林机械堵塞和清除堵塞有关危险的预防

C.1 概述

农林机械的堵塞会导致很多事故，其中有些事故非常严重，甚至是致命的。至今规定标准的要求以处理因堵塞产生的所有危险是十分困难的，尽管如此，本附录尽可能提供一些信息，以帮助机器设计者改善现状。

预防危险首先应保证不发生堵塞，其次是一旦发生堵塞，应能够安全地清除堵塞。

显然，最优先的措施应在机器设计中采用并提供防止堵塞的使用说明。其次，应随有效的说明书提供安全地清除堵塞的预设规程。

本附录下列条款给出的建议致力于帮助机器的设计者。这些建议不一定同时使用，甚至有些还可能相互冲突。因此，设计者应根据机器的不同功能和安全要求，使用最适合其所设计机器的建议。

C.2 发生堵塞危险的预防

C.2.1 设计原则

本建议目的是使设计的机器在本质上防止堵塞发生。

C.2.1.1 机械法

收获作物时应尽可能保证从作物中清除土壤，以避免输送过多的土壤。保证作物平顺地通过机器而不存在任何障碍，障碍会导致土壤、茎秆、茎叶积聚，尤其在通过清选装置时。要尽可能装设振动装置。从作物中清除的茎秆不要散布在非收获区。要保证操作者在机器作业时易于调整机器设定参数；调整装置的操纵机构应位于在驾驶位置能够操作的位置处；且操纵机构不会处于危险区中。操纵机构应易于操作。

C.2.1.2 提供给操作者的信息

向操作者提供指示堵塞即将发生时信息。指示信息可以是要求增加驱动机器部件的动力，降低输送器的速度等，以使操作者及时调节机器的调整装置来避免堵塞。提供直接或间接的装置（如后视镜、监视器）观测会发生堵塞的位置。

C.2.1.3 伺服（随动）系统

机器中可设置传感器来确定即将发生的堵塞，进而自动调节机器的设定参数以避免堵塞。

C.2.1.4 机器的清理

通过设计机器使机器在使用后能够容易、安全地清理，以避免残余物的积聚导致堵塞。

C.2.2 使用说明

本建议目的是向操作者提供机器使用期间将与堵塞有关的危险降低到最低发生水平的必要信息。

C.2.2.1 在最佳条件下作业，例如：避免在潮湿天气作业。

C.2.2.2 使作业适应现实条件：当天气太湿或茎叶太多时，降低机器运行速度，并调节机器的调整装置。

C.2.2.3 给出备收作物的土壤条件对有效收获是重要的。建议充分松土以减少大的土块，收获时将大土块与根块分离是困难的。

如果收获前茎叶覆盖在地，收获时应保证覆盖的茎叶不会与潮湿土壤混合在一起。

C.2.2.4 因调节错误会经常导致堵塞，因此对所有收获条件（特别是潮湿条件）应提供准确设定的精确信息。

C.2.2.5 向操作者提供培训项目建议。

C.3 堵塞发生时危险的预防

C.3.1 设计原则

本建议目的是使设计的机器在清除堵塞时不会对操作者造成危险。

C.3.1.1 使操作者在驾驶位置处能够清除堵塞:如通过改变机器装置的运动方向,在驾驶位置进行控制清空发生堵塞的地方。

C.3.1.2 如果在驾驶位置不能清除堵塞,操作者应能容易停止动力传动机构。堵塞发生的位置应尽可能的容易接近,且操作者进行清除堵塞作业不会处于不舒服的姿势。为操作者提供清除堵塞使用的工具;尽可能减少清除堵塞的时间。

C.3.1.3 提供安全装置以保证操作者不会使自身处于危险状态:如提供操作者在场显示装置、带防护锁的联锁防护装置等。

C.3.1.4 如果操作者处于危险中,应使机器上的任何人无论其在何处都可关闭机器,急停装置置于尽可能靠近堵塞区的位置。

C.3.2 使用说明

C.3.2.1 使用说明书中应包含安全的、易实现的清除堵塞的规程,并且指明清除堵塞可使用的工具。

C.3.2.2 向操作者提供有关使用适当的个人防护装备的说明,如穿戴安全靴、手套、束身衣等的说明。

附 录 D
（资料性附录）
适用的安全标志示例

D.1 与茎叶切碎装置保持安全距离——切割危险

D.2 与茎叶切碎装置保持安全距离——抛掷物危险

D.3 与茎叶分离装置保持安全距离

D.4 保养和维修作业前，锁定机械支撑机构

ICS 65.060.50
B 91

中华人民共和国国家标准

GB 10395.17—2010

农林机械 安全 第17部分：甜菜收获机

Agricultural and forestry machinery—Safety—Part 17: Beet harvesters

2010-12-01 发布　　2011-10-01 实施

中华人民共和国国家质量监督检验检疫总局
中国国家标准化管理委员会　发布

前 言

本部分的全部技术内容为强制性。

GB 10395《农林机械 安全》分为：

——第 1 部分：总则；

——第 2 部分：自卸挂车；

——第 3 部分：厩肥撒施机；

——第 4 部分：林用绞盘机；

——第 5 部分：驱动式耕作机械；

——第 6 部分：植物保护机械；

——第 7 部分：联合收割机、饲料和棉花收获机；

——第 8 部分：排灌泵和泵机组；

——第 9 部分：播种、栽种和施肥机械；

——第 10 部分：手扶(微型)耕耘机；

——第 11 部分：动力草坪割草机；

——第 12 部分：便携式动力绿篱修剪机；

——第 13 部分：后操纵式和手持式动力草坪修剪机和草坪修边机；

——第 14 部分：动力粉碎机和切碎机；

——第 15 部分：配刚性切割装置的动力修边机；

——第 16 部分：马铃薯收获机；

——第 17 部分：甜菜收获机；

——第 18 部分：软管牵引绞盘式喷灌机；

——第 19 部分：中心支轴式和平移式喷灌机；

——第 20 部分：捡拾打捆机；

——第 21 部分：动力摊晒机和搂草机；

——第 22 部分：前装载装置；

——第 23 部分：固定式圆形青贮窖卸料机；

——第 24 部分：液体肥料施肥车；

……

本部分是 GB 10395《农林机械 安全》的第 17 部分，修改采用 EN 13140:2000《农业机械 糖料甜菜和饲料甜菜收获机 安全》(英文版)。

本部分根据 EN 13140:2000 重新起草，与 EN 13140:2000 的技术性差异为：

——引用了采用国际标准或欧洲标准的我国标准，但我国标准并非等同采用国际标准或欧洲标准。

为便于使用，本部分还对 EN 13140:2000 做了下列编辑性修改：

a) “本欧洲标准”改为“本部分”；

b) 删除 EN 13140:2000 的前言和引言；

c) 修改了 EN 13140:2000 的范围；

d) 删除了 EN 13140:2000 的附录 ZA“本标准与欧洲 EC 指令的关系”。

本部分附录 A 为规范性附录，附录 B、附录 C、附录 D 为资料性附录。

本部分由中国机械工业联合会提出。

本部分由全国农业机械标准化技术委员会(SAC/TC 201)归口。

本部分起草单位:中国农业机械化科学研究院、黑龙江省农业机械试验鉴定站。

本部分主要起草人:张咸胜、李晓东、陈俊宝、吕树盛、皇才进。

农林机械　安全
第17部分:甜菜收获机

1　范围

GB 10395的本部分规定了设计和制造牵引式、悬挂式和自走式甜菜收获机(以下简称“收获机”)的安全要求和判定方法,还规定了制造厂应提供的安全操作信息的类型。

本部分适用于可进行茎叶切除、去根头、挖掘、捡拾、清理、输送和卸料等一种或多种作业的甜菜收获机。

本部分不适用于成堆甜菜的清理装载装置。

本部分未考虑环境方面因素。

2　规范性引用文件

下列文件中的条款通过GB 10395的本部分的引用而成为本部分的条款。凡是注日期的引用文件,其随后所有的修改单(不包括勘误的内容)或修订版均不适用于本部分,然而,鼓励根据本部分达成协议的各方研究是否可使用这些文件的最新版本。凡是不注日期的引用文件,其最新版本适用于本部分。

GB 10395.1—2009　农林机械　安全　第1部分:总则(ISO 4254-1:2008,MOD)

GB/T 15706.1—2007　机械安全　基本概念与设计通则　第1部分:基本术语和方法(ISO 12100-1:2003,IDT)

GB/T 15706.2—2007　机械安全　基本概念与设计通则　第2部分:技术原则(ISO 12100-2:2003,IDT)

GB/T 21155—2007　土方机械　前进和倒退音响报警　声响试验方法(ISO 9533:1989,IDT)

GB 23821—2009　机械安全　防止上下肢触及危险区的安全距离(ISO 13857:2008,IDT)

EN 620:2002　连续搬运设备和系统　散装物料用固定带式输送装置的安全性和电磁兼容性(EMC)要求

3　术语和定义

GB/T 15706.1和GB/T 15706.2确立的以及下列术语和定义适用于本部分。

注:附录B给出了下列定义的机器和零部件的示例图。

3.1

茎叶切除器　leaf stripper

切下并清除甜菜茎叶的装置。

注:茎叶切除器通常由一个或多个转刀、输送器、抛叶器等部件组成。

3.1.1

转刀　rotor

用于除去甜菜茎叶和/或清除仍在地内的甜菜根头的旋转装置。

3.1.2

输送器　conveyor

将茎叶输送到抛叶器或茎叶装载装置的部件;有的机型该部件把茎叶输送到收获机外。

3.1.3

抛叶器 leaf spreader

把茎叶均匀的抛撒在地面的装置。

3.2

茎叶装载装置 leaf loading device

传送输送器出口处集聚茎叶的装置。

3.3

挖掘装置 beet lifting device

从泥土中将甜菜挖掘出来的装置。

3.4

清理装置 cleaning device

主要用于将粘附泥土的甜菜从中分离出来的装置。

3.5

输送装置 conveying device

将甜菜从收获机的一处输送到另一处的装置。

3.6

卸料装置 unloading device

将甜菜从收获机输送出去的装置。

3.7

高位自卸料斗 high-tip hopper

装有底盘倾卸支架举升系统的料斗。

4 安全要求和/或措施

4.1 一般要求

设计收获机时，本部分未涉及的危险应遵循 GB/T 15706.1 和 GB/T 15706.2 规定的原则。

除本部分另有规定外，收获机应符合 GB 10395.1 和 GB 23821—2009 中表 1、表 3、表 4 或表 6 的规定。

4.2 操纵机构

对自走式收获机，应仅能在驾驶员位置控制运动部件的起动和停止。对牵引式和悬挂式收获机，应仅能在牵引机械(如拖拉机)驾驶员位置控制运动部件的起动和停止。

倾卸和/或高位自卸操纵机构应为止-动型(持续操纵型)，并应在驾驶员位置上才能操作。

4.3 后视野

自走式收获机应装符合 GB/T 21155 规定的声响报警装置，该装置在收获机倒退时应能自动接通。

若收获机上配备了能使驾驶员清晰观察收获机后部情况的闭路监视器(CCTV)，则不要求安装声响报警装置。

4.4 茎叶切除器

4.4.1 防止意外接触转刀的防护装置

收获机应通过设计或采取防护措施避免在前部、后部、侧面和顶部与转刀意外接触。

在顶部，无孔防护装置应至少覆盖住转刀旋转轨迹的外端点。

在前部、后部、侧面的可进入区，防护装置应是下列三种情况之一：

——距转刀旋转轨迹最低点的最大高度 400 mm，距转刀旋转轨迹外端点的最小水平距离 200 mm 的屏障[见图 1a)]。侧面屏障应可以折叠以便于运输。屏障应始终与收获机保持连接，并可靠固定在其位置上。

——无孔防护装置，该防护装置靠近转刀，且下边缘低于转刀旋转轨迹至少 3 mm[见图 1b)]。

——上述两种防护装置的组合。

这些防护装置在水平面上的投影应是连续的。

单位为毫米

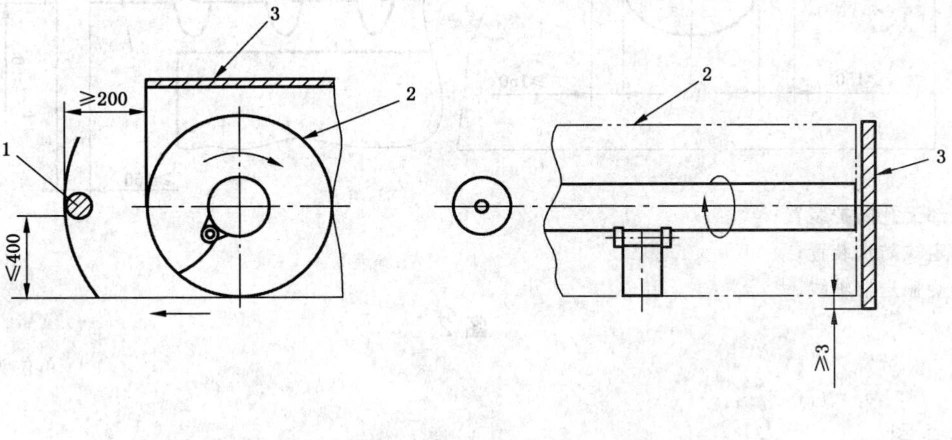

1——屏障；

2——转刀旋转轨迹；

3——无孔防护装置。

图 1　茎叶切除器转刀的防护装置

4.4.2　输送器

茎叶装载装置应符合 4.1 规定。

位于距离收获机外部轮廓小于 850 mm 位置处的输送器任何运动部件均应进行防护，排出口除外。

排出口应安装：

——组合式防护装置：

a)　在顶部，为两侧伸出输送器外侧部件最小为 150 mm 的无孔防护装置(见图 2)。当使用带式输送器时，顶部防护装置的下边缘与带式输送装器上表面的最大距离应为 200 mm (见图 3)；

b)　在输送器的外端：

1)　当使用螺旋式输送器时，为固定式防护装置，该防护装置下端应至少延伸至螺旋输送器轴线以下 50 mm(见图 2)；

2)　当使用带式输送器时，为位于距传动带任何运动部件最小水平距离 150 mm 的屏障，该屏障在垂直平面内与带式输送器上表面的最大距离为 200 mm(见图 4)。

带式输送器的侧面部件应按 EN 620:2002 中 5.1 的规定进行防护以防止意外接触。

或应安装：

——活动式防护装置，该防护装置应完全封住排出口，且在没有物料排出时自动返回闭合位置(见图 5)。

单位为毫米

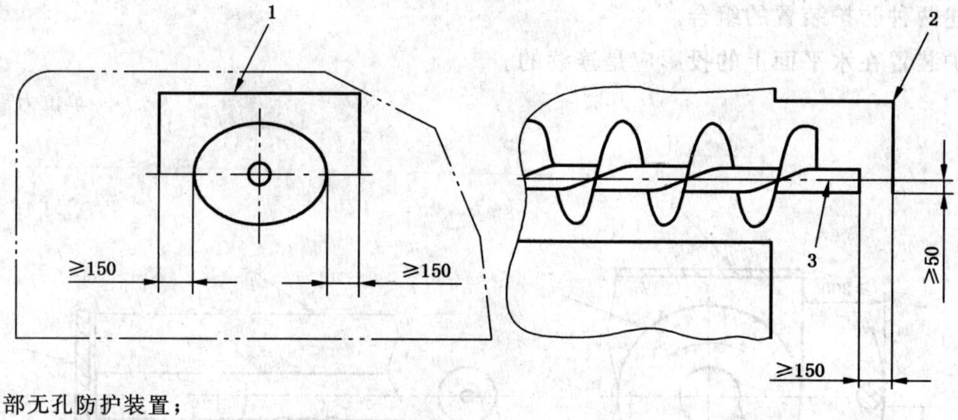

1——顶部无孔防护装置；

2——固定式防护装置；

3——螺旋输送器轴线。

图 2

单位为毫米

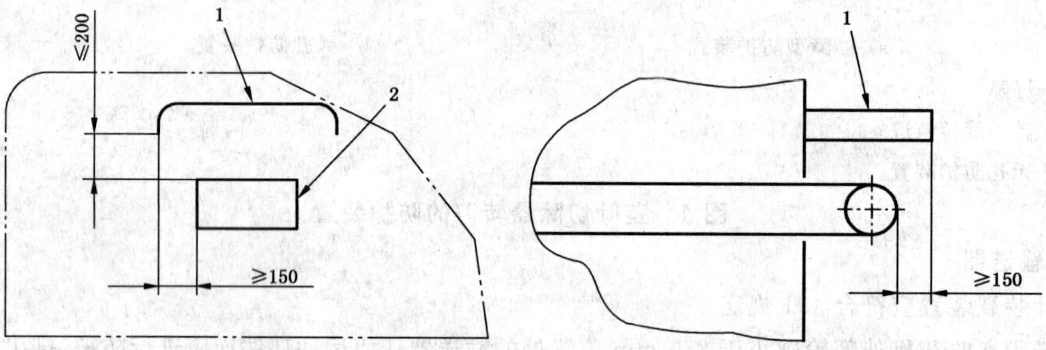

1——顶部无孔防护装置；

2——输送器传动带。

图 3

单位为毫米

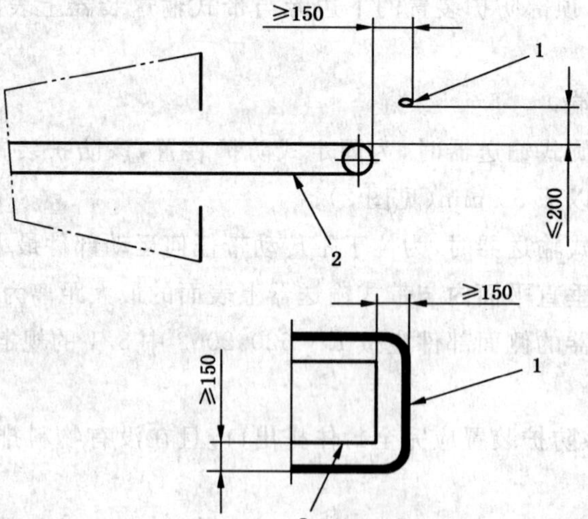

1——屏障；

2——输送器传动带。

图 4

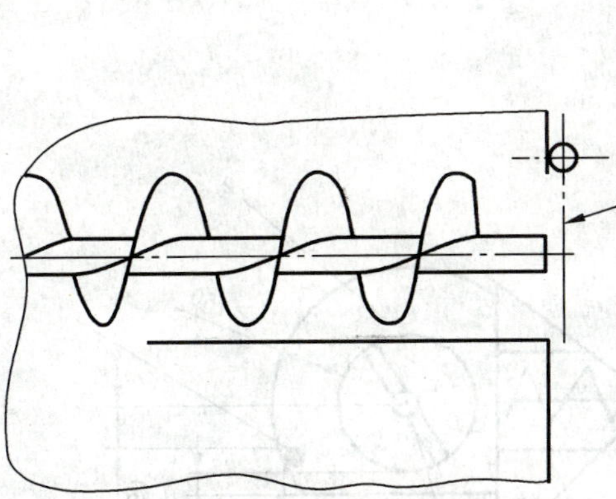

1——活动式防护装置。

图 5

4.4.3 抛叶器

为防止在抛叶器前面和侧面与任何运动部件意外接触，采取的防护措施应保证防护装置在水平面上的投影是连续的。

4.4.3.1 垂直轴式抛叶器(见图 6)

防护装置应是下列三种形式之一：

——在水平面内距运动部件的最小距离 150 mm，在垂直平面内低于抛叶器下平面的最大距离 50 mm 的屏障；

——延伸至抛叶器下平面以下最小 50 mm 的无孔防护装置；

——上述两种防护装置的组合。

4.4.3.2 水平轴式抛叶器(见图 7)

防护装置应是：

——在前面，在垂直平面内低于抛叶器旋转轴线最大 150 mm，在水平面内距抛叶器旋转轨迹最小 150 mm 的屏障；

——在侧面，伸出抛叶器上部和前部旋转轨迹外缘最小 150 mm，伸出抛叶器下部旋转轨迹外缘最小 50 mm 的无孔防护装置。

带折叠机构的抛叶器应安装将该机构锁定在运输位置的装置。抛叶器从工作位置到运输位置和从运输位置到工作位置的转换过程中不应产生挤压或剪切危险。如果移动折叠机构的操纵力超过 250 N，则应采用动力装置移动折叠机构。

如果采用动力装置移动折叠机构，对自走式收获机，应仅能在驾驶员位置进行操纵控制；对牵引式和悬挂式收获机，应仅能在牵引机械驾驶员位置进行操纵控制。该操纵机构应为止-动型(持续操纵型)。

单位为毫米

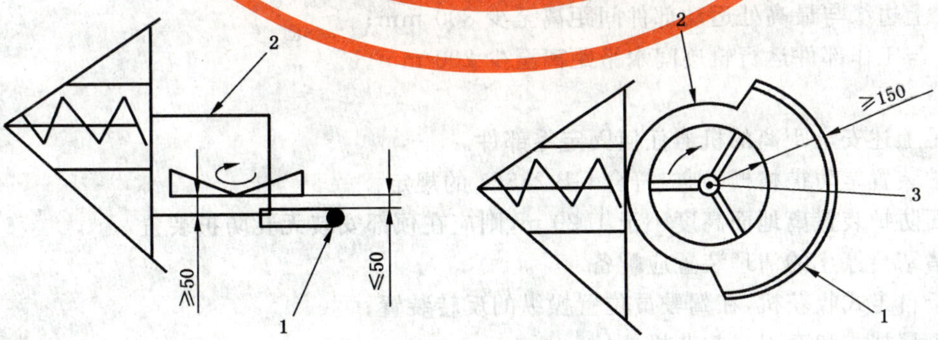

1——屏障；

2——无孔防护装置；

3——抛叶器。

图 6 垂直轴式抛叶器

单位为毫米

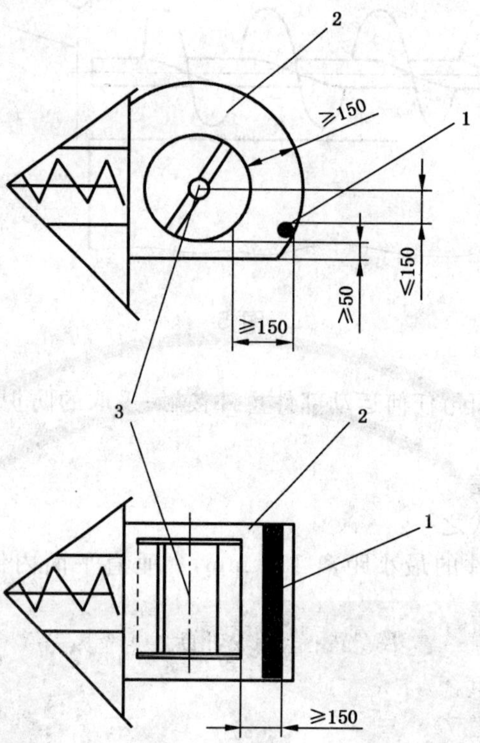

1——屏障；

2——无孔防护装置；

3——抛叶器。

图 7　水平轴式抛叶器

4.5　挖掘装置

在挖掘装置处于升起位置时，动力甜菜挖掘装置的旋动部件应停止转动。

4.6　清理装置

为保证采取的防护措施能够防止与清理装置工作部件意外接触，清理装置应采用下列防护装置：

——侧面防护装置[见图 8a)和 8b)]，其：

- 下边缘离地最大高度 400 mm；如果下边缘离地高度需大于 400 mm，高度应是工作部件运行轨迹的高度；
- 上边缘与最高处运动部件间距离至少 800 mm；
- 与工作部件运行轨迹间水平距离至少 200 mm。

或：

——满足上述安全距离的机器任何固定零部件。

如果防护装置是防护格栅，则应符合 GB 23821 的规定。

如果侧面防护装置离地面高度小于 1.20 m，则应在顶部安装无孔防护装置。

因发生堵塞会停止的清理装置应配备：

——对于自走式收获机，在驾驶员位置操纵的反转装置；

——对于悬挂式和牵引式收获机：

- 在牵引机械驾驶员位置操纵的反转装置；
- 堵塞后不需要操作者有意识的动作就能够阻止清理装置重新起动的装置(如剪切螺栓、重新起动扭矩限制器)。

注：在附录 C 中给出了预防与堵塞和清除堵塞有关危险的一些建议。

单位为毫米

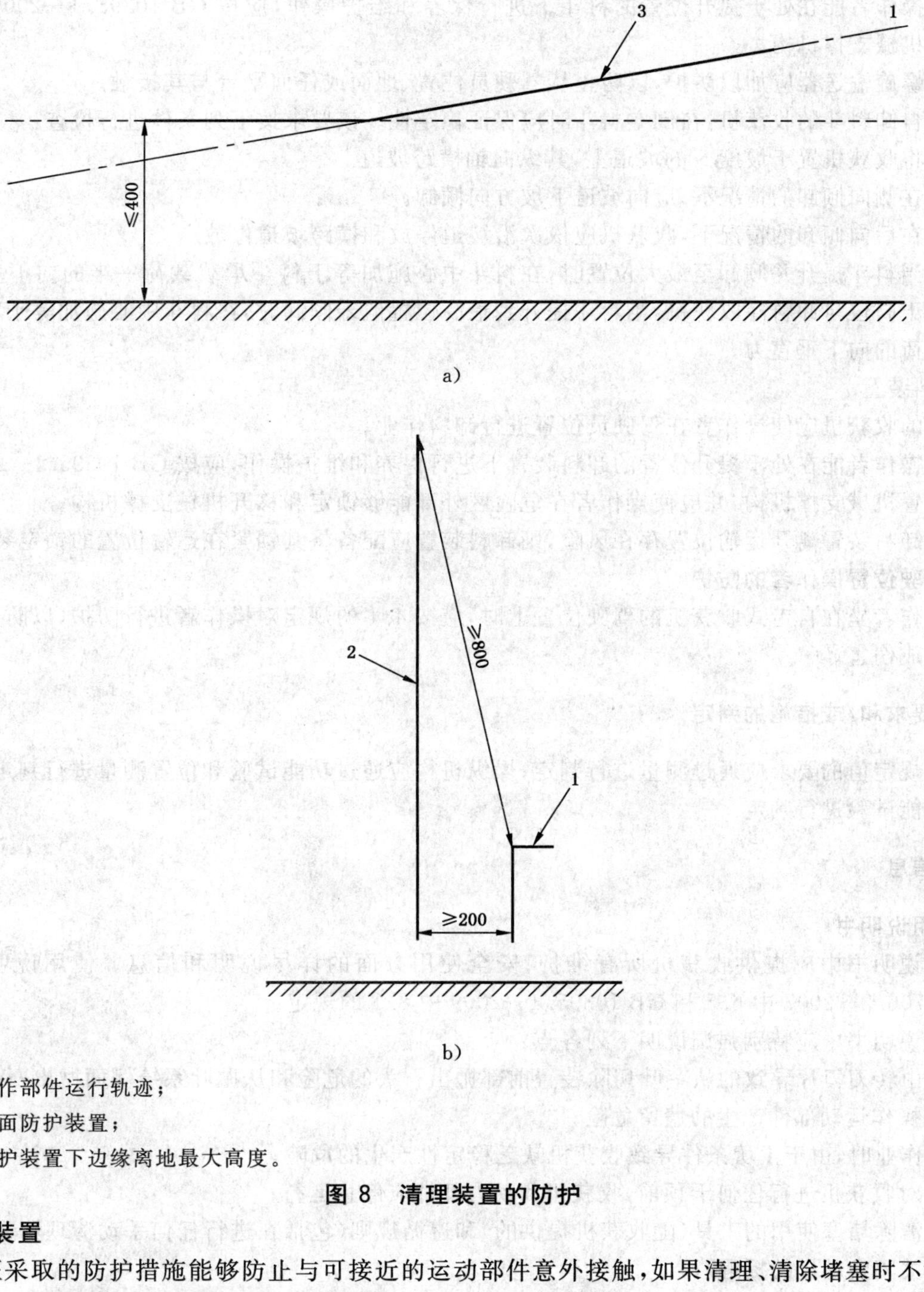

1——工作部件运行轨迹；

2——侧面防护装置；

3——防护装置下边缘离地最大高度。

图 8 清理装置的防护

4.7 输送装置

为保证采取的防护措施能够防止与可接近的运动部件意外接触，如果清理、清除堵塞时不需要打开输送装置应装备固定式防护装置(符合 GB/T 15706.1—2007 中 3.25.1 规定)。

如果预定要经常打开，输送装置应装备使用工具才能打开的防护装置。该类防护装置打开时应与收获机保持连接(例如通过铰链形式连接)，且不使用工具能自动锁定在关闭位置。

如果不采用上述防护装置，输送装置应装备：

——活动式联锁防护装置(符合 GB/T 15706.1—2007 中 3.25.4 规定)；

——带只要部件运动就不能打开装置的活动式防护装置。

对离地高度小于 550 mm 的输送装置运动部件，当侧面防护装置向下延超出运动部件轨迹下方至少 130 mm 时，则不需要进行底部防护。

4.8 倾卸和/或高位自卸料斗

在进入区内，整个料斗运动部件和机架之间应至少具有 25 mm 的距离。

为使操作者能在处于提升位置的料斗下进行保养和维护操作，应按 GB 10395.1—2009 中 4.8 的规定设置机械支撑机构。

抛撒螺旋输送器应加以防护，以防止从驾驶员位置、地面或任何平台与其接触。

对带自卸料斗的收获机，在倒空料斗时应保证稳定性。该要求按下列条件进行检查：

——将收获机置于坡度 5°的坡道上，其纵向轴横跨坡道。

——在侧向倾卸的情况下，应向坡道下坡方向倾卸。

——在后向倾卸的情况下，收获机应依次沿坡道停放和横跨坡道停放。

——当料斗提升并倾卸至最大位置时，在料斗中心施加等于料斗承载载荷一半的向下垂直力。对于高位自卸料斗收获机，当料斗提升到最高位置但未倾卸时，在料斗中心施加等于料斗承载载荷的向下垂直力。

4.9 卸料装置

设计的收获机应使操作者在驾驶员位置进行卸料作业。

为使操作者能在处于提升位置的卸料装置下进行保养和维护操作，应按 GB 10395.1—2009 中 4.8 的规定设置机械支撑机构，并应使操作者在危险区外部能够锁定和移开机械支撑机构。

如果卸料装置离开运输位置存在风险，则卸料装置应配备将其锁紧在运输位置的锁定装置。

4.10 驾驶位置操作者的防护

当操作者坐在自走式收获机的驾驶位置上时，应按 4.1 的规定对操作者进行防护，以防止收获机危险部件造成伤害。

5 安全要求和/或措施的判定

给出规定值的要求应通过测量进行判定；操纵机构应通过功能试验和位置测量进行判定；防护装置应通过功能试验进行判定。

6 使用信息

6.1 使用说明书

使用说明书中应提供收获机所有维护、安全使用方面的详尽说明和信息。使用说明书应符合 GB/T 15706.2—2007 中 6.5 和 GB 10395.1—2009 中 8.1 的规定。

使用说明书中应特别强调说明下列各点：

a) 由转刀刀片导致的从茎叶切除装置前部抛出石头的危险和从抛叶系统侧面抛出石头的危险；

b) 操作运动部件产生的遗留危险；

c) 作业时，由于土壤条件导致收获机缺乏稳定性产生的危险；

d) 对收获机进行任何干预前，收获机和动力部件应停止运行；

e) 清除堵塞使用的工具(随收获机提供的)和遵循规则(包括在进行任何手动清理堵塞前，应首先关闭发动机的提醒)；

f) 在进入升起的部件下方进行保养前，需要使用机械锁定装置支撑升起的部件；

g) 在重新起动收获机前需要关闭防护装置；

h) 悬挂式和牵引式收获机与牵引机械电路和液压管路连接时应采取的预防措施；

i) 安装和使用在牵引机械驾驶员位置操作的收获机操纵机构时应采取的预防措施；

j) 抛叶器在运输位置时禁止操作；

k) 当收获机由牵引车辆的液压阀控制时，该液压阀的操纵机构应采用止-动装置(持续操纵式)。

6.2 标志

标志应符合 GB/T 15706.2—2007 中 6.4 和 GB 10395.1—2009 中 8.2、8.3 的规定。

所有收获机均应设置至少包括下列信息的清晰耐久标志：

——制造厂名称和地址；

——制造年份；

——产品名称或型式型号；

——出厂编号，如果有；

——动力输入连接装置的额定转速和旋转方向（用箭头标出），如果有；

——空载质量，单位为千克(kg)；

——额定功率，单位为千瓦(kW)（对自走式收获机）。

另外，在收获机上还应设置下列安全标志：

——在紧靠茎叶排出口和抛撒系统的茎叶切除装置上，设置警告运动部件产生危险的安全标志；

——在茎叶切除装置上，设置警告抛掷物产生危险的安全标志；

——在保养和维修工作中需要使用机械支撑机构的安全标志。

适用的安全标志示例见附录D。

附 录 A
（规范性附录）
危险一览表

表 A.1 给出了基于 GB/T 15706.1 和 GB/T 15706.2 的危险一览表。

表 A.2 给出了由机器移动产生的危险一览表。

这些表最后一栏（本部分给出的解决方法）的不同陈述的含义是：

——“不相关”：该危险不是该机器的重大危险。

——“给出”：该危险是重大危险。指定条款中给出解决方法是根据 GB/T 15706 的安全通则确定的处置危险的指南；即意味着：

- 尽可能通过设计消除或减小风险；
- 采取保护措施；
- 提供遗留风险的信息。

——“部分给出”：该危险是该机器的多个零部件的重大危险。指定条款中给出的解决方法可处置其中一部分零部件的该危险。对其余零部件该危险是重大危险，为处置该危险将必须采取的其他解决方法本部分并未给出。

——“未给出”：该危险是该机器的重大危险，但在本部分起草过程中未加考虑。

标示“未给出”或“部分给出”危险的要求在 GB 10395.1 中规定，这些危险在表 A.1 和表 A.2 最后一栏中用星号(*)标示。

本附录未给出清除堵塞引起的危险，附录 C 中给出了预防与堵塞和清除堵塞有关危险的一些信息。

表 A.1 危险一览表

危险		有关条款		本部分给出的解决方法
		GB/T 15706.1	GB/T 15706.2	
A.1	**机械危险** 如由机器部件或工件的下列要素引起的： ——形状； ——相对位置； ——质量和稳定性（各元件的位能）； ——质量和速度（各元件的动能）； ——机械强度不足； ——由以下原因引起的位能积累： ● 弹性元件（弹簧）； ● 压力下的液体或气体； ● 真空	4.2	—	—
A.1.1	挤压危险	4.2.1,4.2.2	4.2	在 4.1,4.2,4.4.3,4.8,4.9 中给出
A.1.2	剪切危险	4.2.1,4.2.2	4.2，5.2.1	在 4.1,4.2,4.4.1,4.4.2,4.4.3,4.5,4.6,4.7,4.8,4.9 中给出*
A.1.3	切割或切断危险	4.2.1,4.2.2	4.2	在 4.1,4.2,4.4.1,4.4.3 中给出*

表 A.1（续）

危险		有关条款		本部分给出的解决方法
		GB/T 15706.1	GB/T 15706.2	
A.1.4	缠绕危险	4.2.1,4.2.2	—	在4.1,4.2,4.4.1,4.4.2,4.4.3中给出*
A.1.5	引入或卷入危险	4.2.1	4.14,5.2.1,5.5.3	在4.1,4.2,4.4.2,4.5,4.6,4.7中给出*
A.1.6	冲击危险	4.2.1	—	在4.1,4.2,4.4.1,4.4.3,4.8,4.9中给出
A.1.7	刺伤或扎伤危险	4.2.1	—	不相关
A.1.8	摩擦或磨损危险	4.2.1	4.3b)	不相关
A.1.9	高压流体喷射危险	4.2.1	—	未给出*
A.1.10	(机械及被加工材料/工件)部件抛射危险	4.2.2	4.10	未给出
A.1.11	(机械或机器零件)不稳定	4.2.2	4.6	在4.8,4.9中给出
A.1.12	与机械有关(因机器的特征)的滑倒、倾倒和跌倒危险	4.10	5.5.6	在4.1中部分给出*
A.2	**电气危险** 例如由以下各因素引起：	4.3	4.9	—
A.2.1	电接触(直接或间接)	4.3	—	未给出*
A.2.2	静电现象	4.3	—	不相关
A.2.3	热辐射或其他现象，例如由于短路、过载等引起的熔化粒子喷射和化学效应	4.3	—	不相关
A.2.4	电气设备外部影响	4.3	4.4	未给出
A.3	**热危险** 导致：	4.4	4.8.4	—
A.3.1	通过人们可接触的火焰或爆炸、热源辐射的烧伤和烫伤	4.4	—	未给出
A.3.2	由于热或冷的工作环境对健康的危害	4.4	—	不相关
A.4	**由噪声产生的危险** 导致：	4.5	4.8.4	—
A.4.1	听力损失(耳聋)、其他生理障碍(例如失去平衡，失去知觉)	4.5	—	未给出(仅和自走机械有关)*
A.4.2	干扰语言通讯，听觉信号等	4.5	—	不相关
A.5	**由振动产生的危险** (导致各种神经和血管病症)	4.6	4.8.4	未给出(仅和自走机械有关)*

表 A.1（续）

危险		有关条款		本部分给出的解决方法
		GB/T 15706.1	GB/T 15706.2	
A.6	**由辐射产生的危险** 特别是由下列因素引起：	4.7	—	—
A.6.1	电弧	—	—	不相关
A.6.2	激光	—	—	不相关
A.6.3	离子源辐射	4.7	—	不相关
A.6.4	使用高频电磁场的机器	—	—	不相关
A.7	**由机械加工的、使用的或排出的材料和物质产生的危险** 例如：	4.8	4.3b)	—
A.7.1	由于接触或吸入有害的液体、气体、烟雾和灰尘导致的危险	4.8	—	不相关
A.7.2	火或爆炸危险	4.8	—	未给出
A.7.3	生物和微生物(病菌或细菌)危险	4.8	—	不相关
A.8	**机器设计中由于忽略人类工效学原则产生的危险**(机械与人的特征和能力不协调) 如由下列因素引起：	4.9	4.8	—
A.8.1	不利于健康的姿态或过分用力	4.9	4.8.2,4.8.5	在4.4.3中给出
A.8.2	不适当的考虑人的手臂或腿脚构造	4.9	4.8.3	未给出[a]
A.8.3	忽略了使用个人防护装备	5.5	—	不相关
A.8.4	不适当的工作面照明	—	4.8.6	未给出
A.8.5	精神过分紧张或准备不足等	4.9	4.8.5	不相关
A.8.6	人的差错	4.9	4.8	在6.1,6.2中给出
A.9	**各种危险组合**	4.11	—	不相关
A.10	**由于能源失效、机械零件损坏或其他功能故障产生的危险** 例如：	5.3b)	4	—
A.10.1	能源(能量和/或控制电路)失效	3.30	4.11.1	在4.4.3,4.8,4.9中部分给出[a]
A.10.2	机械零件或流体意外抛射	—	4.10,5	未给出[a]
A.10.3	控制系统的失效、失灵(意外起动、意外过流)	3.29,3.30,3.31	4.11.1	未给出
A.10.4	装配错误	—	—	在6.1,6.2中给出
A.10.5	机器翻倒,意外失去稳定性	4.2.2	4.6	在4.8中部分给出
A.11	**由于安全措施错误的或不正确的定位产生的危险** 例如：	—	5	—

表 A.1（续）

危险		有关条款		本部分给出的解决方法
		GB/T 15706.1	GB/T 15706.2	
A.11.1	各类防护装置	3.25	5.3	在 6.1,6.2 中给出
A.11.2	各类有关安全(防护)装置	3.26	5.3	在 6.1,6.2 中给出
A.11.3	起动和停机装置	—	4.11.1	未给出[a]
A.11.4	安全标志和信号装置	—	4.8.8,6.2,6.3,6.4	在 6.1 中给出
A.11.5	各类信息或报警装置	—	6.4	未给出[a]
A.11.6	能源切断装置	—	5.5.4	未给出[a]
A.11.7	急停装置	—	5.5	不相关
A.11.8	工件的送进/取出措施	—	4.14	不相关
A.11.9	安全调整和/或维修的主要设备和附件	3.3,5.3a)	4.7,4.15,5.5.5,4.11.12	在 4.8,4.9,6.1 中给出
A.11.10	排气装置等	—	—	不相关

表 A.2　由移动产生的危险一览表

危险		本部分给出的解决方法
A.12	**在移动和工作区域照明不足**	未给出(仅和自走机械有关)
A.13	**由突然移动、不稳定等产生的危险**	未给出[a]
A.14	**驾驶/操作位置不合适/未按人类工效学设计**	—
A.14.1	由危险环境产生的危险(与运动部件、排出废气接触等)	未给出(仅和自走机械有关)[a]
A.14.2	驾驶者/操作者位置可视性不足	在 4.3,4.9 中给出
A.14.3	座椅/座位(SIP)不合适	未给出(仅和自走机械有关)
A.14.4	操纵机构位置不合适/未按人类工效学设计	未给出[a]
A.14.5	机器的确定/移动	未给出[a]
A.14.6	机器的运行	未给出
A.14.7	步行操纵机器的运行	不相关
A.15	**机械危险**	—
A.15.1	人暴露于不可控制运动的危险	未给出[a]
A.15.2	部件损坏和/或抛出产生的危险	未给出
A.15.3	翻倾产生的危险	未给出(仅和自走机械有关)
A.15.4	物体落下产生的危险	不相关
A.15.5	进入机器措施不合适	未给出[a]
A.15.6	由牵引、连接、传动等产生的危险	未给出[a]
A.15.7	由蓄电池、火、灰尘和气体排放等产生的危险	未给出(仅和自走机械有关)[a]

附 录 B
（资料性附录）
机器和零部件示例

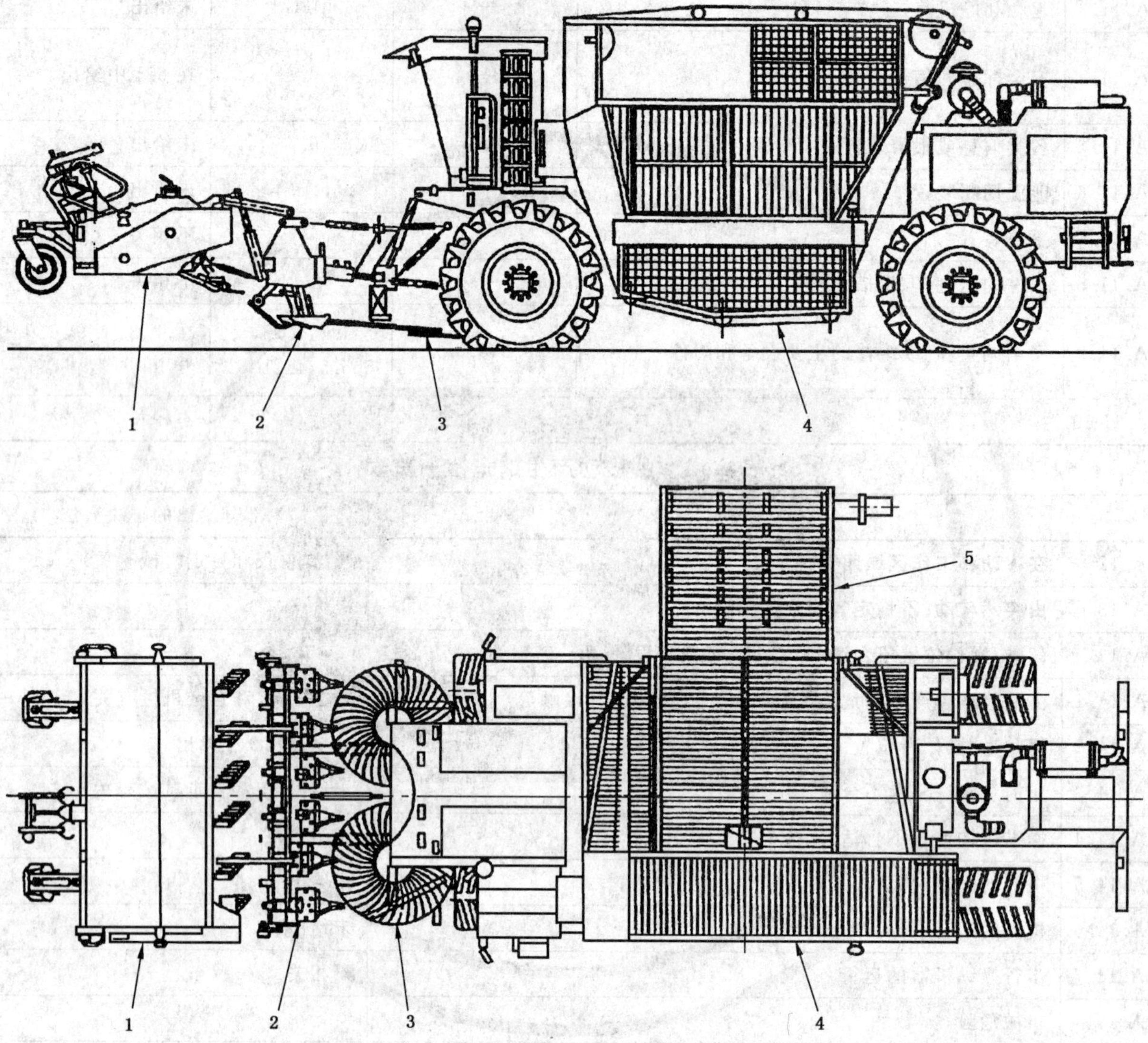

1——茎叶切除器；
2——挖掘装置；
3——清理装置；
4——输送装置；
5——卸料装置。

图 B.1 甜菜收获机

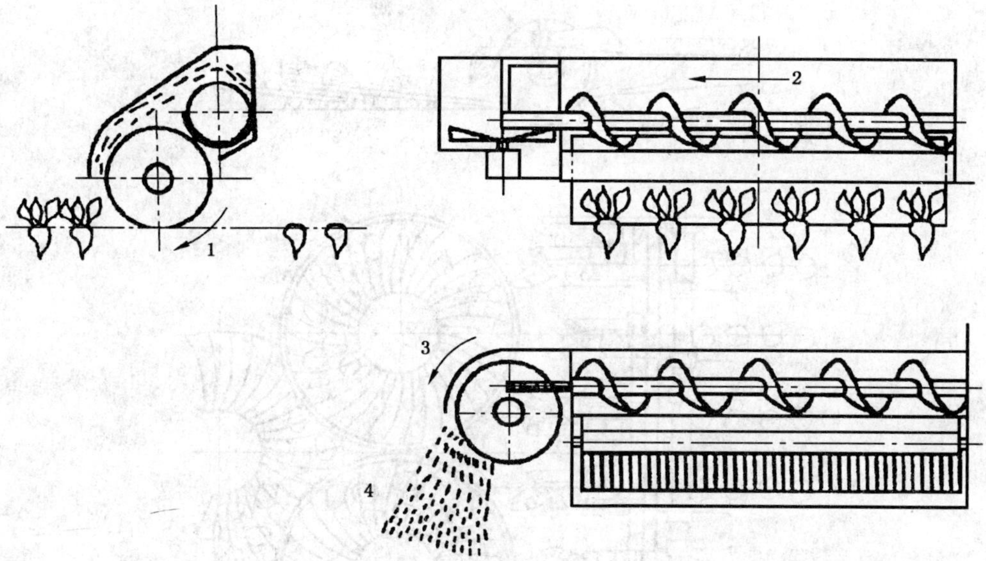

1——转刀；
2——输送器；
3——抛叶器；
4——均匀抛撒的茎叶。

图 B.2　茎叶切除器

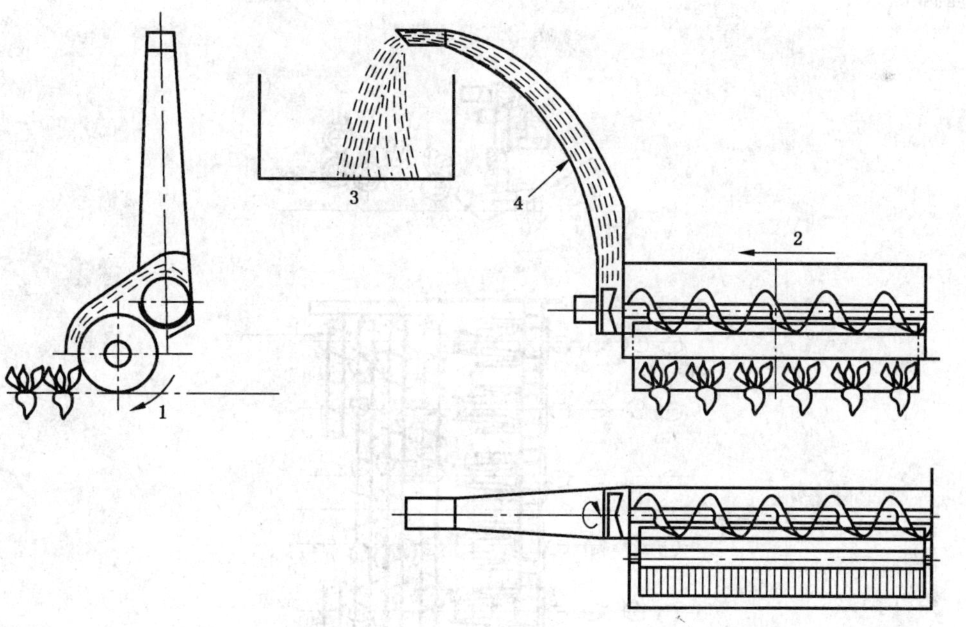

1——转刀；
2——输送器；
3——挂车车厢；
4——带鼓风器的茎叶装载装置。

图 B.3　茎叶装载装置

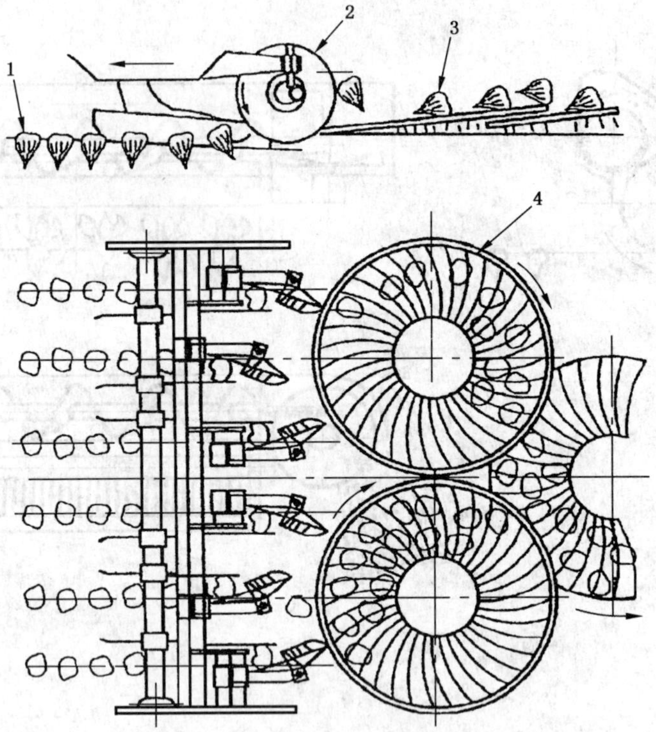

1——未挖掘的甜菜；

2——圆盘；

3——已挖掘的甜菜；

4——清理涡轮。

a）涡轮式清理装置

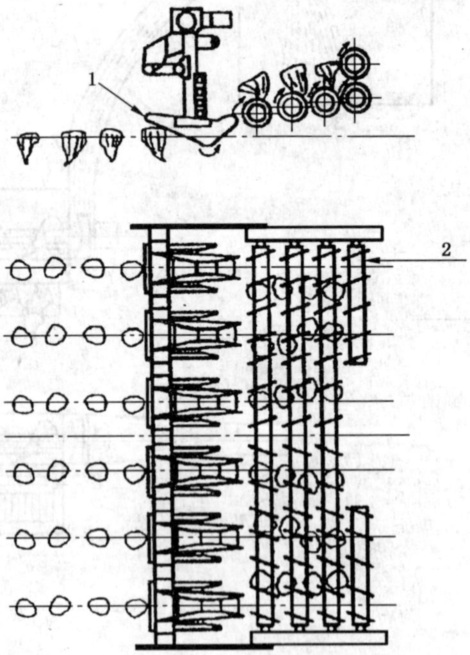

1——可置换式挖掘铲；

2——清理辊。

b）辊式清理装置

图 B.4 挖掘和清理装置

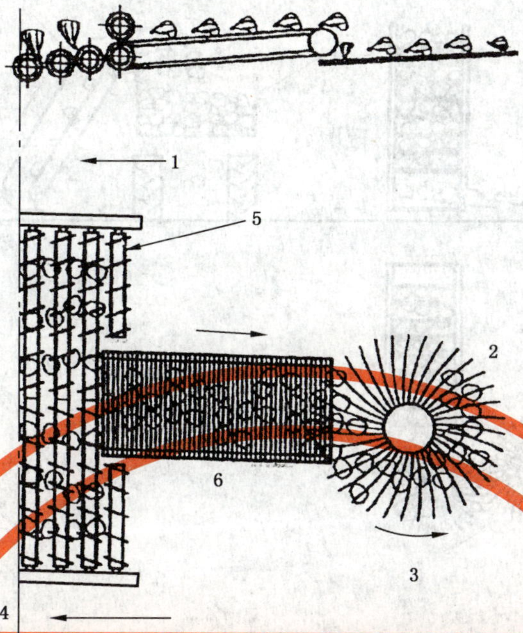

1——甜菜挖掘装置；
2——涡轮；
3——机器后部；
4——机器前部；
5——清理装置；
6——输送器传动带。

a）带式输送装置

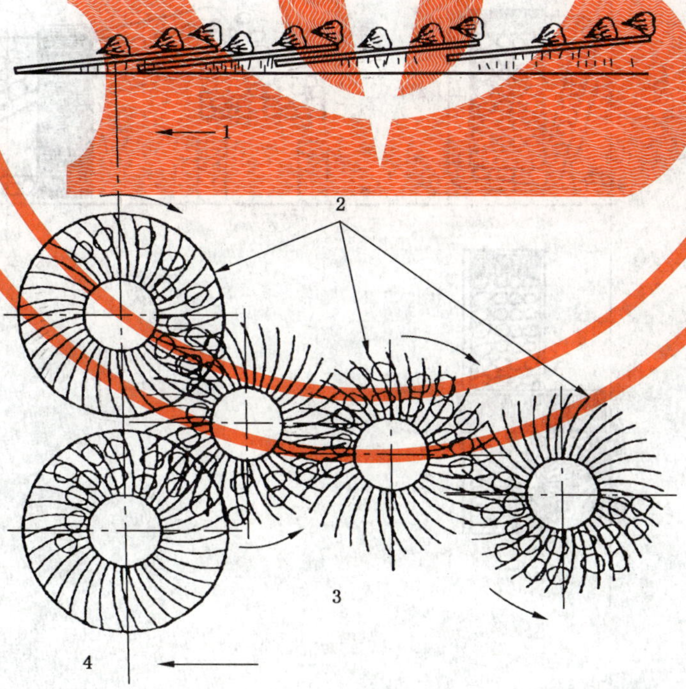

1——甜菜挖掘装置；
2——涡轮；
3——机器后部；
4——机器前部。

b）涡轮式输送装置

图 B.5 输送装置

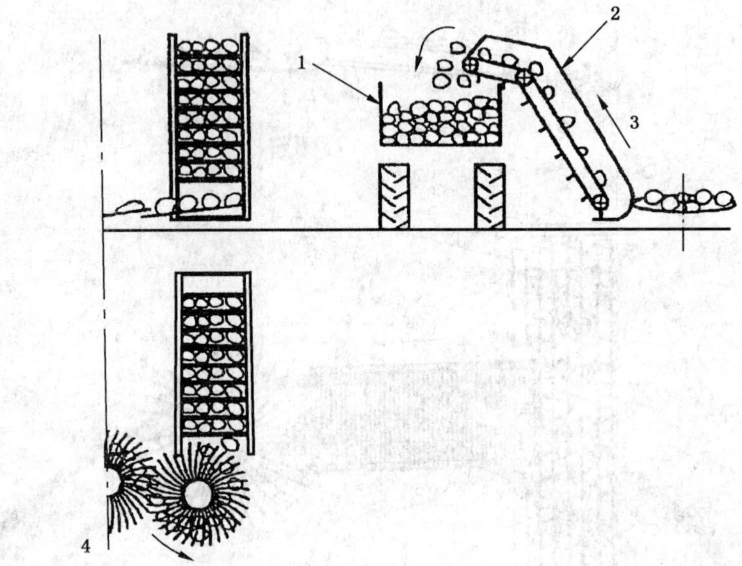

1——挂车车厢；
2——甜菜升运器；
3——定向装载机构；
4——机器后部。

a) 带式卸料装置

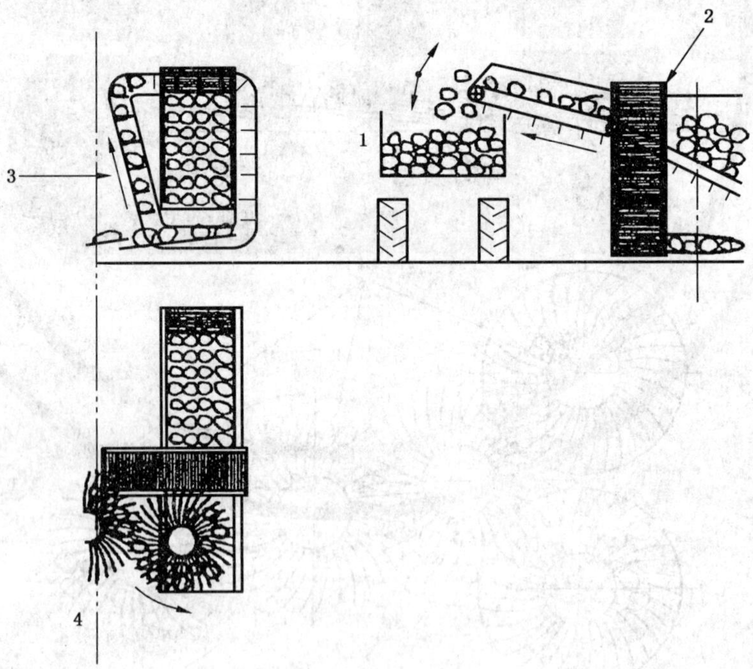

1——挂车车厢；
2——候装料斗；
3——甜菜回收输送带；
4——机器后部。

b) 涡轮式卸料装置

图 B.6 卸料装置

附　录　D
（资料性附录）
适用的安全标志示例

D.1　与茎叶切除器保持安全距离——切割危险

D.2　与茎叶切除器保持安全距离——抛掷物危险

D.3　保养和维修作业前，锁定机械支撑机构

ICS 65.060.35
B 91

中华人民共和国国家标准

GB 10395.18—2010

农林机械　安全　第18部分：软管牵引绞盘式喷灌机

Agricultural and forestry machinery—Safety—
Part 18: Reel machines for irrigation

2010-12-01 发布　　　　2011-10-01 实施

中华人民共和国国家质量监督检验检疫总局
中国国家标准化管理委员会　发布

前　言

本部分的全部技术内容为强制性。

GB 10395《农林机械　安全》分为：

——第 1 部分：总则；

——第 2 部分：自卸挂车；

——第 3 部分：厩肥撒施机；

——第 4 部分：林用绞盘机；

——第 5 部分：驱动式耕作机械；

——第 6 部分：植物保护机械；

——第 7 部分：联合收割机、饲料和棉花收获机；

——第 8 部分：排灌泵和泵机组；

——第 9 部分：播种、栽种和施肥机械；

——第 10 部分：手扶(微型)耕耘机；

——第 11 部分：动力草坪割草机；

——第 12 部分：便携式动力绿篱修剪机；

——第 13 部分：后操纵式和手持式动力草坪修剪机和草坪修边机；

——第 14 部分：动力粉碎机和切碎机；

——第 15 部分：配刚性切割装置的动力修边机；

——第 16 部分：马铃薯收获机；

——第 17 部分：甜菜收获机；

——第 18 部分：软管牵引绞盘式喷灌机；

——第 19 部分：中心支轴式和平移式喷灌机；

——第 20 部分：捡拾打捆机；

——第 21 部分：动力摊晒机和搂草机；

——第 22 部分：前装载装置；

——第 23 部分：固定式圆形青贮窖卸料机；

——第 24 部分：液体肥料施肥车；

……

本部分是 GB 10395《农林机械　安全》的第 18 部分，修改采用 EN 908:1999《农林机械　软管牵引绞盘式喷灌机　安全》(英文版)。

本部分根据 EN 908:1999 重新起草，与 EN 908:1999 的技术性差异为：

——引用了采用国际标准或欧洲标准的我国标准，但我国标准并非等同采用国际标准或欧洲标准。

为便于使用，本部分还对 EN 908:1999 做了下列编辑性修改：

a) “本欧洲标准”改为“本部分”；

b) 删除 EN 908:1999 的前言和引言；

c) 修改了 EN 908:1999 的范围；

d) 用小数点“.”代替作为小数点的逗号“,”；

e) 删除了 EN 908:1999 的附录 ZA“本标准与欧洲 EC 指令的关系”。

本部分的附录 A 为规范性附录。

本部分由中国机械工业联合会提出。

本部分由全国农业机械标准化技术委员会(SAC/TC 201)归口。

本部分起草单位:中国农业机械化科学研究院、江苏大学流体机械工程技术研究中心。

本部分主要起草人:张咸胜、王洋、张金凤、皇才进、汤跃、张琦、袁建平、潘中永。

农林机械 安全 第18部分：软管牵引绞盘式喷灌机

1 范围

GB 10395 的本部分规定了设计和制造软管牵引绞盘式喷灌机，包括自走式喷灌机的安全要求和判定方法，还规定了制造厂应提供的安全操作信息的类型。

本部分适用于软管牵引绞盘式喷灌机。

本部分未考虑环境方面因素。

2 规范性引用文件

下列文件中的条款通过 GB 10395 的本部分的引用而成为本部分的条款。凡是注日期的引用文件，其随后所有的修改单(不包括勘误的内容)或修订版均不适用于本部分，然而，鼓励根据本部分达成协议的各方研究是否可使用这些文件的最新版本。凡是不注日期的引用文件，其最新版本适用于本部分。

GB/T 8196 机械安全 防护装置 固定式和活动式防护装置设计与制造一般要求(GB/T 8196—2003，ISO 14120：20002，MOD)

GB 10395.1—2009 农林机械 安全 第1部分：总则(ISO 4254-1：2008，MOD)

GB/T 15706.1—2007 机械安全 基本概念与设计通则 第1部分：基本术语和方法(ISO 12100-1：2003，IDT)

GB/T 15706.2—2007 机械安全 基本概念与设计通则 第2部分：技术原则(ISO 12100-2：2003，IDT)

GB 23821—2009 机械安全 防止上下肢触及危险区的安全距离(ISO 13857：2008，IDT)

3 术语和定义

GB/T 15706.1 和 GB/T 15706.2 中确立的以及下列术语和定义适用于本部分。

3.1

软管牵引绞盘式喷灌机 reel machine

配固定式绞盘车，绞盘卷绕输水软管并牵引装喷射系统(通常是喷枪)的行走小车的绞盘式喷灌机。见图1。

3.2

喷枪 irrigation gun

绞盘式喷灌机和其他系统使用的大型喷头。

注：喷枪的流量范围通常为 10 m^3/h～100 m^3/h，喷嘴直径范围为 10 mm～40 mm。

3.3

卷绕 coiling

软管牵引绞盘式喷灌机灌溉时执行的动作之一。即：软管牵引绞盘式喷灌机逐渐地将所有的聚乙烯软管卷绕到绞盘上，使喷枪按规则运行穿过灌溉区，当喷枪接近喷灌机时，卷绕动作完成，喷灌机停机。

3.4

导向系统 guiding system

使软管按连续螺旋均匀卷绕的软管横向导向装置。

3.5

导向系统传动系 drive system of the guiding system

为导向系统提供动力以保证软管均层卷绕的机构。

3.6

横扫区 sweeping zone

绞盘架转向时扫过不同位置形成的区域。

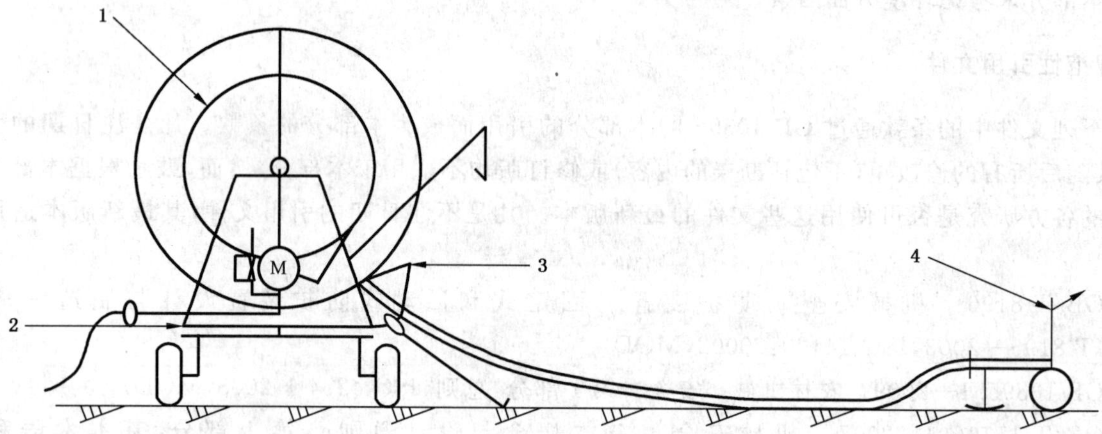

1——绞盘；

2——绞盘架；

3——软管导向系统；

4——喷枪。

图 1

4 安全要求和/或安全措施

4.1 一般要求

设计喷灌机时，本部分未涉及的危险应遵循 GB/T 15706.1 和 GB/T 15706.2 规定的原则。

除本部分另有规定外，喷灌机应符合 GB 10395.1 和 GB 23821—2009 中表 1、表 3、表 4 或表 6 的规定。

4.2 喷枪

无论喷枪的转速多大，在喷枪运行期间必须操作操纵机构调整喷枪（例如调整喷枪的喷射角度和转速）时，该操纵机构应置于离地或平台面高度小于 1.80 m 的位置处。

转速大于 1 rad/s 的喷枪应置于离地或平台面高度（地面或平台面与喷枪最低旋转件间的垂直距离）不小于 2 m 的位置处。

该要求不适用下列情况：

——限定的喷枪偏转角最大为 300°，且调整平台位于偏转角范围之外；

——喷枪配有防护装置，且安全距离符合 GB 23821 的规定。

4.3 软管导向系统

当软管卷绕速度大于 0.4 m/s 时，在软管和导向系统、导向系统和机架之间的挤压点或剪切点入口应设置符合 GB/T 8196 规定的固定式防护装置,或通过机架形成符合 GB 23821—2009 规定的安全距离。

当软管铺放速度大于 0.4 m/s 时,在导向系统和机架之间的挤压点或剪切点入口应设置符合 GB/T 8196 规定的固定式防护装置,或通过机架形成符合 GB 23821—2009 规定的安全距离。

导向系统的传动系入口应设置符合 GB/T 8196 规定的固定式防护装置。

4.4 绞盘

如果绞盘转毂的转动在绞盘和机架间形成挤压或剪切点,这些挤压或剪切点应进行防护。

下列示例是满足要求的防护方法:

——具有安全距离符合 GB 23821—2009 中表 3 和表 4 规定的防护装置;

——一个完整(没有开口)的没有凸起结构的侧屏障,包括在转毂轴和软管之间的供水管。

装有软管速度变速器的喷灌机应装备:

——换档前能够消除软管张力的装置;

——张紧状态下使操作者能够换档的装置。

4.5 稳定性

保证工作时稳定性所需的任何装置均应是喷灌机的整体构成部分。这些装置应符合 GB 10395.1 的规定。

在下列条件下,喷灌机应稳定地停放在坡度 8.5°的坡道上:

——不使用保证稳定性的辅助装置;

——软管充满水,且装有喷枪;

——绞盘架绕垂直轴转动(如果适用);

——喷灌机轴处于水平位置,然后处于与坡道垂直位置。

除允许的渗漏点外,任何与喷灌机使用相关的功能出水口均应远离喷灌机 5 m 以上。

4.6 绞盘架的朝向

如果可能,绞盘架既应能锁定在工作位置又应能锁定在运输位置。

在软管充满水时,移动部分的重心应位于距转轴 0.20 m 的范围内。如果不满足该要求,应由位于横扫区外的持续式操纵装置控制绞盘架的转动。

4.7 液压提升机构

当使用液压提升系统时,该系统应配备防坠落装置,以保证液压管破裂时下降速度不超过0.1 m/s。

4.8 附属装置

喷灌机上应设置贮存专用工具的适当箱盒。

4.9 运输

软管绞盘上或喷灌机应配备运输过程中将软管固定在喷灌机上的装置。

5 安全要求和/或安全措施的判定

规定的尺寸应通过测量进行判定;操纵机构应通过功能试验和位置测量进行判定;防护装置应通过功能试验进行判定。

6 使用信息

6.1 使用说明书

使用说明书中应提供喷灌机所有维护、安全使用方面的详尽说明和信息。使用说明书应符合 GB/T 15706.2—2007 中 6.5 和 GB 10395.1—2009 中 8.1 的规定。

使用说明书中应特别强调说明下列各点:

a) 运转期间调整机器会发生危险；

b) 在陡坡道上或恶劣工作条件下，因缺乏稳定性会产生危险；

c) 喷灌机或喷水装置与高架高压电线接触的风险；

d) 运行期间软管绞盘缺乏稳定性会产生危险，必要时使用千斤顶或支撑轮；

e) 喷枪转速，如果其转速超过 1 rad/s；

f) 绞盘转毂绕垂直轴意外旋转的危险；

g) 软管的铺放速度；

h) 软管充满水时喷灌机不允许超过的最大允许运行速度；

i) 喷水装置对脸部，特别是对眼睛的危险；

j) 出水装置置放位置的要求，出水装置出水口远离喷灌机至少 5 m；

k) 与软管张紧有关的危险，尤其是与绞盘有干涉时。

6.2 标志

标志应符合 GB/T 15706.2—2007 中 6.4 和 GB 10395.1—2009 中 8.2、8.3 的规定。

所有喷灌机均应设置至少包括下列信息的清晰耐久标志：

——制造厂名称和地址；

——制造年份；

——产品名称或型式型号；

——出厂编号，如果有；

——动力输入连接装置的额定转速和旋转方向(用箭头标出)；

——不充水的总质量；

——充满水的总质量。

另外，应设置：

——调整喷枪旋转件转角范围的操纵机构的清晰标志；

——注意喷灌机或喷水装置与高架高压电线接触风险的警示标志。

附 录 A
（规范性附录）
危险一览表

表 A.1 给出了基于 GB/T 15706.1 和 GB/T 15706.2 的危险一览表。

表 A.2 给出了由机器移动产生的危险一览表。

这些表最后一栏（本部分给出的解决方法）的不同陈述的含义是：

——“不相关”：该危险不是该机器的重大危险；

——“给出”：该危险是重大危险。指定条款中给出解决方法是根据 GB/T 15706 的安全通则确定的处置危险的指南；即意味着：

- 尽可能通过设计消除或减小风险；
- 采取保护措施；
- 提供遗留风险的信息。

——“部分给出”：该危险是该机器的多个零部件的重大危险。指定条款中给出的解决方法可处置其中一部分零部件的该危险。对其余零部件该危险是重大危险，为处置该危险将必须采取的其他解决方法本部分并未给出；

——“未给出”：该危险是该机器的重大危险，但在本部分起草过程中未加考虑。

标示“未给出”或“部分给出”危险的要求在 GB 10395.1 中规定，这些危险在表 A.1 和表 A.2 最后一栏中用星号（*）标示。

表 A.1 危险一览表

危险		有关条款		本部分给出的解决方法
		GB/T 15706.1	GB/T 15706.2	
A.1	**机械危险** 如由机器部件或工件的下列要素引起的： ——形状； ——相对位置； ——质量和稳定性（各元件的位能）； ——质量和速度（各元件的动能）； ——机械强度不足； ——由以下原因引起的位能积累： ● 弹性元件（弹簧）； ● 压力下的液体或气体； ● 真空	4.2	—	—
A.1.1	挤压危险	4.2.1，4.2.2	4.2	在 4.1，4.3，4.4，4.6，4.7 中给出
A.1.2	剪切危险	4.2.1，4.2.2	4.2，5.2.1	在 4.1，4.3，4.4，4.7 中给出
A.1.3	切割或切断危险	4.2.1，4.2.2	4.2	不相关
A.1.4	缠绕危险	4.2.1，4.2.2	—	在 4.3，4.4，4.6，4.7* 中部分给出

表 A.1(续)

危险		有关条款		本部分给出的解决方法
		GB/T 15706.1	GB/T 15706.2	
A.1.5	引入或卷入危险	4.2.1	4.14,5.2.1,5.5.3	在4.3,4.4中给出
A.1.6	冲击危险	4.2.1	—	在4.2,4.5,4.6,4.9中给出
A.1.7	刺伤或扎伤危险	4.2.1	—	不相关
A.1.8	摩擦或磨损危险	4.2.1	4.3b)	不相关
A.1.9	高压流体喷射危险	4.2.1	—	未给出[a]
A.1.10	(机械及被加工材料/工件)部件抛射危险	4.2.2	4.10	不相关
A.1.11	(机械或机器零件)不稳定	4.2.2	4.6	在4.5,4.6中[a]
A.1.12	与机械有关(因机器的特征)的滑倒、倾倒和跌倒危险	4.10	5.5.6	在4.2[a]中部分给出
A.2	**电气危险** 例如由以下各因素引起:	4.3	4.9	—
A.2.1	电接触(直接或间接)	4.3	—	在6.1c),6.2中给出
A.2.2	静电现象	4.3	—	不相关
A.2.3	热辐射或其他现象,例如由于短路、过载等引起的熔化粒子喷射和化学效应	4.3	—	不相关
A.2.4	电气设备外部影响	4.3	4.4	未给出
A.3	**热危险** 导致:	4.4	4.8.4	—
A.3.1	通过人们可接触的火焰或爆炸、热源辐射的烧伤和烫伤	4.4	—	未给出(仅和自走机械有关)
A.3.2	由于热或冷的工作环境对健康的危害	4.4	—	不相关
A.4	**由噪声产生的危险** 导致:	4.5	4.8.4	—
A.4.1	听力损失(耳聋)、其他生理障碍(例如失去平衡,失去知觉)	4.5	—	未给出(仅和自走机械有关)
A.4.2	干扰语言通讯,听觉信号等	4.5	—	未给出(仅和自走机械有关)
A.5	**由振动产生的危险** (导致各种神经和血管病症)	4.6	4.8.4	未给出(仅和自走机械有关)
A.6	**由辐射产生的危险** 特别是由下列因素引起:	4.7	—	—
A.6.1	电弧	—	—	不相关
A.6.2	激光	—	—	不相关
A.6.3	离子源辐射	4.7	—	不相关
A.6.4	使用高频电磁场的机器	—	—	不相关

表 A.1(续)

危险		有关条款		本部分给出的解决方法
		GB/T 15706.1	GB/T 15706.2	
A.7	**由机械加工的、使用的或排出的材料和物质产生的危险** 例如：	4.8	4.3b)	—
A.7.1	由于接触或吸入有害的液体、气体、烟雾和灰尘导致的危险	4.8	—	不相关
A.7.2	火或爆炸危险	4.8	—	不相关
A.7.3	生物和微生物(病菌或细菌)危险	4.8	—	不相关
A.8	**机器设计中由于忽略人类工效学原则产生的危险** (机械与人的特征和能力不协调) 如由下列因素引起：	4.9	4.8	—
A.8.1	不利于健康的姿态或过分用力	4.9	4.8.2,4.8.5	在4.2* 中部分给出
A.8.2	不适当的考虑人的手臂或腿脚构造	4.9	4.8.3	未给出(仅和自走机械有关)
A.8.3	忽略了使用个人防护装备	5.5	—	不相关
A.8.4	不适当的工作面照明	—	4.8.6	不相关
A.8.5	精神过分紧张或准备不足等	4.9	4.8.5	不相关
A.8.6	人的差错	4.9	4.8	在6.1中给出
A.9	**各种危险组合**	4.11	—	不相关
A.10	**由于能源失效、机械零件损坏或其他功能故障产生的危险** 例如：	5.3b)	4	—
A.10.1	能源(能量和/或控制电路)失效	3.30	4.11.1	未给出(仅和自走机械有关)
A.10.2	机械零件或流体意外抛射	—	4.10,5	未给出*
A.10.3	控制系统的失效、失灵(意外起动、意外过流)	3.29,3.30,3.31	4.11.1	未给出
A.10.4	装配错误	—	—	在6.1中给出
A.10.5	机器翻倒,意外失去稳定性	4.2.2	4.6	在4.5,4.6* 部分给出
A.11	**由于安全措施错误的或不正确的定位产生的危险** 例如：	—	5	—
A.11.1	各类防护装置	3.25	5.3	在6.1中给出
A.11.2	各类有关安全(防护)装置	3.26	5.3	在6.1中给出
A.11.3	起动和停机装置	—	4.11.1	不相关
A.11.4	安全标志和信号装置	—	4.8.8,6.2,6.3,6.4	不相关
A.11.5	各类信息或报警装置	—	6.4	不相关

表 A.1（续）

危险		有关条款		本部分给出的解决方法
		GB/T 15706.1	GB/T 15706.2	
A.11.6	能源切断装置	—	5.5.4	未给出（仅和自走机械有关）
A.11.7	急停装置	—	5.5	不相关
A.11.8	工件的送进/取出措施	—	4.14	不相关
A.11.9	安全调整和/或维修的主要设备和附件	3.3,5.3a)	4.7,4.15,5.5.5,4.11.12	在4.8中给出
A.11.10	排气装置等	—	—	不相关

表 A.2 由移动产生的危险一览表

危险		本部分给出的解决方法
A.12	**在移动和工作区域照明不足**	不相关
A.13	**由突然移动、不稳定等产生的危险**	在4.5,4.6中给出
A.14	**驾驶/操作位置不合适/未按人类工效学设计**	—
A.14.1	由危险环境产生的危险（与运动部件、排出废气接触等）	未给出（仅和自走机械有关）
A.14.2	驾驶者/操作者位置可视性不足	未给出（仅和自走机械有关）
A.14.3	座椅/座位（SIP）不合适	未给出（仅和自走机械有关）
A.14.4	操纵机构位置不合适/未按人类工效学设计	未给出（仅和自走机械有关）
A.14.5	机器的确定/移动	未给出[a]
A.14.6	机器的运行	未给出
A.14.7	步行操纵机器的运行	不相关
A.15	**机械危险**	—
A.15.1	人暴露于不可控制运动的危险	在4.6,4.9中给出
A.15.2	部件损坏和/或抛出产生的危险	不相关
A.15.3	翻倾产生的危险	未给出（仅和自走机械有关）
A.15.4	物体落下产生的危险	不相关
A.15.5	进入机器措施不合适	未给出（仅和自走机械有关）[a]
A.15.6	由牵引、连接、传动等产生的危险	未给出[a]
A.15.7	由蓄电池、火、灰尘和气体排放等产生的危险	未给出（仅和自走机械有关）

ICS 65.060.35
B 91

中华人民共和国国家标准

GB 10395.19—2010

农林机械　安全　第19部分：中心支轴式和平移式喷灌机

Agricultural and forestry machinery—Safety—Part 19: Centre pivot and moving lateral types irrigation machines

2010-12-01 发布　　2011-10-01 实施

中华人民共和国国家质量监督检验检疫总局
中国国家标准化管理委员会　发布

前　言

本部分的全部技术内容为强制性。

GB 10395《农林机械　安全》分为：

——第1部分：总则；

——第2部分：自卸挂车；

——第3部分：厩肥撒施机；

——第4部分：林用绞盘机；

——第5部分：驱动式耕作机械；

——第6部分：植物保护机械；

——第7部分：联合收割机、饲料和棉花收获机；

——第8部分：排灌泵和泵机组；

——第9部分：播种、栽种和施肥机械；

——第10部分：手扶（微型）耕耘机；

——第11部分：动力草坪割草机；

——第12部分：便携式动力绿篱修剪机；

——第13部分：后操纵式和手持式动力草坪修剪机和草坪修边机；

——第14部分：动力粉碎机和切碎机；

——第15部分：配刚性切割装置的动力修边机；

——第16部分：马铃薯收获机；

——第17部分：甜菜收获机；

——第18部分：软管牵引绞盘式喷灌机；

——第19部分：中心支轴式和平移式喷灌机；

——第20部分：捡拾打捆机；

——第21部分：动力摊晒机和搂草机；

——第22部分：前装载装置；

——第23部分：固定式圆形青贮窖卸料机；

——第24部分：液体肥料施肥车；

……

本部分是GB 10395《农林机械　安全》的第19部分，修改采用EN 909:1998《农林机械　中心支轴式和平移式喷灌机　安全》（英文版）。

本部分根据EN 909:1998重新起草，与EN 909:1998的技术性差异为：

——引用了采用国际标准或欧洲标准的我国标准，但我国标准并非等同采用国际标准或欧洲标准。

为便于使用，本部分还对EN 909:1999做了下列编辑性修改：

a）“本欧洲标准”改为“本部分”；

b）删除EN 909:1999的前言和引言；

c）修改了EN 909:1999的范围；

d）用小数点“.”代替作为小数点的逗号“,”；

e）删除了EN 909:1999的附录ZA“本标准与欧洲EC指令的关系”。

本部分的附录A为规范性附录。

本部分由中国机械工业联合会提出。

本部分由全国农业机械标准化技术委员会(SAC/TC 201)归口。

本部分起草单位:中国农业机械化科学研究院、江苏大学流体机械工程技术研究中心。

本部分主要起草人:张咸胜、王洋、张金凤、皇才进、汤跃、张琦、袁建平、曹卫东。

农林机械　安全　第19部分：中心支轴式和平移式喷灌机

1　范围

GB 10395 的本部分规定了设计和制造电动中心支轴式和平移式喷灌机的安全要求和判定方法，还规定了制造厂应提供的安全操作信息的类型。

注：图1～图5给出了这些喷灌机的示意图。

本部分适用于中心支轴式和平移式喷灌机。

本部分不涉及中心支轴式和平移式喷灌机（以下简称“喷灌机”）所用水泵产生的危险，也不涉及使用喷灌机喷洒农药和液体肥料导致的危险。

本部分未考虑环境方面因素。

2　规范性引用文件

下列文件中的条款通过 GB 10395 的本部分的引用而成为本部分的条款。凡是注日期的引用文件，其随后所有的修改单（不包括勘误的内容）或修订版均不适用于本部分，然而，鼓励根据本部分达成协议的各方研究是否可使用这些文件的最新版本。凡是不注日期的引用文件，其最新版本适用于本部分。

GB 4208　外壳防护等级（IP 代码）（GB 4208—2008，IEC 60529:2001，IDT）

GB 5226.1　机械电气安全　机械电气设备　第1部分：通用技术条件（GB 5226.1—2008，IEC 60204-1:2005，IDT）

GB 10395.1—2009　农林机械　安全　第1部分：总则（ISO 4254-1:2008，MOD）

GB/T 15706.1—2007　机械安全　基本概念与设计通则　第1部分：基本术语和方法（ISO 12100-1:2003，IDT）

GB/T 15706.2—2007　机械安全　基本概念与设计通则　第2部分：技术原则（ISO 12100-2:2003，IDT）

GB 23821—2009　机械安全　防止上下肢触及危险区的安全距离（ISO 13857:2008，IDT）

EN 12325-2:1999　灌溉技术　中心支轴和平移支架系统　第2部分：最低性能及技术特性

3　术语和定义

GB/T 15706.1 和 GB/T 15706.2 确立的以及下列术语和定义适用于本部分。

3.1

中心支轴　center pivot

由电动机驱动的滚轮式塔架车支撑的构成喷灌机的长管道，包括一个固定的供水和供电点。

注：中心支轴式喷灌机的喷灌面积既可以是圆形，也可以是扇形。该类喷灌机能够移动，例如，在灌水停止期间中心支点可从一个工作位置移动到一个新的工作位置。

3.2

中心支点　pivot point

整个喷灌机实现转动的固定点。

注：中心支点的特征是通过固定在水泥板上的构架使喷灌机自由转动。通过该点为喷灌机供水和电力。

3.3

平移支架　moving lateral

基于与中心支轴同样原理构成的喷洒支架，其位移是横向的(平移运动)。

3.4

控制塔架车　control tower

在平移系统中，控制着整个喷洒支架运动的塔控车。

注 1：各控制塔架车均可取水或供水，并自取或自供电。

注 2：控制塔架车可位于平移支架的中间或一端，可安装 2 个或 4 个轮子，部分轮子是驱动轮并能转向。

3.5

喷枪　irrigation gun

用在喷灌机末端且旋转缓慢的大型喷头，通常形成扇形喷洒区。

4　安全要求和/或措施

4.1　一般要求

设计喷灌机时，本部分未涉及的危险应遵循 GB/T 15706.1 和 GB/T 15706.2 规定的原则。

除本部分另有规定外，喷灌机应符合 GB 10395.1 和 GB 23821—2009 中表 1、表 3、表 4 或表 6 的规定。

4.2　起动操纵机构

操纵机构的电源开关和移动操纵机构应相互独立。手动操纵机构应置于可用钥匙锁住的面板上。如果主操纵机构面板不在中心支点或平移支架塔架车上，则应在中心支点和塔架车上设置另外的外部回路断开器。

4.3　限定区域停机装置

在存在危险(因公路、铁路、电线、建筑物等)的情况下，为限定喷洒扇形区域的中心支轴式喷灌机和喷洒预定面积的平移式喷灌机的移动量，在两个不同点应设置两个停机装置，每个停机装置均应能独立地使喷灌机停止移动(或回转)。所用止推器的最小宽度应考虑到喷灌机胀缩和不平行的风险，它们离地的最小高度应为 1 m。在危险区中，其中一个装置应为固定的不可逾越的障碍物。

4.4　导向校准装置

为防止导向失常，校准装置数量应是安全装置的两倍。安全装置应能实现被动启动。在校准装置断开的情况下，回位弹簧或其他机械装置应能将喷灌机恢复到安全状态。对平移式喷灌机，在导向信号丢失或偏离超过 0.5 m 时，喷灌机应停止运行。

4.5　稳定性

4.5.1　中心支点

中心支点固定处应能承受在中心支点顶部(沿弯头水平轴线方向)施加的 $F=10\ 000$ N 的水平力和一反向力矩 $F\times h=40\ 000$ N·m(h 为力 F 施加点到地面的垂直距离)。每个铆接点均应能承受喷水管道施加载荷的一半载荷，铆接点应完整可见并经防腐处理。

4.5.2　跨架

跨架的稳定性应按 EN 12325-2 规定的计算方法进行核查。

静态下，与弹性限度一致的许用载荷应用系数 1.5 加权计算。在喷灌机有水和无水时应考虑下列承载状态：

——相邻跨架间的坡度差＝15%(见图 1)；

——多节跨架或整个喷灌机的坡度＝10%(见图 2)；

——相邻塔架车的夹角＝±15°(见图 3)；

——喷灌机任何两个塔架车的夹角＝±30°(见图 4)；

——跨架或悬臂上任一安装点的离地间隙 $H\geqslant$ 制造商规定的最小离地间隙(图 5)；

——由于轮胎作用力形成的侧面受力＝±10 000 N(每个轮子 5 000 N)。

管道钢板的最小厚度应不小 2.5 mm。构件的焊接点应能承受 EN 12325-2 规定的约束条件。

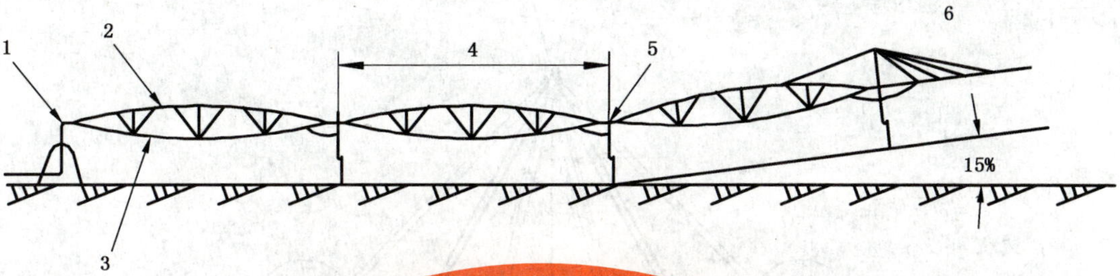

1——中心支点；

2——管道；

3——构架；

4——跨架；

5——塔架车；

6——悬臂。

图 1 相邻跨架间的坡度差＝15%

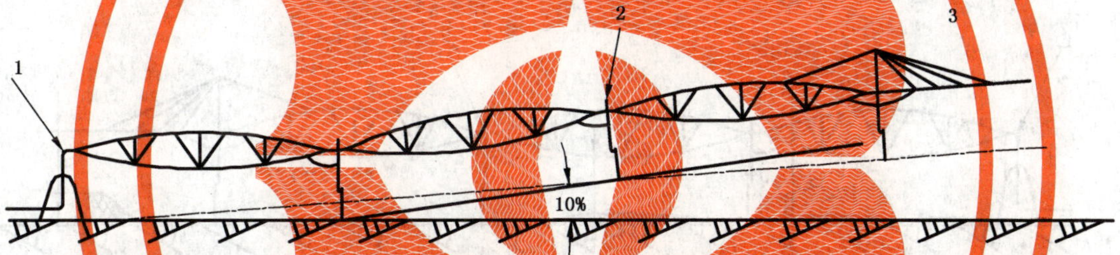

1——中心支点；

2——塔架车；

3——悬臂。

图 2 三个跨架间的坡度差＝10%

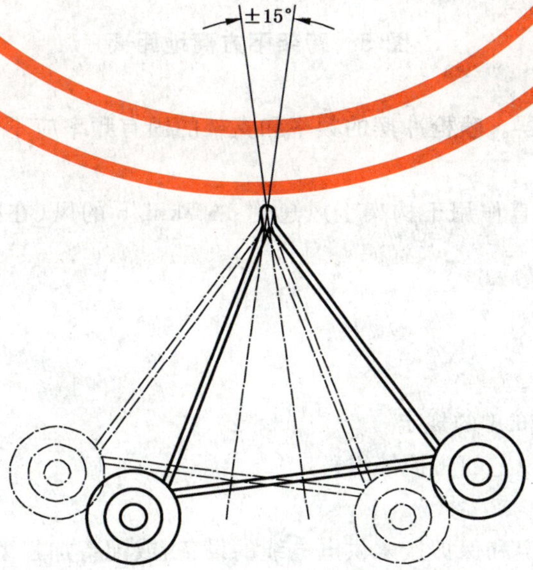

图 3 相邻塔架的夹角

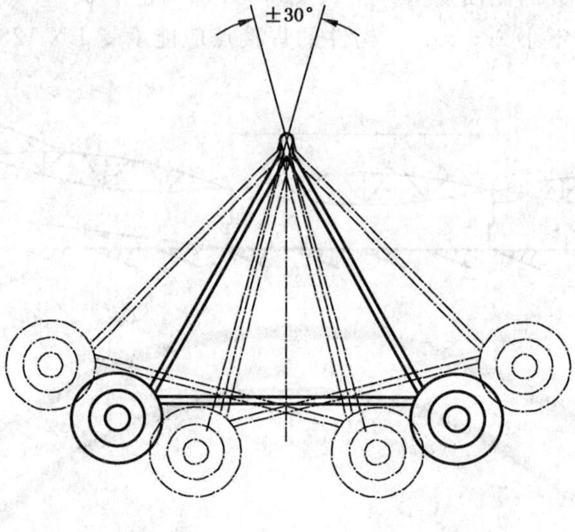

图 4　任意二个塔架的夹角

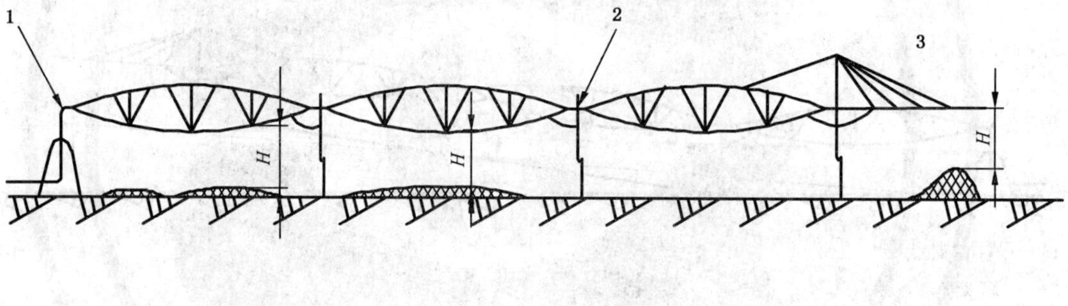

1——中心支点；

2——塔架车；

3——悬臂。

图 5　跨架下方离地距离

4.5.3　悬臂

悬臂上应安装阻塞指示器。喷枪冲摆的频率和支架的固有频率应不同，以免发生共振风险。

4.5.4　构架

构架的设计应能承受垂直作用于构架上风速为 140 km/h 的风(在距离地面 10 m 的水平面内测得)。

该要求应通过计算核查。

4.6　电气要求

4.6.1　一般要求

供电设备应符合 GB 5226.1 的规定。

4.6.2　防护等级(GB 4208 规定的防护等级)

4.6.2.1　变速箱电动机

变速箱电动机应配备固定和保护接入供电电缆的设备，或配备加强型电缆。防护等级应为 IP44。

4.6.2.2　主操纵机构面板

防护等级应不低于 IP55，并装双内门。

4.6.2.3 其他面板

防护等级应不低于 IP44。

4.6.2.4 集电环

集电环盒的防护等级应为 IP55。

4.6.2.5 增压泵

防护等级不应低于 IP44。

4.6.2.6 限定区域停机装置

限定区域停机装置的开关应防潮、防尘和防腐。如果外置,防护等级应为 IP66,如果置于盒内,防护等级应为 IP44。

4.6.3 平移式喷灌机

供电电缆长度应至少超过管道长 15 m,且应设置安全拖拉装置。电缆应能承受相当其重量的牵引力,且应经加以保护防止磨损。

4.7 过滤器

设计的喷灌机应可在进水端离地最大高度 1.5 m 处安装过滤器。

5 安全要求和/或措施的判定

除第 4 章的规定外,应通过目测和手工检查以及适当的测量仪器或测算方法判定安全措施是否符合。

6 使用信息

6.1 使用说明书

使用说明书中应提供喷灌机所有维护、安全使用方面的详尽说明和信息。使用说明书应符合 GB/T 15706.2—2007 中 6.5 和 GB 10395.1—2009 中 8.1 的规定。

使用说明书中应特别强调说明下列各点:

a) 机器应由制造厂授权的代理机构或在制造厂监督下装配和安装;

b) 装配采取的预防措施,部件的标识,误操作或反转的风险,搬运和吊装过程中遇到障碍时应遵循的操作规程;

c) 陡坡道上或恶劣工作条件下,因缺乏稳定性产生的危险;

d) 对喷灌机进行任何干预前需停下机器以及需使用合适的进入装置;

e) 滚轮的负荷;

f) GB/T 15706.2—2007 中 4.9 规定的,与电引起危险有关的全部有用信息;

g) 对于使用插头接通电源的喷灌机,其额定泄漏电流不应超过 0.03 A;

h) 当遭受负载或强风时,管道由于腐蚀或磨损导致管道壁厚减小造成的稳定性差的风险;

i) 只要喷嘴存在堵塞风险,则需要安装过滤器。

使用说明书还应提供有关机器元件的所有描述和参考资料以及喷灌机安装所需信息,尤其是:

j) 开启前:当在公共道路的边缘应设置停机装置和/或运动回转点时,使用一个固定的不可逾越的障碍物以防止机器运行到公共道路上,关于这种障碍物的示例和有关安装说明应在使用说明书中给出;

k) 跨架下方应保持的离地最小间隙;

l) 喷灌机或喷水柱与高架高压电线意外接触的风险。

6.2 标志

标志应符合 GB/T 15706.2—2007 中 6.4 和 GB 10395.1—2009 中 8.2、8.3 的规定。

所有喷灌机均应设置至少包括下列信息的清晰耐久标志:

——制造厂名称和地址；
——制造年份；
——产品名称或型式型号；
——出厂编号，如果有；

另外，每个塔架车上应设置下列安全标志：

——间歇起动风险的安全标志；
——当机器运转时禁止攀爬和禁止将塔架车用作进入装置的安全标志；
——喷灌机或喷水柱与高架高压电线接触风险的安全标志。

附　录　A
（规范性附录）
危险一览表

表 A.1 给出了基于 GB/T 15706.1 和 GB/T 15706.2 的危险一览表。

表 A.2 给出了由机器移动产生的危险一览表。

这些表最后一栏（本部分给出的解决方法）的不同陈述的含义是：

——“不相关”：该危险不是该机器的重大危险。

——“给出”：该危险是重大危险。指定条款中给出解决方法是根据 GB/T 15706 的安全通则确定的处置危险的指南；即意味着：

- 尽可能通过设计消除或减小风险；
- 采取保护措施；
- 提供遗留风险的信息。

——“部分给出”：该危险是该机器的多个零部件的重大危险。指定条款中给出的解决方法可处置其中一部分零部件的该危险。对其余零部件该危险是重大危险，为处置该危险将必须采取的其他解决方法本部分并未给出。

——“未给出”：该危险是该机器的重大危险，但在本部分起草过程中未加考虑。

表 A.1　危险一览表

	危　险	有关条款		本部分给出的解决方法
		GB/T 15706.1	GB/T 15706.2	
A.1	**机械危险** 如由机器部件或工件的下列要素引起的： ——形状； ——相对位置； ——质量和稳定性（各元件的位能）； ——质量和速度（各元件的动能）； ——机械强度不足； ——由以下原因引起的位能积累： ● 弹性元件（弹簧）； ● 压力下的液体或气体； ● 真空	4.2	—	—
A.1.1	挤压危险	4.2.1，4.2.2	4.2	在 4.1 中给出
A.1.2	剪切危险	4.2.1，4.2.2	4.2，5.2.1	在 4.1 中给出
A.1.3	切割或切断危险	4.2.1，4.2.2	4.2	不相关
A.1.4	缠绕危险	4.2.1，4.2.2	—	在 4.1 中给出
A.1.5	引入或卷入危险	4.2.1	4.14，5.2.1，5.5.3	不相关
A.1.6	冲击危险	4.2.1	—	在 6.1 中给出
A.1.7	刺伤或扎伤危险	4.2.1	—	不相关
A.1.8	摩擦或磨损危险	4.2.1	4.3b)	不相关

表 A.1（续）

危 险		有关条款		本部分给出的解决方法
		GB/T 15706.1	GB/T 15706.2	
A.1.9	高压流体喷射危险	4.2.1	—	未给出
A.1.10	(机械及被加工材料/工件)部件抛射危险	4.2.2	4.10	不相关
A.1.11	(机械或机器零件)不稳定	4.2.2	4.6	在4.5中给出
A.1.12	与机械有关(因机器的特征)的滑倒、倾倒和跌倒危险	4.10	5.5.6	在6.1,6.2中给出
A.2	**电气危险** 例如由以下各因素引起：	4.3	4.9	—
A.2.1	电接触(直接或间接)	4.3	—	在4.6,6.1,6.2中给出
A.2.2	静电现象	4.3	—	在4.6中给出
A.2.3	热辐射或其他现象,例如由于短路、过载等引起的熔化粒子喷射和化学效应	4.3	—	不相关
A.2.4	电气设备外部影响	4.3	4.4	在4.6中给出
A.3	**热危险** 导致：	4.4	4.8.4	—
A.3.1	通过人们可接触的火焰或爆炸、热源辐射的烧伤和烫伤	4.4	—	未给出(仅和带附属马达的机械有关)
A.3.2	由于热或冷的工作环境对健康的危害	4.4	—	不相关
A.4	**由噪声产生的危险** 导致：	4.5	4.8.4	—
A.4.1	听力损失(耳聋)、其他生理障碍(例如失去平衡,失去知觉)	4.5	—	未给出(仅和带附属马达的机械有关)
A.4.2	干扰语言通讯,听觉信号等	4.5	—	不相关
A.5	**由振动产生的危险**(导致各种神经和血管病症)	4.6	4.8.4	不相关
A.6	**由辐射产生的危险** 特别是由下列因素引起：	4.7	—	—
A.6.1	电弧	—	—	不相关
A.6.2	激光	—	—	不相关
A.6.3	离子源辐射	4.7	—	不相关
A.6.4	使用高频电磁场的机器	—	—	不相关
A.7	**由机械加工的、使用的或排出的材料和物质产生的危险** 例如：	4.8	4.3b)	—
A.7.1	由于接触或吸入有害的液体、气体、烟雾和灰尘导致的危险	4.8	—	不相关

表 A.1(续)

危险		有关条款		本部分给出的解决方法
		GB/T 15706.1	GB/T 15706.2	
A.7.2	火或爆炸危险	4.8	—	不相关
A.7.3	生物和微生物(病菌或细菌)危险	4.8	—	不相关
A.8	**机器设计中由于忽略人类工效学原则产生的危险** (机械与人的特征和能力不协调) 如由下列因素引起:	4.9	4.8	—
A.8.1	不利于健康的姿态或过分用力	4.9	4.8.2,4.8.5	不相关
A.8.2	不适当的考虑人的手臂或腿脚构造	4.9	4.8.3	不相关
A.8.3	忽略了使用个人防护装备	5.5	—	不相关
A.8.4	不适当的工作面照明	—	4.8.6	不相关
A.8.5	精神过分紧张或准备不足等	4.9	4.8.5	不相关
A.8.6	人的差错	4.9	4.8	在6.1中给出
A.9	**各种危险组合**	4.11	—	不相关
A.10	**由于能源失效、机械零件损坏或其他功能故障产生的危险** 例如:	5.3b)	4	—
A.10.1	能源(能量和/或控制电路)失效	3.30	4.11.1	不相关
A.10.2	机械零件或流体意外抛射	—	4.10,5	未给出
A.10.3	控制系统的失效、失灵(意外起动、意外过流)	3.29,3.30,3.31	4.11.1	在4.3,6.1中给出
A.10.4	装配错误	—	—	在6.1中给出
A.10.5	机器翻倒,意外失去稳定性	4.2.2	4.6	在4.5,6.1中给出
A.11	**由于安全措施错误的或不正确的定位产生的危险** 例如:	—	5	—
A.11.1	各类防护装置	3.25	5.3	在6.1中给出
A.11.2	各类有关安全(防护)装置	3.26	5.3	在6.1中给出
A.11.3	起动和停机装置	—	4.11.1	在4.3,6.1中给出
A.11.4	安全标志和信号装置	—	4.8.8,6.2,6.3,6.4	在6.2中给出
A.11.5	各类信息或报警装置	—	6.4	不相关
A.11.6	能源切断装置	—	5.5.4	不相关
A.11.7	急停装置	—	5.5	不相关
A.11.8	工件的送进/取出措施	—	4.14	不相关
A.11.9	安全调整和/或维修的主要设备和附件	3.3,5.3a)	4.7,4.15,5.5.5,4.11.12	不相关
A.11.10	排气装置等	—	—	不相关

表 A.2 由移动产生的危险一览表

危险		本部分给出的解决方法
A.12	**在移动和工作区域照明不足**	不相关
A.13	**由突然移动、不稳定等产生的危险**	未给出
A.14	**驾驶/操作位置不合适/未按人类工效学设计**	—
A.14.1	由危险环境产生的危险(与运动部件、排出废气接触等)	不相关
A.14.2	驾驶者/操作者位置可视性不足	不相关
A.14.3	座椅/座位(SIP)不合适	不相关
A.14.4	操纵机构位置不合适/未按人类工效学设计	不相关
A.14.5	机器的确定/移动	不相关
A.14.6	机器的运行	不相关
A.14.7	步行操纵机器的运行	不相关
A.15	**机械危险**	—
A.15.1	人暴露于不可控制运动的危险	在4.2,4.4中给出
A.15.2	部件损坏和/或抛出产生的危险	不相关
A.15.3	翻倾产生的危险	不相关
A.15.4	物体落下产生的危险	不相关
A.15.5	进入机器措施不合适	不相关
A.15.6	由牵引、连接、传动等产生的危险	不相关
A.15.7	由蓄电池、火、灰尘和气体排放等产生的危险	未给出(仅和带附属马达的机械有关)

ICS 65.060.50
B 91

中华人民共和国国家标准

GB 10395.20—2010

农林机械　安全
第20部分：捡拾打捆机

Agricultural and forestry machinery—Safety—
Part 20: Pick-up balers

2010-12-01 发布　　2011-10-01 实施

中华人民共和国国家质量监督检验检疫总局
中国国家标准化管理委员会　发布

前　言

本部分的全部技术内容为强制性。

GB 10395《农林机械　安全》分为：

——第 1 部分：总则；

——第 2 部分：自卸挂车；

——第 3 部分：厩肥撒施机；

——第 4 部分：林用绞盘机；

——第 5 部分：驱动式耕作机械；

——第 6 部分：植物保护机械；

——第 7 部分：联合收割机、饲料和棉花收获机；

——第 8 部分：排灌泵和泵机组；

——第 9 部分：播种、栽种和施肥机械；

——第 10 部分：手扶(微型)耕耘机；

——第 11 部分：动力草坪割草机；

——第 12 部分：便携式动力绿篱修剪机；

——第 13 部分：后操纵式和手持式动力草坪修剪机和草坪修边机；

——第 14 部分：动力粉碎机和切碎机；

——第 15 部分：配刚性切割装置的动力修边机；

——第 16 部分：马铃薯收获机；

——第 17 部分：甜菜收获机；

——第 18 部分：软管牵引绞盘式喷灌机；

——第 19 部分：中心支轴式和平移式喷灌机；

——第 20 部分：捡拾打捆机；

——第 21 部分：动力摊晒机和搂草机；

——第 22 部分：前装载装置；

——第 23 部分：固定式圆形青贮窖卸料机；

——第 24 部分：液体肥料施肥车；

……

本部分是 GB 10395《农林机械　安全》的第 20 部分，修改采用 EN 704:1999《农业机械　捡拾打捆机　安全》(英文版)。

本部分根据 EN 704:1999 重新起草。与 EN 704:1999 的技术性差异为：

——引用了采用国际标准或欧洲标准的我国标准，但我国标准并非等同采用国际标准或欧洲标准。

为便于使用，本部分还对 EN 704:1999 做了下列编辑性修改：

a) "本欧洲标准"改为"本部分"；

b) 删除 EN 704:1999 的前言和引言；

c) 修改了 EN 704:1999 的范围；

d) 用小数点"."代替作为小数点的逗号"，"；

e) 删除了 EN 704:1999 的附录 ZA "本标准与欧洲 EC 指令的关系"。

本部分附录A为规范性附录。

本部分由中国机械工业联合会提出。

本部分由全国农业机械标准化技术委员会(SAC/TC 201)归口。

本部分起草单位:中国农业机械化科学研究院、中国农业机械化科学研究院呼和浩特分院。

本部分主要起草人:张咸胜、杨铁军、李秀荣、陈俊宝、皇才进、吕树盛。

农林机械 安全
第20部分：捡拾打捆机

1 范围

GB 10395的本部分规定了设计和制造各类自走式和牵引式捡拾打捆机(以下简称“打捆机”)的安全要求和判定方法，还规定了制造厂应提供的安全操作信息的类型。

本部分适用于捡拾打捆机。

本部分并不涉及所有农业机械的共性危险，特别是与移动相关，包括与自走式机械相关的共性危险，这些方面的要求在GB 10395.1中规定。

2 规范性引用文件

下列文件中的条款通过GB 10395的本部分的引用而成为本部分的条款。凡是注日期的引用文件，其随后所有的修改单(不包括勘误的内容)或修订版均不适用于本部分，然而，鼓励根据本部分达成协议的各方研究是否可使用这些文件的最新版本。凡是不注日期的引用文件，其最新版本适用于本部分。

GB 10395.1—2009 农林机械 安全 第1部分：总则(ISO 4254-1:2008,MOD)

GB/T 15706.1—2007 机械安全 基本概念与设计通则 第1部分：基本术语和方法(ISO 12100-1:2003,IDT)

GB/T 15706.2—2007 机械安全 基本概念与设计通则 第2部分：技术原则(ISO 12100-2:2003,IDT)

GB 23821—2009 机械安全 防止上下肢触及危险区的安全距离(ISO 13857:2008,IDT)

3 安全要求和/或措施

3.1 一般要求

设计打捆机时，本部分未涉及的危险应遵循GB/T 15706.1和GB/T 15706.2规定的原则。

除本部分另有规定外，打捆机应符合GB 10395.1和GB 23821—2009中表1、表3、表4或表6的规定。

3.2 各类打捆机通用要求

3.2.1 运动的动力传动部件相关危险的防护

为保证防护措施能够防止与可接近的运动的动力传动部件相关的危险，打捆机应配备固定式防护装置(符合GB/T 15706.1—2007中3.25.1规定)。

如果预定要经常打开，打捆机应装备使用工具才能打开的防护装置。该类防护装置打开时应与打捆机保持连接(例如通过铰链形式连接)，且不使用工具能自动锁定在关闭位置。

如果不采用上述防护装置，打捆机应装备：

——活动式联锁防护装置(符合GB/T 15706.1—2007中3.25.4规定)；

——带只要部件运动就不能打开装置的活动式防护装置。

3.2.2 牵引杆

当牵引杆具有相互独立的运输和工作位置时，应装备机械式或液压式锁定装置(例如：插销、挂钩或液压缸)，并要求通过有意识的动作才能实现从工作位置到运输位置和从运输位置到工作位置的转换。

当使用液压缸时,如果液压回路失效,牵引杆应保持在锁定位置。

3.2.3 捡拾装置

为了防止操作者在捡拾装置前部和侧面与可接近的运转部件意外接触,应通过屏障和打捆机固定部件的组合进行防护,这些防护装置在水平面内的投影应是连续的(见图 1 和图 2)。

单位为毫米

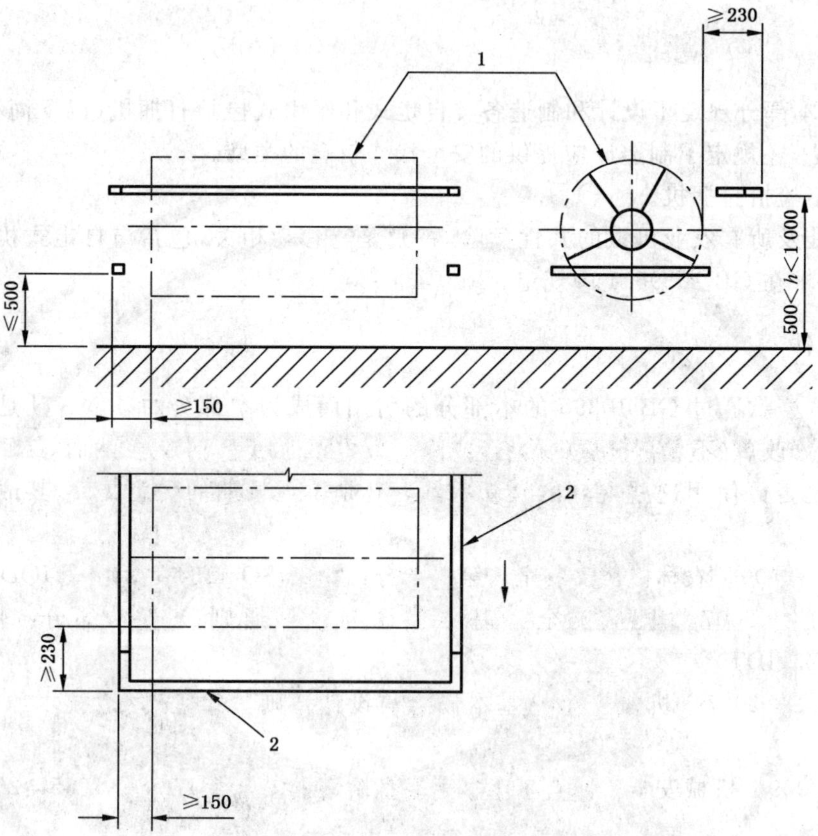

1——捡拾器弹齿轨迹;

2——屏障。

注:此图是符合 3.2.3 规定的防护装置示例。

图 1 捡拾装置的防护

当捡拾装置处于工作位置时,中心屏障应满足:

——在离地高度 h=500 mm~1 000 mm 范围内,与捡拾装置弹齿轨迹最前点的距离最小 230 mm(见图 1);

——在离地最大高度 500 mm 范围内,与捡拾装置弹齿轨迹侧面的距离最小 150 mm(见图 1)。如果从侧面观察捡拾装置弹齿轨迹被机器的部件完全挡住(见图 2),则不要求安装屏障。

注:屏障的强度在 GB 10395.1 中规定。

3.2.4 喂入器

对距离打捆机外部轮廓或喂入口最外边缘小于 550 mm 位置处的挤压和切割点应按 3.2.1 的规定进行防护。

单位为毫米

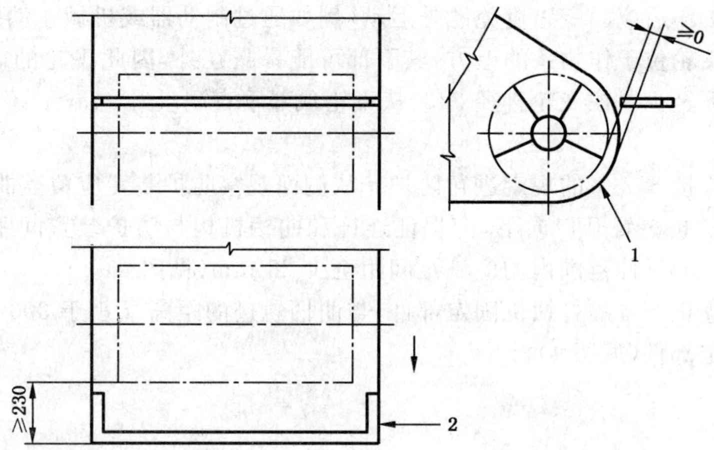

1——无孔防护装置(机器的固定部件);

2——屏障。

注:此图是符合 3.2.3 规定的防护装置示例。

图 2　捡拾装置器的防护——由无孔防护装置保证的侧面防护

3.3　方捆打捆机要求

3.3.1　飞轮

飞轮的可接近部件应按 3.2.1 的规定进行防护。

如果飞轮的防护装置开口向下,应保证飞轮与防护装置间距至少 25 mm;防护装置下边缘至少 120 mm的延伸范围内均应满足间距至少 25 mm;防护装置下边缘离地最大高度为 800 mm(见图 3)。

单位为毫米

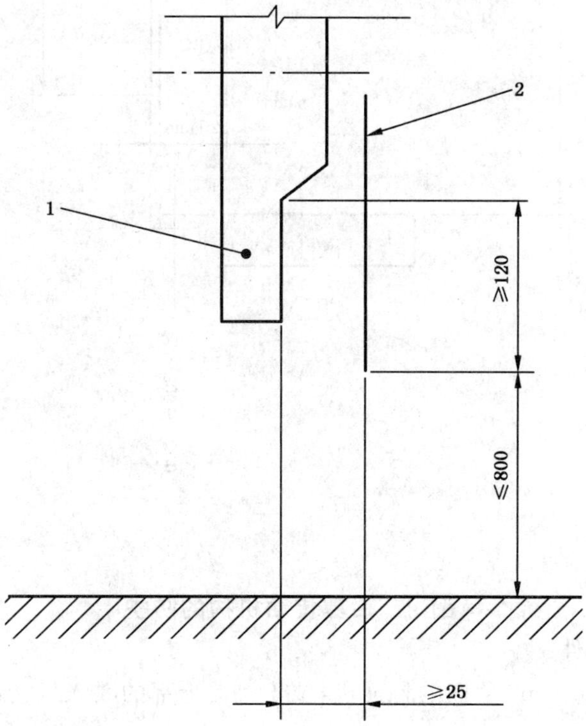

1——飞轮;

2——防护装置。

图 3　飞轮的防护

对于形成截面积不小于 0.2 m^2 草捆的打捆机：

——其飞轮停止工作后应固定以避免意外运动(例如通过制动器或机械止动装置)；

——捡拾作业时飞轮位于作物条的上方，其下部可能暴露在外，因此飞轮的表面应平滑，且防护装置应从上往下至少罩住飞轮直径 2/3(从飞轮顶部垂直测量)。

3.3.2 活塞传动机构

连杆和曲柄机构应按 3.2.1 的规定进行防护。从侧面观察防护装置应覆盖曲柄轨迹的最远端。如果连杆和曲柄机构的防护装置开口向下，应保证连杆和曲柄机构与防护装置间距至少 25 mm；防护装置下边缘至少 120 mm 的延伸范围内均应满足间距至少 25 mm(见图 4)。

如果位于曲柄轨迹正下方的打捆机固定部件，与曲柄轨迹的距离 d 小于 300 mm，则侧面防护装置应向下延伸超过该固定部件(见图 4)。

单位为毫米

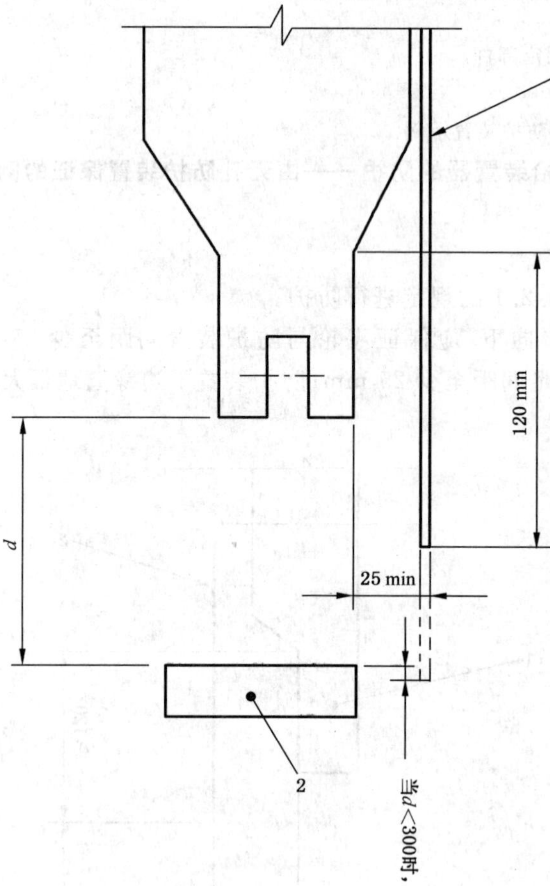

1——防护装置；

2——打捆机的固定部件。

图 4 活塞传动机构的防护

3.3.3 喂入机构的传动部件

对于形成截面积小于 0.2 m^2 草捆的打捆机，位于机器上部的喂入机构的传动部件应按 3.2.1 的规定进行防护。

位于距离打捆机外部轮廓小于 850 mm 位置处的挤压和剪切点应安装防护装置，安装的防护装置上边缘伸出曲柄轨迹最外端上方的垂直高度至少 130 mm。

防护装置和打捆机运动部件之间的安全距离应至少为50 mm。

3.3.4 打捆机构

打结器的顶部和左右两侧均应进行防护。

在前部和后部：

——当在地面上不能触及打结器(按GB 23821—2009中表1规定)时,不需要进行防护；

——当在地面上能触及打结器(按GB 23821—2009中表1规定)时,则前部部件应按GB 23821—2009中表4的规定进行防护,后部部件应按图5进行防护以防意外接触。

防护装置应是下列三种情况之一：

——使用工具才能打开的防护装置。该类防护装置打开时应与打捆机保持连接(例如通过铰链形式连接),且不使用工具能自动锁定在关闭位置；

——活动式联锁防护装置(符合GB/T 15706.1—2007中3.25.4规定)；

——带只要部件运动就不能打开装置的活动式防护装置。

防护装置应容易打开以便于调节和清理打结器。

打捆机应能够通过手动操纵机构切断打结器和穿针的动力,并防止这些部件意外起动。

手动操纵机构位置应清晰标出。

如果打结器腔壁和处于最低位置穿针端点间的距离大于20 mm,则穿针端点两侧均应进行防护。穿针运行区两侧的可触及挤压和剪切点至少应沿整个穿针运行路线进行防护。

如果防护装置开口向下,应保证防护装置与打捆机运动部件间距至少25 mm。防护装置下边缘至少120 mm的延伸范围内均应满足间距至少25 mm。

注：本部分未规定：

——手动操纵机构的位置；

——打捆材料(如线,网等)卷轴线的位置；

——打捆机构的照明；

——通过设计进行防护的打捆机构挤压和剪切点。

单位为毫米

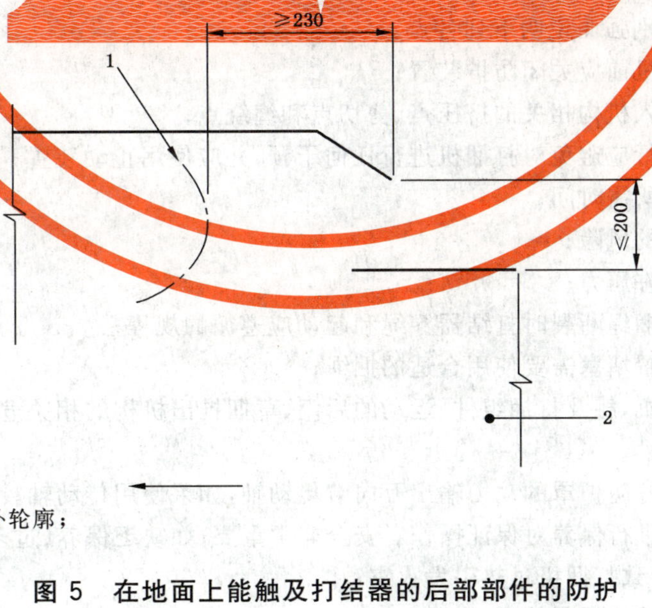

1——打捆机构后部的外轮廓；

2——压捆室。

图5 在地面上能触及打结器的后部部件的防护

3.3.5 草捆抛掷器

草捆抛掷器装有抛掷叉时,从打捆机推出草捆的分离叉或抛离盘两侧应按3.2.1的规定进行防护。

3.3.6 草捆护栏装置

对于形成截面积不小于0.2 m^2草捆的打捆机,应避免草捆从打捆机上意外落下。为此,打捆机应装备既能将最后的草捆固定在位又能将草捆推出的装置。

3.4 圆捆打捆机要求

3.4.1 清理堵塞相关危险的防护

由于堵塞会停止的捡拾器和喂入机构应装备：

——在驾驶员位置可操作的止-动(持续)操纵机构控制的反转装置。

——在地面或工作台上易接近并手动操作的反转装置。对动力驱动打捆机，如果该反转装置能够通过机械操纵，则应安装能发声的棘齿过载离合器。

注：打捆机过载时离合器发出声音是为了警告操作者在进行任何干预前应切断动力源(见 5.1n)。

——防止喂入装置被堵塞后未经操作者有意识的动作重新起动的装置(例如：剪切螺栓、重新起动扭矩限制器)。

注：本部分未规定：

——反转装置的位置和操作方法；

——清除堵塞的附加安全措施。

3.4.2 草捆推出门(后尾门)

在打捆机后部，应按 3.2.1 规定采用固定式防护装置进行防护，以防止与草捆传动系统有任何接触。这些防护装置可以是打捆机的机架部件或是草捆推出门的部件。

4 安全要求和/或措施的判定

给出规定值的尺寸应通过测量进行判定；操纵机构应通过功能试验和位置测量进行判定；防护装置应通过功能试验进行判定。

5 使用信息

5.1 使用说明书

使用说明书中应提供打捆机保养、安全使用、作业安全系统、防范措施和专用装置方面的详尽说明和信息。使用说明书应符合 GB/T 15706.2—2007 中 6.5 和 GB 10395.1—2009 中 8.1 的规定。

使用说明书中应特别强调说明下列各点：

a) 重新起动打捆机前应关闭防护装置；

b) 与牵引杆和喂入机构相关的挤压点、剪切点和缠绕点；

c) 只要飞轮在运行应避免对打捆机进行任何干预，并应使用止动装置；

d) 飞轮停止运行所需时间；

e) 液压管路破裂的风险；

f) 液压系统的允许压力；

g) 捆绳设置以及捆绳断裂时打结器穿绳和起动应遵循的规程；

h) 为避免打捆装置堵塞需要使用合适的捆绳；

i) 对于圆捆打捆机，触及打捆组件、运动的后门、草捆推出机构的相关危险，打捆机作业中需保证周围无旁观者；

j) 使用带状态良好防护罩的动力输出万向节传动轴，如果使用传动轴；

k) 定期对打捆机进行保养对保证操作者安全非常重要；如缺乏保养(过多磨损、草料过多聚积、缺乏润滑等)会导致打捆机过热引发火灾；

l) 防止堵塞发生的使用条件；

m) 清除打捆机堵塞的相关危险(尤其是尽管存在堵塞但捡拾机构继续运转时)和清理堵塞需遵循的规程；

n) 人工清理任何堵塞前需切断动力源；

o) 剪切螺栓(如果有)损坏后,需及时更换相同特性的新螺栓;
p) 对人工起动打捆机构的圆捆打捆机,在打捆机旋转时人工打捆相关的危险;
q) 更换刀片时必须遵循的规程(例如:停下打捆机、停止飞轮);
r) 对于形成截面积不小于 0.2 m^2 草捆的打捆机,在打捆机运输到公路之前,保证最后一草捆已固定或卸下;
s) 转换牵引杆位置时需遵循的规程;
t) 卸载圆草捆时需注意坡度的方向。

5.2 标志

标志应符合 GB/T 15706.2—2007 中 6.4 和 GB 10395.1—2009 中 8.2、8.3 的规定。

所有打捆机均应设置至少包括下列信息的清晰耐久标志:

——制造厂名称和地址;
——制造年份;
——产品名称或型式型号;
——出厂编号,如果有;
——动力输入连接装置的额定转速和旋转方向(用箭头标出)。

另外,在打捆机上应设置下列安全标志:

——警告活动式防护装置打开危险的安全标志,标志中应特别清晰地指明起动打捆机前防护装置应关闭;
——警示转换牵引杆位置时挤压和剪切点的安全标志;
——与飞轮停止运行所需时间有关的安全标志;
——警示喂入螺旋和喂入叉间挤压和剪切点的安全标志;
——对圆捆打捆机,警告草捆推出后尾门危险的安全标志;
——在固定式防护装置上设置与打捆机构运动部件接触风险的安全标志;

对于形成截面积不小于 0.2 m^2 草捆的打捆机,应设置警示采取飞轮固定措施的安全标志。

附 录 A
（规范性附录）
危险一览表

表 A.1 给出了基于 GB/T 15706.1 和 GB/T 15706.2 的危险一览表。

表 A.2 给出了由机器移动产生的危险一览表。

这些表最后一栏(本部分给出的解决方法)的不同陈述的含义是：

——“不相关”：该危险不是该机器的重大危险。

——“给出”：该危险是重大危险。指定条款中给出解决方法是根据 GB/T 15706 的安全通则确定的处置危险的指南；即意味着：

- 尽可能通过设计消除或减小风险；
- 采取保护措施；
- 提供遗留风险的信息。

——“部分给出”：该危险是该机器的多个零部件的重大危险。指定条款中给出的解决方法可处置其中一部分零部件的该危险。对其余零部件该危险是重大危险，为处置该危险将必须采取的其他解决方法本部分并未给出。

——“未给出”：该危险是该机器的重大危险，但在本部分起草过程中未加考虑。

标示“未给出”或“部分给出”危险的要求在 GB 10395.1 中规定，这些危险在表 A.1 和表 A.2 最后一栏中用星号(*)标示。

表 A.1 危险一览表

危险		有关条款		本部分给出的解决方法
		GB/T 15706.1	GB/T 15706.2	
A.1	**机械危险** 如由机器部件或工件的下列要素引起的： ——形状； ——相对位置； ——质量和稳定性(各元件的位能)； ——质量和速度(各元件的动能)； ——机械强度不足； ——由以下原因引起的位能积累： ● 弹性元件(弹簧)； ● 压力下的液体或气体； ● 真空	4.2	—	—
A.1.1	挤压危险	4.2.1,4.2.2	4.2	在 3.1,3.2,3.3,3.4,5.1,5.2,中部分给出*
A.1.2	剪切危险	4.2.1,4.2.2	4.2,5.2.1	在 3.1,3.2,3.3.1,3.3.2,3.3.3,3.3.4,3.3.5,3.4,5.1,5.2 中部分给出*

表 A.1（续）

危险		有关条款		本部分给出的解决方法
		GB/T 15706.1	GB/T 15706.2	
A.1.3	切割或切断危险	4.2.1,4.2.2	4.2	在3.1,3.2,3.3.1,3.3.2,3.3.3,3.3.4,3.3.5,3.4,5.1,5.2中部分给出
A.1.4	缠绕危险	4.2.1,4.2.2	—	在3.1,3.2.1,3.2.3,3.3.1,3.3.2,3.3.3,3.3.4,3.4,5.1,5.2中部分给出[a]
A.1.5	引入或卷入危险	4.2.1	4.14,5.2.1,5.5.3	在3.1,3.2.1,3.2.3,3.2.4,3.3.1,3.3.2,3.3.3,3.3.4,3.4,5.1,5.2中部分给出[a]
A.1.6	冲击危险	4.2.1	—	在3.1,3.2,3.3,3.4,5.1,5.2中部分给出[a]
A.1.7	刺伤或扎伤危险	4.2.1	—	在3.1,3.3.4,5.1,5.2中给出
A.1.8	摩擦或磨损危险	4.2.1	4.3b)	在3.1,3.3.1,5.1,5.2中部分给出[a]
A.1.9	高压流体喷射危险	4.2.1	—	在5.1中部分给出[a]
A.1.10	（机械及被加工材料/工件）部件抛射危险	4.2.2	4.10	在3.3.6,3.4.2中给出
A.1.11	（机械或机器零件）不稳定	4.2.2	4.6	未给出（只与自走机械有关）[a]
A.1.12	与机械有关（因机器的特征）的滑倒、倾倒和跌倒危险	4.10	5.5.6	未给出[a]
A.2	**电气危险** 例如由以下各因素引起：	4.3	4.9	—
A.2.1	电接触（直接或间接）	4.3	—	未给出（只与自走机械有关）[a]
A.2.2	静电现象	4.3	—	不相关
A.2.3	热辐射或其他现象，例如由于短路、过载等引起的熔化粒子喷射和化学效应	4.3	—	不相关
A.2.4	电气设备外部影响	4.3	4.4	未给出（只与自走机械有关）[a]
A.3	**热危险** 导致：	4.4	4.8.4	—
A.3.1	通过人们可接触的火焰或爆炸、热源辐射的烧伤和烫伤	4.4	—	未给出（只与自走机械有关）
A.3.2	由于热或冷的工作环境对健康的危害	4.4	—	不相关
A.4	**由噪声产生的危险** 导致：	4.5	4.8.4	—
A.4.1	听力损失（耳聋）、其他生理障碍（例如失去平衡，失去知觉）	4.5	—	未给出[a]
A.4.2	干扰语言通讯，听觉信号等	4.5	—	不相关

表 A.1(续)

危　险		有关条款		本部分给出的解决方法
		GB/T 15706.1	GB/T 15706.2	
A.5	**由振动产生的危险** (导致各种神经和血管病症)	4.6	4.8.4	未给出(只与自走机械有关)[a]
A.6	**由辐射产生的危险** 特别是由下列因素引起:	4.7	—	—
A.6.1	电弧	—	—	不相关
A.6.2	激光	—	—	不相关
A.6.3	离子源辐射	4.7	—	不相关
A.6.4	使用高频电磁场的机器	—	—	不相关
A.7	**由机械加工的、使用的或排出的材料和物质产生的危险** 例如:	4.8	4.3b)	—
A.7.1	由于接触或吸入有害的液体、气体、烟雾和灰尘导致的危险	4.8	—	未给出[a]
A.7.2	火或爆炸危险	4.8	—	在5.1中给出
A.7.3	生物和微生物(病菌或细菌)危险	4.8	—	不相关
A.8	**机器设计中由于忽略人类工效学原则产生的危险**(机械与人的特征和能力不协调) 如由下列因素引起:	4.9	4.8	—
A.8.1	不利于健康的姿态或过分用力	4.9	4.8.2,4.8.5	未给出[a]
A.8.2	不适当的考虑人的手臂或腿脚构造	4.9	4.8.3	未给出(只与自走机械有关)[a]
A.8.3	忽略了使用个人防护装备	5.5	—	未给出(只与自走机械有关)
A.8.4	不适当的工作面照明	—	4.8.6	未给出
A.8.5	精神过分紧张或准备不足等	4.9	4.8.5	不相关
A.8.6	人的差错	4.9	4.8	在5.1,5.2中给出
A.9	**各种危险组合**	4.11	—	在第2章中给出
A.10	**由于能源失效、机械零件损坏或其他功能故障产生的危险** 例如:	5.3b)	4	—
A.10.1	能源(能量和/或控制电路)失效	3.30	4.11.1	未给出
A.10.2	机械零件或流体意外抛射	—	4.10,5	在5.1中部分给出[a]
A.10.3	控制系统的失效、失灵(意外起动、意外过流)	3.29,3.30,3.31	4.11.1	未给出[a]
A.10.4	装配错误	—	—	在5.1,5.2中给出
A.10.5	机器翻倒,意外失去稳定性	4.2.2	4.6	未给出(只与自走机械有关)[a]
A.11	**由于安全措施错误的或不正确的定位产生的危险** 例如:	—	5	—

表 A.1（续）

危险		有关条款		本部分给出的解决方法
		GB/T 15706.1	GB/T 15706.2	
A.11.1	各类防护装置	3.25	5.3	在5.1,5.2中部分给出*
A.11.2	各类有关安全(防护)装置	3.26	5.3	在5.1中给出
A.11.3	起动和停机装置	—	4.11.1	不相关
A.11.4	安全标志和信号装置	—	4.8.8,6.2,6.3,6.4	在5.1中给出
A.11.5	各类信息或报警装置	—	6.4	不相关
A.11.6	能源切断装置	—	5.5.4	不相关
A.11.7	急停装置	—	5.5	不相关
A.11.8	工件的送进/取出措施	—	4.14	在5.1,5.2中给出
A.11.9	安全调整和/或维修的主要设备和附件	3.3,5.3a)	4.7,4.15,5.5.5,4.11.12	在5.1中给出
A.11.10	排气装置等	—	—	不相关

表 A.2 由移动产生的危险一览表

危险		本部分给出的解决方法
A.12	**在移动和工作区域照明不足**	未给出(仅和自走机械有关)
A.13	**由突然移动、不稳定等产生的危险**	不相关
A.14	**驾驶/操作位置不合适/未按人类工效学设计**	—
A.14.1	由危险环境产生的危险(与运动部件、排出废气接触等)	未给出(仅和自走机械有关)*
A.14.2	驾驶者/操作者位置可视性不足	未给出(仅和自走机械有关)*
A.14.3	座椅/座位(SIP)不合适	未给出(仅和自走机械有关)*
A.14.4	操纵机构位置不合适/未按人类工效学设计	未给出(仅和自走机械有关)*
A.14.5	机器的确定/移动	在3.2.2中给出
A.14.6	机器的运行	未给出
A.14.7	步行操纵机器的运行	不相关
A.15	**机械危险**	—
A.15.1	人暴露于不可控制运动的危险	不相关
A.15.2	部件损坏和/或抛出产生的危险	未给出
A.15.3	翻倾产生的危险	牵引式机械:因固有的稳定性,所以无特别措施要求 自走式机械:未给出
A.15.4	物体落下产生的危险	不相关
A.15.5	进入机器措施不合适	未给出*
A.15.6	由牵引、连接、传动等产生的危险	在3.2.2,5.1,5.2中部分给出*
A.15.7	由蓄电池、火、灰尘和气体排放等产生的危险	未给出(仅和自走机械有关)*

ICS 65.060.50
B 91

中华人民共和国国家标准

GB 10395.21—2010

农林机械　安全
第21部分：动力摊晒机和搂草机

Agricultural and forestry machinery—Safety—
Part 21: Tedders and swath rakes with powered tools

2010-12-01 发布　　　　2011-10-01 实施

中华人民共和国国家质量监督检验检疫总局
中国国家标准化管理委员会　发布

前　言

本部分的全部技术内容为强制性。

GB 10395《农林机械　安全》分为：

——第 1 部分：总则；

——第 2 部分：自卸挂车；

——第 3 部分：厩肥撒施机；

——第 4 部分：林用绞盘机；

——第 5 部分：驱动式耕作机械；

——第 6 部分：植物保护机械；

——第 7 部分：联合收割机、饲料和棉花收获机；

——第 8 部分：排灌泵和泵机组；

——第 9 部分：播种、栽种和施肥机械；

——第 10 部分：手扶(微型)耕耘机；

——第 11 部分：动力草坪割草机；

——第 12 部分：便携式动力绿篱修剪机；

——第 13 部分：后操纵式和手持式动力草坪修剪机和草坪修边机；

——第 14 部分：动力粉碎机和切碎机；

——第 15 部分：配刚性切割装置的动力修边机；

——第 16 部分：马铃薯收获机；

——第 17 部分：甜菜收获机；

——第 18 部分：软管牵引绞盘式喷灌机；

——第 19 部分：中心支轴式和平移式喷灌机；

——第 20 部分：捡拾打捆机；

——第 21 部分：动力摊晒机和搂草机；

——第 22 部分：前装载装置；

——第 23 部分：固定式圆形青贮窖卸料机；

——第 24 部分：液体肥料施肥车；

……

本部分是 GB 10395《农林机械　安全》的第 21 部分，修改采用 NF U02-007:2002《农业机械　动力摊晒机和搂草机　安全》(法文版)。

本部分根据 NF U02-007:2002 重新起草。与 NF U02-007:2002 的技术性差异为：

——引用了采用国际标准或欧洲标准的我国标准，但我国标准并非等同采用国际标准或欧洲标准。

为便于使用，本部分还对 NF U02-007:2002 做了下列编辑性修改：

a) “本法国标准”改为“本部分”；

b) 删除 NF U02-007:2002 的前言和引言；

c) 修改了 NF U02-007:2002 的范围；

d) 用小数点“.”代替作为小数点的逗号“,”；

e) 删除了 4.4 中的注；

f) 删除了 NF U02-007:2002 的参考文献。

本部分附录 A、附录 C 为规范性附录，附录 B 为资料性附录。

本部分由中国机械工业联合会提出。

本部分由全国农业机械标准化技术委员会(SAC/TC 201)归口。

本部分起草单位：中国农业机械化科学研究院、中国农业机械化科学研究院呼和浩特分院。

本部分主要起草人：张咸胜、杨铁军、李秀荣、高晨鸣、皇才进、吕树盛。

农林机械 安全 第21部分：动力摊晒机和搂草机

1 范围

GB 10395的本部分规定了设计和制造以拖拉机动力或辅助动力驱动的悬挂式和半悬挂式摊晒机、搂草机和单转轮或多转轮旋转摊晒搂草机的安全要求和判定方法。

本部分适用于动力摊晒机和搂草机。

本部分不适用于：

——平行齿耙搂草机；

——链式或带式搂草机；

——人力摊晒机和人力搂草机。

注：本部分并不涉及所有农业机械的共性危险，特别是与移动相关，包括与自走式机械相关的共性危险，这些方面的要求在GB 10395.1中规定。

本部分未考虑环境方面因素。

2 规范性引用文件

下列文件中的条款通过GB 10395的本部分的引用而成为本部分的条款。凡是注日期的引用文件，其随后所有的修改单(不包括勘误的内容)或修订版均不适用于本部分，然而，鼓励根据本部分达成协议的各方研究是否可使用这些文件的最新版本。凡是不注日期的引用文件，其最新版本适用于本部分。

GB 2893 安全色(GB 2893—2008，ISO 3864-1:2002，MOD)

GB 10395.1—2009 农林机械 安全 第1部分：总则(ISO 4254-1:2008，MOD)

GB/T 15706.1 机械安全 基本概念与设计通则 第1部分：基本术语和方法(GB/T 15706.1—2007，ISO 12100-1:2003，IDT)

GB/T 15706.2—2007 机械安全 基本概念与设计通则 第2部分：技术原则(ISO 12100-2:2003，IDT)

GB 23821—2009 机械安全 防止上下肢触及危险区的安全距离(ISO 13857:2008，IDT)

3 术语和定义

GB/T 15706.1和GB/T 15706.2确立的术语和定义适用于本部分。

4 安全要求和/或措施

4.1 一般要求

设计机器时，本部分未涉及的危险应遵循GB/T 15706.1和GB/T 15706.2规定的原则。

除本部分另有规定外，机器应符合GB 10395.1和GB 23821—2009中表1、表3、表4或表6规定。

4.2 防止意外接触机器的措施

4.2.1 机器工作状态

机器的运转部件前部、后部均应进行防护，防护装置至少应覆盖机器工作部件运动轨迹最外端点(垂直于机器前进方向)。

防护装置(如防护板)在机器工作时应保证与机器工作部件最外运动轨迹的安全距离至少150 mm。侧面防护装置与机器工作部件最外运动轨迹的水平安全距离至少为 50 mm(见图 1)。

单位为毫米

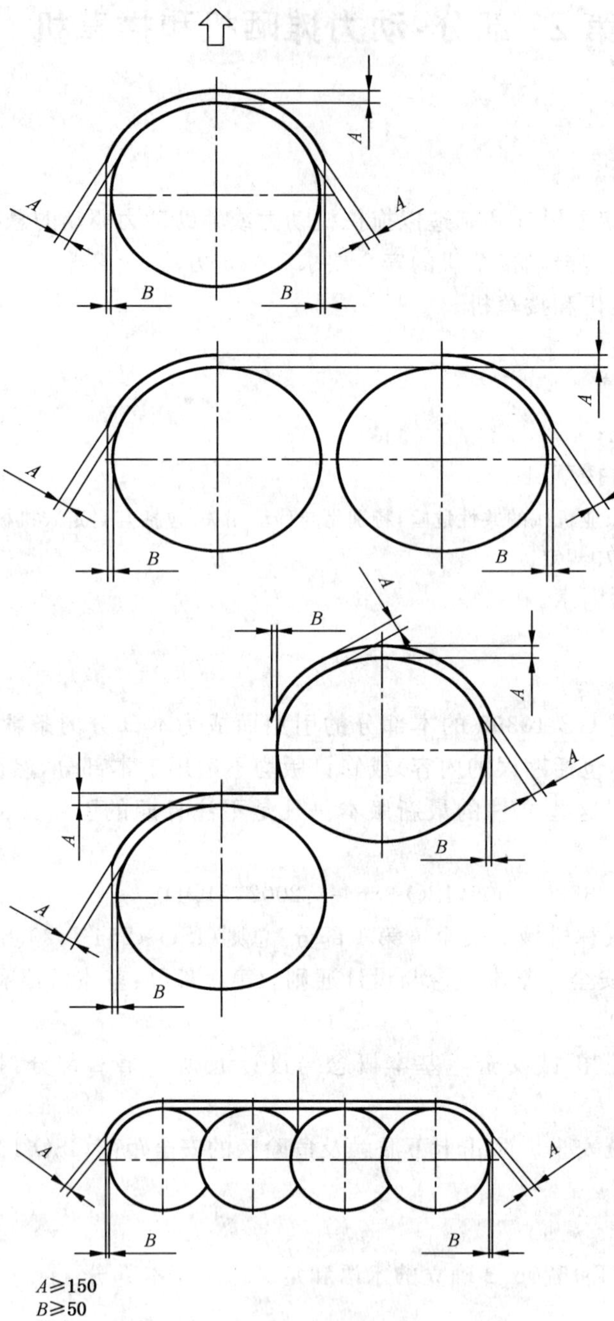

图 1 防护装置与工作部件最外运动轨迹间的安全距离

在机器工作时防护装置离地高度应在 400 mm～1 000 mm 之间(见图 2)。

相对于机器前部,机器后部也应防护。后部防护装置的安全距离同样最小为 150 mm。

如果预定要经常打开机器上的防护装置,防护装置应:

——使用工具才能打开。该类防护装置打开时应与机器保持连接(例如通过铰链形式连接),且不使用工具能自动锁定在关闭位置。

——在打开时机器不能工作。

单位为毫米

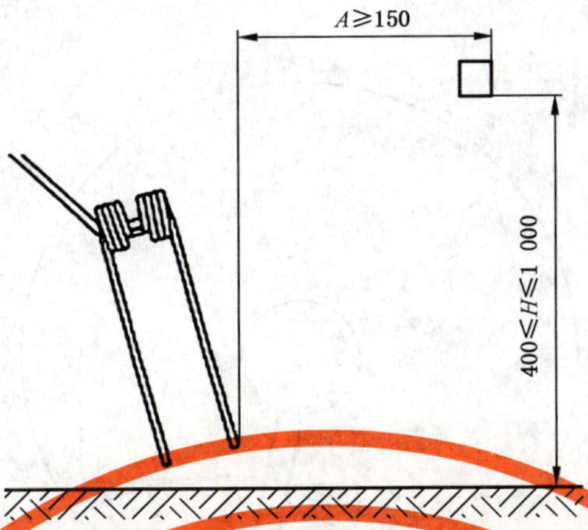

图 2　防护装置离地高度

4.2.2　机器的停放

机器应按使用说明书的规定停放于硬地上，机身整体倾斜在 8.5°以内应保持稳定。

4.2.2.1　搂草机

保存停放搂草机时，应提升工作转轮：

——可拆卸部件，不用时应拆下经整理后放置和保存；

——机器部件应按一定方式放置，即轮齿末端不应伸出到机器的外面；

——在机器侧面应固定一根离地高度 1 300 mm～1 600 mm 的防护杆作防护装置(见图 3)；

——防护杆距机器的工作部件应至少 150 mm(见图 3)；

——防护装置应高于机器工作部件至少 140 mm。防护装置应按 GB 2893 规定用色差明显的组合安全色(如黄-黑，红-白)进行标记。

单位为毫米

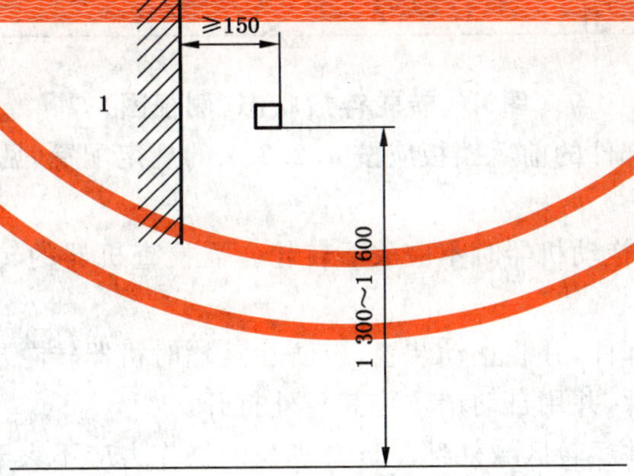

1——工作部件。

图 3　侧面防护距离

4.2.2.2　摊晒机

在入库存放时，摊晒机外部的转轮应提升到停放位置并应安装一个挡板作为防护装置。

机器的挡板应安装在前后两端，并在距工作部件最外轨迹至少 250 mm 处，挡板下边缘离地最大高度为 1 300 mm，上边缘离地最小高度为 1 600 mm(见图 4)。

单位为毫米

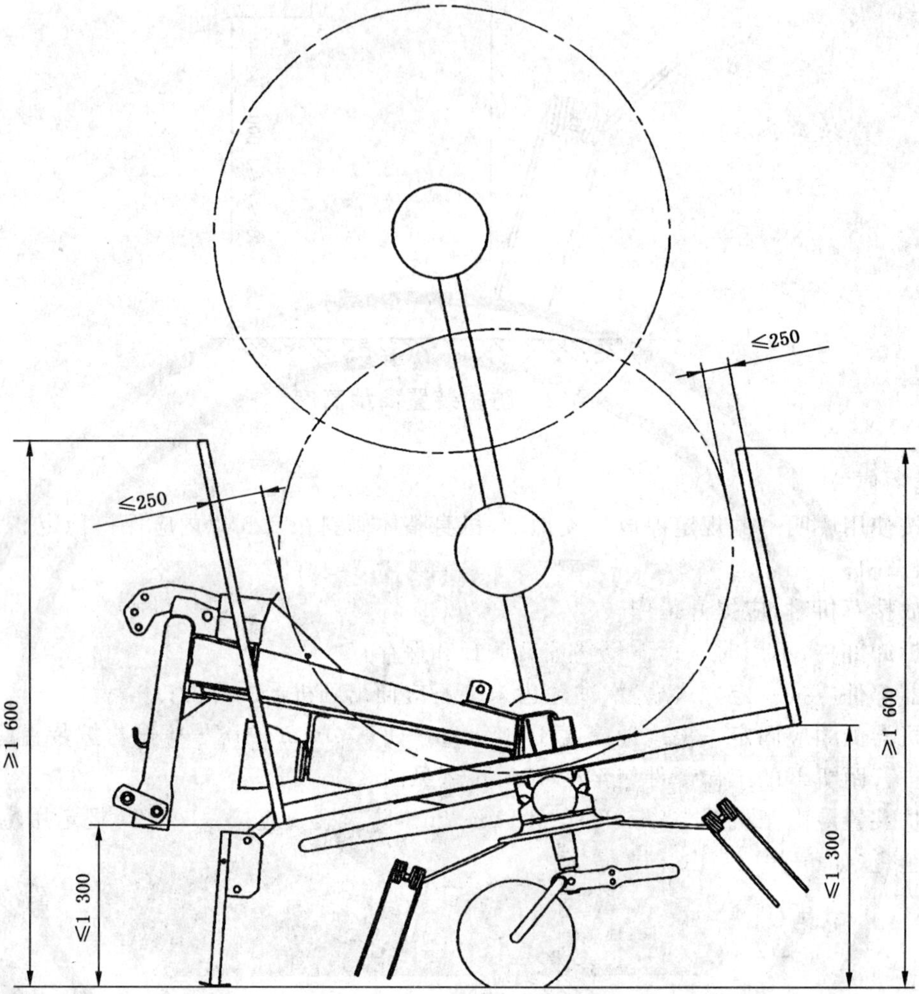

图 4 转轮存放状态(侧视图)

在垂直平面中防护工作部件的前后挡板应按 4.2.2.1 的规定配置(见图 5)。

4.3 装卸及运输的保护

没有操作人员的允许,在拖动机器时不应放下转轮。需检查机器的转轮向可能打开方向的倾斜角应在 8.5°以内。

运输机器时应折回转轮部件,并装止动装置,以防在运输时机器转轮自行降落。在驾驶室内用液压装置应能折回和打开上述部件,并用自动销防止其意外打开。

操纵机构应装在工作部件运转区域外部。折叠机构的操作力应不大于 250 N。

4.4 牵引杆

当牵引杆具有相互独立的运输和工作位置时,应装备机械式或液压式锁定装置(例如:插销、挂钩或液压缸),并要求通过有意识的动作才能实现从工作位置到运输位置和从运输位置到工作位置的转换。当使用液压缸时,如果液压回路失效,牵引杆应保持在锁定位置。

4.5 安全要求和/或措施的判定

给出规定值的要求应通过测量进行判定;操纵机构应通过功能试验和位置测量进行判定;防护装置应通过功能试验进行判定。

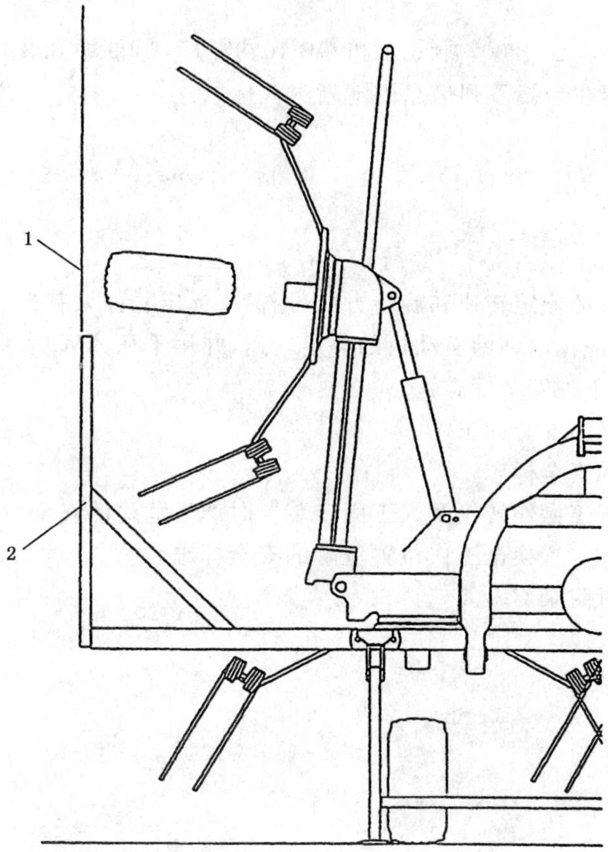

1——垂直平面安装的前后两挡板；

2——挡板。

图 5　垂直平面安装的前后两挡板(后视图)

5　使用信息

5.1　使用说明书

使用说明书中应提供机器保养、安全使用和专用装置等方面的详尽说明和信息。使用说明书应符合 GB/T 15706.2—2007 中 6.5 和 GB 10395.1—2009 中 8.1 的规定。

使用说明书中应特别强调说明下列各点：

a）机器转动产生的危险；

b）调整机器状态的危险；

c）机器后部抛掷物的危险；

d）在没有可靠支撑机构的机器下方工作的危险；

e）当机器收起处于运输位置时，由于振动造成机器与后部玻璃接触产生的危险；

f）由于挂接了机器影响拖拉机的操纵性能，尤其是在运输中；必要时检查平衡配重装置；

g）发动机停止运转或使用 4.3 和 4.4 中规定的止动装置及调整和维修操作时需注意的事项；

h）禁止攀爬正在运转的机器；

i）必须让旁观者远离机器；

j）以下操作是为了调整机器的运输位置和工作位置，包括活动臂和叉齿固定情况的必要检查；

——机器在工作之前所有的保护装置应安装就位；

——必须定期检查机械止动装置的正常工作情况，见 4.3 和 4.4；

——在斜坡上工作打开转轮时，需采取预防措施。

5.2 标志

标志应符合 GB/T 15706.2—2007 中 6.4 和 GB 10395.1—2009 中 8.2、8.3 的规定。

所有打捆机均应设置至少包括下列信息的清晰耐久标志：

——制造厂名称和地址；

——制造年份；

——产品名称或型式型号；

——出厂编号，如果有；

——动力输入连接装置的额定转速和旋转方向（用箭头标出），如果有；

——如用辅助发动机，应标出辅助发动机的额定转速，并用千瓦（kW）表示出相应功率。

另外，在机器上应设置下列安全标志：

——警告运动部件危险的安全标志；

——警告抛掷物危险的安全标志；

——警告运输、入库、人工操作转轮及人工固定装置时产生危险的安全标志；

——警告将转轮从运输位置换至工作位置危险的安全标志。

适用的安全标志示例见附录 C。

附　录　A
（规范性附录）
危险一览表

表 A.1 给出了基于 GB/T 15706.1 和 GB/T 15706.2 的危险一览表。

表 A.2 给出了由机器移动产生的危险一览表。

这些表最后一栏(本部分给出的解决方法)的不同陈述的含义是：

——“不相关”：该危险不是该机器的重大危险。

——“给出”：该危险是重大危险。指定条款中给出解决方法是根据 GB/T 15706 的安全通则确定的处置危险的指南；即意味着：

- 尽可能通过设计消除或减小风险；
- 采取保护措施；
- 提供遗留风险的信息。

——“部分给出”：该危险是该机器的多个零部件的重大危险。指定条款中给出的解决方法可处置其中一部分零部件的该危险。对其余零部件该危险是重大危险，为处置该危险将必须采取的其他解决方法本部分并未给出。

——“未给出”：该危险是该机器的重大危险，但在本部分起草过程中未加考虑。

标示“未给出”或“部分给出”危险的要求在 GB 10395.1 中规定，这些危险在表 A.1 和表 A.2 最后一栏中用星号(*)标示。

表 A.1　危险一览表

危　　险		有关条款		本部分给出的解决方法
		GB/T 15706.1	GB/T 15706.2	
A.1	**机械危险** 如由机器部件或工件的下列要素引起的： ——形状； ——相对位置； ——质量和稳定性(各元件的位能)； ——质量和速度(各元件的动能)； ——机械强度不足； ——由以下原因引起的位能积累： ● 弹性元件(弹簧)； ● 压力下的液体或气体； ● 真空	4.2	—	—
A.1.1	挤压危险	4.2.1,4.2.2	4.2	在 4.1,4.3,4.4,5.1,5.2 中给出
A.1.2	剪切危险	4.2.1,4.2.2	4.2,5.2.1	在 4.1,4.2,4.3,4.4,5.1,5.2 中给出
A.1.3	切割或切断危险	4.2.1,4.2.2	4.2	未给出
A.1.4	缠绕危险	4.2.1,4.2.2	—	在 4.2,5.1,5.2 中给出
A.1.5	引入或卷入危险	4.2.1	4.14,5.2.1,5.5.3	未给出

表 A.1（续）

危险		有关条款		本部分给出的解决方法
		GB/T 15706.1	GB/T 15706.2	
A.1.6	冲击危险	4.2.1	—	在4.2,4.4,5.1中给出
A.1.7	刺伤或扎伤危险	4.2.1	—	在4.2,5.1中给出
A.1.8	摩擦或磨损危险	4.2.1	4.3b)	未给出
A.1.9	高压流体喷射危险	4.2.1	—	未给出*
A.1.10	(机械及被加工材料/工件)部件抛射危险	4.2.2	4.10	在5.1,5.2中给出
A.1.11	(机械或机器零件)不稳定	4.2.2	4.6	在4.2中给出
A.1.12	与机械有关(因机器的特征)的滑倒、倾倒和跌倒危险	4.10	5.5.6	未给出*
A.2	**电气危险** 例如由以下各因素引起：	4.3	4.9	—
A.2.1	电接触(直接或间接)	4.3	—	未给出
A.2.2	静电现象	4.3	—	不相关
A.2.3	热辐射或其他现象,例如由于短路、过载等引起的熔化粒子喷射和化学效应	4.3	—	不相关
A.2.4	电气设备外部影响	4.3	4.4	不相关
A.3	**热危险** 导致：	4.4	4.8.4	—
A.3.1	通过人们可接触的火焰或爆炸、热源辐射的烧伤和烫伤	4.4	—	未给出
A.3.2	由于热或冷的工作环境对健康的危害	4.4	—	不相关
A.4	**由噪声产生的危险** 导致：	4.5	4.8.4	—
A.4.1	听力损失(耳聋)、其他生理障碍(例如失去平衡,失去知觉)	4.5	—	未给出*
A.4.2	干扰语言通讯,听觉信号等	4.5	—	不相关
A.5	**由振动产生的危险** (导致各种神经和血管病症)	4.6	4.8.4	不相关
A.6	**由辐射产生的危险** 特别是由下列因素引起：	4.7	—	—
A.6.1	电弧	—	—	在4.3中部分给出*
A.6.2	激光	—	—	不相关
A.6.3	离子源辐射	4.7	—	不相关
A.6.4	使用高频电磁场的机器	—	—	不相关

表 A.1(续)

危险		有关条款		本部分给出的解决方法
		GB/T 15706.1	GB/T 15706.2	
A.7	**由机械加工的、使用的或排出的材料和物质产生的危险** 例如:	4.8	4.3b)	—
A.7.1	由于接触或吸入有害的液体、气体、烟雾和灰尘导致的危险	4.8	—	不相关
A.7.2	火或爆炸危险	4.8	—	不相关
A.7.3	生物和微生物(病菌或细菌)危险	4.8	—	不相关
A.8	**机器设计中由于忽略人类工效学原则产生的危险**(机械与人的特征和能力不协调) 如由下列因素引起:	4.9	4.8	—
A.8.1	不利于健康的姿态或过分用力	4.9	4.8.2,4.8.5	在4.3中给出
A.8.2	不适当的考虑人的手臂或腿脚构造	4.9	4.8.3	未给出[a]
A.8.3	忽略了使用个人防护装备	5.5	—	不相关
A.8.4	不适当的工作面照明	—	4.8.6	不相关
A.8.5	精神过分紧张或准备不足等	4.9	4.8.5	不相关
A.8.6	人的差错	4.9	4.8	在5.1,5.2中给出
A.9	**各种危险组合**	4.11	—	不相关
A.10	**由于能源失效、机械零件损坏或其他功能故障产生的危险** 例如:	5.3b)	4	—
A.10.1	能源(能量和/或控制电路)失效	3.30	4.11.1	在4.3,4.4中给出
A.10.2	机械零件或流体意外抛射	—	4.10,5	未给出[a]
A.10.3	控制系统的失效、失灵(意外起动、意外过流)	3.29,3.30,3.31	4.11.1	未给出
A.10.4	装配错误	—	—	在5.1中给出
A.10.5	机器翻倒,意外失去稳定性	4.2.2	4.6	在4.2,5.1中给出
A.11	**由于安全措施错误的或不正确的定位产生的危险** 例如:	—	5	—
A.11.1	各类防护装置	3.25	5.3	在5.1中给出
A.11.2	各类有关安全(防护)装置	3.26	5.3	在5.1中给出
A.11.3	起动和停机装置	—	4.11.1	未给出
A.11.4	安全标志和信号装置	—	4.8.8,6.2,6.3,6.4	在5.1中给出
A.11.5	各类信息或报警装置	—	6.4	不相关

表 A.1(续)

危险		有关条款		本部分给出的解决方法
		GB/T 15706.1	GB/T 15706.2	
A.11.6	能源切断装置	—	5.5.4	不相关
A.11.7	急停装置	—	5.5	不相关
A.11.8	工件的送进/取出措施	—	4.14	不相关
A.11.9	安全调整和/或维修的主要设备和附件	3.3,5.3a)	4.7,4.15,5.5.5,4.11.12	在4.1中给出
A.11.10	排气装置等	—	—	不相关

表 A.2 由移动产生的危险一览表

危险		本部分给出的解决方法
A.12	**在移动和工作区域照明不足**	不相关
A.13	**由突然移动、不稳定等产生的危险**	在4.3,4.4中给出
A.14	**驾驶/操作位置不合适/未按人类工效学设计**	—
A.14.1	由危险环境产生的危险(与运动部件、排出废气接触等)	不相关
A.14.2	驾驶者/操作者位置可视性不足	不相关
A.14.3	座椅/座位(SIP)不合适	不相关
A.14.4	操纵机构位置不合适/未按人类工效学设计	不相关
A.14.5	机器的确定/移动	在4.3中给出
A.14.6	机器的运行	不相关
A.14.7	步行操纵机器的运行	不相关
A.15	**机械危险**	—
A.15.1	人暴露于不可控制运动的危险	在4.2,4.3,4.4中给出
A.15.2	部件损坏和/或抛出产生的危险	未给出
A.15.3	翻倾产生的危险	不相关
A.15.4	物体落下产生的危险	不相关
A.15.5	进入机器措施不合适	不相关
A.15.6	由牵引、连接、传动等产生的危险	在4.4,5.1,5.2中部分给出
A.15.7	由蓄电池、火、灰尘和气体排放等产生的危险	未给出

附 录 B
（资料性附录）
摊晒机及搂草机示例

图 B.1 半悬挂式摊晒机

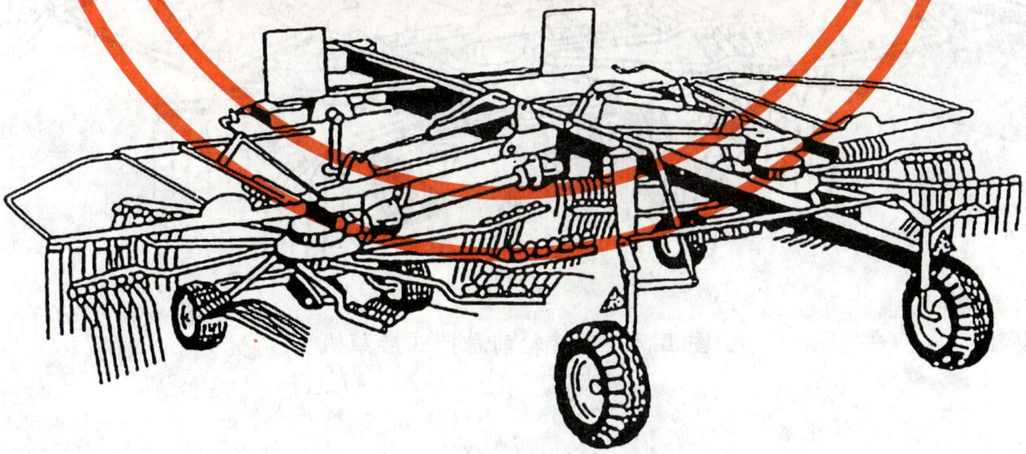

图 B.2 双转轮半悬挂式搂草机

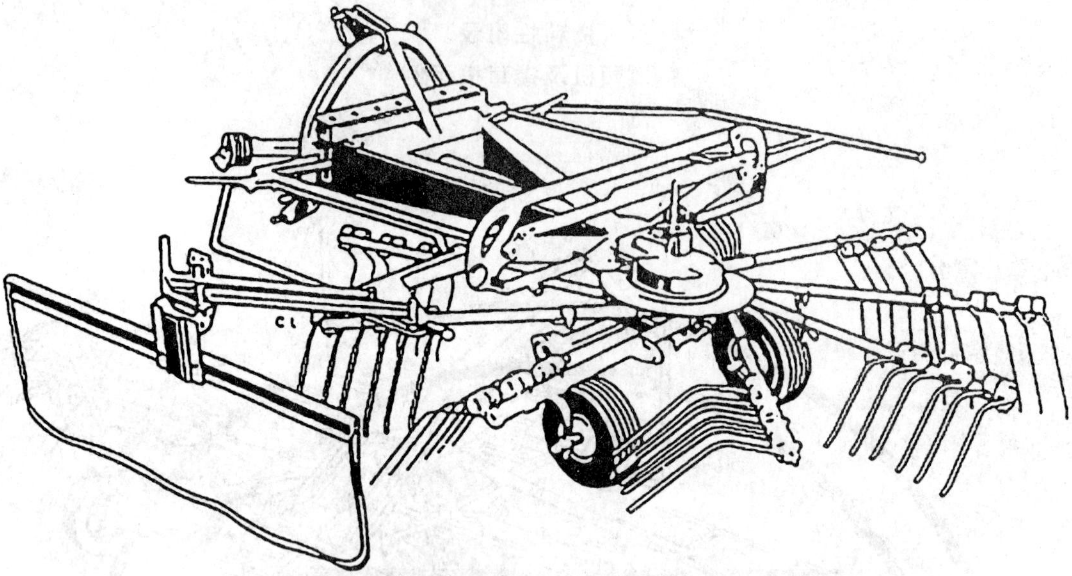

图 B.3　单转轮后悬挂式搂草机

图 B.4　单转轮前悬挂式搂草机

附 录 C
（规范性附录）
适用的安全标志示例

C.1 警告运动部件危险的安全标志

C.2 警告抛掷物危险的安全标志

C.3 警告从工作位置转换至运输位置时危险的安全标志

ICS 65.060.01
B 90

中华人民共和国国家标准

GB 10395.22—2010

农林机械 安全 第22部分:前装载装置

Agricultural and forestry machinery—Safety—Part 22: Front loaders

2010-12-01 发布　　2011-10-01 实施

中华人民共和国国家质量监督检验检疫总局
中国国家标准化管理委员会　发布

前　　言

本部分的全部技术内容为强制性。

GB 10395《农林机械　安全》分为：

——第1部分：总则；

——第2部分：自卸挂车；

——第3部分：厩肥撒施机；

——第4部分：林用绞盘机；

——第5部分：驱动式耕作机械；

——第6部分：植物保护机械；

——第7部分：联合收割机、饲料和棉花收获机；

——第8部分：排灌泵和泵机组；

——第9部分：播种、栽种和施肥机械；

——第10部分：手扶(微型)耕耘机；

——第11部分：动力草坪割草机；

——第12部分：便携式动力绿篱修剪机；

——第13部分：后操纵式和手持式动力草坪修剪机和草坪修边机；

——第14部分：动力粉碎机和切碎机；

——第15部分：配刚性切割装置的动力修边机；

——第16部分：马铃薯收获机；

——第17部分：甜菜收获机；

——第18部分：软管牵引绞盘式喷灌机；

——第19部分：中心支轴式和平移式喷灌机；

——第20部分：捡拾打捆机；

——第21部分：动力摊晒机和搂草机；

——第22部分：前装载装置；

——第23部分：固定式圆形青贮窖卸料机；

——第24部分：液体肥料施肥车；

……

本部分是GB 10395《农林机械　安全》的第22部分，修改采用EN 12525:2000《农业机械　前装载装置　安全》(英文版)。

本部分根据EN 12525:2000重新起草。与EN 12525:2000的技术性差异为：

——引用了采用国际标准或欧洲标准的我国标准，但我国标准并非等同采用国际标准或欧洲标准。

为便于使用，本部分还对EN 12525:2000做了下列编辑性修改：

a)　“本欧洲标准”改为“本部分”；

b)　删除EN 12525:2000的前言和引言；

c)　修改了EN 12525:2000的范围；

d)　用小数点“.”代替作为小数点的逗号“,”；

e)　删除了EN 12525:2000的附录ZA“本标准与欧洲EC指令的关系”；

f)　删除了EN 12525:2000的参考文献。

本部分的附录 A 为规范性附录，附录 B、附录 C、附录 D 为资料性附录。

本部分由中国机械工业联合会提出。

本部分由全国农业机械标准化技术委员会(SAC/TC 201)归口。

本部分起草单位：中国农业机械化科学研究院、洛阳拖拉机研究所。

本部分主要起草人：张咸胜、尚项绳、陈俊宝、皇才进、吕树盛。

农林机械 安全
第 22 部分:前装载装置

1 范围

GB 10395 的本部分规定了设计和制造安装在农林轮式拖拉机上的前装载装置的安全要求和判定方法。

本部分给出了举升臂装配到拖拉机安装支架上的相关危险,以及工作部件固定装置装配到举升臂上的相关危险;本部分未给出运输状态对乘员所产生的危险。

本部分适用于安装在农林轮式拖拉机上的前装载装置。

2 规范性引用文件

下列文件中的条款通过 GB 10395 的本部分的引用而成为本部分的条款。凡是注日期的引用文件,其随后所有的修改单(不包括勘误的内容)或修订版均不适用于本部分,然而,鼓励根据本部分达成协议的各方研究是否可使用这些文件的最新版本。凡是不注日期的引用文件,其最新版本适用于本部分。

GB 10395.1—2009 农林机械 安全 第 1 部分:总则(ISO 4254-1:2008,MOD)

GB 10396 农林拖拉机和机械、草坪和园艺动力机械 安全标志和危险图形 总则(GB 10396—2006,ISO 11684:1995,MOD)

GB/T 15706.1—2007 机械安全 基本概念与设计通则 第 1 部分:基本术语和方法(ISO 12100-1:2003,IDT)

GB/T 15706.2—2007 机械安全 基本概念与设计通则 第 2 部分:技术原则(ISO 12100-2:2003,IDT)

GB/T 20791 农林拖拉机 外部装置操纵件用支架和孔口(GB/T 20791—2006,ISO 8935:1990,IDT)

GB 23821—2009 机械安全 防止上下肢触及危险区的安全距离(ISO 13857:2008,IDT)

ISO 10448 农业拖拉机 机具用液压压力

EN 982 机械安全 流体动力系统及其元件的安全要求 液压装置

3 术语和定义

GB/T 15706.1 和 GB/T 15706.2 确立的以及下列术语和定义适用于本部分。

3.1

前装载装置 front loader

由举升臂和固定在拖拉机安装支架上的锁定装置组成,并带装配各种许用工作部件用装置的可拆卸部件,见图 1。

3.2

许用工作部件 allowable attachment

制造厂认可的装配在特定前装载装置(和拖拉机)上使用的工作部件。

3.3

支撑装置　supporting device

前装载装置从拖拉机上拆下后,支撑举升臂使其处于稳定状态的装置。

注:贮存用支撑装置示例,见图1。

3.4

前装载装置手动操纵机构　manual controls of the front loader

与前装载装置一起提供的,在拖拉机驾驶位置能够操作前装载装置和工作部件的操纵设备。

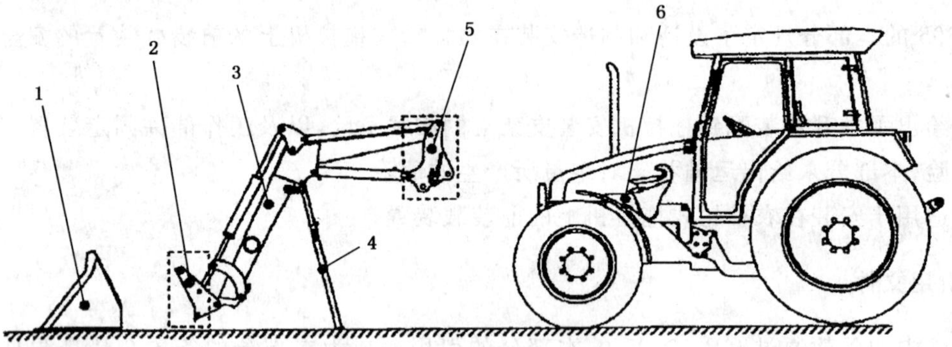

1——工作部件;
2——工作部件固定装置;
3——举升臂;
4——支撑装置;
5——锁定装置;
6——拖拉机安装支架。

图1　前装载装置

4　安全要求和/或措施

设计前装载装置时,本部分未涉及的危险应遵循 GB/T 15706.1 和 GB/T 15706.2 规定的原则。

除本部分另有规定外,前装载装置应符合 GB 10395.1 和 GB 23821—2009 中表1、表3、表4 或表6 的规定。

4.1　前装载装置在拖拉机上的安装

4.1.1　预定用途

前装载装置制造厂应根据拖拉机的特定技术性能参数及机组的预定用途,说明前装载装置适合安装在哪种类型的拖拉机上使用。

4.1.2　前装载装置/拖拉机机组的稳定性

前装载装置/拖拉机机组的稳定性取决于工作部件的工作范围和容量、前装载装置在拖拉机上的布置和拖拉机的型式。安装配重或后轮配重,遵守驾驶操作规范可提高机组稳定性。

更进一步的指南见附录B。

4.1.3　前装载装置的拖拉机安装支架

前装载装置制造厂应设计安装支架和相应的固定零部件,并使预定用途的最大载荷能安全地传递到拖拉机的构架上。

4.2　举升臂的拆卸和存放

4.2.1　支撑装置

当前装载装置放在地面上时,支撑装置应能支撑住拆卸下的举升臂,并应:

——具有支撑住举升臂重量和4.2.2规定条件下的最大许用工作部件重量的结构强度;

——具有施加于地面压力不大于 400 kPa 的支撑面，当任何许用工作部件处于最低位置时都应满足该要求；

——具备锁定装置，以防止意外降落和因支撑装置产生的引入或卷入危险；

——在卸下举升臂时应随时可用；支撑装置应连在举升臂上或与前装载装置分开存放在拖拉机上的某一位置处。

驾驶员站在举升臂旁边或坐在驾驶员座位上应能调整支撑装置高度，并能锁紧支撑装置。

4.2.2 稳定性

当拆卸下的举升臂按使用说明书的推荐状态置于水平坚硬地面上时，举升臂应能承受任意方向施加的 400 N 力而不倾倒。

4.3 工作部件在举升臂上的安装

4.3.1 预定用途

前装载装置制造厂应规定与举升臂配套并安全使用的许用工作部件的类型和容量。

4.3.2 工作部件固定装置

设计的工作部件固定装置应能由驾驶员独立完成工作部件的安装和拆卸。

4.3.3 工作部件锁紧装置

锁紧装置应可靠结合，并有固定机构以确保工作部件在任何作业状态下都能与举升臂可靠连接(见附录 C 的示例)。

使用过程中或安全保护机构失效时工作部件也不应脱落。例如液压系统中用锁定阀可满足该要求。

4.4 液压系统

4.4.1 液压功率及液压压力

液压回路及其元件应按 EN 982 规定进行设计。

液压系统应能传递拖拉机的全部液压功率，或具备前装载装置配套提供的压力控制阀限定的液压功率。

液压软管、管路和所有接头应能承受拖拉机液压系统设定压力或前装载装置配套的压力控制阀设定压力至少 4 倍的压力而不发生爆裂。

如果不能确定液压系统的设定压力，则应使用 ISO 10448 中要求的压力。

4.4.2 操作者座位附近的液压软管

具有 5 MPa(50 bar)以上压力、未防护的液压软管应置于距操作者正常操作位置 1 m 以上的位置处。软管的防护应保证在软管损坏时，温度在 50 ℃以上的液体不能触及到操作者。

4.4.3 接头

设计的接头应保证不能发生不正确的联接，或应在接头上明确标出安装标志。

4.5 手动操纵机构

4.5.1 设计和布置

GB/T 20791 给出了外部装置操纵机构的安装孔口示例。

举升臂和工作部件运动的操纵机构应按 GB/T 15706.1—2007 中 3.26.3 的规定设计成止-动控制(持续操纵)型，浮动位置操纵机构除外，浮动位置操纵机构可通过棘爪保持在位置上。

操纵机构的设计和布置应：

——容易接近和识别；

——按图 2 或图 3 在操纵机构上或附近进行标识。

注：图中没有规定的操纵符号应符合 GB/T 4269.2 的规定。

为避免误操作前装载装置操纵机构，应采取下列措施之一：

——将操纵机构与液压供给系统可靠隔离使它们不使用；

——锁定操纵机构使其不能使用；

——操纵机构本身的结构和布置(例如使用凹入式指尖操纵机构)。

如果拖拉机本身的操纵机构能操纵前装载装置，则应提供该方面所有必需的操作信息。

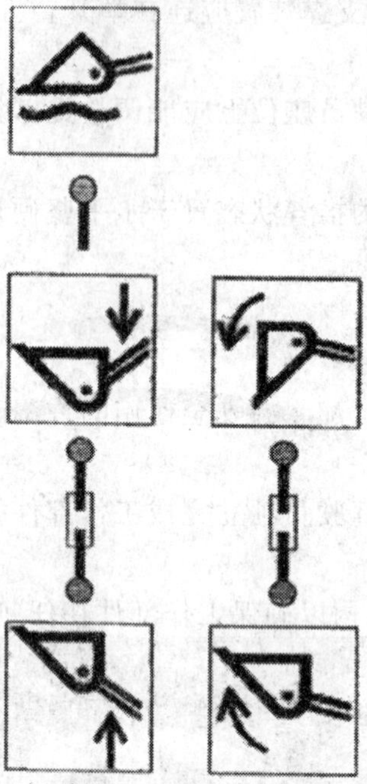

图 2　双操纵杆和单换向操纵杆的布置和标志

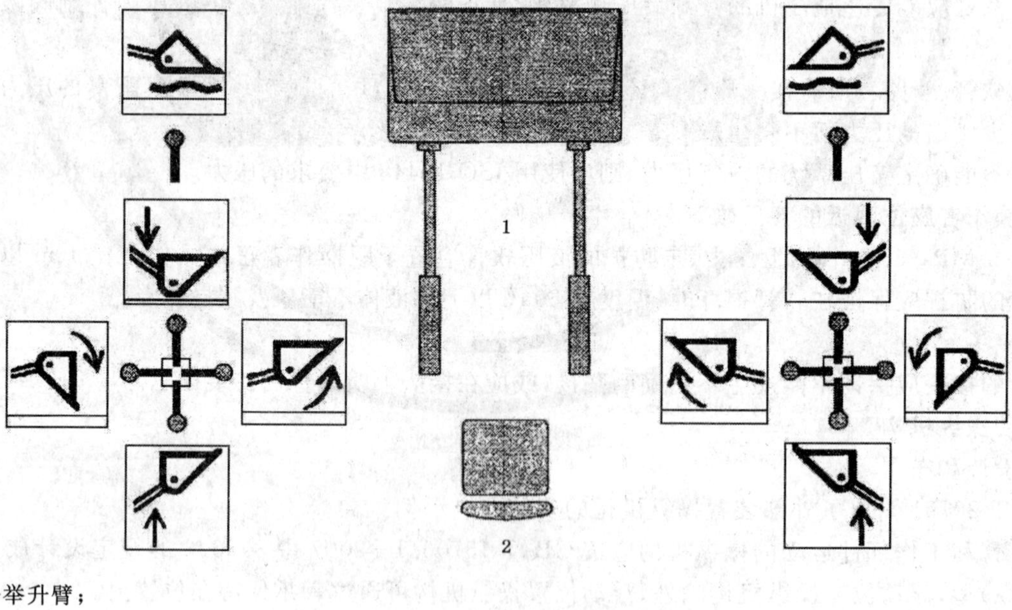

1——举升臂；

2——座位。

图 3　左、右两侧单操纵杆的布置和标志

4.6　维护和保养操作

应能防止升起的举升臂意外降落。

应提供机械支撑装置或其他液压锁定装置，以保证在举升臂升起的部件下，操作者能进行维修和保养操作。

操作者在不进入或不接近举升臂和工作部件运动范围的情况下，应能操作液压锁定装置和机械支撑装置。当支撑装置为人工操作时，其位置和功能应在前装载装置上标出。

液压锁定装置应处于液压缸上，或与液压缸相连的上游管路中。

机械支撑装置应至少能承受举升臂和其最重工作部件产生力1.5倍的力。

从拖拉机上安装/拆卸举升臂以及从举升臂上安装/拆卸许用工作部件应能由一人独立完成。

举升臂上应设起吊点，起吊点应明确标记，并位于能保持平衡吊起的位置。

注：起吊点可以是连接到举升臂的钩或环，举升臂上的开口，或适合于固定绳索的地方。

5 安全要求和/或措施的判定

给出规定值的尺寸应通过测量进行判定；操纵机构应通过功能试验和位置测量进行判定；防护装置应通过功能试验进行判定。

6 装配信息

应向用户提供将前装载装置装配到拖拉机上的所有方面的详尽说明和信息。

特别应强调说明下列各点：

——设计安装前装载装置的拖拉机的信息；

——特定拖拉机安装支架有关布置和固定的信息；

——举升臂的起吊点位置和标志；

——液压系统的最大许用压力和前装载装置的最大举升能力；

——符号的含义和操纵机构移动效果的说明；

——当安装前装载装置时，应连接的手动操纵机构与拖拉机的连接方法；

——安装前装载装置的拖拉机作业过程中稳定性的可能变化情况，以及有关使用配重的指南；

——翻倾保护装置(ROPS)对落向驾驶位置的载荷只能起部分防护作用，仅能通过使用设计的附属装置实现附加防护功能以防止落向拖拉机驾驶位置的载荷。

注：注意交通法规会影响安装前装载装置的拖拉机的运行。

7 使用信息

7.1 使用说明书

7.1.1 一般要求

使用说明书中应提供前装载装置所有维护、安全使用方面的详尽说明和信息。使用说明书应符合GB/T 15706.2—2007中6.5和GB 10395.1—2009中8.1的规定。

使用说明书中应特别强调说明7.1.2至7.1.6确定的各点。

7.1.2 手动操纵机构

——应解释符号的含义以及移动操纵机构所产生的效果；

——应有前装载装置操纵机构和拖拉机上用于控制前装载装置的操纵机构操作方法的信息。

7.1.3 液压系统

——应定期检查液压软管的状况。

7.1.4 工作部件的安装

——应提供许用工作部件、工作部件使用以及正确安装到举升臂上的信息，且应说明在使用前对上述信息进行检查。

——工作部件和举升臂的安装和拆卸仅能由驾驶员独自完成的信息。还应提供安装和拆卸相关的说明。

——每次使用前装载装置前应检查工作部件是否与举升臂正确可靠连接的说明。

——应提供安装、许用载荷影响、工作部件正确连接及其检查方法的说明。检查工作部件是否正确连接的规程应详细描述。

7.1.5 前装载装置的使用

——拖拉机/前装载装置机组应停放在平整坚实的地面上，且举升臂应处于降下位置。

——应强调装载的工作部件处于举升位置，机组运动时翻倾的风险增加。

——当前装载装置处于举升位置且运动时载荷落向驾驶员位置的风险增加，尤其是前装载装置将扁平货物或大捆货物举升到拖拉机驾驶室上方时。应特别强调：拖拉机倾翻保护装置(ROPS)对这种风险只能起到部分防护作用，仅能通过使用专门设计的附属装置实现附加防护功能以防止落向拖拉机驾驶位置的载荷。

——应强调工作部件装载时需降低行驶速度，如最大行驶速度不超过 10 km/h。

——应给出如何调整轮距才能提高机组稳定性。

——前装载装置工作部件内禁止载人。

——应强调举升过程中，所有人员应远离前装载装置运行区域。

——举升时不应有人站在前装载装置附近。

——应强调意外接触高架高压电线的风险。

7.1.6 举升臂的拆卸和贮存

——无论有无工作部件，举升臂从拖拉机上拆卸时，应使用制造厂提供的支撑装置将其放置在水平坚实的地面上；

——应强调起吊点的标记位置，并使用起吊点提升举升臂。

7.2 标志

标志应符合 GB/T 15706.2—2007 中 6.4 和 GB 10395.1—2009 中 8.2、8.3 的规定。

所有前装载装置均应设置至少包括下列信息的清晰耐久标志：

——制造厂名称和地址；

——制造年份；

——产品名称或型式型号；

——出厂编号，如果有；

——举升臂的最大质量。

另外，在前装载装置上从两侧或驾驶位置的易见部位应设置下列安全标志和危险图形：

——严禁举升和载人。

安全标志和危险图形应符合 GB 10396 的规定(例如：A.4.7，A.6.11，A.6.18，B.2.1，C.2.1)。

附 录 A

（规范性附录）

危险一览表

表A.1给出了基于GB/T 15706.1和GB/T 15706.2的危险一览表。

表A.2给出了由机器移动产生的危险一览表。

表A.3给出了由举升载荷产生的危险一览表。

这些表最后一栏(本部分给出的解决方法)的不同陈述的含义是：

——"不相关"：该危险不是该机器的重大危险。

——"给出"：该危险是重大危险。指定条款中给出解决方法是根据GB/T 15706的安全通则确定的处置危险的指南；即意味着：

- 尽可能通过设计消除或减小风险；
- 采取保护措施；
- 提供遗留风险的信息。

——"部分给出"：该危险是该机器的多个零部件的重大危险。指定条款中给出的解决方法可处置其中一部分零部件的该危险。对其余零部件该危险是重大危险，为处置该危险将必须采取的其他解决方法本部分并未给出。

——"未给出"：该危险是该机器的重大危险，但在本部分起草过程中未加考虑。

表A.1 危险一览表

	危　　险	有关条款		本部分给出的解决方法
		GB/T 15706.1	GB/T 15706.2	
A.1	**机械危险** 如由机器部件或工件的下列要素引起的： ——形状； ——相对位置； ——质量和稳定性(各元件的位能)； ——质量和速度(各元件的动能)； ——机械强度不足； ——由以下原因引起的位能积累： ● 弹性元件(弹簧)； ● 压力下的液体或气体； ● 真空	4.2	—	—
A.1.1	挤压危险	4.2.1,4.2.2	4.2	在4.1、4.2、7.1,中给出
A.1.2	剪切危险	4.2.1,4.2.2	4.2,5.2.1	在4.1、4.2、7.1,中给出
A.1.3	切割或切断危险	4.2.1,4.2.2	4.2	不相关
A.1.4	缠绕危险	4.2.1,4.2.2	—	不相关
A.1.5	引入或卷入危险	4.2.1	4.14,5.2.1,5.5.3	在4.2中给出
A.1.6	冲击危险	4.2.1	—	不相关
A.1.7	刺伤或扎伤危险	4.2.1	—	不相关
A.1.8	摩擦或磨损危险	4.2.1	4.3b)	不相关

表 A.1(续)

危险		有关条款		本部分给出的解决方法
		GB/T 15706.1	GB/T 15706.2	
A.1.9	高压流体喷射危险	4.2.1	—	在4.4.1、7.1中给出
A.1.10	(机械及被加工材料/工件)部件抛射危险	4.2.2	4.10	不相关
A.1.11	(机械或机器零件)不稳定	4.2.2	4.6	在4.1.2,4.5,7.1.4中给出
A.1.12	与机械有关(因机器的特征)的滑倒、倾倒和跌倒危险	4.10	5.5.6	不相关
A.2	**电气危险** 例如由以下各因素引起:	4.3	4.9	—
A.2.1	电接触(直接或间接)	4.3	—	在7.1中给出
A.2.2	静电现象	4.3	—	不相关
A.2.3	热辐射或其他现象,例如由于短路、过载等引起的熔化粒子喷射和化学效应	4.3	—	不相关
A.2.4	电气设备外部影响	4.3	4.4	不相关
A.3	**热危险** 导致:	4.4	4.8.4	—
A.3.1	通过人们可接触的火焰或爆炸、热源辐射的烧伤和烫伤	4.4	—	不相关
A.3.2	由于热或冷的工作环境对健康的危害	4.4	—	不相关
A.4	**由噪声产生的危险** 导致:	4.5	4.8.4	—
A.4.1	听力损失(耳聋)、其他生理障碍(例如失去平衡,失去知觉)	4.5	—	不相关
A.4.2	干扰语言通讯,听觉信号等	4.5	—	不相关
A.5	**由振动产生的危险**(导致各种神经和血管病症)	4.6	4.8.4	不相关
A.6	**由辐射产生的危险** 特别是由下列因素引起:	4.7	—	—
A.6.1	电弧	—	—	不相关
A.6.2	激光	—	—	不相关
A.6.3	离子源辐射	4.7	—	不相关
A.6.4	使用高频电磁场的机器	—	—	不相关
A.7	**由机械加工的、使用的或排出的材料和物质产生的危险** 例如:	4.8	4.3b)	—

表 A.1(续)

危　　险		有关条款		本部分给出的解决方法
		GB/T 15706.1	GB/T 15706.2	
A.7.1	由于接触或吸入有害的液体、气体、烟雾和灰尘导致的危险	4.8	—	不相关
A.7.2	火或爆炸危险	4.8	—	不相关
A.7.3	生物和微生物(病菌或细菌)危险	4.8	—	不相关
A.8	**机器设计中由于忽略人类工效学原则产生的危险**(机械与人的特征和能力不协调) 如由下列因素引起:	4.9	4.8	—
A.8.1	不利于健康的姿态或过分用力	4.9	4.8.2,4.8.5	在7.1.4中给出
A.8.2	不适当的考虑人的手臂或腿脚构造	4.9	4.8.3	在4.5,4.6,7.1中给出
A.8.3	忽略了使用个人防护装备	5.5	—	不相关
A.8.4	不适当的工作面照明	—	4.8.6	未给出
A.8.5	精神过分紧张或准备不足等	4.9	4.8.5	不相关
A.8.6	人的差错	4.9	4.8	在7.1中给出
A.9	**各种危险组合**	4.11	—	不相关
A.10	**由于能源失效、机械零件损坏或其他功能故障产生的危险** 例如:	5.3b)	4	—
A.10.1	能源(能量和/或控制电路)失效	3.30	4.11.1	在4.2中给出
A.10.2	机械零件或流体意外抛射	—	4.10,5	不相关
A.10.3	控制系统的失效、失灵(意外起动、意外过流)	3.29,3.30,3.31	4.11.1	在4.5,4.5.1,7.1中给出
A.10.4	装配错误	—	—	在4.2.1、7.1.4中给出
A.10.5	机器翻倒,意外失去稳定性	4.2.2	4.6	在4.2.2,4.3,7.1中给出
A.11	**由于安全措施错误的或不正确的定位产生的危险** 例如:	—	5	—
A.11.1	各类防护装置	3.25	5.3	在4中给出
A.11.2	各类有关安全(防护)装置	3.26	5.3	在4中给出
A.11.3	起动和停机装置	—	4.11.1	在4.5.1,7.1中给出
A.11.4	安全标志和信号装置	—	4.8.8,6.2,6.3,6.4	在4.5,7.2中给出
A.11.5	各类信息或报警装置	—	6.4	在4.5.1,7.2中给出
A.11.6	能源切断装置	—	5.5.4	不相关
A.11.7	急停装置	—	5.5	不相关
A.11.8	工件的送进/取出措施	—	4.14	不相关

表 A.1（续）

危险		有关条款		本部分给出的解决方法
		GB/T 15706.1	GB/T 15706.2	
A.11.9	安全调整和/或维修的主要设备和附件	3.3,5.3a)	4.7,4.15,5.5.5,4.11.12	在4.2中给出
A.11.10	排气装置等	—	—	不相关

表 A.2 由移动产生的危险一览表

危险		本部分给出的解决方法
A.12	**在移动和工作区域照明不足**	不相关
A.13	**由突然移动、不稳定等产生的危险**	在4.1.2,4.3,7.1.4中部分给出
A.14	**驾驶/操作位置不合适/未按人类工效学设计**	—
A.14.1	由危险环境产生的危险(与运动部件、排出废气接触等)	不相关
A.14.2	驾驶者/操作者位置可视性不足	在4.3中给出
A.14.3	座椅/座位(SIP)不合适	不相关
A.14.4	操纵机构位置不合适/未按人类工效学设计	在4.5,7.1中给出
A.14.5	机器的确定/移动	在4中给出
A.14.6	机器的运行	在7.1.5中给出
A.14.7	步行操纵机器的运行	不相关
A.15	**机械危险**	—
A.15.1	人暴露于不可控制运动的危险	在7.1中给出
A.15.2	部件损坏和/或抛出产生的危险	在7.1中给出
A.15.3	翻倾产生的危险	在4.2.2,7.1.5中给出
A.15.4	物体落下产生的危险	在7.1.5中给出
A.15.5	进入机器措施不合适	不相关
A.15.6	由牵引、连接、传动等产生的危险	在4.2,4.4,7.1中给出
A.15.7	由蓄电池、火、灰尘和气体排放等产生的危险	不相关

表 A.3 由举升载荷产生的危险一览表

危险		本部分给出的解决方法
A.16	**失稳危险**	—
A.16.1	缺乏稳定性	在4.1.2,4.3,7.1.4中给出
A.16.2	机器脱轨	不相关
A.16.3	机器和举升装置的机械强度不够	未给出
A.16.4	由非受控运动产生的危险	在4.5,7.2中部分给出
A.17	**运动部件轨迹的可视性不足**	不相关
A.18	**闪电引起的危险**	不相关
A.19	**由载荷/超载产生的危险**	在4.1.2,4.5,7.1中给出

附　录　B
（资料性附录）
拖拉机/前装载装置机组的稳定性

B.1　稳定性影响因素

下列因素影响稳定性：

——装载的拖拉机/前装载装置机组的质心；

——几何条件，即前装载装置和配重的位置；

——工作部件重量和位置及工作部件的载荷；

——拖拉机的轴距和轮距；

——作业过程中工作部件的加速度、制动、转向和位置（升起位置和降下位置）；

——地面条件，即坡度、附着力及土壤承载能力。

B.2　稳定性保证措施

B.2.1　安装配重

前装载装置/拖拉机机组要求的配重质量和位置，包括对前装载装置/拖拉机机组稳定性动态影响的最低要求，可通过计算静态稳定性来确定。

强烈建议，静态称重时拖拉机后轴的承载量应不少于机组总质量（拖拉机、前装载装置、工作部件、配重和载荷）的20%。当前装载装置/拖拉机机组作业时，要求后轴承载量是机组总质量的20%是为了保证机组具有足够的附着性能和制动性能。

为保证机组稳定性（见图B.1），应满足式（B.1）：

$$\frac{G \times l_2 + M(l_1 + l_2) - N \times b}{l_2} \geq \frac{P + N + M}{5} (i.e.\ 20\%) \qquad \text{(B.1)}$$

式中：

P——装举升臂和工作部件固定装置，但不装任何配重的拖拉机的质量，单位为千克（kg）；

M——后配重的质量，单位为千克（kg）；

N——包括最大许用载荷的工作部件质量，单位为千克（kg）；

注：最大许用载荷指液压系统所能举升的最大载荷，或能安全举升的最大载荷。该最大载荷受装载物的形状或密度限制。如果前装载装置/拖拉机机组使用几种不同的工作部件，则应基于最不利的情况确定稳定性。

G——无配重，但举升臂和工作部件固定装置位于最前端时的后轴载荷，单位为千克（kg）；

b——工作部件伸到最前端位置时，工作部件及其载荷的（工作部件满载时的）质心与拖拉机前轴之间的水平距离，单位为毫米（mm）；

l_1——后配重的质心和后轴之间的水平距离，单位为毫米（mm）；

l_2——拖拉机轴距，单位为毫米（mm）。

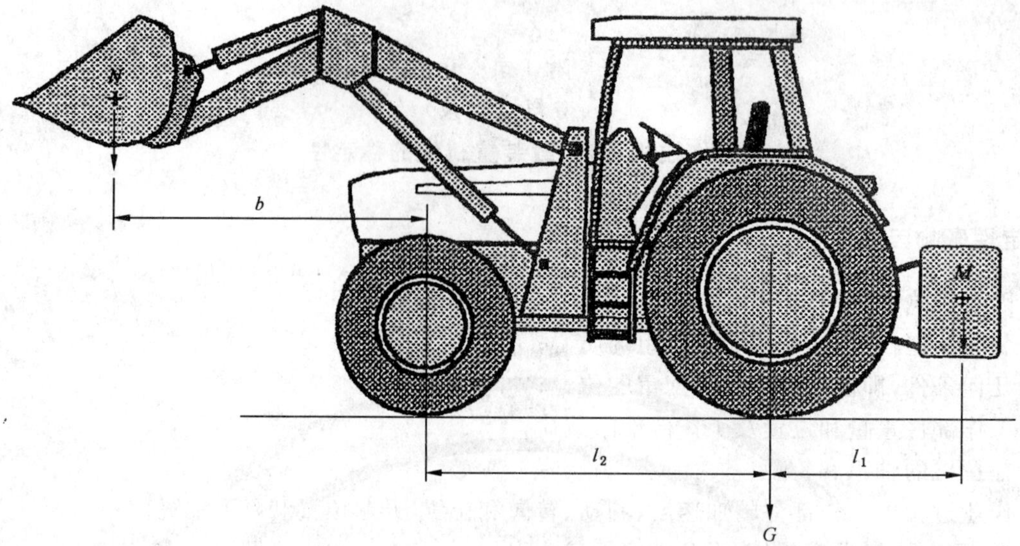

图 B.1 静态稳定性的计算

B.2.2 无配重

当无法使用配重时，可通过增加后轮重量或在轮胎内加液体配重的方法来保持稳定性。此时，满足稳定性的条件为：

$$\frac{G \times l_2 - N \times b}{l_2} \geqslant \frac{P + N}{5} \qquad \text{(B.2)}$$

附 录 C
（资料性附录）
锁 紧 装 置

图 C.1 是一种锁紧装置的示例。

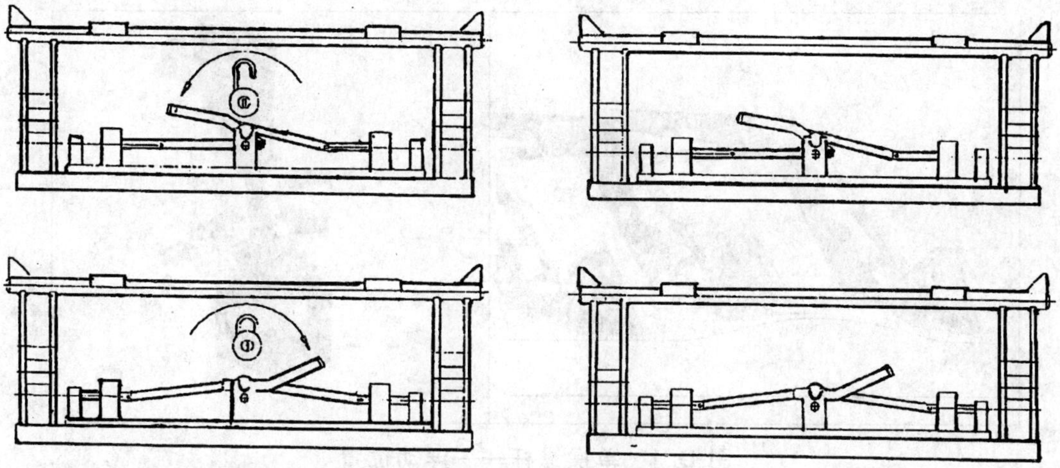

注：图示锁紧装置是从驾驶员座位方向的视图。

图 C.1 锁紧装置示例

附 录 D
（资料性附录）
浮 动 位 置

操纵杆处于“S”位置液压缸不承压，前装载装置处于浮动位置，工作部件随地面轮廓线运动。

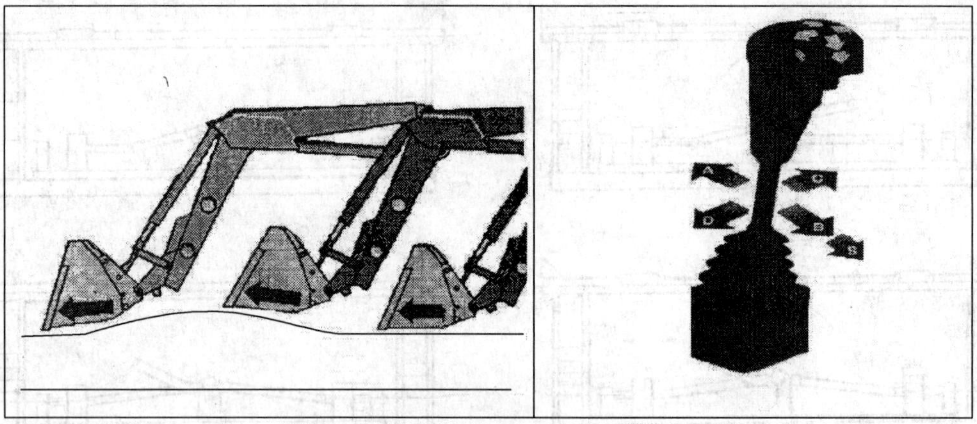

图 D.1 单操纵杆——浮动位置

ICS 65.040.20
B 93

中华人民共和国国家标准

GB 10395.23—2010

农林机械　安全
第23部分：固定式圆形青贮窖卸料机

Agricultural and forestry machinery—Safety—
Part 23: Silos stationary unloaders for round silos

2010-12-01 发布　　　　2011-10-01 实施

中华人民共和国国家质量监督检验检疫总局
中国国家标准化管理委员会　发布

前　言

本部分的全部技术内容为强制性。

GB 10395《农林机械　安全》分为：

——第1部分：总则；

——第2部分：自卸挂车；

——第3部分：厩肥撒施机；

——第4部分：林用绞盘机；

——第5部分：驱动式耕作机械；

——第6部分：植物保护机械；

——第7部分：联合收割机、饲料和棉花收获机；

——第8部分：排灌泵和泵机组；

——第9部分：播种、栽种和施肥机械；

——第10部分：手扶(微型)耕耘机；

——第11部分：动力草坪割草机；

——第12部分：便携式动力绿篱修剪机；

——第13部分：后操纵式和手持式动力草坪修剪机和草坪修边机；

——第14部分：动力粉碎机和切碎机；

——第15部分：配刚性切割装置的动力修边机；

——第16部分：马铃薯收获机；

——第17部分：甜菜收获机；

——第18部分：软管牵引绞盘式喷灌机；

——第19部分：中心支轴式和平移式喷灌机；

——第20部分：捡拾打捆机；

——第21部分：动力摊晒机和搂草机；

——第22部分：前装载装置；

——第23部分：固定式圆形青贮窖卸料机；

——第24部分：液体肥料施肥车；

……

本部分是GB 10395《农林机械　安全》的第23部分，修改采用EN 1374:2000《农业机械　固定式圆形青贮窖卸料机　安全》(英文版)。

本部分根据EN 1374:2000重新起草。与EN 1374:2000的技术性差异为：

——引用了采用国际标准或欧洲标准的我国标准，但我国标准并非等同采用国际标准或欧洲标准。

为便于使用，本部分还对EN 1374:2000做了下列编辑性修改：

a) “本欧洲标准”改为“本部分”；

b) 删除EN 1374:2000的前言和引言；

c) 修改了EN 1374:2000的范围；

d) 用小数点“.”代替作为小数点的逗号“,”；

e) 删除了EN 1374:2000的附录ZA“本标准与欧洲EC指令的关系”。

本部分的附录A为规范性附录，附录B为资料性附录。

本部分由中国机械工业联合会提出。
本部分由全国农业机械标准化技术委员会(SAC/TC 201)归口。
本部分起草单位:中国农业机械化科学研究院、中国农业机械化科学研究院呼和浩特分院。
本部分主要起草人:张咸胜、杨铁军、李秀荣、陈俊宝、皇才进、吕树盛。

农林机械　安全
第23部分：固定式圆形青贮窖卸料机

1　范围

GB 10395的本部分规定了设计和制造安装在固定式圆形青贮窖中用于卸出青贮饲料和类似饲料的卸料机（以下简称“卸料机”）的安全要求，还规定了制造厂应提供的安全操作信息的类型。本部分未规定卸料机移窖时安装或拆除方面的技术要求。

本部分适用于在青贮饲料层上表面工作的低速电动青贮窖卸料机。

本部分仅涉及由卸料机产生的危险，不涉及青贮窖系统自身产生的危险（例如：生成气体产生的危险）。

本部分未考虑环境方面因素。

2　规范性引用文件

下列文件中的条款通过GB 10395的本部分的引用而成为本部分的条款。凡是注日期的引用文件，其随后所有的修改单（不包括勘误的内容）或修订版均不适用于本部分，然而，鼓励根据本部分达成协议的各方研究是否可使用这些文件的最新版本。凡是不注日期的引用文件，其最新版本适用于本部分。

GB 4208—2008　外壳防护等级（IP代码）（IEC 60529:2001，IDT）

GB/T 5013.4—2008　额定电压450/750 V及以下橡皮绝缘电缆　第4部分：软线和软电缆（IEC 60245-4:2004，IDT）

GB 5226.1—2002　机械安全　机械电气设备　第1部分：通用技术条件（IEC 60204-1:2000，IDT）

GB 10395.1—2009　农林机械　安全　第1部分：总则（ISO 4254-1:2008，MOD）

GB 14048.4　低压开关设备和控制设备　机电式接触器和电动机起动器（GB 14048.4—2003，IEC 60947-4-1:2000，IDT）

GB 14048.5—2008　低压开关设备和控制设备　第5-1部分：控制电路电器和开关元件　机电式控制电路电器（IEC 60947-5-1:2003，MOD）

GB/T 15706.1—2007　机械安全　基本概念与设计通则　第1部分：基本术语和方法（ISO 12100-1:2003，IDT）

GB/T 15706.2—2007　机械安全　基本概念与设计通则　第2部分：技术原则（ISO 12100-2:2003，IDT）

GB 16754　机械安全　急停　设计原则（GB 16754—2008，ISO 13850:2006，IDT）

GB/T 16855.1—2008　机械安全　控制系统有关安全部件　第1部分：设计通则（ISO 13849-1:2006，IDT）

GB 16895.27　建筑物电气装置　第7部分：特殊装置或场所的要求　第705节：农业和园艺设施的电气装置（GB 16895.27—2006，IEC 60364-7-705:1984，IDT）

GB/T 18831—2010　机械安全　带防护装置的联锁装置　设计和选择原则（ISO 14119:1998和Amd.1:2007，MOD）

GB 23821—2009　机械安全　防止上下肢触及危险区的安全距离（ISO 13857:2008，IDT）

3 术语和定义

GB/T 15706.1 和 GB/T 15706.2 确立的以及下列术语和定义适用于本部分。

3.1

青贮窖卸料机 silo unloader

从圆形截面的固定式青贮窖内卸出青贮饲料的机器。该机器放置在青贮饲料层的上表面，在青贮饲料卸出过程中(例如通过链条或螺旋输送器)，青贮饲料切刀绕垂直轴旋转。切碎的青贮饲料通过吹送机从青贮窖中排出。切刀的最大转速为 5°/s(青贮窖卸料机示例参见附录 B)。

注：青贮饲料从青贮窖卸出的同时被切碎。在填充青贮窖过程中，青贮窖卸料机也可用于撒布青贮饲料。

3.2

切割臂 cutting arm

装青贮饲料切刀的卸料机部件。

3.3

传动辊 drive roller

在青贮饲料上表面上运动，带动切割臂绕青贮窖的垂直轴旋转的动力辊。

3.4

青贮饲料切刀 silage cutting tool

装在链条或螺旋输送器上用于切割和运送青贮饲料的切碎工具。

3.5

集电环连接器 slipring connection

持续地保持运动的切割臂与青贮窖卸料机非旋转部件间电气连接的装置。

4 机械安全要求

4.1 一般要求

设计卸料机时，本部分未涉及的危险应遵循 GB/T 15706.1 和 GB/T 15706.2 规定的原则。

除本部分另有规定外，卸料机应符合 GB 10395.1 和 GB 23821—2009 中表 1、表 3、表 4 或表 6 的规定。

4.2 青贮饲料切刀和传动辊产生危险的防护

形成切割臂的青贮饲料切刀整个长度的前部、后部和顶部均应进行防护[见图 1a)]。前部、后部防护装置的下边缘和青贮饲料切刀的下边缘之间的最大垂直距离为 125 mm，青贮饲料切刀外边缘和前后防护装置之间的最小水平距离为 200 mm。

防护装置应能径向调整，以保证防护装置的末端与贮窖内壁表面之间的间隙不超过 60 mm(见图 B.1)。

另外，在切割臂后部的阻挡装置(见 GB/T 15706.1—2007 中 3.27)应位于距青贮饲料上表面最大高度 400 mm，且与青贮饲料切刀的外边缘水平距离不少于 300 mm 处。

卸料机后部的防护装置宜变换成包括一块置于青贮饲料切割表面上铰链折板的结构[见图 1b)]。

沿整个切割臂宽度分布的触发装置(见 GB/T 15706.1—2007 中 3.25.5)应置于每个切割臂和传动辊的前部(相对于正常工作方向)，以防止切割臂和传动辊超越操作者。触发装置动作后，转动应在 1°/s 内停止。

触发装置应安装在距青贮饲料切刀下边缘上方最大高度 200 mm，且距青贮饲料切刀和传动辊前边缘水平距离 300 mm～500 mm 处。

传动辊上的触发装置应按图 2 设置。

防护装置和触发装置应能承受 600 N 水平力和 900 N 垂直力。试验方法应按 GB 10395.1 中附录 B 的规定。

单位为毫米

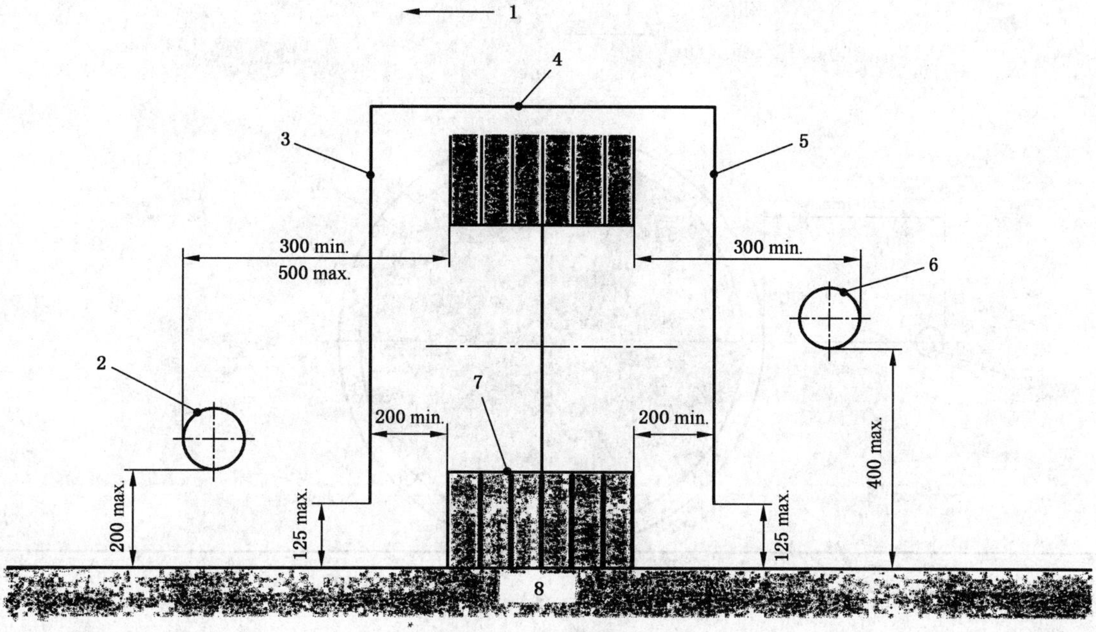

1——工作方向；
2——触发装置；
3——前部防护装置；
4——顶部防护装置；
5——后部防护装置；
6——阻挡装置；
7——切刀；
8——青贮饲料。

a）带阻挡装置青贮饲料切刀的防护

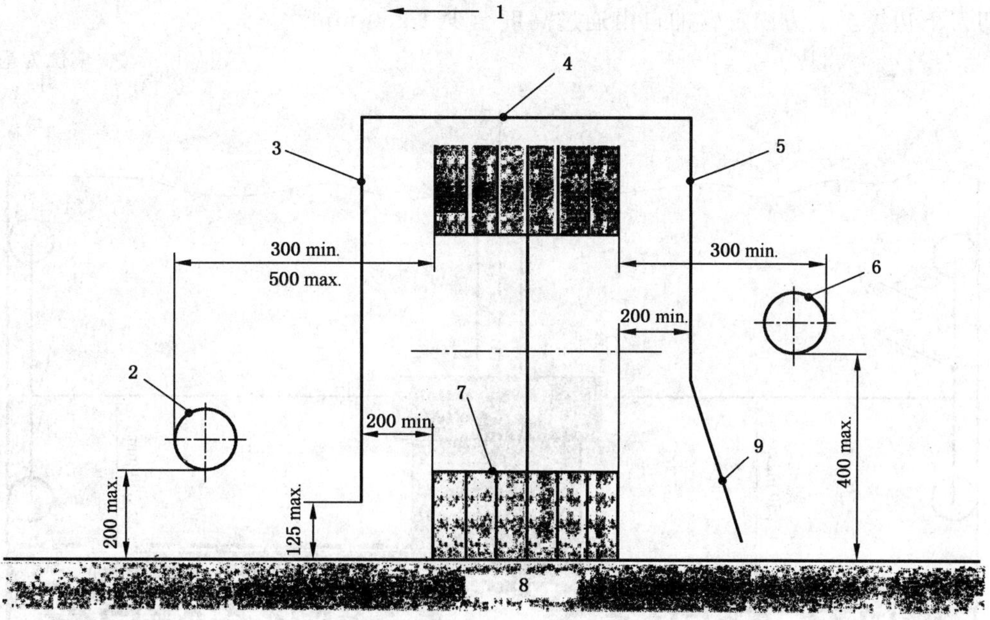

1——工作方向；
2——触发装置；
3——前部防护装置；
4——顶部防护装置；
5——后部防护装置；
6——阻挡装置；
7——切刀；
8——青贮饲料；
9——铰链折板。

b）带铰链折板青贮饲料切刀的防护

图 1 青贮饲料切刀的防护

单位为毫米

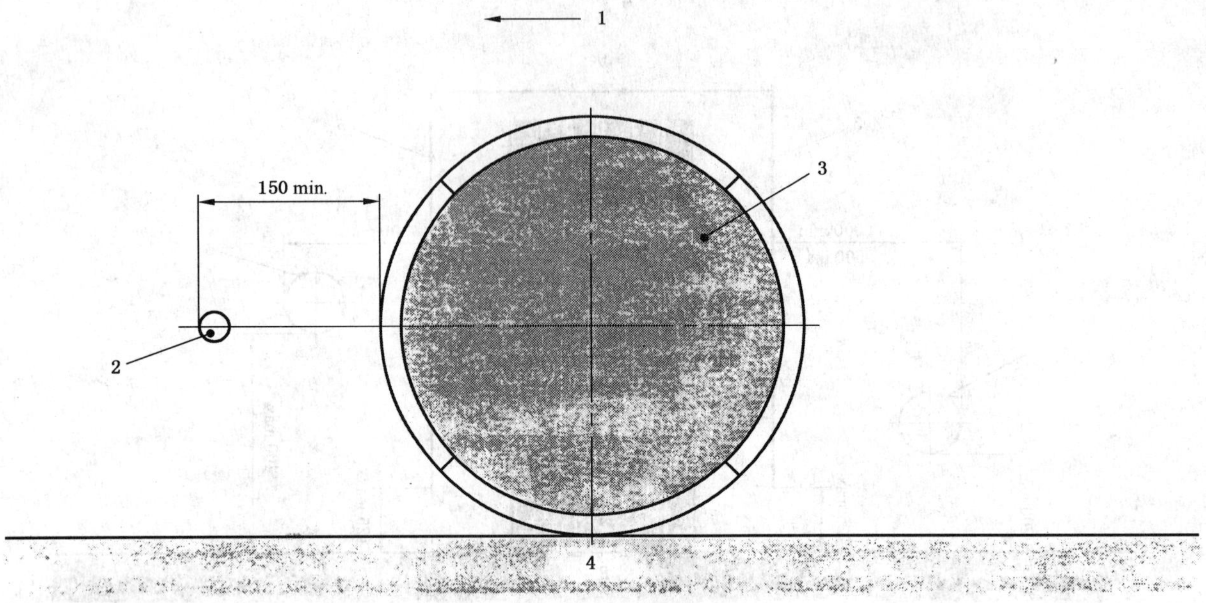

1——工作方向；
2——触发装置；
3——传动辊；
4——青贮饲料。

图2 传动辊的防护

如果卸料机的非旋转部件由贮窖内壁的固定臂支持，则应采取下列措施防止产生挤压(见图3)：

——固定臂和旋转切割臂顶部的距离至少500 mm；

——切刀下边缘至上方固定臂的自由通过高度至少1 250 mm。

单位为毫米

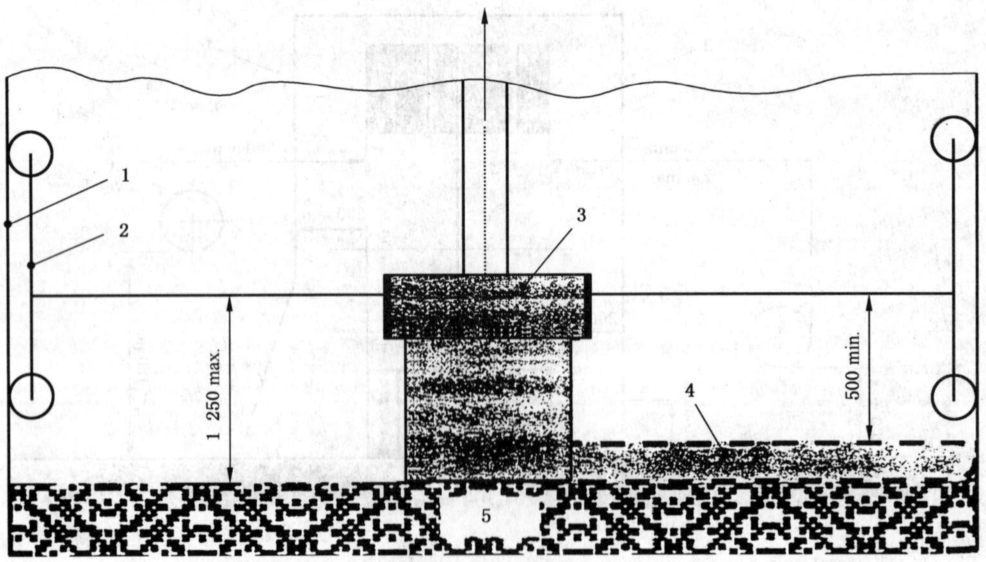

1——青贮窖内壁；
2——支架；
3——集电环；
4——切割臂；
5——青贮饲料。

图3 非旋转支架的要求

4.3 手动操作装置

在装传动辊卸料机(见图 B.1)的切割臂上应装手动操作装置(例如:手柄),以使操作者能安全地进行手动操作清除切割臂的堵塞。该装置应安装在触发装置的前面。

4.4 手动操纵机构的位置

手动操纵机构应位于远离切割臂的卸料机中心相对于切割臂正常工作方向的右后侧(见图 B.1 和图 B.2)。

手动操纵机构至少应满足下列要求:

——能调平切碎装置;

——能调整传动辊的倾角;

——能调整卸出高度;

——能调整移动速度;

——具有传动系的开/关(ON/OFF)位置。

4.5 传动系的防护

通向电动机、吹送机和切割臂间传动系的入口处应用固定式防护装置进行防护。这些防护装置应满足 4.2 中规定的强度要求。

4.6 控制系统

控制系统应至少是符合 GB/T 16855.1—2008 中 6.2.2 规定的 1 类系统。

适用于本部分的"与控制系统相关的安全"是指该系统包含从初始控制器或位置探测器的输入开始到最终的执行元件或部件,例如:电动机。与该机器控制系统相关的安全包括:

——起动;

——正常停机;

——急停;

——触发装置。

适用于本部分的符合 GB/T 16855.1—2008 的"经过多次验证"是指:

a) 电气元件应符合相关标准,例如:

——GB 14048.5—2008(第 3 部分)规定的辅助电路中使用的联锁防护装置和继电器的控制开关,该开关具强制断开操作用于机械致动位置探测器;

——GB 14048.4 规定的主电路中使用的机电式接触器和电动机起动器。

b) 电气措施应符合 GB 5226.1—2002 中 9.4.2.1 的前四项规定。电路应"硬连线"。电气元件不仅只符合第 1 类的要求。

c) 机械元件应符合 GB/T 15706.2—2007 中 4.5 的规定。

d) 用于防护装置的机械致动位置探测器为强制模式致动,且其安装/固定以及凸轮设计/固定应符合 GB/T 18831—2002 中 5.2 和 5.3 的规定。

e) 带防护锁定的联锁装置最低限度应是符合 GB/T 18831—2010 中表 1 规定的 3 类(条件开锁型)。

4.6.1 起动操纵机构

卸料机应装备:

——主开关;

——青贮窖外部的起动操纵机构;

——青贮窖内部的起动操纵机构(见 4.4)。

开关应通过一把钥匙顺序操作,以使电源供电线路锁定在接通(ON)位置,且可有一个或其他起动操纵机构可接通,但两者不能同时接通,例如:使用 GB/T 18831 规定的内嵌式钥匙系统。

图 B.3 为一种电路接线图示例。

4.6.2 重新起动

在断电又通电后，卸料机不应自动重新起动(见 GB 5226.1—2002 中 7.5)。触发装置的复位不应致使自动重新起动。

4.6.3 急停操纵机构

在青贮窖外部和内部的操作位置处应设置符合 GB 16754 规定的急停操纵机构(器)。

5 电气安全要求

5.1 一般要求

要求应符合 GB 5226.1 的规定。电开关应符合 GB/T 16855.1—2008 中规定的 1 类的要求。

5.2 特殊要求

5.2.1 电危险的防护

对于插头或集电环连接器，应提供符合 GB 16895.27—2006 规定的最大额定动作剩余电流为 0.03 A 的剩余电流动作保护装置。

5.2.2 外壳防护

开关盒、终端连接器、接线盒的防护等级应至少为符合 GB 4208—2008 规定的 IP54，电动机的防护等级应至少为符合 GB 4208—2008 规定的 IP44。

5.2.3 电缆

卸料机上的电缆和青贮窖外部的电源开关到卸料机的电缆至少应采用符合 GB/T 5013.4—2008 规定的 60245IEC 66(YCW)型橡套软电缆。

电缆应进行防护使其不会在使用中损坏。会被拉伸的任何电缆均应定位和固定，以使电缆移动或拉伸不会致使人员陷入危险。

注：例如，当拉伸重力被限制在直管内时，则该项要求可以达到。

6 使用信息

6.1 使用说明书

使用说明书中应提供卸料机所有操作、保养、安全使用方面的详尽说明和信息。使用说明书应符合 GB/T 15706.2—2007 中 6.5 和 GB 10395.1—2009 中 8.1 的规定。本部分 6.3 规定的安全标志应在使用说明书中解释。

使用说明书中特别应包括下列各点：

a) 使用前对用户进行卸料机操作培训的要求；

b) 使用期间正确调整位置操纵机构，以保证卸料机位于青贮饲料层上表面；

c) 青贮窖供电线路正确安装和使用的信息；

d) 青贮饲料切刀清理、磨刃、更换的信息；

e) 安全装置的安装；

f) 卸料机的拆卸和提升装置安全使用的方法，包括卸料机上的提升点和绑扎点的位置和标志；

g) 有关适当的提升装置的信息；

h) 功能的测试；

i) 清理或保养操作前需停下卸料机；

j) 电气设备和电气安全装置的操作(如：电源开关)；

k) 个人保护装备的使用，尤其是眼睛和脚保护装备；

l) 应提供在青贮窖内工作的适当照明装置；

m) 进入青贮窖的潜在风险；

n) 按 GB 10395.1 规定给出卸料机附近发射声压级的信息。

6.2 标志

标志应符合 GB/T 15706.2—2007 中 6.4 和 GB 10395.1—2009 中 8.2、8.3 的规定。

所有卸料机和青贮窖外部均应设置至少包括下列信息的清晰耐久标志：

——制造厂名称和地址；

——制造年份；

——产品名称或型式型号；

——出厂编号，如果有；

——液压或气动装置的最大许用工作压力；

——卸料机的质量，如果安装或转移卸料机需要提升装置，；

——提升点和绑扎点的位置和标志。

6.3 安全标志

在每台卸料机和青贮窖上均应设置下列清晰耐久的安全标志。

6.3.1 青贮窖外部的安全标志

在青贮窖外部安装卸料机操纵装置的附近应设置青贮饲料切刀产生潜在危险和进入青贮窖危险的安全标志。

安全标志示例：

——"拆卸卸料机前断开并锁定电源开关"；

——"在调整和保养工作前将电源开关置于断开(Off)位置并锁定"；

——"进入青贮窖前打开通风装置并有一段充分换气的时间"。

6.3.2 卸料机上的安全标志

运动的切刀产生危险的安全标志。

附 录 A
(规范性附录)
危险一览表

表 A.1 给出了基于 GB/T 15706.1 和 GB/T 15706.2 的危险一览表。

该表最后一栏(本部分给出的解决方法)的不同陈述的含义是：

——“不相关”:该危险不是该机器的重大危险。

——“给出”:该危险是重大危险。指定条款中给出解决方法是根据 GB/T 15706 的安全通则确定的处置危险的指南;即意味着：

- 尽可能通过设计消除或减小风险；
- 采取保护措施；
- 提供遗留风险的信息。

——“部分给出”:该危险是该机器的多个零部件的重大危险。指定条款中给出的解决方法可处置其中一部分零部件的该危险。对其余零部件该危险是重大危险,为处置该危险将必须采取的其他解决方法本部分并未给出。

——“未给出”:该危险是该机器的重大危险,但在本部分起草过程中未加考虑。

表 A.1 危险一览表

危险		有关条款		本部分给出的解决方法
		GB/T 15706.1	GB/T 15706.2	
A.1	**机械危险** 如由机器部件或工件的下列要素引起的： ——形状； ——相对位置； ——质量和稳定性(各元件的位能)； ——质量和速度(各元件的动能)； ——机械强度不足； ——由以下原因引起的位能积累： ● 弹性元件(弹簧)； ● 压力下的液体或气体； ● 真空	4.2	—	—
A.1.1	挤压危险	4.2.1,4.2.2	4.2	在 4.1 中给出
A.1.2	剪切危险	4.2.1,4.2.2	4.2,5.2.1	在 4.1 中给出
A.1.3	切割或切断危险	4.2.1,4.2.2	4.2	在 4.1 中给出
A.1.4	缠绕危险	4.2.1,4.2.2	—	在 4.1 中给出
A.1.5	引入或卷入危险	4.2.1	4.14,5.2.1,5.5.3	在 4.1 中给出
A.1.6	冲击危险	4.2.1	—	在 4.1 中给出
A.1.7	刺伤或扎伤危险	4.2.1	—	在 4.1 中给出
A.1.8	摩擦或磨损危险	4.2.1	4.3b)	不相关
A.1.9	高压流体喷射危险	4.2.1	—	不相关
A.1.10	(机械及被加工材料/工件)部件抛射危险	4.2.2	4.10	不相关

表 A.1(续)

危险		有关条款		本部分给出的解决方法
		GB/T 15706.1	GB/T 15706.2	
A.1.11	(机械或机器零件)不稳定	4.2.2	4.6	在 6.1 中给出
A.1.12	与机械有关(因机器的特征)的滑倒、倾倒和跌倒危险	4.10	5.5.6	在 6.1 中给出
A.2	**电气危险** 例如由以下各因素引起:	4.3	4.9	—
A.2.1	电接触(直接或间接)	4.3	—	在 5.2.1 中给出
A.2.2	静电现象	4.3	—	在 5.2.1 中给出
A.2.3	热辐射或其他现象,例如由于短路、过载等引起的熔化粒子喷射和化学效应	4.3	—	不相关
A.2.4	电气设备外部影响	4.3	4.4	在 5.2.1,5.2.2 中给出
A.3	**热危险** 导致:	4.4	4.8.4	—
A.3.1	通过人们可接触的火焰或爆炸、热源辐射的烧伤和烫伤	4.4	—	不相关
A.3.2	由于热或冷的工作环境对健康的危害	4.4	—	不相关
A.4	**由噪声产生的危险** 导致:	4.5	4.8.4	—
A.4.1	听力损失(耳聋)、其他生理障碍(例如失去平衡,失去知觉)	4.5	—	不相关
A.4.2	干扰语言通讯,听觉信号等	4.5	—	不相关
A.5	**由振动产生的危险**(导致各种神经和血管病症)	4.6	4.8.4	不相关
A.6	**由辐射产生的危险** 特别是由下列因素引起:	4.7	—	—
A.6.1	电弧	—	—	不相关
A.6.2	激光	—	—	不相关
A.6.3	离子源辐射	4.7	—	未给出
A.6.4	使用高频电磁场的机器	—	—	不相关
A.7	**由机械加工的、使用的或排出的材料和物质产生的危险** 例如:	4.8	4.3b)	—
A.7.1	由于接触或吸入有害的液体、气体、烟雾和灰尘导致的危险	4.8	—	在 6.3.1 中给出

表 A.1（续）

危险		有关条款		本部分给出的解决方法
		GB/T 15706.1	GB/T 15706.2	
A.7.2	火或爆炸危险	4.8	—	未给出
A.7.3	生物和微生物(病菌或细菌)危险	4.8	—	未给出
A.8	**机器设计中由于忽略人类工效学原则产生的危险**(机械与人的特征和能力不协调) 如由下列因素引起：	4.9	4.8	—
A.8.1	不利于健康的姿态或过分用力	4.9	4.8.2,4.8.5	在4.2中给出
A.8.2	不适当的考虑人的手臂或腿脚构造	4.9	4.8.3	不相关
A.8.3	忽略了使用个人防护装备	5.5	—	在6.1中给出
A.8.4	不适当的工作面照明	—	4.8.6	在6.1中给出
A.8.5	精神过分紧张或准备不足等	4.9	4.8.5	不相关
A.8.6	人的差错	4.9	4.8	在4.2中给出
A.9	**各种危险组合**	4.11	—	不相关
A.10	**由于能源失效、机械零件损坏或其他功能故障产生的危险** 例如：	5.3b)	4	—
A.10.1	能源(能量和/或控制电路)失效	3.30	4.11.1	在4.2,5.2.3中给出
A.10.2	机械零件或流体意外抛射	—	4.10,5	不相关
A.10.3	控制系统的失效、失灵(意外起动、意外过流)	3.29,3.30,3.31	4.11.1	在4.6.2中给出
A.10.4	装配错误	—	—	在6.1中给出
A.10.5	机器翻倒,意外失去稳定性	4.2.2	4.6	—
A.11	**由于安全措施错误的或不正确的定位产生的危险** 例如：	—	5	—
A.11.1	各类防护装置	3.25	5.3	在4.1中给出
A.11.2	各类有关安全(防护)装置	3.26	5.3	在4.1中给出
A.11.3	起动和停机装置	—	4.11.1	在4.2,4.4,4.6中给出
A.11.4	安全标志和信号装置	—	4.8.8,6.2,6.3,6.4	在6.3中给出
A.11.5	各类信息或报警装置	—	6.4	在6.3中给出
A.11.6	能源切断装置	—	5.5.4	在4.6中给出
A.11.7	急停装置	—	5.5	在4.6.3中给出
A.11.8	工件的送进/取出措施	—	4.14	不相关
A.11.9	安全调整和/或维修的主要设备和附件	3.3,5.3a)	4.7,4.15,5.5.5,4.11.12	在6.1中给出
A.11.10	排气装置等	—	—	不相关

附　录　B
（资料性附录）
上表面卸料机结构示例

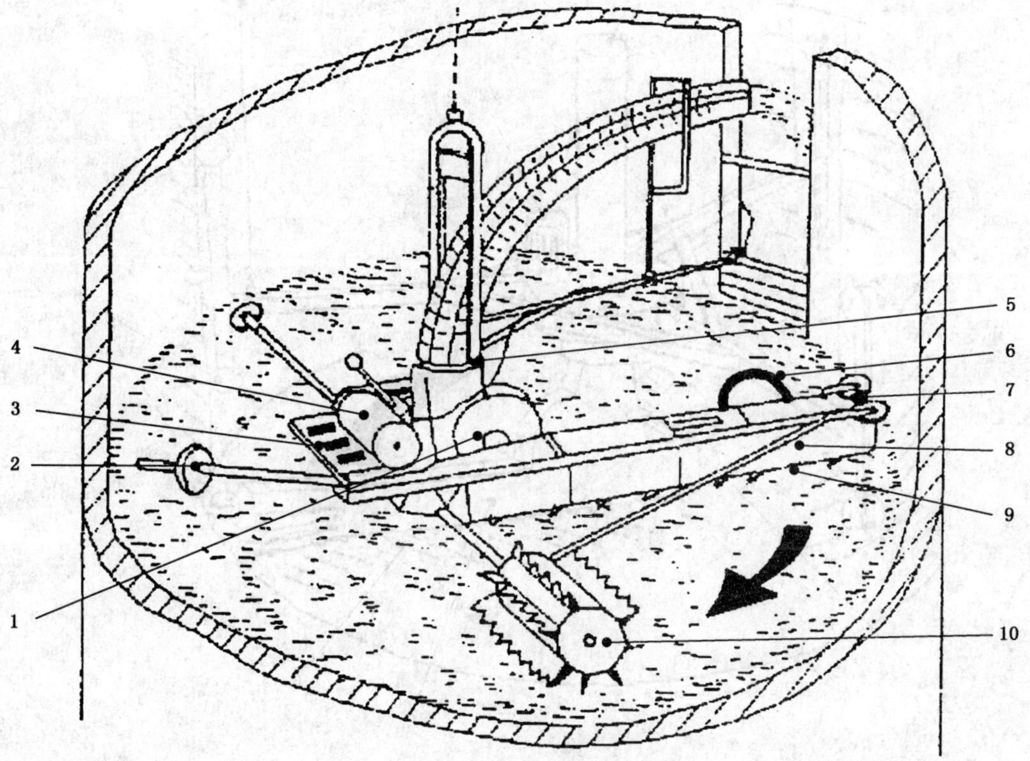

1——吹送机；	6——手柄；
2——配重；	7——接触滚轮；
3——操纵机构；	8——切割臂；
4——电动机；	9——切刀；
5——集电环；	10——传动辊。

图 B.1　具有侧喷口、传动辊和水平接触滚轮卸料机的结构

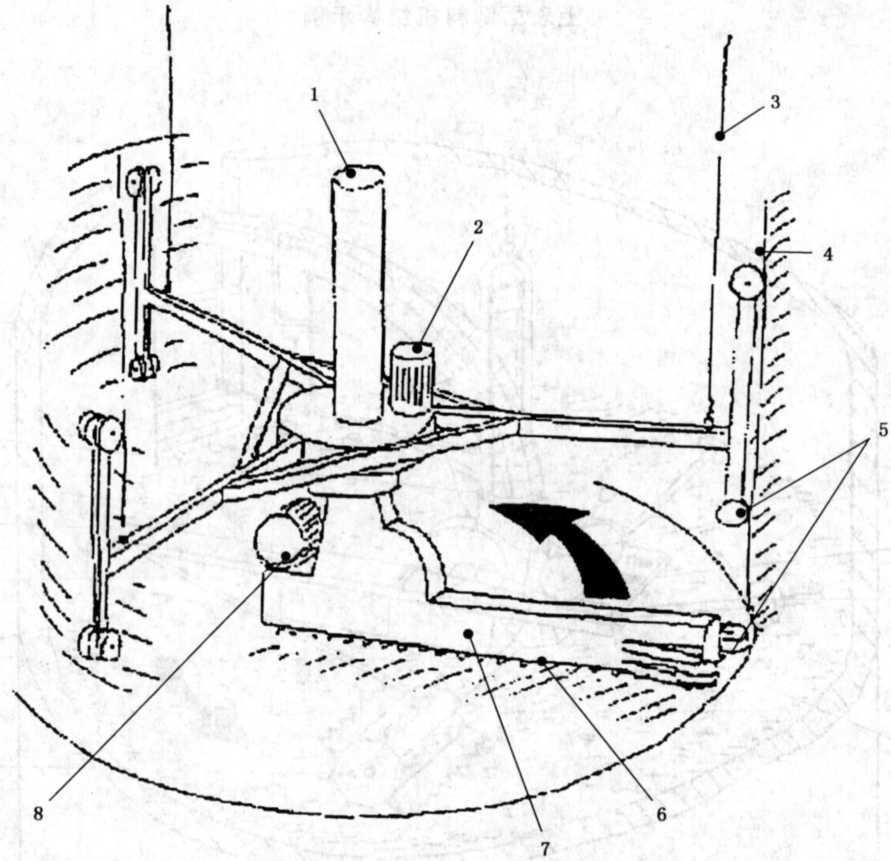

1——入口管；
2——电动机；
3——导绳；
4——青贮窖壁；
5——接触滚轮；
6——切刀；
7——切割臂；
8——操纵机构。

图 B.2 具有中心入口管和垂直及水平接触滚轮卸料机的结构

1——可锁定控制开关*；
2——至少是 245IEC 66(YCW)型电缆，如 7 极；
3——插头，如 CEE7 极；
4——可锁定控制开关*；
5——接触器；
6——卸料机传动系；
7——青贮窖内部总成；
8——青贮窖外部总成；
9——电源开关，可锁定在断开(Off)位置；
10——残余电流装置(RCD)(最大正常泄漏电流为 0.03 A)。

* 仅有一个基本开关钥匙，可锁定在断开(Off)位置。

图 B.3 电路接线图示例

ICS 65.060.25
B 91

中华人民共和国国家标准

GB 10395.24—2010

农林机械　安全
第24部分:液体肥料施肥车

Agricultural and forestry machinery—Safety—Part 24:Slurry tankers

2010-12-01 发布　　2011-10-01 实施

中华人民共和国国家质量监督检验检疫总局
中国国家标准化管理委员会　发布

前　言

本部分的全部技术内容为强制性。

GB 10395《农林机械　安全》分为：

——第1部分：总则；

——第2部分：自卸挂车；

——第3部分：厩肥撒施机；

——第4部分：林用绞盘机；

——第5部分：驱动式耕作机械；

——第6部分：植物保护机械；

——第7部分：联合收割机、饲料和棉花收获机；

——第8部分：排灌泵和泵机组；

——第9部分：播种、栽种和施肥机械；

——第10部分：手扶(微型)耕耘机；

——第11部分：动力草坪割草机；

——第12部分：便携式动力绿篱修剪机；

——第13部分：后操纵式和手持式动力草坪修剪机和草坪修边机；

——第14部分：动力粉碎机和切碎机；

——第15部分：配刚性切割装置的动力修边机；

——第16部分：马铃薯收获机；

——第17部分：甜菜收获机；

——第18部分：软管牵引绞盘式喷灌机；

——第19部分：中心支轴式和平移式喷灌机；

——第20部分：捡拾打捆机；

——第21部分：动力摊晒机和搂草机；

——第22部分：前装载装置；

——第23部分：固定式圆形青贮窖卸料机；

——第24部分：液体肥料施肥车；

……

本部分是GB 10395《农林机械　安全》的第24部分，修改采用EN 707:1999《农业机械　液体肥料施肥车　安全》(英文版)。

本部分根据EN 707:1999重新起草，与EN 707:1999的技术性差异为：

——引用了采用国际标准或欧洲标准的我国标准，但我国标准并非等同采用国际标准或欧洲标准。

为便于使用，本部分还对EN 707:1999做了下列编辑性修改：

a) “本欧洲标准”改为“本部分”；

b) 删除EN 707:1999的前言和引言；

c) 修改了EN 707:1999的范围；

d) 用小数点“.”代替作为小数点的逗号“,”；

e) 删除了EN 707:1999的附录C“本欧洲标准与欧洲EC指令的关系”。

本部分的附录A为规范性附录，附录B为资料性附录。

本部分由中国机械工业联合会提出。

本部分由全国农业机械标准化技术委员会(SAC/TC 201)归口。

本部分起草单位：中国农业机械化科学研究院。

本部分主要起草人：张咸胜、陈俊宝、皇才进、吕树盛。

农林机械　安全
第 24 部分：液体肥料施肥车

1　范围

GB 10395 的本部分规定了设计和制造各类半悬挂式、牵引式和自走式液体肥料施肥车（以下简称“施肥车”），包括气动或机动液体肥料撒施或注射装置的安全要求和判定方法。本部分还规定了制造厂应提供的安全操作信息的类型。

本部分适用于半悬挂式、牵引式和自走式液体肥料施肥车。

本部分未考虑环境方面因素。

2　规范性引用文件

下列文件中的条款通过 GB 10395 的本部分的引用而成为本部分的条款。凡是注日期的引用文件，其随后所有的修改单（不包括勘误的内容）或修订版均不适用于本部分，然而，鼓励根据本部分达成协议的各方研究是否可使用这些文件的最新版本。凡是不注日期的引用文件，其最新版本适用于本部分。

GB 10395.1—2009　农林机械　安全　第 1 部分：总则（ISO 4254-1：2008，MOD）

GB/T 15706.1　机械安全　基本概念与设计通则　第 1 部分：基本术语和方法（GB/T 15706.1—2007，ISO 12100-1：2003，IDT）

GB/T 15706.2—2007　机械安全　基本概念与设计通则　第 2 部分：技术原则（ISO 12100-2：2003，IDT）

GB 23821—2009　机械安全　防止上下肢触及危险区的安全距离（ISO 13857：2008，IDT）

EN 764　压力设备　术语和符号　压力、温度和体积

3　术语与定义

GB/T 15706.1 和 GB/T 15706.2 确立的以及下列术语和定义适用于本部分。

注：附录 B 给出了施肥车及其部件的示例图。

3.1

液体肥料施肥车　slurry tanker

处理、运输及撒施液体肥料的机器。

3.2

机动液体肥料施肥车　mechanically powered slurry tanker

罐体灌注和撒施肥料所需能量直接由泵提供的机器。

3.3

气动液体肥料施肥车　pneumatically powered slurry tanker

罐体灌注和撒施肥料所需能量由产生真空或气压的空压机提供的机器。

3.4

浮动位置　floating position

在自身重量作用下使液体肥料注射装置处于进入地面的位置。

3.5

重量转移位置　position with weight transfer

在自身重量和垂直向下力作用下使液体肥料注射装置处于进入地面的位置。

3.6

灌注臂　filling arm

支撑罐体灌注用管道的摆臂。

4　安全要求和/或措施

4.1　一般要求

设计施肥车时，本部分没有涉及到的危险应遵循 GB/T 15706.1、GB/T 15706.2 规定的原则。

除本部分另有规定外，施肥车应符合 GB 10395.1 和 GB 23821—2009 中表 1、表 3、表 4 或表 6 的规定。

注：本部分未规定施肥车的动态稳定性。

4.2　各种类型施肥车的要求

4.2.1　人工操纵机构

4.2.1.1　撒施操作的人工操纵机构

在拖拉机或自走式施肥车的驾驶位置上应能起动和停止施肥操作。

4.2.1.2　空压机或泵的人工操纵机构

最好在拖拉机或自走式施肥车的驾驶位置上应能操作空压机或泵的人工操纵机构。

否则，在罐体两侧距动力输出万向节传动轴轴线水平距离不小于 550 mm，且垂直于动力输出万向节传动轴轴线的位置处应各设置一个在地面可触及的人工操纵机构(见图 1)。

人工操纵机构不同位置的功能应明确标识。

4.2.2　罐体

4.2.2.1　罐口

罐体应设开口，开口尺寸和位置，应能使无需人员进入罐体就能有效清洗罐体整个内部或清除堵塞。

位于罐体上部、直径大于 400 mm 的圆形开口或尺寸大于 400 mm×300 mm 的矩形开口应设置仅使用工具才能拆除的隔栅。隔栅的孔口不应超过对应罐口的尺寸。

4.2.2.2　罐盖

罐体上部的罐盖应通过结构设计或安装一装置以防止其意外关闭。

罐盖为液压控制时，在拖拉机或自走式施肥车驾驶员位置应能操作人工操纵机构。与拖拉机相连接的液压软管接头应明确标识。

单位为毫米

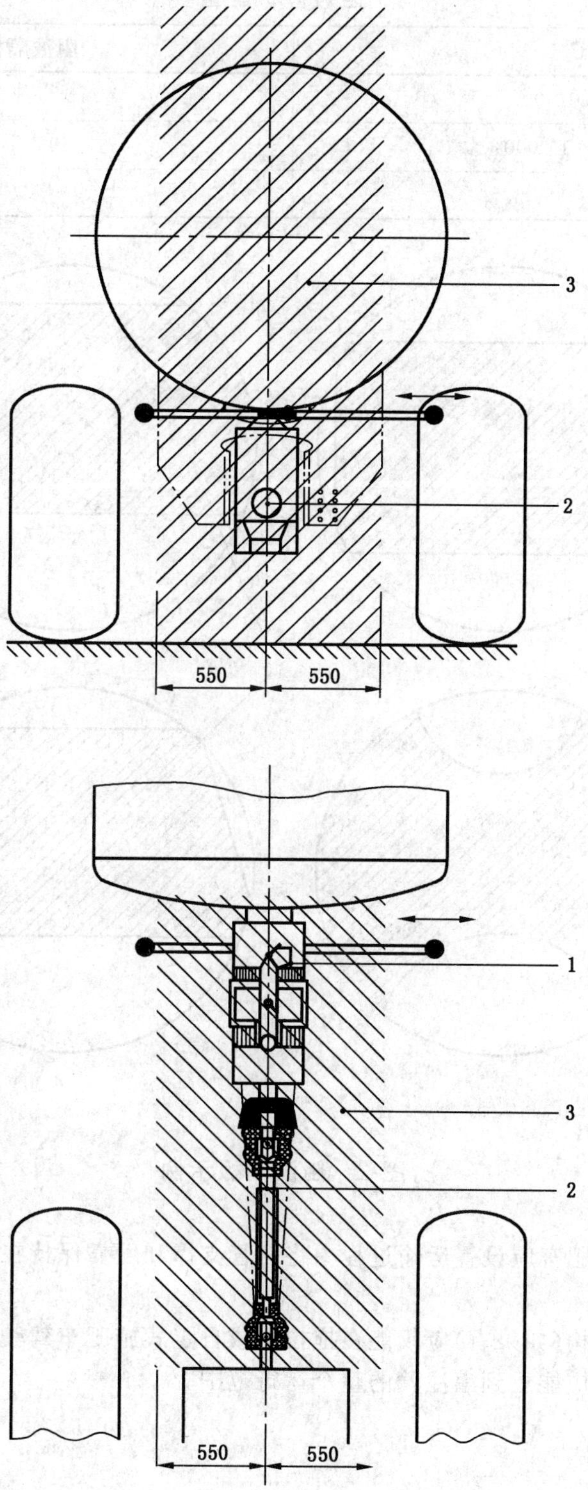

1——空压机或泵；

2——动力输出万向节传动轴轴线；

3——不能布置空压机或泵人工操纵机构的区域。

图 1 人工操纵机构布置范围

4.2.2.3 阻波隔板

容积不小于 6 000 L 的罐体应配备符合表 1 要求的阻波隔板。该隔板应与机器运动方向垂直，每块阻波隔板的表面积至少应为罐体横截面面积的2/3(示例见图2)。

表1 阻波隔板配备要求

罐容积 C/L	阻波隔板最小数量
6 000≤C<10 000	1
10 000≤C<15 000	2
C≥15 000	3

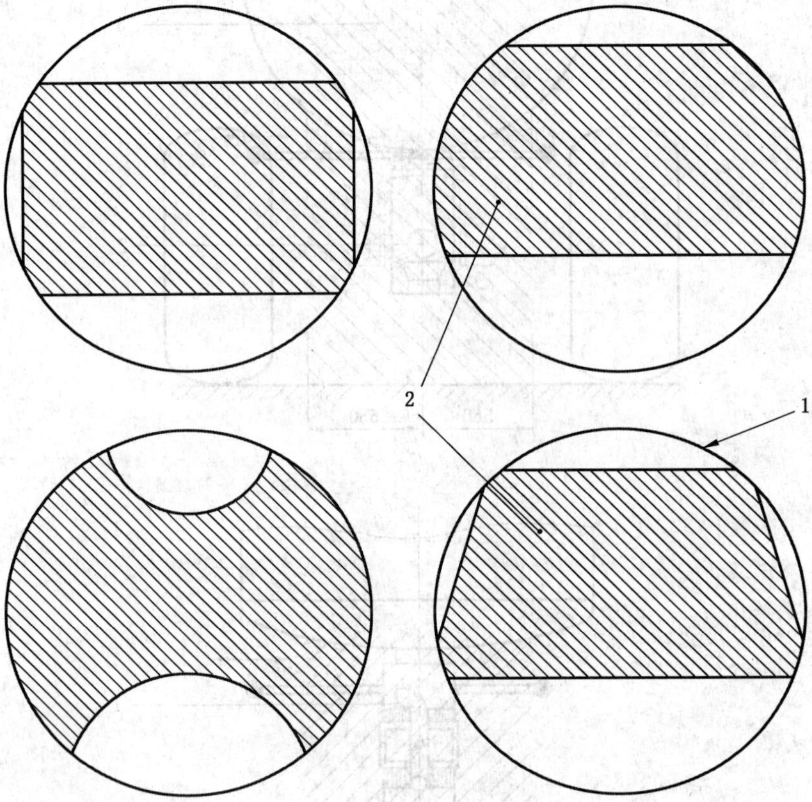

1——罐体圆形截面示例;

2——阻波隔板。

图2 阻波隔板示例

4.2.2.4 软管

用连接软管灌注的施肥车应设置运输过程中将软管支撑和可靠保持在施肥车上的装置。

4.2.2.5 灌注臂

灌注臂的人工操纵机构(如果有)应仅能在拖拉机或自走式施肥车驾驶位置进行操作。

驾驶员在驾驶位置上应能看到灌注臂的整个运行范围。

4.2.3 撒施架或注射架

4.2.3.1 摆转部件

当按使用说明书要求折叠/打开撒施架或注射架时,撒施架或注射架的任何部位离地高度均不应超过4 m。

折叠/打开操作的人工操纵力不应超过250 N。

能人工折叠/打开的撒施架或注射架应装两个手柄,手柄距最近铰接处的距离不小于300 mm。只要合理设计并明确标识,手柄可与撒施架或注射架设计为一体。

如采用动力操作,摆转部件的操纵机构应采用止-动控制(持续操纵)型,且应位于摆转区外。

在撒施架或注射架端部测得的折叠/打开速度应不大于 0.5 m/s。

施肥车应装备防止折叠在运输位置的撒施架或注射架移动的装置。如果锁定装置是一个不直接安装在液压缸上的液压阀，则该阀与液压缸之间液压元件的爆裂压力至少应为其许用压力的 4 倍。

锁定装置和撒施架或注射架折叠/打开操纵应由两个独立的系统控制。

4.2.3.2 **撒施架或注射架高度的调节**

调节撒施架或注射架高度所需的人工操纵力应不大于 250 N。

如撒施架或注射架的高度由绞盘调节，该绞盘应能自锁，且至少应能承受撒施架或注射架重量两倍的载荷。

绞盘应能在地面上进行操纵。

如撒施架或注射架高度通过动力调节，则应能在驾驶位置上操作人工操纵机构，且操纵机构应为止-动控制(持续操纵)型。为确保操作者免受控制回路故障导致的挤压和剪切危险，施肥车应配备限制撒施架或注射架下降速度不超过 10 mm/s 的装置。

撒施架或注射架应能锁定在维修和保养位置。

能够操作操纵机构将注射架置于浮动位置或重量转移位置之前，注入装置应与地面接触。

4.2.3.3 **撒施架或注射架的排空**

罐体中肥料应能与撒施架或注射架隔离，以使撒施架或注射架能在低位置排空而便于运输、保养、拆除和贮存。

4.2.3.4 **停放和人工操纵时撒施架或注射架的稳定性**

按使用说明书中信息，将施肥车沿任一方向停放在坡度至少为 8.5°的坚硬地面上时，撒施架或注射架应保持稳定。

为便于拆卸后人工操作而装有运输滚轮的撒施架或注射架，撒施架或注射架和滚轮位置的设计应保证撒施架或注射架保持稳定且不发生翻倾。

本要求按下列方法检测：将撒施架或注射架按使用说明书规定停放在平整的水平面上，然后以 1 m/s 的速度将撒施架或注射架推向高为 50 mm、宽度不小于外侧滚轮间距的矩形障碍物，障碍物应固定在地面上且与撒施架或注射架运动方向垂直。

撒施架或注射架应保持直立状态。

4.2.4 **通道**

当罐口位于罐体上部，或由于某种原因需要操作者到罐体上部时，则应提供合适的通道。

撒施架或注射架的部件不能作为通道扶手。

4.3 **机动施肥车的要求**

机动施肥车应装防止压力过高的溢流装置，溢流装置应满足：

——最小直径为 150 mm；

——其置位或布置使溢出的液体或气体不会喷向操作者工作位置。

4.4 **气动施肥车的要求**

4.4.1 **罐盖**

气动施肥车应设置锁紧机构完全打开前能将罐内压力释放，以防止罐盖在无约束状态下开启的装置。

4.4.2 **压力表**

气动施肥车应配备在拖拉机或自走式施肥车驾驶位置上能读数的压力表。压力表的设计或位置应使其不会受罐中肥料的影响而导致失效，且不会被压力表和罐体间的截止阀关闭。

EN 764 定义的许用压力应在压力表上标出，例如：红线标示。

压力表应通过置位或防护将意外损坏降低到最小程度。

4.4.3 安全阀

气动施肥车应配备安全阀，安全阀应：

——通过设计和调整防止压力超过 EN 764 定义的许用压力 10%以上；

——进行防护以防止对其调整机构的任何随意调整，且不会受罐中肥料的影响而导致失效；

——通过设计使最小过流断面直径为 150 mm，如果肥料会与安全阀接触；

——通过置位或布置使溢出的液体或气体不会喷向操作者工作位置；

——通过置位或防护将意外损坏降低到最小程度。

5 安全要求和/或安全措施的判定

给出规定值的尺寸应通过测量进行判定；操纵机构应通过功能试验和位置测量进行判定。

6 使用信息

6.1 使用说明书

使用说明书中应提供施肥车所有维护、安全使用方面的详尽说明和信息。使用说明书应符合 GB/T 15706.2—2007 中 6.5 和 GB 10395.1—2009 中 8.1 的规定。

使用说明书中应特别强调说明下列各点：

a) 罐体内会产生有毒和易燃气体，设备附近处置明火存在危险，并说明如何避免该危险；

b) 安全装置(特别是安全阀)不应进行不合理的调整且不应失效；

c) 不进入罐体内情况下，清除罐体内的石子或其他异物应遵循的规程；

d) 无呼吸设备或其他类似防范措施禁止进入罐体内；

e) 对施肥车进行任何干预前应将拖拉机或施肥车的发动机熄火；

f) 使用防护罩完好的动力输出万向节传动轴；

g) 施肥车运行前，应保证制动系统(如果有)已正确连接且工作正常；

h) 原装轮胎的相关性能参数(载荷、速度、规格和气压)，与坡度对应的轮距；

i) 最大设计行驶速度以及根据载荷需要调整行驶速度，特别是在转弯及在坡道上行驶时；

j) 运输、保养和贮存前应将撒施架或注射架排空；

k) 在进行焊接或保养前清除罐中的有毒和易燃气体应遵循的规程；

l) 所有人工操纵机构的功能和操作说明；

m) 用施肥车运输或喷施液体肥料、水、污水以外的物质，尤其是能损坏泵、罐或使其过载的物质(如石灰浆、液态肥料等)的风险；

n) 为确保罐体上所有标志信息清晰易读，罐体应保持清洁；

o) 若灌注臂和/或撒施架或注射架高度超过 4 m，与车体上方高架高压电线意外接触的风险。

另外，气动施肥车使用说明书中应强调下列信息：

p) 罐体盖和开口应正确关闭，并规定拧紧力矩(单位 N·m)；

q) 罐体内压力相关参数的检查周期和检查方法：目测检查焊缝、压力表和安全阀；

r) 罐体内有压力或罐体未清空时，罐体贮存的风险，尤其是罐体内存留物发酵产生压力的风险；

s) 机器维修仅能由专业人员完成；

t) 仅当罐内无压力时才能对罐体外部进行操作。

6.2 标志

标志应符合 GB/T 15706.2—2007 中 6.4 和 GB 10395.1—2009 中 8.2、8.3 的规定。

所有施肥车均应设置至少包括下列信息的清晰耐久标志：

——制造厂名称和地址；

——制造年份；

——产品名称或型式型号；
——出厂编号，如果有；
——动力输入连接装置的额定转速和旋转方向（用箭头标出），如果有；
——许用压力；
——罐体容量。

撒施架或注射架的质量应用清晰耐久的标志标识。

空压机的标志应清晰、耐久，并应至少包含下列信息：
——出厂编号；
——流量；
——制造年份；
——许用压力、转速和空压机的旋转方向（用箭头表示）。

另外，施肥车还应设置下列安全标志：
——罐内可能存在有毒气体的安全标志；
——爆炸和中毒危险的安全标志；
——工作时禁止攀爬施肥车的安全标志；
——若灌注臂和/或撒施架或注射架高度超过 4 m，在自走式机械驾驶位置或其他施肥车的罐体前部，设置注意与高架高压电线意外接触风险的安全标志。

附 录 A
（规范性附录）
危险一览表

表 A.1 给出了基于 GB/T 15706.1 和 GB/T 15706.2 的危险一览表。

表 A.2 给出了由机器移动产生的危险一览表。

这些表最后一栏（本部分给出的解决方法）的不同陈述的含义是：

——“不相关”：该危险不是该机器的重大危险。

——“给出”：该危险是重大危险。指定条款中给出解决方法是根据 GB/T 15706 的安全通则确定的处置危险的指南；即意味着：

- 尽可能通过设计消除或减小风险；
- 采取保护措施；
- 提供遗留风险的信息。

——“部分给出”：该危险是该机器的多个零部件的重大危险。指定条款中给出的解决方法可处置其中一部分零部件的该危险。对其余零部件该危险是重大危险，为处置该危险将必须采取的其他解决方法本部分并未给出。

——“未给出”：该危险是该机器的重大危险，但在本部分起草过程中未加考虑。

标示“未给出”或“部分给出”危险的要求在 GB 10395.1 中规定，这些危险在表 A.1 和表 A.2 最后一栏中用星号（*）标示。

表 A.1 危险一览表

危险		有关条款		本部分给出的解决方法
		GB/T 15706.1	GB/T 15706.2	
A.1	**机械危险** 如由机器部件或工件的下列要素引起的： ——形状； ——相对位置； ——质量和稳定性（各元件的位能）； ——质量和速度（各元件的动能）； ——机械强度不足； ——由以下原因引起的位能积累： ● 弹性元件（弹簧）； ● 压力下的液体或气体； ● 真空	4.2	—	—
A.1.1	挤压危险	4.2.1，4.2.2	4.2	不相关
A.1.2	剪切危险	4.2.1，4.2.2	4.2，5.2.1	在 4.2.3.1，4.2.3.2 给出
A.1.3	切割或切断危险	4.2.1，4.2.2	4.2	在 4.2.3.1，4.2.3.2 中给出
A.1.4	缠绕危险	4.2.1，4.2.2	—	在 4.2.1.2，6.1 中给出
A.1.5	引入或卷入危险	4.2.1	4.14，5.2.1，5.5.3	在 4.2.2.1，4.2.2.2，6.1 中给出

表 A.1(续)

危险		有关条款		本部分给出的解决方法
		GB/T 15706.1	GB/T 15706.2	
A.1.6	冲击危险	4.2.1	—	在4.2.3.2中给出
A.1.7	刺伤或扎伤危险	4.2.1	—	不相关
A.1.8	摩擦或磨损危险	4.2.1	4.3b)	不相关
A.1.9	高压流体喷射危险	4.2.1	—	未给出[a]
A.1.10	(机械及被加工材料/工件)部件抛射危险	4.2.2	4.10	在4.1.1,4.4.3中给出
A.1.11	(机械或机器零件)不稳定	4.2.2	4.6	在4.2.3.4中给出
A.1.12	与机械有关(因机器的特征)的滑倒、倾倒和跌倒危险	4.10	5.5.6	在4.2.4,6.1,6.2中给出
A.2	**电气危险** 例如由以下各因素引起:	4.3	4.9	—
A.2.1	电接触(直接或间接)	4.3	—	在4.2.3.1中给出
A.2.2	静电现象	4.3	—	不相关
A.2.3	热辐射或其他现象,例如由于短路、过载等引起的熔化粒子喷射和化学效应	4.3	—	不相关
A.3	**热危险** 导致:	4.4	4.8.4	—
A.3.1	通过人们可接触的火焰或爆炸、热源辐射的烧伤和烫伤	4.4	—	未给出(仅和自走机械有关)[a]
A.3.2	由于热或冷的工作环境对健康的危害	4.4	—	不相关
A.4	**由噪声产生的危险** 导致:	4.5	4.8.4	—
A.4.1	听力损失(耳聋)、其他生理障碍(例如失去平衡,失去知觉)	4.5	—	未给出[a]
A.4.2	干扰语言通讯,听觉信号等	4.5	—	不相关
A.5	**由振动产生的危险** (导致各种神经和血管病症)	4.6	4.8.4	未给出(仅和自走机械有关)
A.6	**由辐射产生的危险** 特别是由下列因素引起:	4.7	—	—
A.6.1	电弧	—	—	不相关
A.6.2	激光	—	—	不相关
A.6.3	离子源辐射	4.7	—	未给出
A.6.4	使用高频电磁场的机器	—	—	不相关
A.7	**由机械加工的、使用的或排出的材料和物质产生的危险** 例如:	4.8	4.3b)	—
A.7.1	由于接触或吸入有害的液体、气体、烟雾和灰尘导致的危险	4.8	—	在4.2.2.1,4.3,6.1,6.2中给出

表 A.1(续)

危险		有关条款		本部分给出的解决方法
		GB/T 15706.1	GB/T 15706.2	
A.7.2	火或爆炸危险	4.8	—	在4.4.1,4.4.2,4.4.3,6.1,6.2中给出
A.7.3	生物和微生物(病菌或细菌)危险	4.8	—	在4.2.2.1中给出
A.8	**机器设计中由于忽略人类工效学原则产生的危险** (机械与人的特征和能力不协调) 如由下列因素引起:	4.9	4.8	—
A.8.1	不利于健康的姿态或过分用力	4.9	4.8.2,4.8.5	未给出(仅和自走机械有关)
A.8.2	不适当的考虑人的手臂或腿脚构造	4.9	4.8.3	未给出(仅和自走机械有关)
A.8.3	忽略了使用个人防护装备	5.5	—	在6.1,6.2中给出
A.8.4	不适当的工作面照明	—	4.8.6	不相关
A.8.5	精神过分紧张或准备不足等	4.9	4.8.5	不相关
A.8.6	人的差错	4.9	4.8	在6.1,6.2中给出
A.9	**各种危险组合**	4.11	—	不相关
A.10	**由于能源失效、机械零件损坏或其他功能故障产生的危险** 例如:	5.3b)	4	—
A.10.1	能源(能量和/或控制电路)失效	3.30	4.11.1	不相关
A.10.2	机械零件或流体意外抛射	—	4.10,5	在4.4.1,4.4.2,4.4.3,6.1中给出
A.10.3	控制系统的失效、失灵(意外起动、意外过流)	3.29,3.30,3.31	4.11.1	不相关
A.10.4	装配错误	—	—	在6.1,6.2中给出
A.10.5	机器翻倒,意外失去稳定性	4.2.2	4.6	不相关
A.11	**由于安全措施错误的或不正确的定位产生的危险** 例如:	—	5	—
A.11.1	各类防护装置	3.25	5.3	在6.1中给出
A.11.2	各类有关安全(防护)装置	3.26	5.3	在6.1中给出
A.11.3	起动和停机装置	—	4.11.1	不相关
A.11.4	安全标志和信号装置	—	4.8.8,6.2,6.3,6.4	在6.1中给出
A.11.5	各类信息或报警装置	—	6.4	不相关
A.11.6	能源切断装置	—	5.5.4	在4.2.3.3中给出

表 A.1(续)

危险		有关条款		本部分给出的解决方法
		GB/T 15706.1	GB/T 15706.2	
A.11.7	急停装置	—	5.5	不相关
A.11.8	工件的送进/取出措施	—	4.14	不相关
A.11.9	安全调整和/或维修的主要设备和附件	3.3,5.3a)	4.7,4.15,5.5.5,4.11.12	在6.1中给出
A.11.10	排气装置等	—	—	不相关

表 A.2　由移动产生的危险一览表

危险		本部分给出的解决方法
A.12	**在移动和工作区域照明不足**	未给出(仅和自走机械有关)
A.13	**由突然移动、不稳定等产生的危险**	在4.2.3中给出
A.14	**驾驶/操作位置不合适/未按人类工效学设计**	—
A.14.1	由危险环境产生的危险(与运动部件、排出废气接触等)	未给出(仅和自走机械有关)
A.14.2	驾驶者/操作者位置可视性不足	未给出(仅和自走机械有关)[a]
A.14.3	座椅/座位(SIP)不合适	未给出(仅和自走机械有关)
A.14.4	操纵机构位置不合适/未按人类工效学设计	在4.2.1中给出(和自走机械有关的部分给出)[a]
A.14.5	机器的确定/移动	在4.2.2.5,4.2.3.1中部分给出
A.14.6	机器的运行	在6.1中部分给出
A.14.7	步行操纵机器的运行	不相关
A.15	**机械危险**	—
A.15.1	人暴露于不可控制运动的危险	在4.2.2.3,4.2.3.2中给出
A.15.2	部件损坏和/或抛出产生的危险	不相关
A.15.3	翻倾产生的危险	未给出(仅和自走机械有关)
A.15.4	物体落下产生的危险	不相关
A.15.5	进入机器措施不合适	在4.2.4中部分给出
A.15.6	由牵引、连接、传动等产生的危险	在4.2.1中部分给出
A.15.7	由蓄电池、火、灰尘和气体排放等产生的危险	未给出(仅和自走机械有关)

附 录 B
（资料性附录）
液体肥料施肥车示例

下列图示的施肥车仅表示其功能，并未图示本部分要求的安全措施。

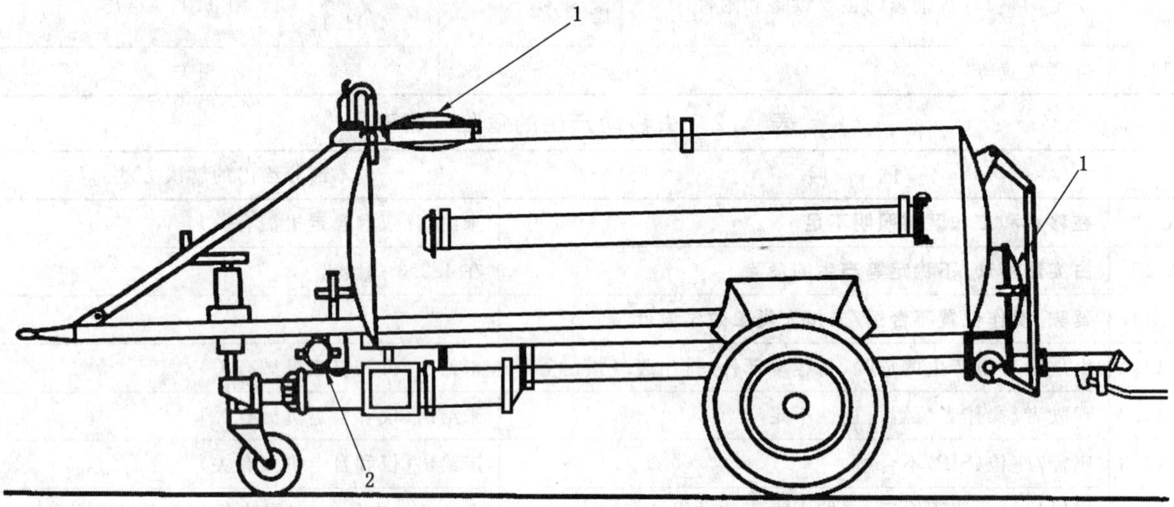

1——罐盖；

2——泵。

图 B.1 机动液体肥料施肥车

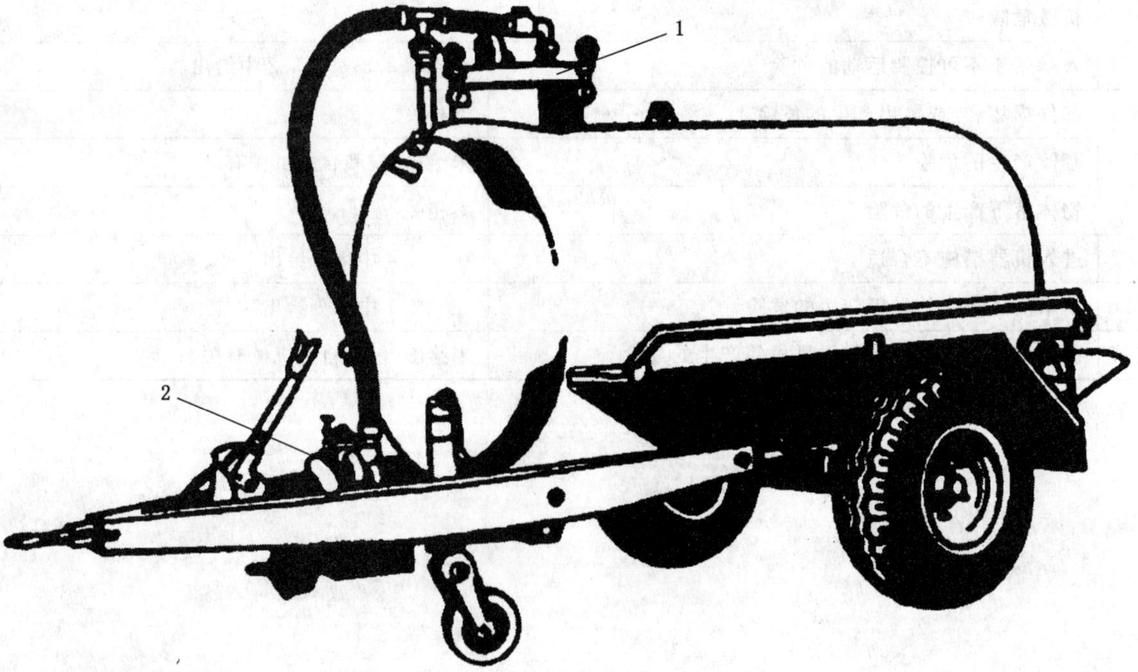

1——罐盖；

2——空压机。

图 B.2 气动液体肥料施肥车

1——罐盖；

2——撒施装置。

图 B.3　带撒施装置的液体肥料施肥车

1——行撒施装置。

图 B.4　带行撒施装置的液体肥料施肥车

1——带拖拉软管撒施架。

图 B.5　带拖拉软管撒施架的液体肥料施肥车

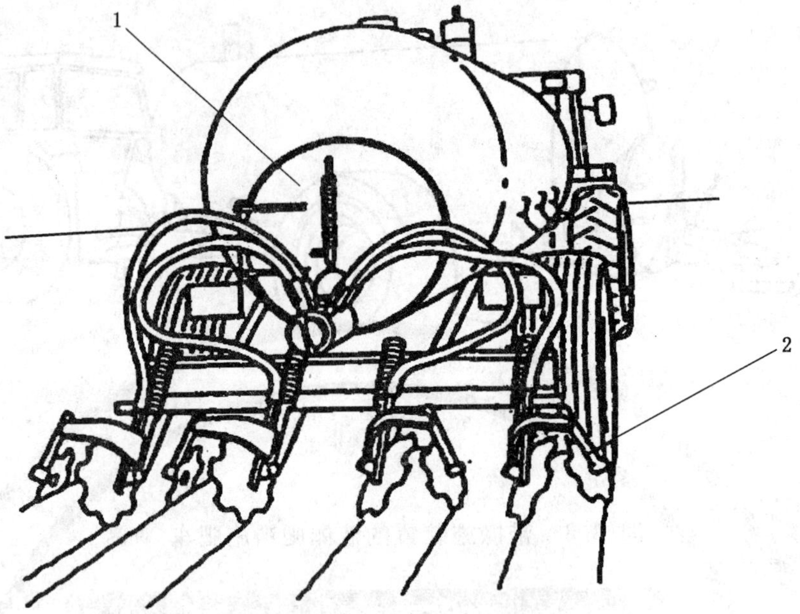

1——罐盖；

2——注射装置。

图 B.6　带注射装置的液体肥料施肥车

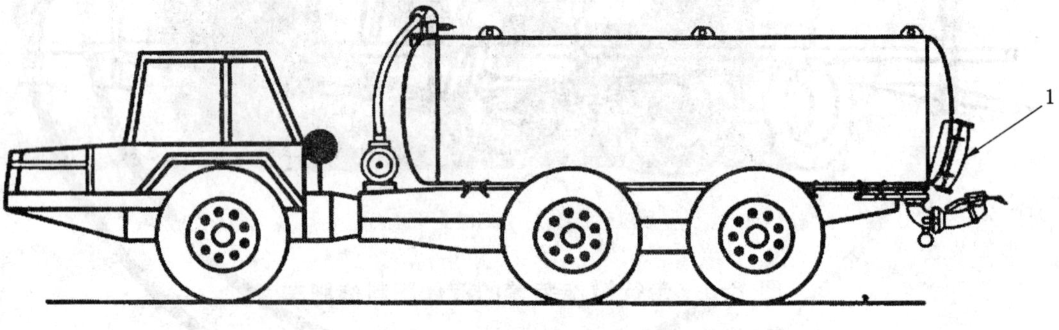

1——罐盖。

图 B.7　自走式液体肥料施肥车

ICS 21.060.10
J 13

中华人民共和国国家标准

GB/T 10432.1—2010

电弧螺柱焊用无头焊钉

Unthreaded studs for drawn arc stud welding with ceramic ferrule

(ISO 13918:2008,Welding—Studs and ceramic ferrules for arc stud welding,MOD)

2011-01-10 发布　　2011-10-01 实施

中华人民共和国国家质量监督检验检疫总局
中国国家标准化管理委员会　发布

前　言

GB/T 10432 的本部分(以下简称本部分)是国家标准“焊接螺柱及焊钉”产品系列标准之一,该系列包括：

——GB/T 902.1—2008　手工焊用焊接螺柱；

——GB/T 902.2—2010　电弧螺柱焊用焊接螺柱；

——GB/T 902.3—2008　储能焊用焊接螺柱；

——GB/T 902.4—2010　短周期电弧螺柱焊用焊接螺柱；

——GB/T 10432.1—2010　电弧螺柱焊用无头焊钉；

——GB/T 10432.2—2010　短周期电弧螺柱焊用无头焊钉；

——GB/T 10432.3—2010　储能焊用无头焊钉；

——GB/T 10433—2002　电弧螺柱焊用圆柱头焊钉。

本部分是 GB/T 10432 的第1部分。

本部分修改采用 ISO 13918:2008《焊接　电弧螺柱焊用螺柱和磁环》规定的无螺纹焊钉(UD 型)(英文版)。

本部分对 ISO 13918:2008 中无螺纹焊钉(UD 型)的主要修改如下：

——ISO 13918 规定的涉及产品认证、市场准入检验及工厂生产控制等内容,与 ISO/TC 2 制定的紧固件产品标准截然不同,也与我国目前实际情况有较大差异,故未予采用；

——在引用文件中,用我国标准代替国际标准(第 2 章)；

——ISO 13918 未规定包装技术要求,本部分予以规定(见表 3)；

——ISO 13918 未规定简化标记,本部分按 GB/T 1237 给出简化的标记(见 6.1.2)。

本部分附录 A 及附录 B 为资料性附录。

本部分由中国机械工业联合会提出。

本部分由全国紧固件标准化技术委员会(SAC/TC 85)归口。

本部分负责起草单位:中机生产力促进中心。

本部分参加起草单位:北京宏光机电设备厂、宁波九龙紧固件制造有限公司。

电弧螺柱焊用无头焊钉

1 范围

GB/T 10432 的本部分规定了公称直径为 6 mm～16 mm 的电弧螺柱焊用无头焊钉(UD 型)及配套使用的磁环(UF 型)。

ISO 13918 规定的产品型式与我国标准对照,见附录 A。

2 规范性引用文件

下列文件中的条款通过 GB/T 10432 的本部分的引用而成为本部分的条款。凡是注日期的引用文件,其随后所有的修改单(不包括勘误的内容)或修订版均不适用于本部分,然而,鼓励根据本部分达成协议的各方研究是否可使用这些文件的最新版本。凡是不注日期的引用文件,其最新版本适用于本部分。

GB/T 90.1　紧固件　验收检查(GB/T 90.1—2002,idt ISO 3269:2000)

GB/T 90.2　紧固件　标志与包装

GB/T 1237　紧固件标记方法(GB/T 1237—2000,eqv ISO 8991:1986)

GB/T 3098.1　紧固件机械性能　螺栓、螺钉和螺柱(GB/T 3098.1—2010,ISO 898-1:2009,IDT)

GB/T 3098.6　紧固件机械性能　不锈钢螺栓、螺钉和螺柱(GB/T 3098.6—2000,idt ISO 3506-1:1997)

GB/T 3103.1　紧固件公差　螺栓、螺钉、螺柱和螺母(GB/T 3103.1—2002,ISO 4759-1:2000,IDT)

3 尺寸

3.1 通则

——焊后长度(l_2)是设计值。适当地控制焊接,以保持 l_2 在±1 mm 内。在特殊条件下,如穿透-装饰物螺柱焊 l_2 可能与公称数值不同。

——无螺纹螺柱(UD)尖端应装有压配合的铝棒或喷涂铝粉。对不锈钢螺柱和直径≤10 mm,以及惰性气体保护焊的情况下,可以省去这种要求。

——图 1 所示焊接后的尺寸是参考值。

——图 1 的 a)中未规定的尺寸与公差,由制造者确定。这也适用于对焊接部位螺柱外形的修改,如钻孔和开槽均不影响焊接性。

——磁环的直径 D_7 是影响焊接质量的主要因素;其他尺寸的变化不削弱焊接质量。

——无头焊钉(UD 型)的质量,见附录 B。

3.2 无头焊钉(UD 型)

无头焊钉(UD 型)的型式尺寸见图 1 和表 1。

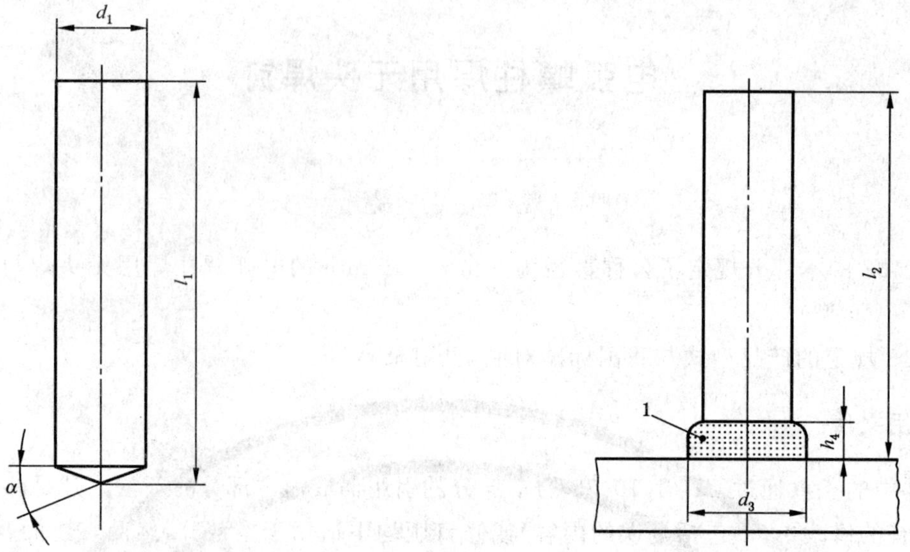

a) 焊接前　　　　b) 焊接后

注：1——焊接部位。

图 1　无头焊钉(UD 型)

表 1　$l_2 \geqslant 20$ mm 无头焊钉(UD 型)尺寸　　单位为毫米

d_1	6	8	10	12	14.6	16
d_3	8.5	11	13	16	18.5	21
h_4	4	4	4	5	6	7
$\alpha \pm 2.5°$	22.5°	22.5°	22.5°	22.5°	22.5°	22.5°
$l_1 \pm 1$	$l_2+2.4$	$l_2+2.6$	$l_2+2.8$	$l_2+3.4$	$l_2+3.9$	$l_2+3.9$

3.3　磁环(UF 型)

磁环(UF 型)适用于 UD 型焊钉，其型式尺寸见图 2 和表 2。

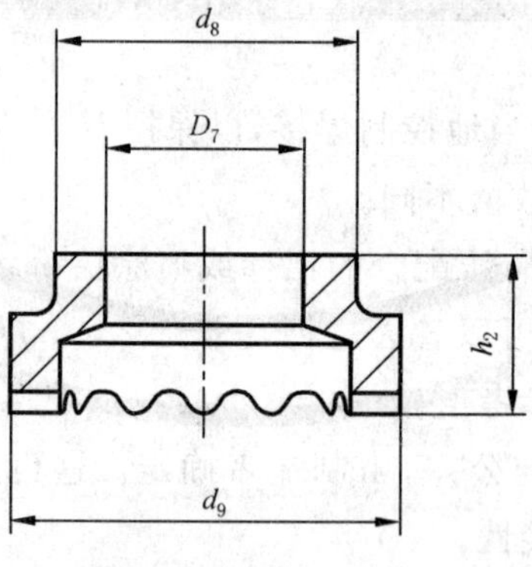

图 2　磁环(UF 型)

表 2　磁环(UF 型)尺寸　　单位为毫米

型式	$D_7{}^{+0.5}_{0}$	$d_8 \pm 1$	$d_9 \pm 1$	$h_2 \approx$
UF 6	6.2	9.5	11.5	8.7
UF 8	8.2	11	15	8.7
UF 10	10.2	15	17.8	10
UF 12	12.2	16.5	20	10.7
UF 16	16.3	26	30	13

4 技术条件和引用标准

技术条件和引用标准见表 3。

表 3 技术条件和引用标准

材料		钢[a]	不锈钢[a]
机械性能	等级	4.8	A2-50、A2-70、A4-50 A4-70、A5-50、A5-70
	标准	GB/T 3098.1	GB/T 3098.6
可焊接性		螺柱仅能使用可焊接性的材料制造。 如果硬度增加的不多，非合金钢焊接螺柱尚具有可焊接性。 通常，碳含量 C≤0.20%是可焊接的，易切钢是不可焊接的，可以使用镇静钢	通常，不锈钢螺柱是可焊接的，易切钢是不可焊接的
公差	等级	A	
	标准	GB/T 3103.1	
表面处理		—	简单处理
验收及包装		GB/T 90.1、GB/T 90.2	

a 如有需要，可协议采用螺柱的拉力试验，以校核剪切强度。

5 标志

5.1 螺柱

下列信息应永久地标志在螺柱的每个包装单元上：

a) 本部分编号，即 GB/T 10432.1；

b) 螺柱型式代号；

c) 公称直径(d_1)和长度 l_1 或 l_2(应当标志实际使用的长度)；

d) 性能等级(见表 3)；

e) 可追溯性及其标志，如生产批号。

5.2 瓷环

下列信息应永久地标志在瓷环的每个包装单元上：

a) 本部分编号，即 GB/T 10432.1；

b) 瓷环型式代号和螺柱公称直径的 d_1。

6 标记

6.1 螺柱

6.1.1 标记方法

标记方法按 GB/T 1237 的规定。

6.1.2 标记示例

公称直径 $d_1=12$ mm、公称长度 $l_2=40$ mm、性能等级为 4.8 级的电弧螺柱焊用无头焊钉(UD 型)的标记：

焊钉 GB/T 10432.1 12×40

6.2 瓷环标记示例

用于无头焊钉(UD 型)的 UF12 型瓷环的标记：

瓷环 GB/T 10432.1 UF12

附　录　A
（资料性附录）
与 ISO 产品型式对照

ISO 13918 规定的产品型式与我国标准对照，见表 A.1。

表 A.1　与 ISO 产品型式对照

序号	型式(ISO 13918:2008)	相应的国家标准
1	螺纹螺柱(PD)	GB/T 902.2　电弧螺柱焊用焊接螺柱
2	带缩杆的螺纹螺柱(RD)	
3	内螺纹螺柱(ID)	
4	带法兰的螺纹螺柱(PS)	GB/T 902.4　短周期电弧螺柱焊用焊接螺柱
5	内螺纹螺柱(IS)	
6	螺纹焊接螺柱(PT)	GB/T 902.3　储能焊用焊接螺柱
7	内螺纹焊接螺柱(IT)	
8	无螺纹螺柱(UD)	GB/T 10432.1　电弧螺柱焊用无头焊钉
9	无螺纹螺柱(US)	GB/T 10432.2　短周期电弧螺柱焊用无头焊钉
10	无螺纹螺柱(UT)	GB/T 10432.3　储能焊用无头焊钉
11	抗剪栓钉(SD)	GB/T 10433　电弧螺柱焊用圆柱头焊钉

附 录 B
（资料性附录）
电弧螺柱焊用无头焊钉（UD型）的质量

表 B.1 无头焊钉（UD型）的质量

单位为千克

螺柱公称长度 l_2/mm	质量[a]					
	d_1=6 mm	d_1=8 mm	d_1=10 mm	d_1=12 mm	d_1=14.6 mm	d_1=16 mm
20	4.8	8.5	13.3	19.2	—	—
25	5.9	10.5	16.4	23.6	—	—
30	7.0	12.5	19.5	28.1	41.5	49.9
40	9.2	16.4	25.6	36.9	54.7	65.7
50	11.5	20.4	31.8	45.8	67.8	81.4
60	—	—	38.0	54.7	81.0	97.2
70	—	—	44.1	63.6	94.1	113.0
80	—	—	50.3	72.4	107.2	128.8

a 由于公差原因，质量值仅是近似值（比重=7.85 kg/dm^3），以每1 000件kg计。

ICS 21.060.10
J 13

中华人民共和国国家标准

GB/T 10432.3—2010
代替 GB/T 10432—1989

储能焊用无头焊钉

Unthreaded studs for capacitor discharge welding

(ISO 13918:2008,Welding—Studs and ceramic ferrules for arc stud welding,MOD)

2011-01-10 发布

2011-10-01 实施

中华人民共和国国家质量监督检验检疫总局
中国国家标准化管理委员会 发布

前　言

GB/T 10432 的本部分(以下简称本部分)是国家标准"焊接螺柱及焊钉"产品系列标准之一,该系列包括:

——GB/T 902.1—2008　手工焊用焊接螺柱;

——GB/T 902.2—2010　电弧螺柱焊用焊接螺柱;

——GB/T 902.3—2008　储能焊用焊接螺柱;

——GB/T 902.4—2010　短周期电弧螺柱焊用焊接螺柱;

——GB/T 10432.1—2010　电弧螺柱焊用无头焊钉;

——GB/T 10432.2—201×　短周期电弧螺柱焊用无头焊钉;

——GB/T 10432.3—2010　储能焊用无头焊钉;

——GB/T 10433—2002　电弧螺柱焊用圆柱头焊钉。

本部分修改采用 ISO 13918:2008《焊接　电弧螺柱焊用螺柱和磁环》规定的无头焊钉(UT 型)(英文版)。

本部分对 ISO 13918:2008 中无头焊钉(UT 型)的主要修改如下:

——在引用文件中,用我国标准代替国际标准(第 2 章);

——ISO 13918 未规定包装技术要求,本部分予以规定(见表 2);

——ISO 13918 未规定简化标记,本部分按 GB/T 1237 给出简化标记示例(见 5.2)。

本部分代替 GB/T 10432—1989《无头焊钉》。

本部分与 GB/T 10432—1989 相比主要变化如下:

——增加前言部分;

——调整引用文件(第 2 章);

——采用 ISO 13918 中 UT 型无头焊钉,其型式与尺寸与旧标准基本相同(第 3 章);

——增加不锈钢和有色金属焊钉,并规定性能等级:碳钢为 4.8 级(含碳量应小于等于 0.18%,且不得采用易切钢)、不锈钢为 A2-50(不得采用易切钢),以及有色金属为 CU2(见表 2)。

本部分附录 A 为资料性附录。

本部分由中国机械工业联合会提出。

本部分由全国紧固件标准化技术委员会(SAC/TC 85)归口。

本部分负责起草单位:中机生产力促进中心。

本部分参加起草单位:北京宏光机电设备厂。

本部分由全国紧固件标准化技术委员会秘书处负责解释。

本部分所代替标准的历次版本发布情况为:

——GB/T 10432—1989。

储能焊用无头焊钉

1 范围

GB/T 10432 的本部分规定了公称直径为 3mm～6mm 的储能焊用无头焊钉(UT 型)。

ISO 13918 规定的产品型式与我国标准对照,见附录 A。

2 规范性引用文件

下列文件中的条款通过 GB/T 10432 的本部分的引用而成为本部分的条款。凡是注日期的引用文件,其随后所有的修改单(不包括勘误的内容)或修订版均不适用于本部分,然而,鼓励根据本部分达成协议的各方研究是否可使用这些文件的最新版本。凡是不注日期的引用文件,其最新版本适用于本部分。

GB/T 90.1 紧固件 验收检查(GB/T 90.1—2002,idt ISO 3269:2000)

GB/T 90.2 紧固件 标志与包装

GB/T 1237 紧固件标记方法(GB/T 1237—2000,eqv ISO 8991:1986)

GB/T 3098.1 紧固件机械性能 螺栓、螺钉和螺柱(GB/T 3098.1—2010,ISO 898-1:2009,IDT)

GB/T 3098.6 紧固件机械性能 不锈钢螺栓、螺钉和螺柱(GB/T 3098.6—2000,idt ISO 3506-1:1997)

GB/T 3098.10 紧固件机械性能 有色金属制造的螺栓、螺钉、螺柱和螺母(GB/T 3098.10—1993,eqv ISO 8839:1986)

GB/T 3103.1 紧固件公差 螺栓、螺钉、螺柱和螺母(GB/T 3103.1—2002,ISO 4759-1:2000,IDT)

3 尺寸

3.1 通则

——焊后长度(l_2)是设计值。适当地控制焊接,以保持 l_2 在±1 mm 内。在特殊条件下,如穿透-装饰物螺柱焊 l_2 可能与公称数值不同。

——图 1 所示焊接后的尺寸是参考值。

——图 1 的 a)中未规定的尺寸与公差,由制造者确定。这也适用于对焊接部位螺柱外形的修改,如钻孔和开槽均不影响焊接性。

3.2 无头焊钉(UT 型)

无头焊钉(UT 型)的型式尺寸见图 1 和表 1。

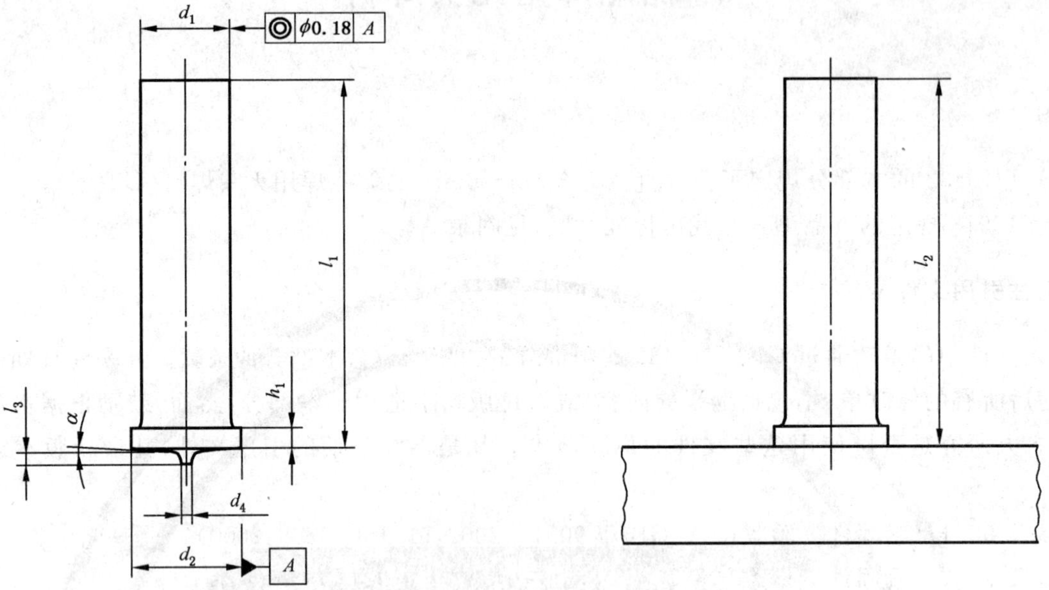

a) 焊接前　　　　b) 焊接后

$l_2 \approx l_1 - 0.3$ mm。

图 1　无头焊钉(UT 型)

表 1　无头焊钉(UT 型)尺寸　　　　单位为毫米

$d_1 \pm 0.1$	$l_1{}^{+0.6}_{0}$ [a]	$d_3 \pm 0.2$	$d_4 \pm 0.08$	$l_3 \pm 0.05$	h	$\alpha \pm 1°$
3	8 10 12 16 20	4.5	0.60	0.55	0.7～1.4	3°
4		5.5	0.65			
5	12 16 20 25	6.5	0.75	0.80	0.8～1.4	
6		7.5				
[a] 其他长度由双方协议。						

4　技术条件和引用标准

技术条件和引用标准见表 2。

表 2　技术条件和引用标准

材　　料		钢[a]	不锈钢[a]	有色金属
机械性能	等级	4.8	A2-50	CU2 $\sigma_b \geqslant 370\ N/mm^2$
	标准	GB/T 3098.1	GB/T 3098.6	GB/T 3098.10
可焊接性		螺柱仅能使用可焊接性的材料制造。如果硬度增加的不多，非合金钢焊接螺柱尚具有可焊接性。 通常，碳含量 C≤0.20%是可焊接的，易切钢是不可焊接的，可以使用镇静钢	通常，不锈钢螺柱是可焊接的，易切钢是不可焊接的	—
表面处理		电镀铜	简单处理	简单处理
验收及包装		GB/T 90.1、GB/T 90.2		

[a] 如有需要，可协议采用螺柱的拉力试验，以校核剪切强度。

5　标志

5.1　螺柱

下列信息应永久地标志在螺柱的每个包装单元上：

a)　本部分编号，即 GB/T 10432.3；

b)　螺柱型式代号；

c)　公称直径(d_1)和长度 l_1 或 l_2(应当标志实际使用的长度)；

d)　性能等级(见表 2)；

e)　可追溯性及其标志，如生产批号。

6　标记

6.1　标记方法按 GB/T 1237 的规定。

6.2　标记示例

公称直径 $d_1=4$ mm、公称长度 $l_1=20$ mm、性能等级为 4.8 级、经电镀铜表面处理(电镀 Cu、3、半光亮-无色)的储能焊用无头焊钉(UT 型)的标记：

焊钉　GB/T 10432.3　4×20 C1E

附 录 A
(资料性附录)
与 ISO 产品型式对照

ISO 13918 规定的产品型式与我国标准对照,见表 A.1。

表 A.1 与 ISO 产品型式对照

序 号	型式(ISO 13918:2008)	相应的国家标准
1	螺纹螺柱(PD)	GB/T 902.2 电弧螺柱焊用焊接螺柱
2	带缩杆的螺纹螺柱(RD)	
3	内螺纹螺柱(ID)	
4	带法兰的螺纹螺柱(PS)	GB/T 902.4 短周期电弧螺柱焊用焊接螺柱
5	内螺纹螺柱(IS)	
6	螺纹焊接螺柱(PT)	GB/T 902.3 储能焊用焊接螺柱
7	内螺纹焊接螺柱(IT)	
8	无螺纹螺柱(UD)	GB/T 10432.1 电弧螺柱焊用无头焊钉
9	无螺纹螺柱(US)	GB/T 10432.2 短周期电弧螺柱焊用无头焊钉
10	无螺纹螺柱(UT)	GB/T 10432.3 储能焊用无头焊钉
11	抗剪栓钉(SD)	GB/T 10433 电弧螺柱焊用圆柱头焊钉

ICS 27.040
K 56

中华人民共和国国家标准

GB/T 10491—2010
代替 GB/T 10491—1989

航空派生型燃气轮机成套设备噪声值及测量方法

Noise criteria and sound measurement procedures for aero-derivative gas turbines turnkey installations

2010-11-10 发布　　　　2011-03-01 实施

中华人民共和国国家质量监督检验检疫总局
中国国家标准化管理委员会　发布

前　言

本标准代替 GB/T 10491—1989《轻型燃汽轮机成套设备噪声值及测量方法》。

本标准与 GB/T 10491—1989 相比，主要变化如下：

——将标准的名称改为《航空派生型燃气轮机成套设备噪声值及测量方法》；

——增加了前言；

——将章节标题"标准值"改为"噪声级限定值"，并将燃气轮机距隔声罩外 1 m 处的噪声级限定值的规定由原来的 90 dB(A)下降为 85 dB(A)，体现了当今设备制造的技术发展水平，并更为关注环境和社会和谐，此外还对噪声级限定值的内容和适用范围进行了必要的补充(本版的第 4 章)；

——修改了对背景噪声和大气条件等测量环境的要求(本版的 5.2)；

——修改了背景噪声对实测的 A 声级的数据修正和数据的平均计算(本版的 6.1)。

本标准的附录 A 为资料性附录。

本标准由中国机械工业联合会提出。

本标准由全国燃气轮机标准化技术委员会(SAC/TC 259)归口。

本标准起草单位：浙江省电力设计院、清华大学、上海电气电站设备有限公司上海汽轮机厂、中国航空综合技术研究所、中国航空动力机械研究所、浙江国华余姚燃气发电有限责任公司、西安航空发动机(集团)有限公司。

本标准主要起草人：何语平、刘尚明、何磊、张华、罗安阳、韩建清、郭晓强。

本标准所代替标准的历次版本发布情况为：

——GB/T 10491—1989。

航空派生型燃气轮机成套设备
噪声值及测量方法

1 范围

本标准规定了航空派生型燃气轮机成套设备(以下简称:燃气轮机)噪声级限定值及其测量方法,还规定了燃气轮机噪声的数据处理方法和测量报告的要求。

本标准适用于发电和机械驱动用的燃气轮机,不适用于作为运输工具(车辆和船舶等)动力用的燃气轮机。

2 规范性引用文件

下列文件中的条款通过本标准的引用而成为本标准的条款。凡是注日期的引用文件,其随后所有的修改单(不包括勘误的内容)或修订版均不适用于本标准,然而,鼓励根据本标准达成协议的各方研究是否可使用这些文件的最新版本。凡是不注日期的引用文件,其最新版本适用于本标准。

GB 3102.7 声学的量和单位(GB 3102.7—1993,eqv ISO 31-7:1992)

GB/T 3241 电声学 倍频程和分数倍频程滤波器(GB/T 3241—2010,IEC 61260:1995,MOD)

GB/T 3785(所有部分) 电声学 声级计[GB/T 3785—2010,IEC 61672(所有部分),IDT]

GB/T 3947 声学名词术语

GB/T 10489 轻型燃气轮机 通用技术要求

GB 14098—1993 燃气轮机 噪声

3 术语和定义

GB/T 3947 和 GB 3102.7 确立的声学术语和定义以及 GB/T 10489 确立的燃气轮机术语和定义适用于本标准。

4 噪声级限定值

4.1 本标准规定用 A 计权声级(以下简称:A 声级)作为评价值。若需要,也可选测声压级(C 声级)和倍频带声压级,但不作为评价依据。

4.2 燃气轮机满负荷稳定运行时,距隔声罩外 1 m 处的平均噪声级不应大于 85 dB(A)。燃气轮机隔声罩外 1 m 处噪声级限定值,应根据机组安装的区域所执行的工业企业厂界噪声标准,或城市区域环境噪声标准,并考虑机组隔声罩至厂界的距离,以及在噪声传播途径上燃气轮机厂房或声屏障隔声的影响,经计算后由采购方提出并与承包商协商后确定。

4.3 应根据厂界或环境噪声的要求和现场的具体情况,经计算后,由采购方提出并与承包商协商,对燃气轮机下列部件外 1 m 处的噪声级限定值做出规定:进气口、排气扩散段、隔声罩通风口和烟囱出口。

4.4 燃气轮机控制室(就地控制室)内的噪声级不应大于 70 dB(A)。

4.5 燃气轮机在满负荷稳定运行时,其隔声罩外 120 m 处的平均噪声级不应大于 60 dB(A)。

4.6 在特殊条件下工作的燃气轮机,允许的噪声级可由采购方与承包商双方另行商定。

4.7 采购方技术文件应明确说明噪声级限定值的适用范围。除另有规定外,噪声级限定值的适用范围不包括暂态噪声源以及不与燃气轮机联合工作的设备产生的噪声源。如果用于同时运行的多台机组,应明确说明机组台数;如果用于安装在厂房内的联合循环装置,应说明厂房内外安装的装置包含的其他各种设备；如果装置包括的全部设备不是由单一承包商供货，合同规定的噪声级限定值仅适用于该承包商提供的设备。这时，采购方需在考虑全部噪声源辐射的基础上规定噪声级限定值。

5 噪声测量

5.1 测量条件

燃气轮机在满负荷下运行，关闭所有隔声罩舱门。

5.2 测量环境

5.2.1 环境要求

测点和燃气轮机之间应有相对平坦、坚硬的声反射地面。否则，测量报告中应予以说明。

在距离隔声罩($d+5\lambda$)的范围内，若有反射面积超过 10 m^2 的反射物，测量报告中也应予以注明。

注：d 是测点距隔声罩最近点的实测距离。λ 是有效最低频率的波长。对 A 声级，有效最低频率是 100 Hz；对 C 声级，有效最低频率是 31.5 Hz。

5.2.2 背景噪声

噪声测量的前后，应在每个测点测量该点的背景噪声。背景噪声级至少比装置运行时测得的噪声小 3 dB，最好小(6～10)dB 以上。这个规定可以通过改变测量时间或测点位置达到。

注：对于本标准，背景噪声是传声器位置处的非被测装置发生的噪声。

5.2.3 大气条件

在雨雪天气或离地面 1.5 m 处平均风速超过 5 m/s 时，不应测量。风速小于 5 m/s 时，应使用风罩以降低风的影响。现场温度、湿度的反常状态也应避免。为使温度梯度的异常影响减到最小，建议在多云天气或夜间测量。

5.3 测量仪器

5.3.1 总则

测量仪器应使用 GB/T 3785 中规定的 1 型声级计或精度等级相当的其他测量仪器。

进行频谱分析时使用的倍频程滤波器应符合 GB/T 3241 的规定。

5.3.2 校准

每次测量前后，对整个测量系统应采用精度优于 1 级(即±0.3 dB)的声校准器进行校准。两次校准值相差不应超过 0.5 dB。

测量仪器和校准仪器至少每年检验定级一次。

5.4 测量

5.4.1 总则

传声器应正对被测声源方向。声级计应使用“慢”档测量，并读取观察周期内读数的平均值。测量 A 声级和 C 声级时，读取平均值的观察周期至少为 10 s。在观察周期内，等时间间隔读取(5～10)个数，取其平均值。也可使用积分声级计，直接测量一段时间内(如 10 s)的噪声平均值。若测量倍频带声压级，读取平均值的观察周期，对于中心频率在 160 Hz 以上者至少为 10 s，对于中心频率在 160 Hz 以下者至少为 30 s。

5.4.2 测点位置

燃气轮机的隔声罩外 1 m 处的测点，应选在机组周围 A 声级最高的位置，其他测点沿机组周边每隔不超过 5 m 的间距选定。

控制室的测点，应选在控制室的中央。

所有测点的高度均为离地面或平台 1.2 m 处。

燃气轮机的隔声罩外 120 m 处的测点，对单台燃气轮机可选 4 个方位(相隔 90°)或 8 个方位(相隔 45°)，对多台燃气轮机应选 8 个方位(相隔 45°)。燃气轮机进口方向为正测方位，选定为“1”，如图 1。

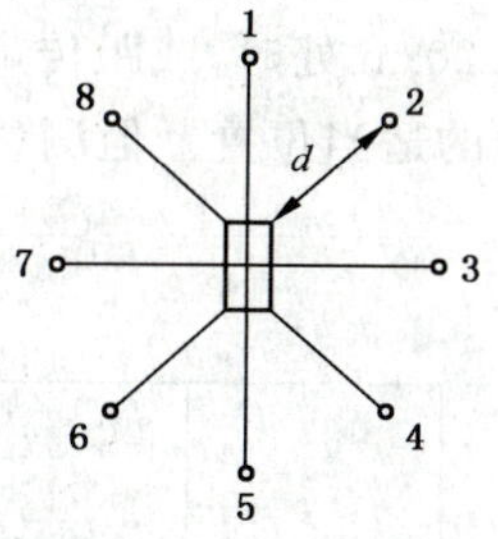

单台机组

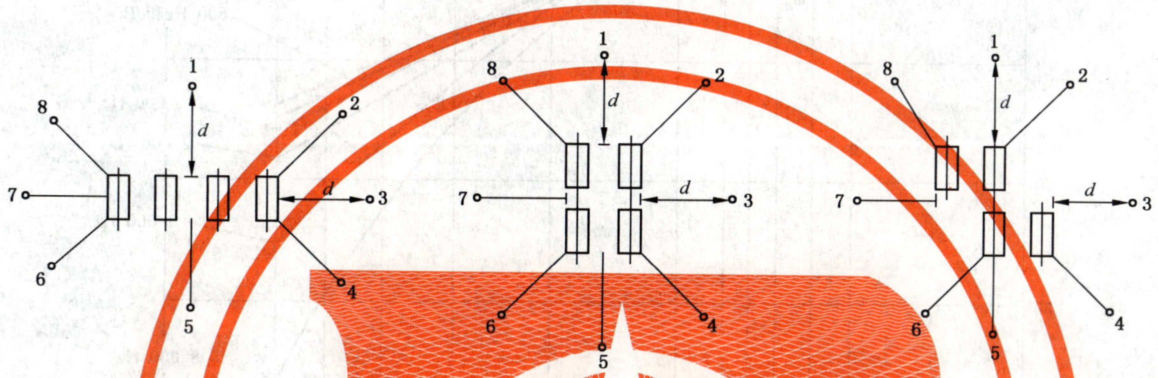

多台机组

▯——燃气轮机机组；

∘——测点位置；

d——测点距隔声罩最近点的实测距离。

图 1 燃气轮机噪声测点位置

6 数据处理

6.1 数据修正

当背景噪声 A 声级比燃气轮机运行时实测的 A 声级小(3～10)dB 时，应按表 1 对燃气轮机运行时实测的 A 声级进行修正。

若需对声压级(C 声级)进行背景噪声修正，修正方法与 A 声级相同。

表 1 背景噪声对燃气轮机运行时实测的 A 声级的修正值

单位为分贝

燃气轮机运行时实测的 A 声级与背景噪声 A 声级之差	燃气轮机运行时实测的 A 声级应减去的修正量
3	3
4	2
5	2
6	1
7	1
8	1
9	1
≥10	0

注：本表格数据引自 GB 14098—1993。

6.2 距离修正

当传声器不能置于距燃气轮机隔声罩 120 m 处时，或距传声器所在位置 5 λ 距离内有反射物时，测点位置应移到距隔声罩(60～180)m 范围内的适当位置。但测量的数据应进行距离修正，修正到 120 m 距离处。距离修正值按图 2 确定。

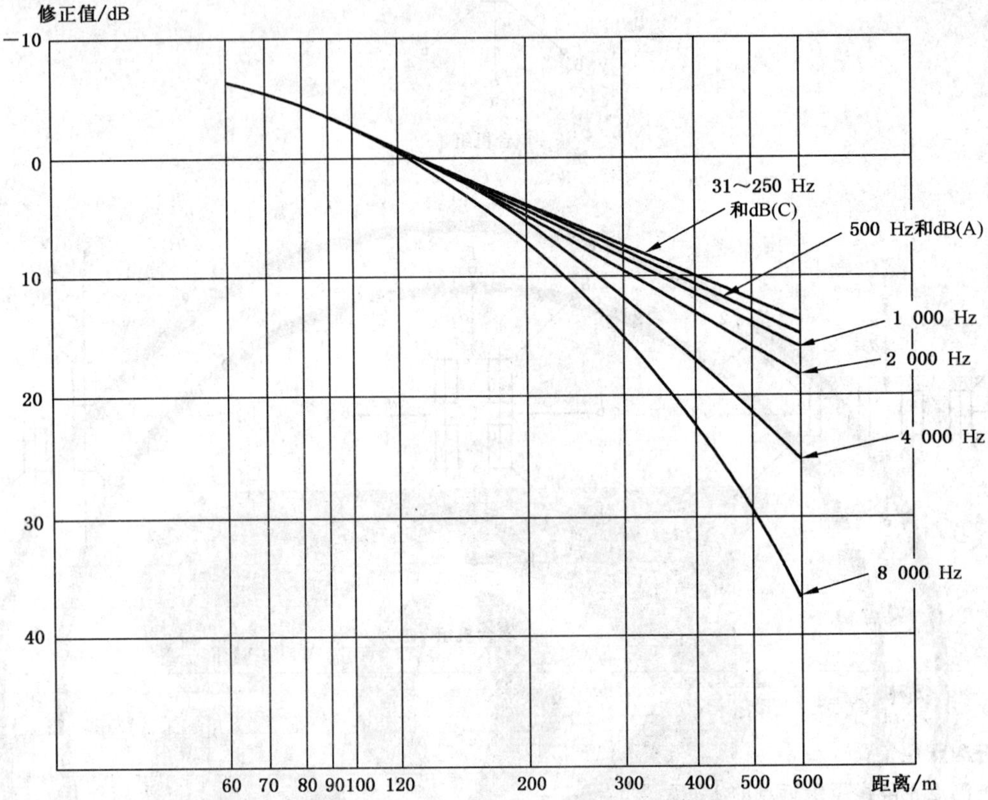

图 2 用计权声级、倍频带声压级测量时，相对于 120 m 距离处的噪声值

6.3 数据的平均计算

由若干个测点测量得到的、经过修正后的数据，应按下式计算其平均值$\overline{L_P}$：

$$\overline{L_P}=10\ \lg\left(\frac{1}{n}\sum_{i=1}^{n}10^{0.1L_{P_i}}\right) \qquad (1)$$

式中：

$\overline{L_P}$——平均声(压)级，单位为分贝(dB)；

n——燃气轮机测点数；

L_{P_i}——在“i”点的声(压)级，单位为分贝(dB)。

如果测得的数据相差在 5 dB 范围内，其平均值可按测量的数据算术平均计算。

7 测量报告

7.1 测量报告内容

燃气轮机噪声测量报告应包括下列内容：

a) 燃气轮机型号、数量、采购方及所在地；

b) 燃气轮机运行状况；

c) 注有尺寸的燃气轮机、测点、建筑物及其他噪声源的平面布置图；

d) 现场自然情况和地形简介；

e) 离地面 1.2 m 处的气象条件，包括大气温度、相对湿度、风速和风向；

f) 测量日期和时间；

g) 测得的所有数据；

h) 声级计名称、型号、制造厂、编号、精度；

i) 所用仪器的名称、型号、制造厂、编号及校准测量系统所采用的方法；

j) 列出运行中辐射噪声的辅助设备；

k) 参加测试人员名单。

7.2 测量报告格式

测量报告格式参见附录A。

附　录　A
（资料性附录）
燃气轮机成套设备噪声测量报告

航空派生型燃气轮机成套设备：

　　型号____________________

　　数量________地点__________所属单位________

航空派生型燃气轮机动力装置：

　　型号____________________

　　数量________制造单位__________出厂日期________

航空派生型燃气轮机动力装置运行状态：__________

运行中辐射噪声的辅助设备：

　　名称____________________

　　型号__________数量__________

测试仪器：____________________

天气________温度________相对湿度________

测点 1.2 m 高处：

　　风速__________风向__________

燃气轮机噪声测点位置图

表 A.1　噪声测量表

单位为分贝

测量项目 / 测量值 / 测点位置	A 声级	C 声级	倍频带声压级									备注
			31.5 Hz	63 Hz	125 Hz	250 Hz	500 Hz	1 000 Hz	2 000 Hz	4 000 Hz	8 000 Hz	

说明：

测量人员　　　　　　　　　　　　　　　　　　　　　　　　　　　　　　　　年　　月　　日

ICS 65.20
B 34

中华人民共和国国家标准

GB/T 10498—2010
代替 GB/T 10498—1989

糖料甘蔗

Sugarcane

2010-11-10 发布　　　　2011-02-01 实施

中华人民共和国国家质量监督检验检疫总局
中国国家标准化管理委员会　发布

前　言

本标准代替 GB/T 10498—1989《糖料甘蔗》。

本标准与 GB/T 10498—1989 相比主要变化如下：

——甘蔗蔗糖分：取消分蔗区、分时期，全国统一为一个指标；

——最低甘蔗蔗糖分的指标由 9%提高到 12%；

——增加蔗汁重力纯度不低于 80%作为甘蔗新鲜度指标之一；

——甘蔗夹杂物重量不得超过总蔗量的指标由 0.8%提高到 1.0%；并增加：采用机械收获的，甘蔗夹杂物重量指标由产购双方协商确定；

——明确：外观质量逐车抽检；甘蔗蔗糖分和蔗汁重力纯度不要求逐车抽检（执行按质论价的厂除外），由糖厂根据实际情况确定抽检次数；

——增加干途耗的计算。

本标准由中国轻工业联合会提出。

本标准由全国制糖标准化技术委员会(SAC/TC 373)归口。

本标准起草单位：广州市双钱糖业有限公司、广州市华侨糖厂、广州市汇源糖业技术有限公司、南京甘汁园糖业有限公司、洋浦南华糖业集团有限公司、东莞市东糖集团有限公司、广西永鑫华糖集团有限公司、海南定安茶根糖业有限责任公司、广州甘蔗糖业研究所、国家糖业质量监督检验中心、全国甘蔗糖业标准化中心。

本标准主要起草人：戚荣、江永、焦念民、闫为民、李锦生、何华柱、许秀、耿怀建、陈剑锋、邓海华、何润景、赵璧秋、蔡铁华、郭剑雄、李海乔、黄雪影。

本标准所代替标准的历次版本发布情况为：

——GB/T 10498—1989。

糖 料 甘 蔗

1 范围

本标准规定了糖料甘蔗的蔗糖分、蔗汁重力纯度和外观质量指标。

本标准适用于糖料甘蔗收购。

2 规范性引用文件

下列文件中的条款通过本标准的引用而成为本标准的条款。凡是注日期的引用文件，其随后所有的修改单(不包括勘误的内容)或修订版均不适用于本标准，然而，鼓励根据本标准达成协议的各方研究是否可使用这些文件的最新版本。凡是不注日期的引用文件，其最新版本适用于本标准。

GB/T 10499 糖料甘蔗试验方法

3 术语与定义

下列术语和定义适用于本标准。

3.1

糖料甘蔗 sugarcane

供糖厂制糖用的原料甘蔗。

3.2

甘蔗蔗糖分 sucrose content in cane

甘蔗中含蔗糖的质量百分率(%)。

3.3

蔗汁重力纯度 gravity purity in cane juice

蔗汁视固溶物(用锤度计测得)中含蔗糖的质量百分率(%)。

3.4

甘蔗夹杂物 trash in cane

原料甘蔗中夹带的蔗叶、叶鞘(壳)、蔗花、须根、蔗笋(1 m以下的后生分蘖茎)、蔗茎地下部节密集部位(俗称“烟斗头”)、泥沙和干枯茎、腐败茎、严重病虫鼠害茎及其他非蔗物的重量百分率(%)。

3.5

干途耗 loss of cane weight after harvesting and during transportation

甘蔗砍收后运至糖厂过磅前的重量损失，用甘蔗重量减少的百分率(%)表示。

4 技术要求

4.1 甘蔗蔗糖分

甘蔗蔗糖分大于或等于(≥)12%。

4.2 蔗汁重力纯度

蔗汁重力纯度大于或等于(≥)80%。

4.3 甘蔗外观质量

4.3.1 蔗茎不带泥沙、须根和叶鞘，蔗梢削至生长点下明显见肉，蔗头不带“烟斗头”。

4.3.2 不带干枯茎、腐败茎(包括水浸、火烧、霜冰冻严重变质茎)、1 m以下的蔗笋、严重病虫鼠害茎和其他非蔗物。

5 检验方法

5.1 甘蔗蔗糖分、蔗汁重力纯度

按 GB/T 10499 规定的方法进行测定。

5.2 甘蔗外观质量

随机取 20 kg 以上试样观察其外观是否正常，应符合 4.3 的要求。

6 检验规则

6.1 外观质量

甘蔗运至糖厂后，逐车抽样检验。

6.2 甘蔗蔗糖分和蔗汁重力纯度

初压汁采样，以车为检验单位；或小样本抽样，以车为检验单位；执行按质论价的厂逐车抽检，未执行按质论价的厂可根据实际情况确定抽检次数。

6.3 抽样方法

6.3.1 按 GB/T 10499 规定的方法进行测定。

6.3.2 由糖厂和蔗农双方派代表组成抽样小组，负责抽样送检。现场采样，上述任一方如有异议，应向抽样小组提出，可重复采样一次，作为送检样本。

6.4 扣杂范围

6.4.1 附着于蔗茎的叶鞘(壳)、须根、梢头、“烟斗头”、泥沙。

6.4.2 混入夹带的干枯茎、腐败茎(包括水浸、火烧、霜冰冻严重变质茎)、1 m 以下的蔗笋、严重病虫鼠害茎和其他非蔗物。

6.4.3 夹杂物重量不得超过总蔗量的 1.0%，超过部分从总蔗量中扣除。采用机械收获的，上述夹杂物重量标准由当地蔗区包括(但不限于)糖厂和蔗农(生产方)协商确定。

6.4.4 捆蔗料(麻类、竹篾以外之捆料)从总蔗量中先扣除。

6.5 危险夹杂物

严禁夹带危险物品如金属、石块等。

6.6 砍后甘蔗蔗糖分损失及甘蔗干途耗的计算

人工收获 48 h 后，甘蔗蔗糖分的损失按每天下降 0.1%(绝对值)，甘蔗重量干途耗按每天损失 1% 累加计算。如合同双方另有约定，则按约定执行。

ICS 73.100.40
D 93

中华人民共和国国家标准

GB/T 10599—2010
代替 GB/T 10599—1998

多绳摩擦式提升机

Multi-rope mining friction hoist

2010-12-01 发布 2011-03-01 实施

中华人民共和国国家质量监督检验检疫总局
中国国家标准化管理委员会 发布

前　言

本标准代替 GB/T 10599—1998《多绳摩擦式提升机》。

本标准与 GB/T 10599—1998 相比，主要变化如下：

——增加了部分技术要求内容；

——修改、补充和完善了试验方法和检验规则的内容；

——取消了摩擦系数 0.20 及对应的技术参数；

——对部分规格提升机主要技术参数进行了调整；

——取消了 2 根钢丝绳和 8 根钢丝绳提升机的规格；

——增加了部分规格提升机。

本标准由中国机械工业联合会提出。

本标准由全国矿山机械标准化技术委员会(SAC/TC 88)归口。

本标准负责起草单位：洛阳矿山机械工程设计研究院有限责任公司。

本标准参加起草单位：中信重工机械股份有限公司、上海冶金矿山机械厂、山西新富升机器制造有限公司、重庆泰丰矿山机器有限公司、锦州矿山机器集团有限公司。

本标准主要起草人：凌宏雄、霍玉玲、张步斌、姚宏、张兰俊、梁开谧、王爽。

本标准所代替标准的历次版本发布情况为：

——GB 10599—1989，GB/T 10599—1998。

多绳摩擦式提升机

1 范围

本标准规定了多绳摩擦式提升机的型式与基本参数、技术要求、试验方法、检验规则、标志、包装、运输和贮存。

本标准适用于煤矿、金属矿、非金属矿的立井，在无爆炸性气体、粉尘环境中升降人员、物料及设备的多绳摩擦式提升机。

2 规范性引用文件

下列文件中的条款通过本标准的引用而成为本标准的条款。凡是注日期的引用文件，其随后所有的修改单(不包括勘误的内容)或修订版均不适用于本标准，然而，鼓励根据本标准达成协议的各方研究是否可使用这些文件的最新版本。凡是不注日期的引用文件，其最新版本适用于本标准。

GB/T 191 包装储运图示标志(GB/T 191—2008,ISO 780:1997,MOD)

GB/T 4879 防锈包装

GB/T 8923—1988 涂装前钢材表面锈蚀等级和除锈等级(eqv ISO 8501-1:1988)

GB/T 10095.1—2008 圆柱齿轮 精度制 第1部分:轮齿同侧齿面偏差的定义和允许值(ISO 1328-1:1995,IDT)

GB/T 10095.2—2008 圆柱齿轮 精度制 第2部分:径向综合偏差与径向跳动的定义和允许值(ISO 1328-2:1997,IDT)

GB/T 11345—1989 钢焊缝手工超声波探伤方法和探伤结果分级

GB/T 13306 标牌

GB/T 13384 机电产品包装通用技术条件

GB 16423 金属非金属矿山安全规程

GB 20181 矿井提升机和矿用提升绞车 安全要求

JB/T 1581 汽轮机、汽轮发电机转子和主轴锻件 超声波探伤方法

GB/T 25706 矿山机械产品型号编制方法

JB/T 3277 矿井提升机和矿用提升绞车 液压站

JB/T 3721 矿井提升机 盘形制动器闸瓦

JB/T 3812 矿井提升机和矿用绞车 盘形制动器用碟形弹簧

JB 8519 矿井提升机和矿用提升绞车 盘形制动器

JB/T 10347 摩擦式提升机 摩擦衬垫

煤矿安全规程 国家煤矿安全监察局发布(2006年)

3 型式与基本参数

3.1 多绳摩擦式提升机型式分为JKM井塔式和JKMD落地式两种。

3.2 产品型号编制方法应符合GB/T 25706的规定:

J K M □-□×□ □ □

- □ —— 改进代号
- □ —— 传动形式代号：
  单电机带减速器 Ⅰ；
  双电机带减速器 Ⅱ；
  单电机不带减速器 Ⅲ；
  双电机不带减速器 Ⅳ
- □ —— 钢丝绳根数
- □ —— 摩擦轮直径，m
- □ —— 落地式为D，井塔式不标注
- M —— 摩擦式
- K —— 矿井
- J —— 卷扬机类

标记示例：

摩擦轮直径为 4 m，4 根钢丝绳，落地式，单电动机不带减速器的多绳摩擦式提升机：

JKMD-4×4 Ⅲ 多绳摩擦式提升机

3.3 落地式多绳摩擦式提升机的基本参数见表1，井塔式多绳摩擦式提升机的基本参数见表2。

表1 落地式多绳摩擦式提升机基本参数

序号	产品型号	摩擦轮直径	钢丝绳根数	摩擦系数	钢丝绳最大静张力差	钢丝绳最大静张力	钢丝绳最大直径	钢丝绳间距	最大提升速度		天轮直径	钢丝绳仰角
									有减速器	无减速器		
		m	根		kN	kN	mm	mm	m/s		m	(°)
1	JKMD-1.6×4	1.60	4	0.25	30	105	16	250	8.0	—	1.60	≥40至<90
2	JKMD-1.85×4	1.85			45	155	20		10.0	16.0	1.85	
3	JKMD-2×4	2.00			55	180	22				2.00	
4	JKMD-2.25×4	2.25			65	215	24				2.25	
5	JKMD-2.8×4	2.80			100	335	30	300	15.0		2.80	
6	JKMD-3×4	3.00			140	450	32				3.00	
7	JKMD-3.25×4	3.25			160	520	36				3.25	
8	JKMD-3.5×4	3.50			180	570	38				3.50	
9	JKMD-4×4	4.00			270	770	44	350	—		4.00	
10	JKMD-4.5×4	4.50			340	980	50				4.50	
11	JKMD-5×4	5.00			400	1 250	54				5.00	
12	JKMD-5.5×4	5.50			450	1 450	60				5.50	

表 1（续）

序号	产品型号	摩擦轮直径	钢丝绳根数	摩擦系数	钢丝绳最大静张力差	钢丝绳最大静张力	钢丝绳最大直径	钢丝绳间距	最大提升速度		天轮直径	钢丝绳仰角
									有减速器	无减速器		
		m	根		kN	kN	mm	mm	m/s		m	(°)
13	JKMD-5.7×4	5.70	4	0.25	470	1 550	62	350	—	16.0	5.70	≥40至<90
14	JKMD-6×4	6.00			500	1 650	64				6.00	

注 1：按使用要求，表中摩擦轮直径允许在±4%的范围内变动，相关参数与之相应。

注 2：选用时，如系统防滑计算不能满足要求，应对整个提升系统进行调整，仍不能满足要求时，可提高一档选用。

注 3：对于装机功率较大、单机传动实现困难的大型多绳摩擦式提升机，优先选用Ⅳ型双机拖动方式。

表 2　井塔式多绳摩擦式提升机基本参数

序号	产品型号	摩擦轮直径	钢丝绳根数	摩擦系数	钢丝绳最大静张力差	钢丝绳最大静张力		钢丝绳最大直径		钢丝绳间距	最大提升速度		导向轮直径
						有导向轮	无导向轮	有导向轮	无导向轮		有减速器	无减速器	
		m	根		kN	kN		mm		mm	m/s		m
1	JKM-1.3×4	1.30			30	—	105	—	16		5.0	—	—
2	JKM-1.6×4	1.60			40	—	150	—	20		8.0		
3	JKM-1.85×4	1.85	4		45/50	150	165	20	22	200		16.0	1.85
4	JKM-2×4	2.00			55	180		22			10.0		2.00
5	JKM-2.25×4	2.25			65	215		24					2.25
6	JKM-2.8×4	2.80			100	335		30		250			2.80
7	JKM-2.8×6		6		160	520							
8	JKM-3×4	3.00	4		140	450		32			15.0		3.00
9	JKM-3×6		6		220	670							
10	JKM-3.25×4	3.25	4	0.25	160	520		36					3.25
11	JKM-3.5×4	3.50			180	570	—	38	—				3.50
12	JKM-3.5×6		6		270	860							
13	JKM-4×4	4.00	4		270	770		44		300			4.00
14	JKM-4×6		6		340	1 200							
15	JKM-4.5×4	4.50	4		340	980		50			—		4.50
16	JKM-4.5×6		6		440	1 450							
17	JKM-5×4	5.00	4		400	1 250		54					5.00
18	JKM-5×6		6		500	1 650							

表 2（续）

序号	产品型号	摩擦轮直径	钢丝绳根数	摩擦系数	钢丝绳最大静张力差	钢丝绳最大静张力		钢丝绳最大直径		钢丝绳间距	最大提升速度		导向轮直径
						有导向轮	无导向轮	有导向轮	无导向轮		有减速器	无减速器	
		m	根		kN	kN		mm		mm	m/s		m
19	JKM-5.5×4	5.50	4	0.25	500	1 500	—	60	—	350	—	16.0	5.50
20	JKM-5.5×6		6		600	2 000							

注 1：钢丝绳最大静张力差一栏中，分子表示有导向轮，分母表示无导向轮。

注 2：按使用要求，表中摩擦轮直径允许在±4%的范围内变动，相关参数与之相应。

注 3：选用时，如系统防滑计算不能满足要求，应对整个提升系统进行调整，仍不能满足要求时，可提高一档选用。

注 4：对于装机功率较大、单机传动实现困难的大型多绳摩擦式提升机，优先选用Ⅳ型双机拖动方式。

4 技术要求

4.1 一般要求

4.1.1 产品应符合本标准的要求，并应按照经规定程序批准的图样及技术文件制造。

4.1.2 产品应符合 GB 20181、GB 16423 或《煤矿安全规程》的有关规定。

4.1.3 产品应在无爆炸性介质、空气温度 5 ℃～40 ℃的环境中工作（天轮装置除外）。

4.1.4 产品所用的材料和配套件，应符合现行国家标准和行业标准的有关规定。

4.1.5 产品的易损件、备件和通用件应保证互换性。

4.1.6 产品的外观质量，涂装前的制件表面处理质量应符合 GB/T 8923—1988 中 st2 级的规定。

4.1.7 装配前，润滑和液压系统的管件应酸洗并涂油防锈。

4.1.8 产品在操纵台位置处的噪声声压级不大于 85 dB(A)。

4.2 零部件要求

4.2.1 主轴装置、导向轮、天轮装置

4.2.1.1 主轴应按照 JB/T 1581 方法进行探伤检查，内部不应有白点和裂纹，其夹杂和非裂纹性缺陷要求如下：

a) 在主轴轴心 2/3 直径范围内的单个、分散性缺陷和密集性缺陷，应符合表 3 的规定；

表 3 主轴缺陷限定值

被探截面直径/mm	允许存在的单个、分散性缺陷		允许存在的密集性缺陷		起始灵敏度/mm
	最大当量直径/mm	个数/100 cm^2	最大当量直径/mm	占截面总面积/%	
≤ϕ400	ϕ6	10	ϕ4	6	ϕ3
>ϕ400	ϕ8	10	ϕ6	8	

b) 在主轴轴心 2/3 直径以外范围，允许存在不大于 ϕ5 mm 的当量单个、分散性缺陷 6 个；允许存在小于 ϕ4 mm 的当量密集性缺陷，但缺陷区面积不应超过被探面积的 5%。

4.2.1.2 摩擦轮、制动盘的主要焊缝均应进行探伤检验并应达到 GB/T 11345—1989 中规定的Ⅱ级焊缝要求。摩擦轮焊后进行消除内应力处理。

4.2.1.3 摩擦轮、导向轮、天轮装置应在制造厂内进行静平衡试验，静不平衡力矩应符合表 4 的规定。

表 4

摩擦轮直径 D/mm		$D \leqslant 2\ 250$	$2\ 250 < D \leqslant 4\ 000$	$D > 4\ 000$
静不平衡力矩/（N·m）	导轨支承	≤100	≤150	≤200
	轴承支承	≤150	≤200	≤250

4.2.1.4　每台产品的摩擦衬垫应符合 JB/T 10347 的规定，摩擦系数不应小于 0.25。

4.2.1.5　提升系统设计时，钢丝绳对摩擦衬垫最大比压不大于 2.0 MPa。

4.2.1.6　制动盘装配后端面全跳动量应满足：摩擦轮直径小于 4 m 的，其端面全跳动量不大于 0.5 mm；摩擦轮直径等于和大于 4 m 的，其端面全跳动量不大于 0.7 mm；制动盘表面粗糙度参数 Ra 值不大于 3.2 μm。

4.2.1.7　主轴承温升不应超过 25 ℃，最高温度不应超过 65 ℃。

4.2.1.8　主轴装置设计寿命不低于 25 年。

4.2.2　盘形制动器装置

4.2.2.1　盘形制动器装置应符合 JB 8519 的规定。

4.2.2.2　碟形弹簧应符合 JB/T 3812 的规定。

4.2.2.3　盘形制动器闸瓦应符合 JB/T 3721 的规定。

4.2.2.4　盘形制动器安全制动空行程时间不应超过 0.3 s。松闸和制动操纵机构与提升机操纵机构之间应设置联锁装置。

4.2.3　减速器

4.2.3.1　减速器齿轮精度应符合 GB/T 10095.1—2008 和 GB/T 10095.2—2008 的规定，当分度圆直径 $d \leqslant 125$ mm 时为 6JL，分度圆直径 $d > 125$ mm～1 600 mm 时为 6 KM。

4.2.3.2　减速器润滑油清洁度用 0.075 mm 的筛网所滤得的脏物质量不大于 3.4a mg（a 为减速器的各级中心距之和，mm）。

4.2.3.3　减速器轴承温升不应超过 40 ℃，最高温度不应超过 75 ℃。箱内润滑油温升不应超过 35 ℃。

4.2.3.4　减速器、润滑站各密封部位不应有渗漏油现象。

4.2.4　液压站

液压站应符合 JB/T 3277 的规定。

4.2.5　深度指示器系统

4.2.5.1　深度指示器系统应能准确地指示出提升容器在井筒中的位置，并应能迅速而准确地发出减速、井口二级制动解除、停车以及过卷等讯号。

4.2.5.2　深度指示器系统中应设置失效保护装置。

4.2.5.3　机械式深度指示器系统所指示的提升容器实际位置误差应满足容器停车要求，系统中各运动环节，在运动中应灵活、平稳，不应有卡阻和振动现象，减速、限速及过卷装置动作灵活、可靠并应能及时、准确复位。

4.2.5.4　数字式深度指示器的显示精度应为 cm 级，应有位置校正和判断显示数据正确的措施，信号应由可编程序控制器（PLC）或微机直接发出。

4.2.6　天轮装置

4.2.6.1　天轮装置宜采用焊接结构并装有绳衬。

4.2.6.2　天轮应进行消除内应力处理。

4.3　安全防护

4.3.1　摩擦轮、联轴器等外露回转件部位应装设防护装置。

4.3.2　制动盘两侧制动端面不应有影响摩擦系数的介质（如油、水等）。

4.3.3　提升机应设置减速、限速，以及防止过卷、超速、过负荷和欠电压、主电机及油泵电机的启动和停止、闸瓦磨损及碟形弹簧失效指示、液压站和润滑油站温度保护等机电联锁机构以及深度指示器失效等各种保护装置，并符合 GB 20181 的有关规定。

4.3.4 提升机应设置钢丝绳滑动监测装置。

4.4 电机直联型提升机

多绳摩擦式提升机采用电机与提升机主轴直联的传动方式时，该型式的提升机除不再出现减速器的有关要求外，其他要求和含有减速器的提升机相同。

4.5 产品成套供货范围

4.5.1 产品机械部分应按产品机械部分成套发货表及装箱清单发货(包括备件、附件和专用工具在内)。

4.5.2 随机供应的图样和技术文件：

a) 产品机械部分总图、基础图、主要零部件安装图、使用说明书、成套发货表及装箱清单以及备件目录等；

b) 电气原理图、接线图和电控设备使用说明书等(电控厂家提供)；

c) 产品出厂合格证。

5 试验方法

5.1 摩擦轮、导向轮、天轮装置静平衡试验

用导轨支承或滚动支承进行静平衡试验，摩擦轮、导向轮、天轮装置静不平衡力矩应分别不大于表 4 中的规定。

5.2 制动盘端面全跳动量检验

主轴装置装配、调整后，进行制动盘端面全跳动量检验。低速、均匀转动主轴装置，在制动盘两侧端面用百分表进行检验。制动盘端面全跳动量应符合 4.2.1.6 的规定。

5.3 盘形制动器装置试验应符合 JB 8519 的规定。

5.4 液压站试验应符合 JB/T 3277 的规定。

5.5 摩擦衬垫性能检验应符合 JB/T 10347 的规定。

5.6 减速器检验

减速器应在装配合格后，在实验台上进行验收试验。试验时箱内注定量的规定牌号润滑油，并按设计要求接入润滑系统。

a) 空负荷试验，正、反向运转各不少于 2 h，试验转速应为额定转速；

b) 减速器应做跑合试验，试验负荷不应低于额定工作负荷的 15%，要求运转平稳，不应有周期性冲击和振动以及周期性不正常噪声，各部温升及润滑系统压力正常。

6 检验规则

6.1 检验分类

检验分为出厂检验和型式检验。

6.2 出厂检验

每台提升机均应进行出厂检验，检验合格后附产品合格证方可出厂。出厂检验项目包括：

a) 装配的正确性和完整性；

b) 涂装质量和外观质量；

c) 盘形制动器性能与密封检验；

d) 液压站性能与密封检验；

e) 静平衡试验；

f) 制动盘端面全跳动量检验；

g) 摩擦衬垫性能检验；

h) 减速器检验。

6.3 **型式检验**

6.3.1 有下列情况之一时，应进行型式检验：

a) 新产品试制定型鉴定或老产品转厂生产时；

b) 正式生产后，产品结构、材料、工艺有较大改变，可能影响产品性能时；

c) 正常生产时，每隔三年进行一次；

d) 长期停产后恢复生产时；

e) 出厂检验结果与上次型式检验有较大差异时；

f) 国家质量监督检验机构提出型式检验要求时。

6.3.2 型式检验应包括本标准的全部要求。

7 标志、包装、运输和贮存

7.1 每台产品均应在明显位置固定产品标牌。标牌的型式和尺寸应符合 GB/T 13306 的规定，并应标明下列内容：

a) 制造厂名称及地址；

b) 产品型号和名称；

c) 主要技术参数；

d) 产品执行标准编号；

e) 出厂编号及出厂日期。

7.2 每处润滑加油点均应有明显的红色标记。

7.3 主轴应在端部明显位置处打上出厂编号。

7.4 产品的包装、贮运图示标志应符合 GB/T 191 的规定。

7.5 产品的包装应符合 GB/T 13384 的规定，并应符合陆路、水路运输的要求。

7.6 包装箱应标明下列内容：

a) 收货站及收货单位名称；

b) 发货站及发货单位名称；

c) 合同号、产品名称及型号；

d) 毛重、净重、箱号及外形尺寸；

e) 储运图示标志及起吊作业标记。

7.7 产品外露加工表面应进行防锈包装，并应符合 GB/T 4879 的规定。

7.8 产品库存时应干燥、通风。露天存放时应有防雨水措施。零部件入库前应涂防锈剂。

ICS 71.100.01;87.060.10
G 57

中华人民共和国国家标准

GB/T 10661—2010
代替 GB/T 10661—2003

荧光增白剂 VBL
(C.I.荧光增白剂 85)

Fluorescent whitening agent VBL
(C.I. Fluorescent whitening agent 85)

2010-12-23 发布 2011-10-01 实施

中华人民共和国国家质量监督检验检疫总局
中国国家标准化管理委员会 发布

前　言

本标准代替 GB/T 10661—2003《荧光增白剂 VBL》。

本标准与 GB/T 10661—2003 相比主要变化如下：

——标准名称修改为《荧光增白剂 VBL(C.I.荧光增白剂 85)》；

——增加了 CAS RN 号(本版的第 1 章)；

——合并了用于纺织品和用于造纸两个规格(2003 年版的第 3 章，本版的第 3 章)；

——检验项目中的“相对强度”和“白度”更改为“增白强度”，指标相应修改(2003 年版的第 3 章，本版的第 3 章)；

——增加了重金属元素的量指标和试验方法(本版的第 3 章和 5.9)；

——增加了增白强度的试验方法(本版的 5.4)；

——取消了相对强度和白度试验方法(2003 年版的 5.4 和 5.5)。

本标准由中国石油和化学工业协会提出。

本标准由全国染料标准化技术委员会(SAC/TC 134)归口。

本标准主要起草单位：浙江传化华洋化工有限公司、山西青山化工有限公司、沈阳化工研究院有限公司。

本标准主要起草人：蒋东文、董仲生、甘宏宇、竹百均、李钢、诸叶青。

本标准于 1989 年首次发布，1996 年为第一次修订，2003 年为第二次修订，本次为第三次修订。

荧光增白剂 VBL
(C. I. 荧光增白剂 85)

1 范围

本标准规定了荧光增白剂 VBL(C. I. 荧光增白剂 85)的要求、采样、试验方法、检验规则及标志、标签、包装、运输和贮存。

本标准适用于荧光增白剂 VBL 的产品质量控制。

结构式:

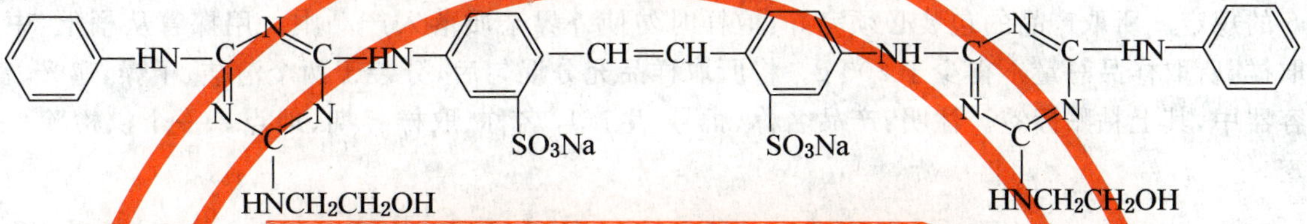

分子式:$C_{36}H_{34}N_{12}Na_2O_8S_2$

相对分子质量:872.84(按 2007 年国际相对原子质量)

CAS RN:17958-73-5

2 规范性引用文件

下列文件中的条款通过本标准的引用而成为本标准的条款。凡是注日期的引用文件,其随后所有的修改单(不包括勘误的内容)或修订版均不适用于本标准,然而,鼓励根据本标准达成协议的各方研究是否可使用这些文件的最新版本。凡是不注日期的引用文件,其最新版本适用于本标准。

GB/T 2374—2007 染料 染色测定的一般条件规定

GB/T 2381—2006 染料及染料中间体 不溶物质含量的测定

GB/T 2383—2003 染料 筛分细度的测定

GB/T 2386—2006 染料及染料中间体 水分的测定

GB/T 6678—2003 化工产品采样总则

GB/T 6682 分析实验室用水规格和试验方法(GB/T 6682—2008,ISO 3696:1987,MOD)

GB/T 8170—2008 数值修约规则与极限数值的表示和判定

GB 19601 染料产品中 23 种有害芳香胺的限量及测定

GB 20814 染料产品中 10 种重金属元素的限量及测定

GB/T 23979.1—2009 荧光增白剂 增白强度和色光的测定 棉织物染色法

GB/T 23979.2—2009 荧光增白剂 增白强度和色光的测定 纸张染色法

3 要求

荧光增白剂 VBL 的质量要求应符合表 1 的要求。

表 1 荧光增白剂 VBL 的质量要求

项 目	指 标
(1) 外观	淡黄色～黄色均匀粉末
(2) 荧光强度(相当于标准品的)/分	100±3
(3) 增白强度(为标准品的)/分	100±2

表 1（续）

项　　目	指　　标
(4) 色光（与标准品）	近似～微
(5) 水分的质量分数/%　　≤	5.0
(6) 水不溶物的质量分数/%　　≤	0.5
(7) 细度（通过 250 μm 孔径筛残余物的质量分数）/%　≤	10.0
(8) 有害芳香胺的质量分数/(mg/kg)	符合 GB 19601 的标准要求
(9) 重金属元素的质量分数/(mg/kg)	符合 GB 20814 的标准要求

4　采样

以批为单位采样，生产厂以一次拼混均匀的产品为一批。每批采样桶数应符合 GB/T 6678—2003 中 7.6 的规定。所取产品的包装必须完好，取样时勿使外界杂质落入产品中。用探管从桶上、中、下三部分取样，所取样品总量不得少于 200 g。将所取样品充分混匀后，分装于两个清洁、干燥、避光、密封良好的容器中，其上粘贴标签。注明：产品名称、批号、生产厂名称、取样日期、地点。一个供检验，一个保存备查。

5　试验方法

5.1　一般规定

除非另有规定，仅使用确认为分析纯的试剂和 GB/T 6682 中规定的三级水。检验结果的判定按 GB/T 8170—2008 中的 4.3.3 修约值比较法进行。

在进行本标准的 5.3、5.4 的测定时，房间应适当避光，避免阳光照射测试样品。在测定过程中，从称样、溶解、稀释到测定必须连续操作，不应放置时间过长，以避免样品受光照而影响测定结果。

5.2　外观的评定

采用目视评定。

5.3　荧光强度的测定

5.3.1　仪器及材料

a)　分光光度计：紫外可见分光光度计；

b)　比色皿：石英皿，光路长 10 mm；

c)　水：每升水中加入约 0.3 g 无水碳酸钠，充分搅拌均匀溶解，使水的 pH＝8～9。

5.3.2　测定步骤

称取荧光增白剂 VBL 标样和试样各约 0.2 g（精确至 0.000 1 g），分别置于烧杯中，加水搅拌使其溶解，并转移至 1 000 mL 棕色容量瓶中，用水稀释至刻度，摇匀。再用移液管吸取该溶液 10 mL 置于 100 mL 棕色容量瓶中，用水稀释至刻度，摇匀。立即用 10 mm 石英比色皿，以水为参比溶液，在 348 nm 波长处分别测定标样及试样溶液的消光值 E_0 和 E。

5.3.3　试验结果的表述

荧光增白剂 VBL 的荧光强度以 F 计，数值用（分）表示，按式(1)计算：

$$F=\frac{Em_0}{E_0m}\times 100 \qquad \cdots\cdots(1)$$

式中：

E——试样溶液的消光值；

E_0——标样溶液的消光值；

m——试样质量的数值，单位为克(g)；

m_0——标样质量的数值，单位为克(g)。

计算结果保留到小数点后一位。

两次平行测定结果之差应不大于 2 分，取其算术平均值作为测定结果。

5.3.4 荧光强度结果的评定

生产厂出厂产品荧光强度指标必须保证 100 分，对于监测部门及其用户单位检测时，考虑检测手段及其使用仪器的误差，允许荧光强度误差范围为正负 3 分。

5.4 增白强度和色光的测定

5.4.1 仲裁检验

增白强度的测定分棉织物染色法和纸张染色法两种方法，纸张染色法又细分为轧染法和浸染法。当有明确使用用途或各方达成一致时，可按使用用途或一致选定的方法进行检验。否则，以棉织物染色法作为仲裁检验方法。

5.4.2 棉织物染色法

按 GB/T 23979.1—2009 的规定进行。

染色深度：0.05%(owf)；染色浴比：1∶40；染色温度：50 ℃；保温染色时间：30 min。

5.4.3 纸张染色法

5.4.3.1 轧染法

按 GB/T 23979.2—2009 中 4.1 的规定进行。

轧染深度：0.3 g/L，浸渍时间：30 s。

5.4.3.2 浸染法

按 GB/T 23979.2—2009 中 4.2 的规定进行。

染色深度：0.2%(owf)，染色时间：30 min。

5.5 细度的测定

按 GB/T 2383—2003 的规定进行。标准筛的规格为孔径 250 μm。

5.6 水不溶物的测定

按 GB/T 2381—2006 中有关水溶性染料的规定进行。

5.7 水分的测定

按 GB/T 2386—2006 中的 3.2 烘干法进行。

5.8 有害芳香胺的量的测定

按 GB 19601 的规定进行。

5.9 重金属元素的量的测定

按 GB 20814 的规定进行。

6 检验规则

6.1 检验分类

本标准第 3 章表 1 所列的所有检验项目均为型式检验项目。其中表 1 中第(1)～(7)项为出厂检验项目，应逐批进行检验。在正常连续生产情况下，每年至少进行一次型式检验。但如有下述情况需进行型式检验：

a) 新产品最初定型时；

b) 产品异地生产时；

c) 生产配方、工艺及原材料有较大改变时；

d) 停产三个月后又恢复生产时；

e) 客户提出要求时。

6.2 生产厂检验

荧光增白剂 VBL 应由生产厂的质量检验部门检验合格，附合格证明后方可出厂。生产厂应保证所有出厂的荧光增白剂 VBL 产品均符合本标准的要求。

6.3 复验

如果检验结果中有一项指标不符合本标准要求时，应重新自两倍量的包装中取样进行检验，重新检验的结果，即使只有一项指标不符合本标准要求时，则整批产品为不合格。

7 标志、标签、包装、运输和贮存

7.1 标志、标签

荧光增白剂 VBL 的每个包装容器上都应涂上牢固、清晰的标志，注明：产品名称、规格、注册商标、净含量、生产厂名称、厂址、生产日期、标准编号、批号。也可将标准编号、批号打印在标签上，并和产品质量检验合格的证明一起放入包装容器内的塑料袋外面。

7.2 包装

荧光增白剂 VBL 用内衬塑料袋的包装容器包装，并加密封，每件净含量 25 kg 或 50 kg。其他包装可与用户协商确定。

7.3 运输

运输时避免强烈震荡，搬运时应小心轻放；防火、防晒、防雨。切勿损坏包装。

7.4 贮存

产品应贮存于阴凉、干燥、通风的库房内。贮存期为二年。

ICS 29.140.30
K 71

中华人民共和国国家标准

GB/T 10682—2010
代替 GB/T 10682—2002

双端荧光灯 性能要求

Double-capped fluorescent lamps—Performance specifications

(IEC 60081:2005,NEQ)

2010-08-09 发布 2010-12-01 实施

中华人民共和国国家质量监督检验检疫总局
中国国家标准化管理委员会 发布

前　言

本标准技术内容对应于 IEC 60081:2005《双端荧光灯　性能要求》(英文版),与 IEC 60081 的一致性程度为非等效。

本标准根据 IEC 60081 重新起草。

本标准代替 GB/T 10682—2002《双端荧光灯　性能要求》。

本标准与 GB/T 10682—2002 的主要差异如下:

——原 GB/T 10682—2002 以汇总表的形式规定了双端荧光灯的各项参数,本次修订按照 IEC 标准原文的格式,以独立的参数表的形式分别给出各个规格双端荧光灯涉及到互换性(电参数、外形尺寸)、控制器件和测试条件的各项参数要求,更加符合国际惯例。

——原标准只有四个附录。本次修订后,标准中共有 9 个附录。其中附录 C 是原标准中放入正文的,而附录 F 是原标准没有的。分别为:附录 A　启动特性测试方法;附录 B　灯的光电及阴极特性测试方法;附录 C　光通维持率和寿命的试验方法;附录 D　色度坐标;附录 E　镇流器和启动器参数;附录 F　灯具设计要求,附录 G　型号命名规则,附录 H　检验规则,附录 J　标志、包装、运输和贮存。后三个附录是根据中国国情制定的,IEC 60081 中并无这三个附录。

——本标准中规定了灯的初始光效,而不再如原标准那样规定初始光通量。但要求实测灯光通量的初始值不低于光通量声称值的 92%。

——对于中国市场上的主要销售品种,对其光效、光通维持率和寿命三项主要性能指标提出了要求。对于既可以使用卤磷酸钙荧光粉,也可以使用三基色荧光粉的荧光灯,分别规定了性能指标。根据中国电光源工业的发展情况修订了部分性能指标,在修订的指标中,多数光效指标和所有光通维持率和寿命指标都有所提高。

——增加 23 W 和 45 W 两种 26 mm 高频荧光灯,见参数表 7222、7422。

——增加相关色温为 8 000 K 的 26 mm 荧光灯、16 mm 高频荧光灯的性能指标。

本标准共有 9 个附录,其中附录 A、附录 B、附录 C、附录 D、附录 G、附录 H、附录 J 为规范性附录,附录 E、附录 F 为资料性附录。

本标准由中国轻工业联合会提出。

本标准由全国照明电器标准化技术委员会(SAC/TC 224)归口。

本标准起草单位:欧司朗(中国)照明有限公司、浙江阳光集团股份有限公司、浙江晨辉照明有限公司、厦门通士达照明有限公司、北京松下照明光源有限公司、中山市欧普照明股份有限公司、江西名派光电科技有限公司、国家电光源质量监督检验中心(上海)。

本标准主要起草人:张俊斌、宋晓东、吴国明、陆光明、秦碧芳、姚念稷、周明兴、程敬远、俞安琪、华桥生。

本标准所代替标准的历次版本发布情况为:

——GB 10682—1989;

——GB/T 10682—2002。

双端荧光灯 性能要求

1 范围

本标准规定了普通照明用双端荧光灯的性能要求。

本标准包括下列工作类型的灯：

a) 工作于交流电源频率带启动器的线路且能工作于高频线路的预热阴极灯；

b) 工作于交流电源频率不带启动器(无启动器)的线路且能工作于高频线路的高电阻预热阴极灯；

c) 工作于交流电源频率不带启动器(无启动器)的线路且能工作于高频线路的低电阻预热阴极灯；

d) 工作于高频线路的预热阴极灯；

e) 工作于交流电源频率线路的非预热阴极灯；

f) 工作于高频线路的非预热阴极灯。

对于本标准中给出的某些要求，见相关灯的参数表。本标准中包含一部分灯种的参数表。对于本标准范围中但未提供参数表的其他灯种，相关的灯参数由灯的制造商或销售商给出。

2 说明

符合本标准的灯，当采用符合 GB/T 14044 或 GB/T 15144 的镇流器及符合 GB 20550 或 GB/T 19655 的启动器，并安装在符合 GB 7000.1 的灯具中时，施加 92%～106%额定电源电压，在 10 ℃～50 ℃的环境温度下燃点时，可以顺利地启动和正常地工作。

3 规范性引用文件

下列文件中的条款通过本标准的引用而成为本标准的条款。凡是注日期的引用文件，其随后所有的修改单(不包括勘误的内容)或修订版均不适用于本标准，然而，鼓励根据本标准达成协议的各方研究是否可使用这些文件的最新版本。凡是不注日期的引用文件，其最新版本适用于本标准。

GB/T 1406.2 灯头的型式和尺寸 第 2 部分：插脚式灯头(GB/T 1406.2—2008，IEC 60061-1:2005，MOD)

GB/T 1406.4 灯头的型式和尺寸 第 4 部分：杂类灯头(GB/T 1406.4—2008，IEC 60061-1:2005，MOD)

GB/T 1483.2 灯头、灯座检验量规 第 2 部分：插脚式灯头、灯座的量规(GB/T 1483.2—2008，IEC 60061-3:2004，MOD)

GB/T 2828.1 计数抽样检验程序 第 1 部分：按接收质量限(AQL)检索的逐批检验抽样计划(GB/T 2828.1—2003，ISO 2859-1:1999，IDT)

GB/T 2829 周期检验计数抽样程序及表(适用于生产过程稳定性的检验)

GB/T 2900.65 电工术语 照明(GB/T 2900.65—2004，IEC 60050(845):1987，MOD)

GB 7000.1—2007 灯具 第 1 部分：一般要求与试验(IEC 60598-1:2003，IDT)

GB/T 14044 管形荧光灯用镇流器 性能要求(GB/T 14044—2008，IEC 60921:2006，MOD)

GB/T 15144—2009 管形荧光灯用交流电子镇流器 性能要求(IEC 60929:2006，MOD)

GB/T 18504 管形荧光灯及其他放电灯线路用电容器 性能要求(GB/T 18504—2001，eqv IEC 61049:1991)

GB 18774 双端荧光灯 安全要求(GB 18774—2002,idt IEC 61195:1999)

GB/T 19655—2005 灯用附件 启动装置(辉光启动器除外) 性能要求(IEC 60927:1996,IDT)

GB 20550—2006 荧光灯用辉光启动器(IEC 60155:1993,IDT)

QB 2274 电光源产品的分类和型号命名方法

4 术语和定义

GB/T 2900.65 确定的以及下列术语和定义适用于本标准。

4.1

荧光灯 fluorescent lamp

主要由放电产生的紫外辐射激发一层或几层荧光粉涂层而发光的低压汞放电灯。

[GB/T 2900.65,定义 845-07-26]。

4.2

双端荧光灯 double-capped fluorescent lamp

带有两个独立的灯头,主要为直管形的荧光灯。

4.3

标称值 nominal value

用于命名或标识灯的近似值。

4.4

额定值 rated value

灯在规定的工作条件下某特性的数值。该值及条件在本标准中规定,或由生产厂或销售商规定。

4.5

光通维持率 lumen maintenance

灯在规定的条件下燃点,其寿命期内任一给定时间的光通量与该灯的初始光通量之比,该比率通常用百分比表示。

4.6

初始值 initial readings

灯在老炼之前所测的启动特性,及老炼 100 h 之后所测的光电和阴极特性。

4.7

启动辅助装置 starting aid

固定在灯外表面的带状导电物,也可以是放置在离灯一定距离之内的导电片。启动辅助装置通常接地,只有在与灯一端有一定的电位差时才起作用。

4.8

基准镇流器 reference ballast

为采用交流电源频率工作的灯而特殊设计的电感型镇流器,或为采用高频工作的灯而特殊设计的电阻型镇流器。其用途是检验镇流器、选择基准灯及检验在标准化的条件下生产的灯。基准镇流器的基本特性,如有关镇流器标准中所述,该镇流器在额定频率下具有稳定的电压/电流比,相对不受电流、温度和周围磁场变化的影响。

注:改写 GB/T 2900.65—2004,定义 845-08-36。

4.9

基准镇流器的校准电流 calibration current of a reference ballast

基准镇流器的校准和调整所依据的电流值。

4.10

寿命 life

灯燃点至"烧毁"或灯的光通维持率下降至本标准中所规定值时的累计燃点时间。

4.11

光效 efficacy

灯发出的光通量除以其所耗功率。

5 灯的要求

5.1 一般要求

凡符合本标准的灯,还应符合 GB 18774 的要求。

灯的设计应保证在其正常使用中性能可靠。通常,只要符合下述条款要求即可达到。

5.2 灯头

5.2.1 成品灯上的灯头尺寸应符合 GB/T 1406.2 和 GB/T 1406.4 中的要求。用符合 GB/T 1483.2 要求的量规检验。

5.2.2 灯头应端正地固定在灯的两端。

a) 对于带 G5 或 G13 灯头的灯,成品灯上的两灯头的双插脚(不包括凸缘)应能在不扭曲的情况下同时顺利通过两相互平行的狭槽,两槽之间的纵向间距要适当,便于灯的通过;且中垂面在同一平面上。用于 G5 和 G13 灯头的狭槽宽度分别为 2.87 mm 和 3.05 mm。

b) 对于带 R17d 灯头的灯,成品灯上两灯头的凸台应能在不扭曲的情况下同时顺利通过两相互平行的狭槽。两槽之间的纵向间距要适当,便于灯的通过;并应使槽的底部抵住灯头凸缘的末端。且中垂面在同一平面上。槽深 6.35 mm,宽 9.22 mm。

5.3 尺寸

灯的尺寸应符合相关灯参数表中规定的值。采用精度不低于 0.1 mm 的通用量具或量规检验。

5.4 启动特性

灯应在相关灯参数表规定的时间内启动,并维持燃点。

试验条件及方法见附录 A。

5.5 电气和阴极特性

a) 灯端电压的初始值应符合相关灯参数表中的规定值;

b) 灯功率的初始值应不大于相关灯参数表中标明的额定功率的 105%+0.5 W。

注:用于补充加热阴极的功率不包括在额定灯功率中,灯参数表中另有规定者除外。

c) 对于工作于交流电源频率不带启动器(无启动器)的线路的预热阴极灯,每只阴极电阻的初始值均不应低于相关的灯参数表中规定的最小值;

d) 对于工作于高频线路的预热阴极灯,每只阴极电阻的初始值应符合有关的灯参数表中规定的值。

试验条件与方法见附录 B。

5.6 光特性

灯的初始光效的要求归纳于表 1,显色指数的要求归纳于表 2。

a) 灯光通量的初始值应不低于其宣称值(可以在产品包装、目录上标出)的 92%。灯光效应符合表 1 中的要求。

工作于高频线路的 16 mm 管径灯,在环境温度为 34 ℃～38 ℃时达到最大光通量,此时的光通量应为其在 25 ℃环境温度时光通量的 105%以上。

注 1:对于显色指数在 90 以上的灯,表 1 中的光效要求不适用。由于这种灯对光谱分布的高要求而采用特别的荧光粉,因此其光效低于同型号的采用三基色荧光粉的荧光灯。

注 2:T5(标称管径 16 mm)的高频荧光灯,指参数表编号为 6520、6530、6620、6640、6650、6730、6750、6840、6850 的灯。由于其使用环境是封闭式的灯具,因此实际应用时的环境温度是 35 ℃左右,而灯就是按此环境温度来设计的。在环境温度不等于 25 ℃时的测试方法见 B.4。

b) 灯的色度坐标 x 和 y 应在规定的色度图范围之内，在任何情况下其初始值距离目标值均应在 5 SDCM 之内；色坐标 x 和 y 的初始值应在额定值 5 SDCM（色匹配的标准偏差）之内；有关色坐标见附录 D。

c) 灯的一般显色指数 R_a 的初始值不应比宣称值（可以在产品包装、目录上标出）低三个数值，而宣称值应不低于表 2 的要求。

试验条件和方法见附录 B。

5.7 光通维持率和寿命

灯的额定寿命及灯在燃点了 2 000 h、70％额定寿命时的光通维持率应不低于表 3 的要求。

试验条件和方法见附录 C。

5.8 标志

灯上应标有型号标识，据此可由制造商或销售商给出的信息，查出灯的光电特性。

产品的型号命名应符合附录 G 的要求，并且应有附录 J 所要求的标志。

灯上标志的完整性、正确性和清晰度用目视法检验。

灯上标志的牢固度用蘸水的软布擦试 15 s 后，用目视法检验，标志仍应清晰可辨。

5.9 外观质量要求

灯的玻管应透明，荧光粉层厚薄均匀，不得有妨碍照明的缺陷。

用目视法检验。

5.10 检验规则

关于交收试验和例行试验的要求，参见附录 H。

5.11 包装、运输和贮存

见附录 J。

6 镇流器和启动器设计参数

镇流器和启动器设计参数参见相关灯参数表和附录 E。

7 灯具设计要求

灯具设计要求参见附录 F。

表 1 灯的初始光效要求

工作类型（见第 1 章 范围）	标称功率 W	标称管径 mm	补充信息	参数表号	光效（斜线“/”前后分别是额定值和极限值）/（lm/W）							
					使用三基色荧光粉的灯				使用卤磷酸钙荧光粉的灯			
					RC	RR RZ	RL RB	RN RD	RC	RR RZ	RL RB	RN RD
a) 交流电源频率带启动器预热阴极荧光灯	4	16		1020	—	*	*	*	—	24/22	29/27	29/27
	6	16		1030	—	*	*	*	—	35/32	40/37	43/40
	8	16		1040	—	*	60/55	63/58	—	44/40	49/45	53/49
	13	16		1060	—	*	74/68	76/70	—	50/46	57/52	62/57
	15	26	标称长度 450 mm	2120	—	60/55	63/58	63/58	—	45/41	47/43	47/43
	15	26	标称长度 550 mm	2215	—	63/58	66/61	66/61	—	47/43	52/48	53/49
	18	26		2220	70/64	72/66	75/69	75/69	52/48	54/50	57/52	57/52
	20	32		2230	—	—	—	—	—	51/47	60/55	60/55
	20	38		2240	—	—	—	—	—	51/47	60/55	60/55
	25	38		2315	—	—	—	—	—	*	*	*

表 1（续）

工作类型（见第 1 章 范围）	标称功率 W	标称管径 mm	补充信息	参数表号	光效（斜线“/”前后分别是额定值和极限值）/(lm/W)							
					使用三基色荧光粉的灯				使用卤磷酸钙荧光粉的灯			
					RC	RR RZ	RL RB	RN RD	RC	RR RZ	RL RB	RN RD
a) 交流电源频率带启动器预热阴极荧光灯	30	26		2320	75/69	77/71	80/74	80/74	56/52	58/53	62/57	62/57
	30	38		2340	—	—	—	—	—	59/54	69/63	71/65
	33	26		2415	—	*	*	*	—	61/56	64/59	65/60
	36	26		2420	80/74	84/78	86/80	86/80	62/57	67/62	69/63	69/63
	38	26		2425	—	*	*	*	—	*	*	*
	40	32		2430	—	—	—	—	—	62/57	68/63	70/64
	40	38		2440	—	—	—	—	—	61/56	67/62	70/64
	58	26		2520	80/74	82/74	86/77	86/77	62/57	64/59	67/62	67/62
	65	32		2530	—	—	—	—	—	66/61	77/71	81/75
	65	38		2540	—	—	—	—	—	64/59	75/69	78/72
	70	26		2620	—	*	*	*	—	*	*	*
	75	38		2640	—	—	—	—	—	*	*	*
	80	38		2660	—	—	—	—	—	61/56	72/66	74/68
	85	38		2670	—	—	—	—	—	61/56	75/69	78/71
	100	38		2840	—	—	—	—	—	59/54	71/65	73/67
	125	38		2880	—	—	—	—	—	61/56	71/65	72/66
b) 快速启动荧光灯	4	16	高阴极电阻	3020	—	*	*	*	—	*	*	*
	6	16		3030	—	*	*	*	—	*	*	*
	8	16		3040	—	*	*	*	—	*	*	*
	20	38		4240	—	—	—	—	—	40/37	48/44	48/44
	30	38		4340	—	—	—	—	—	*	*	*
	40	38		4440	—	—	—	—	—	51/47	54/50	56/52
	65	38		4540	—	—	—	—	—	*	*	*
	75	38		4640	—	—	—	—	—	*	*	*
	80	38		4660	—	—	—	—	—	*	*	*
	85	38		4670	—	—	—	—	—	*	*	*
	125	38		4680	—	—	—	—	—	*	*	*
c) 快速启动荧光灯	20	32	低阴极电阻	5230	—	—	—	—	—	40/37	48/44	48/44
	20	38		5240	—	—	—	—	—	40/37	48/44	48/44
	30	38		5340	—	—	—	—	—	*	*	*
	40	32		5430	—	—	—	—	—	51/47	54/80	56/52
	40	38		5440	—	—	—	—	—	51/47	54/80	56/52
	65	38		5540	—	—	—	—	—	*	*	*

表 1（续）

工作类型（见第1章　范围）	标称功率 W	标称管径 mm	补充信息	参数表号	光效（斜线“/”前后分别是额定值和极限值）/（lm/W）							
					使用三基色荧光粉的灯				使用卤磷酸钙荧光粉的灯			
					RC	RR RZ	RL RB	RN RD	RC	RR RZ	RL RB	RN RD
c）快速启动荧光灯	85	38	低阴极电阻	5840	—	—	—	—	—	*	*	*
	60	38		5960	—	—	—	—	—	*	*	*
	87	38		5970	—	—	—	—	—	*	*	*
	112	38		5980	—	—	—	—	—	*	*	*
d）高频预热阴极荧光灯	6	7		6030	—	*	*	*	—	*	*	*
	8	7		6040	—	*	*	*	—	*	*	*
	11	7		6050	—	*	*	*	—	*	*	*
	13	7		6060	—	*	*	*	—	*	*	*
	14	16	T5 高光效系列	6520	71/65	75/69	81/75	81/75	—	—	—	—
	21	16	T5 高光效系列	6530	78/72	81/75	90/83	90/83	—	—	—	—
	24	16	T5 高光通系列	6620	68/63	71/65	73/67	73/67	—	—	—	—
	28	16	T5 高光效系列	6640	80/74	84/77	89/82	89/82	—	—	—	—
	35	16	T5 高光效系列	6650	81/75	82/75	89/82	89/82	—	—	—	—
	39	16	T5 高光通系列	6730	70/64	73/67	77/71	77/71	—	—	—	—
	49	16	T5 高光通系列	6750	78/72	82/75	86/79	86/79	—	—	—	—
	54	16	T5 高光通系列	6840	70/64	73/67	78/72	78/72	—	—	—	—
	80	16	T5 高光通系列	6850	66/61	69/63	73/67	73/67	—	—	—	—
	16	26		7220	—	72/66	81/75	81/75	—	—	—	—
	32	26		7420	—	85/78	91/84	91/84	—	—	—	—
	23	26		7222	—	84/76	90/85	90/85	—	—	—	
	45	26		7422	—	93/85	98/90	98/90	—	—	—	
	50	26		7520	—	*	*	*	—	*	*	*
e）工作于交流电源频率线路的非预热阴极灯	20	38		8240	—	—	—	—	—	38/35	44/40	46/42
	40	38		8440	—	—	—	—	—	50/46	55/51	55/51
	65	38		8540	—	—	—	—	—	*	*	*
	39	38		8640	—	—	—	—	—	*	*	*
	57	38		8740	—	—	—	—	—	*	*	*
	75	38		8840	—	—	—	—	—	*	*	*
f）工作于高频线路的非预热阴极灯	32	26		9420	—	*	*	*	—	*	*	*
	50	26		9520	—	*	*	*	—	*	*	*

注 1：对于显色指数在 90 以上的灯，表 1 中的光效要求不适用。由于这种灯对光谱分布的高要求而采用特别的荧光粉，因此其光效低于同型号的三基色荧光灯。

注 2：“*”表示相关参数待定。

注 3：“—”表示无相应的灯种。

注 4：各个色调代号对应的相关色温参见附录 G。

表 2 灯的显色指数要求

使用荧光粉种类	色调(参看附录 G)		
	RC、RR、RZ	RL、RB	RN、RD
使用三基色荧光粉的灯	80	82	84
使用卤磷酸钙荧光粉的灯	70	60	50

表 3 灯的光通维持率、寿命要求

工作类型(见第 1 章 范围)	标称功率 W	标称管径 mm	补充信息	参数表号	使用三基色荧光粉的灯			使用卤磷酸钙荧光粉的灯		
					光通维持率		额定寿命 h	光通维持率		额定寿命 h
					2 000 h	70%寿命		2 000 h	70%寿命	
a) 交流电源频率带启动器预热阴极荧光灯	4	16		1020	*	*	*	76	70	5 000
	6	16		1030	*	*	*	76	70	5 000
	8	16		1040	80	70	6 000	76	70	5 000
	13	16		1060	80	70	6 000	76	70	5 000
	15	26	标称长度 450 mm	2120	90	80	13 000	83	75	10 000
	15	26	标称长度 550 mm	2215	90	80	13 000	83	75	10 000
	18	26		2220	90	80	13 000	83	75	10 000
	20	32		2230	—	—	—	83	75	10 000
	20	38		2240	—	—	—	83	75	10 000
	25	38		2315	—	—	—	83	75	10 000
	30	26		2320	90	85	13 000	87	75	10 000
	30	38		2340	—	—	—	87	75	10 000
	33	26		2415	90	85	13 000	87	75	10 000
	36	26		2420	90	85	13 000	87	75	10 000
	38	26		2425	90	85	13 000	87	75	10 000
	40	32		2430	—	—	—	87	75	10 000
	40	38		2440	—	—	—	87	75	10 000
	58	26		2520	90	85	13 000	87	75	10 000
	65	32		2530	—	—	—	87	75	10 000
	65	38		2540	—	—	—	87	75	10 000
	70	26		2620	90	85	13 000	83	75	10 000
	75	38		2640	—	—	—	83	75	10 000
	80	38		2660	—	—	—	83	75	10 000
	85	38		2670	—	—	—	83	75	10 000
	100	38		2840	—	—	—	83	75	10 000
	125	38		2880	—	—	—	83	75	10 000

表 3（续）

工作类型（见第1章 范围）	标称功率 W	标称管径 mm	补充信息	参数表号	使用三基色荧光粉的灯 光通维持率 2 000 h	使用三基色荧光粉的灯 光通维持率 70%寿命	使用三基色荧光粉的灯 额定寿命 h	使用卤磷酸钙荧光粉的灯 光通维持率 2 000 h	使用卤磷酸钙荧光粉的灯 光通维持率 70%寿命	使用卤磷酸钙荧光粉的灯 额定寿命 h
b) 快速启动荧光灯	4	16	高阴极电阻	3020	*	*	*	*	*	*
	6	16		3030	*	*	*	*	*	*
	8	16		3040	*	*	*	*	*	*
	20	38		4240	—	—	—	83	75	8 000
	30	38		4340	—	—	—	83	75	8 000
	40	38		4440	—	—	—	83	75	8 000
	65	38		4540	—	—	—	83	75	8 000
	75	38		4640	—	—	—	83	75	8 000
	80	38		4660	—	—	—	83	75	8 000
	85	38		4670	—	—	—	83	75	8 000
	125	38		4880	—	—	—	83	75	8 000
c) 快速启动荧光灯	20	32	低阴极电阻	5230	—	—	—	83	75	8 000
	20	38		5240	—	—	—	83	75	8 000
	30	38		5340	—	—	—	83	75	8 000
	40	32		5430	—	—	—	83	75	8 000
	40	38		5440	—	—	—	83	75	8 000
	65	38		5540	—	—	—	83	75	8 000
	85	38		5840	—	—	—	83	75	8 000
	60	38		5960	—	—	—	83	75	8 000
	87	38		5970	—	—	—	83	75	8 000
	112	38		5980	—	—	—	83	75	8 000
d) 高频预热阴极荧光灯	6	7		6030	*	*	*	*	*	*
	8	7		6040	*	*	*	*	*	*
	11	7		6050	*	*	*	*	*	*
	13	7		6060	*	*	*	*	*	*
	14	16	T5 高光效系列	6520	85	75	10 000	—	—	—
	21	16	T5 高光效系列	6530	85	75	10 000	—	—	—
	24	16	T5 高光通系列	6620	85	75	10 000	—	—	—
	28	16	T5 高光效系列	6640	85	75	10 000	—	—	—
	35	16	T5 高光效系列	6650	85	75	10 000	—	—	—
	39	16	T5 高光通系列	6730	85	75	10 000	—	—	—
	49	16	T5 高光通系列	6750	85	75	10 000	—	—	—
	54	16	T5 高光通系列	6840	85	75	10 000	—	—	—

表 3（续）

工作类型（见第1章　范围）	标称功率 W	标称管径 mm	补充信息	参数表号	使用三基色荧光粉的灯 光通维持率 2 000 h	使用三基色荧光粉的灯 光通维持率 70%寿命	使用三基色荧光粉的灯 额定寿命 h	使用卤磷酸钙荧光粉的灯 光通维持率 2 000 h	使用卤磷酸钙荧光粉的灯 光通维持率 70%寿命	使用卤磷酸钙荧光粉的灯 额定寿命 h
d）高频预热阴极荧光灯	80	16	T5 高光通系列	6850	85	75	10 000	—	—	—
	16	26		7220	90	85	13 000	—	—	—
	32	26		7420	90	85	13 000	—	—	—
	23	26		7222	90	85	13 000	—	—	—
	45	26		7422	90	85	15 000	—	—	—
	50	26		7520	90	85	15 000	—	—	—
e）工作于交流电源频率线路的非预热阴极灯	20	38		8240	—	—	—	83	75	5 000
	40	38		8440	—	—	—	83	75	5 000
	65	38		8540	—	—	—	83	75	5 000
	39	38		8640	—	—	—	83	75	5 000
	57	38		8740	—	—	—	83	75	5 000
	75	38		8840	—	—	—	83	75	5 000
f）工作于高频线路的非预热阴极灯	32	26		9420	*	*	*	83	75	5 000
	50	26		9520	*	*	*	83	75	5 000

注1：对于显色指数在90以上的灯，表1中的光效要求不适用。由于这种灯对光谱分布的高要求而采用特别的荧光粉，因此其光效低于同型号的三基色荧光灯。

注2："*"表示相关参数待定。

注3："—"表示无相应的灯种。

8　参数表

8.1　参数表编号的一般规则

第一部分表示本标准的编号"GB/T 10682"。

第二部分表示该参数表编号。

第三部分表示该参数表当页的版本编号。如果某一灯参数表的页数超过一页，则有可能各页的版本编号不同，而各页的参数表编号仍保持相同。

8.2　灯外形尺寸定位图

8.2.1　定位图清单

GB/T 10682-01：带 G5 或 G13 灯头的直管形灯。

GB/T 10682-02：带 Fa6、Fa8、R17d 或 W4.3×8.5d 灯头的直管形灯。

8.3　灯参数表

8.3.1　灯参数表清单

参数表号 GB/T 10682-	标称功率 W	频率 Hz		标称尺寸 mm	灯头	线路		阴极类型
						交流电源	高频	
1020	4	50	60	16×150	G5	启动器	—	预热
1030	6	50	60	16×225	G5	启动器	—	预热
1040	8	50	60	16×300	G5	启动器	—	预热
1060	13	50	60	16×525	G5	启动器	—	预热
2120	15	50	60	26×450	G13	启动器	无启动器	预热
2215	15	50	60	26×550	G13	启动器	无启动器	预热
2220	18	50	—	26×600	G13	启动器	无启动器	预热
2230	20	50	60	32×600	G13	启动器	—	预热
2240	20	50	60	38×600	G13	启动器	—	预热
2315	25	50	—	38×970	G13	启动器	—	预热
2320	30	50	60	26×900	G13	启动器	无启动器	预热
2340	30	50	—	38×900	G13	启动器	—	预热
2415	33	50	60	26×1 150	G13	启动器	无启动器	预热
2420	36	50	—	26×1 200	G13	启动器	无启动器	预热
2425	38	50	—	26×1 050	G13	启动器	无启动器	预热
2430	40	50	60	32×1 200	G13	启动器	—	预热
2440	40	50	60	38×1 200	G13	启动器	—	预热
2520	58	50	—	26×1 500	G13	启动器	无启动器	预热
2530	65	50	—	32×1 500	G13	启动器	—	预热
2540	65	50	—	38×1 500	G13	启动器	—	预热
2620	70	50	60	26×1 800	G13	启动器	无启动器	预热
2640	75	50	—	38×1 800	G13	启动器	—	预热
2660[a]	80	50	—	38×1 500	G13	启动器	—	预热
2670[a]	85	50	—	38×1 800	G13	启动器	—	预热
2840	100	50	—	38×2 400	G13	启动器	—	预热
2880[a]	125	50	—	38×2 400	G13	启动器	—	预热
3020	4	50	60	16×150	G5	无启动器	—	预热,高阻
3030	6	50	60	16×225	G5	无启动器	—	预热,高阻
3040	8	50	60	16×300	G5	无启动器	—	预热,高阻
4240	20	50	60	38×600	G13	无启动器	—	预热,高阻
4340	30	50	—	38×900	G13	无启动器	—	预热,高阻
4440	40	50	60	38×1 200	G13	无启动器	—	预热,高阻
4540	65	50	—	38×1 500	G13	无启动器	—	预热,高阻
4640	75	50	—	38×1 800	G13	无启动器	—	预热,高阻
4660[a]	80	50	—	38×1 500	G13	无启动器	—	预热,高阻
4670[a]	85	50	—	38×1 800	G13	无启动器	—	预热,高阻
4880	125	50	—	38×2 400	G13	无启动器	—	预热,高阻

表（续）

参数表号 GB/T 10682-	标称功率 W	频率 Hz		标称尺寸 mm	灯头	线路		阴极类型
						交流电源	高频	
5230	20	50	60	32×600	G13	无启动器	—	预热，低阻
5240	20	50	60	38×600	G13	无启动器	—	预热，低阻
5340	30	50	60	38×900	G13	无启动器	—	预热，低阻
5430	40	50	60	32×1 200	G13	无启动器	—	预热，低阻
5440	40	50	60	38×1 200	G13	无启动器	—	预热，低阻
5540	65	50	—	38×1 500	G13	无启动器	—	预热，低阻
5840	85	50	—	38×2 400	G13	无启动器	—	预热，低阻
5960	60	—	60	38×1 200	R17d	无启动器	—	预热，低阻
5970	87	—	60	38×1 800	R17d	无启动器	—	预热，低阻
5980	112	—	60	38×2 400	R17d	无启动器	—	预热，低阻
6030	6	25 k		7×220	W4.3	—	无启动器	预热
6040	8	25 k		7×320	W4.3	—	无启动器	预热
6050	11	25 k		7×420	W4.3	—	无启动器	预热
6060	13	25 k		7×520	W4.3	—	无启动器	预热
6520	14	≥20 k		16×550	G5	—	无启动器	预热
6530	21	≥20 k		16×850	G5	—	无启动器	预热
6620	24	≥20 k		16×550	G5	—	无启动器	预热
6640	28	≥20 k		16×1 150	G5	—	无启动器	预热
6650	35	≥20 k		16×1 450	G5	—	无启动器	预热
6730	39	≥20 k		16×850	G5	—	无启动器	预热
6750	49	≥20 k		16×1 450	G5	—	无启动器	预热
6840	54	≥20 k		16×1 150	G5	—	无启动器	预热
6850	80	≥20 k		16×1 450	G5	—	无启动器	预热
7220	16	≥20 k		26×600	G13	—	无启动器	预热
7222	23	≥20 k		26×600	G13	—	无启动器	预热
7420	32	≥20 k		26×1 200	G13	—	无启动器	预热
7422	45	≥20 k		26×1 200	G13	—	无启动器	预热
7520	50	≥20 k		26×1 500	G13	—	无启动器	预热
8240	20	50	—	38×600	Fa6	无启动器	—	非预热
8440	40	50	—	38×1 200	Fa6	无启动器	—	非预热
8540	65	50	—	38×1 500	Fa6	无启动器	—	非预热
8640	39	—	60	38×1 200	Fa8	无启动器	—	非预热
8740	57	—	60	38×1 800	Fa8	无启动器	—	非预热
8840	75	—	60	38×2 400	Fa8	无启动器	—	非预热
9420	32	≥20 k		26×1 200	Fa6	—	无启动器	非预热
9520	50	≥20 k		26×1 500	Fa6	—	无启动器	非预热

[a] 主要用于替换目的。

8.3.2 按灯功率排列的灯参数表清单

参数表号 GB/T 10682-	标称功率 W	频率 Hz		标称尺寸 mm	灯头	线路		阴极类型
						交流电源	高频	
1020	4	50	60	16×150	G5	启动器	—	预热
3020	4	50	60	16×150	G5	无启动器	—	预热,高阻
1030	6	50	60	16×225	G5	启动器	—	预热
3030	6	50	60	16×225	G5	无启动器	—	预热,高阻
6030	6	25 k		7×220	W4.3	—	无启动器	预热
1040	8	50	60	16×300	G5	启动器	—	预热
3040	8	50	60	16×300	G5	无启动器	—	预热,高阻
6040	8	25 k		7×320	W4.3	—	无启动器	预热
6050	11	25 k		7×420	W4.3	—	无启动器	预热
1060	13	50	60	16×525	G5	启动器	—	预热
6060	13	25 k		7×520	W4.3	—	无启动器	预热
6520	14	≥20 k		16×550	G5	—	无启动器	预热
2120	15	50	60	26×450	G13	启动器	无启动器	预热
2215	15	50	60	26×550	G13	启动器	无启动器	预热
7220	16	≥20 k		26×600	G13	—	无启动器	预热
2220	18	50	—	26×600	G13	启动器	无启动器	预热
2230	20	50	60	32×600	G13	启动器	—	预热
2240	20	50	60	38×600	G13	启动器	—	预热
4240	20	50	60	38×600	G13	无启动器	—	预热,高阻
5230	20	50	60	32×600	G13	无启动器	—	预热,低阻
5240	20	50	60	38×600	G13	无启动器	—	预热,低阻
8240	20	50	—	38×600	Fa6	无启动器	—	非预热
6530	21	≥20 k		16×850	G5	—	无启动器	预热
6620	24	≥20 k		16×550	G5	—	无启动器	预热
2315	25	50	—	38×970	G13	启动器	—	预热
6640	28	≥20 k		16×1 150	G5	—	无启动器	预热
2320	30	50	60	26×900	G13	启动器	无启动器	预热
2340	30	50	—	38×900	G13	启动器	—	预热
4340	30	50	—	38×900	G13	无启动器	—	预热,高阻
5340	30	50	60	38×900	G13	无启动器	—	预热,低阻
7420	32	≥20 k		26×1 200	G13	—	无启动器	预热
9420	32	≥20 k		26×1 200	Fa6	—	无启动器	非预热
2415	33	50	60	26×1 150	G13	启动器	无启动器	预热
6650	35	≥20 k		16×1 450	G5	—	无启动器	预热
2420	36	50	—	26×1 200	G13	启动器	无启动器	预热
2425	38	50	—	26×1 050	G13	启动器	无启动器	预热
6730	39	≥20 k		16×850	G5	—	无启动器	预热
8640	39	—	60	38×1 200	Fa8	无启动器	—	非预热
2430	40	50	60	32×1 200	G13	启动器	—	预热
2440	40	50	60	38×1 200	G13	启动器	—	预热

表（续）

参数表号 GB/T 10682-	标称功率 W	频率 Hz		标称尺寸 mm	灯头	线路		阴极类型
						交流电源	高频	
4440	40	50	60	38×1 200	G13	无启动器	—	预热，高阻
5430	40	50	60	32×1 200	G13	无启动器	—	预热，低阻
5440	40	50	60	38×1 200	G13	无启动器	—	预热，低阻
8440	40	50	—	38×1 200	Fa6	无启动器	—	非预热
6750	49	≥20 k		16×1 450	G5	—	无启动器	预热
7520	50	≥20 k		26×1 500	G13	—	无启动器	预热
9520	50	≥20 k		26×1 500	Fa6	—	无启动器	非预热
6840	54	≥20 k		16×1 150	G5	—	无启动器	预热
8740[a]	57	—	60	38×1 800	Fa8	无启动器	—	非预热
2520	58	50	—	26×1 500	G13	启动器	无启动器	预热
5960	60	—	60	38×1 200	R17d	无启动器	—	预热，低阻
2530	65	50	—	32×1 500	G13	启动器	—	预热
2540	65	50	—	38×1 500	G13	启动器	—	预热
4540	65	50	—	38×1 500	G13	无启动器	—	预热，高阻
5540	65	50	—	38×1 500	G13	无启动器	—	预热，低阻
8540	65	50	—	38×1 500	Fa6	无启动器	—	非预热
2620	70	50	60	26×1 800	G13	启动器	无启动器	预热
2640	75	50	—	38×1 800	G13	启动器	—	预热
4640	75	50	—	38×1 800	G13	无启动器	—	预热，高阻
8840	75	—	60	38×2 400	Fa8	无启动器	—	非预热
2660[a]	80	50	—	38×1 500	G13	启动器	—	预热
4660[a]	80	50	—	38×1 500	G13	无启动器	—	预热，高阻
6850	80	≥20 k		16×1 450	G5	—	无启动器	预热
2670[a]	85	50	—	38×1 800	G13	启动器	—	预热
4670[a]	85	50	—	38×1 800	G13	无启动器	—	预热，高阻
5840	85	50	—	38×2 400	G13	无启动器	—	预热，低阻
5970	87	—	60	38×1 800	R17d	无启动器	—	预热，低阻
2840	100	50	—	38×2 400	G13	启动器	—	预热
5980	112	—	60	38×2 400	R17d	无启动器	—	预热，低阻
2880[a]	125	50	—	38×2 400	G13	启动器	—	预热
4880	125	50	—	38×2 400	G13	无启动器	—	预热，高阻

[a] 主要用于替换目的。

双端荧光灯灯尺寸定位图

附图仅表示灯的检验尺寸，应与相关的灯参数表一起使用。

G5 灯头(见 GB/T 1406.2 中 7004-52)

G13 灯头(见 GB/T 1406.2 中 7004-51)

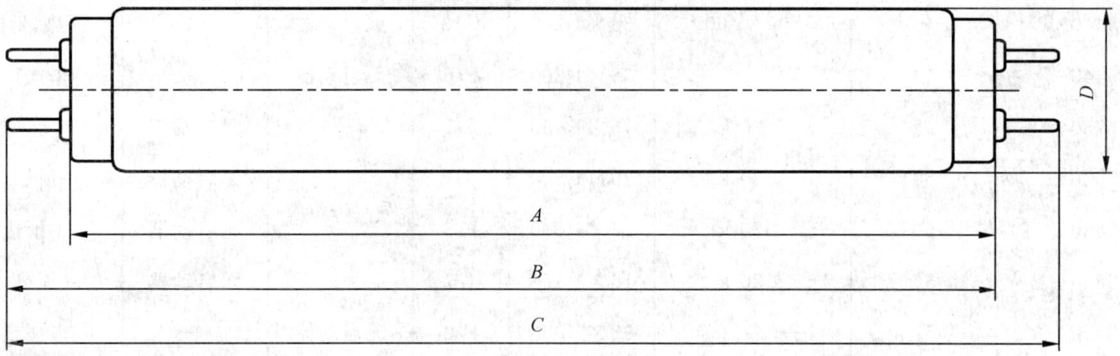

对于使用 G5 和 G13 灯头的灯，尺寸 A,B 和 C 的值是由基本值得出的，基本值指定为 X。

A＝灯头表面至灯头表面

$A_{max}=X$

B＝灯头表面至另一灯头插脚末端

$B_{max}=X+7.1$ mm

$B_{min}=X+4.7$ mm

C＝灯头两插脚末端之间，灯的总长度。

灯参数表中给出的尺寸遵照上述计算方法。

注 1：若把上述计算值转换成英寸，显然会失去转换后数值之间的一致性。

注 2：在某些情况下，各国家标准中规定的尺寸与本标准灯参数表中的尺寸略有差别。由于这些国家标准已制定，所以这些规定值不用改变。本标准灯参数表中尺寸仅作为理想目标值。

GB/T 10682-01-1

双端荧光灯尺寸定位图

管形

该图只用于表示检验尺寸，应与相关灯参数表一起使用。

Fa8 灯头(见 GB/T 1406.2 中 7004-55)

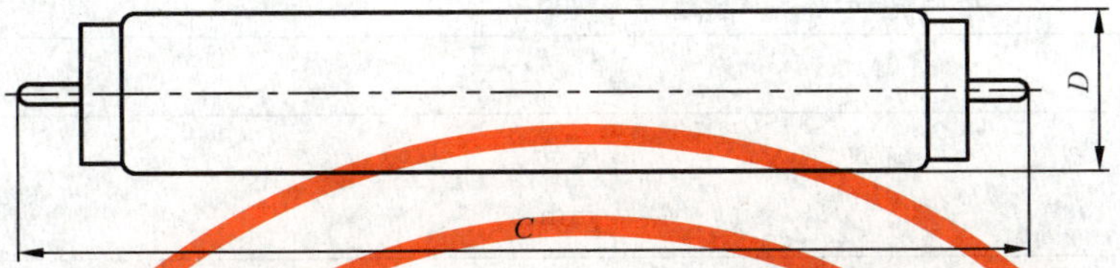

Fa8 灯头(见 GB/T 1406.2 中 7004-57)

R17d 灯头(见 GB/T 1406.4 中 7004-56)

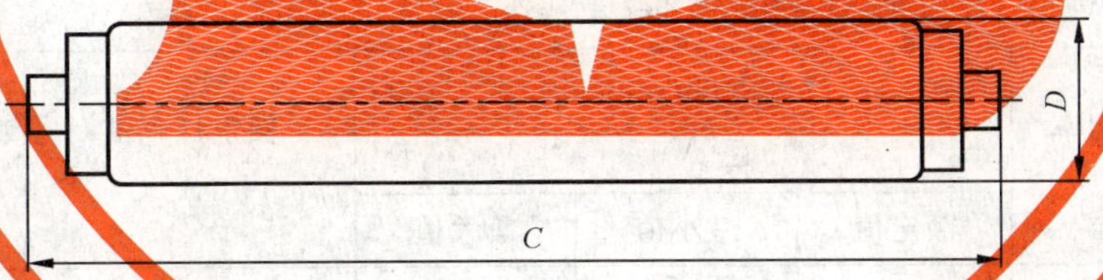

W4.3×8.5d 灯头(见 GB/T 1406.4 中 7004-115)

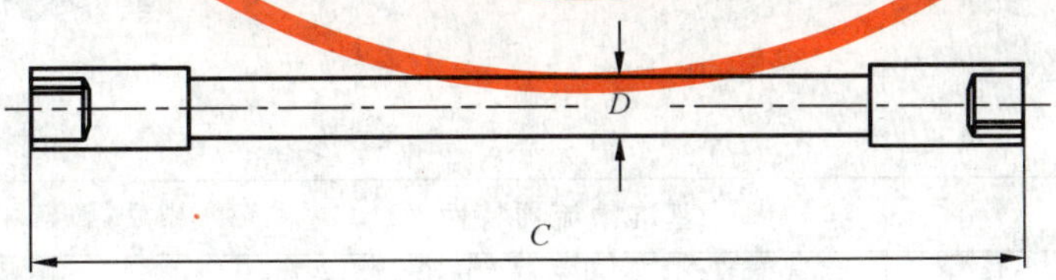

GB/T 10682-02-2

	双端荧光灯参数表	第　1　页

ILCOS：FD-4-E-G5-16/150

标称功率 W	线路	阴极类型	灯头	标称尺寸 mm
4	带启动器	预热式	G5	16×150

尺寸 mm				
A	*B*		*C*	*D*
最大值	最小值	最大值	最大值	最大值
135.9	140.6	143.0	150.1	16.0

启动特性			
频率 Hz	镇流器额定电压 V	试验电压(r.m.s.) V	启动时间 s
50	110/120	103.5	30
60	110/120	103.5	30

电特性						
频率 Hz	额定功率 W	灯端电压(r.m.s.) V			额定灯电流 A	额定预热电流 A
		额定值	最小值	最大值		
50	4.5	29	24	34	0.170	0.205
60	4.5	29	24	34	0.170	0.205

色坐标：见附录 D 中 D.2。

基准镇流器特性					
频率 Hz	标称功率 W	额定电压 V	校准电流 A	电压/电流比 Ω	功率因数
50	6	127	0.160	700	0.12
60	6	118	0.160	650	0.075

GB/T 10682-1020-1

双端荧光灯参数表	第 2 页

ILCOS:FD-6-E-G5-16/225

镇流器设计参数				
频率	Hz		50	60
阴极预热电流	A	最小值	0.144	0.144
		最大值	0.275	0.275
启动器两端开路电压	V	最小值(r.m.s.)	103.5	103.5
灯两端开路电压	V	最大值(峰值)	400	400
两串联阴极的替代电阻	Ω		140	140
灯工作时启动器两端电压	V	最大值(r.m.s.)	68	68

启动器设计参数	
脉冲电压 V	非再闭合电压 V
最小值	最大值
250	70

GB/T 10682-1020-1

	双端荧光灯参数表	第 1 页

ILCOS:FD-6-E-G5-16/225

标称功率 W	线路	阴极类型	灯头	标称尺寸 mm
6	带启动器	预热式	G5	16×225

尺寸 mm				
A	*B*		*C*	*D*
最大值	最小值	最大值	最大值	最大值
212.1	216.8	219.2	226.3	16.0

启动特性			
频率 Hz	镇流器额定电压 V	试验电压(r.m.s.) V	启动时间 s
50	110/120	103.5	30
60	110/120	103.5	30

电特性						
频率 Hz	额定功率 W	灯端电压(r.m.s.) V			额定灯电流 A	额定预热电流 A
		额定值	最小值	最大值		
50	6	42	36	48	0.160	0.205
60	6	42	36	48	0.160	0.205

色坐标:见附录 D 中 D.2。

基准镇流器特性					
频率 Hz	标称功率 W	额定电压 V	校准电流 A	电压/电流比 Ω	功率因数
50	6	127	0.160	700	0.12
60	6	118	0.160	650	0.075

GB/T 10682-1030-1

双端荧光灯参数表	第 2 页

ILCOS:FD-6-E-G5-16/225

镇流器设计参数				
频率		Hz	50	60
阴极预热电流	A	最小值	0.144	0.144
		最大值	0.275	0.275
启动器两端开路电压	V	最小值(r.m.s.)	103.5	103.5
灯两端开路电压	V	最大值(峰值)	400	400
两串联阴极的替代电阻		Ω	140	140
灯工作时启动器两端电压	V	最大值(r.m.s.)	68	68

启动器设计参数	
脉冲电压 V	非再闭合电压 V
最小值	最大值
250	70

GB/T 10682-1030-1

	双端荧光灯参数表	第　1　页

ILCOS：FD-8-E-G5-16/300

标称功率 W	线路	阴极类型	灯头	标称尺寸 mm
8	带启动器	预热式	G5	16×300

尺寸 mm				
A	*B*		*C*	*D*
最大值	最小值	最大值	最大值	最大值
288.3	293.0	295.4	302.5	16.0

启动特性			
频率 Hz	镇流器额定电压 V	试验电压(r.m.s.) V	启动时间 s
50	110/120	103.5	30
60	110/120	103.5	30

电特性						
频率 Hz	额定功率 W	灯端电压(r.m.s.) V			额定灯电流 A	额定预热电流 A
		额定值	最小值	最大值		
50	7.1	56	48	64	0.145	0.205
60	7.2	57	48	64	0.145	0.205

色坐标：见附录D中D.2。

基准镇流器特性					
频率 Hz	标称功率 W	额定电压 V	校准电流 A	电压/电流比 Ω	功率因数
50	6	127	0.160	700	0.12
60	6	118	0.160	650	0.075

GB/T 10682-1040-1

双端荧光灯参数表	第 2 页

ILCOS:FD-8-E-G5-16/300

镇流器设计参数				
频率		Hz	50	60
阴极预热电流	A	最小值	0.144	0.144
		最大值	0.275	0.275
启动器两端开路电压	V	最小值(r.m.s.)	103.5	103.5
端开路电压	V	最大值(峰值)	400	400
两串联阴极的替代电阻		Ω	140	140
灯工作时启动器两端电压	V	最大值(r.m.s.)	68	68

启动器设计参数	
脉冲电压 V	非再闭合电压 V
最小值	最大值
250	70

GB/T 10682-1040-1

	双端荧光灯参数表	第 1 页

ILCOS:FD-13-E-G5-16/525

标称功率 W	线路	阴极类型	灯头	标称尺寸 mm
13	带启动器	预热式	G5	16×525

尺寸 mm				
A	*B*		*C*	*D*
最大值	最小值	最大值	最大值	最大值
516.9	521.6	524.0	531.1	16.0

启动特性			
频率 Hz	镇流器额定电压 V	试验电压(r.m.s.) V	启动时间 s
50	220	198	30
60	220	198	30

电特性						
频率 Hz	额定功率 W	灯端电压(r.m.s.) V			灯额定电流 A	额定预热电流 A
		额定值	最小值	最大值		
50	13	95	85	105	0.165	0.225
60	13	94	*	*	0.165	0.225

色坐标:见附录 D 中 D.2。

基准镇流器特性					
频率 Hz	标称功率 W	额定电压 V	校准电流 A	电压/电流比 Ω	功率因数
50	13	220	0.165	1 070	0.12
60	13	236	0.165	1 200	0.075

注:“*”表示相关参数待定。

GB/T 10682-1060-1

	双端荧光灯参数表	第 2 页

ILCOS:FD-13-E-G5-16/525

镇流器设计参数				
频率		Hz	50	60
阴极预热电流	A	最小值	0.146	0.146
		最大值	0.297	0.297
启动器两端开路电压	V	最小值(r. m. s.)	198	198
灯两端开路电压	V	最大值(峰值)	400	400
两串联阴极的替代电阻		Ω	140	140
灯工作时启动器两端电压	V	最大值(r. m. s.)	128	128

启动器设计参数	
脉冲电压 V	非再闭合电压 V
最小值	最大值
400	140

GB/T 10682-1060-1

	双端荧光灯参数表	第 1 页

ILCOS:FD-15-E-G13-26/450

标称功率 W	线路	阴极类型	灯头	标称尺寸 mm
15	带启动器	预热式	G13	26×450

尺寸 mm				
A	*B*		*C*	*D*
最大值	最小值	最大值	最大值	最大值
437.4	442.1	444.5	451.6	28.0

启动特性			
频率 Hz	镇流器额定电压 V	试验电压(r.m.s.) V	启动时间 s
50	110/120	103.5	30
60	110/120	103.5	30

电特性						
频率 Hz	额定功率 W	灯端电压(r.m.s.) V			灯额定电流 A	额定预热电流 A
		额定值	最小值	最大值		
50	15	55	46	64	0.310	0.440
60	15	55	46	64	0.305	0.550

色坐标：见附录 D 中 D.2。

基准镇流器特性					
频率 Hz	标称功率 W	额定电压 V	校准电流 A	电压/电流比 Ω	功率因数
50	15	127	0.310	325	0.12
60	15	118	0.300	305	0.075

镇流器设计参数				
频率	Hz		50	60
预热阴极电流	A	最小值	0.280	0.280
		最大值	0.650	0.650
启动器两端开路电压	V	最小值(r.m.s.)	103.5	103.5
灯两端开路电压	V	最大值(峰值)	400	400
两串联阴极的替代电阻	Ω		50	50
灯工作时启动器两端电压	V	最大值(r.m.s.)	68	68

GB/T 10682-2120-1

	双端荧光灯参数表	第 2 页

ILCOS:FD-15-E-G13-26/450

启动器设计参数	
脉冲电压 V	非再闭合电压 V
最小值	最大值
250	70

高频镇流器设计参数			
典型灯特性			
频率 kHz	灯功率 W	灯电压 V	灯电流 A
≥20	13.5	45	0.310

任一阴极引线电流	A	最大值		*
灯工作电流	A	最小值		*
		最大值		*
电流控制预热				
发射时间 t_e(s)内的最小预热电流 i_k(A) $i_k=(a/t_e+i_m^2)^{0.5}$		a		0.130
		i_m(A)		0.260
最大预热电流	A	$t\leqslant 0.4$		1.400
		$0.4<t<2.0$		$1.580-0.450t$
		$t\geqslant 2.0$		0.680
灯两端开路电压	V	$t\leqslant t_e$	最大值(r.m.s.)	*
		$t>t_e$	最小值(r.m.s.)	*
启动辅助装置电压	V	$t\leqslant t_e$	最大值(峰值)	*
		$t>t_e$	最小值(峰值)	*
每一阴极的替代电阻			Ω	12.5 *

电压控制预热
*

非预热			
灯两端开路电压	V	最小值(r.m.s.)	*
流过灯替代电阻的电流	A	最小值	*
灯替代电阻		Ω	*
每一阴极的替代电阻		Ω	*
阴极电流	A	最大值	*

注:“*”表示相关参数待定。

GB/T 10682-2120-1

	双端荧光灯参数表	第 1 页

ILCOS:FD-15-E-G13-26/550

标称功率 W	线路	阴极类型	灯头	标称尺寸 mm
15	带启动器	预热型	G13	26×550

尺寸 mm				
A	*B*		*C*	*D*
最大值	最小值	最大值	最大值	最大值
549.0	553.7	556.1	563.2	28.0

启动特性			
频率 Hz	镇流器额定电压 V	试验电压(r.m.s.) V	启动时间 s
50	110	103.5	30
60	—	—	—

电特性						
频率 Hz	额定功率 W	灯端电压(r.m.s.) V			灯额定电流 A	额定预热电流 A
		额定值	最小值	最大值		
50	15	57	50	64	0.300	0.450
60	—	—	—	—	—	—

色坐标：见附录 D 中 D.2。

基准镇流器特性					
频率 Hz	标称功率 W	额定电压 V	校准电流 A	电压/电流比 Ω	功率因数
50	15	127	0.300	327	0.10
60	—	—	—	—	—

镇流器设计参数				
频率		Hz	50	60
阴极预热电流	A	最小值	0.270	—
		最大值	0.630	—
启动器两端开路电压	V	最小值(r.m.s.)	103.5	—
灯两端开路电压	V	最大值(峰值)	400	—
两串联阴极的替代电阻		Ω	50	—
灯工作时启动器两端电压	V	最大值(r.m.s.)	68	—

GB/T 10682-2215-1

	双端荧光灯参数表	第 2 页

ILCOS:FD-15-E-G13-26/550

启动器设计参数	
脉冲电压 V	非再闭合电压 V
最小值	最大值
800	70

高频镇流器设计参数

典型灯特性			
频率 kHz	灯功率 W	灯电压 V	灯电流 A
≥20	13	52	0.245

任一阴极引线电流	A	最大值	0.650
灯工作电流	A	最小值	*
		最大值	*

电流控制预热				
发射时间 t_e(s)内的最小预热电流 i_k(A) $i_k=(a/t_e+i_m^2)^{0.5}$		a		0.240
		i_m(A)		0.315
最大预热电流	A	$t\leqslant 0.4$		1.800
		$0.4<t<2.0$		$2.100-0.300t$
		$t\geqslant 2.0$		0.900
灯两端开路电压	V	$t\leqslant t_e$	最大值(r. m. s.)	270
		$t>t_e$	最小值(r. m. s.)	280
启动辅助装置电压	V	$t\leqslant t_e$	最大值(峰值)	*
		$t>t_e$	最小值(峰值)	*
每一阴极替代电阻			Ω	12.5 *

电压控制预热
*

非预热			
灯两端开路电压	V	最小值(r. m. s.)	*
流过灯的替代电阻的电流	A	最小值	*
灯的替代电阻		Ω	*
每一阴极替代电阻		Ω	*
阴极电流	A	最大值	*

注:“ * ”表示相关参数待定。

GB/T 10682-2215-1

	双端荧光灯参数表	第 1 页

ILCOS:FD-18-E-G13-26/600

标称功率 W	线路	阴极类型	灯头	标称尺寸 mm
18	带启动器	预热式	G13	26×600

尺寸 mm				
A	*B*		*C*	*D*
最大值	最小值	最大值	最大值	最大值
589.8	594.5	596.9	604.0	28.0

启动特性			
频率 Hz	镇流器额定电压 V	试验电压(r.m.s.) V	启动时间 s
50	110	103.5	30
60	—	—	—

电特性						
频率 Hz	额定功率 W	灯端电压(r.m.s.) V			额定灯电流 A	额定预热电流 A
		额定值	最小值	最大值		
50	18	57	50	64	0.370	0.550
60	—	—	—	—	—	—

色坐标:见附录 D 中 D.2。

基准镇流器特性					
频率 Hz	标称功率 W	额定电压 V	校准电流 A	电压/电流比 Ω	功率因数
50	20	127	0.370	270	0.12
60	—	—	—	—	—

镇流器设计参数				
频率		Hz	50	60
阴极预热电流	A	最小值	0.333	—
		最大值	0.800	—
启动器两端开路电压	V	最小值(r.m.s.)	103.5	—
灯两端开路电压	V	最大值(峰值)	400	—
两串联阴极的替代电阻		Ω	50	—
灯工作时启动器两端电压	V	最大值(r.m.s.)	68	—

GB/T 10682-2220-1

	双端荧光灯参数表	第 2 页

ILCOS:FD-18-E-G13-26/600

启动器设计参数	
脉冲电压 V	非再闭合电压 V
最小值	最大值
800	70

高频镇流器设计参数			
典型灯特性			
频率 kHz	灯功率 W	灯电压 V	灯电流 A
≥20	16	55	0.290

任一阴极引线电流	A	最大值		0.650
灯工作电流	A	最小值		*
		最大值		*
电流控制预热				
发射时间 t_e(s)内的最小预热电流 i_k(A) $i_k=(a/t_e+i_m^2)^{0.5}$		a		0.240
		i_m(A)		0.315
最大预热电流	A	$t \leqslant 0.4$		1.800
		$0.4<t<2.0$		$2.000-0.560t$
		$t \geqslant 2.0$		0.900
灯两端开路电压	V	$t \leqslant t_e$	最大值(r.m.s.)	270
		$t>t_e$	最小值(r.m.s.)	280
启动辅助装置电压	V	$t \leqslant t_e$	最大值(峰值)	*
		$t>t_e$	最小值(峰值)	*
每一阴极的替代电阻			Ω	12.5 *

电压控制预热
*

非预热			
灯两端开路电压	V	最小值(r.m.s.)	*
流过灯替代电阻的电流	A	最小值	*
灯替代电阻		Ω	*
每一阴极的替代电阻		Ω	*
阴极电流	A	最大值	*

注:"*"表示相关参数待定。

GB/T 10682-2220-1

	双端荧光灯参数表	第 1 页

ILCOS:FD-20-E-G13-32/600

标称功率 W	线路	阴极类型	灯头	标称尺寸 mm
20	带启动器	预热式	G13	32×600

尺寸 mm				
A	*B*		*C*	*D*
最大值	最小值	最大值	最大值	最大值
589.8	594.5	596.9	604.0	34.1

启动特性			
频率 Hz	镇流器额定电压 V	试验电压(r.m.s.) V	启动时间 s
50	110	95	30
60	110	95	30

电特性						
频率 Hz	额定功率 W	灯端电压(r.m.s.) V			灯额定电流 A	额定预热电流 A
		额定值	最小值	最大值		
50	19	58	52	64	0.360	0.550
60	19	58	52	64	0.360	0.550

色坐标:见附录 D 中 D.2。

基准镇流器特性					
频率 Hz	标称功率 W	额定电压 V	校准电流 A	电压/电流比 Ω	功率因数
50	20	127	0.370	270	0.12
60	20	118	0.380	240	0.075

GB/T 10682-2230-1

	双端荧光灯参数表	第 2 页

ILCOS:FD-20-E-G13-32/600

镇流器设计参数				
频率		Hz	50	60
阴极预热电流	A	最小值	0.333	0.333
		最大值	0.800	0.800
启动器两端开路电压	V	最小值(r.m.s.)	95	95
灯两端开路电压	V	最大值(峰值)	400	400
两串联阴极的替代电阻		Ω	50	50
灯工作时启动器两端电压	V	最大值(r.m.s.)	68	68

启动器设计参数	
脉冲电压 V	非再闭合电压 V
最小值	最大值
800	70

GB/T 10682-2230-1

	双端荧光灯参数表	第 1 页

ILCOS:FD-20-E-G13-38/600

标称功率 W	线路	阴极类型	灯头	标称尺寸 mm
20	带启动器	预热式	G13	38×600

尺寸 mm				
A	*B*		*C*	*D*
最大值	最小值	最大值	最大值	最大值
589.8	594.5	596.9	604.0	40.5

启动特性			
频率 Hz	镇流器额定电压 V	试验电压(r.m.s.) V	启动时间 s
50	110	103.5	30
60	110	103.5	30

电特性						
频率 Hz	额定功率 W	灯端电压(r.m.s.) V			灯额定电流 A	额定预热电流 A
		额定值	最小值	最大值		
50	19.3	57	50	64	0.370	0.550
60	20.5	57	50	64	0.380	0.550

色坐标:见附录 D 中 D.2。

基准镇流器特性					
频率 Hz	标称功率 W	额定电压 V	校准电流 A	电压/电流比 Ω	功率因数
50	20	127	0.370	270	0.12
60	20	118	0.380	240	0.075

GB/T 10682-2240-1

双端荧光灯参数表	第 2 页

ILCOS:FD-20-E-G13-38/600

镇流器设计参数				
频率		Hz	50	60
阴极预热电流	A	最小值	0.333	0.333
		最大值	0.800	0.800
启动器两端开路电压	V	最小值(r.m.s.)	103.5	103.5
灯两端开路电压	V	最大值(峰值)	400	400
两串联阴极的替代电阻		Ω	50	50
灯工作时启动器两端电压	V	最大值(r.m.s.)	68	68

启动器设计参数	
脉冲电压 V	非再闭合电压 V
最小值	最大值
250	70

GB/T 10682-2240-1

	双端荧光灯参数表	第 1 页

ILCOS:FD-25-E-G13-38/970

标称功率 W	线路	阴极类型	灯头	标称尺寸 mm
25	带启动器	预热式	G13	38×970

尺寸 mm				
A	B		C	D
最大值	最小值	最大值	最大值	最大值
970.0	974.7	977.1	984.2	40.5

启动特性			
频率 Hz	镇流器额定电压 V	试验电压(r.m.s.) V	启动时间 s
50	220	198	30
60	—	—	—

电特性						
频率 Hz	额定功率 W	灯端电压(r.m.s.) V			灯额定电流 A	额定预热电流 A
		额定值	最小值	最大值		
50	24.5	94	84	104	0.290	0.450
60	—	—	—	—	—	—

色坐标：见附录 D 中 D.2。

基准镇流器特性					
频率 Hz	标称功率 W	额定电压 V	校准电流 A	电压/电流比 Ω	功率因数
50	25	220	0.290	605	0.10
60	—	—	—	—	—

GB/T 10682-2315-1

双端荧光灯参数表	第 2 页

ILCOS:FD-25-E-G13-38/970

镇流器设计参数				
频率	Hz		50	60
阴极预热电流	A	最小值	0.261	—
		最大值	0.609	—
启动器两端开路电压	V	最小值(r.m.s.)	198	—
灯两端开路电压	V	最大值(峰值)	400	—
两串联阴极的替代电阻	Ω		50	—
灯工作时启动器两端电压	V	最大值(r.m.s.)	128	—

启动器设计参数	
脉冲电压 V	非再闭合电压 V
最小值	最大值
400	140

GB/T 10682-2315-1

	双端荧光灯参数表	第 1 页

ILCOS：FD-30-E-G13-26/900

标称功率 W	线路	阴极类型	灯头	标称尺寸 mm
30	带启动器	预热式	G13	26×900

尺寸 mm				
A	*B*		*C*	*D*
最大值	最小值	最大值	最大值	最大值
894.6	899.3	901.7	908.8	28.0

启动特性			
频率 Hz	镇流器额定电压 V	试验电压(r.m.s.) V	启动时间 s
50	220	198	30
60	220	198	30

电特性						
频率 Hz	额定功率 W	灯端电压(r.m.s.) V			灯额定电流 A	额定预热电流 A
		额定值	最小值	最大值		
50	30	96	86	106	0.365	0.550
60	30.5	99	89	109	0.355	0.530

色坐标：见附录 D 中 D.2。

基准镇流器特性					
频率 Hz	标称功率 W	额定电压 V	校准电流 A	电压/电流比 Ω	功率因数
50	30	220	0.360	480	0.10
60	30	236	0.355	548	0.075

镇流器设计参数				
频率	Hz		50	60
阴极预热电流	A	最小值	0.328	0.328
		最大值	0.766	0.766
启动器两端开路电压	V	最小值(r.m.s.)	198	198
灯两端开路电压	V	最大值(峰值)	400	400
两串联阴极的替代电阻	Ω		50	50
灯工作时启动器两端电压	V	最大值(r.m.s.)	128	128

GB/T 10682-2320-1

	双端荧光灯参数表	第 2 页

ILCOS:FD-30-E-G13-26/900

启动器设计参数	
脉冲电压 V	非再闭合电压 V
最小值	最大值
400	140

高频镇流器设计参数				
典型灯特性				
频率 kHz	灯功率 W	灯电压 V	灯电流 A	
≥20	24	95	0.260	
任一阴极引线电流	A	最大值		0.630
灯工作电流	A	最小值		*
		最大值		*
电流控制预热				
发射时间 t_e(s)内的最小预热电流 i_k(A) $i_k=(a/t_e+i_m^2)^{0.5}$		a		0.240
		i_m(A)		0.310
最大预热电流	A	$t\leqslant0.4$		1.600
		$0.4<t<2.0$		$1.810-0.525t$
		$t\geqslant2.0$		0.760
灯两端开路电压	V	$t\leqslant t_e$	最大值(r.m.s.)	*
		$t>t_e$	最小值(r.m.s.)	*
启动辅助装置电压	V	$t\leqslant t_e$	最大值(峰值)	*
		$t>t_e$	最小值(峰值)	*
每一阴极的替代电阻			Ω	12.5

电压控制预热
*

非预热			
灯两端开路电压	V	最小值(r.m.s.)	*
流过灯替代电阻的电流	A	最小值	*
灯替代电阻		Ω	*
每一阴极的替代电阻		Ω	*
阴极电流	A	最大值	*

注:"*"表示相关参数待定。

GB/T 10682-2320-1

	双端荧光灯参数表	第 1 页

ILCOS:FD-30-E-G13-38/900

标称功率 W	线路	阴极类型	灯头	标称尺寸 mm
30	带启动器	预热式	G13	38×900

尺寸 mm				
A	*B*		*C*	*D*
最大值	最小值	最大值	最大值	最大值
894.6	899.3	901.7	908.8	40.5

启动特性			
频率 Hz	镇流器额定电压 V	试验电压(r.m.s.) V	启动时间 s
50	220	198	30
60	—	—	—

电特性						
频率 Hz	额定功率 W	灯端电压(r.m.s.) V			灯额定电流 A	额定预热电流 A
		额定值	最小值	最大值		
50	29.5	81	71	91	0.405	0.620
60	—	—	—	—	—	—

色坐标:见附录 D 中 D.2。

基准镇流器特性					
频率 Hz	标称功率 W	额定电压 V	校准电流 A	电压/电流比 Ω	功率因数
50	30	220	0.405	460	0.10
60	—	—	—	—	—

GB/T 10682-2340-1

	双端荧光灯参数表	第 2 页

ILCOS:FD-30-E-G13-38/900

镇流器设计参数				
频率	Hz		50	60
阴极预热电流	A	最小值	0.365	—
		最大值	0.850	—
启动器两端开路电压	V	最小值(r.m.s.)	198	—
灯两端开路电压	V	最大值(峰值)	400	—
两串联阴极的替代电阻	Ω		40	—
灯工作时启动器两端电压	V	最大值(r.m.s.)	128	—

启动器设计参数	
脉冲电压 V	非再闭合电压 V
最小值	最大值
400	140

GB/T 10682-2340-1

	双端荧光灯参数表	第 1 页

ILCOS:FD-33-E-G13-26/1150

标称功率 W	线路	阴极类型	灯头	标称尺寸 mm
33	带启动器	预热型	G13	26×1 150

尺寸 mm				
A	*B*		*C*	*D*
最大值	最小值	最大值	最大值	最大值
1 149.0	1 153.7	1 156.1	1 163.2	28.0

启动特性			
频率 Hz	镇流器额定电压 V	试验电压(r. m. s.) V	启动时间 s
50	220	198	30
60	—	—	—

电特性						
频率 Hz	额定功率 W	灯端电压(r. m. s.) V			额定灯电流 A	额定预热电流 A
		额定值	最小值	最大值		
50	33	103	93	113	0.380	0. 570
60	—	—	—	—	—	—

色坐标：见附录 D 中 D.2。

基准镇流器特性					
频率 Hz	标称功率 W	额定电压 V	校准电流 A	电压/电流比 Ω	功率因数
50	33	230	0.380	474	0.10
60	—	—	—	—	—

镇流器设计参数				
频率		Hz	50	60
阴极预热电流	A	最小值	0.342	—
		最大值	0.798	—
启动器两端开路电压	V	最小值(r. m. s.)	198	—
灯两端开路电压	V	最大值(峰值)	400	—
串联阴极的替代电阻		Ω	40	—
灯工作时启动器两端电压	V	最大值(r. m. s.)	128	—

GB/T 10682-2415-1

	双端荧光灯参数表	第 2 页

ILCOS：FD-33-E-G13-26/1150

启动器设计参数	
脉冲电压 V	非再闭合电压 V
最小值	最大值
800	140

高频镇流器设计参数			
典型灯特性			
频率 kHz	灯功率 W	灯电压 V	灯电流 A
≥20	30	103	0.304

任一阴极引线电流	A	最大值		0.750
灯工作电流	A	最小值		*
		最大值		*
电流控制预热				
发射时间 t_e(s)内的最小预热电流 i_k(A) $i_k=(a/t_e+i_m^2)^{0.5}$		a		0.340
		i_m(A)		0.300
最大预热电流	A	$t\leqslant 0.4$		1.900
		$0.4<t<2.0$		$2.150-0.630t$
		$t\geqslant 2.0$		0.900
灯两端开路电压	V	$t\leqslant t_e$	最大值(r.m.s.)	290 *
		$t>t_e$	最小值(r.m.s.)	330 *
启动辅助装置电压	V	$t\leqslant t_e$	最大值(峰值)	410 *
		$t>t_e$	最小值(峰值)	465 *
每一阴极替代电阻			Ω	10 *

电压控制预热
*

非预热			
灯两端开路电压	V	最小值(r.m.s.)	800
流过灯的替代电阻的电流	A	最小值	0.200
灯的替代电阻		Ω	1 000
每一阴极替代电阻		Ω	2
阴极电流	A	最大值	2.200

注：“*”表示相关参数待定。

GB/T 10682-2415-1

	双端荧光灯参数表	第 1 页

ILCOS：FD-36-E-G13-26/1200

标称功率 W	线路	阴极类型	灯头	标称尺寸 mm
36	带启动器	预热式	G13	26×1 200

尺寸 mm				
A	*B*		*C*	*D*
最大值	最小值	最大值	最大值	最大值
1 199.4	1 204.1	1 206.5	1 213.6	28.0

启动特性			
频率 Hz	镇流器额定电压 V	试验电压(r. m. s.) V	启动时间 s
50	220	198	30
60	—	—	—

电特性						
频率 Hz	额定功率 W	灯端电压(r. m. s.) V			额定灯电流 A	额定预热电流 A
		额定值	最小值	最大值		
50	36	103	93	113	0.430	0.650
60	—	—	—	—	—	—

色坐标：见附录 D 中 D.2。

基准镇流器特性					
频率 Hz	标称功率 W	额定电压 V	校准电流 A	电压/电流比 Ω	功率因数
50	40	220	0.430	390	0.10
60	—	—	—	—	—

镇流器设计参数				
频率	Hz		50	60
阴极预热电流	A	最小值	0.387	—
		最大值	0.904	—
启动器两端开路电压	V	最小值(r. m. s.)	198	—
灯两端开路电压	V	最大值(峰值)	400	—
两串联阴极的替代电阻	Ω		40	—
灯工作时启动器两端电压	V	最大值(r. m. s.)	128	—

GB/T 10682-2420-1

双端荧光灯参数表	第 2 页

ILCOS:FD-36-E-G13-26/1200

启动器设计参数	
脉冲电压 V	非再闭合电压 V
最小值	最大值
800	140

高频镇流器设计参数			
典型灯特性			
频率 kHz	灯功率 W	灯电压 V	灯电流 A
≥20	32	102	0.320

任一阴极引线电流	A	最大值		0.750
灯工作电流	A	最小值		*
		最大值		*
电流控制预热				
发射时间 t_e(s)内的最小预热电流 i_k(A) $i_k=(a/t_e+i_m^2)^{0.5}$		a		0.340
		i_m(A)		0.300
最大预热电流	A	$t\leqslant 0.4$		1.900
		$0.4<t<2.0$		$2.150-0.630t$
		$t\geqslant 2.0$		0.900
灯两端开路电压	V	$t\leqslant t_e$	最大值(r.m.s.)	290 *
		$t>t_e$	最小值(r.m.s.)	330 *
启动辅助装置电压	V	$t\leqslant t_e$	最大值(峰值)	410 *
		$t>t_e$	最小值(峰值)	465 *
每一阴极的替代电阻			Ω	10 *

电压控制预热
*

非预热			
灯两端开路电压	V	最小值(r.m.s.)	800
流过灯替代电阻的电流	A	最小值	0.200
灯替代电阻		Ω	1 000
每一阴极的替代电阻		Ω	2
阴极电流	A	最大值	2.200

注:"*"表示相关参数待定。

GB/T 10682-2420-1

	双端荧光灯参数表	第 1 页

ILCOS:FD-38-E-G13-26/1050

标称功率 W	线路	阴极类型	灯头	标称尺寸 mm
38	带启动器	预热式	G13	26×1 050

尺寸 mm				
A	*B*		*C*	*D*
最大值	最小值	最大值	最大值	最大值
1 047.0	1 051.7	1 054.1	1 061.2	28.0

启动特性			
频率 Hz	镇流器额定电压 V	试验电压(r. m. s.) V	启动时间 s
50	220	198	30
60	—	—	—

电特性						
频率 Hz	额定功率 W	灯端电压(r. m. s.) V			额定灯电流 A	额定预热电流 A
		额定值	最小值	最大值		
50	38.5	104	94	114	0.430	0.650
60	—	—	—	—	—	—

色坐标：见附录 D 中 D.3。

基准镇流器特性					
频率 Hz	标称功率 W	额定电压 V	校准电流 A	电压/电流比 Ω	功率因数
50	40	220	0.430	390	0.10
60	—	—	—	—	—

镇流器设计参数				
频率		Hz	50	60
阴极预热电流	A	最小值	0.387	—
		最大值	0.904	—
启动器两端开路电压	V	最小值(r. m. s.)	198	—
灯两端开路电压	V	最大值(峰值)	400	—
两串联阴极的替代电阻		Ω	40	—
灯工作时启动器两端电压	V	最大值(r. m. s.)	128	—

GB/T 10682-2425-1

	双端荧光灯参数表	第 2 页

ILCOS:FD-38-E-G13-26/1050

启动器设计参数	
脉冲电压 V	非再闭合电压 V
最小值	最大值
800	140

高频镇流器设计参数			
典型灯特性			
频率 kHz	灯功率 W	灯电压 V	灯电流 A
≥20	32	105	0.310

任一阴极引线电流	A	最大值		0.750
灯工作电流	A	最小值		*
		最大值		*
电流控制预热				
发射时间 t_e(s)内的最小预热电流 i_k(A) $i_k=(a/t_e+i_m^2)^{0.5}$		a		0.340
		i_m(A)		0.350
最大预热电流	A	$t\leqslant0.4$		1.900
		$0.4<t<2.0$		$2.150-0.630t$
		$t\geqslant2.0$		0.900
灯两端开路电压	V	$t\leqslant t_e$	最大值(r.m.s.)	240 *
		$t>t_e$	最小值(r.m.s.)	230 *
启动辅助装置电压	V	$t\leqslant t_e$	最大值(峰值)	340 *
		$t>t_e$	最小值(峰值)	325 *
每一阴极的替代电阻			Ω	10 *

电压控制预热
*

非预热			
灯两端开路电压	V	最小值(r.m.s.)	800
流过灯替代电阻的电流	A	最小值	0.200
灯替代电阻		Ω	1 000
每一阴极的替代电阻		Ω	2
阴极电流	A	最大值	2.200

注:“*”表示相关参数待定。

GB/T 10682-2425-1

	双端荧光灯参数表	第 1 页

ILCOS:FD-40-E-G13-32/1200

标称功率 W	线路	阴极类型	灯头	标称尺寸 mm
40	带启动器	预热式	G13	32×1 200

尺寸 mm				
A	*B*		*C*	*D*
最大值	最小值	最大值	最大值	最大值
1 199.4	1 204.1	1 206.5	1 213.6	34.1

启动特性			
频率 Hz	镇流器额定电压 V	试验电压(r.m.s.) V	启动时间 s
50	220	180	30
60	220	180	30

电特性						
频率 Hz	额定功率 W	灯端电压(r.m.s.) V			额定灯电流 A	额定预热电流 A
		额定值	最小值	最大值		
50	39	106	99	113	0.420	0.650
60	39.5	105	98	112	0.425	0.650

色坐标:见附录 D 中 D.2。

基准镇流器特性					
频率 Hz	标称功率 W	额定电压 V	校准电流 A	电压/电流比 Ω	功率因数
50	40	220	0.430	390	0.10
60	40	236	0.430	439	0.075

GB/T 10682-2430-1

	双端荧光灯参数表	第 2 页

ILCOS:FD-40-E-G13-32/1200

镇流器设计参数				
频率		Hz	50	60
阴极预热电流	A	最小值	0.387	0.387
		最大值	0.904	0.904
启动器两端开路电压	V	最小值(r.m.s.)	180	180
灯两端开路电压	V	最大值(峰值)	400	400
两串联阴极的替代电阻		Ω	40	40
灯工作时启动器两端电压	V	最大值(r.m.s.)	128	128

启动器设计参数	
脉冲电压 V	非再闭合电压 V
最小值	最大值
900	130

GB/T 10682-2430-1

	双端荧光灯参数表	第 1 页

ILCOS:FD-40-E-G13-38/1200

标称功率 W	线路	阴极类型	灯头	标称尺寸 mm
40	带启动器	预热式	G13	38×1 200

尺寸 mm				
A	*B*		*C*	*D*
最大值	最小值	最大值	最大值	最大值
1 199.4	1 204.1	1 206.5	1 213.6	40.5

启动特性			
频率 Hz	镇流器额定电压 V	试验电压(r.m.s.) V	启动时间 s
50	220	198	30
60	220	198	30

电特性						
频率 Hz	额定功率 W	灯端电压(r.m.s.) V			额定灯电流 A	额定预热电流 A
		额定值	最小值	最大值		
50	39.5	103	93	113	0.430	0.650
60	40	102	92	112	0.435	0.650

色坐标:见附录 D 中 D.2。

基准镇流器特性					
频率 Hz	标称功率 W	额定电压 V	校准电流 A	电压/电流比 Ω	功率因数
50	40	220	0.430	390	0.10
60	40	236	0.430	439	0.075

GB/T 10682-2440-1

	双端荧光灯参数表	第 2 页

ILCOS：FD-40-E-G13-38/1200

镇流器设计参数				
频率		Hz	50	60
阴极预热电流	A	最小值	0.387	0.387
		最大值	0.904	0.904
启动器两端开路电压	V	最小值(r.m.s.)	198	198
灯两端开路电压	V	最大值(峰值)	400	400
两串联阴极的替代电阻		Ω	40	40
灯工作时启动器两端电压	V	最大值(r.m.s.)	128	128

启动器设计参数	
脉冲电压 V	非再闭合电压 V
最小值	最大值
400	140

GB/T 10682-2440-1

	双端荧光灯参数表	第 1 页

ILCOS:FD-58-E-G13-26/1500

标称功率 W	线路	阴极类型	灯头	标称尺寸 mm
58	带启动器	预热式	G13	26×1 500

尺寸 mm				
A	*B*		*C*	*D*
最大值	最小值	最大值	最大值	最大值
1 500.0	1 504.7	1 507.1	1 514.2	28.0

启动特性			
频率 Hz	镇流器额定电压 V	试验电压(r.m.s.) V	启动时间 s
50	220	198	30
60	—	—	—

电特性						
频率 Hz	额定功率 W	灯端电压(r.m.s.) V			额定灯电流 A	额定预热电流 A
		额定值	最小值	最大值		
50	58	110	100	120	0.670	1.000
60	—	—	—	—	—	—

色坐标：见附录 D 中 D.3。

基准镇流器特性					
频率 Hz	标称功率 W	额定电压 V	校准电流 A	电压/电流比 Ω	功率因数
50	65	220	0.670	240	0.10
60	—	—	—	—	—

镇流器设计参数				
频率		Hz	50	60
阴极预热电流	A	最小值	0.603	—
		最大值	1.410	—
启动器两端开路电压	V	最小值(r.m.s.)	198	—
灯两端开路电压	V	最大值(峰值)	400	—
两串联阴极的替代电阻		Ω	25	—
灯工作时启动器两端电压	V	最大值(r.m.s.)	132	—

GB/T 10682-2520-1

双端荧光灯参数表	第 2 页

ILCOS:FD-58-E-G13-26/1500

启动器设计参数	
脉冲电压 V	非再闭合电压 V
最小值	最大值
900	140

高频镇流器设计参数			
典型灯特性			
频率 kHz	灯功率 W	灯电压 V	灯电流 A
≥20	50	111	0.455

任一阴极引线电流	A	最大值		1.100
灯工作电流	A	最小值		*
		最大值		*
电流控制预热				
发射时间 t_e(s)内的最小预热电流 i_k(A)		a		0.390
$i_k=(a/t_e+i_m^2)^{0.5}$		i_m(A)		0.350
最大预热电流	A	$t\leq 0.4$		2.900
		$0.4<t<2.0$		$3.300-0.970t$
		$t\geq 2.0$		1.350
灯两端开路电压	V	$t\leq t_e$	最大值(r.m.s.)	295 *
		$t>t_e$	最小值(r.m.s.)	335 *
启动辅助装置电压	V	$t\leq t_e$	最大值(峰值)	420 *
		$t>t_e$	最小值(峰值)	475 *
每一阴极的替代电阻			Ω	8 *

电压控制预热
*

非预热			
灯两端开路电压	V	最小值(r.m.s.)	800
流过灯替代电阻的电流	A	最小值	0.250
灯替代电阻		Ω	800
每一阴极的替代电阻		Ω	2
阴极电流	A	最大值	3.000

注:“*”表示相关参数待定。

GB/T 10682-2520-1

	双端荧光灯参数表	第 1 页

ILCOS：FD-65-E-G13-32/1500

标称功率 W	线路	阴极类型	灯头	标称尺寸 mm
65	带启动器	预热式	G13	32×1 500

尺寸 mm				
A	*B*		*C*	*D*
最大值	最小值	最大值	最大值	最大值
1 500.0	1 504.7	1 507.1	1 514.2	34.1

启动特性			
频率 Hz	镇流器额定电压 V	试验电压(r. m. s.) V	启动时间 s
50	220	198	30
60	—	—	—

电特性						
频率 Hz	额定功率 W	灯端电压(r. m. s.) V			额定灯电流 A	额定预热电流 A
		额定值	最小值	最大值		
50	62	110	100	120	0.670	1.000
60	—	—	—	—	—	—

色坐标：见附录 D 中 D.2。

基准镇流器特性					
频率 Hz	标称功率 W	额定电压 V	校准电流 A	电压/电流比 Ω	功率因数
50	65	220	0.670	240	0.10
60	—	—	—	—	—

GB/T 10682-2530-1

	双端荧光灯参数表	第 2 页

ILCOS:FD-65-E-G13-32/1500

镇流器设计参数				
频率	Hz		50	60
阴极预热电流	A	最小值	0.603	—
		最大值	1.410	—
启动器两端开路电压	V	最小值(r.m.s.)	198	—
灯两端开路电压	V	最大值(峰值)	400	—
两串联阴极的替代电阻	Ω		25	—
灯工作时启动器两端电压	V	最大值(r.m.s.)	132	—

启动器设计参数	
脉冲电压 V	非再闭合电压 V
最小值	最大值
900	140

GB/T 10682-2530-1

	双端荧光灯参数表	第 1 页

ILCOS:FD-65-E-G13-38/1500

标称功率 W	线路	阴极类型	灯头	标称尺寸 mm
65	带启动器	预热式	G13	38×1 500

尺寸 mm				
A	B		C	D
最大值	最小值	最大值	最大值	最大值
1 500.0	1 504.7	1 507.1	1 514.2	40.5

启动特性			
频率 Hz	镇流器额定电压 V	试验电压(r.m.s.) V	启动时间 s
50	220	198	30
60	—	—	—

电特性						
频率 Hz	额定功率 W	灯端电压(r.m.s.) V			额定灯电流 A	额定预热电流 A
		额定值	最小值	最大值		
50	64	110	100	120	0.670	1.000
60	—	—	—	—	—	—

色坐标:见附录 D 中 D.2。

基准镇流器特性					
频率 Hz	标称功率 W	额定电压 V	校准电流 A	电压/电流比 Ω	功率因数
50	65	220	0.670	240	0.10
60	—	—	—	—	—

GB/T 10682-2540-1

双端荧光灯参数表	第 2 页

ILCOS:FD-65-E-G13-38/1500

镇流器设计参数				
频率	Hz		50	60
阴极预热电流	A	最小值	0.603	—
		最大值	1.410	—
启动器两端开路电压	V	最小值(r.m.s.)	198	—
灯两端开路电压	V	最大值(峰值)	400	—
两串联阴极的替代电阻	Ω		25	—
灯工作时启动器两端电压	V	最大值(r.m.s.)	132	—

启动器设计参数	
脉冲电压 V	非再闭合电压 V
最小值	最大值
400	140

GB/T 10682-2540-1

双端荧光灯参数表	第 1 页

ILCOS:FD-70-E-G13-26/1800

标称功率 W	线路	阴极类型	灯头	标称尺寸 mm
70	带启动器	预热式	G13	26×1 800

尺寸 mm				
A	*B*		*C*	*D*
最大值	最小值	最大值	最大值	最大值
1 763.8	1 768.5	1 770.9	1 778.0	28.0

启动特性			
频率 Hz	镇流器额定电压 V	试验电压(r.m.s.) V	启动时间 s
50	240	216	30
60	240	216	30

电特性						
频率 Hz	额定功率 W	灯端电压(r.m.s.) V			额定灯电流 A	额定预热电流 A
		额定值	最小值	最大值		
50	69.5	128	118	138	0.700	1.000
60	69.5	128	118	138	0.700	1.000

色坐标：见附录 D 中 D.3。

基准镇流器特性					
频率 Hz	标称功率 W	额定电压 V	校准电流 A	电压/电流比 Ω	功率因数
50	70	240	0.700	240	0.10
60	70	240	0.700	240	0.10

镇流器设计参数				
频率	Hz		50	60
阴极预热电流	A	最小值	0.590	0.590
		最大值	1.470	1.470
启动器两端开路电压	V	最小值(r.m.s.)	216	216
灯两端开路电压	V	最大值(峰值)	400	400
两串联阴极的替代电阻	Ω		25	25
灯工作时启动器两端电压	V	最大值(r.m.s.)	160	160

GB/T 10682-2620-1

	双端荧光灯参数表	第 2 页

ILCOS:FD-70-E-G13-26/1800

启动器设计参数	
脉冲电压 V	非再闭合电压 V
最小值	最大值
900	170

高频镇流器设计参数			
典型灯特性			
频率 kHz	灯功率 W	灯电压 V	灯电流 A
≥20	60	129	0.470

任一阴极引线电流	A	最大值	1.160
灯工作电流	A	最小值	*
		最大值	*

电流控制预热				
发射时间 t_e(s)内的最小预热电流 i_k(A) $i_k=(a/t_e+i_m^2)^{0.5}$		a		0.800
		i_m(A)		0.400
最大预热电流	A	$t\leqslant 0.4$		3.100
		$0.4<t<2.0$		$3.500-1.030t$
		$t\geqslant 2.0$		1.450
灯两端开路电压	V	$t\leqslant t_e$	最大值(r.m.s.)	410 *
		$t>t_e$	最小值(r.m.s.)	465 *
启动辅助装置电压	V	$t\leqslant t_e$	最大值(峰值)	580 *
		$t>t_e$	最小值(峰值)	660 *
每一阴极的替代电阻			Ω	8 *

电压控制预热
*

非预热			
灯两端开路电压	V	最小值(r.m.s.)	*
流过灯替代电阻的电流	A	最小值	*
灯替代电阻		Ω	*
每一阴极的替代电阻		Ω	*
阴极电流	A	最大值	*

注:"*"表示相关参数待定。

GB/T 10682-2620-1

	双端荧光灯参数表	第 1 页

ILCOS:FD-75-E-G13-38/1800

标称功率 W	线路	阴极类型	灯头	标称尺寸 mm
75	带启动器	预热式	G13	38×1 800

尺寸 mm				
A	*B*		*C*	*D*
最大值	最小值	最大值	最大值	最大值
1 763.8	1 768.5	1 770.9	1 778.0	40.5

启动特性			
频率 Hz	镇流器额定电压 V	试验电压(r. m. s.) V	启动时间 s
50	240	216	30
60	—	—	—

电特性						
频率 Hz	额定功率 W	灯端电压(r. m. s.) V			额定灯电流 A	额定预热电流 A
		额定值	最小值	最大值		
50	75	130	120	140	0.670	1.000
60	—	—	—	—	—	—

色坐标：见附录 D 中 D.2。

基准镇流器特性					
频率 Hz	标称功率 W	额定电压 V	校准电流 A	电压/电流比 Ω	功率因数
50	75	235	0.670	240	0.10
60	—	—	—	—	—

注：采用 65 W 的基准镇流器，额定电压则为 235 V。

GB/T 10682-2640-1

	双端荧光灯参数表	第 2 页

ILCOS:FD-75-E-G13-38/1800

镇流器设计参数				
频率		Hz	50	60
阴极预热电流	A	最小值	0.570	—
		最大值	1.410	—
启动器两端开路电压	V	最小值(r.m.s.)	216	—
灯两端开路电压	V	最大值(峰值)	400	—
两串联阴极的替代电阻		Ω	25	—
灯工作时启动器两端电压	V	最大值(r.m.s.)	160	—

启动器设计参数	
脉冲电压 V	非再闭合电压 V
最小值	最大值
800	170

	双端荧光灯参数表	第 1 页

主要用于替换目的　　　　ILCOS:FD-80-E-G13-38/1500

标称功率 W	线路	阴极类型	灯头	标称尺寸 mm
80	带启动器	预热式	G13	38×1 500

尺寸 mm				
A	*B*		*C*	*D*
最大值	最小值	最大值	最大值	最大值
1 500.0	1 504.7	1 507.1	1 514.2	40.5

启动特性			
频率 Hz	镇流器额定电压 V	试验电压(r. m. s.) V	启动时间 s
50	240	198	30
60	—	—	—

电特性						
频率 Hz	额定功率 W	灯端电压(r. m. s.) V			额定灯电流 A	额定预热电流 A
		额定值	最小值	最大值		
50	76	99	89	109	0.870	1.300
60	—	—	—	—	—	—

色坐标：见附录 D 中 D.3。

基准镇流器特性					
频率 Hz	标称功率 W	额定电压 V	校准电流 A	电压/电流比 Ω	功率因数
50	80	240	0.865	223	0.06
60	—	—	—	—	—

GB/T 10682-2660-1

	双端荧光灯参数表	第 2 页

主要用于替换目的　　ILCOS:FD-80-E-G13-38/1500

镇流器设计参数				
频率	Hz		50	60
阴极预热电流	A	最小值	0.790	—
		最大值	1.830	—
启动器两端开路电压	V	最小值(r.m.s.)	198	—
灯两端开路电压	V	最大值(峰值)	400	—
两串联阴极的替代电阻	Ω		25	—
灯工作时启动器两端电压	V	最大值(r.m.s.)	128	—

启动器设计参数	
脉冲电压 V	非再闭合电压 V
最小值	最大值
400	140

GB/T 10682-2660-1

	双端荧光灯参数表	第 1 页

主要用于替换目的　　ILCOS:FD-85-E-G13-38/1800

标称功率 W	线路	阴极类型	灯头	标称尺寸 mm
85	带启动器	预热式	G13	38×1 800

尺寸 mm				
A	*B*		*C*	*D*
最大值	最小值	最大值	最大值	最大值
1 763.8	1 768.5	1 770.9	1 778.0	40.5

启动特性			
频率 Hz	镇流器额定电压 V	试验电压(r.m.s.) V	启动时间 s
50	240	216	30
60	—	—	—

注：采用 80 W/240 V 的电感型镇流器。

电特性						
频率 Hz	额定功率 W	灯端电压(r.m.s.) V			额定灯电流 A	额定预热电流 A
		额定值	最小值	最大值		
50	84	120	110	130	0.800	1.300
60	—	—	—	—	—	—

色坐标：见附录 D 中 D.3。

基准镇流器特性					
频率 Hz	标称功率 W	额定电压 V	校准电流 A	电压/电流比 Ω	功率因数
50	80	240	0.865	223	0.06
60	—	—	—	—	—

GB/T 10682-2670-1

	双端荧光灯参数表	第 2 页

主要用于替换目的　　　　ILCOS:FD-85-E-G13-38/1800

镇流器设计参数					
频率			Hz	50	60
阴极预热电流	A	最小值		0.680	—
		最大值		1.700	—
启动器两端开路电压	V	最小值(r. m. s.)		216	—
灯两端开路电压	V	最大值(峰值)		400	—
两串联阴极的替代电阻			Ω	25	—
灯工作时启动器两端电压	V	最大值(r. m. s.)		160	—

启动器设计参数	
脉冲电压 V	非再闭合电压 V
最小值	最大值
800	170

GB/T 10682-2670-1

	双端荧光灯参数表	第 1 页

ILCOS:FD-100-E-G13-38/2400

标称功率 W	线路	阴极类型	灯头	标称尺寸 mm
100	带启动器	预热式	G13	38×2 400

尺寸 mm				
A	*B*		*C*	*D*
最大值	最小值	最大值	最大值	最大值
2 374.3	2 379.0	2 381.4	2 388.5	40.5

启动特性			
频率 Hz	镇流器额定电压 V	试验电压(r.m.s.) V	启动时间 s
50	240	220	30
60	—	—	—

注:如果采用一 80 W/240 V 的电感型镇流器,则应与之串联一 6.8 μF 的电容器。

电特性						
频率 Hz	额定功率 W	灯端电压(r.m.s.) V			额定灯电流 A	额定预热电流 A
		额定值	最小值	最大值		
50	102	125	110	140	0.960	1.300
60	—	—	—	—	—	—

色坐标:见附录 D 中 D.2。

基准镇流器特性					
频率 Hz	标称功率 W	额定电压 V	校准电流 A	电压/电流比 Ω	功率因数
50	100	350	0.940	308	0.06
60	—	—	—	—	—

GB/T 10682-2840-1

	双端荧光灯参数表	第 2 页

ILCOS：FD-100-E-G13-38/2400

镇流器设计参数				
频率	Hz		50	60
阴极预热电流	A	最小值	0.810	—
		最大值	2.000	—
启动器两端开路电压	V	最小值(r.m.s.)	216	—
灯两端开路电压	V	最大值(峰值)	400	—
两串联阴极的替代电阻	Ω		25	—
灯工作时启动器两端电压	V	最大值(r.m.s.)	160	—

启动器设计参数	
脉冲电压 V	非再闭合电压 V
最小值	最大值
900	170

GB/T 10682-2840-1

	双端荧光灯参数表	第 1 页

仅用于替换目的　　ILCOS:FD-125-E-G13-38/2400

标称功率 W	线路	阴极类型	灯头	标称尺寸 mm
125	带启动器	预热式	G13	38×2 400

尺寸 mm				
A	*B*		*C*	*D*
最大值	最小值	最大值	最大值	最大值
2 374.3	2 379.0	2 381.4	2 388.5	40.5

启动特性			
频率 Hz	镇流器额定电压 V	试验电压(r.m.s.) V	启动时间 s
50	240	220	30
60	—	—	—

注：采用 80 W/240 V 的电感型镇流器，串联一 6.8 μF 的电容器。

电特性						
频率 Hz	额定功率 W	灯端电压(r.m.s.) V			灯额定电流 A	额定预热电流 A
		额定值	最小值	最大值		
50	123	149	134	164	0.940	1.300
60	—	—	—	—	—	—

色坐标：见附录 D 中 D.3。

基准镇流器特性					
频率 Hz	标称功率 W	额定电压 V	校准电流 A	电压/电流比 Ω	功率因数
50	125	350	0.940	300	0.06
60	—	—	—	—	—

GB/T 10682-2880-1

	双端荧光灯参数表	第 2 页

仅用于替换目的 ILCOS:FD-125-E-G13-38/2400

镇流器设计参数				
频率		Hz	50	60
阴极预热电流	A	最小值	0.800	—
		最大值	1.970	—
启动器两端开路电压	V	最小值(r.m.s.)	216	—
灯两端开路电压	V	最大值(峰值)	400	—
两串联阴极的替代电阻		Ω	25	—
灯工作时启动器两端电压	V	最大值(r.m.s.)	160	—

启动器设计参数	
脉冲电压 V	非再闭合电压 V
最小值	最大值
800	180

GB/T 10682-2880-1

双端荧光灯参数表	第 1 页

ILCOS:FD-4-L/P/H-G5-16/150

标称功率 W	线路	阴极类型	灯头	标称尺寸 mm
4	无启动器	预热高阻	G5	16×150

尺寸 mm				
A	*B*		*C*	*D*
最大值	最小值	最大值	最大值	最大值
135.9	140.6	143.0	150.1	16.0

启动特性						
频率 Hz	镇流器标称功率 W	镇流器额定电压 V	启动辅助装置距离 mm	阴极电压 (r.m.s.) V	开路电压 (r.m.s.) V	启动时间 s
50	4/6/8	220	6	8.0	200	10
60	4/6/8	220	6	8.0	200	10

电特性					
频率 Hz	额定功率 W	灯端电压(r.m.s.) V			额定灯电流 A
		额定值	最小值	最大值	
50	4.5	29	24	34	0.170
60	4.5	29	24	34	0.170

色坐标:见附录 D 中 D.2。

阴极特性			
阴极	试验电压 (r.m.s.) V	各阴极电阻 Ω	
		额定值	最小值
高阻	8.0	70	50

基准镇流器特性					
频率 Hz	标称功率 W	额定电压 V	校准电流 A	电压/电流比 Ω	功率因数
50	6	127	0.160	700	0.12
60	6	118	0.160	650	0.075

GB/T 10682-3020-1

	双端荧光灯参数表	第 2 页

ILCOS:FD-4-L/P/H-G5-16/150

镇流器设计参数				
频率	Hz		50	60
阴极预热电压	V	最小值(r. m. s.)	6.5	6.5
		最大值(r. m. s.)	9.2	9.2
灯两端开路电压	V	最小值(r. m. s.)	105	105
		最大值(r. m. s.)	145	145
两串联灯两端开路电压	V	最小值(r. m. s.)	120	120
		最大值(r. m. s.)	165	165
启动电容器	μF	最小值	*	0.008
		最大值	*	0.060
每一阴极的替代电阻	Ω		70	70
启动辅助装置电压	V	最小值(峰值)	400	400
任一阴极引线电流	A	最大值	*	*

注:“*”表示相关参数待定。

GB/T 10682-3020-1

	双端荧光灯参数表	第 1 页

ILCOS:FD-6-L/P/H-G5-16/225

标称功率 W	线路	阴极类型	灯头	标称尺寸 mm
6	无启动器	预热高阻	G5	16×225

尺寸 mm				
A	*B*		*C*	*D*
最大值	最小值	最大值	最大值	最大值
212.1	216.8	219.2	226.3	16.0

启动特性						
频率 Hz	镇流器标称功率 W	镇流器额定电压 V	启动辅助装置距离 mm	阴极电压 (r.m.s.) V	开路电压 (r.m.s.) V	启动时间 s
50	4/6/8	220	6	8.0	200	10
60	4/6/8	220	6	8.0	200	10

电特性					
频率 Hz	额定功率 W	灯端电压(r.m.s.) V			额定灯电流 A
		额定值	最小值	最大值	
50	6	42	36	48	0.160
60	6	42	36	48	0.160

色坐标:见附录 D 中 D.2。

阴极特性			
阴极	试验电压 (r.m.s.) V	各阴极电阻 Ω	
		额定值	最小值
高电阻	8.0	70	50

GB/T 10682-3030-1

	双端荧光灯参数表	第 2 页

ILCOS:FD-6-L/P/H-G5-16/225

基准镇流器特性					
频率 Hz	标称功率 W	额定电压 V	校准电流 A	电压/电流比 Ω	功率因数
50	6	127	0.160	700	0.12
60	6	118	0.160	650	0.075

镇流器设计参数				
频率	Hz		50	60
阴极预热电压	V	最小值(r.m.s.)	6.5	6.5
		最大值(r.m.s.)	9.2	9.2
灯两端开路电压	V	最小值(r.m.s.)	105	105
		最大值(r.m.s.)	145	145
两串联灯两端开路电压	V	最小值(r.m.s.)	130	130
		最大值(r.m.s.)	180	180
启动电容器	μF	最小值	*	0.008
		最大值	*	0.060
每一阴极的替代电阻	Ω		70	70
启动辅助装置电压	V	最小值(峰值)	400	400
任一阴极引线电流	A	最大值	*	*

注:“*”表示相关参数待定。

GB/T 10682-3030-1

	双端荧光灯参数表	第 1 页

ILCOS:FD-8-L/P/H-G5-16/300

标称功率 W	线路	阴极类型	灯头	标称尺寸 mm
8	无启动器	预热高阻	G5	16×300

尺寸 mm				
A	*B*		*C*	*D*
最大值	最小值	最大值	最大值	最大值
288.3	293.0	295.4	302.5	16.0

启动特性						
频率 Hz	镇流器标称功率 W	镇流器额定电压 V	启动辅助装置距离 mm	阴极电压 (r. m. s.) V	开路电压 (r. m. s.) V	启动时间 s
50	4/6/8	220	6	8.0	200	10
60	4/6/8	220	6	8.0	200	10

电特性					
频率 Hz	额定功率 W	灯端电压(r. m. s.) V			额定灯电流 A
		额定值	最小值	最大值	
50	7.1	56	48	64	0.145
60	7.2	57	48	64	0.145

色坐标：见附录 D 中 D.2。

阴极特性			
阴极	试验电压 (r. m. s.) V	各阴极电阻 Ω	
		额定值	最小值
高电阻	8.0	70	50

GB/T 10682-3040-1

双端荧光灯参数表	第 2 页

ILCOS:FD-8-L/P/H-G5-16/300

基准镇流器特性					
频率 Hz	标称功率 W	额定电压 V	校准电流 A	电压/电流比 Ω	功率因数
50	6	127	0.160	700	0.12
60	6	118	0.160	650	0.075

镇流器设计参数				
频率		Hz	50	60
阴极预热电压	V	最小值(r.m.s.)	6.5	6.5
		最大值(r.m.s.)	9.2	9.2
灯两端开路电压	V	最小值(r.m.s.)	105	105
		最大值(r.m.s.)	145	145
两串联灯两端开路电压	V	最小值(r.m.s.)	140	140
		最大值(r.m.s.)	190	190
启动电容器	μF	最小值	*	0.008
		最大值	*	0.060
每一阴极的替代电阻		Ω	70	70
启动辅助装置电压	V	最小值(峰值)	400	400
任一阴极引线电流	A	最大值	*	*

注:“*”表示相关参数待定。

GB/T 10682-3040-1

	双端荧光灯参数表	第 1 页

ILCOS：FD-20-L/P/H-G13-38/600

标称功率 W	线路	阴极类型	灯头	标称尺寸 mm
20	无启动器	预热高阻	G13	38×600

尺寸 mm				
A	*B*		*C*	*D*
最大值	最小值	最大值	最大值	最大值
589.8	594.5	596.9	604.0	40.5

启动特性						
频率 Hz	镇流器标称功率 W	镇流器额定电压 V	启动辅助装置距离 mm	阴极电压 (r.m.s.) V	开路电压 (r.m.s.) V	启动时间 s
50	40	220	13	8.0	180	10
60	40	220	13	8.0	180	10

电特性					
频率 Hz	额定功率 W	灯端电压(r.m.s.) V			额定灯电流 A
		额定值	最小值	最大值	
50	19.3	57	50	64	0.370
60	20.5	57	50	64	0.380

色坐标：见附录 D 中 D.2。

阴极特性			
阴极	试验电压 (r.m.s.) V	各阴极电阻 Ω	
		额定值	最小值
高电阻	8.0	20	14

GB/T 10682-4240-1

	双端荧光灯参数表	第 2 页

ILCOS:FD-20-L/P/H-G13-38/600

基准镇流器特性					
频率 Hz	标称功率 W	额定电压 V	校准电流 A	电压/电流比 Ω	功率因数
50	20	127	0.370	270	0.12
60	20	118	0.380	240	0.075

镇流器设计参数				
频率	Hz		50	60
阴极预热电压	V	最小值(r.m.s.)	6.5	6.5
		最大值(r.m.s.)	10	10
灯两端开路电压	V	最小值(r.m.s.)	180	180
		最大值(峰值)	345	345
每一阴极的替代电阻	Ω		19	19
启动电压	V	最小值(峰值)	*	*
任一阴极引线电流	A	最大值	0.650	0.650

注:"*"表示相关参数待定。

GB/T 10682-4240-1

	双端荧光灯参数表	第 1 页

ILCOS:FD-30-L/P/H-G13-38/900

标称功率 W	线路	阴极类型	灯头	标称尺寸 mm
30	无启动器	预热高阻	G13	38×900

尺寸 mm				
A	*B*		*C*	*D*
最大值	最小值	最大值	最大值	最大值
894.6	899.3	901.7	908.8	40.5

启动特性						
频率 Hz	镇流器标称功率 W	镇流器额定电压 V	启动辅助装置距离 mm	阴极电压 (r. m. s.) V	开路电压 (r. m. s.) V	启动时间 s
50	30	220	13	8.0	205	10
60	—					—

电特性					
频率 Hz	额定功率 W	灯端电压(r. m. s.) V			额定灯电流 A
		额定值	最小值	最大值	
50	29.5	81	71	91	0.405
60	—	—	—	—	—

色坐标：见附录 D 中 D.2。

阴极特性			
阴极	试验电压 (r. m. s.) V	各阴极电阻 Ω	
		额定值	最小值
高电阻	8.0	20	14

GB/T 10682-4340-1

	双端荧光灯参数表	第 2 页

ILCOS:FD-30-L/P/H-G13-38/900

基准镇流器特性					
频率 Hz	标称功率 W	额定电压 V	校准电流 A	电压/电流比 Ω	功率因数
50	30	220	0.405	460	0.10
60	—	—	—	—	—

镇流器设计参数				
频率		Hz	50	60
阴极预热电压	V	最小值(r.m.s.)	6.5	—
		最大值(r.m.s.)	10.0	—
灯两端开路电压	V	最小值(r.m.s.)	205	—
		最大值(峰值)	420	—
每一阴极的替代电阻		Ω	19	—
启动辅助装置电压	V	最小值(峰值)	*	—
任一阴极引线电流	A	最大值	0.750	—

注:“*”表示相关参数待定。

GB/T 10682-4340-1

	双端荧光灯参数表	第 1 页

ILCOS：FD-40-L/P/H-G13-38//1200

标称功率 W	线路	阴极类型	灯头	标称尺寸 mm
40	无启动器	预热高阻	G13	38×1 200

尺寸 mm				
A	*B*		*C*	*D*
最大值	最小值	最大值	最大值	最大值
1 199.4	1 204.1	1 206.5	1 213.6	40.5

启动特性						
频率 Hz	镇流器标称功率 W	镇流器额定电压 V	启动辅助装置距离 mm	阴极电压 (r. m. s.) V	开路电压 (r. m. s.) V	启动时间 s
50	40	220	13	8.0	205	10
60	40	220	13	8.0	205	10

电特性					
频率 Hz	额定功率 W	灯端电压(r. m. s.) V			额定灯电流 A
		额定值	最小值	最大值	
50	39.5	103	93	113	0.430
60	40	102	92	112	0.435

色坐标：见附录 D 中 D.2。

阴极特性			
阴极	试验电压 (r. m. s.) V	各阴极电阻 Ω	
		额定值	最小值
高电阻	8.0	20	14

GB/T 10682-4440-1

	双端荧光灯参数表	第 2 页

ILCOS:FD-40-L/P/H-G13-38//1200

基准镇流器特性					
频率 Hz	标称功率 W	额定电压 V	校准电流 A	电压/电流比 Ω	功率因数
50	40	220	0.430	390	0.10
60	40	236	0.430	439	0.075

镇流器设计参数				
频率		Hz	50	60
阴极预热电压	V	最小值(r. m. s.)	6.5	6.5
		最大值(r. m. s.)	10.0	10.0
灯两端开路电压	V	最小值(r. m. s.)	205	205
		最大值(峰值)	420	420
每一阴极的替代电阻		Ω	19	19
启动辅助装置的电压	V	最小值(峰值)	*	*
任一阴极引线电流	A	最大值	0.750	0.750

注:“*”表示相关参数待定。

GB/T 10682-4440-1

	双端荧光灯参数表	第 1 页

ILCOS:FD-65-L/P/H-G13-38/1500

标称功率 W	线路	阴极类型	灯头	标称尺寸 mm
65	无启动器	预热高阻	G13	38×1 500

尺寸 mm				
A	*B*		*C*	*D*
最大值	最小值	最大值	最大值	最大值
1 500.0	1 504.7	1 507.1	1 514.2	40.5

启动特性						
频率 Hz	镇流器标称功率 W	镇流器额定电压 V	启动辅助装置距离 mm	阴极电压 (r.m.s.) V	开路电压 (r.m.s.) V	启动时间 s
50	65	220	13	8.0	220	10
60	—	—	—	—	—	—

电特性					
频率 Hz	额定功率 W	灯端电压(r.m.s.) V			额定灯电流 A
		额定值	最小值	最大值	
50	64	110	100	120	0.670
60	——	—	—	—	—

色坐标：见附录 D 中 D.2。

阴极特性			
阴极	试验电压 (r.m.s.) V	各阴极电阻 Ω	
		额定值	最小值
高电阻	8.0	11	*

GB/T 10682-4540-1

双端荧光灯参数表	第 2 页

ILCOS:FD-65-L/P/H-G13-38/1500

基准镇流器特性					
频率 Hz	标称功率 W	额定电压 V	校准电流 A	电压/电流比 Ω	功率因数
50	65	220	0.670	240	0.10
60	—	—	—	—	—

镇流器设计参数				
频率		Hz	50	60
阴极预热电压	V	最小值(r.m.s.)	6.5	—
		最大值(r.m.s.)	11.0	—
灯两端开路电压	V	最小值(r.m.s.)	220	—
		最大值(峰值)	475	—
每一阴极的替代电阻		Ω	11	—
启动辅助装置的电压	V	最小值(峰值)	*	—
任一阴极引线电流	A	最大值	1.100	—

注:"*"表示相关参数待定。

GB/T 10682-4540-1

	双端荧光灯参数表	第 1 页

ILCOS:FD-75-L/P/H-G13-38/1800

标称功率 W	线路	阴极类型	灯头	标称尺寸 mm
75	无启动器	预热高阻	G13	38×1 800

尺寸 mm				
A	*B*		*C*	*D*
最大值	最小值	最大值	最大值	最大值
1 763.8	1 768.5	1 770.9	1 778.0	40.5

启动特性						
频率 Hz	镇流器标称功率 W	镇流器额定电压 V	启动辅助装置距离 mm	阴极电压 (r. m. s.) V	开路电压 (r. m. s.) V	启动时间 s
50	75	240	13	8.0	250	10
60	—	—	—	—	—	—

电特性					
频率 Hz	额定功率 W	灯端电压(r. m. s.) V			额定灯电流 A
		额定值	最小值	最大值	
50	75	130	120	140	0.670
60	—	—	—	—	—

色坐标:见附录 D 中 D.2。

阴极特性			
阴极	试验电压 (r. m. s.) V	各阴极电阻 Ω	
		额定值	最小值
高电阻	8.0	12	9

GB/T 10682-4640-1

	双端荧光灯参数表	第 2 页

ILCOS:FD-75-L/P/H-G13-38/1800

基准镇流器特性					
频率 Hz	标称功率 W	额定电压 V	校准电流 A	电压/电流比 Ω	功率因数
50	75	235	0.670	240	0.10
60	—	—	—	—	—

注:采用 65 W 的基准镇流器,额定电压则为 235 V。

镇流器设计参数					
频率			Hz	50	60
阴极预热电压	V	最小值(r. m. s.)		6.5	—
		最大值(r. m. s.)		11.0	—
灯两端开路电压	V	最小值(r. m. s.)		220	—
		最大值(峰值)		500	—
每一阴极的替代电阻			Ω	11	—
启动辅助装置的电压	V	最小值(峰值)		*	—
任一阴极引线电流	A	最大值		1.100	—

注:“*”表示相关参数待定。

GB/T 10682-4640-1

双端荧光灯参数表	第 1 页

仅用于替换目的　　ILCOS:FD-80-L/P/H-G13-38/1500

标称功率 W	线路	阴极类型	灯头	标称尺寸 mm
80	无启动器	预热高阻	G13	38×1 500

尺寸 mm				
A	*B*		*C*	*D*
最大值	最小值	最大值	最大值	最大值
1 500.0	1 504.7	1 507.1	1 514.2	40.5

启动特性						
频率 Hz	镇流器标称功率 W	镇流器额定电压 V	启动辅助装置距离 mm	阴极电压 (r.m.s.) V	开路电压 (r.m.s.) V	启动时间 s
50	80	240	13	8.0	220	10
60	—	—	—	—	—	—

电特性					
频率 Hz	额定功率 W	灯端电压(r.m.s.) V			额定灯电流 A
		额定值	最小值	最大值	
50	76	99	89	109	0.870
60	—	—	—	—	—

色坐标：见附录 D 中 D.3。

阴极特性			
阴极	试验电压 (r.m.s.) V	各阴极电阻 Ω	
		额定值	最小值
高电阻	8.0	12	9

GB/T 10682-4660-1

	双端荧光灯参数表	第 2 页

仅用于替换目的　　ILCOS:FD-80-L/P/H-G13-38/1500

基准镇流器特性					
频率 Hz	标称功率 W	额定电压 V	校准电流 A	电压/电流比 Ω	功率因数
50	80	240	0.865	223	0.06
60	—	—	—	—	—

镇流器设计参数				
频率		Hz	50	60
阴极预热电压	V	最小值(r.m.s.)	6.5	—
		最大值(r.m.s.)	11.0	—
灯两端开路电压	V	最小值(r.m.s.)	220	—
		最大值(峰值)	475	—
每一阴极的替代电阻		Ω	11	—
启动辅助装置的电压	V	最小值(峰值)	*	—
任一阴极引线电流	A	最大值	1.600	—

注:“*”表示相关参数待定。

GB/T 10682-4660-1

双端荧光灯参数表	第 1 页

主要用于替换目的　　ILCOS:FD-85-L/P/H-G13-38/1800

标称功率 W	线路	阴极类型	灯头	标称尺寸 mm
85	无启动器	预热高阻	G13	38×1 800

尺寸 mm				
A	*B*		*C*	*D*
最大值	最小值	最大值	最大值	最大值
1 763.8	1 768.5	1 770.9	1 778.0	40.5

启动特性						
频率 Hz	镇流器标称功率 W	镇流器额定电压 V	启动辅助装置距离 mm	阴极电压 (r.m.s.) V	开路电压 (r.m.s.) V	启动时间 s
50	85	240	13	8.0	250	10
60	—	—	—	—	—	—

电特性					
频率 Hz	额定功率 W	灯端电压(r.m.s.) V			额定灯电流 A
		额定值	最小值	最大值	
50	84	120	110	130	0.800
60	—	—	—	—	—

色坐标：见附录 D 中 D.3。

阴极特性			
阴极	试验电压 (r.m.s.) V	各阴极电阻 Ω	
		额定值	最小值
高电阻	8.0	12	9

GB/T 10682-4670-1

	双端荧光灯参数表	第 2 页

主要用于替换目的 ILCOS:FD-85-L/P/H-G13-38/1800

基准镇流器特性					
频率 Hz	标称功率 W	额定电压 V	校准电流 A	电压/电流比 Ω	功率因数
50	80	240	0.865	223	0.06
60	—	—	—	—	—

镇流器设计参数				
频率		Hz	50	60
阴极预热电压	V	最小值(r.m.s.)	6.5	—
		最大值(r.m.s.)	11.0	—
灯两端开路电压	V	最小值(r.m.s.)	250	—
		最大值(峰值)	500	—
每一阴极的替代电阻		Ω	11	—
启动辅助装置的电压	V	最小值(峰值)	*	—
任一阴极引线电流	A	最大值	1.300	—

注:"*"表示相关参数待定。

GB/T 10682-4670-1

	双端荧光灯参数表	第 1 页

ILCOS：FD-125-L/P/H-G13-38/2400

标称功率 W	线路	阴极类型	灯头	标称尺寸 mm
125	无启动器	预热高阻	G13	38×2 400

尺寸 mm				
A	*B*		*C*	*D*
最大值	最小值	最大值	最大值	最大值
2 374.3	2 379.0	2 381.4	2 388.5	40.5

启动特性						
频率 Hz	镇流器标称功率 W	镇流器 额定电压 V	启动辅助 装置距离 mm	阴极电压 （r.m.s.） V	开路电压 （r.m.s.） V	启动时间 s
50	125	240	13	8.0	315	10
60	—	—	—	—	—	—

电特性					
频率 Hz	额定功率 W	灯端电压（r.m.s.） V			灯额定电流 A
		额定值	最小值	最大值	
50	123	149	134	164	0.940
60	—	—	—	—	—

色坐标：见附录 D 中 D.3。

阴极特性			
阴极	试验电压 （r.m.s.） V	各阴极电阻 Ω	
		额定值	最小值
高电阻	8.0	12	9

GB/T 10682-4880-1

	双端荧光灯参数表	第 2 页

ILCOS:FD-125-L/P/H-G13-38/2400

基准镇流器特性					
频率 Hz	标称功率 W	额定电压 V	校准电流 A	电压/电流比 Ω	功率因数
50	125	350	0.940	300	0.06
60	—	—	—	—	—

镇流器设计参数				
频率		Hz	50	60
阴极预热电压	V	最小值(r.m.s.)	6.5	—
		最大值(r.m.s.)	11.0	—
灯两端开路电压	V	最小值(r.m.s.)	315	—
		最大值(峰值)	*	—
每一阴极的替代电阻		Ω	11	—
启动辅助装置的电压	V	最小值(峰值)	*	—
任一阴极引线电流	A	最大值	1.600	—

注:“*”表示相关参数待定。

GB/T 10682-4880-1

	双端荧光灯参数表	第 1 页

ILCOS：FD-20-L/P/L-G13-32/600

标称功率 W	线路	阴极类型	灯头	标称尺寸 mm
20	无启动器	预热低阻	G13	32×600

尺寸 mm				
A	*B*		*C*	*D*
最大值	最小值	最大值	最大值	最大值
589.8	594.5	596.9	604.0	34.1

启动特性						
频率 Hz	镇流器标称功率 W	镇流器 额定电压 V	启动辅助 装置距离 mm	阴极电压 (r.m.s.) V	开路电压 (r.m.s.) V	启动时间 s
50	40	220	16	3.05	180	10
60	40	220	16	3.05	180	10

电特性						
试验方法 附录	频率 Hz	额定功率 W	灯端电压(r.m.s.) V			额定灯电流 A
			额定值	最小值	最大值	
B.1	50	19	58	52	64	0.360
B.1	60	19	58	52	64	0.360
B.2	60	*	*	*	*	*

色坐标：见附录 D 中 D.2。

阴极特性			
阴极	试验电压 (r.m.s.) V	各阴极电阻 Ω	
		额定值	最小值
低电阻	3.6	10	7

GB/T 10682-5230-1

	双端荧光灯参数表	第 2 页

ILCOS:FD-20-L/P/L-G13-32/600

基准镇流器特性					
频率 Hz	标称功率 W	额定电压 V	校准电流 A	电压/电流比 Ω	功率因数
50	20	127	0.370	270	0.12
60	20	118	0.380	240	0.075

镇流器设计参数				
频率		Hz	50	60
阴极预热电压	V	最小值(r. m. s.)	3.05	3.05
		最大值(r. m. s.)	5.5	5.5
灯两端开路电压	V	最小值(r. m. s.)	180	180
		最大值(峰值)	345	345
每一阴极的替代电阻		Ω	9	9
启动辅助装置的电压	V	最小值(峰值)	*	*
任一阴极引线电流	A	最大值	0.650	0.650

注:“*”表示相关参数待定。

GB/T 10682-5230-1

	双端荧光灯参数表	第 1 页

ILCOS:FD-20-L/P/L-G13-38/600

标称功率 W	线路	阴极类型	灯头	标称尺寸 mm
20	无启动器	预热低阻	G13	38×600

尺寸 mm				
A	*B*		*C*	*D*
最大值	最小值	最大值	最大值	最大值
589.8	594.5	596.9	604.0	40.5

启动特性						
频率 Hz	镇流器标称功率 W	镇流器 额定电压 V	启动辅助 装置距离 mm	阴极电压 (r.m.s.) V	开路电压 (r.m.s.) V	启动时间 s
50	40	220	13	3.05	180	10
60	40	220	13	3.05	180	10

电特性						
试验方法 附录	频率 Hz	额定功率 W	灯端电压(r.m.s.) V			额定灯电流 A
			额定值	最小值	最大值	
B.1	50	19.3	57	50	64	0.370
B.1	60	20.0	56	49	63	0.380
B.2	60	*	*	*	*	*

色坐标:见附录 D 中 D.2。

阴极特性			
阴极	试验电压 (r.m.s.) V	各阴极电阻 Ω	
		额定值	最小值
低电阻	3.6	10	7

GB/T 10682-5240-1

	双端荧光灯参数表	第 2 页

ILCOS:FD-20-L/P/L-G13-38/600

基准镇流器特性					
频率 Hz	标称功率 W	额定电压 V	校准电流 A	电压/电流比 Ω	功率因数
50	20	127	0.370	270	0.12
60	20	118	0.380	240	0.075

镇流器设计参数				
频率		Hz	50	60
阴极预热电压	V	最小值(r.m.s.)	3.05	3.05
		最大值(r.m.s.)	5.5	5.5
灯两端开路电压	V	最小值(r.m.s.)	180	180
		最大值(峰值)	345	345
每一阴极的替代电阻		Ω	9	9
启动辅助装置的电压	V	最小值(峰值)	*	*
任一阴极引线电流	A	最大值	0.650	0.650

注:“*”表示相关参数待定。

GB/T 10682-5240-1

	双端荧光灯参数表	第 1 页

ILCOS:FD-30-L/P/L-G13-38/900

标称功率 W	线路	阴极类型	灯头	标称尺寸 mm
30	无启动器	预热低阻	G13	38×900

尺寸 mm				
A	*B*		*C*	*D*
最大值	最小值	最大值	最大值	最大值
894.6	899.3	901.7	908.8	40.5

启动特性						
频率 Hz	镇流器标称功率 W	镇流器 额定电压 V	启动辅助 装置距离 mm	阴极电压 (r.m.s.) V	开路电压 (r.m.s.) V	启动时间 s
50	30	220	13	3.05	205	10
60	30	220	13	3.05	205	10

电特性						
试验方法 附录	频率 Hz	额定功率 W	灯端电压(r.m.s.) V			额定灯电流 A
			额定值	最小值	最大值	
B.1	50	29.5	81	71	91	0.405
B.1	60	31.5	78	70	86	0.435
B.2	60	32.5#	77	69	85	0.430

该值包括施加于阴极的 3.6 V 补充加热电压所消耗的约 2 W 的功率。

色坐标:见附录 D 中 D.2。

阴极特性			
阴极	试验电压 (r.m.s.) V	各阴极电阻 Ω	
		额定值	最小值
低电阻	3.6	10	7

GB/T 10682-5340-2

双端荧光灯参数表	第 2 页

ILCOS:FD-30-L/P/L-G13-38/900

基准镇流器特性					
频率 Hz	标称功率 W	额定电压 V	校准电流 A	电压/电流比 Ω	功率因数
50	30	220	0.405	460	0.10
60	30	180	0.430	335	0.075

镇流器设计参数				
频率	Hz		50	60
阴极预热电压	V	最小值(r. m. s.)	3.05	3.05
		最大值(r. m. s.)	5.5	5.5
灯两端开路电压	V	最小值(r. m. s.)	205	205
		最大值(峰值)	420	420
每一阴极替代电阻	Ω		9	9
启动辅助装置电压	V	最小值(峰值)	*	*
任一阴极引线的电流	A	最大值	0.750	0.750

镇流器设计参数(北美惯例)					
频率	Hz				60
阴极预热电压	V	最小值(r. m. s.)			3.4
		最大值(r. m. s.)			4.5
阴极工作电压	V	最小值(r. m. s.)			2.5
		最大值(r. m. s.)			4.0
每一阴极替代电阻	Ω				9.6
			一只灯	两只灯串联	三只灯串联
灯两端开路电压[a]	V	最小值(r. m. s.)	150	215	305
		最大值(r. m. s.)	205	290	410
启动辅助装置电压[b]	V	最小值(峰值)	280	280	280
灯的开路电压和启动辅助装置施加电压的波峰系数		最大值	2.0	2.0	2.0
启动辅助装置电容(60 Hz 时)	μF	最小值	—	0.04	0.04
		最大值	—	0.06	0.06

[a] 该值仅用于容性线路。对于电感性线路增加 3%。

[b] 该值用于波峰系数为 1.55～2.0 的情况。对于波峰系数小于 1.55 的增加 10%。

注:"*"表示相关参数待定。

GB/T 10682-5340-2

	双端荧光灯参数表	第 1 页

ILCOS:FD-40-L/P/L-G13-32/1200

标称功率 W	线路	阴极类型	灯头	标称尺寸 mm
40	无启动器	预热低阻	G13	32×1 200

尺寸 mm				
A	*B*		*C*	*D*
最大值	最小值	最大值	最大值	最大值
1 199.4	1 204.1	1 206.5	1 213.6	34.1

启动特性						
频率 Hz	镇流器标称功率 W	镇流器 额定电压 V	启动辅助 装置距离 mm	阴极电压 (r.m.s.) V	开路电压 (r.m.s.) V	启动时间 s
50	40	220	16	3.05	205	10
60	40	220	16	3.05	205	10

电特性						
试验方法 附录	频率 Hz	额定功率 W	灯端电压(r.m.s.) V			额定灯电流 A
			额定值	最小值	最大值	
B.1	50	39.0	106	96	116	0.420
B.1	60	39.5	105	98	112	0.425
B.2	60	40.5#	104	97	111	0.420

#该值包括施加于阴极的3.6 V补充加热电压所消耗的约2 W的功率。

色坐标:见附录D中D.2。

阴极特性			
阴极	试验电压 (r.m.s.) V	各阴极电阻 Ω	
		额定值	最小值
低电阻	3.6	10	7

GB/T 10682-5430-1

双端荧光灯参数表	第 2 页

ILCOS:FD-40-L/P/L-G13-32/1200

基准镇流器特性					
频率 Hz	标称功率 W	额定电压 V	校准电流 A	电压/电流比 Ω	功率因数
50	40	220	0.430	390	0.10
60	40	236	0.430	439	0.075

镇流器设计参数				
频率		Hz	50	60
阴极预热电压	V	最小值(r.m.s.)	3.05	3.05
		最大值(r.m.s.)	5.5	5.5
灯两端开路电压	V	最小值(r.m.s.)	205	205
		最大值(峰值)	420	420
每一阴极替代电阻		Ω	9	9
启动辅助装置电压	V	最小值(峰值)	*	*
任一阴极引线的电流	A	最大值	0.750	0.750
顶峰超前式镇流器附加设计参数(日本示例)				
灯两端开路电压	V	最小值(r.m.s.)	188	188
灯两端开路电压的波峰系数		最大值	2.3	2.3

镇流器设计参数(北美惯例)					
频率		Hz			60
阴极预热电压	V	最小值(r.m.s.)			3.4
		最大值(r.m.s.)			4.5
阴极工作电压	V	最小值(r.m.s.)			2.5
		最大值(r.m.s.)			4.0
每一阴极替代电阻		Ω			9.6
			一只灯	两只灯串联	三只灯串联
灯两端开路电压[a]	V	最小值(r.m.s.)	200	256	395
		最大值(r.m.s.)	260	330	525
启动辅助装置电压[b]	V	最小值(峰值)	240	240	280
灯的开路电压和启动辅助装置施加电压的波峰系数		最大值	2.0	2.0	2.0
启动辅助装置电容(60 Hz 时)	μF	最小值	—	0.04	0.04
		最大值	—	0.06	0.06

a 该值仅用于容性线路。对于电感性线路增加 3%。

b 该值用于波峰系数为 1.55～2.0 的情况。对于波峰系数小于 1.55 的增加 10%。

注:“*”表示相关参数待定。

GB/T 10682-5430-2

	双端荧光灯参数表	第 1 页

ILCOS:FD-40-L/P/L-G13-38/1200

标称功率 W	线路	阴极类型	灯头	标称尺寸 mm
40	无启动器	预热低阻	G13	38×1 200

尺寸 mm				
A	*B*		*C*	*D*
最大值	最小值	最大值	最大值	最大值
1 199.4	1 204.1	1 206.5	1 213.6	40.5

启动特性						
频率 Hz	镇流器标称功率 W	镇流器 额定电压 V	启动辅助 装置距离 mm	阴极电压 (r.m.s.) V	开路电压 (r.m.s.) V	启动时间 s
50	40	220	13	3.05	205	10
60	40	220	13	3.05	205	10

电特性						
试验方法 附录	频率 Hz	额定功率 W	灯端电压(r.m.s.) V			额定灯电流 A
			额定值	最小值	最大值	
B.1	50	39.5	103	93	113	0.430
B.1	60	40.0	102	92	112	0.435
B.2	60	41.0#	101	91	111	0.430

#该值包括施加于阴极的 3.6 V 补充加热电压所消耗的约 2 W 的功率。

色坐标:见附录 D 中 D.2。

阴极特性			
阴极	试验电压 (r.m.s.) V	各阴极电阻 Ω	
		额定值	最小值
低电阻	3.6	10	7

GB/T 10682-5440-1

	双端荧光灯参数表	第 2 页

ILCOS:FD-40-L/P/L-G13-38/1200

基准镇流器特性					
频率 Hz	标称功率 W	额定电压 V	校准电流 A	电压/电流比 Ω	功率因数
50	40	220	0.430	390	0.10
60	40	236	0.430	439	0.075

镇流器设计参数				
频率	Hz		50	60
阴极预热电压	V	最小值(r.m.s.)	3.05	3.05
		最大值(r.m.s.)	5.5	5.5
灯两端开路电压	V	最小值(r.m.s.)	205	205
		最大值(峰值)	420	420
每一阴极替代电阻	Ω		9 *	9 *
启动辅助装置电压	V	最小值(峰值)	*	*
任一阴极引线的电流	A	最大值	0.750	0.750

镇流器设计参数(北美惯例)					
频率		Hz			60
预热阴极电压		V	最小值(r.m.s.)		3.4
			最大值(r.m.s.)		4.5
阴极工作电压		V	最小值(r.m.s.)		2.5
			最大值(r.m.s.)		4.0
每一阴极替代电阻		Ω			9.6
			一只灯	两只灯串联	三只灯串联
灯两端开路电压[a]	V	最小值(r.m.s.)	200	256	395
		最大值(r.m.s.)	260	330	525
启动辅助装置电压[b]	V	最小值(峰值)	240	240	280
灯的开路电压和启动辅助装置施加电压的波峰系数		最大值	2.0	2.0	2.0
启动辅助装置电容(60 Hz时)	μF	最小值	—	0.04	0.04
		最大值	—	0.06	0.06

[a] 该值仅用于容性线路。对于电感性线路增加3%。

[b] 该值用于波峰系数为1.55～2.0的情况。对于波峰系数小于1.55的增加10%。

注:“*”表示相关参数待定。

GB/T 10682-5440-2

	双端荧光灯参数表	第 1 页

ILCOS:FD-65-L/P/L-G13-38/1500

标称功率 W	线路	阴极类型	灯头	标称尺寸 mm
65	无启动器	预热低阻	G13	38×1 500

尺寸 mm				
A	*B*		*C*	*D*
最大值	最小值	最大值	最大值	最大值
1 500.0	1 504.7	1 507.1	1 514.2	40.5

启动特性						
频率 Hz	镇流器标称功率 W	镇流器 额定电压 V	启动辅助 装置距离 mm	阴极电压 (r. m. s.) V	开路电压 (r. m. s.) V	启动时间 s
50	65	220	13	3.05	220	10
60	—	—	—	—	—	—

电特性						
试验方法 附录	频率 Hz	额定功率 W	灯端电压(r. m. s.) V			额定灯电流 A
			额定值	最小值	最大值	
B.1	50	64	110	100	120	0.670
B.1	60	—	—	—	—	—
B.2	60	—	—	—	—	—

色坐标:见附录 D 中 D.2。

阴极特性			
阴极	试验电压 (r. m. s.) V	各阴极电阻 Ω	
		额定值	最小值
低电阻	3.6	6	4

GB/T 10682-5540-1

	双端荧光灯参数表	第 2 页

ILCOS:FD-65-L/P/L-G13-38/1500

基准镇流器特性					
频率 Hz	标称功率 W	额定电压 V	校准电流 A	电压/电流比 Ω	功率因数
50	65	220	0.670	240	0.10
60	—	—	—	—	—

镇流器设计参数				
频率		Hz	50	60
阴极预热电压	V	最小值(r.m.s.)	3.05	—
		最大值(r.m.s.)	5.5	—
灯两端开路电压	V	最小值(r.m.s.)	220	—
		最大值(峰值)	475	—
每一阴极的替代电阻		Ω	6	—
启动辅助装置的电压	V	最小值(峰值)	*	—
任一阴极引线电流	A	最大值	1.100	—

GB/T 10682-5540-1

	双端荧光灯参数表	第 1 页

ILCOS:FD-85-L/P/L-G13-38/2400

标称功率 W	线路	阴极类型	灯头	标称尺寸 mm
85	无启动器	预热低阻	G13	38×2 400

尺寸 mm				
A	*B*		*C*	*D*
最大值	最小值	最大值	最大值	最大值
2 374.3	2 379.0	2 381.4	2 388.5	40.5

启动特性						
频率 Hz	镇流器标称功率 W	镇流器 额定电压 V	启动辅助 装置距离 mm	阴极电压 (r. m. s.) V	开路电压 (r. m. s.) V	启动时间 s
50	85	240	13	3.05	325	10
60	—	—	—	—	—	—

电特性						
试验方法 附录	频率 Hz	额定功率 W	灯端电压(r. m. s.) V			额定灯电流 A
			额定值	最小值	最大值	
B.1	50	85	178	163	193	0.550
B.1	60	—	—	—	—	—
B.2	60	—	—	—	—	—

色坐标:见附录 D 中 D.2。

阴极特性			
阴极	试验电压 (r. m. s.) V	各阴极电阻 Ω	
		额定值	最小值
低电阻	3.6	6	4

GB/T 10682-5840-1

	双端荧光灯参数表	第 2 页

ILCOS:FD-85-L/P/L-G13-38/2400

基准镇流器特性					
频率 Hz	标称功率 W	额定电压 V	校准电流 A	电压/电流比 Ω	功率因数
50	85	350	0.550	480	0.06
60	—	—	—	—	—

镇流器设计参数				
频率		Hz	50	60
阴极预热电压	V	最小值(r.m.s.)	3.05	—
		最大值(r.m.s.)	5.5	—
灯两端开路电压	V	最小值(r.m.s.)	*	—
		最大值(峰值)	*	—
每一阴极的替代电阻		Ω	6	—
启动辅助装置的电压	V	最小值(峰值)	*	—
任一阴极引线电流	A	最大值	*	—

注:“*”表示相关参数待定。

GB/T 10682-5840-1

	双端荧光灯参数表	第 1 页

ILCOS:FD-60-L/P/L-R17d-38/1200

标称功率 W	线路	阴极类型	灯头	标称尺寸 mm
60	无启动器	预热低阻	R17d	38×1 200

尺寸 mm		
C		D
最小值	最大值	最大值
1 161.2	1 166.0	40.5

启动特性						
频率 Hz	镇流器标称功率 W	镇流器 额定电压 V	启动辅助 装置距离 mm	阴极电压 (r.m.s.) V	开路电压 (r.m.s.) V	启动时间 s
50	—	—	—	—	—	—
60	60	*	13	3.05	205	10

电特性						
试验方法 附录	频率 Hz	额定功率 W	灯端电压(r.m.s.) V			额定灯电流 A
			额定值	最小值	最大值	
B.1	50	—	—	—	—	—
B.1	60	*	*	*	*	*
B.2	60	63[a]	78	70	86	0.800

[a] 该值包括施加于阴极的 3.6 V 补充加热电压所消耗的约 7 W 的功率。

色坐标:待定。

阴极特性			
阴极	试验电压 (r.m.s.) V	各阴极电阻 Ω	
		额定值	最小值
低电阻	3.6	3.2	2.8

GB/T 10682-5960-1

	双端荧光灯参数表	第 2 页

ILCOS:FD-60-L/P/L-R17d-38/1200

基准镇流器特性					
频率 Hz	标称功率 W	额定电压 V	校准电流 A	电压/电流比 Ω	功率因数
50	—	—	—	—	—
60	60	230	0.800	244	0.075

镇流器设计参数				
频率		Hz	50	60
预热阴极电压	V	最小值(r.m.s.)	—	*
		最大值(r.m.s.)	—	*
灯两端开路电压	V	最小值(r.m.s.)	—	*
		最大值(峰值)	—	*
每一阴极替代电阻		Ω	—	*
启动辅助装置电压	V	最小值(峰值)	—	*
任一阴极引线的电流	A	最大值	—	*

镇流器设计参数(北美示例)					
频率			Hz		60
阴极预热电压	V		最小值(r.m.s.)		3.4
			最大值(r.m.s.)		4.5
阴极工作电压	V		最小值(r.m.s.)		3.0
			最大值(r.m.s.)		4.0
每一阴极替代电阻			Ω		3.2
			一只灯	两只灯串联	三只灯串联
灯两端开路电压[a]	V	最小值(r.m.s.)	155	256	385
		最大值(r.m.s.)	—	—	—
启动辅助装置电压[b]	V	最小值(峰值)	325	325	325
灯的开路电压和启动辅助装置施加电压的波峰系数		最大值	2.0	2.0	2.0
启动辅助装置电容(60 Hz时)	μF	最小值	—	0.06	0.06
		最大值	—	0.12	0.12

[a] 该值仅用于容性线路。对于电感性线路增加6%。

[b] 该值用于波峰系数为1.55～2.0的情况。对于波峰系数小于1.55的增加10%。

注:"*"表示相关参数待定。

GB/T 10682-5960-2

	双端荧光灯参数表	第 1 页

ILCOS:FD-87-L/P/L-R17d-38/1800

标称功率 W	线路	阴极类型	灯头	标称尺寸 mm
87	无启动器	预热低阻	R17d	38×1 800

尺寸 mm		
C		D
最小值	最大值	最大值
1 770.8	1 775.6	40.5

启动特性						
频率 Hz	镇流器标称功率 W	镇流器 额定电压 V	启动辅助 装置距离 mm	阴极电压 (r. m. s.) V	开路电压 (r. m. s.) V	启动时间 s
50	—	—	—	—	—	—
60	87	*	13	3.05	275	10

电特性						
试验方法 附录	频率 Hz	额定功率 W	灯端电压(r. m. s.) V			额定灯电流 A
			额定值	最小值	最大值	
B.1	50	—	—	—	—	—
B.1	60	*	*	*	*	*
B.2	60	87[a]	117	105	129	0.780

[a] 该值包括施加于阴极的 3.6 V 补充加热电压所消耗的约 7 W 的功率。

色坐标:待定。

阴极特性			
阴极	试验电压 (r. m. s.) V	各阴极电阻 Ω	
		额定值	最小值
低电阻	3.6	3.2	2.8

GB/T 10682-5970-1

	双端荧光灯参数表	第 2 页

ILCOS:FD-87-L/P/L-R17d-38/1800

基准镇流器特性					
频率 Hz	标称功率 W	额定电压 V	校准电流 A	电压/电流比 Ω	功率因数
50	—	—	—	—	—
60	87	300	0.800	315	0.075

镇流器设计参数				
频率		Hz	50	60
预热阴极电压	V	最小值(r. m. s.)	—	*
		最大值(r. m. s.)	—	*
灯两端开路电压	V	最小值(r. m. s.)	—	*
		最大值(峰值)	—	*
每一阴极替代电阻		Ω	—	*
启动辅助装置电压	V	最小值(峰值)	—	*
任一阴极引线的电流	A	最大值	—	*

镇流器设计参数(北美惯例)					
频率		Hz			60
阴极预热电压	V	最小值(r. m. s.)			3.4
		最大值(r. m. s.)			4.5
阴极工作电压	V	最小值(r. m. s.)			3.0
		最大值(r. m. s.)			4.0
每一阴极替代电阻		Ω			3.2
			一只灯	两只灯串联	三只灯串联
灯两端开路电压[a]	V	最小值(r. m. s.)	260	395	550
		最大值(r. m. s.)	—	—	—
启动辅助装置电压[b]	V	最小值(峰值)	325	325	325
灯的开路电压和启动辅助装置施加电压的波峰系数		最大值	2.0	2.0	2.0
启动辅助装置电容(60 Hz 时)	μF	最小值	—	0.06	0.06
		最大值	—	0.12	0.12

[a] 该值仅用于容性线路。对于电感性线路增加 6%。

[b] 该值用于波峰系数为 1.55～2.0 的情况。对于波峰系数小于 1.55 的增加 10%。

注:“*”表示相关参数待定。

GB/T 10682-5970-2

	双端荧光灯参数表	第 1 页

ILCOS:FD-112-L/P/L-R17d-38/2400

标称功率 W	线路	阴极类型	灯头	标称尺寸 mm
112	无启动器	预热低阻	R17d	38×2 400

尺寸 mm		
C		*D*
最小值	最大值	最大值
2 380.4	2 385.2	40.5

启动特性						
频率 Hz	镇流器标称功率 W	镇流器 额定电压 V	启动辅助 装置距离 mm	阴极电压 (r.m.s.) V	开路电压 (r.m.s.) V	启动时间 s
50	—	—	—	—	—	—
60	112	*	13	3.05	315	10

电特性						
试验方法 附录	频率 Hz	额定功率 W	灯端电压(r.m.s.) V			额定灯电流 A
			额定值	最小值	最大值	
B.1	50	—	—	—	—	—
B.1	60	*	*	*	*	*
B.2	60	113[a]	153	138	168	0.790

[a] 该值包括施加于阴极的 3.6 V 补充加热电压所消耗的约 7 W 的功率。

色坐标:待定。

阴极特性			
阴极	试验电压 (r.m.s.) V	各阴极电阻 Ω	
		额定值	最小值
低电阻	3.6	3.2	2.8

GB/T 10682-5980-1

	双端荧光灯参数表	第 2 页

ILCOS:FD-112-L/P/L-R17d-38/2400

基准镇流器特性					
频率 Hz	标称功率 W	额定电压 V	校准电流 A	电压/电流比 Ω	功率因数
50	—	—	—	—	—
60	112	400	0.800	415	0.075

镇流器设计参数				
频率		Hz	50	60
预热阴极电压	V	最小值(r.m.s.)	—	3.05
		最大值(r.m.s.)	—	5.0
灯两端开路电压	V	最小值(r.m.s.)	—	315
		最大值(峰值)	—	*
每一阴极替代电阻		Ω	—	3.2
启动辅助装置电压	V	最小值(峰值)	—	*
任一阴极引线的电流	A	最大值	—	*

镇流器设计参数(北美惯例)					
频率			Hz		60
预热阴极电压	V		最小值(r.m.s.)		3.4
			最大值(r.m.s.)		4.5
阴极工作电压	V		最小值(r.m.s.)		3.0
			最大值(r.m.s.)		4.0
每一阴极替代电阻			Ω		3.2
			一只灯	两只灯串联	三只灯串联
灯两端开路电压[a]	V	最小值(r.m.s.)	295	465	660
		最大值(r.m.s.)	—	—	—
启动辅助装置电压[b]	V	最小值(峰值)	325	325	325
灯的开路电压和启动辅助装置施加电压的波峰系数		最大值	2.0	2.0	2.0
启动辅助装置电容(60 Hz时)	μF	最小值	—	0.06	0.06
		最大值	—	0.12	0.12

[a] 该值仅用于容性线路。对于电感性线路增加6%。

[b] 该值用于波峰系数为1.55～2.0的情况。对于波峰系数小于1.55的增加10%。

注:“*”表示相关参数待定。

GB/T 10682-5980-2

	双端荧光灯参数表	第 1 页

ILCOS:FDH-6-L/P-W4.3×8.5d-7/220

标称功率 W	线路	阴极类型	灯头	标称尺寸 mm
6	高频无启动器	预热型	W4.3×8.5d	7×220

尺寸 mm		
C		*D*
最小值	最大值	最大值
217.3	219.3	7.0

启动特性					
频率 kHz	启动辅助装置距离 mm	预热电流 A	预热时间 s	开路电压(r.m.s.) V	启动时间 s
25±0.25	12	0.120 *	1.5	355	0.1

电特性					
频率 kHz	额定功率 W	灯端电压(r.m.s.) V			额定灯电流 A
		额定值	最小值	最大值	
25±0.25	5.0	51	46	56	0.100

25 kHz 时灯特性的额定值乘以功率和电压系数 X_1 以及光通量系数 X_2 可以得到(47.5±2.5)kHz 时的相应各值。这些系数由未调制的正弦电压源得出;当前值 $X_1=1.04$,X_2 的值由制造商说明书给出。

色坐标:见附录 D 的 D.2。

阴极特性			
试验电流 A	各阴极阻抗 Ω		
	额定值	最小值	最大值
0.060 *	50 *	40 *	60 *

基准镇流器特性				
频率 kHz	标称功率 W	额定电压 V	校准电流 A	阻抗 Ω
25±0.25	6	220	0.100	1 690

GB/T 10682-6030-2

	双端荧光灯参数表	第 2 页

ILCOS:FDH-6-L/P-W4.3×8.5d-7/220

高频镇流器设计参数			
频率		kHz	≥20
任一阴极引线的电流	A	最大值	0.150 *
灯工作电流	A	最小值	0.090 *
		最大值	0.110 *
注：如果镇流器的构造使得一附加电流流入阴极，则此电流限制在 0.060 A 内。			

电流控制预热					
发射时间 t_e(s)内的最小预热电流 i_k(A) $i_k=(a/t_e+i_m{}^2)^{0.5}$				a	0.010 *
				i_m(A)	0.085 *
最大预热电流	A			$t\leqslant0.4$	0.200 *
				$0.4<t<2.0$	0.220−0.050t *
				$t\geqslant2.0$	0.120 *
灯两端开路电压	V	非触发电压	$t\leqslant t_e$	最大值(r. m. s.)	200 *
		触发电压	$t>t_e$	最小值(r. m. s.)	355 *
每一阴极的替代电阻				Ω	85 *
电压控制预热					
*					

注："*"表示相关参数待定。

GB/T 10682-6030-2

	双端荧光灯参数表	第 1 页

ILCOS:FDH-8-L/P-W4.3×8.5d-7/320

标称功率 W	线路	阴极类型	灯头	标称尺寸 mm
8	高频无启动器	预热型	W4.3×8.5d	7×320

尺寸 mm		
C		*D*
最小值	最大值	最大值
318.9	320.9	7.0

启动特性					
频率 kHz	启动辅助装置距离 mm	预热电流 A	预热时间 s	开路电压(r.m.s.) V	启动时间 s
25±0.25	12	0.120 *	1.5	370	0.1

电特性					
频率 kHz	额定功率 W	灯端电压(r.m.s.) V			额定灯电流 A
		额定值	最小值	最大值	
25±0.25	7.8	79	71	87	0.100

25 kHz 时灯特性的额定值乘以功率和电压系数 X_1 以及光通量系数 X_2 可以得到(47.5±2.5)kHz 时的相应各值。这些系数由未调制的正弦电压源得出;当前值 $X_1=1.04$,X_2 的值由制造商说明书给出。

色坐标:见附录 D 的 D.2。

阴极特性			
试验电流 A	各阴极阻抗 Ω		
	额定值	最小值	最大值
0.060 *	50 *	40 *	60 *

基准镇流器特性				
频率 kHz	标称功率 W	额定电压 V	校准电流 A	阻抗 Ω
25±0.25	8	220	0.100	1410

GB/T 10682-6040-2

	双端荧光灯参数表	第 2 页

ILCOS:FDH-8-L/P-W4.3×8.5d-7/320

高频镇流器设计参数			
频率		kHz	≥20
任一阴极引线的电流	A	最大值	0.150 *
灯工作电流	A	最小值	0.090 *
		最大值	0.110 *
注：如果镇流器的构造使得一附加电流流入阴极，则此电流限制在 0.060 A 内。			

电流控制预热					
发射时间 t_e(s)内的最小预热电流 i_k(A) $i_k=(a/t_e+i_m{}^2)^{0.5}$				a	0.010 *
				i_m(A)	0.085 *
最大预热电流	A			$t\leqslant0.4$	0.200 *
				$0.4<t<2.0$	$0.220-0.050t$ *
				$t\geqslant2.0$	0.120 *
灯两端开路电压	V	非触发电压	$t\leqslant t_e$	最大值(r.m.s.)	220 *
		触发电压	$t>t_e$	最小值(r.m.s.)	370 *
每一阴极的替代电阻				Ω	85 *
电压控制预热					
*					

注：“*”表示相关参数待定。

GB/T 10682-6040-2

	双端荧光灯参数表	第 1 页

ILCOS:FDH-11-L/P-W4.3×8.5d-7/420

标称功率 W	线路	阴极类型	灯头	标称尺寸 mm
11	高频无启动器	预热型	W4.3×8.5d	7×420

尺寸 mm		
C		D
最小值	最大值	最大值
420.5	422.5	7.0

启动特性					
频率 kHz	启动辅助装置距离 mm	预热电流 A	预热时间 s	开路电压(r.m.s.) V	启动时间 s
25±0.25	12	0.120 *	1.5	390	0.1

电特性					
频率 kHz	额定功率 W	灯端电压(r.m.s.) V			额定灯电流 A
		额定值	最小值	最大值	
25±0.25	10.8	110	100	120	0.100

25 kHz 时灯特性的额定值乘以功率和电压系数 X_1 以及光通量系数 X_2 可以得到(47.5±2.5)kHz 时的相应各值。这些系数由未调制的正弦电压源得出;当前值 X_1=1.04,X_2 的值由制造商说明书给出。

色坐标:见附录 D 的 D.2。

阴极特性			
试验电流 A	各阴极阻抗 Ω		
	额定值	最小值	最大值
0.060 *	50 *	40 *	60 *

基准镇流器特性				
频率 kHz	标称功率 W	额定电压 V	校准电流 A	阻抗 Ω
25±0.25	11	277	0.100	1670

GB/T 10682-6050-2

	双端荧光灯参数表	第 2 页

ILCOS:FDH-11-L/P-W4.3×8.5d-7/420

高频镇流器设计参数					
频率	kHz				≥20
任一阴极引线的电流	A			最大值	0.150 *
灯工作电流	A			最小值	0.090 *
				最大值	0.110 *
注：如果镇流器的构造使得一附加电流流入阴极，则此电流限制在 0.060 A 内。					
电流控制预热					
发射时间 t_e(s)内的最小预热电流 i_k(A) $i_k=(a/t_e+i_m{}^2)^{0.5}$				a	0.010 *
				i_m(A)	0.085 *
最大预热电流	A			$t\leqslant 0.4$	0.200 *
				$0.4<t<2.0$	0.220−0.050t *
				$t\geqslant 2.0$	0.120 *
灯两端开路电压	V	非触发电压	$t\leqslant t_e$	最大值(r.m.s.)	250 *
		触发电压	$t>t_e$	最小值(r.m.s.)	390 *
每一阴极的替代电阻				Ω	85 *
电压控制预热					
*					

注："*"表示相关参数待定。

GB/T 10682-6050-2

双端荧光灯参数表	第 1 页

ILCOS:FDH-13-L/P-W4.3×8.5d-7/520

标称功率 W	线路	阴极类型	灯头	标称尺寸 mm
13	高频无启动器	预热型	W4.3×8.5d	7×520

尺寸 mm		
C		D
最小值	最大值	最大值
522.1	524.1	7.0

启动特性					
频率 kHz	启动辅助装置距离 mm	预热电流 A	预热时间 s	开路电压(r.m.s.) V	启动时间 s
25±0.25	12	0.120*	1.5	410	0.1

电特性					
频率 kHz	额定功率 W	灯端电压(r.m.s.) V			额定灯电流 A
		额定值	最小值	最大值	
25±0.25	13.3	136	122	150	0.100

25 kHz 时灯特性的额定值乘以功率和电压系数 X_1 以及光通量系数 X_2 可以得到(47.5±2.5)kHz 时的相应各值。这些系数由未调制的正弦电压源得出;当前值 $X_1=1.04$,X_2 的值由制造商说明书给出。

色坐标:见附录 D 的 D.2。

阴极特性			
试验电流 A	各阴极阻抗 Ω		
	额定值	最小值	最大值
0.060*	50*	40*	60*

基准镇流器特性				
频率 kHz	标称功率 W	额定电压 V	校准电流 A	阻抗 Ω
25±0.25	13	310	0.100	1740

GB/T 10682-6060-2

	双端荧光灯参数表	第 2 页

ILCOS:FDH-13-L/P-W4.3×8.5d-7/520

<table>
<tr><td colspan="7">高频镇流器设计参数</td></tr>
<tr><td colspan="4">频率</td><td colspan="2">kHz</td><td>≥20</td></tr>
<tr><td colspan="3">任一阴极引线的电流</td><td>A</td><td colspan="2">最大值</td><td>0.150*</td></tr>
<tr><td colspan="3" rowspan="2">灯工作电流</td><td rowspan="2">A</td><td colspan="2">最小值</td><td>0.090*</td></tr>
<tr><td colspan="2">最大值</td><td>0.110*</td></tr>
<tr><td colspan="7">注:如果镇流器的构造使得一附加电流流入阴极,则此电流限制在 0.060 A 内。</td></tr>
<tr><td colspan="7"></td></tr>
<tr><td colspan="7">电流控制预热</td></tr>
<tr><td colspan="3" rowspan="2">发射时间 t_e(s)内的最小预热电流 i_k(A)
$i_k=(a/t_e+i_m^2)^{0.5}$</td><td colspan="2">a</td><td colspan="2">*</td></tr>
<tr><td colspan="2">i_m(A)</td><td colspan="2">0.085*</td></tr>
<tr><td colspan="2" rowspan="3">最大预热电流</td><td rowspan="3">A</td><td colspan="2">$t\leqslant 0.4$</td><td colspan="2">0.200*</td></tr>
<tr><td colspan="2">$0.4<t<2.0$</td><td colspan="2">$0.220-0.050t$*</td></tr>
<tr><td colspan="2">$t\geqslant 2.0$</td><td colspan="2">0.120*</td></tr>
<tr><td rowspan="2">灯两端开路电压 V</td><td>非触发电压</td><td>$t\leqslant t_e$</td><td colspan="2">最大值(r.m.s.)</td><td colspan="2">270*</td></tr>
<tr><td>触发电压</td><td>$t>t_e$</td><td colspan="2">最小值(r.m.s.)</td><td colspan="2">410*</td></tr>
<tr><td colspan="3">每一阴极的替代电阻</td><td colspan="2">Ω</td><td colspan="2">85*</td></tr>
<tr><td colspan="7"></td></tr>
<tr><td colspan="7">电压控制预热</td></tr>
<tr><td colspan="7">*</td></tr>
</table>

注:“*”表示相关参数待定。

GB/T 10682-6060-2

	双端荧光灯参数表	第 1 页

ILCOS：FDH-14-L/P-G5-16/550

标称功率 W	线路	阴极类型	灯头	标称尺寸 mm
14	高频无启动器	预热型	G5	16×550

尺寸 mm				
A	*B*		*C*	*D*
最大值	最小值	最大值	最大值	最大值
549.0	553.7	556.1	563.2	17.0

启动特性					
频率 kHz	启动辅助装置距离 mm	预热电流 A	预热时间 s	开路电压(r. m. s.) V	启动时间 s
20～26	6	0.210	2	230	0.1

电特性					
频率 kHz	额定功率 W	灯端电压(r. m. s.) V			额定灯电流 A
		额定值	最小值	最大值	
20～26	14.0	86	76	96	0.165

在环境温度为 34 ℃～38 ℃时可达到最大光通量。

色坐标：见附录 D 的 D.2。

阴极特性			
试验电流 A	各阴极阻抗 Ω		
	额定值	最小值	最大值
0.160	40	30	50

基准镇流器特性				
频率 kHz	标称功率 W	额定电压 V	校准电流 A	阻抗 Ω
20～26	14	167	0.170	500

GB/T 10682-6520-3

	双端荧光灯参数表	第 2 页

ILCOS:FDH-14-L/P-G5-16/550

高频镇流器设计参数					
频率				kHz	≥20
任一阴极引线的电流			A	最大值	0.220
灯工作电流			A	最小值	0.130
				最大值	0.205
有阴极预热的启动要求,启动时间为 $0.4\ s<t_s<3.0\ s$					
最小阴极预热能量(J):$E_{min}=Q+P\cdot t_s$				Q(J)	0.9
				P(W)	0.75
最大阴极预热能量(J):$E_{max}=F\times E_{min}$				F	1.75
$E(t)<E_{min}$时,每一阴极两端的电压			V	最大值(r. m. s.)	10
用于阴极预热要求试验的每一阴极的替代电阻				Ω	30
灯两端的开路电压 V	非触发电压		$t\leqslant t_s$	最大值(r. m. s.)	130
	触发电压		$t>t_s$(+10 ℃)	最小值(r. m. s.)	230
			$t>t_s$(−15 ℃)	最小值(r. m. s.)	275
启动辅助装置电压 V	非触发电压		$t\leqslant t_s$	最大值(峰值)	*
	触发电压		$t>t_s$	最小值(峰值)	*
用于开路电压要求试验的每一阴极的替代电阻				Ω	30…90
无阴极预热的启动要求,启动时间为 $t_s<0.1\ s$					
灯两端的开路电压			V	最小值(r. m. s.)	*
流经灯替代电阻的电流			A	最小值	*
灯替代电阻				Ω	*
每一阴极的替代电阻				Ω	*
阴极电流			A	最大值	*

环境温度为 35 ℃时,灯的典型特性

灯功率 W	灯电压 V	灯电流 A
13.7	82	0.170

注:“*”表示相关参数待定。

GB/T 10682-6520-4

	双端荧光灯参数表	第 1 页

ILCOS:FDH-21-L/P-G5-16/850

标称功率 W	线路	阴极类型	灯头	标称尺寸 mm
21	高频无启动器	预热型	G5	16×850

尺寸 mm				
A	*B*		*C*	*D*
最大值	最小值	最大值	最大值	最大值
849.0	853.7	856.1	863.2	17.0

启动特性					
频率 kHz	启动辅助装置距离 mm	预热电流 A	预热时间 s	开路电压(r.m.s.) V	启动时间 s
20～26	6	0.210	2	350	0.1

电特性					
频率 kHz	额定功率 W	灯端电压(r.m.s.) V			额定灯电流 A
		额定值	最小值	最大值	
20～26	20.6	126	116	136	0.165

在环境温度为 34 ℃～38 ℃时可达到最大光通量。

色坐标:见附录 D 的 D.2。

阴极特性			
试验电流 A	各阴极阻抗 Ω		
	额定值	最小值	最大值
0.160	40	30	50

基准镇流器特性				
频率 kHz	标称功率 W	额定电压 V	校准电流 A	阻抗 Ω
20～26	21	246	0.170	725

GB/T 10682-6530-3

	双端荧光灯参数表	第 2 页

ILCOS:FDH-21-L/P-G5-16/850

<table>
<tr><td colspan="6">高频镇流器设计参数</td></tr>
<tr><td colspan="4">频率</td><td>kHz</td><td>≥20</td></tr>
<tr><td colspan="3">任一阴极引线的电流</td><td>A</td><td>最大值</td><td>0.220</td></tr>
<tr><td colspan="3" rowspan="2">灯工作电流</td><td rowspan="2">A</td><td>最小值</td><td>0.130</td></tr>
<tr><td>最大值</td><td>0.205</td></tr>
<tr><td colspan="6"></td></tr>
<tr><td colspan="6">有阴极预热的启动要求，启动时间为 0.4 s<t_s<3.0 s</td></tr>
<tr><td colspan="4" rowspan="2">最小阴极预热能量(J):$E_{min}=Q+P\cdot t_s$</td><td>Q(J)</td><td>0.9</td></tr>
<tr><td>P(W)</td><td>0.75</td></tr>
<tr><td colspan="4">最大阴极预热能量(J):$E_{max}=F\times E_{min}$</td><td>F</td><td>1.75</td></tr>
<tr><td colspan="3">$E(t)<E_{min}$时，每一阴极两端的电压</td><td>V</td><td>最大值(r.m.s.)</td><td>10</td></tr>
<tr><td colspan="4">用于阴极预热要求试验的每一阴极的替代电阻</td><td>Ω</td><td>30</td></tr>
<tr><td rowspan="3">灯两端的开路电压</td><td rowspan="3">V</td><td>非触发电压</td><td>$t\leqslant t_s$</td><td>最大值(r.m.s.)</td><td>200</td></tr>
<tr><td rowspan="2">触发电压</td><td>$t>t_s$(+10 ℃)</td><td>最小值(r.m.s.)</td><td>340</td></tr>
<tr><td>$t>t_s$(−15 ℃)</td><td>最小值(r.m.s.)</td><td>390</td></tr>
<tr><td rowspan="2">启动辅助装置电压</td><td rowspan="2">V</td><td>非触发电压</td><td>$t\leqslant t_s$</td><td>最大值(峰值)</td><td>*</td></tr>
<tr><td>触发电压</td><td>$t>t_s$</td><td>最小值(峰值)</td><td>*</td></tr>
<tr><td colspan="4">用于开路电压要求试验的每一阴极的替代电阻</td><td>Ω</td><td>30…90</td></tr>
<tr><td colspan="6"></td></tr>
<tr><td colspan="6">无阴极预热的启动要求，启动时间为 t_s<0.1 s</td></tr>
<tr><td colspan="3">灯两端的开路电压</td><td>V</td><td>最小值(r.m.s.)</td><td>*</td></tr>
<tr><td colspan="3">流经灯替代电阻的电流</td><td>A</td><td>最小值</td><td>*</td></tr>
<tr><td colspan="4">灯替代电阻</td><td>Ω</td><td>*</td></tr>
<tr><td colspan="4">每一阴极的替代电阻</td><td>Ω</td><td>*</td></tr>
<tr><td colspan="3">阴极电流</td><td>A</td><td>最大值</td><td>*</td></tr>
<tr><td colspan="6"></td></tr>
<tr><td colspan="6">环境温度为 35 ℃时，灯的典型特性</td></tr>
<tr><td colspan="2">灯功率
W</td><td colspan="2">灯电压
V</td><td colspan="2">灯电流
A</td></tr>
<tr><td colspan="2">20.7</td><td colspan="2">123</td><td colspan="2">0.170</td></tr>
</table>

注：“*”表示相关参数待定。

GB/T 10682-6530-4

	双端荧光灯参数表	第 1 页

ILCOS:FDH-24-L/P-G5-16/550

标称功率 W	线路	阴极类型	灯头	标称尺寸 mm
24	高频无启动器	预热型	G5	16×550

尺寸 mm				
A	*B*		*C*	*D*
最大值	最小值	最大值	最大值	最大值
549.0	553.7	556.1	563.2	17.0

启动特性					
频率 kHz	启动辅助装置距离 mm	预热电流 A	预热时间 s	开路电压(r.m.s.) V	启动时间 s
20～26	6	0.440	2	250	0.1

电特性					
频率 kHz	额定功率 W	灯端电压(r.m.s.) V			额定灯电流 A
		额定值	最小值	最大值	
20～26	22.5	77	69	85	0.295

在环境温度为34 ℃～38 ℃时可达到最大光通量。

色坐标:见附录D的D.2。

阴极特性			
试验电流 A	各阴极阻抗 Ω		
	额定值	最小值	最大值
0.350	12	9	15

基准镇流器特性				
频率 kHz	标称功率 W	额定电压 V	校准电流 A	阻抗 Ω
20～26	24	150	0.300	250

GB/T 10682-6620-2

双端荧光灯参数表	第 2 页

ILCOS:FDH-24-L/P-G5-16/550

高频镇流器设计参数					
频率				kHz	≥20
任一阴极引线的电流			A	最大值	0.450 *
灯工作电流			A	最小值	0.260
				最大值	0.425
有阴极预热的启动要求,启动时间为 0.4 s<t_s<3.0 s					
最小阴极预热能量(J):$E_{min}=Q+P\cdot t_s$				Q(J)	1.5
				P(W)	0.9
最大阴极预热能量(J):$E_{max}=F\times E_{min}$				F	1.75
$E(t)<E_{min}$时,每一阴极两端的电压			V	最大值(r. m. s.)	10
用于阴极预热要求试验的每一阴极的替代电阻				Ω	8
灯两端的开路电压	非触发电压	$t\leqslant t_s$	V	最大值(r. m. s.)	130
	触发电压	$t>t_s$(+10 ℃)		最小值(r. m. s.)	280
		$t>t_s$(−15 ℃)		最小值(r. m. s.)	350
启动辅助装置电压	非触发电压	$t\leqslant t_s$	V	最大值(峰值)	*
	触发电压	$t>t_s$		最小值(峰值)	*
用于开路电压要求试验的每一阴极的替代电阻				Ω	8…24
无阴极预热的启动要求,启动时间为 t_s<0.1 s					
灯两端的开路电压			V	最小值(r. m. s.)	*
流经灯替代电阻的电流			A	最小值	*
灯替代电阻				Ω	*
每一阴极的替代电阻				Ω	*
阴极电流			A	最大值	*

环境温度为 35 ℃时,灯的典型特性		
灯功率 W	灯电压 V	灯电流 A
22.5	75	0.300

注:“ * ”表示相关参数待定。

GB/T 10682-6620-3

	双端荧光灯参数表	第 1 页

ILCOS:FDH-28-L/P-G5-16/1150

标称功率 W	线路	阴极类型	灯头	标称尺寸 mm
28	高频无启动器	预热型	G5	16×1 150

尺寸 mm				
A	*B*		*C*	*D*
最大值	最小值	最大值	最大值	最大值
1 149.0	1 153.7	1 156.1	1 163.2	17.0

启动特性					
频率 kHz	启动辅助装置距离 mm	预热电流 A	预热时间 s	开路电压(r.m.s.) V	启动时间 s
20～26	6	0.210	2	375	0.1

电特性					
频率 kHz	额定功率 W	灯端电压(r.m.s.) V			额定灯电流 A
		额定值	最小值	最大值	
20～26	27.9	166	149	183	0.170

在环境温度为 34 ℃～38 ℃时可达到最大光通量。

色坐标:见附录 D 的 D.2。

阴极特性			
试验电流 A	各阴极阻抗 Ω		
	额定值	最小值	最大值
0.160	40	30	50

基准镇流器特性				
频率 kHz	标称功率 W	额定电压 V	校准电流 A	阻抗 Ω
20～26	28	329	0.170	950

GB/T 10682-6640-3

	双端荧光灯参数表	第 2 页

ILCOS:FDH-28-L/P-G5-16/1150

高频镇流器设计参数					
频率				kHz	≥20
任一阴极引线的电流			A	最大值	0.220
灯工作电流			A	最小值	0.130
				最大值	0.205
有阴极预热的启动要求，启动时间为 $0.4\ s<t_s<3.0\ s$					
最小阴极预热能量(J)：$E_{min}=Q+P\cdot t_s$				Q(J)	0.9
				P(W)	0.75
最大阴极预热能量(J)：$E_{max}=F\times E_{min}$				F	1.75
$E(t)<E_{min}$时，每一阴极两端的电压			V	最大值(r.m.s.)	10
用于阴极预热要求试验的每一阴极的替代电阻				Ω	30
灯两端的开路电压	V	非触发电压	$t\leqslant t_s$	最大值(r.m.s.)	240
		触发电压	$t>t_s$(+10 ℃)	最小值(r.m.s.)	425
			$t>t_s$(−15 ℃)	最小值(r.m.s.)	530
启动辅助装置电压	V	非触发电压	$t\leqslant t_s$	最大值(峰值)	*
		触发电压	$t>t_s$	最小值(峰值)	*
用于开路电压要求试验的每一阴极的替代电阻				Ω	30…90
无阴极预热的启动要求，启动时间为 $t_s<0.1\ s$					
灯两端的开路电压			V	最小值(r.m.s.)	*
流经灯替代电阻的电流			A	最小值	*
灯替代电阻				Ω	*
每一阴极的替代电阻				Ω	*
阴极电流			A	最大值	*

环境温度为 35 ℃时，灯的典型特性		
灯功率 W	灯电压 V	灯电流 A
27.8	167	0.170

注：“*”表示相关参数待定。

GB/T 10682-6640-4

	双端荧光灯参数表	第 1 页

ILCOS:FDH-35-L/P-G5-16/1450

标称功率 W	线路	阴极类型	灯头	标称尺寸 mm
35	高频无启动器	预热型	G5	16×1 450

尺寸 mm				
A	*B*		*C*	*D*
最大值	最小值	最大值	最大值	最大值
1 449.0	1 453.7	1 456.1	1 463.2	17.0

启动特性					
频率 kHz	启动辅助装置距离 mm	预热电流 A	预热时间 s	开路电压(r.m.s.) V	启动时间 s
20～26	6	0.210	2	450	0.1

电特性					
频率 kHz	额定功率 W	灯端电压(r.m.s.) V			额定灯电流 A
		额定值	最小值	最大值	
20～26	35.5	205	185	225	0.175

在环境温度为 34 ℃～38 ℃时可达到最大光通量。

色坐标:见附录 D 的 D.2。

阴极特性			
试验电流 A	各阴极阻抗 Ω		
	额定值	最小值	最大值
0.160	40	30	50

基准镇流器特性				
频率 kHz	标称功率 W	额定电压 V	校准电流 A	阻抗 Ω
20～26	35	413	0.170	1 200

GB/T 10682-6650-3

	双端荧光灯参数表	第 2 页

ILCOS:FDH-35-L/P-G5-16/1450

高频镇流器设计参数					
频率				kHz	≥20
任一阴极引线的电流	A			最大值	0.220
灯工作电流	A			最小值	0.130
				最大值	0.205
有阴极预热的启动要求，启动时间为 0.4 s<t_s<3.0 s					
最小阴极预热能量(J):$E_{min}=Q+P\cdot t_s$				Q(J)	0.9
				P(W)	0.75
最大阴极预热能量(J):$E_{max}=F\times E_{min}$				F	1.75
$E(t)<E_{min}$时，每一阴极两端的电压	V			最大值(r.m.s.)	10
用于阴极预热要求试验的每一阴极的替代电阻				Ω	30
灯两端的开路电压	V	非触发电压	$t\leq t_s$	最大值(r.m.s.)	275
		触发电压	$t>t_s$(+10 ℃)	最小值(r.m.s.)	530
			$t>t_s$(−15 ℃)	最小值(r.m.s.)	700
启动辅助装置电压	V	非触发电压	$t\leq t_s$	最大值(峰值)	*
		触发电压	$t>t_s$	最小值(峰值)	*
用于开路电压要求试验的每一阴极的替代电阻				Ω	30…90
无阴极预热的启动要求，启动时间为 t_s<0.1 s					
灯两端的开路电压	V			最小值(r.m.s.)	*
流经灯替代电阻的电流	A			最小值	*
灯替代电阻				Ω	*
每一阴极的替代电阻				Ω	*
阴极电流	A			最大值	*
环境温度为 35 ℃时，灯的典型特性					

灯功率 W	灯电压 V	灯电流 A
34.7	209	0.170

注：“*”表示相关参数待定。

GB/T 10682-6650-4

	双端荧光灯参数表	第 1 页

ILCOS:FDH-39-L/P-G5-16/850

标称功率 W	线路	阴极类型	灯头	标称尺寸 mm
39	高频无启动器	预热型	G5	16×850

尺寸 mm				
A	*B*		*C*	*D*
最大值	最小值	最大值	最大值	最大值
849.0	853.7	856.1	863.2	17.0

启动特性					
频率 kHz	启动辅助装置距离 mm	预热电流 A	预热时间 s	开路电压(r.m.s.) V	启动时间 s
20～26	6	0.440	2	350	0.1

电特性					
频率 kHz	额定功率 W	灯端电压(r.m.s.) V			额定灯电流 A
		额定值	最小值	最大值	
20～26	38.0	118	108	128	0.325

在环境温度为 34 ℃～38 ℃时可达到最大光通量。

色坐标:见附录 D 的 D.2。

阴极特性			
试验电流 A	各阴极阻抗 Ω		
	额定值	最小值	最大值
0.350	12	9	15

基准镇流器特性				
频率 kHz	标称功率 W	额定电压 V	校准电流 A	阻抗 Ω
20～26	39	224	0.340	330

GB/T 10682-6730-2

	双端荧光灯参数表	第 2 页

ILCOS:FDH-39-L/P-G5-16/850

高频镇流器设计参数					
频率				kHz	≥20
任一阴极引线的电流	A			最大值	0.450 *
灯工作电流	A			最小值	0.260
				最大值	0.425
有阴极预热的启动要求,启动时间为 $0.4\ s<t_s<3.0\ s$					
最小阴极预热能量(J):$E_{min}=Q+P\cdot t_s$				Q(J)	1.5
				P(W)	0.9
最大阴极预热能量(J):$E_{max}=F\times E_{min}$				F	1.75
$E(t)<E_{min}$时,每一阴极两端的电压	V			最大值(r.m.s.)	10
用于阴极预热要求试验的每一阴极的替代电阻				Ω	8
灯两端的开路电压	V	非触发电压	$t\leqslant t_s$	最大值(r.m.s.)	175
		触发电压	$t>t_s$(+10 ℃)	最小值(r.m.s.)	350
			$t>t_s$(−15 ℃)	最小值(r.m.s.)	390
启动辅助装置电压	V	非触发电压	$t\leqslant t_s$	最大值(峰值)	*
		触发电压	$t>t_s$	最小值(峰值)	*
用于开路电压要求试验的每一阴极的替代电阻				Ω	8…24
无阴极预热的启动要求,启动时间为 $t_s<0.1\ s$					
灯两端的开路电压	V			最小值(r.m.s.)	*
流经灯替代电阻的电流	A			最小值	*
灯替代电阻				Ω	*
每一阴极的替代电阻				Ω	*
阴极电流	A			最大值	*

环境温度为 35 ℃时,灯的典型特性		
灯功率 W	灯电压 V	灯电流 A
38.0	112	0.340

注:“ * ”表示相关参数待定。

GB/T 10682-6730-3

	双端荧光灯参数表	第 1 页

ILCOS:FDH-49-L/P-G5-16/1450

标称功率 W	线路	阴极类型	灯头	标称尺寸 mm
49	高频无启动器	预热型	G5	16×1 450

尺寸 mm				
A	*B*		*C*	*D*
最大值	最小值	最大值	最大值	最大值
1 449.0	1 453.7	1 456.1	1 463.2	17.0

启动特性					
频率 kHz	启动辅助装置距离 mm	预热电流 A	预热时间 s	开路电压(r.m.s.) V	启动时间 s
20～26	6	0.330	2	450	0.1

电特性					
频率 kHz	额定功率 W	灯端电压(r.m.s.) V			额定灯电流 A
		额定值	最小值	最大值	
20～26	49.2	195	175	215	0.255

在环境温度为 34 ℃～38 ℃时可达到最大光通量。

色坐标:见附录 D 的 D.2。

阴极特性			
试验电流 A	各阴极阻抗 Ω		
	额定值	最小值	最大值
0.260	16.5	12.4	20.6

基准镇流器特性				
频率 kHz	标称功率 W	额定电压 V	校准电流 A	阻抗 Ω
20～26	49	390	0.255	765

GB/T 10682-6750-2

	双端荧光灯参数表	第 2 页

ILCOS:FDH-49-L/P-G5-16/1450

高频镇流器设计参数					
频率				kHz	≥20
任一阴极引线的电流	A			最大值	0.330
灯工作电流	A			最小值	0.180
				最大值	0.295
有阴极预热的启动要求,启动时间为 0.4 s<t_s<3.0 s					
最小阴极预热能量(J):$E_{min}=Q+P\cdot t_s$				Q(J)	1.1
				P(W)	0.9
最大阴极预热能量(J):$E_{max}=F\times E_{min}$				F	1.75
$E(t)<E_{min}$时,每一阴极两端的电压	V			最大值(r. m. s.)	10
用于阴极预热要求试验的每一阴极的替代电阻				Ω	12
灯两端的开路电压	V	非触发电压	$t\leqslant t_s$	最大值(r. m. s.)	225
		触发电压	$t>t_s$(+10 ℃)	最小值(r. m. s.)	450
			$t>t_s$(−15 ℃)	最小值(r. m. s.)	625
启动辅助装置电压	V	非触发电压	$t\leqslant t_s$	最大值(峰值)	*
		触发电压	$t>t_s$	最小值(峰值)	*
用于开路电压要求试验的每一阴极的替代电阻				Ω	12…36
无阴极预热的启动要求,启动时间为 t_s<0.1 s					
灯两端的开路电压	V			最小值(r. m. s.)	*
流经灯替代电阻的电流	A			最小值	*
灯替代电阻				Ω	*
每一阴极的替代电阻				Ω	*
阴极电流	A			最大值	*

环境温度为 35 ℃时,灯的典型特性

灯功率 W	灯电压 V	灯电流 A
49.3	191	0.260

注:“*”表示相关参数待定。

GB/T 10682-6750-3

	双端荧光灯参数表	第 1 页

ILCOS：FDH-54-L/P-G5-16/1150

标称功率 W	线路	阴极类型	灯头	标称尺寸 mm
54	高频无启动器	预热型	G5	16×1 150

尺寸 mm				
A	*B*		*C*	*D*
最大值	最小值	最大值	最大值	最大值
1 149.0	1 153.7	1 156.1	1 163.2	17.0

启动特性					
频率 kHz	启动辅助装置距离 mm	预热电流 A	预热时间 s	开路电压(r.m.s.) V	启动时间 s
20～26	6	0.720	2	520	0.1

电特性					
频率 kHz	额定功率 W	灯端电压(r.m.s.) V			额定灯电流 A
		额定值	最小值	最大值	
20～26	54.1	120	110	130	0.455

在环境温度为 34 ℃～38 ℃时可达到最大光通量。

色坐标：见附录 D 的 D.2。

阴极特性			
试验电流 A	各阴极阻抗 Ω		
	额定值	最小值	最大值
0.500	8	6	10

基准镇流器特性				
频率 kHz	标称功率 W	额定电压 V	校准电流 A	阻抗 Ω
20～26	54	235	0.460	255

GB/T 10682-6840-2

	双端荧光灯参数表	第 2 页

ILCOS:FDH-54-L/P-G5-16/1150

高频镇流器设计参数					
频率				kHz	≥20
任一阴极引线的电流	A			最大值	0.650
灯工作电流	A			最小值	0.370
				最大值	0.625
有阴极预热的启动要求,启动时间为 $0.4\ s<t_s<3.0\ s$					
最小阴极预热能量(J):$E_{min}=Q+P\cdot t_s$				Q(J)	2.2
				P(W)	1.0
最大阴极预热能量(J):$E_{max}=F\times E_{min}$				F	1.75
$E(t)<E_{min}$时,每一阴极两端的电压	V			最大值(r.m.s.)	10
用于阴极预热要求试验的每一阴极的替代电阻				Ω	4.8
灯两端的开路电压	V	非触发电压	$t\leqslant t_s$	最大值(r.m.s.)	240
		触发电压	$t>t_s$(+10 ℃)	最小值(r.m.s.)	520
			$t>t_s$(−15 ℃)	最小值(r.m.s.)	620
启动辅助装置电压	V	非触发电压	$t\leqslant t_s$	最大值(峰值)	*
		触发电压	$t>t_s$	最小值(峰值)	*
用于开路电压要求试验的每一阴极的替代电阻				Ω	4.8…14.4
无阴极预热的启动要求,启动时间为 $t_s<0.1\ s$					
灯两端的开路电压	V			最小值(r.m.s.)	*
流经灯替代电阻的电流	A			最小值	*
灯替代电阻				Ω	*
每一阴极的替代电阻				Ω	*
阴极电流	A			最大值	*

环境温度为 35 ℃时,灯的典型特性		
灯功率 W	灯电压 V	灯电流 A
53.8	118	0.460

注:"*"表示相关参数待定。

GB/T 10682-6840-3

	双端荧光灯参数表	第 1 页

ILCOS:FDH-80-L/P-G5-16/1450

标称功率 W	线路	阴极类型	灯头	标称尺寸 mm
80	高频无启动器	预热型	G5	16×1 450

尺寸 mm				
A	*B*		*C*	*D*
最大值	最小值	最大值	最大值	最大值
1 449.0	1 453.7	1 456.1	1 463.2	17.0

启动特性					
频率 kHz	启动辅助装置距离 mm	预热电流 A	预热时间 s	开路电压(r.m.s.) V	启动时间 s
20～26	6	0.765	2	580	0.1

电特性					
频率 kHz	额定功率 W	灯端电压(r.m.s.) V			额定灯电流 A
		额定值	最小值	最大值	
20～26	79.8	152	137	167	0.530

在环境温度为 34 ℃～38 ℃时可达到最大光通量。

色坐标:见附录 D 的 D.2。

阴极特性			
试验电流 A	各阴极阻抗 Ω		
	额定值	最小值	最大值
0.550	7.0	5.25	8.75

基准镇流器特性				
频率 kHz	标称功率 W	额定电压 V	校准电流 A	阻抗 Ω
20～26	80	290	0.550	260

GB/T 10682-6850-2

	双端荧光灯参数表	第 2 页

ILCOS:FDH-80-L/P-G5-16/1450

高频镇流器设计参数					
频率				kHz	≥20
任一阴极引线的电流	A			最大值	0.715
灯工作电流	A			最小值	0.440
				最大值	0.670
有阴极预热的启动要求,启动时间为 $0.4\ s<t_s<3.0\ s$					
最小阴极预热能量(J):$E_{min}=Q+P\cdot t_s$				Q(J)	2.2
				P(W)	1.0
最大阴极预热能量(J):$E_{max}=F\times E_{min}$				F	1.75
$E(t)<E_{min}$时,每一阴极两端的电压	V			最大值(r. m. s.)	10
用于阴极预热要求试验的每一阴极的替代电阻				Ω	4.5
灯两端的开路电压	V	非触发电压	$t\leqslant t_s$	最大值(r. m. s.)	250
		触发电压	$t>t_s$(+10 ℃)	最小值(r. m. s.)	580
			$t>t_s$(−15 ℃)	最小值(r. m. s.)	750
启动辅助装置电压	V	非触发电压	$t\leqslant t_s$	最大值(峰值)	*
		触发电压	$t>t_s$	最小值(峰值)	*
用于开路电压要求试验的每一阴极的替代电阻				Ω	4.5…13.5
无阴极预热的启动要求,启动时间为 $t_s<0.1\ s$					
灯两端的开路电压	V			最小值(r. m. s.)	*
流经灯替代电阻的电流	A			最小值	*
灯替代电阻				Ω	*
每一阴极的替代电阻				Ω	*
阴极电流	A			最大值	*

环境温度为 35 ℃时,灯的典型特性		
灯功率 W	灯电压 V	灯电流 A
80.0	145	0.555

注:“*”表示相关参数待定。

GB/T 10682-6850-3

	双端荧光灯参数表	第 1 页

ILCOS:FDH-16-L/P-G13-26/600

标称功率 W	线路	阴极类型	灯头	标称尺寸 mm
16	高频无启动器	预热型	G13	26×600

尺寸 mm				
A	*B*		*C*	*D*
最大值	最小值	最大值	最大值	最大值
589.8	594.5	596.9	604.0	28.0

启动特性					
频率 kHz	启动辅助装置距离 mm	预热电流 A	预热时间 s	开路电压(r. m. s.) V	启动时间 s
20～26	19	0.510	2	200	0.1

电特性					
频率 kHz	额定功率 W	灯端电压(r. m. s.) V			额定灯电流 A
		额定值	最小值	最大值	
20～26	16	64	58	70	0.255

色坐标:见附录 D 中 D.2。

阴极特性			
试验电流 A	各阴极阻抗 Ω		
	额定值	最小值	最大值
0.510	15	10	*

基准镇流器特性				
频率 kHz	标称功率 W	额定电压 V	校准电流 A	阻抗 Ω
20～26	16	128	0.255	250

注:“*”表示相关参数待定。

GB/T 10682-7220-1

	双端荧光灯参数表	第 2 页

ILCOS:FDH-16-L/P-G13-26/600

高频镇流器设计参数			
频率		kHz	≥20
任一阴极引线电流	A	最大值	0.450
灯工作电流	A	最小值	*
		最大值	*

电流控制预热				
发射时间 t_e(s)内的最小预热电流 i_k(A) $i_k=(a/t_e+i_m{}^2)^{0.5}$		a		0.200
		i_m(A)		0.250
最大预热电流	A	$t \leqslant 0.4$		1.600
		$0.4<t<2.0$		$1.800-0.500\,t$
		$t \geqslant 2.0$		0.800
灯两端开路电压	V	$t \leqslant t_e$	最大值(r.m.s.)	230
		$t>t_e$	最小值(r.m.s.)	200
启动辅助装置电压	V	$t \leqslant t_e$	最大值(峰值)	*
		$t>t_e$	最小值(峰值)	*
每一阴极替代电阻			Ω	10

电压控制预热
*

注:"*"表示相关参数待定。

GB/T 10682-7220-1

	双端荧光灯参数表	第 1 页

ILCOS:FDH-23-L/P-G13-26/600

标称功率 W	线路	阴极类型	灯头	标称尺寸 mm
23	高频无启动器	预热型	G13	26×600

尺寸 mm				
A	*B*		*C*	*D*
最大值	最小值	最大值	最大值	最大值
589.8	594.5	596.9	604.0	28.0

启动特性					
频率 kHz	启动辅助装置距离 mm	预热电流 A	预热时间 s	开路电压(r.m.s.) V	启动时间 s
20～26	19	0.510	2	200	0.1

电特性					
频率 kHz	额定功率 W	灯端电压(r.m.s.) V			额定灯电流 A
		额定值	最小值	最大值	
20～26	23	54	48	60	0.425

色坐标:见附录 D 中 D.2。

阴极特性			
试验电流 A	各阴极阻抗 Ω		
	额定值	最小值	最大值
0.510	15	10	*

基准镇流器特性				
频率 kHz	标称功率 W	额定电压 V	校准电流 A	阻抗 Ω
20～26	23	128	0.425	173

注:“*”表示相关参数待定。

GB/T 10682-7222-1

	双端荧光灯参数表	第 2 页

ILCOS:FDH-23-L/P-G13-26/600

高频镇流器设计参数			
频率		kHz	≥20
任一阴极引线电流	A	最大值	0.450
灯工作电流	A	最小值	*
		最大值	*

电流控制预热				
发射时间 t_e(s)内的最小预热电流 i_k(A) $i_k=(a/t_e+i_m{}^2)^{0.5}$		a		0.200
		i_m(A)		0.250
最大预热电流	A	$t\leqslant0.4$		1.600
		$0.4<t<2.0$		$1.800-0.500t$
		$t\geqslant2.0$		0.800
灯两端开路电压	V	$t\leqslant t_e$	最大值(r.m.s.)	230
		$t>t_e$	最小值(r.m.s.)	200
启动辅助装置电压	V	$t\leqslant t_e$	最大值(峰值)	*
		$t>t_e$	最小值(峰值)	*
每一阴极替代电阻			Ω	10

电压控制预热
*

注:"*"表示相关参数待定。

GB/T 10682-7222-1

	双端荧光灯参数表	第 1 页

ILCOS:FDH-32-L/P-G13-26/1200

标称功率 W	线路	阴极类型	灯头	标称尺寸 mm
32	高频无启动器	预热型	G13	26×1 200

尺寸 mm				
A	*B*		*C*	*D*
最大值	最小值	最大值	最大值	最大值
1 199.4	1 204.1	1 206.5	1 213.6	28.0

启动特性					
频率 kHz	启动辅助装置距离 mm	预热电流 A	预热时间 s	开路电压(r.m.s.) V	启动时间 s
20-26	19	0.510	2	240	0.1

电特性					
频率 kHz	额定功率 W	灯端电压(r.m.s.) V			额定灯电流 A
		额定值	最小值	最大值	
20～26	32	128	118	138	0.255

色坐标:见附录 D 中 D.2。

阴极特性			
试验电流 A	各阴极阻抗 Ω		
	额定值	最小值	最大值
0.510	15	10	*

基准镇流器特性				
频率 kHz	标称功率 W	额定电压 V	校准电流 A	阻抗 Ω
20～26	32	256	0.255	500

GB/T 10682-7420-1

	双端荧光灯参数表	第 2 页

ILCOS:FDH-32-L/P-G13-26/1200

高频镇流器设计参数			
频率		kHz	≥20
任一阴极引线电流	A	最大值	0.450
灯工作电流	A	最小值	*
		最大值	*

电流控制预热				
发射时间 t_e(s)内的最小预热电流 i_k(A) $i_k=(a/t_e+i_m{}^2)^{0.5}$		a		0.200
		i_m(A)		0.250
最大预热电流	A	$t\leqslant0.4$		1.600
		$0.4<t<2.0$		$1.800-0.500t$
		$t\geqslant2.0$		0.800
灯两端开路电压	V	$t\leqslant t_e$	最大值(r.m.s.)	280
		$t>t_e$	最小值(r.m.s.)	240
启动辅助装置电压	V	$t\leqslant t_e$	最大值(峰值)	*
		$t>t_e$	最小值(峰值)	*
每一阴极替代电阻			Ω	10

电压控制预热
*

注:“*”表示相关参数待定。

GB/T 10682-7420-1

	双端荧光灯参数表	第 1 页

ILCOS:FDH-45-L/P-G13-26/1200

标称功率 W	线路	阴极类型	灯头	标称尺寸 mm
45	高频无启动器	预热型	G13	26×1 200

尺寸 mm				
A	*B*		*C*	*D*
最大值	最小值	最大值	最大值	最大值
1 199.4	1 204.1	1 206.5	1 213.6	28.0

启动特性					
频率 kHz	启动辅助装置距离 mm	预热电流 A	预热时间 s	开路电压(r. m. s.) V	启动时间 s
20～26	19	0.510	2	240	0.1

电特性					
频率 kHz	额定功率 W	灯端电压(r. m. s.) V			额定灯电流 A
		额定值	最小值	最大值	
20～26	45	107	97	117	0.425

色坐标:见附录 D 中 D.2。

阴极特性			
试验电流 A	各阴极阻抗 Ω		
	额定值	最小值	最大值
0.510	15	10	*

基准镇流器特性				
频率 kHz	标称功率 W	额定电压 V	校准电流 A	阻抗 Ω
20～26	45	256	0.425	350

GB/T 10682-7422-1

	双端荧光灯参数表	第 2 页

ILCOS:FDH-45-L/P-G13-26/1200

高频镇流器设计参数			
频率		kHz	≥20
任一阴极引线电流	A	最大值	0.450
灯工作电流	A	最小值	*
		最大值	*

电流控制预热				
发射时间 t_e(s)内的最小预热电流 i_k(A) $i_k=(a/t_e+i_m{}^2)^{0.5}$		a		0.200
		i_m(A)		0.250
最大预热电流	A	$t\leqslant 0.4$		1.600
		$0.4<t<2.0$		$1.800-0.500t$
		$t\geqslant 2.0$		0.800
灯两端开路电压	V	$t\leqslant t_e$	最大值(r.m.s.)	280
		$t>t_e$	最小值(r.m.s.)	240
启动辅助装置电压	V	$t\leqslant t_e$	最大值(峰值)	*
		$t>t_e$	最小值(峰值)	*
每一阴极替代电阻			Ω	10

电压控制预热
*

注:"*"表示相关参数待定。

GB/T 10682-7422-1

	双端荧光灯参数表	第 1 页

ILCOS:FDH-50-L/P-G13-26/1500

标称功率 W	线路	阴极类型	灯头	标称尺寸 mm
50	高频无启动器	预热型	G13	26×1 500

尺寸 mm				
A	*B*		*C*	*D*
最大值	最小值	最大值	最大值	最大值
1 500.0	1 504.7	1 507.1	1 514.2	28.0

启动特性					
频率 kHz	启动辅助装置距离 mm	预热电流 A	预热时间 s	开路电压(r. m. s.) V	启动时间 s
20～26	19	0.640	2	280	0.1

电特性					
频率 kHz	额定功率 W	灯端电压(r. m. s.) V			额定灯电流 A
		额定值	最小值	最大值	
20～26	50	142	132	152	0.355

色坐标:见附录 D 中 D.2。

阴极特性			
试验电流 A	各阴极阻抗 Ω		
	额定值	最小值	最大值
0.640	10	7	*

基准镇流器特性				
频率 kHz	标称功率 W	额定电压 V	校准电流 A	阻抗 Ω
20～26	50	284	0.355	400

GB/T 10682-7520-1

	双端荧光灯参数表	第 2 页

ILCOS:FDH-50-L/P-G13-26/1500

高频镇流器设计参数			
频率		kHz	≥20
任一阴极引线电流	A	最大值	0.600
灯工作电流	A	最小值	*
		最大值	*

电流控制预热				
发射时间 t_e(s)内的最小预热电流 i_k(A) $i_k=(a/t_e+i_m^2)^{0.5}$		a		0.310
		i_m(A)		0.320
最大预热电流	A	$t\leqslant0.4$		2.200
		$0.4<t<2.0$		$2.500-0.750\,t$
		$t\geqslant2.0$		1.000
灯两端开路电压	V	$t\leqslant t_e$	最大值(r.m.s.)	320
		$t>t_e$	最小值(r.m.s.)	280
启动辅助装置电压	V	$t\leqslant t_e$	最大值(峰值)	*
		$t>t_e$	最小值(峰值)	*
每一阴极替代电阻			Ω	7

电压控制预热
*

注:"*"表示相关参数待定。

GB/T 10682-7520-1

双端荧光灯参数表

ILCOS:FD-20-L/N-Fa6-38/600

标称功率 W	线路	阴极类型	灯头	标称尺寸 mm
20	无启动器	非预热型	Fa6	38×600

尺寸 mm		
C		*D*
最小值	最大值	最大值
606.5	611.0	40.5

启动特性		
频率 kHz	开路电压(r.m.s.) V	启动时间 s
50	190	10
60	—	—

电特性					
频率 kHz	额定功率 W	灯端电压(r.m.s.) V			额定灯电流 A
		额定值	最小值	最大值	
50	20	58	51	65	0.380
60	—	—	—	—	—

色坐标:见附录D中D.2。

基准镇流器特性					
频率 kHz	标称功率 W	额定电压 V	校准电流 A	电压/电流比 Ω	功率因数
50	20	127	0.370	270	0.12
60	—	—	—	—	—

镇流器设计参数				
频率		Hz	50	60
灯两端开路电压	V	最小值(r.m.s.)	190	—

GB/T 10682-8240-1

双端荧光灯参数表

ILCOS:FD-40-L/N-Fa6-38/1200

标称功率 W	线路	阴极类型	灯头	标称尺寸 mm
40	无启动器	非预热型	Fa6	38×1 200

尺寸 mm		
C		D
最小值	最大值	最大值
1 216.0	1 220.5	40.5

启动特性		
频率 kHz	开路电压(r.m.s.) V	启动时间 s
50	205	10
60	—	—

电特性					
频率 kHz	额定功率 W	灯端电压(r.m.s.) V			额定灯电流 A
		额定值	最小值	最大值	
50	39.5	109	99	119	0.425
60	—	—	—	—	—

色坐标:见附录 D 中 D.2。

基准镇流器特性					
频率 kHz	标称功率 W	额定电压 V	校准电流 A	电压/电流比 Ω	功率因数
50	40	220	0.430	390	0.10
60	—	—	—	—	—

镇流器设计参数				
频率		Hz	50	60
灯两端开路电压	V	最小值(r.m.s.)	250	—

GB/T 10682-8440-1

双端荧光灯参数表

ILCOS:FD-65-L/N-Fa6-38/1500

标称功率 W	线路	阴极类型	灯头	标称尺寸 mm
65	无启动器	非预热型	Fa6	38×1 500

尺寸 mm		
C		*D*
最小值	最大值	最大值
1 516.6	1 521.1	40.5

启动特性		
频率 kHz	开路电压(r. m. s.) V	启动时间 s
50	190	10
60	—	—

电特性					
频率 kHz	额定功率 W	灯端电压(r. m. s.) V			额定灯电流 A
		额定值	最小值	最大值	
50	64	110	100	120	0.670
60	—	—	—	—	—

色坐标:见附录 D 中 D.2。

基准镇流器特性					
频率 kHz	标称功率 W	额定电压 V	校准电流 A	电压/电流比 Ω	功率因数
50	65	220	0.670	240	0.10
60	—	—	—	—	—

镇流器设计参数				
频率		Hz	50	60
灯两端开路电压	V	最小值(r. m. s.)	190	—

GB/T 10682-8540-1

双端荧光灯参数表

ILCOS:FD-39-L/N-Fa8-38/1200

标称功率 W	线路	阴极类型	灯头	标称尺寸 mm
39	无启动器	非预热型	Fa8	38×1 200

尺寸 mm				
A	*B*		*C*	*D*
最大值	最小值	最大值	最大值	最大值
1 150.6	1 153.7	1 159.5	1 168.4	40.5

启动特性		
频率 kHz	开路电压(r.m.s.) V	启动时间 s
50	—	—
60	385	10

电特性					
频率 kHz	额定功率 W	灯端电压(r.m.s.) V			额定灯电流 A
		额定值	最小值	最大值	
50	—	—	—	—	—
60	39	100	90	110	0.425

色坐标:*

基准镇流器特性					
频率 kHz	标称功率 W	额定电压 V	校准电流 A	电压/电流比 Ω	功率因数
50	—	—	—	—	—
60	39	430	0.425	930	0.075

镇流器设计参数				
频率	Hz		50	60
灯两端开路电压	V	最小值(r.m.s.)	—	385

注:“*”表示相关参数待定。

GB/T 10682-8640-1

双端荧光灯参数表

ILCOS:FD-57-L/N-Fa8-38/1800

标称功率 W	线路	阴极类型	灯头	标称尺寸 mm
57	无启动器	非预热型	Fa8	38×1 800

尺寸 mm				
A	*B*		*C*	*D*
最大值	最小值	最大值	最大值	最大值
1 760.2	1 763.3	1 769.1	1 778.2	40.5

启动特性		
频率 kHz	开路电压(r.m.s.) V	启动时间 s
50	—	—
60	475	10

电特性					
频率 kHz	额定功率 W	灯端电压(r.m.s.) V			额定灯电流 A
		额定值	最小值	最大值	
50	—	—	—	—	—
60	57	149	134	164	0.425

色坐标:*

基准镇流器特性					
频率 kHz	标称功率 W	额定电压 V	校准电流 A	电压/电流比 Ω	功率因数
50	—	—	—	—	—
60	57	525	0.425	1 100	0.075

镇流器设计参数				
频率	Hz		50	60
灯两端开路电压	V	最小值(r.m.s.)	—	475

注:“*”表示相关参数待定。

GB/T 10682-8740-1

双端荧光灯参数表

ILCOS:FD-75-L/N-Fa8-38/2400

标称功率 W	线路	阴极类型	灯头	标称尺寸 mm
75	无启动器	非预热型	Fa8	38×2 400

尺寸 mm				
A	*B*		*C*	*D*
最大值	最小值	最大值	最大值	最大值
2 369.8	2 372.9	2 378.7	2 387.6	40.5

启动特性		
频率 kHz	开路电压(r. m. s.) V	启动时间 s
50	—	—
60	565	10

电特性					
频率 kHz	额定功率 W	灯端电压(r. m. s.) V			额定灯电流 A
		额定值	最小值	最大值	
50	—	—	—	—	—
60	75	197	177	217	0.425

色坐标:*

基准镇流器特性					
频率 kHz	标称功率 W	额定电压 V	校准电流 A	电压/电流比 Ω	功率因数
50	—	—	—	—	—
60	75	625	0.425	1 280	0.075

镇流器设计参数				
频率		Hz	50	60
灯两端开路电压	V	最小值(r. m. s.)	—	565

注:“*”表示相关参数待定。

GB/T 10682-8840-1

双端荧光灯参数表

ILCOS:FDH-32-L/N-Fa6-26/1200

标称功率 W	线路	阴极类型	灯头	标称尺寸 mm
32	高频无启动器	非预热型	Fa6	26×1 200

尺寸 mm		
C		D
最小值	最大值	最大值
1 216.0	1 220.5	28.0

启动特性		
频率 kHz	开路电压(r. m. s.) V	启动时间 s
20～26	800	0.1

电特性					
频率 kHz	额定功率 W	灯端电压(r. m. s.) V			额定灯电流 A
		额定值	最小值	最大值	
20～26	32	102	92	112	0.320

色坐标:见附录 D 中 D.2。

基准镇流器特性				
频率 kHz	标称功率 W	额定电压 V	校准电流 A	阻抗 Ω
20～26	32	204	0.320	318

高频镇流器设计参数			
频率		kHz	≥20
灯两端开路电压	V	最小值(r. m. s.)	800
流过灯替代电阻的电流	A	最小值	0.200
灯替代电阻		Ω	1 000
灯工作电流	A	最小值	*
		最大值	*

注:“*”表示相关参数待定。

GB/T 10682-9420-1

双端荧光灯参数表

ILCOS:FDH-50-L/N-Fa6-26/1500

标称功率 W	线路	阴极类型	灯头	标称尺寸 mm
50	高频无启动器	非预热型	Fa6	26×1 500

尺寸 mm		
C		D
最小值	最大值	最大值
1 516.6	1 521.1	28.0

启动特性		
频率 kHz	开路电压(r.m.s.) V	启动时间 s
20～26	800	0.1

电特性					
频率 kHz	额定功率 W	灯端电压(r.m.s.) V			额定灯电流 A
		额定值	最小值	最大值	
20～26	50	111	101	121	0.455

色坐标:见附录 D 中 D.2。

基准镇流器特性				
频率 kHz	标称功率 W	额定电压 V	校准电流 A	阻抗 Ω
20～26	50	222	0.455	244

高频镇流器设计参数			
频率		kHz	≥20
灯两端开路电压	V	最小值(r.m.s.)	800
流过灯替代电阻的电流	A	最小值	0.250
灯替代电阻		Ω	800
灯工作电流	A	最小值	*
		最大值	*

注:“*”表示相关参数待定。

GB/T 10682-9520-1

附　录　A
（规范性附录）
启动特性试验方法

A.1　总则

试验应在温度为 20 ℃～27 ℃，最大相对湿度为 65％的无对流风环境中进行。

灯附近应尽可能避免放置金属部件和导线，需要启动辅助装置时除外。

启动试验之前，应将灯在非工作状态下放置在温度为 20 ℃～27 ℃和最大相对湿度为 65％的环境中保持至少 24 h。

A.2　工作于交流电源频率带启动器线路的预热阴极灯

A.2.1　试验线路

灯应采用 50 Hz 或 60 Hz 的电源，在图 A.1 所示线路中进行试验。

A.2.2　镇流器

所用镇流器应是电感型的（相关灯参数表中另有规定者除外），并且应符合 GB/T 14044 中的各项要求。其额定值在相应灯参数表中均有规定。若采用容性线路，所用电容应符合 GB/T 18504 中各项要求。

镇流器在其额定电压下与试验灯配套工作时，该灯所消耗的功率与其额定值的偏差应不超过 4％。试验灯是当其与基准镇流器配套工作时，灯端电压与其额定值的偏差不超过 2％的灯。

在 90％的镇流器额定电压下测得的预热电流应为额定灯电流的 1.1 倍～1.2 倍。为了获得在这范围内的预热电流值，应从商品镇流器中精心挑选，或者为此专门设计并制造镇流器。在某些情况下，可以采用与启动器串联附加电阻的方法，使预热电流保持在这个范围内。

A.2.3　启动器

所用辉光启动器的类型应符合 GB 20550—2006 的要求，并且在任何情况下都应符合灯制造商或销售商的要求。

A.2.4　试验电压

线路的试验电压应符合相关灯参数表中的规定。

A.3　工作于交流电源频率不带启动器（无启动器）线路的预热阴极灯

A.3.1　试验线路

灯应采用 50 Hz 的电源，在图 A.2 所示的线路中进行试验。

A.3.2　镇流器

所用镇流器应是电感型的，并且应符合 GB/T 14044 中的各项要求，其额定值在相应灯参数表中均有规定。

镇流器在其额定电压下与试验灯配套工作时，该灯所消耗的功率与其额定值的偏差应不超过 4％。试验灯是当其与基准镇流器配套工作时，灯端电压与其额定值的偏差不超过 2％的灯。

注：图 A.2 所示的线路中的接地装置，使得可能需要通过隔离变压器为此线路供电。

A.3.3　启动辅助装置

启动辅助装置（为一金属片）应与灯的一阴极一起接地。金属片的长度不应短于受试灯的长度。对于管径为 16 mm 的灯，该金属片宽度为 25 mm；对于管径为 26 mm～38 mm 的灯，该金属片宽度为 40 mm。灯表面与启动辅助装置的间距在相应灯参数表中均有规定。

制造商或销售商应说明灯是否需要外接启动辅助装置，及是否一阴极应接地。对于不需启动辅助装置的灯，应去掉金属片。

A.3.4 试验电压

启动试验时，阴极两端所施加的加热线路电压和灯两端的开路电压应按有关灯参数表中的规定。

注：选择规定的启动试验电压主要是保证试验结果的再现性，不必用于镇流器设计。

主线路的电压和加热线路的电压应同时施加。

连接阴极加热线路的电压时，不应使主线路的电压升高。两线路应该连接到供电电源的同一相。

加热阴极用的两个变压器可以用一个带有绝缘副绕组的变压器替代。该变压器的额定容量应该是在连接最大阴极负载时，电压变化不超过2%。

如果在规定的开路电压下灯没有启动，可将电压逐渐升高，最高升到试验电压值的110%。如果灯此时仍不启动，则该灯为废品；如果灯启动了，则将之在额定电压下燃点30 min，然后放置24 h之后再进行正常试验。

A.4 工作于交流电源频率线路的非预热阴极灯

A.4.1 试验线路

灯应按照图A.3所示线路采用50 Hz的电源进行试验。

A.4.2 镇流器

镇流器应为电感型的，并且应符合GB/T 14044中的各项要求，且应具有适当的开路电压。

A.4.3 试验电压

启动试验时，灯两端的开路电压值在相应灯参数表中给出。

注：选择规定的启动试验电压主要是保证试验结果的复现性，不必用于镇流器的设计。

如果在规定的开路电压下灯没有启动，可将电压逐渐升高，最高升至试验电压值的125%。如果灯此时仍不启动，则该灯为废品；如果灯启动了，则应该在额定电压下燃点30 min，然后放置24 h之后再进行正常试验。

A.5 工作于高频线路的灯

A.5.1 试验线路

高频灯应采用频率为20 kHz～26 kHz的交流电源在下述线路中进行试验，相应灯参数表中另有规定者除外。

——预热阴极灯采用图A.4所示线路进行试验；

——非预热阴极灯采用图A.5所示线路进行试验。

注：为高频灯试验规定的频率范围不必用于镇流器设计(同时见附录E)。

A.5.2 镇流器

无感镇流器电阻的调整应使高频灯电流与相关灯参数表的规定值相等。

A.5.3 启动辅助装置

对于预热阴极灯，启动辅助装置(为一金属片)，应与灯的一阴极一起接地。金属片的长度不应短于受试灯的长度。对于管径为16 mm的灯，该金属片宽度为25 mm；对于管径为26 mm～38 mm的灯，该金属片宽度为40 mm。灯表面与启动辅助装置的间距在相应灯参数表中均有规定。

制造商或销售商应说明灯是否需要外接启动辅助装置，及是否一阴极应接地。对于不需启动辅助装置的灯，应去掉金属片。

A.5.4 试验电压和电流

对于预热阴极灯，阴极加热电源的调整应使其提供符合相关灯参数表规定的预热电流。预热时间应按照有关灯参数表的规定，在预热期间，开关S_1应保持在开启状态，而开关S_2则闭合。预热期之后，

开关 S_2 应为开启状态，开关 S_1 为闭合状态。

施加在线路上的开路电压应符合有关灯参数表中的规定值。

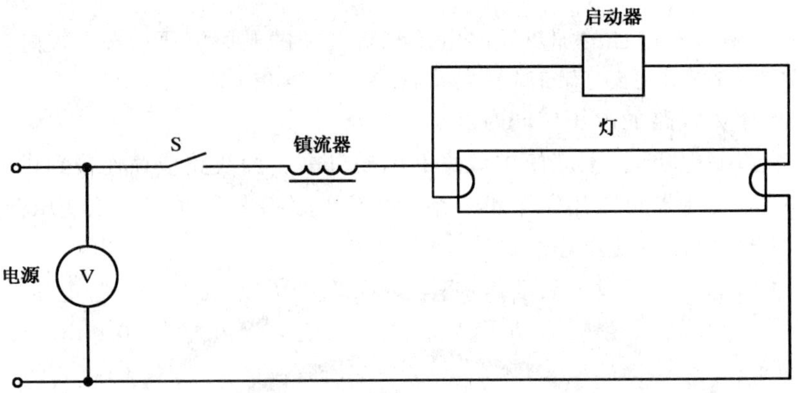

图 A.1　带启动器工作的灯的启动试验线路图

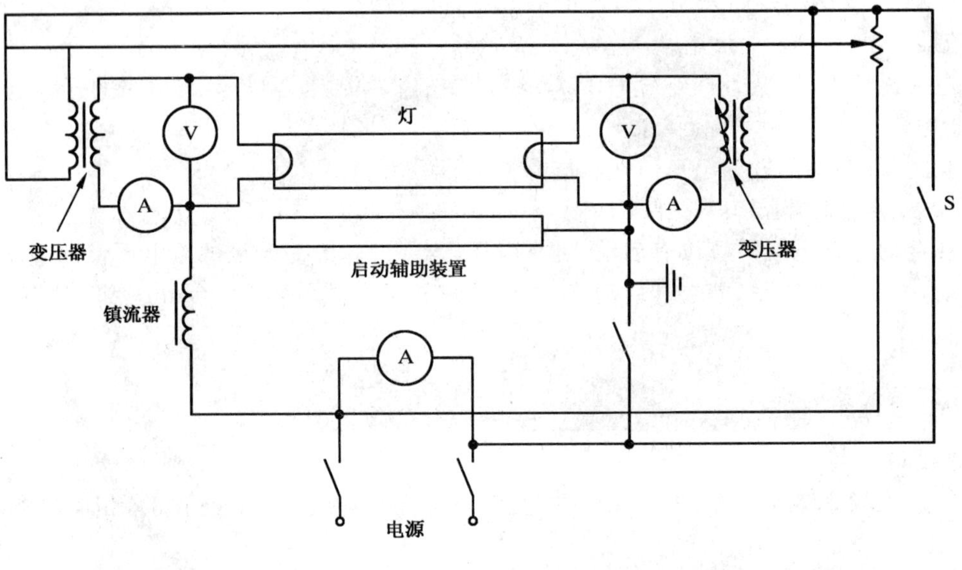

图 A.2　采用无启动器线路工作的预热阴极灯的启动试验线路图

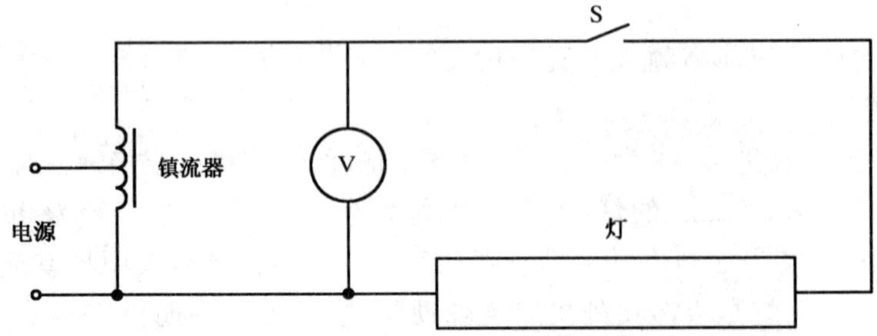

图 A.3　非预热阴极灯的启动试验线路图

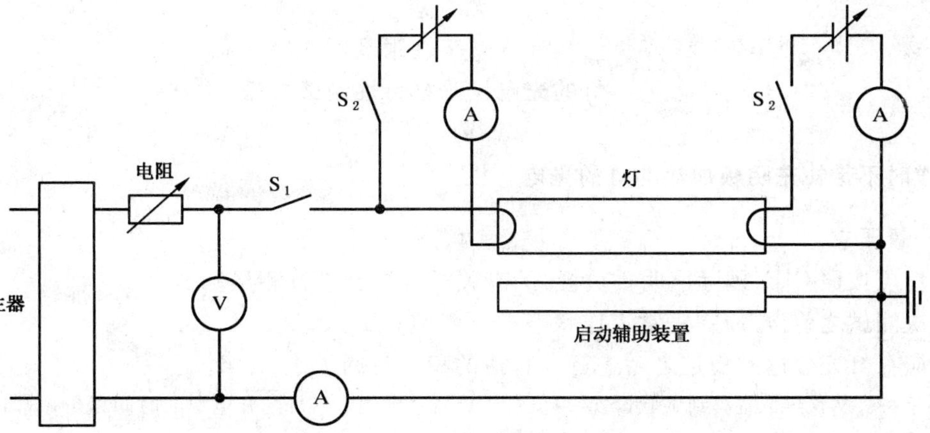

图 A.4 采用高频工作的预热阴极灯的启动试验线路图

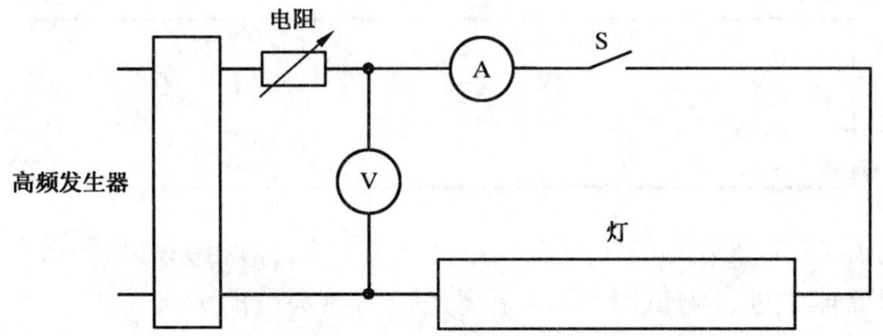

图 A.5 采用高频工作的非预热阴极灯的启动试验线路图

附　录　B
（规范性附录）
灯的光电及阴极特性测试方法

B.1　工作时不带补充阴极加热的灯的光电特性

B.1.1　一般要求

光特性应按照CIE（国际照明委员会）的有关推荐标准进行测量。

在首次测试之前，灯应在正常工作状态下老炼100 h。

测试应在灯充分达到稳定之后进行。合适的稳定时间为15 min。

注：如果将灯从预热位置移到试验位置，则该灯应重新达到稳定。灯断开电源的时间尽量短，附加的稳定时间至少应为5 min。

试验时，灯应水平放置。

整个试验过程中，灯触点与镇流器的连接均应保持不变。对于灯头为双插脚或触点的灯，按照惯例采用下述接线法（图中X表示与电源相接的触点）：

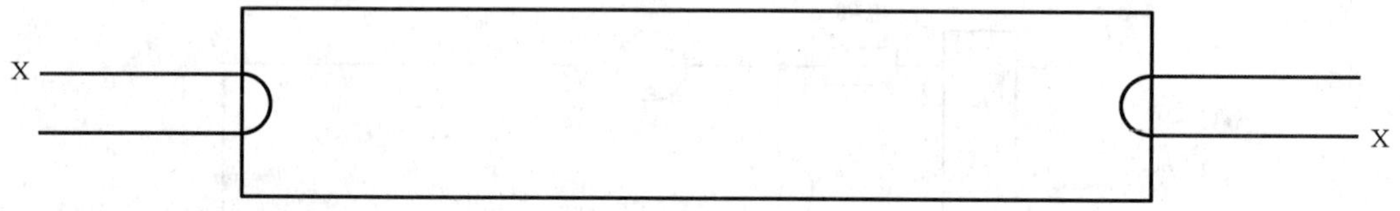

灯应在环境温度为25 ℃±1 ℃的无对流风条件下进行试验，相关灯参数表另有规定者除外。

在适用的光度积分球中进行测试时，环境温度是指下述部位的大气温度：

——距玻壳壁不小于积分球标称直径的10%之处；

——距积分球内壁不小于积分球称直径的1/6之处；

——在与灯的中心处于同一水平面的灯轴线附近。

在试验期间，光度积分球中的温度应保持均匀分布。在灯中心所在的水平面上，应保持±1 ℃的恒温，但靠近灯玻壳的区域内除外。如果积分球装有加热装置，则应采取特殊措施。

温度通常用带有小防热辐射屏的热电偶或热敏电阻进行测量。

B.1.2　试验线路

灯应在下述线路中进行试验：

——预热阴极灯采用图B.1所示线路；

——非预热阴极灯采用图B.2所示线路；

——高频灯采用图B.3所示线路。

在进行测试之前，任何用于启动灯的装置均应与试验线路断开。

对于高频工作灯所用的线路（图B.3），各项连接应尽可能短而直，以避免产生寄生电容。与灯并联的寄生电容应小于1 nF。

B.1.3　镇流器

镇流器试验时应使用GB/T 14044中规定的用于交流电源频率工作的，或GB/T 15144—2009中规定的用于高频的基准镇流器。基准镇流器的电特性应符合相关灯参数表中的规定。

B.1.4　电源电压

电源电压应与基准镇流器的额定电压相等。在灯稳定期间，电源电压应稳定在±0.5%范围内，测量时该允差应收紧至0.2%。

对于交流电源，其频率应等于基准镇流器的额定频率，允差为0.5%。对于高频电源，其频率应在20 kHz～26 kHz之间，相关灯参数表另有规定者除外。

注：此项试验所规定的频率范围不必用于镇流器设计，同时参见附录E。

电源电压的波形应为正弦波。总谐波含量不得超过基波的3%（对于高频电源，该值正在研究中）。总谐波含量定义为各次谐波分量有效值的总和，基波为100%。

注：这意味着电源应该具有足够大的功率，并且电源线路的阻抗与镇流器阻抗相比应足够低。应注意这适用于测量期间出现的任何情况。

B.1.5 电气仪表

仪表为真有效值型，基本无波形失真并且适合于工作频率。

仪表的电压测量线路阻抗应不小于100 000 Ω，不使用时应断开。仪器的电流测量线路的电阻应尽可能的低。如有必要，不使用时则应短路。

测量灯功率时，对功率表的自耗量不必校正（该线路连接在电流测量线路中灯的一侧）。

测量光通量时，电压表和功率表的测量电压线路应开路。

B.2 工作时带有阴极补充加热的灯的光电特性

B.2.1 一般要求

对于工作于60 Hz无启动器线路的预热低阻阴极灯，在对其特性进行测试的同时也应进行阴极补充加热。

试验条件和方法与B.1规定的相同，试验线路除外。

对于按照此方法测试的灯，该灯功率应看作是基准镇流器所提供的功率（在线路的通用部分测得）和加热阴极所用的功率（即在阴极加热变压器输入端测得的功率减去该变压器的损耗的功率，变压器损耗根据B.2.4进行确定）之和。

B.2.2 试验线路

灯应按照图B.4所示线路进行试验。

电源电压A为受试灯所用基准镇流器的规定电压。电源电压B应有单独的电压调节装置，以便使其调节时不受电源电压A的影响。电源电压A和B应来自同一电源，且不应来自多相电源的不同相。

用于加热灯阴极的低压变压器的初级电压应可调，以便得到所要求的输出电压。阴极变压器的连接应使其电压能从镇流器线路的电压中扣除。

B.2.3 阴极加热用变压器

两个阴极加热变压器（或一个带有两个次级线圈的变压器）应具备充分的调整率，且其电流容量应为实际所需电流的若干倍。该变压器的损耗应足够低，以便使这些损耗的测试误差对灯的总功率影响减少到最低限度。

低阻抗阴极的阴极电压中心值为3.6 V。可采用一6.3 V的普通灯丝变压器，使其工作在降低的初级电压下，便可得到3.6 V输出电压。

B.2.4 阴极加热用变压器的校准

每只阴极变压器（或每对变压器）应单独校正以便确定其在正常工作时的功率损耗。

变压器的功率随特定型号阴极的电流变化而变化。但是，对于每个型号的灯阴极，变压器的损耗值只需测定一次。其后各个型号的灯测试时，可采用相应的变压器功率损耗值。

确定每个变压器的“校正电压”更为方便，即确定要得到所需要的次级输出电压时，初级电压的数值。这一校正虽不十分必要，但可以使得在所有日常工作中都能采用调节初级电压的方法，而不必经常使用易损坏的低量程热电偶电压表。

进行校正时，变压器每个次级线圈应与一替代电阻相连接，替代电阻要具备特定型号阴极的电特性。调节初级电压，使两个次级电压的平均值为3.6 V，并记下初级电压值。变压器用于其他型号的阴极时，必须重复校正。

各种负载条件下的变压器功率损耗(铁芯损耗和 E^2/R 损耗一起考虑)均应测定。再次调节初级电压,使替代电阻两端的电压达到规定值 3.6 V,便得出输入功率(因为要测试的总功率大致在 10 W 之下,所以应使用低量程功率表)。变压器的损耗可用输入功率减去仪表损耗再减去替代电阻所消耗的功率得到。对于每一线圈所连接的电阻,其功率用 E^2/R 计算。

对于所有具有相同阴极电阻的灯,可假定变压器的损耗不变,对由于实际所用阴极的不同而产生的微小差异,不必规定公差。

B.3 工作于无启动器线路的预热阴极灯的阴极特性

B.3.1 试验线路

阴极电阻应采用合适的直流电源或 50 Hz 或 60 Hz 交流电源进行测试。

B.3.2 工作于交流电源频率的灯

将阴极端电压调整到相关灯参数表中的给定值,并且测量电流。据此,在扣除电压表的损耗后,便可确定阴极电阻。

B.3.3 工作于高频的灯

将流经阴极的电流调整到相关灯参数表给定的试验电流值,并测量电源电压。据此,在扣除电流表的端电压之后,便可确定阴极电阻。

B.4 工作于高频线路的 16 mm 管径灯最大光通量的测量程序

B.4.1 总则

当相关灯参数表中规定了在环境温度不等于 25 ℃时达到最大光通量时,采用此程序。环境温度的公差见相关灯参数表,在此温度下可测得最大光通量。

B.4.2 灯的预处理

灯应在垂直位置老炼 100 h。老炼期间,冷端应为最低点,冷端的位置,由制造商给出。

灯应在充分稳定之后再进行测量。稳定期后,任何对灯的移动都应小心进行,不应有变化或震动,并且冷端应始终在最低端。

B.4.3 绝对测量

除了灯的预处理外,按 B.1 所述测量额定光通量。

B.4.4 相对测量

最大光通量依据光通量或照度随环境温度变化的曲线的相对测量而进行。

B.4.4.1 相对测量的设备和工作位置

应采用一适宜形状(例如长方形盒子)和大小的绝热容器。

另一选择:可采用一非绝热容器,装在温度控制箱内,例如“双层”(允许空气绕容器循环,而在灯周围不会出现对流风)。

容器的内部温度应控制在 20 ℃～45 ℃范围内,即包括最大光通量出现的温度。

容器的内表面应涂有适宜的材料,该材料取决于所用的测量方法(所记录的信号应与在温度范围测得的光通量或照度成比例)。

灯应水平安装在容器的中心。灯到容器的四壁间的距离在各方向上应至少为 200 mm。

注:如果小于 200 mm 的安装距离能给出相同的结果,则可采用较小的安装距离。

灯插脚的电气连接应采用能将灯的热汇降到最小的方法,例如,采用低热容量的灯座或直接与灯的插脚连接。

容器内的温度应在这一点测量:它在垂直方向与灯的中心在同一水平面,在水平方向与灯的两端距离相等、且与灯和容器壁的距离相等。

注:在实际测量中,建议在灯的控制点(此点在决定了汞蒸气压力的冷端附近)上增加一个测量点。

在容器外安装一个适宜的光探测器(热绝缘和/或已稳定的)。如光探测器安装在容器内,则其对温度的依赖关系应是已知的。如果测量光通量,光探测器仅能接收反射光线,而直射的光线都被挡板阻挡。如果测量照度,光探测器应接收灯直接发出的光线。

探测器记录的信号应与在温度范围内测得的光通量或照度成比例。

B.4.4.2　进行相对测量

灯应在图 B.3 中给出的适当电路中进行试验。基准镇流器应安装在容器外部。启动之后,基准镇流器的电源电压应通过调节维持恒定。

容器内应没有人为的空气流动,但为了获得均匀的温度分布需要进行通风。

测量应从最低温度开始进行。建议 20 ℃～45 ℃范围内的升温速率小于 5 K/h。

注:上述要求是为了获得具有最小测量误差的、可再现的结果。

在测量期间,光通量或照度的测量及环境温度应采用适宜的温度/时间间隔。

B.4.5　换算成绝对值

结合绝对测量方法和相对测量方法应能为灯提供一个光通量相对于环境温度变化的完整曲线图。

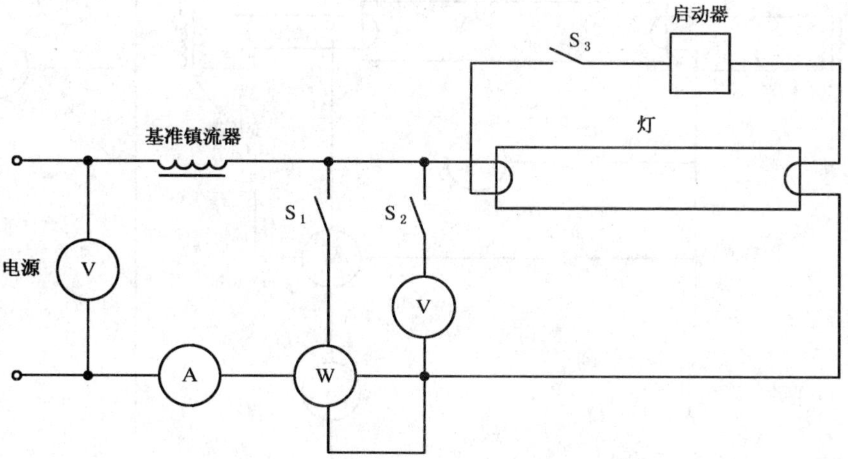

图 B.1　预热阴极灯光电特性测试线路

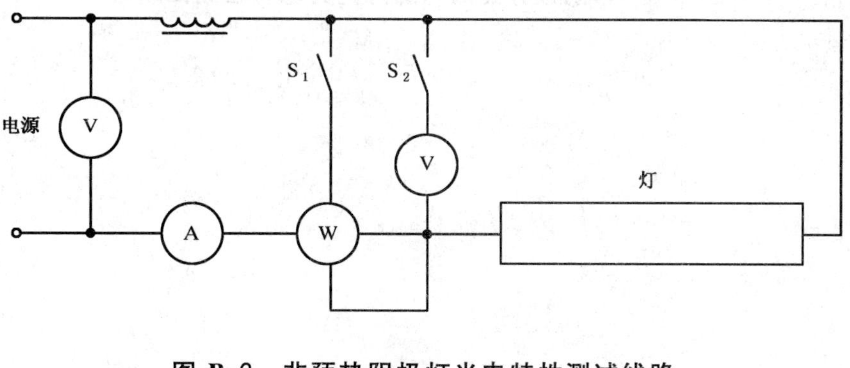

图 B.2　非预热阴极灯光电特性测试线路

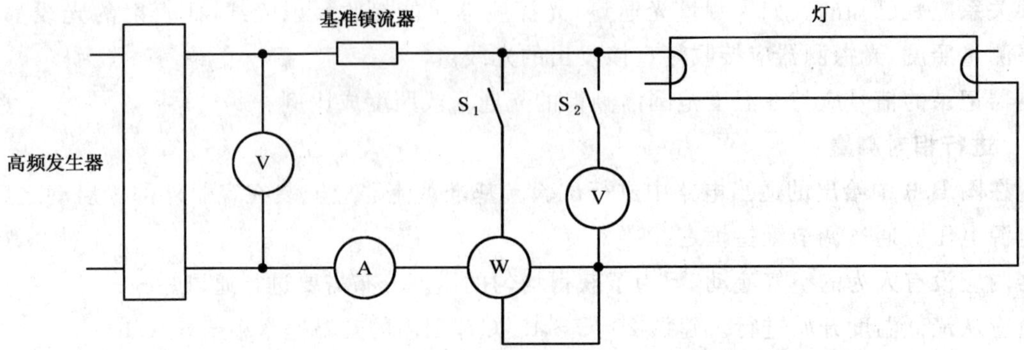

图 B.3 高频灯光电特性测试线路

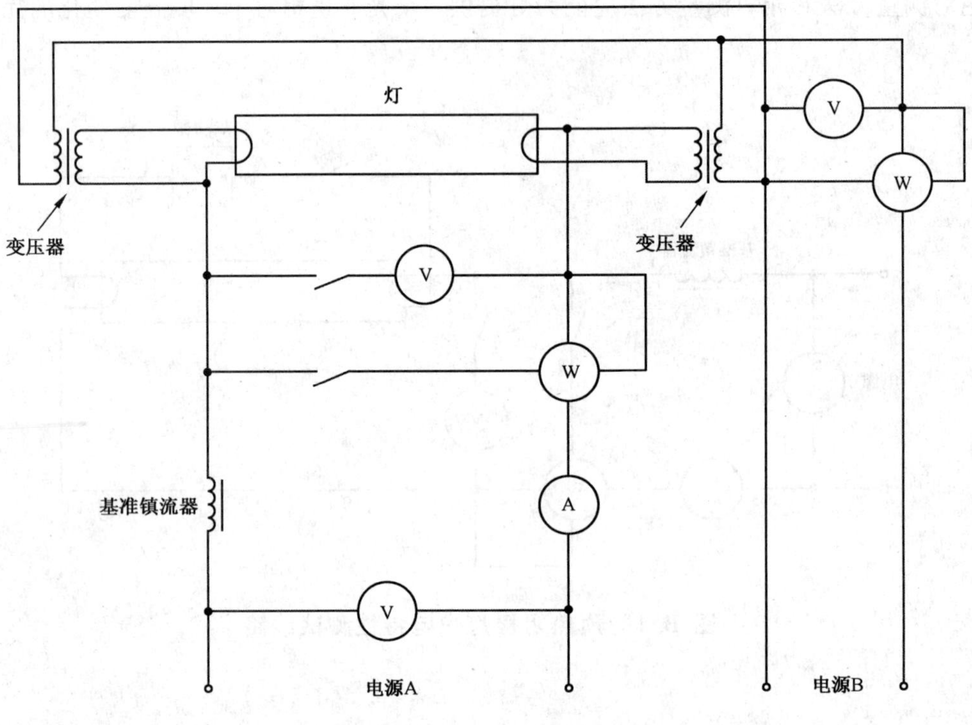

图 B.4 带阴极补充加热的灯的光电特性测试线路

附　录　C
（规范性附录）
光通维持率和寿命的测试方法

C.1　一般要求

灯寿命期间任一给定时间内的光通量应按照附录 B 的规定进行测量。

进行寿命试验时，灯应按照下述要求燃点。

——灯应在 15 ℃～50 ℃之间的环境温度下燃点。在燃点时应避免过强的对流风，不得受到剧烈的振动和碰撞；

——受试灯应水平燃点；

——灯触点与镇流器的端子的连接在整个试验过程中应保持不变；

——灯应在制造商指定的线路上燃点；

——灯每燃点 2 h 45 min 之后，应关闭 15 min。关闭时间不计入寿命时间。

C.2　工作于交流电源频率的灯

所使用的镇流器应符合 GB/T 14044 中的各项要求。对于容性线路，所用电容器应符合 GB/T 18504 的要求。

镇流器在其额定电压下与试验灯配套工作时，该灯所消耗的功率与其额定值的偏差应不超过 4%。试验灯是当其与基准镇流器配套工作时，灯端电压与其额定值的偏差不超过 2%的灯。

注：做这些试验时，对镇流器的类型不做规定，但是所用类型可能影响试验结果。建议应标出所采用镇流器类型。如果有疑问，建议采用电感型镇流器，因为这种类型的镇流器影响试验结果的参数最少。

对于带启动器的灯，在额定电压下其预热电流与相关灯参数表中规定的额定值的偏差应不超过 10%。

对于带启动器的灯，所带启动器的类型应符合 GB 20550 的要求，并且在任何情况下都要符合灯制造商或销售商的要求。

寿命试验期间，电源电压和频率与所使用的镇流器的额定电压和频率的偏差应不大于 2%。

C.3　采用高频工作的灯

所采用的镇流器应符合 GB/T 15144 的要求。

附 录 D
（规范性附录）
色 度 坐 标

D.1 总则

本附录规定了荧光灯色坐标 x 和 y 的标准额定值及公差范围。

对于采用非标准色坐标的灯，其额定值则应由制造商或销售商给定。

注：色坐标值 x 和 y 根据 CIE 1931 年标准比色系统规定（参见 CIE 15-2 出版物，1986，色度学）。公差范围根据 D. L. MacAdam 的论文《微小色度误差的技术要求》中定义的椭圆得出，该文刊登在 1943 年 1 月出版的《美国光学学会杂志》第 1 卷第 1 号中的 18～26 页。

公差范围规定为 5 SDCM（色匹配标准误差）MacAdam 椭圆。与额定值相差 5 SDCM 的坐标点由下述公式确定。

$$g_{11}\Delta x^2 + 2g_{12}\Delta x\Delta y + g_{22}\Delta y^2 = 5^2$$

式中，Δx 和 Δy 表示相对于额定坐标值的误差，系数 g_{11}、g_{12} 和 g_{22} 则取决于这些额定值。这些系数是计算 θ、a 和 b 值的依据。θ 是椭圆的长轴与 x 轴之间的角度，a 和 b 分别是 1 SDCM 椭圆的长半轴和短半轴。

D.2 标准色坐标

关于标准色坐标值，下述额定值 x 和 y 适用于各种不同灯的"颜色"（相关色温 T_C，单位 K，作为附加信息给出）：

"颜色"	T_C	x	y
F 8000	8 000	0.294	0.309
F 6500	6 400	0.313	0.337
F 5000	5 000	0.346	0.359
F 4000	4 040	0.380	0.380
F 3500	3 450	0.409	0.394
F 3000	2 940	0.440	0.403
F 2700	2 720	0.463	0.420

关于系数 g_{11}，g_{12} 和 g_{22}，采用下表中数值：

颜 色	g_{11}	g_{12}	g_{22}
F 8000	111×10^4	-56.5×10^4	54.5×10^4
F 6500	86×10^4	-40×10^4	45×10^4
F 5000	56×10^4	-25×10^4	28×10^4
F 4000	39.5×10^4	-21.5×10^4	26×10^4
F 3500	38×10^4	-20×10^4	25×10^4
F 3000	39×10^4	-19.5×10^4	27.5×10^4
F 2700	44×10^4	-18.6×10^4	27×10^4

对于 θ、a 和 b，采用下表中数值：

颜　色	θ	a	b
F 8000	58°17′	0.002 26	0.000 95
F 6500	58°23′	0.002 23	0.000 95
F 5000	59°37′	0.002 74	0.001 18
F 4000	54°00′	0.003 13	0.001 34
F 3500	52°58′	0.003 17	0.001 39
F 3000	53°10′	0.002 78	0.001 36
F 2700	57°17′	0.002 58	0.001 37

公差范围以及额定值，部分黑体轨迹和相关色温常数线在图 D.1～图 D.7 中给出。

D.3　色坐标偏移

对于某些灯，根据相关灯参数表的规定，色坐标允许有轻微的偏移，但这仅适用于一般显色指数低于 80 的灯。

应采用与 D.2 中相同的公差范围，但采用下表中给定的中心额定值：

颜　色	x	y
F 8000	0.289	0.323
F 6500	0.309	0.337
F 5000	0.342	0.359
F 4000	0.375	0.380
F 3500	0.403	0.394
F 3000	0.433	0.403
F 2700	—	—

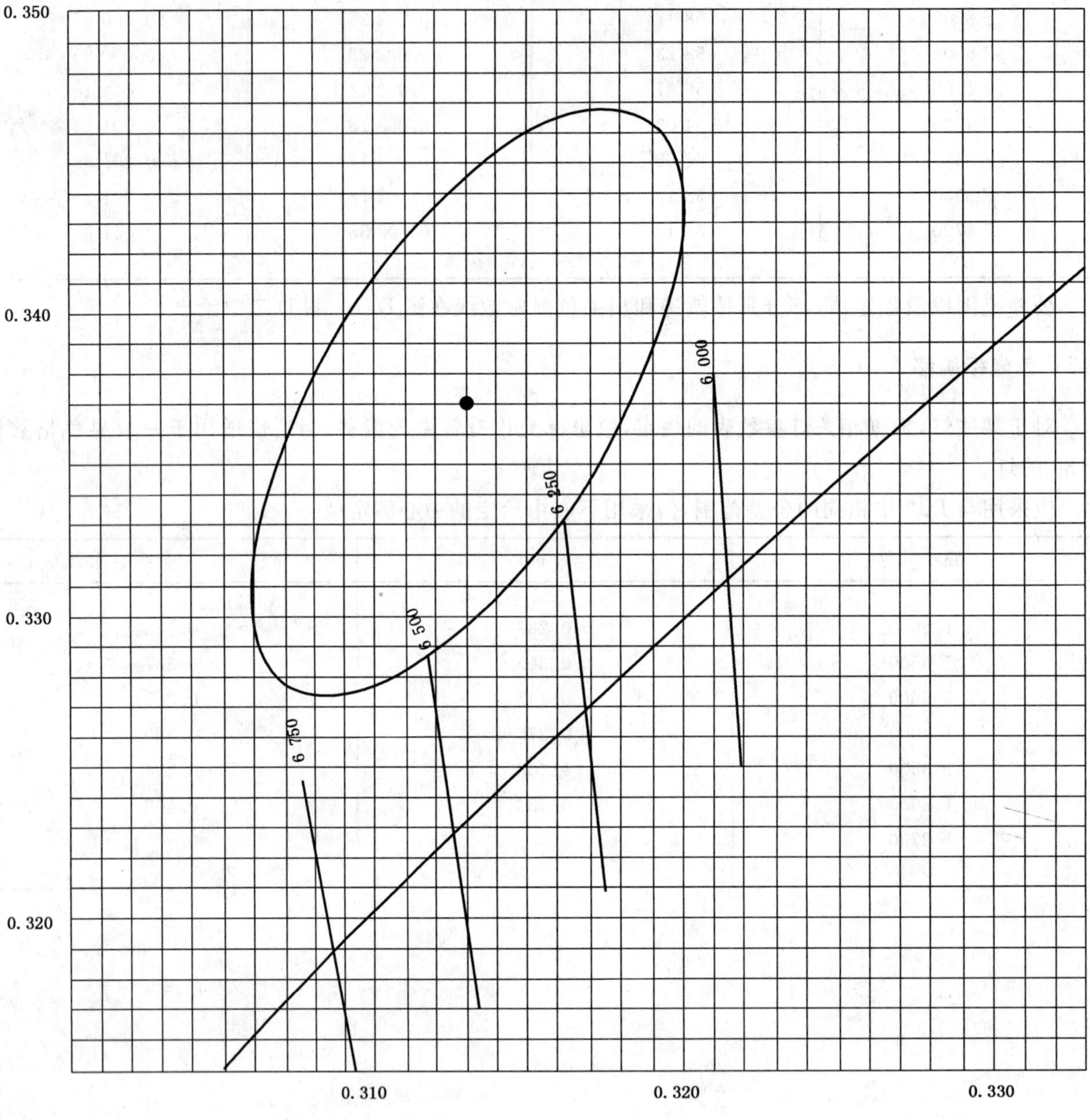

$x=0.313$　　　　$y=0.337$

图 D.1　标准色 F 6500 的公差范围

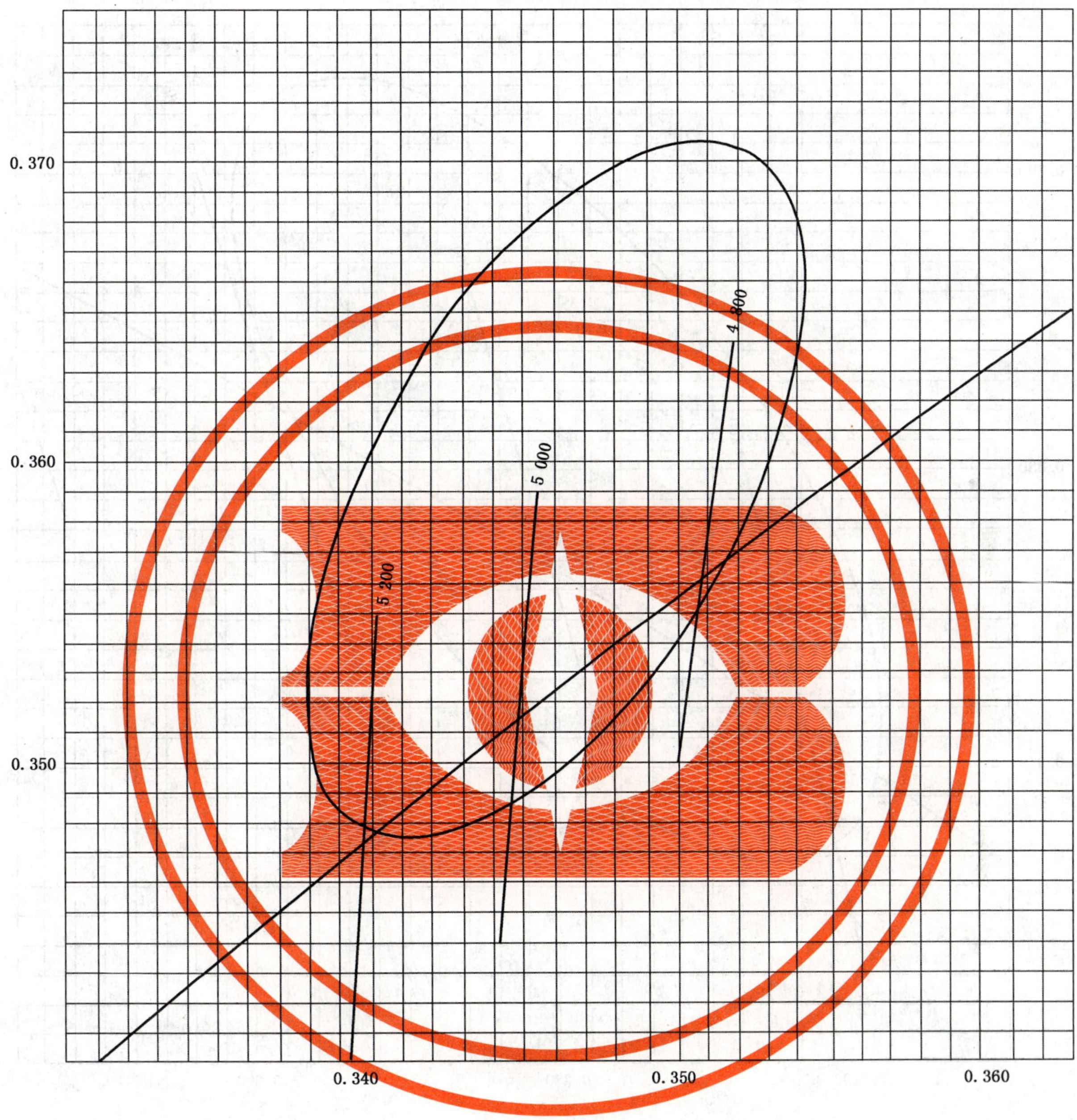

$x=0.346$　　　$y=0.359$

图 D.2　标准色 F 5000 的公差范围

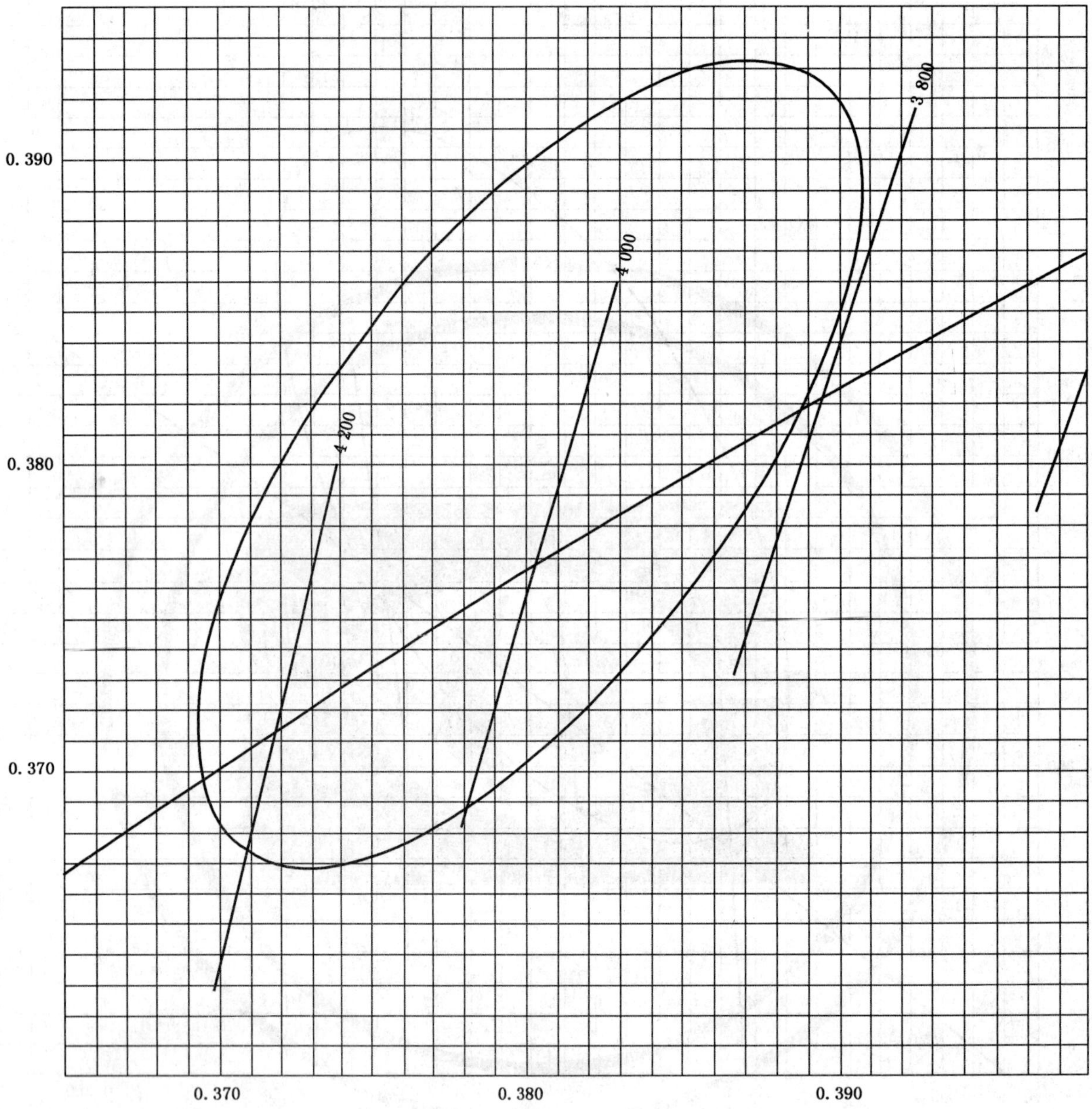

x=0.380　　　　y=0.380

图 D.3　标准色 F 4000 的公差范围

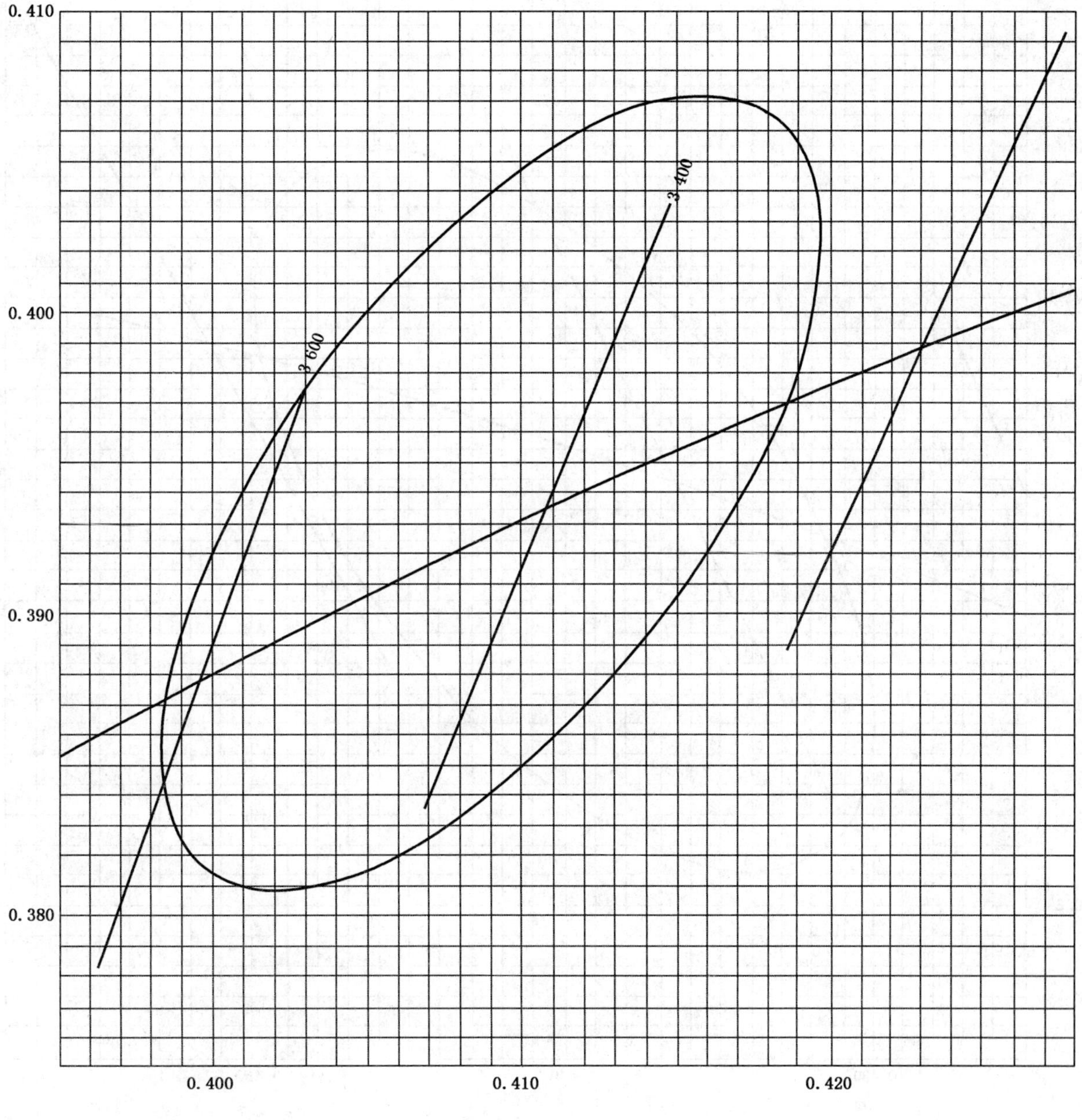

$x=0.409$　　　　$y=0.394$

图 D.4　标准色 F 3500 的公差范围

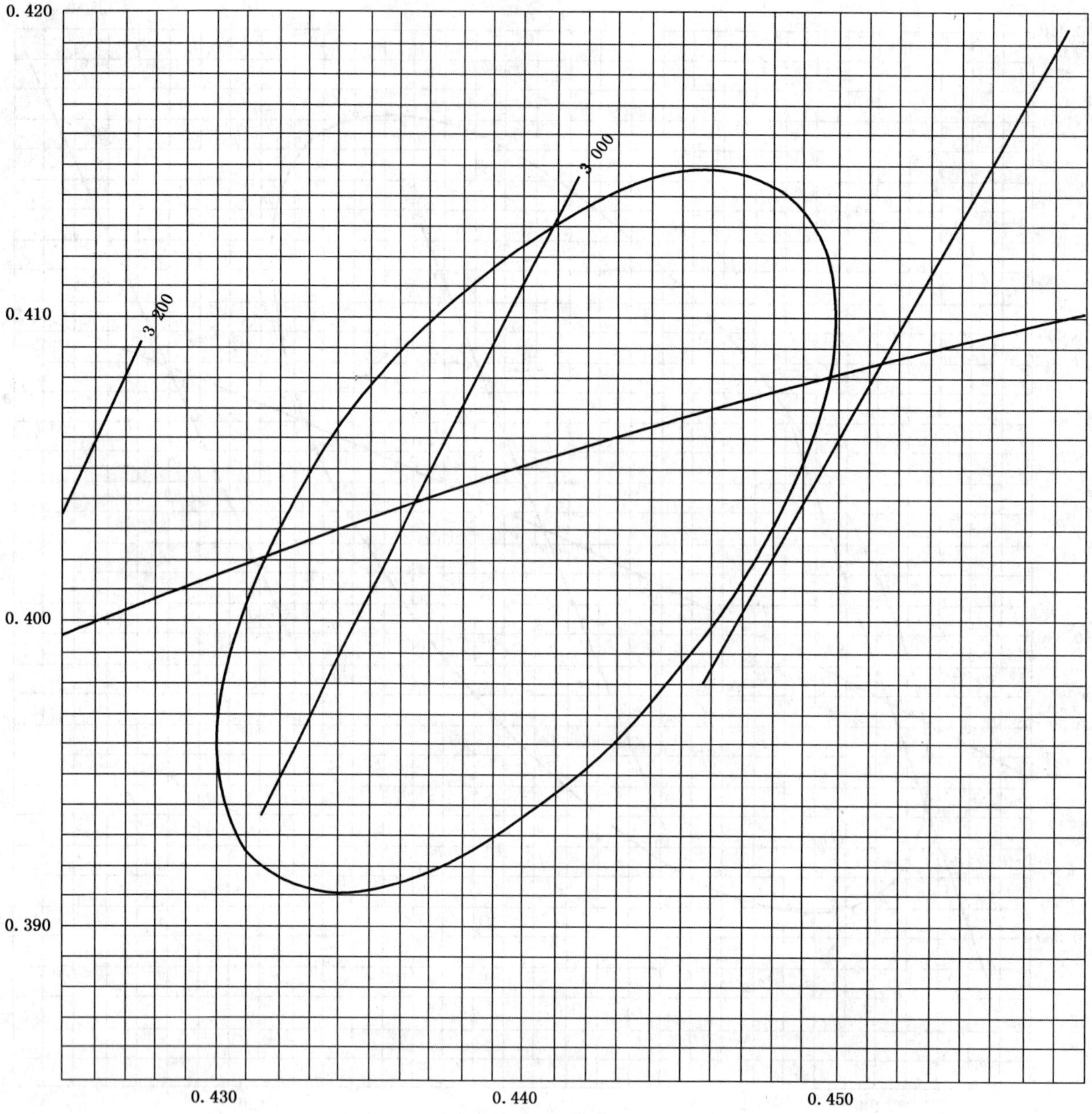

x=0.440　　　　y=0.403

图 D.5　标准色 F 3000 的公差范围

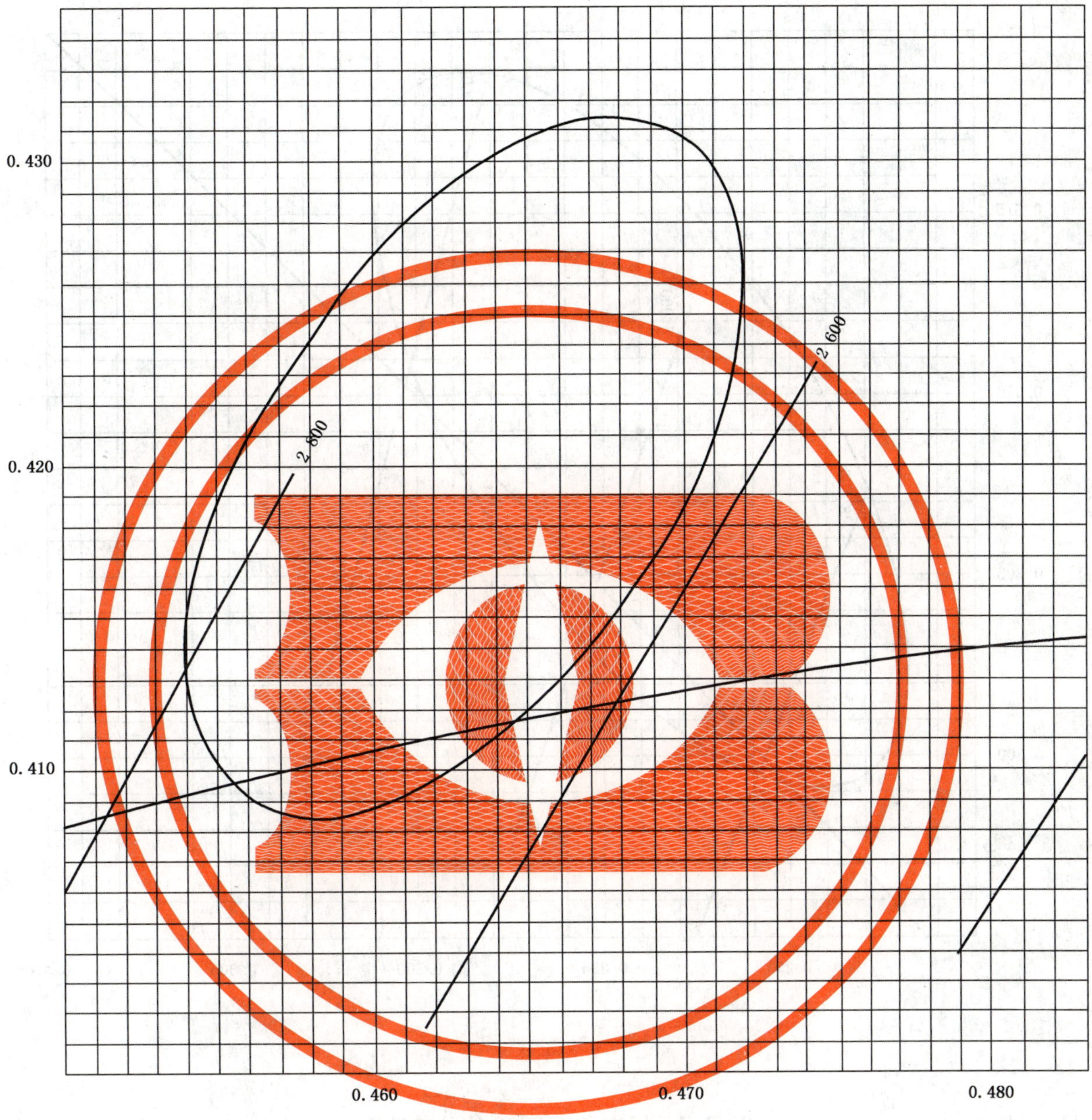

x=0.436　　　y=0.420

图 D.6　标准色 F 2700 的公差范围

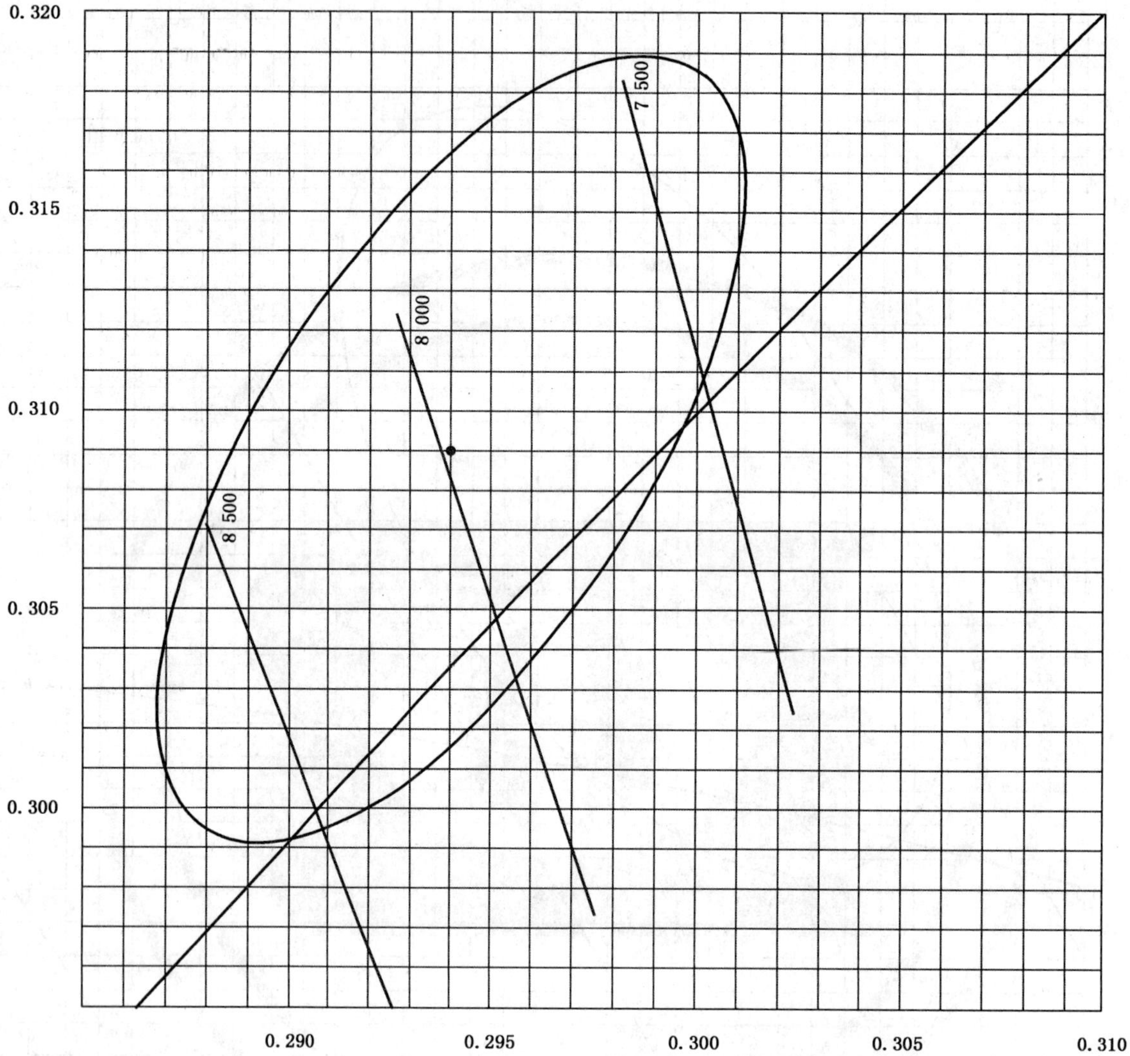

$x=0.294$　　　　$y=0.309$

图 D.7　标准色 F 8000 的公差范围

附　录　E
（资料性附录）
镇流器和启动器设计要求

E.1　总则

为保证灯的正常工作，在设计镇流器和启动器时，应考虑相关灯参数表和本附录中给出的要求。

E.2　高频灯的预启动条件

对于高频预热阴极灯，相关灯参数表中对其正常预热要求进行了规定。这些要求的说明见 GB/T 15144—2009 的附录 D 和 GB/T 19655—2005 的附录 B。

对于某些灯，相关灯参数表中给出了高频非预热启动的附加要求。

E.3　高频灯所用的频率

工作于高频线路的灯，其参数表中给出测试灯（启动和光电特性）和基准镇流器的频率范围。该频率范围的选择是为了便于获得可再现的试验结果，而不是为了限制高频镇流器的设计。从实用的观点来看，选择较高一点的频率可能更为合适。

附　录　F
（资料性附录）
灯具设计要求

F.1　总则

为保证灯的正常工作，在设计灯具时，应考虑本附录中给出的有关要求。

F.2　自由空间

为了灯具能容纳符合本标准的灯，灯具在设计时，应根据相关灯参数表中规定的灯最大尺寸，在灯具中留有一定的自由空间。

F.3　容性线路中的串联电容器

初始电容量公差为10%的电容器，是典型的并联电容器，不适于作为串联电容。当电容器和镇流器的公差在不利的方向叠加，会降低灯的性能。

为了符合相关灯参数表中规定的要求，要么为电容器规定窄小的公差，要么精选电容器和镇流器的感抗元件，以避免不利公差的叠加。

F.4　启动辅助装置

工作于交流电源频率或高频无启动器线路的灯在大多数情况下，需要有一个接于地电位的导电启动辅助装置。该装置可以是灯具中的规范部件。

灯表面与启动辅助装置之间的距离不应超过相关灯参数表中对灯启动特性的规定值。此外，最小应保持3 mm的距离。

附 录 G
（规范性附录）
型号命名规则

G.1 总则

灯上的产品型号，除了制造商自行标注的型号外，还应有按照 QB 2274 编写的型号。具体参看 G.2。

G.2 按照 QB 2274 的型号命名规则

型号应符合 QB 2274 的规定。

型号编写规则见图 G.1。

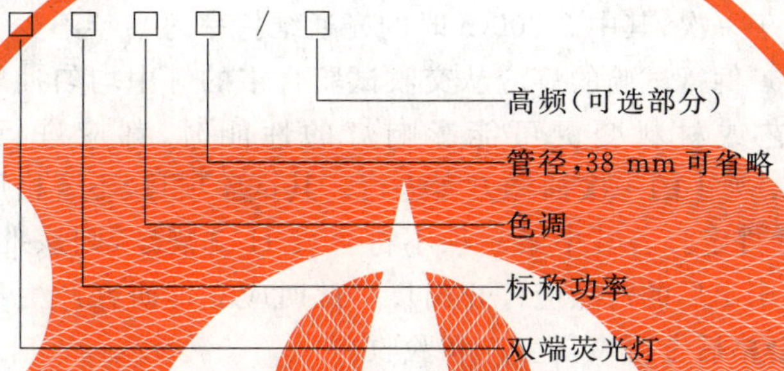

图 G.1 型号编写规则

说明如下：

双端荧光灯：YZ 表示普通直管型，YK 表示快速启动型，YS 表示瞬时启动型。而型号最后部分则可用“G”来表示高频荧光灯。

色调：用两位字母代表灯的“颜色”，见表 G.1。

表 G.1 各种灯“颜色”的色调

“颜色”	F 8000	F 6500	F 5000	F 4000	F 3500	F 3000	F 2700
色调	RC	RR	RZ	RL	RB	RN	RD

示例：

YZ36RR26　表示管径 26 mm，功率 36 W，日光色普通直管形荧光灯。

YK20RN32　表示管径 32 mm，功率 20 W，暖白色快速启动荧光灯。

YZ28RR16/G　表示管径 16 mm，功率 28 W，日光色普通直管形高频荧光灯。

注：最后一例中“/G”可不标注。

附　录　H
（规范性附录）
检 验 规 则

为了检验制造厂生产的灯的质量是否符合本标准的要求，制造厂检验部门应对灯进行交收试验和例行试验。

H.1　交收试验

交收试验的灯应从每日（批）生产的同一型号灯中均匀地随机抽取。交收试验按 GB/T 2828.1 一次抽样方案进行，其试验项目、检查水平（IL）和合格质量水平（AQL）应符合表 H.1 的规定。

H.2　例行试验

例行试验每季度不少于一次，其中 2 000 h 时的光通维持率每半年不少于一次，70％额定寿命的光通维持率每年不少于一次。例行试验的灯应从交收试验合格的灯中均匀抽取。每当灯停产半年以上，或者灯的结构、制造工艺或材料变更可能影响灯的性能时，都应进行例行试验。例行试验按 GB/T 2829，判别水平（DL）为Ⅰ的一次抽样方案进行。其试验项目、不合格质量水平（RQL）、样本大小和判定数应符合表 H.2 的规定。若其中某一项不符合表 H.2 规定，则该批灯例行试验不合格。此时应立即停止生产和验收。未出厂的产品应停止出厂。此时应立即研究产生不合格的原因，并采取有效措施，直到新的例行试验合格后方可恢复生产和验收。

制造厂有义务根据定货方的要求向其提供例行试验报告，以作为制造厂的产品质量依据。

表 H.1　交收试验的试验项目、检验水平和合格质量水平

<table>
<tr><th rowspan="2">序号</th><th rowspan="2">试验项目</th><th rowspan="2">验收条款</th><th rowspan="2">检验水平</th><th colspan="2">AQL/％</th></tr>
<tr><th>单项</th><th>综合</th></tr>
<tr><td>1</td><td>外观质量</td><td>5.9</td><td rowspan="5">S-3</td><td rowspan="7">6.5</td><td rowspan="7">10</td></tr>
<tr><td>2</td><td>灯头</td><td>5.2</td></tr>
<tr><td>3</td><td>外形尺寸</td><td>5.3</td></tr>
<tr><td>4</td><td>启动特性</td><td>5.4</td></tr>
<tr><td>5</td><td>标志</td><td>5.8</td></tr>
<tr><td>6</td><td>灯电压和功率</td><td>5.5</td><td rowspan="2">S-2</td></tr>
<tr><td>7</td><td>光通量、光效</td><td>5.6</td></tr>
</table>

表 H.2　例行试验的试验项目、不合格质量水平、样本数和判定数组

<table>
<tr><th>序号</th><th colspan="2">试验项目</th><th>技术要求</th><th>DL</th><th>RQL</th><th>n</th><th>(Ae,Rc)</th></tr>
<tr><td>1</td><td colspan="2">电气和阴极特性</td><td>5.5</td><td rowspan="5">Ⅰ</td><td>40</td><td>10</td><td>(3,4)</td></tr>
<tr><td>2</td><td colspan="2">光通量、光效</td><td>5.6</td><td>40</td><td>10</td><td>(3,4)</td></tr>
<tr><td>3</td><td colspan="2">色坐标和显色指数</td><td>5.6</td><td>30</td><td>10</td><td>(2,3)</td></tr>
<tr><td rowspan="2">4</td><td rowspan="2">光通维持率</td><td>2 000 h 时</td><td rowspan="2">5.7</td><td>30</td><td>10</td><td>(2,3)</td></tr>
<tr><td>70％额定寿命</td><td>50</td><td>10</td><td>(4,5)</td></tr>
</table>

附　录　J
（规范性附录）
标志、包装、运输和贮存

J.1　每支灯上应有下列清晰而牢固的标志：

a）　制造商名称、地址或商标；

b）　灯的型号，或功率及灯的颜色特性，光效；

c）　制造日期（年、季或月）。

注：年和月用阿拉伯数字表示，季用罗马数字表示。示例：0910 表示 2009 年 10 月生产的灯。09Ⅲ表示 2009 年第 3 季度生产。

J.2　每支灯用瓦楞纸套包装，然后装在用厚纸板或瓦楞纸板制造的包装箱内。每个包装箱内应附有制造商产品合格证。

纸套外表面应标明：

a）　制造商名称、地址或商标；

b）　灯的名称；

c）　灯的型号，或功率及灯的颜色特性，光效；

d）　产品标准号；

包装箱外表面应标明：

a）　制造商名称、地址或商标；

b）　灯的名称；

c）　灯的型号，或功率及灯的颜色特性；

d）　灯的数量；

e）　产品标准号；

f）　重量和体积；

g）　其他与贮运等有关的标志。

J.3　灯应贮存在相对湿度不大于 85％、通风良好的室内，空气中不应有腐蚀性气体。堆放的垛高不超过 2.5 m 或按包装箱上注明的要求。

J.4　灯运输过程中应避免雨淋和强烈的机械振动。

中华人民共和国国家标准

GB 10765—2010

食品安全国家标准
婴儿配方食品

National food safety standard

Infant formula

2010-03-26 发布　　　　2011-04-01 实施

中华人民共和国卫生部　发布

前　言

本标准对应于国际食品法典委员会(CAC)的标准 Codex Stan 72—1981(Revision 2007) Stanard for Infant Formula and Formulas for Special Medical Purposes Intended for Infants 中 A 部分，本标准与 Codex Stan 72—1981 的一致性程度为非等效。本标准还参照了中国营养学会 2000 年编著的《中国居民膳食营养素参考摄入量》。

本标准代替 GB 10765—1997《婴儿配方乳粉Ⅰ》、GB 10766—1997《婴儿配方乳粉Ⅱ、Ⅲ》、GB 10767—1997《婴幼儿配方粉及婴幼儿补充谷粉通用技术条件》及其修改单。

本标准与 GB 10765—1997、GB 10766—1997 和 GB 10767—1997 相比，主要变化如下：

——将三项标准整合为一项标准，标准名称改为《婴儿配方食品》；

——修改了标准中的各项条款。

本标准的附录 A、附录 B 为资料性附录。

本标准所代替标准的历次版本发布情况为：

——GB 10765—1997；

——GB 10766—1997；

——GB 10767—1997。

食品安全国家标准
婴儿配方食品

1 范围

本标准适用于婴儿配方食品。

2 规范性引用文件

本标准中引用的文件对于本标准的应用是必不可少的。凡是注日期的引用文件，仅所注日期的版本适用于本标准。凡是不注日期的引用文件，其最新版本(包括所有的修改单)适用于本标准。

3 术语和定义

3.1 婴儿 infant

指0～12月龄的人。

3.2 婴儿配方食品 infant formula

3.2.1 乳基婴儿配方食品：指以乳类及乳蛋白制品为主要原料，加入适量的维生素、矿物质和/或其他成分，仅用物理方法生产加工制成的液态或粉状产品。适于正常婴儿食用，其能量和营养成分能够满足0～6月龄婴儿的正常营养需要。

3.2.2 豆基婴儿配方食品：指以大豆及大豆蛋白制品为主要原料，加入适量的维生素、矿物质和/或其他成分，仅用物理方法生产加工制成的液态或粉状产品。适于正常婴儿食用，其能量和营养成分能够满足0～6月龄婴儿的正常营养需要。

4 技术要求

4.1 原料要求

产品中所使用的原料应符合相应的安全标准和/或相关规定，应保证婴儿的安全、满足营养需要，不应使用危害婴儿营养与健康的物质。

所使用的原料和食品添加剂不应含有谷蛋白。

不应使用氢化油脂。

不应使用经辐照处理过的原料。

4.2 感官要求：应符合表1的规定。

表1 感官要求

项　目	要　求
色泽	符合相应产品的特性。
滋味、气味	符合相应产品的特性。
组织状态	符合相应产品的特性，产品不应有正常视力可见的外来异物。
冲调性	符合相应产品的特性。

4.3 必需成分

4.3.1 产品中所有必需成分对婴儿的生长和发育是必需的。

4.3.2 产品在即食状态下每 100 mL 所含的能量应在 250 kJ (60 kcal)～295 kJ (70 kcal)范围。能量的计算按每 100 mL 产品中蛋白质、脂肪、碳水化合物的含量，分别乘以能量系数 17 kJ/g、37 kJ/g、17 kJ/g(膳食纤维的能量系数，按照碳水化合物能量系数的 50%计算)，所得之和为千焦/100 毫升(kJ/100 mL)值，再除以 4.184 为千卡/100 毫升(kcal/100 mL)值。

4.3.3 婴儿配方食品每 100 kJ (100 kcal)所含蛋白质、脂肪、碳水化合物的量应符合表 2 的规定。

4.3.4 对于乳基婴儿配方食品，首选碳水化合物应为乳糖、乳糖和葡萄糖聚合物。只有经过预糊化后的淀粉才可以加入到婴儿配方食品中，不得使用果糖。

表 2 蛋白质、脂肪和碳水化合物指标

营养素	指标				检验方法
	每 100 kJ		每 100 kcal		
	最小值	最大值	最小值	最大值	
蛋白质[a]					
乳基婴儿配方食品/(g)	0.45	0.70	1.88	2.93	GB 5009.5
豆基婴儿配方食品/(g)	0.50	0.70	2.09	2.93	
脂肪[b]/(g)	1.05	1.40	4.39	5.86	GB 5413.3
其中：亚油酸/(g)	0.07	0.33	0.29	1.38	GB 5413.27
α-亚麻酸/(mg)	12	N.S.[c]	50	N.S.[c]	
亚油酸与 α-亚麻酸比值	5∶1	15∶1	5∶1	15∶1	—
碳水化合物[d,e]/(g)	2.2	3.3	9.2	13.8	—

[a] 乳基婴儿配方食品中乳清蛋白含量应≥60%；婴儿配方食品中蛋白质含量的计算，应以氮(N)×6.25。

[b] 终产品脂肪中月桂酸和肉豆蔻酸(十四烷酸)总量＜总脂肪酸的 20%；反式脂肪酸最高含量＜总脂肪酸的 3%；芥酸含量＜总脂肪酸的 1%；总脂肪酸指 C4～C24 脂肪酸的总和。

[c] N.S. 为没有特别说明。

[d] 乳糖占碳水化合物总量应≥90%；对于乳基产品，计算乳糖占碳水化合物总量时，不包括添加的低聚糖和多聚糖类物质；乳糖百分比含量的要求不适用于豆基配方食品。

[e] 碳水化合物的含量 A_1，按式(1)计算：

$$A_1 = 100-(A_2+A_3+A_4+A_5+A_6) \qquad (1)$$

式中：

A_1——碳水化合物的含量，g/100 g；

A_2——蛋白质的含量，g/100 g；

A_3——脂肪的含量，g/100 g；

A_4——水分的含量，g/100 g；

A_5——灰分的含量，g/100 g；

A_6——膳食纤维的含量，g/100 g。

4.3.5 **维生素**：应符合表 3 的规定。

表 3 维生素指标

营养素	指标				检验方法
	每 100 kJ		每 100 kcal		
	最小值	最大值	最小值	最大值	
维生素 A/(μg RE)[a]	14	43	59	180	GB 5413.9
维生素 D(μg)[b]	0.25	0.60	1.05	2.51	GB 5413.9
维生素 E/(mg α-TE)[c]	0.12	1.20	0.50	5.02	GB 5413.9
维生素 K_1/(μg)	1.0	6.5	4.2	27.2	GB 5413.10
维生素 B_1/(μg)	14	72	59	301	GB 5413.11
维生素 B_2/(μg)	19	119	80	498	GB 5413.12
维生素 B_6/(μg)	8.5	45.0	35.6	188.3	GB 5413.13
维生素 B_{12}/(μg)	0.025	0.360	0.105	1.506	GB 5413.14
烟酸(烟酰胺)/(μg)[d]	70	360	293	1 506	GB 5413.15
叶酸/(μg)	2.5	12.0	10.5	50.2	GB 5413.16
泛酸/(μg)	96	478	402	2 000	GB 5413.17
维生素 C/(mg)	2.5	17.0	10.5	71.1	GB 5413.18
生物素/(μg)	0.4	2.4	1.5	10.0	GB 5413.19

[a] RE 为视黄醇当量。1 μg RE=1 μg 全反式视黄醇(维生素 A)=3.33 IU 维生素 A。维生素 A 只包括预先形成的视黄醇,在计算和声称维生素 A 活性时不包括任何的类胡萝卜素组分。

[b] 钙化醇,1 μg 维生素 D=40 IU 维生素 D。

[c] 1 mg α-TE (α-生育酚当量)=1 mg d-α-生育酚。每克多不饱和脂肪酸中至少应含有 0.5 mg α-TE,维生素 E 含量的最小值应根据配方食品中多不饱和脂肪酸的双键数量进行调整:0.5 mg α-TE/g 亚油酸(18∶2 n-6);0.75 mg α-TE/g α-亚麻酸(18∶3 n-3);1.0 mg α-TE/g 花生四烯酸(20∶4 n-6);1.25 mg α-TE/g 二十碳五烯酸(20∶5 n-3);1.5 mg α-TE/g 二十二碳六烯酸(22∶6 n-3)。

[d] 烟酸不包括前体形式。

4.3.6 **矿物质**:应符合表 4 的规定。

表 4 矿物质指标

营养素	指标				检验方法
	每 100 kJ		每 100 kcal		
	最小值	最大值	最小值	最大值	
钠/(mg)	5	14	21	59	GB 5413.21
钾/(mg)	14	43	59	180	GB 5413.21
铜/(μg)	8.5	29.0	35.6	121.3	GB 5413.21
镁/(mg)	1.2	3.6[a]	5.0	15.1[a]	GB 5413.21
铁/(mg)	0.10	0.36	0.42	1.51	GB 5413.21
锌/(mg)	0.12	0.36	0.50	1.51	GB 5413.21
锰/(μg)	1.2	24.0	5.0	100.4	GB 5413.21
钙/(mg)	12	35	50	146	GB 5413.21
磷/(mg)	6	24[a]	25	100[a]	GB 5413.22

表 4(续)

营养素	指标				检验方法
	每 100 kJ		每 100 kcal		
	最小值	最大值	最小值	最大值	
钙磷比值	1∶1	2∶1	1∶1	2∶1	—
碘/(μg)	2.5	14.0	10.5	58.6	GB 5413.23
氯/(mg)	12	38	50	159	GB 5413.24
硒/(μg)	0.48	1.90	2.01	7.95	GB 5009.93
[a] 仅适用于乳基婴儿配方食品。					

4.4 可选择性成分

4.4.1 除了4.3中必需成分外,如果在产品中选择添加或标签中标示含有表5中一种或多种成分,其含量应符合表5的规定。

4.4.2 为改善婴儿配方食品的蛋白质质量或提高其营养价值,可参考附录A中推荐的婴儿配方食品中氨基酸含量值添加单体L型氨基酸。所使用的单体L型氨基酸来源应符合GB 14880或附录B的规定。

4.4.3 如果在产品中添加除表5和附录B之外的其他物质,应符合国家相关规定。

表 5 可选择性成分指标

可选择性成分	指标				检验方法
	每 100 kJ		每 100 kcal		
	最小值	最大值	最小值	最大值	
胆碱/(mg)	1.7	12.0	7.1	50.2	GB/T 5413.20
肌醇/(mg)	1.0	9.5	4.2	39.7	GB 5413.25
牛磺酸/(mg)	N.S.[a]	3	N.S.[a]	13	GB 5413.26
左旋肉碱/(mg)	0.3	N.S.[a]	1.3	N.S.[a]	—
二十二碳六烯酸/(%总脂肪酸[b,c])	N.S.[a]	0.5	N.S.[a]	0.5	GB 5413.27
二十碳四烯酸/(%总脂肪酸[b,c])	N.S.[a]	1	N.S.[a]	1	GB 5413.27
[a] N.S.为没有特别说明。 [b] 如果婴儿配方食品中添加了二十二碳六烯酸(22∶6 n-3),至少要添加相同量的二十碳四烯酸(20∶4 n-6)。长链不饱和脂肪酸中二十碳五烯酸(20∶5 n-3)的量不应超过二十二碳六烯酸的量。 [c] 总脂肪酸指C4~C24脂肪酸的总和。					

4.5 其他指标:应符合表6的规定。

表 6 其他指标

项 目		指 标	检验方法
水分/(%)[a]	≤	5.0	GB 5009.3
灰分			GB 5009.4
乳基粉状产品/(%)	≤	4.0	
乳基液态产品(按总干物质计)/(%)	≤	4.2	
豆基粉状产品/(%)	≤	5.0	
豆基液态产品(按总干物质计)/(%)	≤	5.3	

表 6（续）

项　目		指　标	检验方法
杂质度(限乳基婴儿配方食品) 　粉状产品/(mg/kg) 　液态产品/(mg/kg)	 ≤ ≤	 12 2	GB 5413.30
[a] 仅限于粉状婴儿配方食品。			

4.6　**污染物限量**:应符合表 7 的规定。

表 7　污染物限量(以粉状产品计)

项　目		指　标	检验方法
铅/(mg/kg)	≤	0.15	GB 5009.12
硝酸盐(以 $NaNO_3$ 计)/(mg/kg)	≤	100	GB 5009.33
亚硝酸盐(以 $NaNO_2$ 计)[a]/(mg/kg)	≤	2	
[a] 仅适用于乳基婴儿配方食品。			

4.7　**真菌毒素限量**:应符合表 8 的规定。

表 8　真菌毒素限量(以粉状产品计)

项　目		指　标	检验方法
黄曲霉毒素 M_1 或黄曲霉毒素 B_1[a]/(μg/kg)	≤	0.5	GB 5009.24
[a] 黄曲霉毒素 M_1 限量适用于乳基婴儿配方食品;黄曲霉毒素 B_1 限量适用于豆基婴儿配方食品。			

4.8　**微生物限量**:粉状婴儿配方食品的微生物指标应符合表 9 的规定,液态婴儿配方食品的微生物指标应符合商业无菌的要求,按 GB/T 4789.26 规定的方法检验。

表 9　微生物限量

项目	采样方案[a] 及限量(若非指定,均以 CFU/g 或 CFU/mL 表示)				检验方法
	n	*c*	*m*	*M*	
菌落总数[b]	5	2	1 000	10 000	GB 4789.2
大肠菌群	5	2	10	100	GB 4789.3 平板计数法
金黄色葡萄球菌	5	2	10	100	GB 4789.10 平板计数法
阪崎肠杆菌[c]	3	0	0/100 g	—	GB 4789.40 计数法
沙门氏菌	5	0	0/25 g	—	GB 4789.4
[a] 样品的分析及处理按 GB 4789.1 和 GB 4789.18 执行。 [b] 不适用于添加活性菌种(好氧和兼性厌氧益生菌)的产品[产品中活性益生菌的活菌数应≥10^6 CFU/g(mL)]。 [c] 仅适用于供 0～6 月龄婴儿食用的配方食品。					

4.9　**食品添加剂和营养强化剂**

4.9.1　食品添加剂和营养强化剂质量应符合相应的安全标准和有关规定。

4.9.2　食品添加剂和营养强化剂的使用应符合 GB 2760 和 GB 14880 的规定。

4.10　**脲酶活性**:含有大豆成分的产品中脲酶活性应符合表 10 的规定。

表 10　脲酶活性指标

项　目	指　标	检验方法
脲酶活性定性测定	阴性	GB/T 5413.31[a]
[a] 液态婴儿配方食品的取样量应根据干物质含量进行折算。		

5 其他

5.1 标签

5.1.1 产品标签应符合 GB 13432 的规定，营养素和可选择成分含量标识应增加“100 千焦(100 kJ)”含量的标示。

5.1.2 标签中应注明产品的类别、婴儿配方食品属性(如乳基或豆基产品以及产品状态)和适用年龄。可供 6 月龄以上婴儿食用的配方食品，应标明“6 个月龄以上婴儿食用本产品时，应配合添加辅助食品”。

5.1.3 婴儿配方食品应标明：“对于 0～6 月的婴儿最理想的食品是母乳，在母乳不足或无母乳时可食用本产品”。

5.1.4 标签上不能有婴儿和妇女的形象，不能使用“人乳化”、“母乳化”或近似术语表述。

5.2 使用说明

5.2.1 有关产品使用、配制指导说明及图解、贮存条件应在标签上明确说明。当包装最大表面积小于 100 cm^2 或产品质量小于 100 g 时，可以不标示图解。

5.2.2 指导说明应该对不当配制和使用不当可能引起的健康危害给予警示说明。

5.3 包装

可以使用食品级或纯度≥99.9％的二氧化碳和(或)氮气作为包装介质。

附 录 A
（资料性附录）
推荐的婴儿配方食品中必需与半必需氨基酸含量值

A.1 参照已发表的有代表性的中国人乳中必需与半必需氨基酸含量数据及有关氮含量和/或蛋白质含量的数据，并考虑一定的变异范围，计算出推荐的婴儿配方食品中必需与半必需氨基酸含量低限值(mg/g N)。

A.2 根据我国人乳中每种氨基酸的低限值(mg/g N)，计算蛋白质含量最低时(1.88 g/100 kcal)婴儿配方食品每100 kcal相对应的氨基酸含量，计算方法为人乳中每克氮的氨基酸毫克数除以氮转换系数6.25再乘以1.88，结果参见表A.1。建议婴儿配方食品中所含的必需和半必需氨基酸含量值不低于表A.1中的推荐值。

A.3 在计算时，可以将酪氨酸和苯丙氨酸的浓度相加；如果蛋氨酸和半胱氨酸的比例不足2∶1时，也可以将两者相加。

表 A.1 推荐的婴儿配方食品中必需与半必需氨基酸含量值

氨基酸	指标	
	mg/g N	mg/100 kcal
胱氨酸	80	24.1
组氨酸	120	36.1
异亮氨酸	300	90.2
亮氨酸	540	162.4
赖氨酸	350	105.3
蛋氨酸	65	19.6
苯丙氨酸	180	54.1
苏氨酸	250	75.2
色氨酸	110	33.1
酪氨酸	200	60.2
缬氨酸	310	93.2

附 录 B
（资料性附录）
可用于婴儿配方食品中的单体氨基酸

B.1 L-苯丙氨酸

B.1.1 名称及来源

名称：L-苯丙氨酸　L-2-氨基-3-苯丙酸

来源：非动物源性原料

食品级

B.1.2 化学结构、分子式、相对分子质量

化学结构：

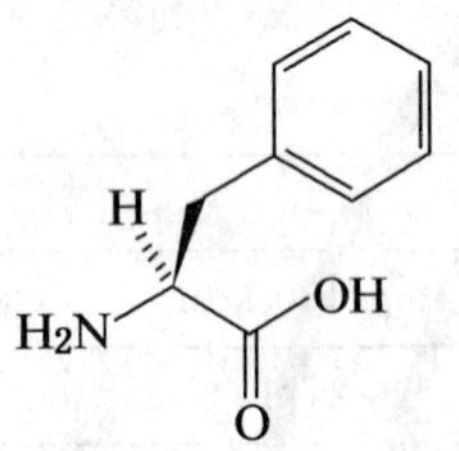

分子式：$C_9H_{11}NO_2$

分子量：165.19

B.1.3 理化性质：自由流动的白色结晶或结晶性粉末。

B.1.4 理化指标：应符合表B.1的规定。

表 B.1 L-苯丙氨酸理化指标

项　目		指　标
比旋光度 α_m(20 ℃,D)		−33.2～−35.2
含量(以干物质计)/(%)	≥	98.5
水分/(%)	≤	0.2
pH 值		5.4～6.0
灰分/(%)	≤	0.1
铅(以 Pb 计)/(mg/kg)	≤	0.3
砷(以 As 计)/(mg/kg)	≤	0.2

B.2 L-胱氨酸

B.2.1 名称及来源

名称：L-胱氨酸　L-3,3′-二硫双(2-氨基丙酸)

来源：非动物源性原料

食品级

B.2.2 化学结构、分子式、相对分子质量

化学结构：

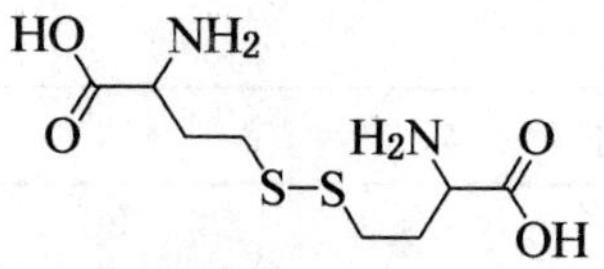

分子式：$C_6H_{12}N_2O_4S_2$

分子量：240.3

B.2.3 理化性质：无色到白色结晶或结晶性粉末，无臭。

B.2.4 理化指标：应符合表 B.2 的规定。

表 B.2 L-胱氨酸理化指标

项　　目		指　　标
比旋光度 α_m(20 ℃,D)		−215～−225
含量(以干物质计)/(%)	≥	98.5
水分/(%)	≤	0.2
pH 值		5.0～6.5
灰分/(%)	≤	0.1
铅(以 Pb 计)/(mg/kg)	≤	0.3
砷(以 As 计)/(mg/kg)	≤	0.2

B.3 L-亮氨酸

B.3.1 名称及来源

名称：L-亮氨酸　L-2-氨基-4-甲基戊酸

来源：非动物源性原料

食品级

B.3.2 化学结构、分子式、相对分子质量

化学结构：

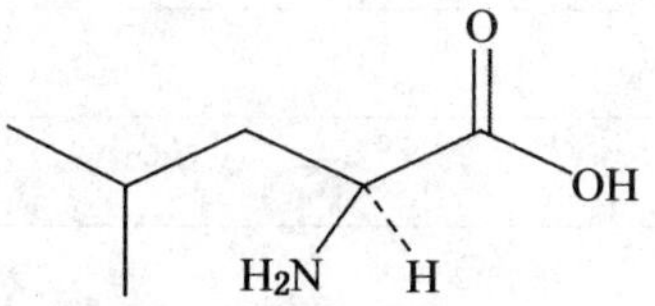

分子式：$C_6H_{13}NO_2$

分子量：131.17

B.3.3 理化性质：白色结晶或结晶性粉末；无臭，味微苦。

B.3.4 理化指标：应符合表 B.3 的规定。

表 B.3 L-亮氨酸理化指标

项　　目		指　　标
比旋光度 α_m(20 ℃,D)		14.5～16.5
含量(以干物质计)/(%)	≥	98.5
水分/(%)	≤	0.2
pH 值		5.5～6.5

表 B.3（续）

项　目		指　标
灰分/(%)	≤	0.1
铅(以 Pb 计)/(mg/kg)	≤	0.3
砷(以 As 计)/(mg/kg)	≤	0.2

B.4　L-酪氨酸

B.4.1　名称及来源

名称：L-酪氨酸　S-氨基-3(4-羟基苯基)-丙酸

来源：从甜菜酒中分离

B.4.2　化学结构、分子式、相对分子质量

化学结构：

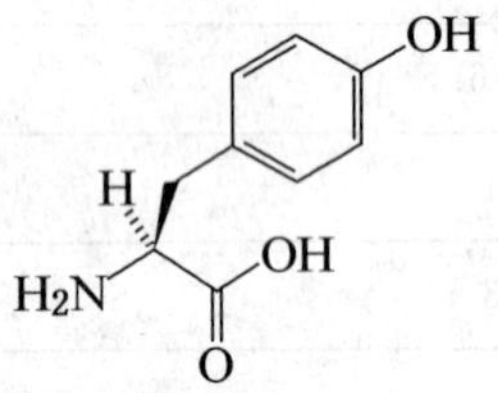

分子式：$C_9H_{11}NO_3$

分子量：181.19

B.4.3　理化性质：本品为白色丝光状结晶或结晶性粉末。

B.4.4　理化指标：应符合表 B.4 的规定。

表 B.4　L-酪氨酸理化指标

项　目		指　标
比旋光度 α_m(20 ℃,D)		−11.0～−12.3
含量(以干物质计)/(%)	≥	99.0
水分/(%)	≤	0.3
pH 值[a]		—
灰分/(%)	≤	0.1
铅(以 Pb 计)/(mg/kg)	≤	0.3
砷(以 As 计)/(mg/kg)	≤	0.2
[a] 酪氨酸不要求 pH 值。		

B.5　L-色氨酸

B.5.1　名称及来源

名称：L-色氨酸　L-2-氨基-3-吲哚基-1-丙酸

来源：大肠杆菌发酵丝氨酸和吲哚分解而得

B.5.2　化学结构、分子式、相对分子质量

化学结构：

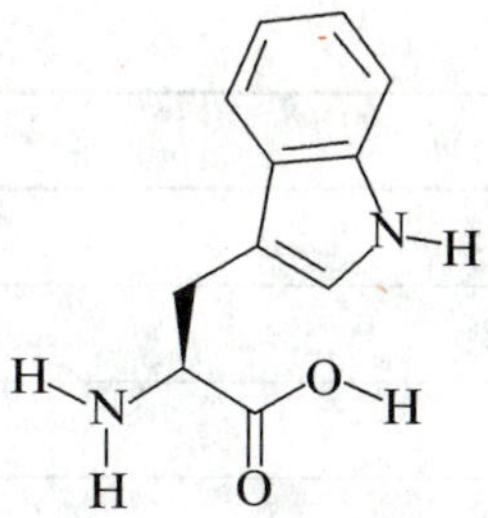

分子式：$C_{11}H_{12}N_2O_2$

分子量：204.23

B.5.3　理化性质：白色至黄白色结晶体或结晶性粉末。

B.5.4　理化指标：应符合表 B.5 的规定。

表 B.5　L-色氨酸理化指标

项　　目		指　　标
比旋光度 α_m(20 ℃,D)		−30.0～−33.0
含量(以干物质计)/(%)	≥	98.5
水分/(%)	≤	0.3
pH 值		5.5～7.0
灰分/(%)	≤	0.1
铅(以 Pb 计)/(mg/kg)	≤	0.3
砷(以 As 计)/(mg/kg)	≤	0.2

B.6　L-组氨酸

B.6.1　名称及来源

名称：L-组氨酸　α-氨基 β-咪唑基丙酸

来源：非动物源性原料

食品级

B.6.2　化学结构、分子式、相对分子质量

化学结构：

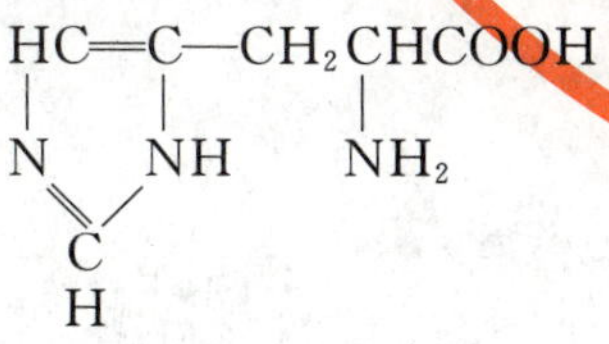

分子式：$C_6H_9N_3O_2$

分子量：155.15

B.6.3　理化性质：自由流动的白色结晶或结晶性粉末。

B.6.4　理化指标：应符合表 B.6 的规定。

表 B.6　L-组氨酸理化指标

项　　目		指　　标
比旋光度 α_m(20 ℃,D)		11.5～13.5
含量(以干物质计)/(%)	≥	98.5
水分/(%)	≤	0.2

表 B.6（续）

项　　目	指　　标
pH 值	7.0～8.5
灰分/(%)　　≤	0.2
铅(以 Pb 计)/(mg/kg)　　≤	0.3
砷(以 As 计)/(mg/kg)　　≤	0.2

中华人民共和国国家标准

GB 10767—2010

食品安全国家标准
较大婴儿和幼儿配方食品

National food safety standard

Older infants and young children formula

2010-03-26 发布　　2011-04-01 实施

中华人民共和国卫生部　发布

前　言

本标准对应于国际食品法典委员会(CAC)的 Codex Stan 156—1987(Amendment 1989) Codex Standard for Follow-up Infant Formulas 标准,本标准与 Codex Stan 156—1987 的一致性程度为非等效。本标准参照了中国营养学会 2000 年编著的《中国居民膳食营养素参考摄入量》。

本标准代替 GB 10767—1997《婴幼儿配方粉及婴幼儿补充谷粉通用技术条件》、GB 10769—1997《婴幼儿断奶期辅助食品》、GB 10770—1997《婴幼儿断奶期补充食品》及其修改单。

本标准与 GB 10767—1997、GB 10769—1997、GB 10770—1997 相比,主要变化如下:

——将上述三项标准整合为一项标准,标准名称改为《较大婴儿和幼儿配方食品》;

——修改了标准中的各项条款。

本标准所代替标准的历次版本发布情况为:

——GB 10767—1997;

——GB 10769—1989、GB 10769—1997;

——GB 10770—1989、GB 10770—1997。

食品安全国家标准
较大婴儿和幼儿配方食品

1 范围

本标准适用于较大婴儿和幼儿配方食品。

2 规范性引用文件

本标准中引用的文件对于本标准的应用是必不可少的。凡是注日期的引用文件，仅所注日期的版本适用于本标准。凡是不注日期的引用文件，其最新版本(包括所有的修改单)适用于本标准。

3 术语和定义

3.1 较大婴儿 older infants

指6～12月龄的人。

3.2 幼儿 young children

指12～36月龄的人。

3.3 较大婴儿和幼儿配方食品 older infants and young children formula

以乳类及乳蛋白制品和/或大豆及大豆蛋白制品为主要原料，加入适量的维生素、矿物质和/或其他辅料，仅用物理方法生产加工制成的液态或粉状产品，适用于较大婴儿和幼儿食用，其营养成分能满足正常较大婴儿和幼儿的部分营养需要。

4 技术要求

4.1 原料要求

产品中所使用的原料应符合相应的安全标准和/或相关规定，应保证较大婴儿和幼儿的安全、满足营养需要，不应使用危害较大婴儿和幼儿营养与健康的物质。

不应使用氢化油脂。

不应使用经辐照处理过的原辅材料。

4.2 感官要求：应符合表1的规定。

表1 感官要求

项 目	要 求
色泽	符合相应产品的特性。
滋味、气味	符合相应产品的特性。
组织状态	符合相应产品的特性，产品不应有正常视力可见的外来异物。
冲调性	符合相应产品的特性。

4.3 必需成分

4.3.1 产品中所有必需成分对较大婴儿和幼儿的生长和发育是必需的。

4.3.2 即食状态下较大婴儿和幼儿配方食品每100 mL所含的能量应在250 kJ(60 kcal)～355 kJ(85 kcal)范围。能量的计算按每100 mL产品中蛋白质、脂肪、碳水化合物的含量，分别乘以能量系数17 kJ/g、37 kJ/g、17 kJ/g(膳食纤维的能量系数，按照碳水化合物能量系数的50%计算)，所得之和为千焦/100毫升(kJ/100 mL)值,再除以4.184为千卡/100毫升(kcal/100 mL)值。

4.3.3 产品在即食状态下每100 kJ(100 kcal)所含蛋白质、脂肪应符合表2的规定。反式脂肪酸含量不得超过总脂肪酸的3%。

表2 蛋白质、脂肪指标

营养素	指标				检验方法
	每100 kJ		每100 kcal		
	最小值	最大值	最小值	最大值	
蛋白质[a]/(g)	0.7	1.2	2.9	5.0	GB 5009.5
脂肪/(g)	0.7	1.4	2.9	5.9	GB 5413.3
其中:亚油酸/(g)	0.07	N.S.[b]	0.29	N.S.[b]	GB 5413.27

a 蛋白质含量的计算,应以氮(N)×6.25。

b N.S.为没有特别说明。

4.3.4 **维生素**:应符合表3的规定。

表3 维生素指标

营养素	指标				检验方法
	每100 kJ		每100 kcal		
	最小值	最大值	最小值	最大值	
维生素A/(μg RE)[a]	18	54	75	225	GB 5413.9
维生素D[b]/(μg)	0.25	0.75	1.05	3.14	
维生素E/(mg α-TE[c])	0.15	N.S.[e]	0.63	N.S.[e]	
维生素K_1/(μg)	1	N.S.[e]	4	N.S.[e]	GB 5413.10
维生素B_1/(μg)	11	N.S.[e]	46	N.S.[e]	GB 5413.11
维生素B_2/(μg)	11	N.S.[e]	46	N.S.[e]	GB 5413.12
维生素B_6/(μg)	11	N.S.[e]	46	N.S.[e]	GB 5413.13
维生素B_{12}/(μg)	0.04	N.S.[e]	0.17	N.S.[e]	GB 5413.14
烟酸(烟酰胺)[d]/(μg)	110	N.S.[e]	460	N.S.[e]	GB 5413.15
叶酸/(μg)	1	N.S.[e]	4	N.S.[e]	GB 5413.16
泛酸/(μg)	70	N.S.[e]	293	N.S.[e]	GB 5413.17
维生素C/(mg)	1.8	N.S.[e]	7.5	N.S.[e]	GB 5413.18
生物素/(μg)	0.4	N.S.[e]	1.7	N.S.[e]	GB 5413.19

a RE为视黄醇当量。1 μg RE=1 μg全反式视黄醇(维生素A)=3.33 IU维生素A。维生素A只包括预先形成的视黄醇,在计算和声称维生素A活性时不包括任何类胡萝卜素组分。

b 钙化醇,1 μg维生素D=40 IU维生素D。

c 1 mg α-TE(α-生育酚当量)=1 mg d-α-生育酚。每克多不饱和脂肪酸中至少应含有0.5 mg α-TE,维生素E含量的最小值应根据配方食品中多不饱和脂肪酸的双键数量进行调整:0.5 mg α-TE/g亚油酸(18:2n-6);0.75 mg α-TE/g α-亚麻酸(18:3n-3);1.0 mg α-TE/g花生四烯酸(20:4n-6);1.25 mg α-TE/g二十碳五烯酸(20:5n-3);1.5 mg α-TE/g二十二碳六烯酸(22:6n-3)。

d 烟酸不包括前体形式。

e N.S.为没有特别说明。

4.3.5 **矿物质**:应符合表 4 的规定。

表 4 矿物质指标

营养素	指标				检验方法
	每 100 kJ		每 100 kcal		
	最小值	最大值	最小值	最大值	
钠/(mg)	N.S.[a]	20	N.S.[a]	84	GB 5413.21
钾/(mg)	18	69	75	289	
铜/(μg)	7	35	29	146	
镁/(mg)	1.4	N.S.[a]	5.9	N.S.[a]	
铁/(mg)	0.25	0.50	1.05	2.09	
锌/(mg)	0.1	0.3	0.4	1.3	
钙/(mg)	17	N.S.[a]	71	N.S.[a]	
磷/(mg)	8.3	N.S.[a]	34.7	N.S.[a]	GB 5413.22
钙磷比值	1.2∶1	2∶1	1.2∶1	2∶1	—
碘/(μg)	1.4	N.S.[a]	5.9	N.S.[a]	GB 5413.23
氯/(mg)	N.S.[a]	52	N.S.[a]	218	GB 5413.24

[a] N.S.为没有特别说明。

4.4 可选择性成分

4.4.1 除了 4.3 必需成分外,如果在产品中选择性添加或标签中标示含有表 5 中的一种或多种成分,其含量应符合表 5 的规定。

4.4.2 如果在产品中添加除 4.3 和 4.4.1 之外的其他物质,应符合国家相关规定。

表 5 可选择性成分

可选择性成分	指标				检验方法
	每 100 kJ		每 100 kcal		
	最小值	最大值	最小值	最大值	
硒/(μg)	0.48	1.90	2.01	7.95	GB 5009.93
胆碱/(mg)	1.7	12.0	7.1	50.2	GB/T 5413.20
锰/(μg)	0.25	24.0	1.05	100.4	GB 5413.21
肌醇/(mg)	1.0	9.5	4.2	39.7	GB 5413.25
牛磺酸/(mg)	N.S.[a]	3	N.S.[a]	13	GB 5413.26
左旋肉碱/(mg)	0.3	N.S.[a]	1.3	N.S.[a]	—
二十二碳六烯酸/(%总脂肪酸[b])	N.S.[a]	0.5	N.S.[a]	0.5	GB 5413.27
二十碳四烯酸/(%总脂肪酸[b])	N.S.[a]	1	N.S.[a]	1	

[a] N.S.为没有特别说明。

[b] 总脂肪酸指 C4～C24 脂肪酸的总和。

4.5 **其他指标**:应符合表 6 的规定。

表 6 其他指标

项目		指标	检验方法
水分/(%)[a]	≤	5.0	GB 5009.3
灰分			
粉状产品/(%)	≤	5.0	GB 5009.4
液态产品(按总干物质计)/(%)	≤	5.3	
杂质度[b]			
粉状产品/(mg/kg)	≤	12	GB 5413.30
液态产品/(mg/kg)	≤	2	

a 仅限于粉状产品。

b 不适用于添加蔬菜和水果的产品。

4.6 **污染物限量**:应符合表 7 的规定。

表 7 污染物限量(以粉状产品计)

项目		指标	检验方法
铅/(mg/kg)	≤	0.15	GB 5009.12
硝酸盐(以 $NaNO_3$ 计)[a]/(mg/kg)	≤	100	GB 5009.33
亚硝酸盐(以 $NaNO_2$ 计)[b]/(mg/kg)	≤	2	

a 不适用于添加蔬菜和水果的产品。

b 仅适用于乳基产品。

4.7 **真菌毒素限量**:应符合表 8 的规定。

表 8 真菌毒素限量(以粉状产品计)

项目		指标	检验方法
黄曲霉毒素 M_1 或黄曲霉毒素 B_1[a]/(μg/kg)	≤	0.5	GB 5009.24

a 黄曲霉毒素 M_1 限量适用于以乳类及乳蛋白制品为主要原料的产品;黄曲霉毒素 B_1 限量适用于以豆类及大豆蛋白制品为主要原料的产品。

4.8 **微生物限量**:粉状产品中微生物指标应符合表 9 的规定;液态产品中微生物指标应符合商业无菌的要求,按 GB/T 4789.26 规定的方法检验。

表 9 微生物限量

项目	采样方案[a]及限量(若非指定,均以 CFU/g 或 CFU/mL 表示)				检验方法
	n	*c*	*m*	*M*	
菌落总数[b]	5	2	1 000	10 000	GB 4789.2
大肠菌群	5	2	10	100	GB 4789.3 平板计数法
沙门氏菌	5	0	0/25 g	—	GB 4789.4

a 样品的分析及处理按 GB 4789.1 和 GB 4789.18 执行。

b 不适用于添加活性菌种(好氧和兼性厌氧益生菌)的产品[产品中活性益生菌的活菌数应≥10^6 CFU/g(mL)]。

4.9 **食品添加剂和营养强化剂**

4.9.1 食品添加剂和营养强化剂质量应符合相应的安全标准和有关规定。

4.9.2 食品添加剂和营养强化剂的使用应符合 GB 2760 和 GB 14880 的规定。

4.10 **脲酶活性**：含有大豆成分的产品中脲酶活性应符合表10的规定。

表10 脲酶活性指标

项　　目	指标	检验方法
脲酶活性定性测定	阴性	GB/T 5413.31[a]

[a] 液态产品的取样量应根据干物质含量进行折算。

5 其他

5.1 标签

5.1.1 产品标签应符合GB 13432的规定标示，营养素和可选择成分含量标识应增加"100千焦(100 kJ)"含量的标示。

5.1.2 标签中应注明产品的类别、较大婴儿配方食品或较大婴儿和幼儿配方食品的属性（如乳基和/或豆基产品以及产品状态）和适用年龄。较大婴儿配方食品应标明"须配合添加辅助食品"。

5.2 使用说明

5.2.1 有关产品使用、配制指导说明及图解、贮存条件应在标签上明确说明。当包装最大表面积小于100 cm^2 或产品质量小于100 g时，可以不标示图解。

5.2.2 指导说明应对不当配制和使用不当可能引起的健康危害给予警示说明。

5.3 包装

可以使用食品级或纯度≥99.9%的二氧化碳和（或）氮气作为包装介质。

中华人民共和国国家标准

GB 10769—2010

食品安全国家标准
婴幼儿谷类辅助食品

National food safety standard

Cereal-based complementary foods for infants and young children

2010-03-26 发布　　　　2011-04-01 实施

中华人民共和国卫生部　发布

前　言

本标准对应于国际食品法典委员会(CAC)的标准 Codex Stan 74—1981(Revision 2006),Codex Standard for Processed Cereal-based Foods for Infants and Young Children,本标准与 Codex Stan 74—1981 的一致性程度为非等效。本标准参照了中国营养学会 2000 年编著的《中国居民膳食营养素参考摄入量》。

本标准代替 GB 10767—1997《婴幼儿配方粉及婴幼儿补充谷粉通用技术条件》、GB 10769—1997《婴幼儿断奶期辅助食品》、GB 10770—1997《婴幼儿断奶期补充食品》及其修改单。

本标准与 GB 10767—1997、GB 10769—1997 和 GB 10770—1997 相比,主要变化如下:

——将三项标准整合为一项标准,标准名称改为《婴幼儿谷类辅助食品》;

——修改了标准中的各项条款。

本标准所代替标准的历次版本发布情况为:

——GB 10767—1997;

——GB 10769—1989、GB 10769—1997;

——GB 10770—1989、GB 10770—1997。

食品安全国家标准

婴幼儿谷类辅助食品

1 范围

本标准适用于6月龄以上婴儿和幼儿食用的婴幼儿谷类辅助食品。

2 规范性引用文件

本标准中引用的文件对于本标准的应用是必不可少的。凡是注日期的引用文件,仅所注日期的版本适用于本标准。凡是不注日期的引用文件,其最新版本(包括所有的修改单)适用于本标准。

3 术语和定义

3.1 婴儿 infant

指0～12月龄的人。

3.2 幼儿 young children

指12～36月龄的人。

3.3 婴幼儿谷类辅助食品 cereal-based complementary foods for infants and young children

以一种或多种谷物(如:小麦、大米、大麦、燕麦、黑麦、玉米等)为主要原料,且谷物占干物质组成的25%以上,添加适量的营养强化剂和(或)其他辅料,经加工制成的适于6月龄以上婴儿和幼儿食用的辅助食品。

4 产品分类

4.1 婴幼儿谷物辅助食品

用牛奶或其他含蛋白质的适宜液体冲调后食用的婴幼儿谷类辅助食品。

4.2 婴幼儿高蛋白谷物辅助食品

添加了高蛋白质原料,用水或其他不含蛋白质的适宜液体冲调后食用的婴幼儿谷类辅助食品。

4.3 婴幼儿生制类谷物辅助食品

煮熟后方可食用的婴幼儿谷类辅助食品。

4.4 婴幼儿饼干或其他婴幼儿谷物辅助食品

可直接食用或粉碎后加水、牛奶或其他适宜液体冲调后食用的婴幼儿谷类辅助食品。

5 技术要求

5.1 原料要求

所使用的原料应符合相应的安全标准和/或相关规定。应保证婴幼儿的安全,满足营养需要,不应使用危害婴幼儿营养与健康的物质。

不应使用氢化油脂。

不应使用经辐照处理过的原料。

5.2 感官要求:应符合表1的规定。

表 1 感官要求

项　目	要　求
色泽	符合相应产品的特性。
滋味、气味	符合相应产品的特性。
组织状态	符合相应产品的特性，不应有正常视力可见的外来异物。
冲调性	符合相应产品的特性。

5.3　**基本的营养成分指标**：产品中基本的营养成分指标应符合表 2 的规定。

表 2 基本的营养成分指标

项　目	指　标				检验方法
	婴幼儿谷物辅助食品	婴幼儿高蛋白谷物辅助食品	婴幼儿生制类谷物辅助食品	婴幼儿饼干或其他婴幼儿谷物辅助食品[a]	
能量[b]/(kJ/100 g(kcal/100 g))　≥	1 250(299)	1 506(360)	1 250(299)	1 250(299)	—
蛋白质/(g/100 kJ(g/100 kcal))	≥0.33 (1.4)	0.66～1.30 (2.8～5.4)	≥0.33 (1.4)	0.33～1.30 (1.4～5.4)	GB 5009.5
脂肪/(g/100 kJ(g/100 kcal))　≤	0.8(3.3)	1.1(4.6)	0.8(3.3)	0.8(3.3)	GB 5413.3
其中[c]：亚油酸(g/100 kJ) 月桂酸/(%总脂肪)　≤ 肉豆蔻酸/(%总脂肪)　≤	—	0.07～0.29 15.0 15.0	—	—	GB 5413.27
维生素 A/(μgRE/100 kJ(μgRE/100 kcal))	14～43(59～180)			—	GB 5413.9
维生素 D/(μg/100 kJ(μg/100 kcal))	0.25～0.75(1.05～3.14)			—	
维生素 B_1/(μg/100 kJ(μg/100 kcal))　≥	12.5(52.3)				GB 5413.11
钙/(mg/100 kJ(mg/100 kcal))　≥	12.0(50.2)	20.0(83.7)	12.0(50.2)	12.0(50.2)	GB 5413.21
铁/(mg/100 kJ(mg/100 kcal))	0.25～0.50(1.05～2.09)			—	
锌/(mg/100 kJ(mg/100 kcal))	0.17～0.46(0.71～1.92)			—	
钠/(mg/100 kJ(mg/100 kcal))　≤	24.0(100.4)				

[a] 婴幼儿饼干或其他婴幼儿谷物辅助食品如果选择添加维生素 A、维生素 D、铁、锌成分，其含量应符合表 2 中其他类别产品相应成分的要求。

[b] 能量的计算按每 100 g 产品中蛋白质、脂肪、碳水化合物的含量，分别乘以能量系数 17 kJ/g、37 kJ/g、17 kJ/g（膳食纤维的能量系数，按照碳水化合物能量系数的 50% 计算），所得之和为千焦/100 克(kJ/100 g)值，再除以 4.184 为千卡/100 克(kcal/100 g)值。

其中，碳水化合物的含量 A_1，按式(1)计算：

$$A_1 = 100 - (A_2 + A_3 + A_4 + A_5 + A_6) \quad \cdots\cdots(1)$$

式中：

A_1——碳水化合物的含量，g/100 g；

A_2——蛋白质的含量，g/100 g；

A_3——脂肪的含量，g/100 g；

A_4——水分的含量，g/100 g；

A_5——灰分的含量，g/100 g；

A_6——膳食纤维的含量，g/100 g。

[c] 仅适用于脂肪≥0.8 g/100 kJ 的产品。

5.4　可选择的营养成分指标

除了5.3基本的营养成分指标外，如果在产品中选择添加或标签中标示含有表3中的一种或多种成分，其含量应符合表3的规定。

如果在产品中添加除5.3和表3之外的其他物质，应符合国家相关规定。

表3　可选择的营养成分指标

项　　目	指　　标	检验方法
维生素E/(mg/100 kJ(mg/100 kcal))	0.08～1.20(0.33～5.02)	GB 5413.9
维生素B_2/(μg/100 kJ(μg/100 kcal))　≥	13.0(54.4)	GB 5413.12
维生素B_6/(μg/100 kJ(μg/100 kcal))　≥	8.4(35.1)	GB 5413.13
维生素B_{12}/(μg/100 kJ(μg/100 kcal))　≥	0.02(0.08)	GB 5413.14
烟酸/(μg/100 kJ(μg/100 kcal))　≥	83.7(350.2)	GB 5413.15
叶酸/(μg/100 kJ(μg/100 kcal))　≥	1.2(5.0)	GB 5413.16
泛酸/(μg/100 kJ(μg/100 kcal))　≥	50.4(210.9)	GB 5413.17
维生素C/(mg/100 kJ(mg/100 kcal))　≥	1.4(5.9)	GB 5413.18
生物素/(μg/100 kJ(μg/100 kcal))　≥	0.17(0.71)	GB 5413.19
磷/(mg/100 kJ(mg/100 kcal))	8.4～30.0(35.1～125.5)	GB 5413.22
碘/(μg/100 kJ(μg/100 kcal))	1.4～8.8(5.9～36.8)	GB 5413.23
钾/(mg/100 kJ(mg/100 kcal))	13～66(56～278)	GB 5413.21

5.5　如果在产品中添加碳水化合物(包括蔗糖、果糖、葡萄糖、葡萄糖浆或蜂蜜)，**碳水化合物添加限量**应符合表4的规定。

表4　碳水化合物添加限量

项　　目	指　　标			检验方法
	婴幼儿谷物辅助食品	婴幼儿高蛋白谷物辅助食品	婴幼儿饼干或其他婴幼儿谷物辅助食品	
碳水化合物添加总量/(g/100 kJ(g/100 kcal))　≤	1.8(7.5)	1.2(5.0)	1.8(7.5)	按配料计算
果糖添加量/(g/100 kJ(g/100 kcal))　≤	0.9(3.8)	0.6(2.5)	0.9(3.8)	

5.6　**其他指标**：应符合表5的规定。

表5　其他指标

项　　目	指　　标				检验方法
	婴幼儿谷物辅助食品	婴幼儿高蛋白谷物辅助食品	婴幼儿生制类谷物辅助食品	婴幼儿饼干或其他婴幼儿谷物辅助食品[a]	
水分/(%)　≤	6.0		13.5	6.0	GB 5009.3
不溶性膳食纤维/(%)　≤	5.0				GB 5413.6

[a] 水分指标不包括其他婴幼儿谷物辅助食品。

5.7　**污染物限量**：应符合表6的规定。

表6　污染物限量

项　　目		指　标	检验方法
铅/(mg/kg)	添加鱼类、肝类、蔬菜类的产品　≤	0.30	GB 5009.12
	其他产品　≤	0.20	
无机砷/(mg/kg)	添加藻类的产品　≤	0.30	GB/T 5009.11
	其他产品　≤	0.20	

表 6（续）

项　　目		指　标	检验方法
硝酸盐[a]（以 $NaNO_3$ 计）/(mg/kg)	≤	100	GB 5009.33
亚硝酸盐[b]（以 $NaNO_2$ 计）/(mg/kg)	≤	2	

a 硝酸盐指标不适用于添加蔬菜和水果的产品。

b 亚硝酸盐指标不适用于添加豆类的产品。

5.8 **真菌毒素限量**：应符合表 7 的规定。

表 7　真菌毒素限量

项　　目		指　　标	检验方法
黄曲霉毒素 B_1/(μg/kg)	≤	0.5	GB 5009.24

5.9 **微生物限量**：应符合表 8 的规定。

表 8　微生物限量

项目	采样方案[a]及限量(若非指定，均以 CFU/g 或 CFU/mL 表示)				检验方法
	n	*c*	*m*	*M*	
菌落总数[b]	5	2	1 000	10 000	GB 4789.2
大肠菌群	5	2	10	100	GB 4789.3 平板计数法
沙门氏菌	5	0	0/25 g	—	GB 4789.4

a 样品的分析及处理按 GB 4789.1 执行。

b 不适用于婴幼儿生制类谷物辅助食品和添加活性菌种(好氧和兼性厌氧益生菌)的产品[产品中活性益生菌的活菌数应≥10^6 CFU/g(mL)]。

5.10 **食品添加剂和营养强化剂**

5.10.1 食品添加剂和营养强化剂质量应符合相应的安全标准和有关规定。

5.10.2 食品添加剂和营养强化剂的使用应符合 GB 2760 和 GB 14880 的规定。

5.11 **脲酶活性**：含有大豆成分的产品中脲酶活性应符合表 9 的规定。

表 9　脲酶活性指标

项　　目	指标	检验方法
脲酶活性定性测定	阴性	GB/T 5413.31

6 其他

6.1 产品标签应符合 GB 13432 的规定，营养成分表的标识应增加“100 千焦(100 kJ)”含量的标示。

6.2 标签中应按 4.1～4.4 的规定标明产品的类别名称，如“婴幼儿高蛋白谷物辅助食品”等。

6.3 对 4.1 婴幼儿谷物辅助食品应在标签中标明“需用牛奶或其他含蛋白质的适宜液体冲调”或类似文字。

中华人民共和国国家标准

GB 10770—2010

食品安全国家标准
婴幼儿罐装辅助食品

National food safety standard

Canned complementary foods for infants and young children

2010-03-26 发布　　2011-04-01 实施

中华人民共和国卫生部　发布

前　言

本标准对应于国际食品法典委员会(CAC)的标准 Codex Stan 73-1981(Amendment 1985,1987,1989) Codex Standard for Canned Baby Food,本标准与 Codex Stan 73-1981 的一致性程度为非等效。

本标准代替 GB 10775—1989《婴幼儿辅助食品　苹果泥》、GB 10776—1989《婴幼儿辅助食品　胡萝卜泥》、GB 10777—1989《婴幼儿辅助食品　肉泥》、GB 10778—1989《婴幼儿辅助食品　骨泥》、GB 10779—1989《婴幼儿辅助食品　鸡肉菜糊》、GB 10780—1989《婴幼儿辅助食品　番茄汁》。

本标准与 GB 10775—1989、GB 10776—1989、GB 10777—1989、GB 10778—1989、GB 10779—1989 和 GB 10780—1989 六项标准相比,主要变化如下:

——将六项标准整合为一项标准,标准名称改为《婴幼儿罐装辅助食品》;

——修改了标准中的各项条款。

本标准所代替标准的历次版本发布情况为:

——GB 10775—1989;

——GB 10776—1989;

——GB 10777—1989;

——GB 10778—1989;

——GB 10779—1989;

——GB 10780—1989。

食品安全国家标准

婴幼儿罐装辅助食品

1 范围

本标准适用于6月龄以上婴儿和幼儿食用的婴幼儿罐装辅助食品。

2 规范性引用文件

本标准中引用的文件对于本标准的应用是必不可少的。凡是注日期的引用文件，仅所注日期的版本适用于本标准。凡是不注日期的引用文件，其最新版本(包括所有的修改单)适用于本标准。

3 术语和定义

3.1 婴儿 infant

指0～12月龄的人。

3.2 幼儿 young children

指12～36月龄的人。

3.3 婴幼儿罐装辅助食品 canned complementary foods for infants and young children

食品原料经处理、灌装、密封、杀菌或无菌灌装后达到商业无菌，可在常温下保存的适于6月龄以上婴幼儿食用的食品。

4 产品分类

4.1 泥(糊)状罐装食品

吞咽前不需咀嚼的泥(糊)状婴幼儿罐装食品。

4.2 颗粒状罐装食品

含有5 mm以下的碎块，颗粒大小应保障不会引起婴幼儿吞咽困难、稀稠适中的婴幼儿罐装食品。

4.3 汁类罐装食品

呈液体状态的婴幼儿罐装食品。

5 技术要求

5.1 原料要求

产品中所使用的原料应符合相应的安全标准和/或相关规定，应保证婴幼儿的安全，满足营养需要，不应使用危害婴幼儿营养与健康的物质。

与产品直接接触的生产用水应符合GB 5749的要求。

畜肉和禽肉类、鱼类原料应去掉骨、鳞、刺等不适宜婴幼儿食用的物质；对植物来源的原料必要时去除粗纤维。

水果、蔬菜类原料应使用未腐败变质的优质原料或其制品；畜肉和禽肉类、鱼类原料应使用新鲜或冷冻的优质原料或其制品。

不应使用经辐照处理过的原料。

不应使用氢化油脂。

不应使用香辛料。

5.2 **感官要求**:应符合表1的规定。

表1 感官要求

项　　目	要　　求	检验方法
色泽	符合相应产品的特性。	GB/T 10786
滋味、气味	符合相应产品的特性。	
组织状态	符合相应产品的特性,不应有正常视力可见的外来异物,不应含有骨、鳞、刺等不适宜婴幼儿食用的物质。	

5.3 **理化指标**:应符合表2的规定。

表2 理化指标

项　　目		指　　标			检验方法
		产品[a]	产品[b]	产品[c]	
配料比/(%)	≥	40[d]	8[e]	—	按配料计算
蛋白质/(g/100 kJ(g/100 kcl))[f]	≥	1.7(7)	0.7(3)	—	GB 5009.5
脂肪[g]/(g/100 kJ(g/100 kcl))[f]	≤	1.4(6)	1.4(6)	—	GB/T 5009.6
氯化钠		—	—	不应添加[h]	—
总钠[i]/(mg/100 g)	≤	200			GB 5413.21

[a] 畜肉、禽肉、鱼肉或动物内脏是产品中除水以外的唯一配料或唯一蛋白质来源的产品,不包括汁类产品;

[b] 畜肉、禽肉、鱼肉、动物内脏等分别(或组合)与水果或蔬菜混合制作的产品,不包括汁类产品;

[c] a和b之外的产品;

[d] 畜肉、禽肉、鱼肉或动物内脏等配料量占产品总质量的百分比;

[e] 在畜肉、禽肉、鱼肉或动物内脏等配料中,含量最多的配料占产品总质量的百分比;

[f] 能量值参照GB 10769中的方法计算;

[g] 仅适用于含畜肉、禽肉、鱼肉、动物内脏等肉类原料的产品;

[h] 仅适用于水果类产品;

[i] 以即食状态计。

5.4 **污染物限量**:应符合表3的规定。

表3 污染物限量

项　　目			指　　标	检验方法
铅/(mg/kg)	以水产及动物肝脏为原料的产品	≤	0.30	GB 5009.12
	其他原料的产品	≤	0.25	
无机砷/(mg/kg)	以水产及动物肝脏为原料的产品	≤	0.30	GB/T 5009.11
	其他原料的产品	≤	0.10	
汞/(mg/kg)		≤	0.02	GB/T 5009.17
锡[a]/(mg/kg)		≤	50	GB/T 5009.16
硝酸盐(以 $NaNO_3$ 计)[b]/(mg/kg)		≤	200	GB 5009.33
亚硝酸盐(以 $NaNO_2$ 计)[c]/(mg/kg)		≤	4	

[a] 仅适用于镀锡包装婴幼儿罐装辅助食品。

[b] 硝酸盐指标不适用于以蔬菜和水果为主要原料、仅添加其他少量辅料制成的婴幼儿罐装辅助食品。

[c] 亚硝酸盐指标不适用于豆类婴幼儿罐装辅助食品。

5.5 **微生物要求**:应符合罐头食品商业无菌的要求,按 GB/T 4789.26 规定的方法检验;番茄酱与番茄汁产品还应符合表 4 的规定。

表 4 微生物限量

项 目		采样方案[a]及限量(CFU/g 或 CFU/mL)	检验方法
霉菌/(%视野)	≤	40	GB 4789.15
[a] 样品的分析及处理按 GB 4789.1 执行。			

5.6 **食品添加剂和营养强化剂**

5.6.1 食品添加剂和营养强化剂质量应符合相应的安全标准和有关规定。

5.6.2 食品添加剂和营养强化剂的使用应符合 GB 2760 和 GB 14880 的规定。

6 其他

6.1 产品标签应符合 GB 13432 的规定;营养成分表的标识应增加"100 千焦(100 kJ)"含量的标示。

6.2 标签中应标明适宜食用的婴幼儿月龄、食用方法及食用注意事项。

6.3 汁类罐装食品应标明产品中所含果蔬原汁或原浆的含量。

ICS 79.120.10
J 65

中华人民共和国国家标准

GB/T 10961—2010
代替 GB/T 10961—1989

木工机床　操作指示形象化符号

Woodworking machines—Symbols for indications

2010-11-10 发布　　2011-03-01 实施

中华人民共和国国家质量监督检验检疫总局
中国国家标准化管理委员会　发布

前　言

本标准是对 GB/T 10961—1989《木工机床　操作指示形象化符号》的修订；

本标准与 GB/T 10961—1989 相比有如下差异：

——增加了前言；

——按现行图形符号数据库的绘制方法，增加了图形符号的“四周角边方框”；

——标准的结构进行了调整，增加了第 2 章“引用标准”，取消了原标准的第 2 章“运动及速度符号”、第 3 章“元件及机构符号”、第 4 章“操作符号、第 5 章“安全与警告符号”、第 6 章“其他符号”，将这 5 章的内容并入本标准的第 3 章。原标准的第 7 章改为本标准的第 4 章；

——增加了所有符号的英文名称；

——对原标准中一些符号进行了修改；

——增加了一些操作指示形象化图形符号；

——删除了原标准中的 2.21～2.23；3.15～3.17；3.32～3.34；3.39；3.41～3.43；4.3，4.45～4.48；5.10；6.14；6.16～6.27。

——本标准代替 GB/T 10961—1989。

本标准的附录 A 是资料性附录。

本标准由中国机械工业联合会提出。

本标准由全国木工机床与刀具标准化技术委员会(SAC/TC 84)归口。

本标准起草单位：福州木工机床研究所、福建省机械科学研究院。

本标准起草人：汤镜亮、郑宗鉴、叶智诚。

本标准所代替标准的历次版本发布情况为：

——GB/T 10961—1989。

木工机床　操作指示形象化符号

1　范围

本标准规定了木工机床用各种操作指示符号。

本标准适用于木工机床(以下简称机床)的操作指示标牌、操作面板和标志。

2　规范性引用文件

下列文件中的条款通过本标准的引用而成为本标准的条款。凡是注日期的引用文件,其随后所有的修改单(不包括勘误的内容)或修订版均不适用于本标准,然而,鼓励根据本标准达成协议的各方研究是否可使用这些文件的最新版本。凡是不注日期的引用文件,其最新版本适用于本标准。

GB 2894—2008　安全标志及其使用导则

GB/T 4205—2003　人机界面(MMI)操作规则(IEC 60447:1993,IDT)

GB/T 4460—1984　机械制图　机构运动简图符号(eqv,ISO 3952-1:1981;ISO 3952-2:1981)

GB/T 4728.2—2005　电气简图用图形符号　第2部分:符号要素、限定符号和其他常用符号(IEC 60617,IDT)

GB/T 5465.2—2008　电气设备用图形符号　第2部分:图形符号(IEC 60417 DB:2007)

ISO 7000:2004　设备用图形符号　索引及概要

3　操作指示符号

3.1　运动及速度符号

序号	符号	符号名称		备注
		中文	英文	
3.1.1	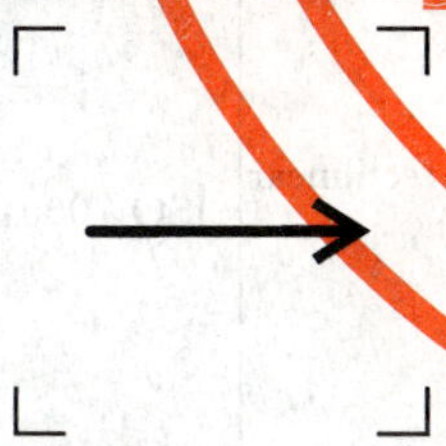	直线运动	rectilinear motion	
3.1.2	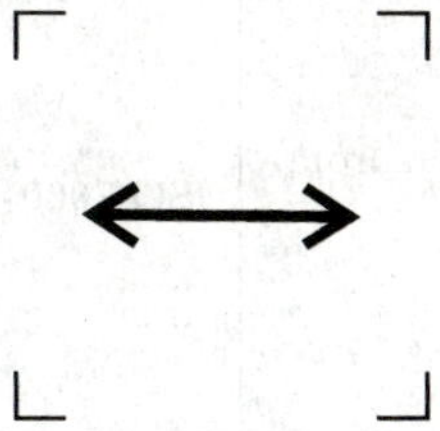	双向直线运动	rectilinear motion in two directions	
3.1.3	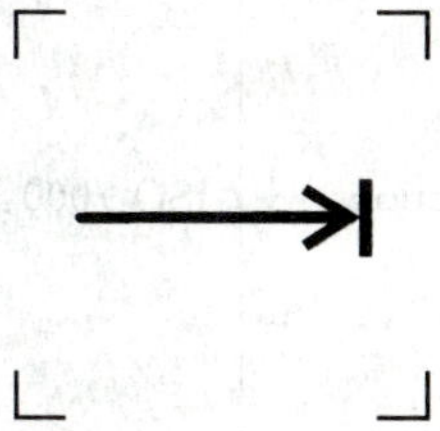	限位直线运动	limited rectilinear motion	ISO 7000:0001

序号	符号	符号名称		备注
		中文	英文	
3.1.4	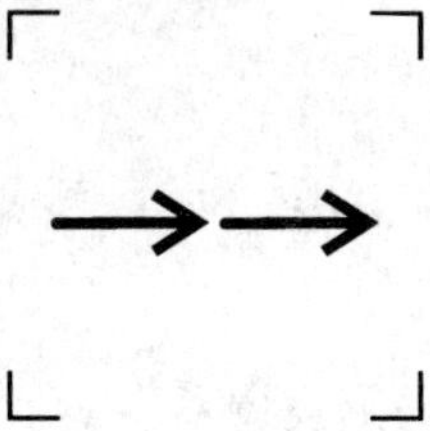	间歇直线运动(直线点动)	interrupted rectilinear motion	ISO 7000:0252
3.1.5		直线重复定位	rectilinear repeated positioning	ISO 7000:0254
3.1.6		旋转重复定位	rotary repeated posioning	ISO 7000:0436
3.1.7	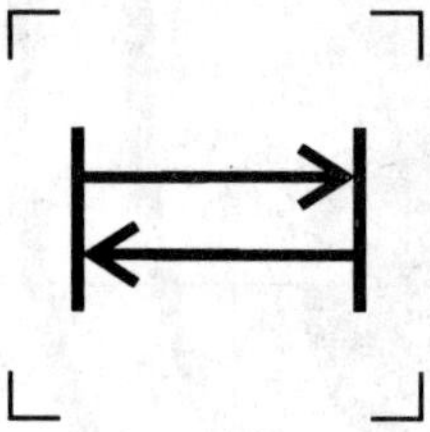	限位直线运动及返回	limited rectilinear motion and return	ISO 7000:0002
3.1.8	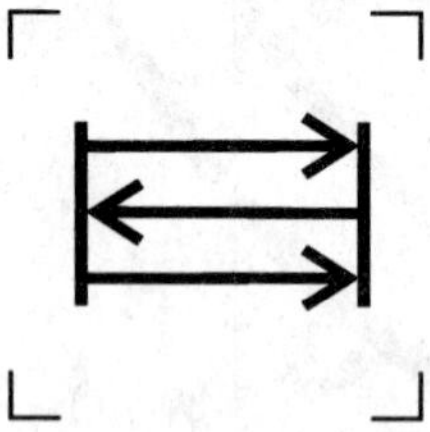	限位连续往复直线运动	limited reciprocating rectilinear motion (continuous)	ISO 7000:0003
3.1.9	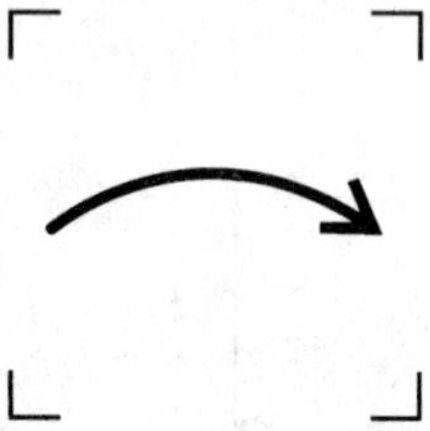	连续转动方向	direction of continuous rotation	ISO 7000:0004
3.1.10	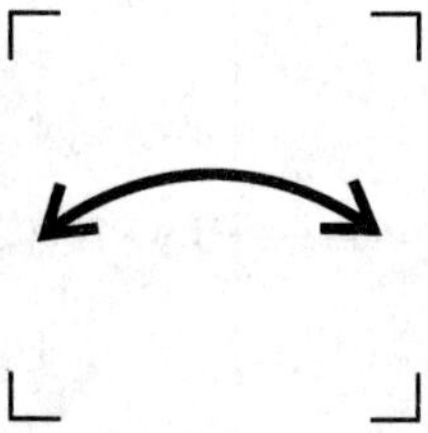	双向转动	rotation in two directions	ISO 7000:0005

序号	符号	符号名称		备注
		中文	英文	
3.1.11	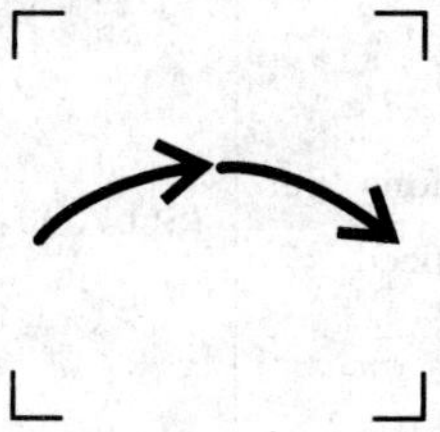	间歇转动(圆周点动)	interrupted rotation	ISO 7000:0431
3.1.12	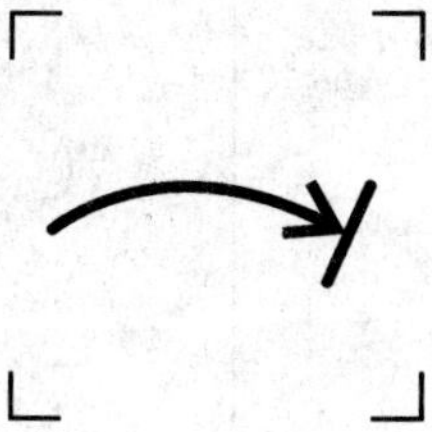	限位转动	limited rotation	ISO 7000:0006
3.1.13	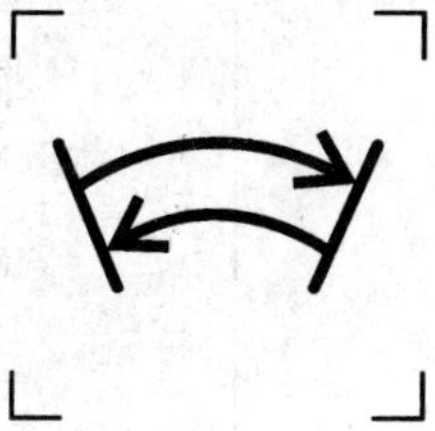	限位转动及返回(限位摆动)	limited rotation and return	ISO 7000:0007
3.1.14	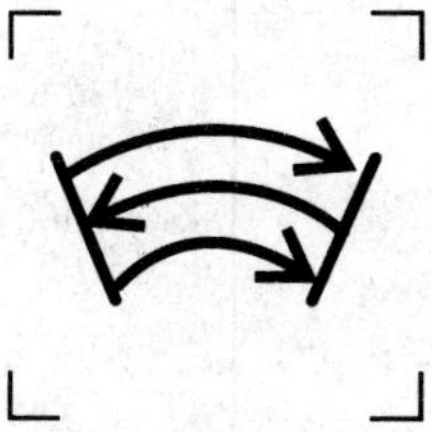	限位连续摆动	oscillating rotary movement (continuous)	ISO 7000:0008
3.1.15	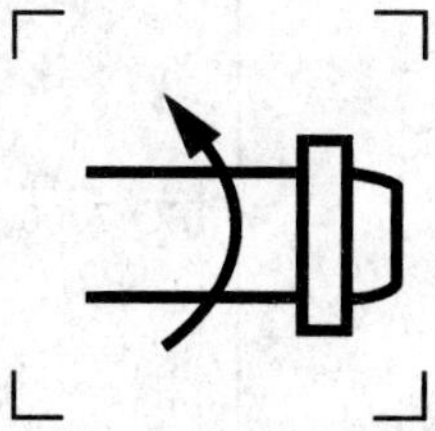	主轴旋转方向	direction of rotation spindle	
3.1.16	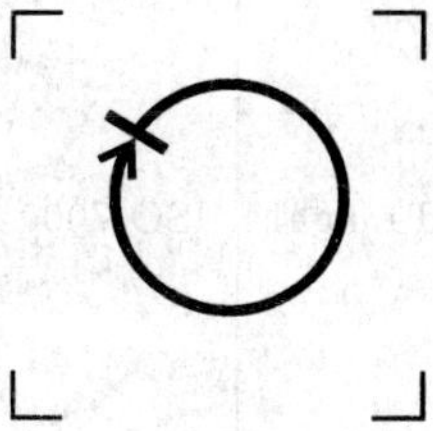	一转	one revolution	ISO 7000:0009

序号	符号	符号名称		备注
		中文	英文	
3.1.17	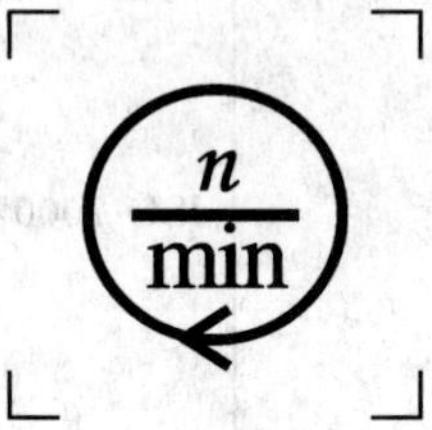	每分钟转数(旋转速度)	number of revolutions per minute, rotational speed	ISO 7000:0010
3.1.18	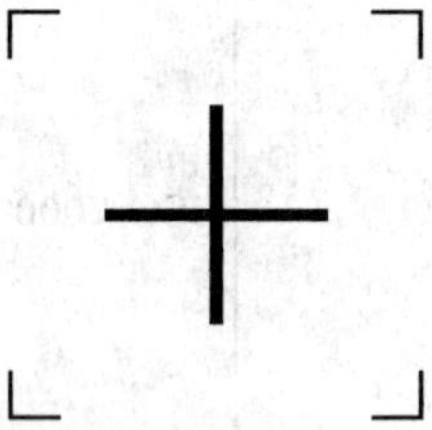	增值	increase in value	
3.1.19	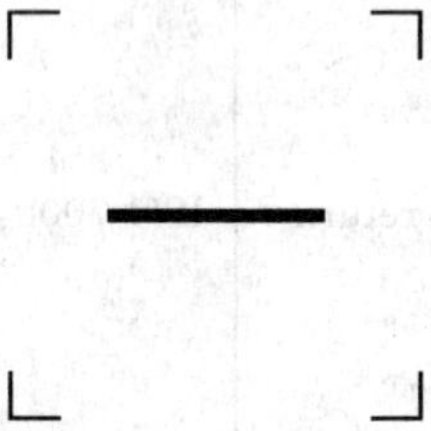	减值	decrease in value	
3.1.20		快速移动	rapid traverse	ISO 7000:0266
3.1.21		进给	feed	ISO 7000:0259
3.1.22		每分钟进给量(进给 1)	feed per minute, feed range1	ISO 7000:0265

序号	符号	符号名称		备注
		中文	英文	
3.1.23	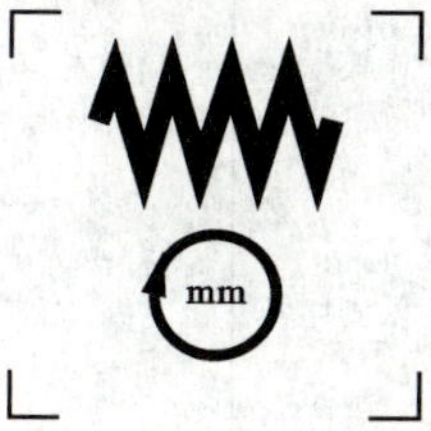	每转进给量	feed per revolution	ISO 7000:0263
3.1.24		每行程进给量	feed per stroke	ISO 7000:0264
3.1.25		纵向进给	longitudinal feed	ISO 7000:0260
3.1.26	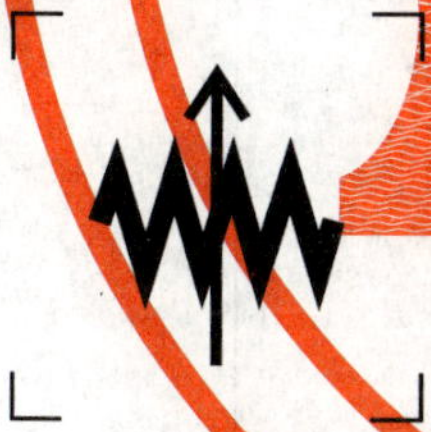	横向进给	transverse feed	ISO 7000:0261
3.1.27		垂直进给	vertical feed	ISO 7000:0262
3.1.28		圆周进给、切向进给	circular feed;tangent feed	

序号	符号	符号名称		备注
		中文	英文	
3.1.29	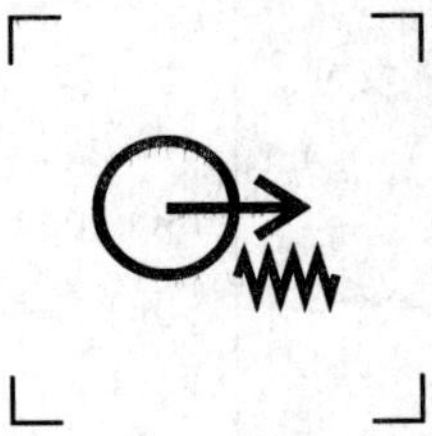	径向进给	radial feed	
3.1.30	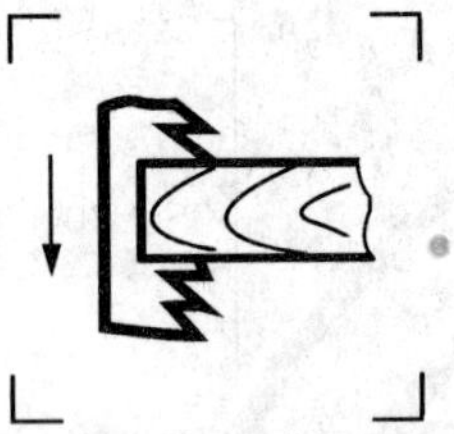	带锯切削	belt saw cutting	
3.1.31	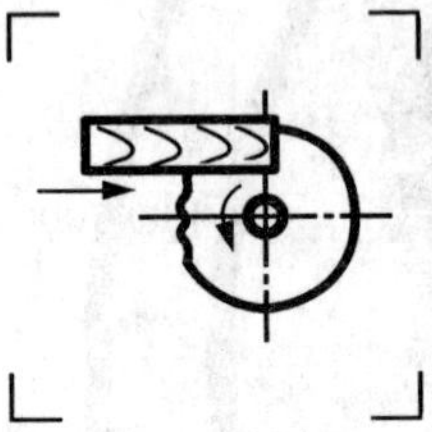	圆锯切削	circular saw cutting	
3.1.32	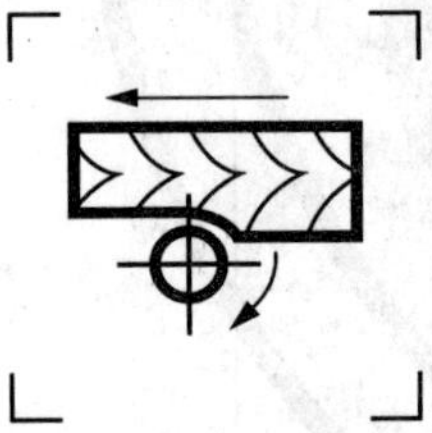	平刨切削	surface planing	
3.1.33	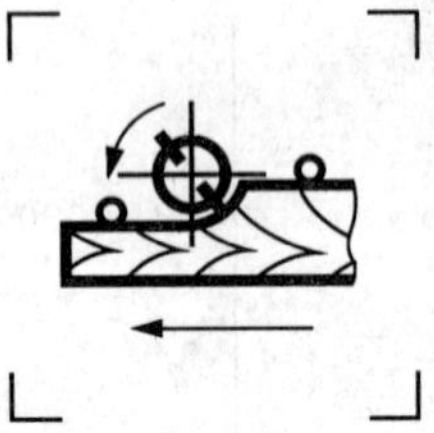	压刨切削	thicknessing	
3.1.34	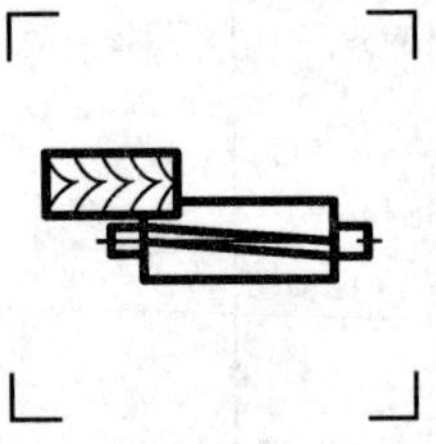	平刨裁口	rabbeting by planing	

序号	符号	符号名称		备注
		中文	英文	
3.1.35	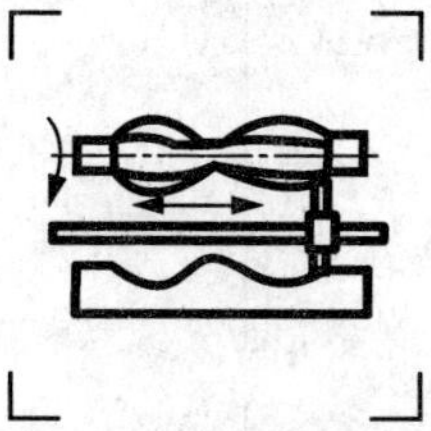	仿形车削	profiling by turning	
3.1.36	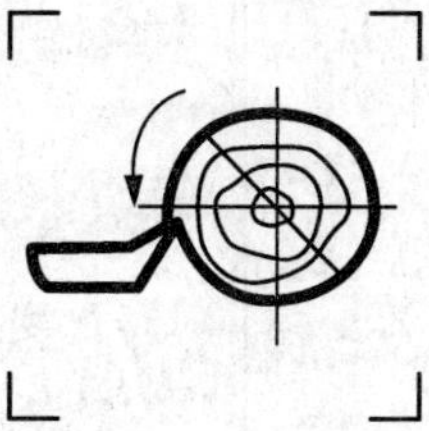	外圆车削	external cylindrical turning	
3.1.37	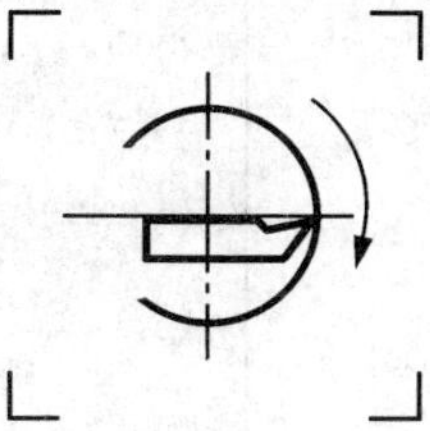	内圆车削	internal cylindrical turning	
3.1.38	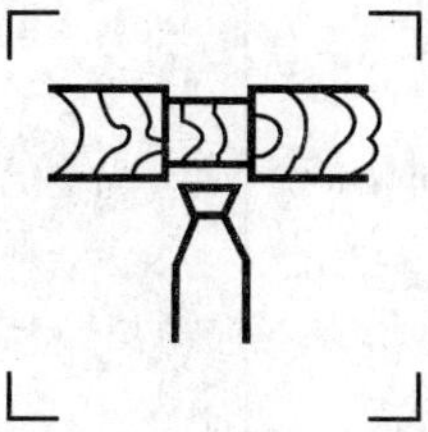	切槽、切断	grooving;cutting off	
3.1.39	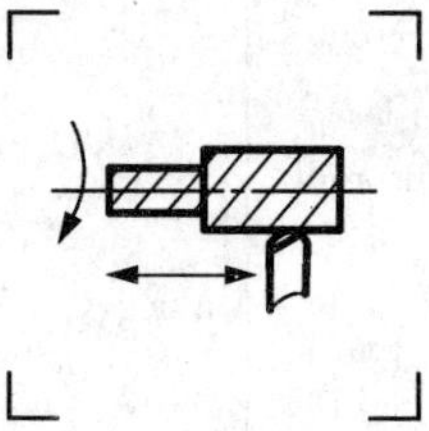	纵向车削	longitudinal turning	
3.1.40	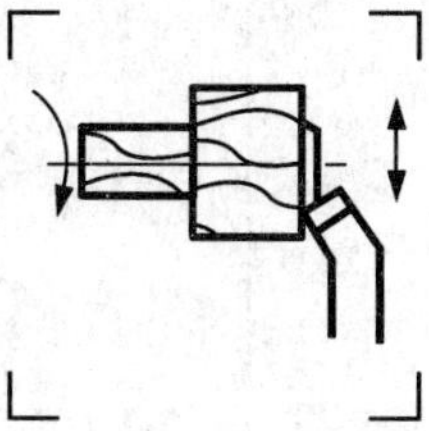	端面车削	face turning	

序号	符号	符号名称		备注
		中文	英文	
3.1.41	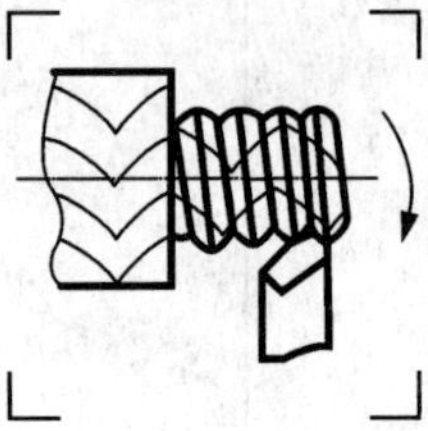	螺纹车削	threading	
3.1.42		铣削	milling	
3.1.43	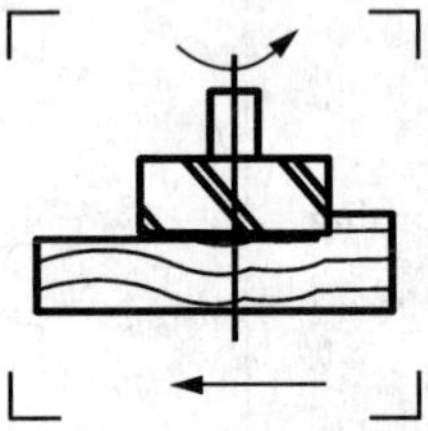	端铣	end milling	
3.1.44		逆铣	conventional milling, up cut milling	
3.1.45		顺铣	climb milling, down cut milling	
3.1.46	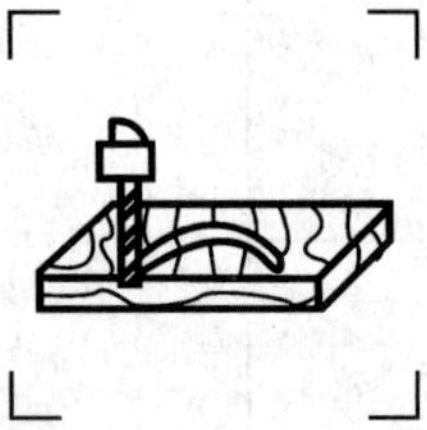	仿形铣削	profiling	

序号	符号	符号名称		备注
		中文	英文	
3.1.47	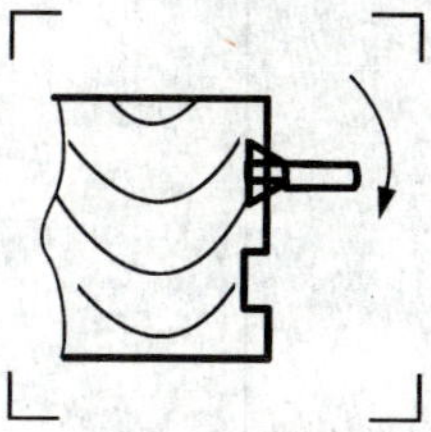	铣削燕尾榫	dovetailing	
3.1.48	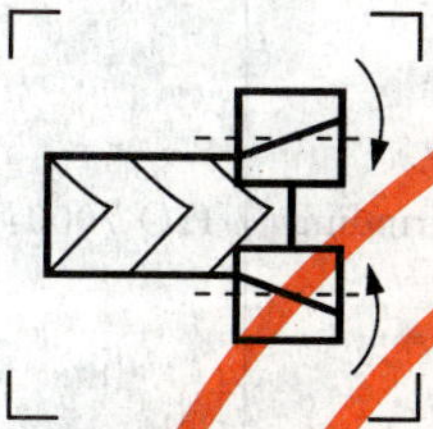	铣削直榫	straight tenoning	
3.1.49		铣削指接榫	finger-shaped tenoning	
3.1.50	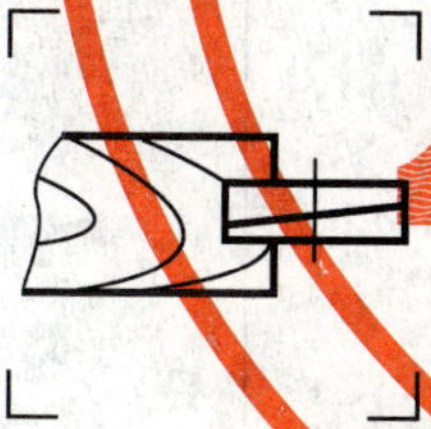	铣削开槽	slotting	
3.1.51	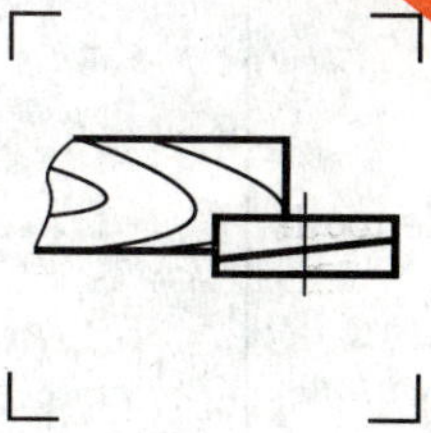	铣削裁口	rabbeting by milling	
3.1.52	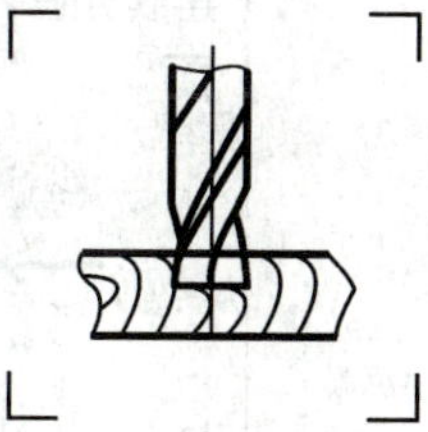	钻削	boring	

序号	符号	符号名称		备注
		中文	英文	
3.1.53	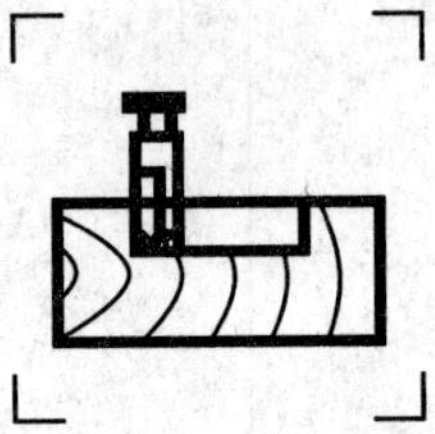	榫槽切削	slot mortising	
3.1.54	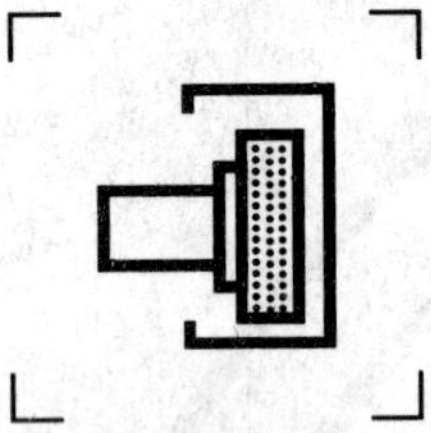	内圆磨削	internal cylindrical grinding	ISO 7000:0376
3.1.55	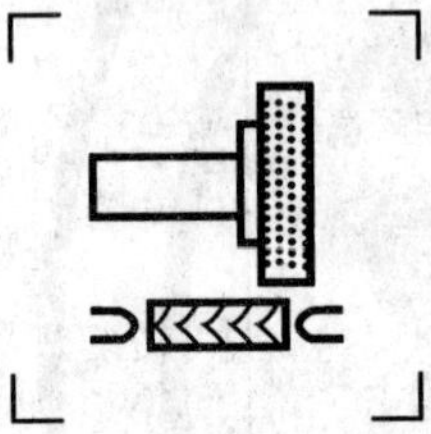	外圆磨削	external cylindrical grinding	
3.1.56	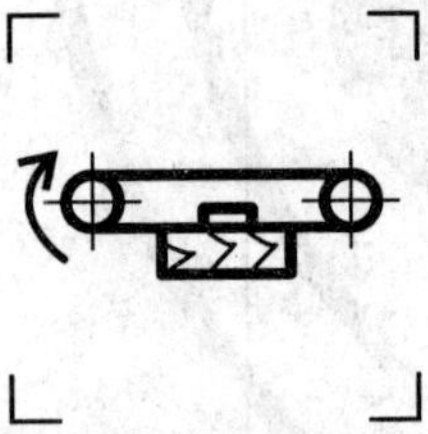	砂带平面磨削	face grinding with sand belt	
3.1.57	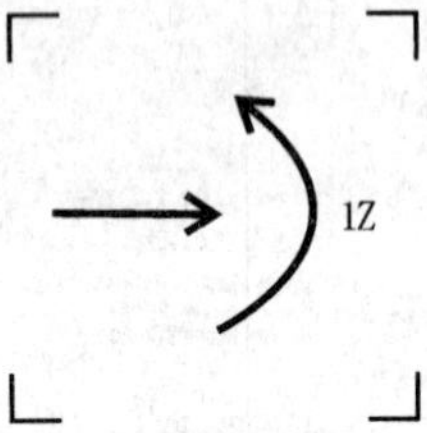	分一齿;分单齿	tooth punching;single tooth	
3.1.58	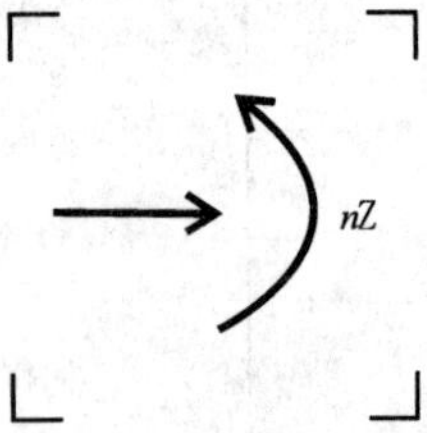	分 *n* 齿	teeth punching,teeth	连续分齿: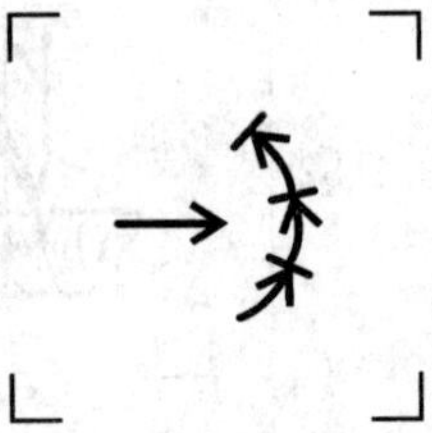

序号	符号	符号名称		备注
		中文	英文	
3.1.59		磨锯齿	grinding teeth	
3.1.60		磨齿前面	grinding front teeth	
3.1.61	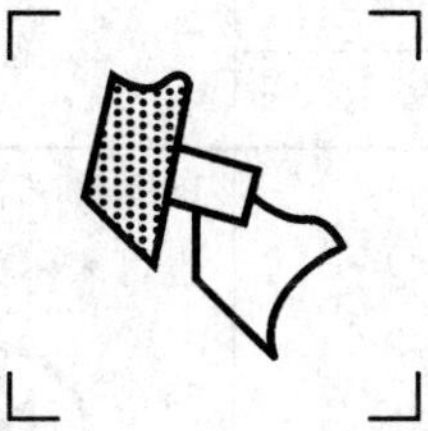	磨齿后面	grinding hind teeth	
3.1.62	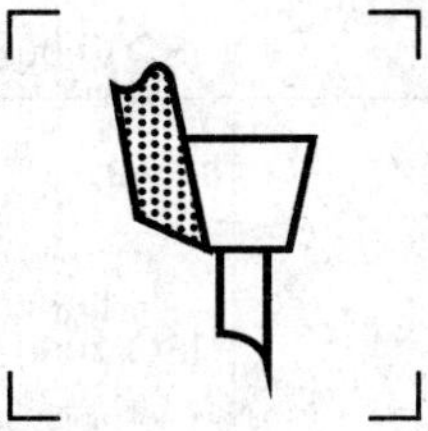	磨齿侧面	grinding tooth side	
3.1.63	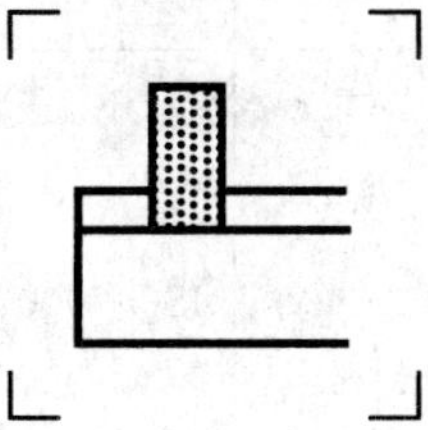	磨削刨刀	grinding blade	
3.1.64	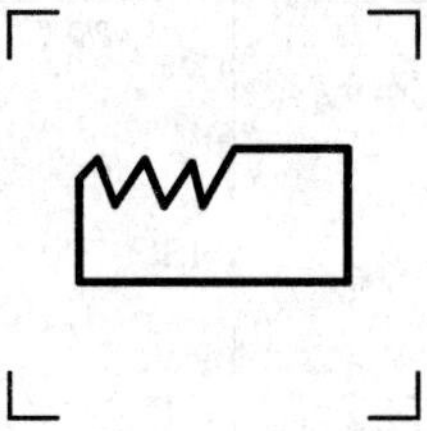	冲齿加工	teeth punching	

序号	符号	符号名称		备注
		中文	英文	
3.1.65	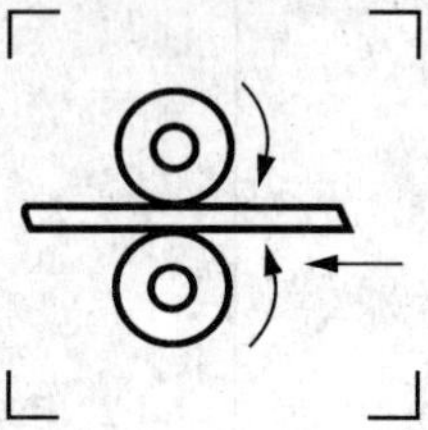	锯条辊压	saw blade rolling	
3.1.66	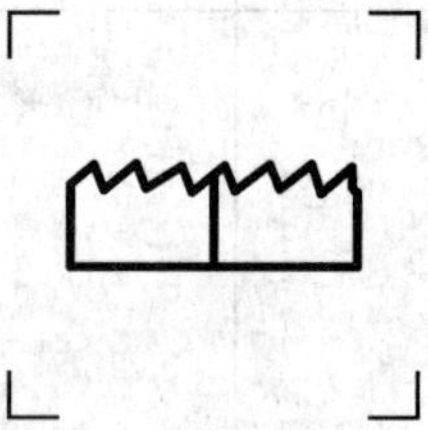	锯条焊接	saw blade welding	

3.2 元件及结构符号

序号	符号	符号名称		备注
		中文	英文	
3.2.1	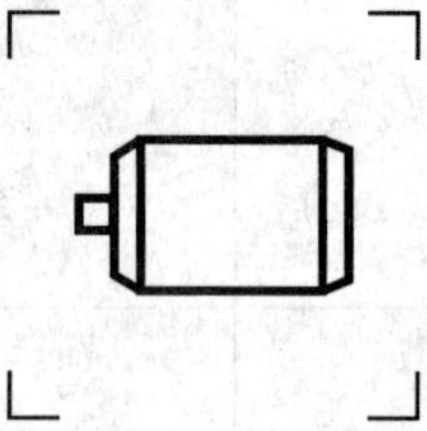	电动机	electric motor	ISO 7000:0011 也可表示为：  ISO 7000:0147
3.2.2	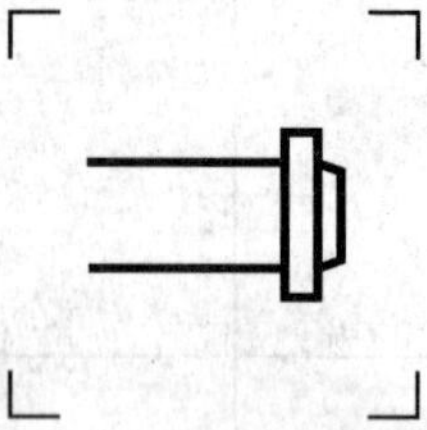	主轴	spindle	ISO 7000:0267
3.2.3	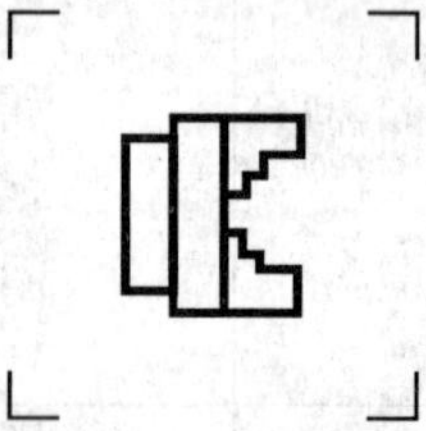	卡盘	chuck	ISO 7000:0274
3.2.4	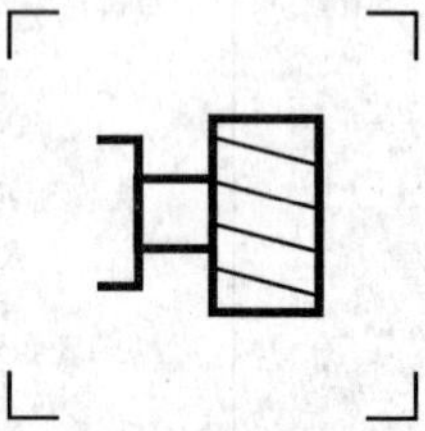	铣床主轴	spindle, milling	ISO 7000:0269

序号	符号	符号名称		备注
		中文	英文	
3.2.5	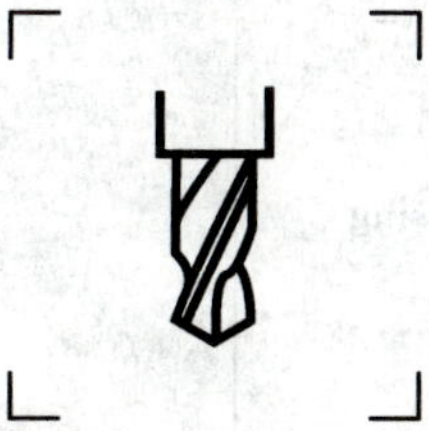	钻床主轴	spindle,drilling	ISO 7000:0268
3.2.6	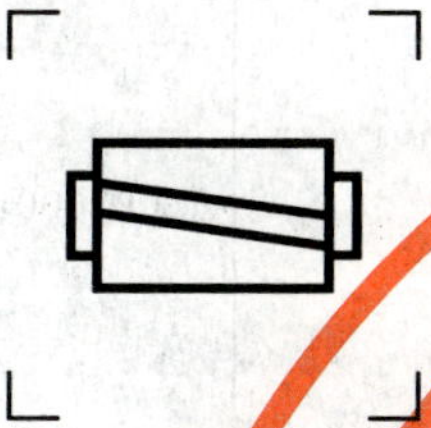	刨刀轴,不带刀片	cutterblock, without blades	ISO 7000:0293
3.2.7	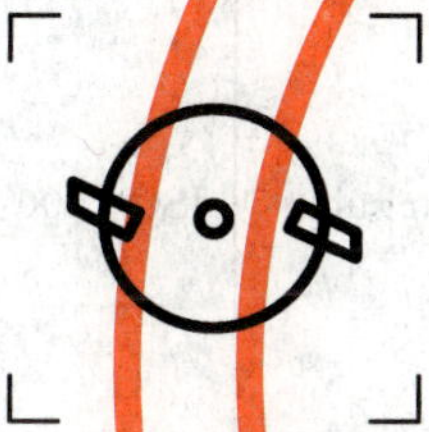	刨刀轴,带刀片	cutterblock, with blades	ISO 7000:0294
3.2.8	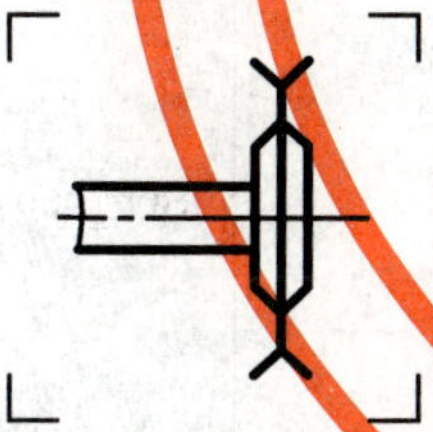	锯切主轴	spindle ,sawing	
3.2.9	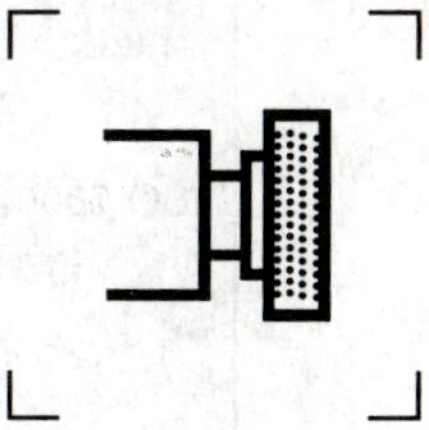	磨削主轴	spindle,grinding	ISO 7000:0270
3.2.10	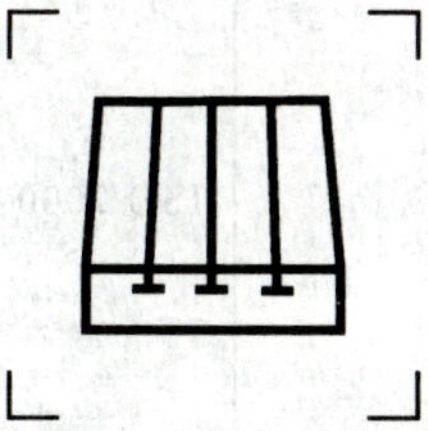	矩形工作台	work table,rectangular	ISO 7000:0282

序号	符号	符号名称		备注
		中文	英文	
3.2.11		压刨工作台	work table,thicknessing	
3.2.12	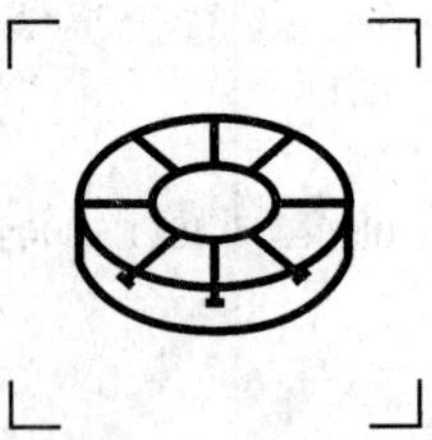	圆形工作台	work table,round	ISO 7000:0284
3.2.13		矩形电磁吸盘	magnetic plate,rectangular	ISO 7000:0283
3.2.14	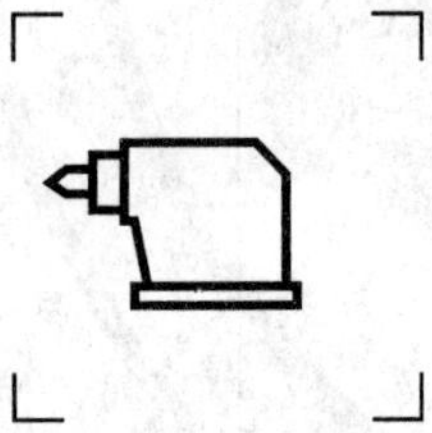	尾座	tailstock	ISO 7000:0278
3.2.15	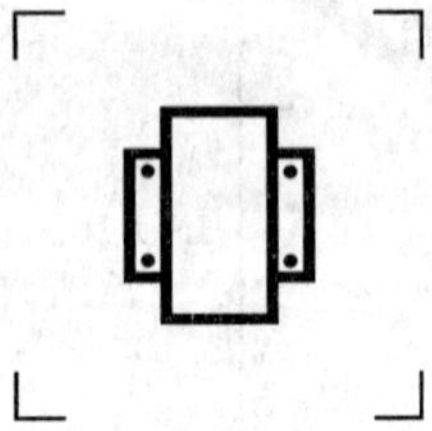	滑枕	press slide	ISO 7000:0280
3.2.16	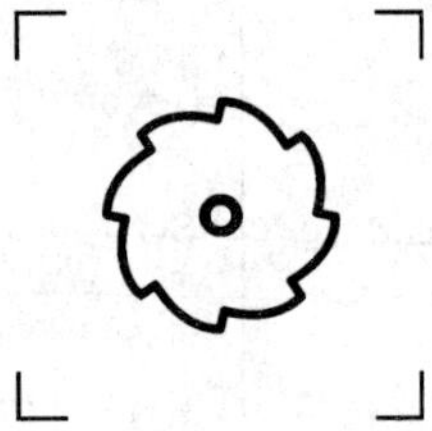	圆锯片	circular saw	ISO 7000:0289

序号	符号	符号名称		备注
		中文	英文	
3.2.17		链锯	chain saw	ISO 7000:0304
3.2.18	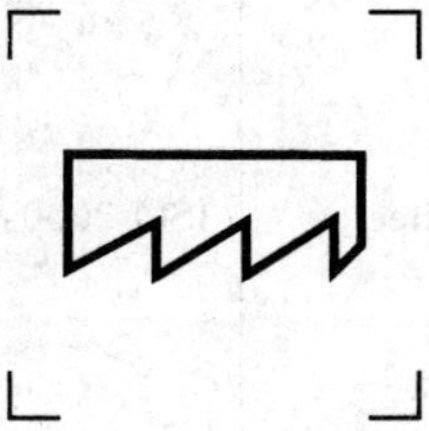	锯条	saw blade	ISO 7000:0303
3.2.19	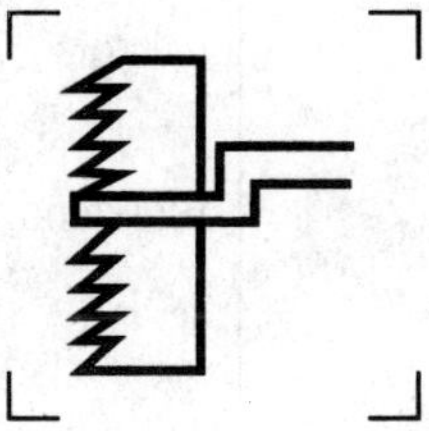	锯卡	saw guide	
3.2.20		卡木桩	head block	
3.2.21		锯轮	saw wheel	
3.2.22	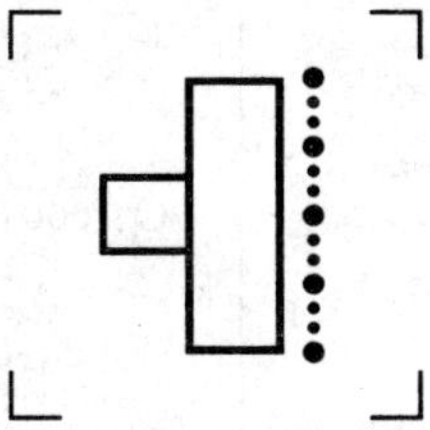	砂盘	abrasive disc	ISO 7000:0298

序号	符号	符号名称		备注
		中文	英文	
3.2.23	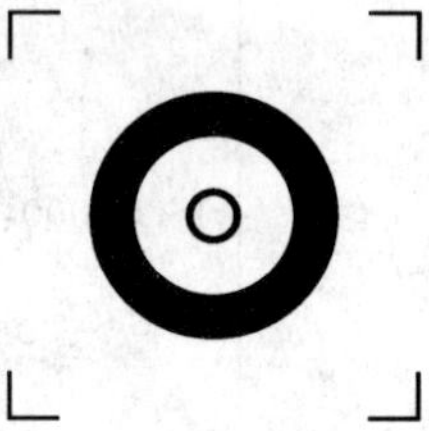	进给辊	feed roller	
3.2.24	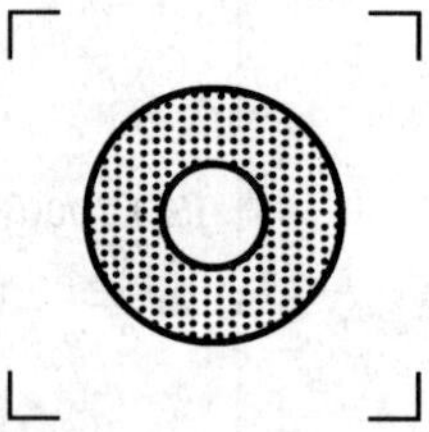	砂轮	grinding/abrasive wheel	ISO 7000:0295
3.2.25	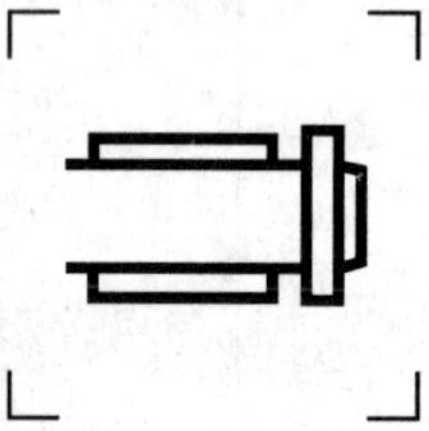	套筒	quill	ISO 7000:0272
3.2.26		砂带	abrasive band	ISO 7000:0299
3.2.27	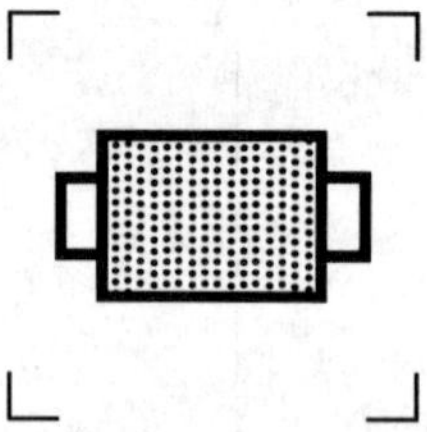	砂辊	abrasive roller	
3.2.28		抛光轮	polishing wheel	ISO 7000:0306

序号	符号	符号名称		备注
		中文	英文	
3.2.29		旋转刷	rotary brush	ISO 7000:0307
3.2.30		链	chain	ISO 7000:0311
3.2.31		输送带	conveyer belt	ISO 7000:0229
3.2.32		工件支架	workpiece support	中心架:
3.2.33	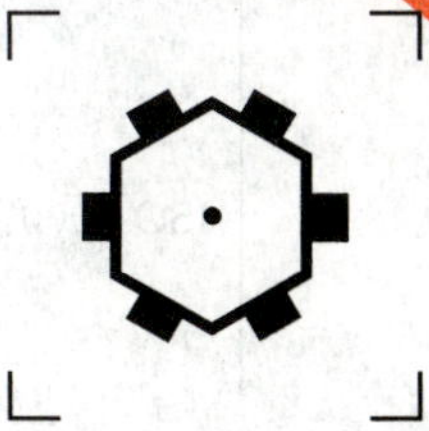	回转刀架	turret	ISO 7000:0279
3.2.34	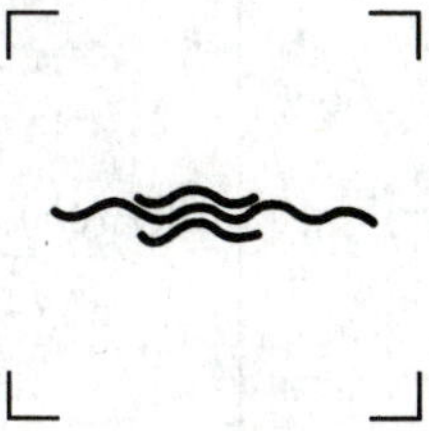	丝杆	lead screw	GB/T 4460:A.4.1

序号	符号	符号名称		备注
		中文	英文	
3.2.35		滚珠丝杠	lead screw with balls	GB/T 4460:A.4.3
3.2.36	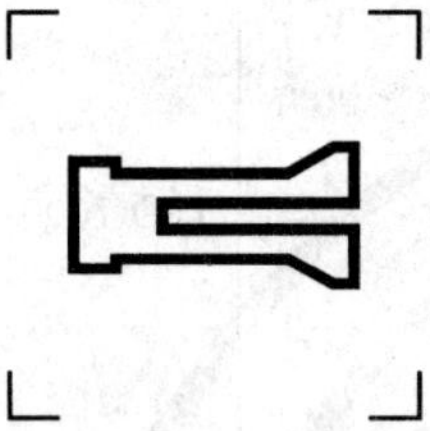	弹簧夹头	collet	ISO 7000:0276
3.2.37		离合器	clutch	
3.2.38	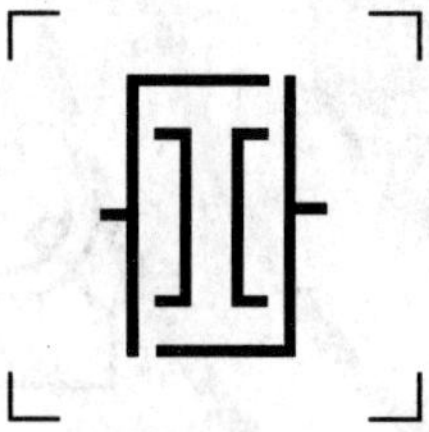	电磁离合器	electromagnetic clutch	
3.2.39		旋转刀具	rorary tools	ISO 7000:0286
3.2.40	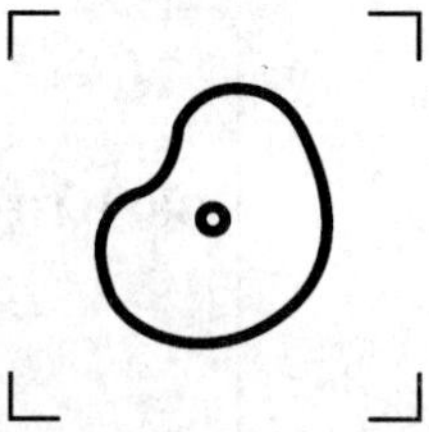	凸轮	cam	ISO 7000:0016

序号	符号	符号名称		备注
		中文	英文	
3.2.41		工作灯	working light	ISO 7000:1142
3.2.42		指示灯	signal lamp	GB/T 5465.2:5115
3.2.43	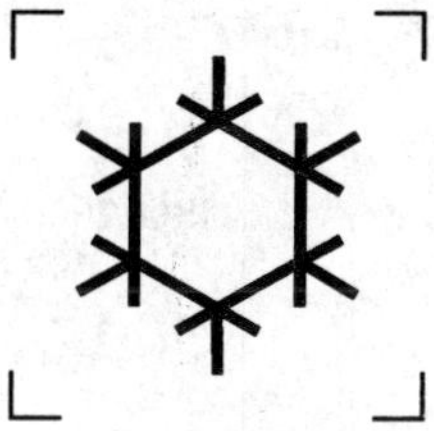	冷却	cooling	ISO 7000:0027
3.2.44	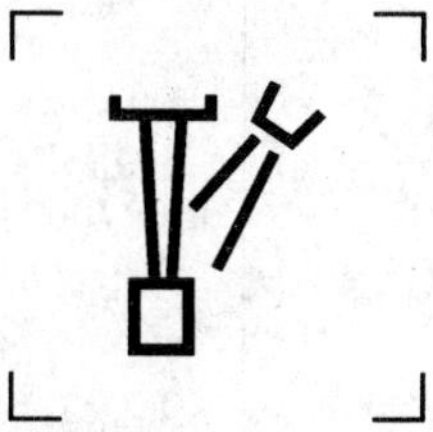	水冷却	water-cooling	ISO 7000:1856
3.2.45		空气冷却	air-cooling	ISO 7000:1857
3.2.46		喷射冷却	spray-cooling	ISO 7000:1858

序号	符号	符号名称		备注
		中文	英文	
3.2.47	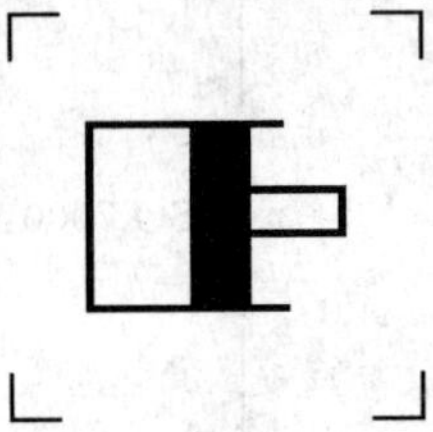	液动	hydraulic drive	
3.2.48	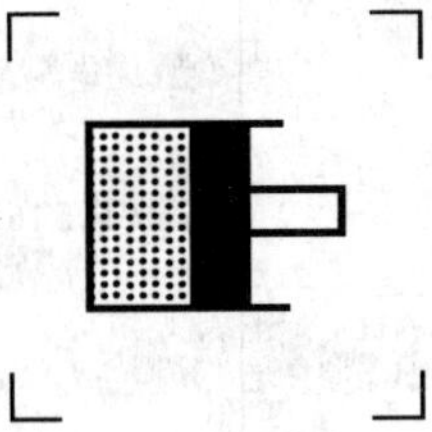	气动	pneumatic drive	
3.2.49	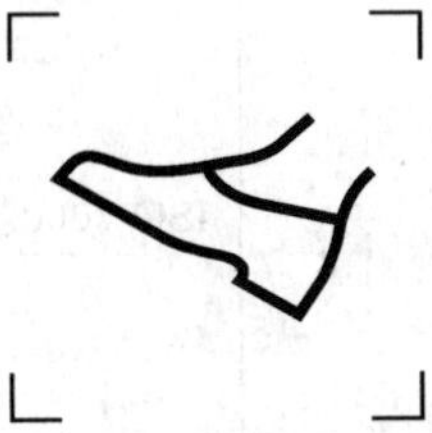	脚踏开关	foot-operated	ISO 7000:1853
3.2.50	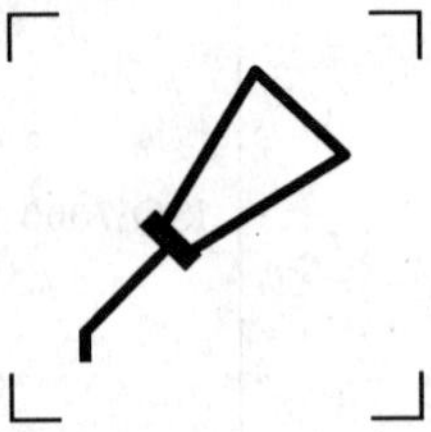	油润滑	lubricating oil	ISO 7000:0391
3.2.51	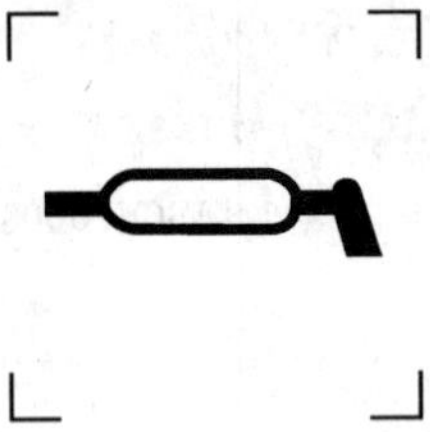	油脂润滑	lubricant grease	ISO 7000:0787
3.2.52		液压马达	hydraulic motor	

序号	符号	符号名称		备注
		中文	英文	
3.2.53		泵(液压泵)	pump(liquid pump)	ISO 7000:0134
3.2.54		冷动泵	coolant pump	ISO 7000:0355
3.2.55		水泵	water pump	ISO 7000:0356
3.2.56		润滑泵	lubricant pump	ISO 7000:0360
3.2.57	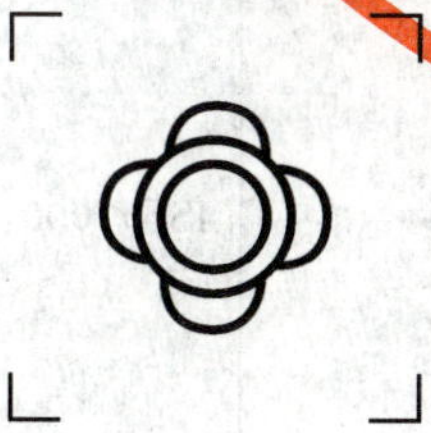	静压轴承	static bearing	
3.2.58	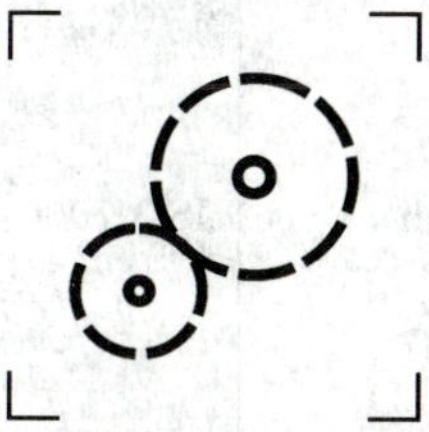	齿轮传动	gear drive	ISO 7000:0012

序号	符号	符号名称		备注
		中文	英文	
3.2.59	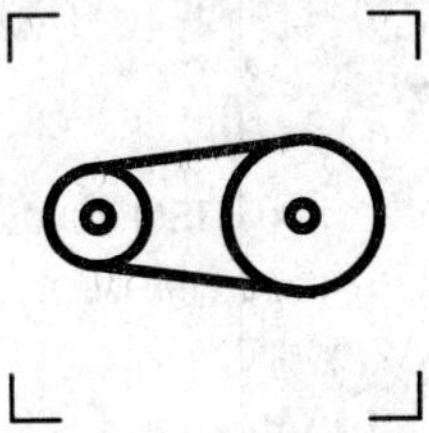	带传动	belt drive	ISO 7000:0013
3.2.60	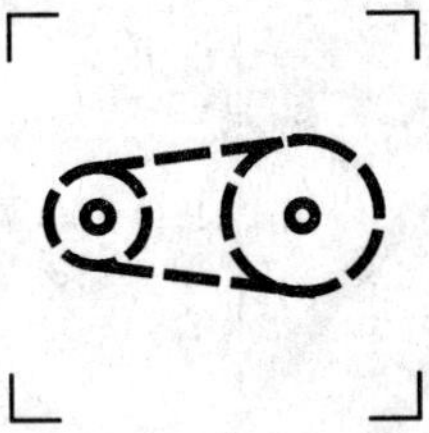	链传动	chain drive	ISO 7000:0014
3.2.61	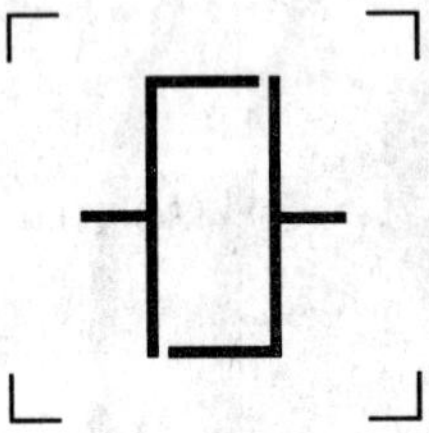	联轴器、离合器	coupling	ISO 7000:0015
3.2.62	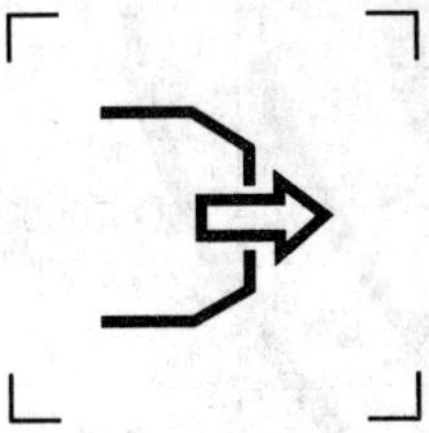	吹出	blowing	ISO 7000:0032
3.2.63	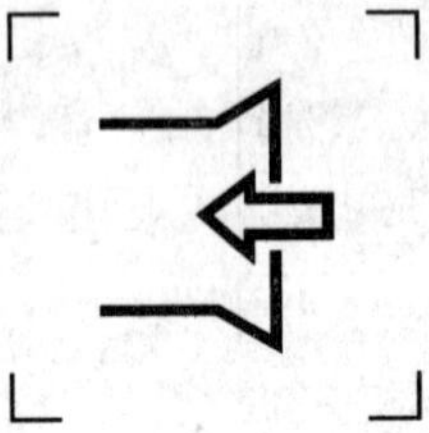	吸入	suction	ISO 7000:0033
3.2.64		电源总开关	main electrical switch	ISO 7000:0353

序号	符号	符号名称		备注
		中文	英文	
3.2.65		滤油器	oil filter	
3.2.66	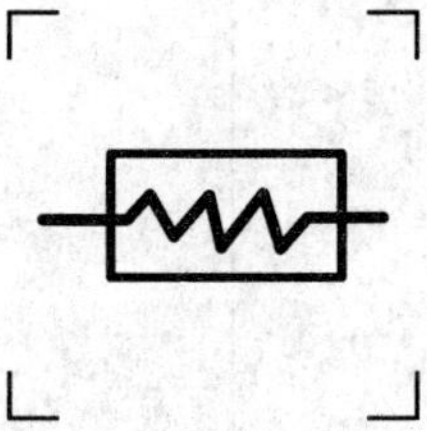	加热器	heater	
3.2.67		数字计数器	digital counter	ISO 7000:2168
3.2.68		光学读数装置	optical digital device	
3.2.69		指示仪表	indicator	
3.2.70		计时器	timer	

序号	符号	符号名称		备注
		中文	英文	
3.2.71		外径测量	outer diameter measure	
3.2.72		内径测量	inernal diameter measure	
3.2.73	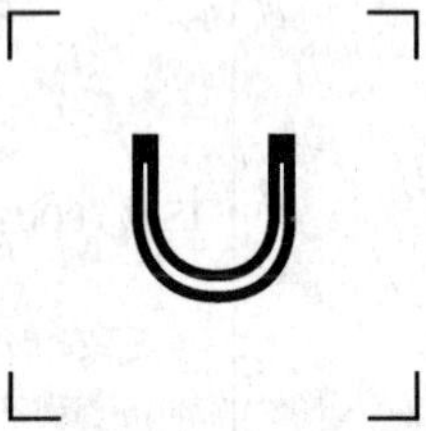	磁铁	magnetic-iron	
3.2.74	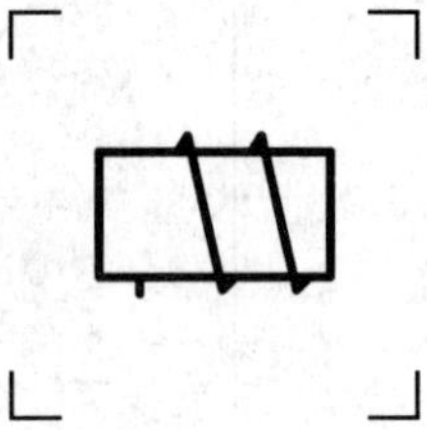	电磁铁	electromagnetic iron	
3.2.75	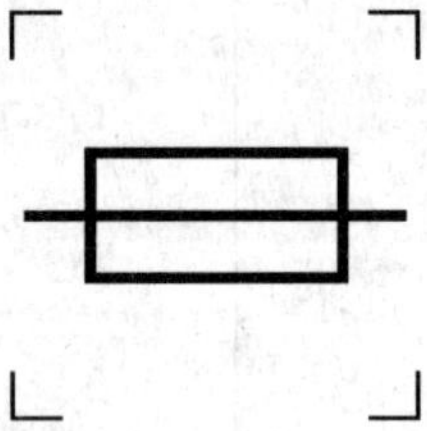	熔断器	fuse	
3.2.76	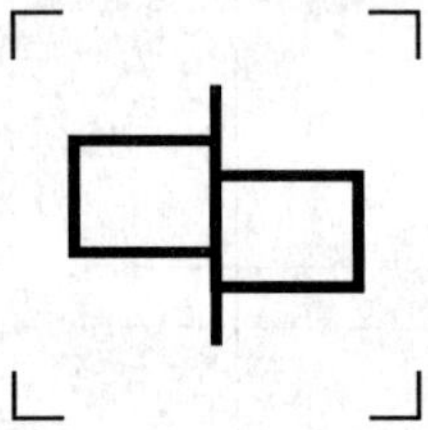	防止过载的机械式安全装置	safe device (mechanical) against overload	ISO 7000:0314

序号	符号	符号名称		备注
		中文	英文	
3.2.77	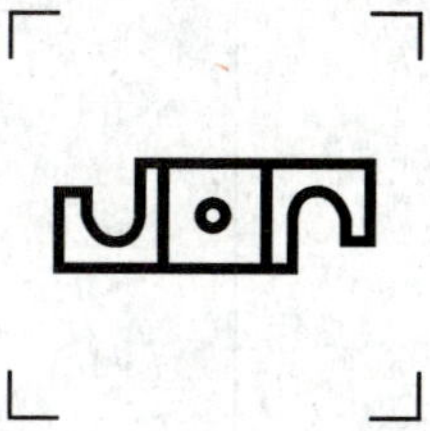	双刃换刀机械手	double tool change arm	ISO 7000:0425
3.2.78	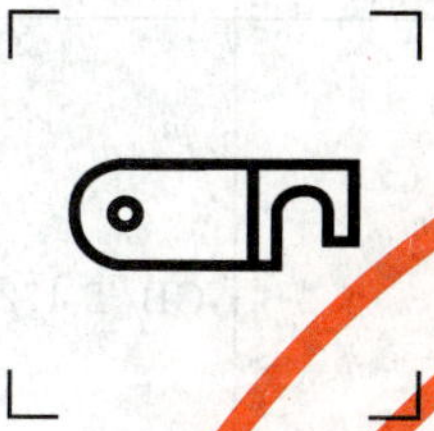	单刃换刀机械手	single tool change arm	ISO 7000:0429
3.2.79		手轮	hand wheel	ISO 7000:0326
3.2.80		手柄	lever	ISO 7000:0327

3.3 操作符号

序号	符号	符号名称		备注
		中文	英文	
3.3.1	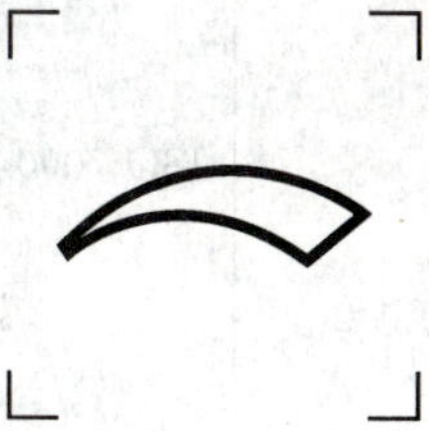	旋转无级变速	variability, rotational adjustment	ISO 7000:1364
3.3.2	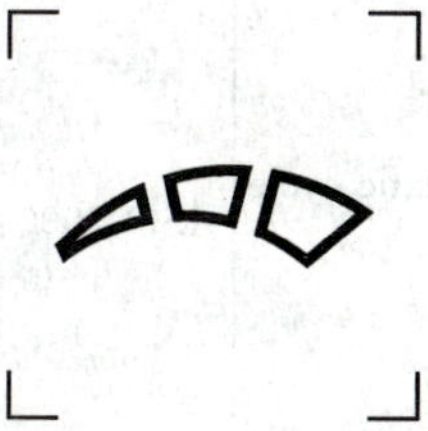	旋转分级变速	variability, for rotating movement, variability in steps	ISO 7000:2164

序号	符号	符号名称		备注
		中文	英文	
3.3.3	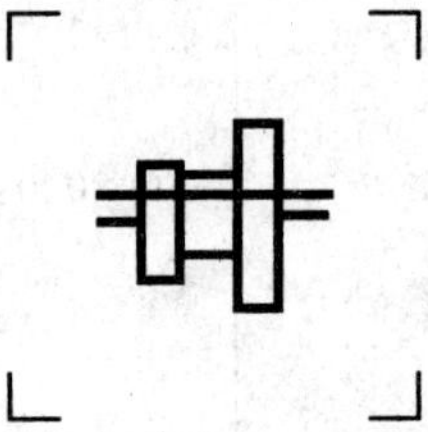	齿轮变速	gear variability	
3.3.4		可调节性	adjustability	GB/T 4728.2:S00081
3.3.5	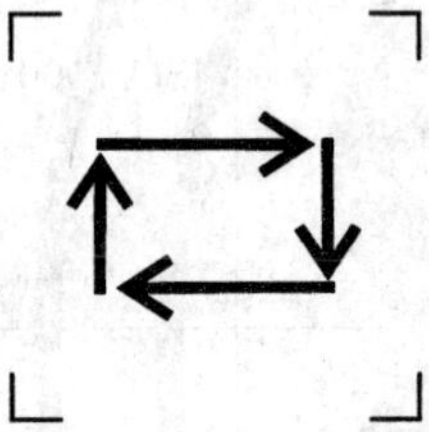	自动循环;半自动循环	automatic cycle;semi-automatic cycle	ISO 7000:0026
3.3.6	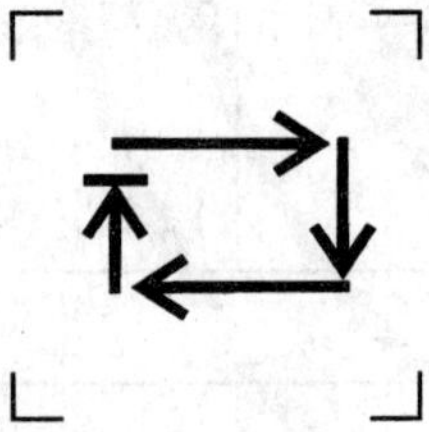	单循环	one cycle	ISO 7000:0426
3.3.7	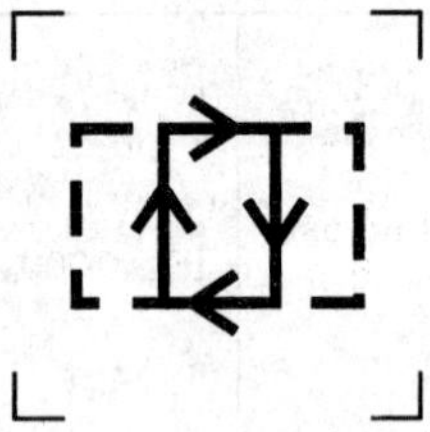	子循环	subcycle	ISO 7000:0428
3.3.8	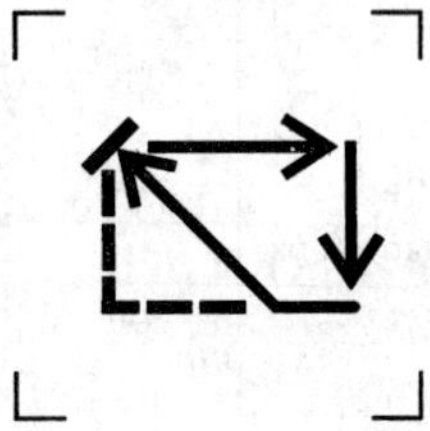	自动循环中断并回到开始位置	interruption of automatic cycle and return to start	ISO 7000:0427

序号	符号	符号名称		备注
		中文	英文	
3.3.9		手动	manual control	ISO 7000:0096
3.3.10	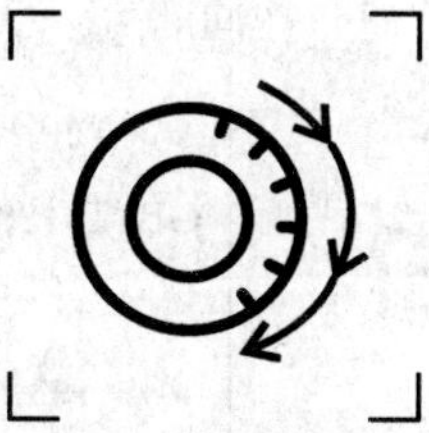	微调	delicate adjustment	
3.3.11	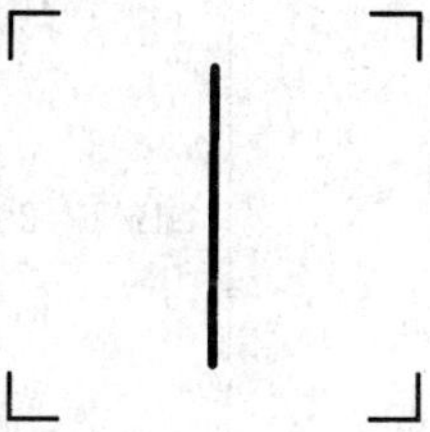	通(电源)	on (power)	GB/T 5465.2:5007 优选白色(可用灰色、绿色,不用红色)
3.3.12	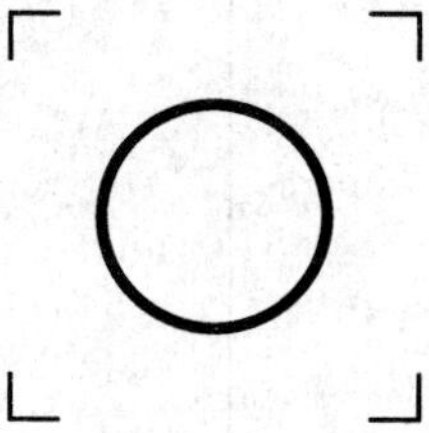	断(电源)	off (power)	GB/T 5465.2:5008 优先黑色(可用灰色、不用绿色)
3.3.13	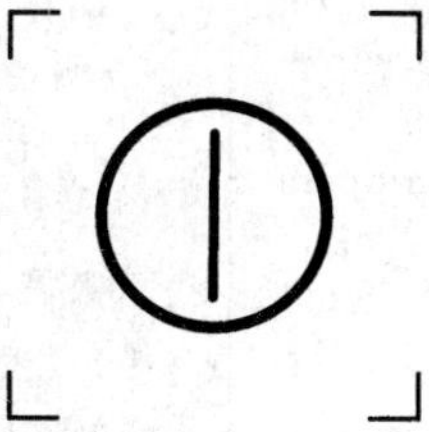	通/断(按-按)	on/off (push-push)	GB/T 5465.2:5010
3.3.14	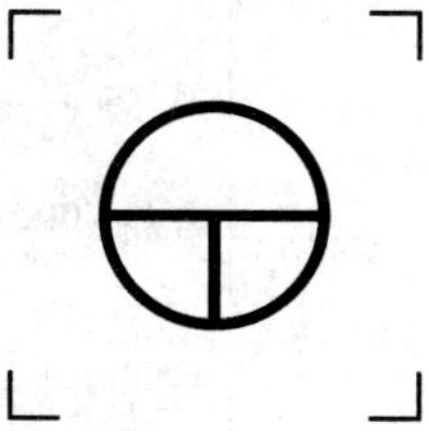	通/断(按钮开关)	on/off (push button)	GB/T 5465.2:5011

序号	符号	符号名称		备注
		中文	英文	
3.3.15	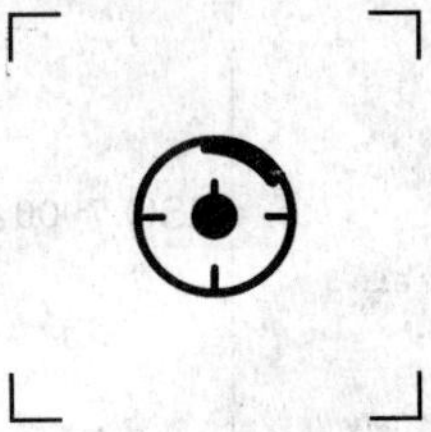	停留时间调整	duration of stop adjustment	
3.3.16	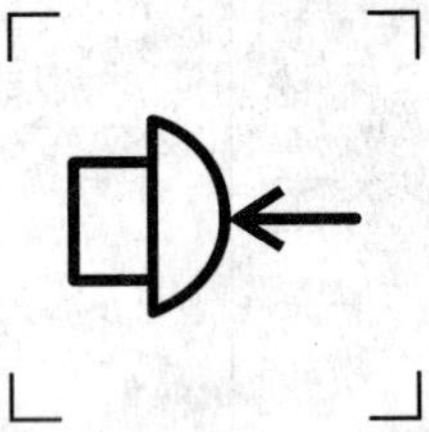	推	push	GB/T 4205:7.2
3.3.17		拉	pull	GB/T 4205:7.2
3.3.18		在运转时不许变速	no speed change in operation	
3.3.19		只在运转时变速	speed change only in operation	
3.3.20	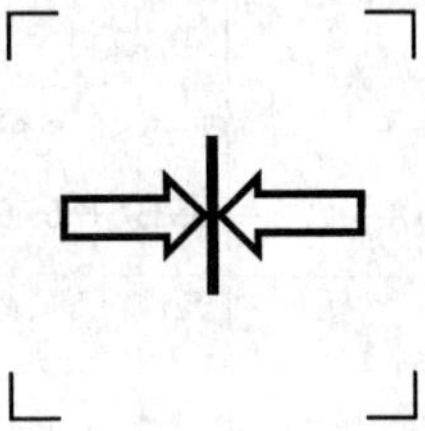	锁住;夹紧	lock;tight	ISO 7000:0018

序号	符号	符号名称		备注
		中文	英文	
3.3.21	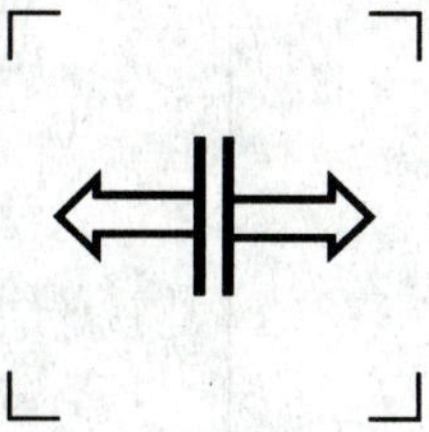	松开;释放	unlock;unclamp	ISO 7000:0019
3.3.22		啮合;机械起动	engaging;mechanical activation	ISO 7000:0022
3.3.23		脱开;机械停止	disengaging;mechanical deactivation	ISO 7000:0023
3.3.24	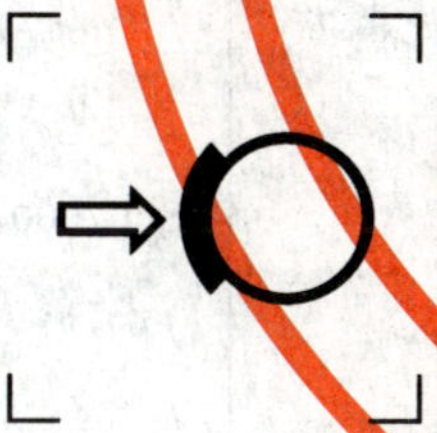	制动器夹紧	brake on	ISO 7000:0020
3.3.25		制动器松开	brake off	ISO 7000:0020
3.3.26	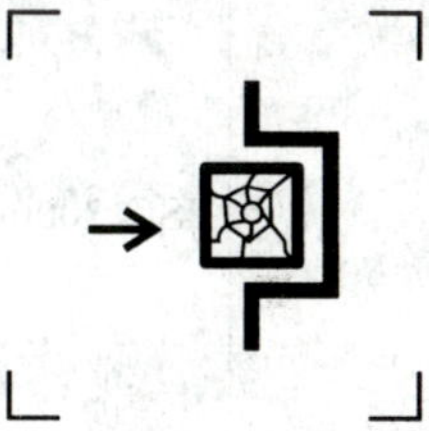	工件装入	load workpiece	

序号	符号	符号名称		备注
		中文	英文	
3.3.27	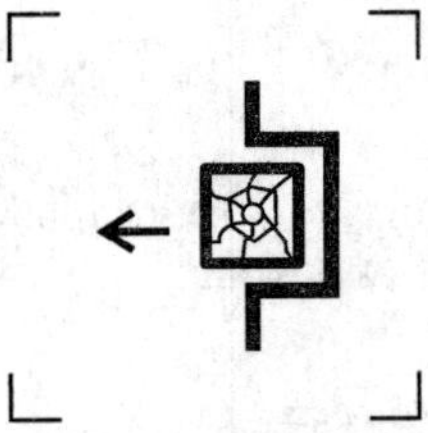	工件卸下	unload workpiece	
3.3.28	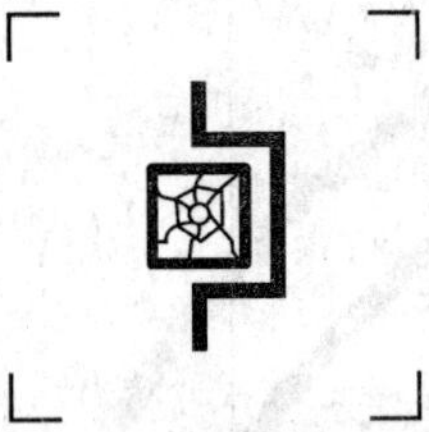	工件夹紧	workpiece holder	
3.3.29		旋转刀具夹紧	rotary tool retension	ISO 7000:0401
3.3.30		旋转刀具松开	rotary tool release	ISO 7000:0402
3.3.31		仿形装置啮合	engage tracer	ISO 7000:0399
3.3.32		仿形装置脱开	disengage tracer	ISO 7000:0400

序号	符号	符号名称		备注
		中文	英文	
3.3.33		有磁	with magnet	
3.3.34		无磁	without magnet	
3.3.35		退磁	magnet withdraw	
3.3.36	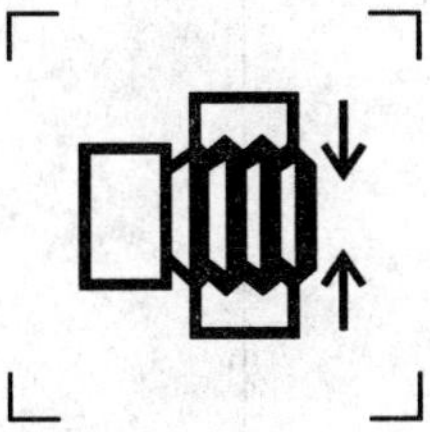	开合螺母闭合	close half-nut	ISO 7000:0403
3.3.37	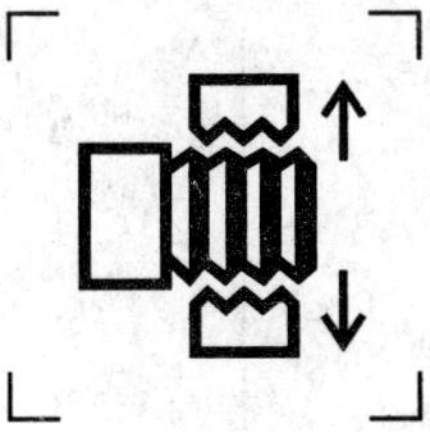	开合螺母脱开	open half-nut	ISO 7000:0404
3.3.38	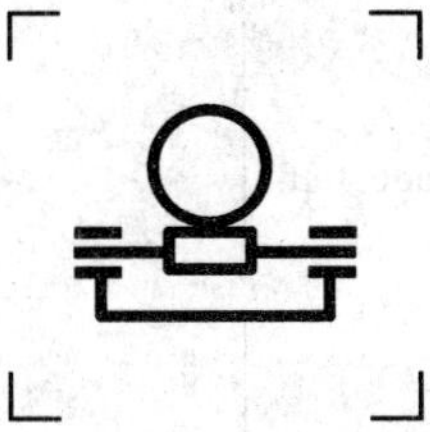	脱开蜗杆	open turbo	

序号	符号	符号名称		备注
		中文	英文	
3.3.39	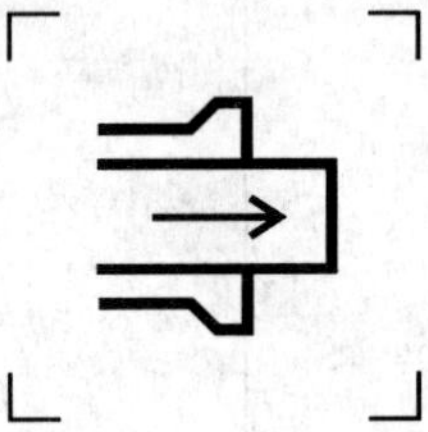	送料	workpiece feed	
3.3.40	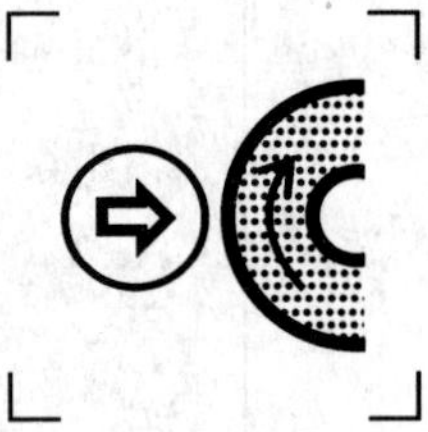	滚轮修整	crush dressing	ISO 7000:0394
3.3.41		金刚石滚轮修整	rotary diamond truing	ISO 7000:0395
3.3.42		粗加工	rough machining	
3.3.43		精加工	finish machining	
3.3.44	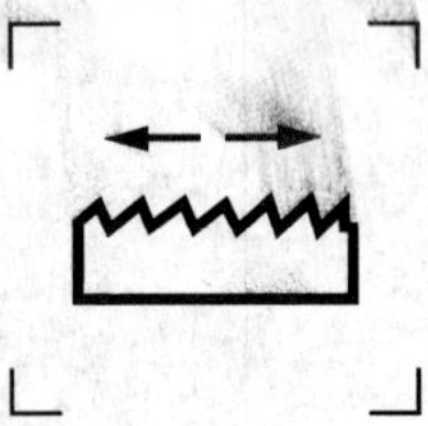	锯条张力调整	adjustment for sawblade tension	

3.4 安全与警告符号

序号	符号	符号名称		备注
		中文	英文	
3.4.1		当心触电	danger electric shock	GB 2894:2-7 闪电标记、三角边框为黑色，底为黄色。
3.4.2		注意	caution	ISO 7000:0434
3.4.3		帮助；询问	assistance;query	ISO 7000:0435
3.4.4		接地	earth (ground)	GB/T 5465.2:5017
3.4.5		保护接地	protective earth(ground)	GB/T 5465.2:5019
3.4.6		过载	overload	

序号	符号	符号名称		备注
		中文	英文	
3.4.7	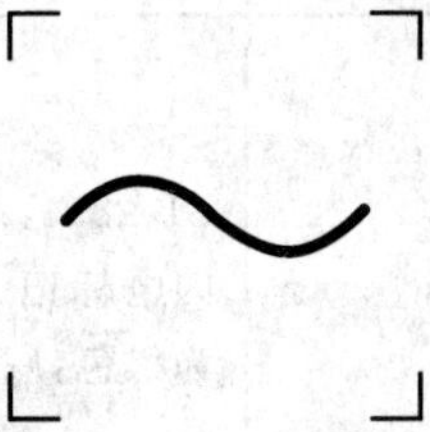	交流电	alternating current	GB/T 5465.2:5032
3.4.8	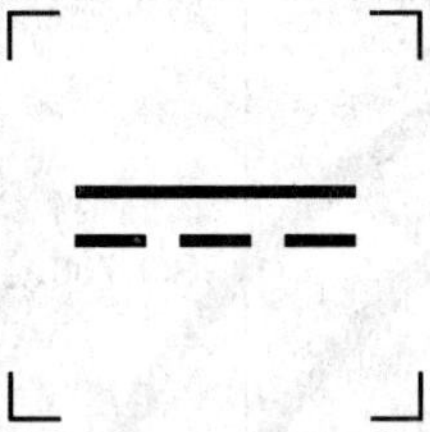	直流电	direct current	GB/T 5465.2:5031
3.4.9		防护装置	safety guard	
3.4.10	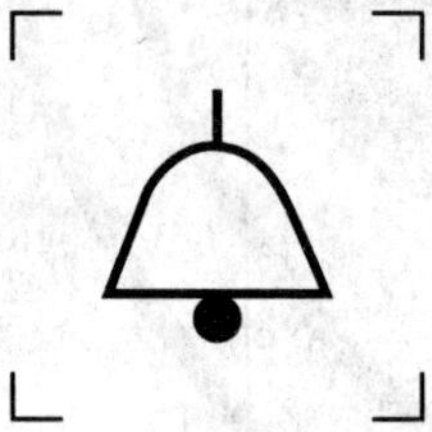	声音信号	sound signal	
3.4.11		温度控制	temperature control	ISO 7000:0175
3.4.12		起吊重物	hoisting weight	×为最大质量:kg

序号	符号	符号名称		备注
		中文	英文	
3.4.13		禁止转动	no turning	GB 2894:1-9
3.4.14		禁止触摸	no touching	GB 2894:1-24
3.4.15		禁止跨越	no striding	GB 2894:1-17
3.4.16		禁止攀登	no climbing	GB 2894:1-18
3.4.17		当心机械伤人	warning mechanical injury	GB 2894:2-10
3.4.18		当心伤手	warning injure hand	GB 2894:2-19

序号	符号	符号名称		备注
		中文	英文	
3.4.19		当心吊物	warning overhead load	GB 2894:2-15
3.4.20		告警的一般符号	alarm,general	GB/T 5465.2:5307
3.4.21		紧急告警	urgent alarm	GB/T 5465.2:5308
3.4.22		告警系统解除	alarm system clear	GB/T 5465.2:5309

3.5 其他符号

序号	符号	符号名称		备注
		中文	英文	
3.5.1		螺距　公制螺纹	screw-pitch;metric thread	x 为: mm　米制螺纹 πm　模数螺纹 $1/n''$　英制螺纹
3.5.2	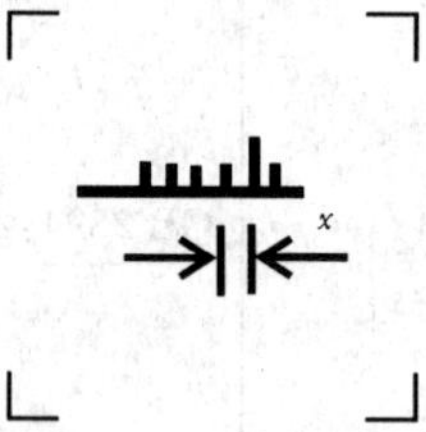	刻度值	graduation value	x 为刻度数值

序号	符号	符号名称		备注
		中文	英文	
3.5.3	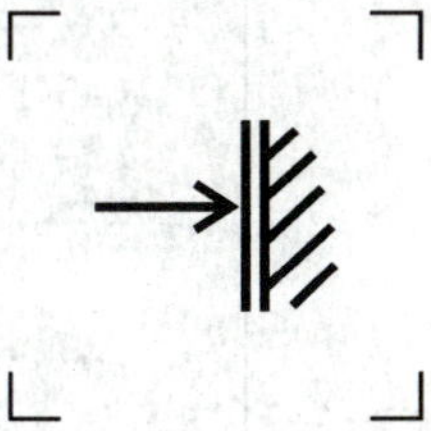	间隙	clearance	
3.5.4		液面最高标线	highest line of liquid	
3.5.5		液面最低标线	lowest line of liquid	
3.5.6		注入	charge-in	
3.5.7	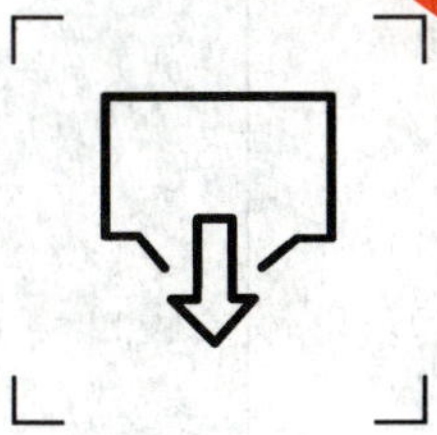	排出	discharge	
3.5.8	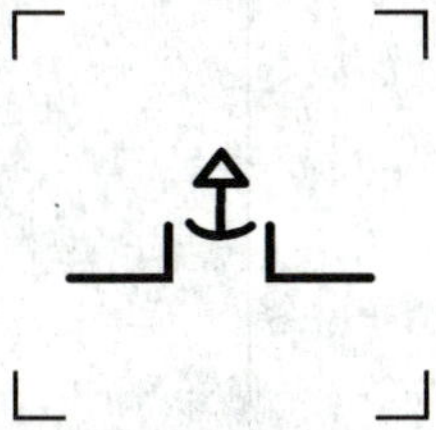	排气	exhausting	

序号	符号	符号名称		备注
		中文	英文	
3.5.9	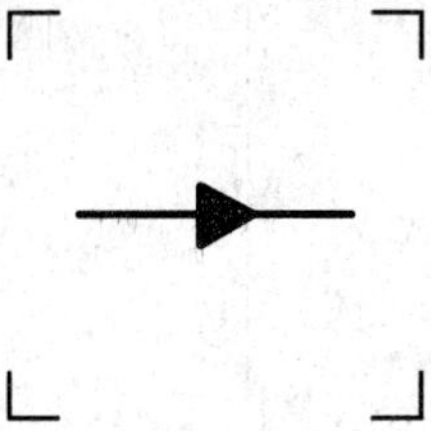	液流方向	liquid flow diretion	
3.5.10	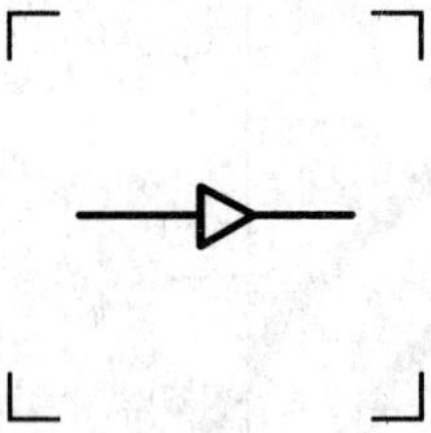	气流方向	air flow diretion	
3.5.11	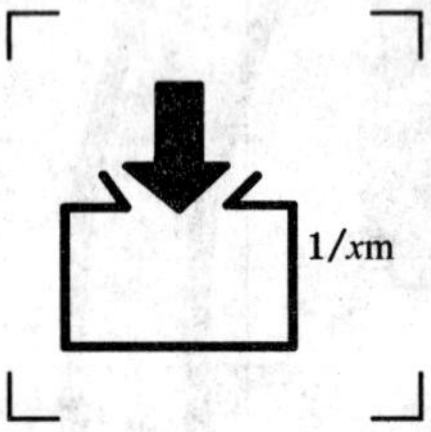	每 x 月加油一次	oiling, per x month	
3.5.12	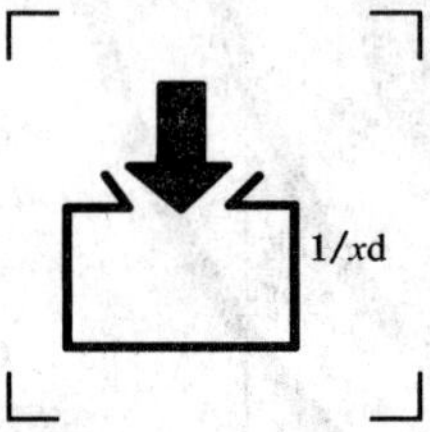	每 x 天加油一次	oiling, per x day	
3.5.13		每 x 小时加油一次	oiling, per x hour	
3.5.14	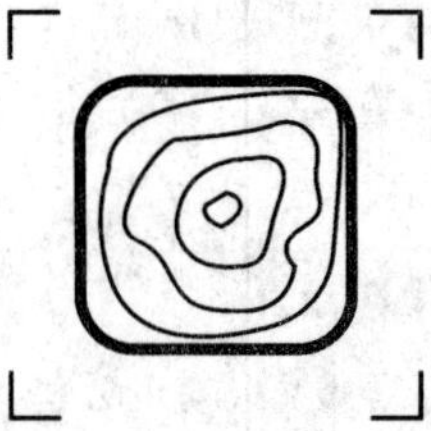	木质工件	wooden workpiece	

4 使用要求

4.1 本标准中各类符号，可单独使用，也可组合使用(组合实例参见附录A)。

4.2 符号的大小，可按设计所选定的标牌，操纵面板尺寸大小而定，以布置美观、匀称为原则。绘制符号时，应按本标准中符号的各部位比例绘制，避免符号图形失真。

4.3 符号的颜色除规定外，一般为黑色或标牌材料本色。

4.4 使用操作指示形象化符号的机床，机床上各类标牌都应尽可能使用操作指示符号，以避免文字标牌与符号标牌混合使用。

4.5 符号的位置及方向，应视机床的实际情况而定。

4.6 当元件、机构符号与实物相差较大时，允许用和实物相似的图形符号代替。

4.7 本标准中的形象化符号不够用时，可按需要自行补充，并向标准的归口单位备案。

附 录 A
（资料性附录）
操作指示形象化符号应用示例

A.1 主轴的旋转与停止

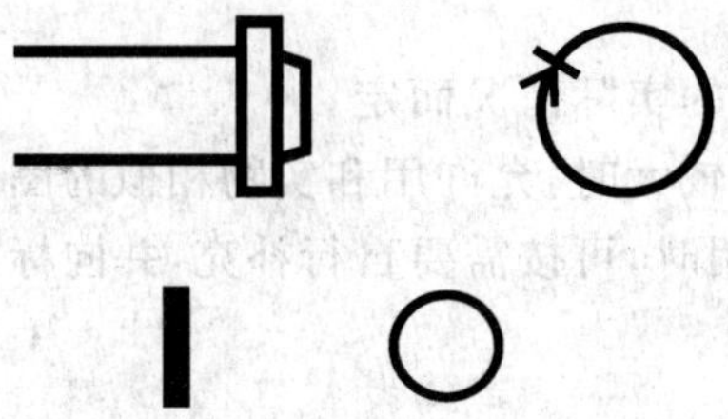

A.2 锯卡的升降

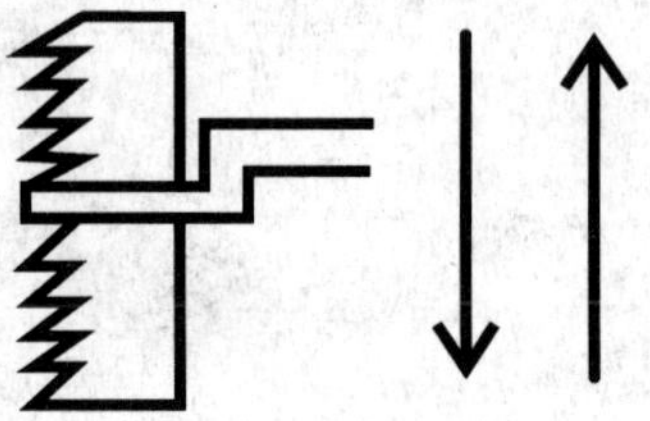

A.3 工件的进给

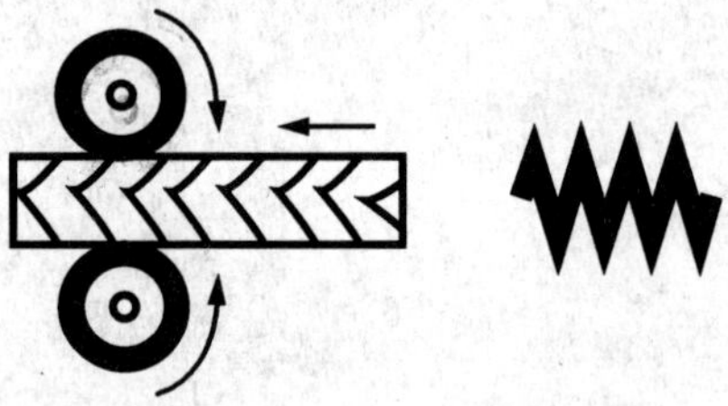